Über dieses Buch

Der ›dtv-Atlas zur Mathematik‹ gibt in zwei Bänden einen Überblick über den Stand der modernen Mathematik und ihrer Ergebnisse. Die Gliederung geht vom Gesamtbereich der Mathematik aus und enthält alle wesentlichen Teildisziplinen mit den dazugehörigen Theorien.
In der Regel steht jeder Textseite eine Bildseite gegenüber, insbesondere auch in den abstrakten, überwiegend theoretischen Bereichen. Die Bildseiten werden zur geometrischen Veranschaulichung, zur Zusammenstellung von Beispielen, Formeln und Tabellen und zur Schematisierung allgemeiner Zusammenhänge herangezogen.
Jedem Band wird ein ausführliches Register angehängt, so daß der ›dtv-Atlas zur Mathematik‹ auch als Nachschlagewerk und Formelsammlung verwendet werden kann.

Bisher sind in dieser Reihe erschienen:

dtv-Atlas der Anatomie, 3 Bände, 3017, 3018, 3019
dtv-Atlas zur Astronomie, 3006
dtv-Atlas zur Atomphysik, 3009
dtv-Atlas zur Baukunst, 2 Bände, 3020, 3021
dtv-Atlas zur Biologie, 3 Bände, 3221, 3222, 3223
dtv-Atlas zur Chemie, 2 Bände, 3217, 3218
dtv-Atlas zur deutschen Literatur, 3219
dtv-Atlas zur deutschen Sprache, 3025
dtv-Atlas zur Mathematik, 2 Bände, 3007, 3008
dtv-Atlas zur Musik, 2 Bände, 3022, 3023
dtv-Atlas der Physiologie, 3182
dtv-Atlas zur Psychologie, Band 1, 3224
dtv-Atlas zur Weltgeschichte, 2 Bände, 3001, 3002

Weitere dtv-Atlanten sind in Vorbereitung

Fritz Reinhardt/Heinrich Soeder:

dtv-Atlas zur Mathematik
Tafeln und Texte

Band I
Grundlagen, Algebra und Geometrie

Mit 118 farbigen Abbildungsseiten
Graphiker: Gerd Falk

Deutscher
Taschenbuch
Verlag

Übersetzungen
Niederlande: Bosch & Keuning NV, Baarn
Spanien: Alianza Editorial, S. A., Madrid

Originalausgabe
1. Auflage März 1974
7. Auflage März 1987: 131. bis 150. Tausend

Umschlaggestaltung: Celestino Piatti
Gesamtherstellung: Brühlsche Universitätsdruckerei, Gießen
Offsetreproduktionen: Amann & Co., München
Printed in Germany · ISBN 3-423-03007-0

Vorwort

Der ›dtv-Atlas zur Mathematik‹ setzt die Darstellung geschlossener Wissenschaftsgebiete fort, bei der der Stoff fast durchgängig in kleine, zusammenhängende Einheiten von Bild- und Textseiten aufgegliedert ist. Dieses Prinzip und der Umfang von zwei Taschenbuchbänden legten den Verfassern gewisse Beschränkungen auf.

Der Atlas ist kein Lehrbuch im üblichen Sinne. Er soll einen Überblick über die wichtigsten Teilgebiete der Mathematik vermitteln und deren Zusammenhänge durch die Betonung des strukturellen Aufbaus der Mathematik aufzeigen. Die Theorien werden nicht bis in letzte Einzelheiten behandelt. Aus Platzgründen ist auf Beweise meistens verzichtet worden; die aufgeführten Beweise geben aber einen nahezu vollständigen Einblick in die Beweistechniken des Mathematikers.

Das Register enthält alle grundlegenden Begriffe der Mathematik, so daß der Atlas als Nachschlagewerk dienen kann. Bezeichnungen und Symbole sind leider in der Fachliteratur immer noch recht uneinheitlich, so daß bedeutungsgleiche Begriffe und Zeichen nicht in jedem Fall Berücksichtigung fanden.

Das Dargestellte erfordert vom Leser nicht nur Nach-Lesen, sondern Nach-Denken, Nach-Rechnen oder Nach-Zeichnen; zu letzterem sollen die Farbleisten eine Hilfe sein. Dem an mathematischen Zusammenhängen interessierten Leser wird dadurch Gelegenheit gegeben, sich auch mit Gebieten auseinanderzusetzen, die über die Schulmathematik hinausgehen. Das Literaturverzeichnis gibt Hinweise auf ausführlichere Darstellungen.

Wir danken besonders Herrn Gerd Falk, der nach unseren Entwürfen die nicht immer einfachen graphischen Darstellungen der Abbildungsseiten sehr sorgfältig gestaltete. Unser Dank gebührt auch den Mitarbeitern des Deutschen Taschenbuch Verlages für die redaktionelle Beratung und die Aufstellung des Registers.

Bielefeld, im Herbst 1973 — Die Verfasser

In der zweiten Auflage konnte eine Reihe von Verbesserungen vorgenommen werden. Viele wertvolle Vorschläge hierfür verdanken wir Herrn E. Eder aus Garching, dem wir hiermit herzlich danken möchten.

Bielefeld, Januar 1976 — Die Verfasser

Inhalt

Topologie

Algebraische Topologie

Graphentheorie

Symbol- und Abkürzungsverzeichnis

Mathematische Logik

$\neg$	nicht
$\wedge$	und
$\vee$	oder
$\Rightarrow$	wenn – dann
$\Leftrightarrow$	genau dann – wenn
$\bigwedge_x$	für alle x gilt
$\bigvee_x$	es gibt ein x, für das gilt
$:=$	nach Definition gleich
$:\Leftrightarrow$	nach Definition äquivalent

Mengenlehre

$\{a_1, a_2, \ldots\}$	Menge der Elemente $a_1, a_2, \ldots$
$\{x \mid \ldots\}$	Menge aller x, für die gilt …
$\emptyset$	leere Menge
$\in$	Element von
$\notin$	nicht Element von
$\subseteq$	enthalten in
$\subset$	echt enthalten in
$\supseteq$	umfaßt
$\supset$	umfaßt echt
$A \backslash B$	A ohne B
$\bar{A}$	Komplement von A
$A \cup B$	A vereinigt mit B
$A \cap B$	A geschnitten mit B
$\bigcup_{i \in I} A_i$	Vereinigung aller A_i
$\bigcap_{i \in I} A_i$	Durchschnitt aller A_i
$\mathfrak{P}(M)$	Potenzmenge von M

Relationen und Strukturen

(x_1, x_2)	geordnetes Paar
$(x_1, \ldots, x_n)$	n-Tupel
$A \times B$	Paarmenge
$\bigtimes_{i=1}^{n} M_i$	kartesisches Produkt aller M_i
M^n	kart. Produkt $M \times \cdots \times M$ (n-mal)
$M/\ddot{A}$	M nach $\ddot{A}$ (Quotientenmenge)
$[\![x]\!]$	Äquivalenzklasse von x
$f: M \to N$ def. durch $x \mapsto f(x)$	Abbildungsschreibweise (Abb. f von M in N def. durch x wird zugeordnet $f(x)$)
f^{-1}	Umkehrabbildung zu f
$f[M]$	Bildmenge von M unter f
$f^{-1}[N]$	Urbildmenge von N
1_M	identische Abb. von M auf M
i	Inklusionsabbildung
f/U	f eingeschränkt auf U
$g \circ f$	g nach f (Komposition von Abb.)
$\sim$	gleichmächtig zu
card(M)	Kardinalzahl (Mächtigkeit) von M
$\aleph_0$	Aleph Null (card ($\mathbb{N}$))
$\top$	Symbol für innere Verkn.
$\perp$	Symbol für äußere Verkn.
ord G	Ordnung der Gruppe G
$\leqq, \sqsubseteq$	kleiner oder gleich
$<, \sqsubset$	kleiner als
$\geqq, \sqsupseteq$	größer oder gleich
$>, \sqsupset$	größer als
maEl (M)	maximales Element von M
miEl (M)	minimales Element von M
grEl (M)	größtes Element von M
klEl (M)	kleinstes Element von M
obSch (M)	obere Schranke von M
unSch (M)	untere Schranke von M
obGr (M)	obere Grenze von M
unGr (M)	untere Grenze von M
ord $(M; \sqsubseteq)$	Ordinalzahl von $(M; \sqsubseteq)$

Aufbau des Zahlensystems

$\mathbb{N}$	Menge der natürlichen Zahlen
$\mathbb{Z}$	Menge der ganzen Zahlen
$\mathbb{Q}$	Menge der rationalen Zahlen
$\mathbb{R}$	Menge der reellen Zahlen
$\mathbb{C}$	Menge der komplexen Zahlen
$\mathbb{Z}^+, \mathbb{Z}^-$	Menge der pos., neg. ganzen Zahlen
$\mathbb{Z}_0^+, \mathbb{Z}_0^-$	Menge der nichtneg., nichtpos. ganzen Zahlen
i	imaginäre Einheit
e	$\lim_{n \to \infty} \left(1 + \frac{1}{n}\right)^n$ (EULERsche Zahl), $e \approx 2{,}71828$
(a; b)	abgeschlossenes Intervall von a bis b: $\{x \mid x \in \mathbb{R} \wedge a \leqq x \leqq b\}$
)a; b(	offenes Intervall von a bis b: $\{x \mid x \in \mathbb{R} \wedge a < x < b\}$
)a; b)	linksoffenes, rechtsabgeschl. Intervall von a bis b
(a; b(	linksabgeschl., rechtsoffenes Intervall von a bis b
I	Intervall (0; 1) aus $\mathbb{R}$
(a_n)	Folge der a_n
$\lim_{n = \infty} a_n$	Limes von a_n für n gegen Unendlich (Grenzwert)
$\lvert a \rvert$	Betrag von a
arg z	Argument von z
Re z	Realteil von z
Im z	Imaginärteil von z
$n!$	n Fakultät: $1 \cdot 2 \cdot 3 \cdot \ldots \cdot (n-1) \cdot n$
$\binom{n}{k}$	n über k: $\frac{n!}{k!(n-k)!}$

Algebra

$\begin{pmatrix} a_1 & \ldots & a_n \\ a_{i_1} & \ldots & a_{i_n} \end{pmatrix}$	Permutation der Elemente $a_1, \ldots, a_n$
G/N	Quotientengruppe G nach N
Kern f	Kern der Abb. f
$K(\alpha)$	K adjungiert α (Körperadjunktion)
$K(\alpha_1, \ldots, \alpha_n)$	K adjungiert α_1 bis α_n

$R[\alpha]$	R adjungiert α (Ringadjunktion)
$R[X]$	Polynomring über R
$\dim(V/K)$	Dimension von V über K
$\operatorname{grad}(E/K)$	Grad (Dimension) der Körpererweiterung E über K
$\operatorname{grad} f(X)$	Grad des Polynoms $f(X)$
$A=\alpha_{ik}=\begin{pmatrix}\alpha_{11}\dots\alpha_{1m}\\ \vdots \quad \vdots\\ \alpha_{n1}\dots\alpha_{nm}\end{pmatrix}$	(n, m)-Matrix
$A^{\top}=\begin{pmatrix}\alpha_{11}\dots\alpha_{n1}\\ \vdots \quad \vdots\\ \alpha_{1m}\dots\alpha_{nm}\end{pmatrix}$	transponierte Matrix zu A
$\det(A)=\det(\alpha_{ik})=$ $\det A=\begin{vmatrix}\alpha_{11}\dots\alpha_{1n}\\ \vdots \quad \vdots\\ \alpha_{n1}\dots\alpha_{nn}\end{vmatrix}$	Determinante einer (n, n)-Matrix
$E=\begin{pmatrix}1 & 0 & \dots & 0\\ 0 & \ddots & & \vdots\\ \vdots & & \ddots & 0\\ 0 & \dots & 0 & 1\end{pmatrix}$	Einheitsmatrix
$\begin{pmatrix}\alpha_{11} & 0 & \dots & 0\\ 0 & \alpha_{22} & \ddots & \vdots\\ \vdots & \ddots & \ddots & 0\\ 0 & \dots & 0 & \alpha_{nn}\end{pmatrix}$	Diagonalmatrix
A^{-1}	inverse Matrix zu A
$\operatorname{rang} A$	Rang von A
$\mathfrak{a}$	Ideal
$\mathfrak{o}$	Nullideal
(a)	von a erzeugtes Ideal (Hauptideal)
$(f(X))$	von $f(X)$ erzeugtes Ideal
$\sum_{i=1}^{n} a_i$	$a_1+\dots+a_n$
$\sum_{x\in M} a_x$	Summe aller a_x für x aus M
$\sum_{i=1}^{n} x_1\cdot\ldots\cdot \not{x_i}\cdot\ldots\cdot x_n$	der Faktor x_i fehlt in allen Summanden
$\prod_{i=1}^{n} a_i$	$a_1\cdot\ldots\cdot a_n$
$\prod_{x\in M} a_x$	Produkt aller a_x für x aus M

Zahlentheorie

$a \mid b$	a teilt b (a Teiler von b)
$a \nmid b$	a teilt b nicht
$a\sim b$	a assoziiert zu b
$a\equiv b \bmod c$, $a\equiv b(c)$	a kongruent b modulo c
ggT	größter gemeinsamer Teiler
kgV	kleinstes gemeinsames Vielfaches
$\left(\frac{a}{p}\right)$	a nach p (LEGENDREsches Restsymbol)

Geometrie

I	inzident mit
$\perp$	orthogonal (senkrecht) zu
$\parallel$	parallel zu
$\equiv$	kongruent
$\cong$	gleichsinnig kongruent
$\sim$	ähnlich
$\sphericalangle$	Winkel
$\triangleleft$	Winkelklasse
$\bar{\alpha}$	Größe des Winkels α
AB	Strecke A, B
$\overline{AB}$	Streckenlänge von AB
$g(A, B)$	Gerade durch A, B
$\widehat{AB}$	Bogen A, B
$\stackrel{z}{=}$	zerlegungsgleich
$\stackrel{e}{=}$	ergänzungsgleich
$\triangle$	Dreieck
$\mathrm{DV}(A, B, C, D)$	Doppelverhältnis von A, B, C, D
sin, cos	Winkelfunktionen: Sinus, Kosinus,
tan, cot	Tangens, Kotangens
sinh, cosh	Hyperbelfunktionen: Sinus
tanh, coth	hyperbolicus etc.

Analytische Geometrie

$\overrightarrow{PP'}, \vec{a}, \begin{pmatrix}a_1\\a_2\\a_3\end{pmatrix}$	Vektor
$\vec{a}^{\top}$	Matrix $(a_1 a_2 a_3)$
$\lvert\vec{a}\rvert, a$	Betrag von $\vec{a}$
$\vec{a}^{\circ}$	Einheitsvektor »$\vec{a}$ oben Null«
$P(x_1 \mid x_2 \mid x_3)$	Punkt
$\langle\vec{a}, \vec{b}\rangle$	Skalarprodukt
$\vec{a}\times\vec{b}$	Vektorprodukt
$(\vec{a}_1 \vec{a}_2 \vec{a}_3)$	(3, 3)-Matrix mit den Spalten $\vec{a}_1, \vec{a}_2, \vec{a}_3$
(O, B)	Koordinatensystem

Topologie

M^0	offener Kern von M
$\bar{M}$	abgeschlossene Hülle von M
∂M	Rand von M
$(M; \mathfrak{M})$	M versehen mit der Topologie $\mathfrak{M}$ (top. Raum)
$V(\mathfrak{B})$	von der Basis $\mathfrak{B}$ durch Bildung von Vereinigungsmengen erzeugte Topologie (S. 217)
$D(\mathfrak{S})$	von der Subbasis $\mathfrak{S}$ durch Bildung von Durchschnittsmengen erzeugte Basis (S. 217)
$V(D(\mathfrak{S}))$	von der Subbasis $\mathfrak{S}$ erzeugte Topologie (S. 217)
$\mathfrak{N}_{\text{fin}}$	finale Topologie
$\mathfrak{N}_{\text{ini}}$	initiale Topologie
$\mathfrak{M}_T$	Relativtopologie auf T
$\mathfrak{M}_X$	Quotiententopologie
$\mathfrak{N}^n$	natürliche Topologie des $\mathbb{R}^n$
$\mathbb{R}^1$	$\mathbb{R}$ mit Dimensionsangabe
$\mathbb{S}^1$	Kreisrand
$\mathbb{S}^{n-1}$	Sphäre im $\mathbb{R}^n$

Algebraische Topologie

$\pi(M)$	Fundamentalgruppe von M
w_0	konstanter Weg

Besondere Bildseitenhinweise

P nicht zu »rot« gehörig

P zu »rot« gehörig

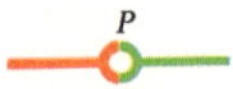

P weder zu »rot« noch zu »grün« gehörig

P sowohl zu »rot« als auch zu »grün« gehörig

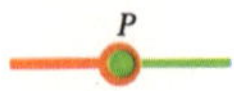

P nicht zu »rot«, aber zu »grün« gehörig

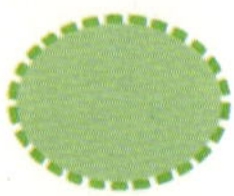

ohne Rand

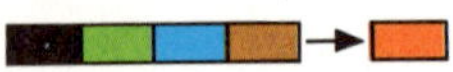

Farbleiste zu geometrischen Konstruktionen (die Konstruktionsschritte entsprechen der angegebenen Farbfolge; Ergebnis meistens »rot«)

Häufig vorkommende Abkürzungen

Abb.	Abbildung
abgeschl.	abgeschlossen
abh.	abhängig
algebr.	algebraisch
ass.	assoziativ
bij.	bijektiv
eind.	eindeutig
El.	Element
endl.	endlich
eukl.	euklidisch
geom.	geometrisch
geord.	geordnet
geschl.	geschlossen
Hom.	Homomorphismus
inj.	injektiv
inv.	invers
komm.	kommutativ
lin.	linear
n-dim.	*n*-dimensional
o.B.d.A.	ohne Beschränkung der Allgemeinheit
orth.	orthogonal
Rel.	Relation
surj.	surjektiv
symm.	symmetrisch
Top.	Topologie
top.	topologisch
unabh.	unabhängig
unendl.	unendlich
Verkn.	Verknüpfung

Die Beschäftigung mit Mathematik läßt sich in der Geschichte der Menschheit weit zurückverfolgen. Dabei hat sich das Verständnis von Mathematik im Laufe der Jahrhunderte entscheidend gewandelt.

Während Babylonier, Ägypter, Phönizier und andere Völker der vorgriechischen Ära im wesentlichen durch praktische Probleme und die Beobachtung ihrer Umwelt zur Beschäftigung mit geometrischen Figuren und zum Zahlbegriff geführt wurden, verselbständigte sich im 5. Jh. v. Chr. unter dem Einfluß der Griechen die Mathematik und wurde um ihrer selbst willen betrieben. Diese Entwicklung ist dadurch gekennzeichnet, daß man mathematische Erkenntnisse aus wenigen grundlegenden Begriffsbildungen (Definitionen) und anschaulich evidenten Aussagen (Axiomen) durch logische Schlüsse abzuleiten begann (deduktives Verfahren). Diese Bemühungen erreichten ihren Höhepunkt in der Darstellung der Geometrie in den »Elementen« von EUKLID.

Der Zahlbegriff wurde damals nicht in der gleichen Strenge präzisiert, auch wenn man durch geometrische Betrachtungen bis in die Problematik irrationaler Streckenverhältnisse vorstieß. Inder und Araber entwickelten neben der Trigonometrie den Zahlbegriff für die Lösung von Gleichungen (Algebra) weiter, wobei praktische Anwendungen im Vordergrund standen.

Dies gilt auch noch für die Zeit des 17. und 18. Jh., in der die Entwicklung der Mathematik (Kalküle der Infinitesimalrechnung, analytische Geometrie) durch die erfolgreiche Anwendbarkeit in den Naturwissenschaften bestimmt war.

Erst seit dem 19. Jh. erfolgt in allen Teilgebieten der Mathematik eine stärkere Besinnung auf eine axiomatische Absicherung der Erkenntnisse. Den Versuch, alle Teilbereiche unter einheitlichen strukturellen Gesichtspunkten axiomatisch aufzubauen, unternimmt z. B. in neuerer Zeit ein Mathematikerteam unter dem Pseudonym BOURBAKI.

Das Wesen der Mathematik kann aber sicher nicht allein durch den strukturellen Aufbau erfaßt werden. Auch heute erfährt die Entwicklung wesentliche Impulse durch die praktischen Probleme vieler Wissenschaften. Neben Abstraktion und Deduktion haben Intuition und induktives Vorgehen ihren gleichberechtigten Platz in der mathematischen Forschung. Man kann von einer Wechselbeziehung sprechen, so daß eine vorübergehende Überbewertung der reinen gegenüber der angewandten Mathematik heute ausgeglichen zu sein scheint. In zunehmendem Maße stellt sich heraus, daß mathematische Theorien nicht nur auf die Naturwissenschaften und andere Wissenschaften, sondern auch auf die Wirtschaft und andere Bereiche des menschlichen Lebens angewandt werden können und zu brauchbaren Ergebnissen führen. Dabei wählt man geeignete Begriffe und formuliert das Strukturgefüge ihrer gegenseitigen Beziehungen in der Sprache der Mathematik (Mathematisierungsprozeß).

Eine entscheidende Rolle im mathematischen Denken spielt auch heute noch die Anschauung. Sie kann zwar nicht als Beweismittel akzeptiert werden, beeinflußt aber in erheblichem Maße die Denkrichtung zu neuen Erkenntnissen und gibt u. U. Hinweise auf Beweisgänge. Dies findet selbst in der Wortwahl, auch bei neueren strukturellen Begriffen, seinen Niederschlag. Gerade die axiomatische Methode, bei der über die inhaltliche Bedeutung der Begriffe nichts ausgesagt wird, läßt weiten Spielraum für subjektive Assoziationen, die dem forschenden Mathematiker neue Impulse geben können und dem Lernenden das Verstehen einer fertigen Theorie erleichtern. Diesem Ziel dienen auch alle graphischen Darstellungen, nicht nur in der Geometrie, sondern gerade auch da, wo abstrakte Zusammenhänge einsichtig gemacht werden sollen.

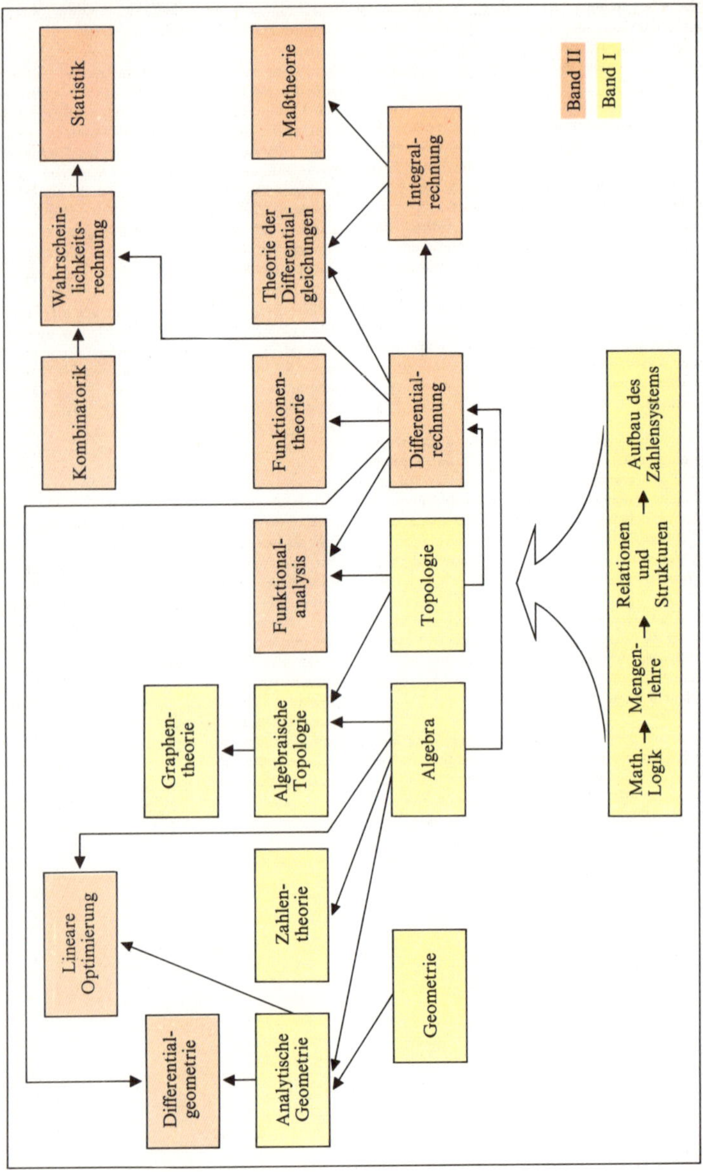
Statistik
Maßtheorie
Band II
Band I
Wahrschein-
lichkeits-
rechnung
Theorie der
Differential-
gleichungen
Integral-
rechnung
Kombinatorik
Funktionen-
theorie
Differential-
rechnung
Funktional-
analysis
Topologie
Graphen-
theorie
Algebraische
Topologie
Algebra
Math.
Logik
Mengen-
lehre
Relationen
und
Strukturen
Aufbau des
Zahlensystems
Lineare
Optimierung
Zahlen-
theorie
Geometrie
Differential-
geometrie
Analytische
Geometrie

Die mathematische Grundlagenforschung hat gezeigt, daß der Mengenbegriff und der Abbildungsbegriff für den Aufbau und die Entwicklung der meisten mathematischen Disziplinen grundlegend sind.

Die **mathematische Logik** formalisiert die Sprache, in der mathematische Aussagen gemacht werden, stellt Regeln auf, um von Aussagen auf neue Aussagen schließen zu können, analysiert Aussageformen und entwickelt Beweisverfahren. Üblicherweise legt man die zweiwertige Logik zugrunde.

Die **Mengenlehre** präzisiert den Mengenbegriff, das wichtigste Konstruktionshilfsmittel der reinen Mathematik, und behandelt die Verknüpfung von Mengen. Die Symbolik und die Ergebnisse der Mengenalgebra dienen einer einheitlichen Darstellung der verschiedenen mathematischen Disziplinen und spielen auch für die Anwendungen (z. B. Rechenautomaten) eine wichtige Rolle.

Relationen stellen Beziehungen zwischen den Elementen einer Menge (z. B. Klassifizierung durch Äquivalenzrelationen) oder denen verschiedener Mengen her. Abbildungen definiert man dabei als spezielle Relationen. Die **Strukturen** auf Mengen (algebraische, topologische und Ordnungsstrukturen) lassen sich mit dem Relationsbegriff erfassen.

Alle mathematischen Disziplinen verwenden bestimmte Zahlbereiche und deren Struktur. Beim **Aufbau des Zahlensystems** geht es um eine Klärung und schrittweise Erweiterung des Zahlbegriffs. Dabei kommt dem Problem der Vervollständigung eines Bereiches hinsichtlich bestimmter Struktureigenschaften besondere Bedeutung zu.

Die Beschäftigung mit so verschiedenen Dingen wie Zahlen, Figuren und Strukturen macht eine Gliederung der Mathematik in Teilgebiete notwendig. Diese ist inhaltlich, aber auch historisch bedingt und berücksichtigt die von anderen Wissenschaften (Physik, Technik, Geodäsie u. a.) auf die Mathematik ausgeübten Impulse.

In der **Algebra** werden algebraisch strukturierte Mengen (Gruppen, Ringe, Körper, Moduln, Vektorräume) untersucht. Dabei werden Lösungsmethoden für Gleichungen und Gleichungssysteme bereitgestellt. Im Rahmen der linearen Algebra werden Matrizen und Determinanten eingeführt und zur Lösung linearer Gleichungssysteme verwendet. Mit der Galoistheorie können geometrische Probleme algebraisch behandelt werden.

Die **Zahlentheorie** beschäftigt sich mit Teilbarkeitsfragen im Ring der ganzen Zahlen und in algebraischen Zahlkörpern. Die Hilfsmittel entstammen der Algebra und der Analysis.

Die **Geometrie** widmet sich der Untersuchung der Form und Größe von Figuren. Die Begriffe sind dem Anschauungsraum entlehnt. Durch Axiomatisierung gelangt man je nach dem gewählten Axiomensystem zu recht unterschiedlichen abstrakten Räumen.

Die **analytische Geometrie** bedient sich zur Untersuchung der Räume und Figuren des Vektorbegriffs. Durch diesen und die Einführung von Koordinaten wird die Geometrie algebraisiert.

Die **Topologie** untersucht topologische Strukturen, die man Mengen aufprägen kann. Die verwendeten Grundbegriffe (Umgebung, offene Menge) entstammen der Analysis. Die axiomatische Fassung erlaubt eine Topologisierung sehr allgemeiner Räume. Besonders wichtig sind die metrischen Räume.

Die **algebraische Topologie**, früher *analysis situs* genannt, bedient sich algebraischer Hilfsmittel (Gruppen, Moduln), um topologische Probleme zu lösen. Neben der Homotopietheorie ist die Homologietheorie am weitesten entwickelt.

Die **Graphentheorie** ist aus der Topologie hervorgegangen. Sie behandelt theoretische und praktische Probleme, die sich auf Ecken und verbindende Kanten zurückführen lassen.

Die Infinitesimalrechnung mit **Differential- und Integralrechnung** baut auf dem Grenzwertbegriff auf und gelangt damit zu besonderen Eigenschaften reeller Funktionen (Differenzierbarkeit – Tangentenproblem, Integrierbarkeit – Flächeninhaltsbestimmung). Der für Funktionen im $\mathbb{R}^1$ definierte Differential- und Integralkalkül wird auf Funktionen im $\mathbb{R}^n$ übertragen.

Eine Verallgemeinerung der Integraltheorie ist die **Maßtheorie**, die die Frage behandelt, ob und in welcher Weise man Punktmengen eine reelle Zahl als Inhalt zuordnen kann.

Viele praktische Probleme führen auf Differentialgleichungen (gewöhnliche und partielle). Die **Theorie der Differentialgleichungen** stellt Methoden bereit, um derartige Gleichungen in möglichst allgemeiner Form zu lösen.

Wendet man topologische Methoden auf Mengen von Funktionen (Funktionenräume) an, so erhält man weitreichende Verallgemeinerungen der Infinitesimalrechnung, mit denen sich die **Funktionalanalysis** beschäftigt. In engem Zusammenhang damit steht die Untersuchung normierter Räume, spezieller topologischer Vektorräume.

Die **Differentialgeometrie** befaßt sich mit geometrischen Figuren (z.B. Kurven und Flächen im $\mathbb{R}^3$), die dem Kalkül der Infinitesimalrechnung zugänglich sind. Wichtige Teilgebiete sind die Kurven- und Flächentheorie.

Die Übertragung der Methoden der Infinitesimalrechnung auf komplexe Funktionen führt zu einer besonders geschlossenen Theorie, der **Funktionentheorie.** Durch die Methode der analytischen Fortsetzung gelangt man zu dem wichtigen Begriff der RIEMANNschen Fläche.

In der **Kombinatorik** werden gewisse Anzahlprobleme endlicher Mengen angesprochen. Diese treten in Geometrie, Zahlentheorie, Graphentheorie und in der **Wahrscheinlichkeitsrechnung** auf. Letztere macht Aussagen über das Eintreten zufälliger Ereignisse und stellt die Grundlagen für die **Statistik** zusammen.

A_1	Die Rose ist eine Pflanze	$w(A_1)=\mathrm{W}$
A_2	Der Wal ist ein Fisch	$w(A_2)=\mathrm{F}$
A_3	$2+4=6$	$w(A_3)=\mathrm{W}$
A_4	4 ist eine Primzahl	$w(A_4)=\mathrm{F}$
A_5	Jede gerade Zahl, die größer ist als 2, ist Summe zweier Primzahlen (GOLDBACHsche Vermutung)	$w(A_5)$ unbekannt
A_6	Es gibt stetige, nicht differenzierbare Funktionen	$w(A_6)=\mathrm{W}$
A_7	5 ist genau dann eine Primzahl, wenn Stufenwinkel an Parallelen gleich groß sind	$w(A_7)=\mathrm{W}$
A_8	Wenn 5 eine gerade Zahl ist, dann ist die Winkelsumme im ebenen Dreieck 180°	$w(A_8)=\mathrm{W}$
A_9	Jedes Viereck mit einem Paar gleicher Gegenseiten und einem Paar gleicher Gegenwinkel ist ein Parallelogramm	$w(A_9)=\mathrm{F}$

A

Beispiele für Aussagen

$w(A)$	$w(B)$	$w(\neg A)$	$w(A \wedge B)$	$w(A \vee B)$	$w(A \Rightarrow B)$	$w(A \Leftrightarrow B)$
W	W	F	W	W	W	W
W	F		F	W	F	F
F	W	W	F	W	W	F
F	F		F	F	W	W

B

Wahrheitstafeln für die wichtigsten Junktoren

$w(A \circ_i B)$

$w(A)$	$w(B)$	$\circ_1$	$\circ_2$	$\circ_3$	$\circ_4$	$\circ_5$	$\circ_6$	$\circ_7$	$\circ_8$	$\circ_9$	$\circ_{10}$	$\circ_{11}$	$\circ_{12}$	$\circ_{13}$	$\circ_{14}$	$\circ_{15}$	$\circ_{16}$
W	W	W	W	W	W	W	W	W	W	F	F	F	F	F	F	F	F
W	F	W	W	W	W	F	F	F	F	W	W	W	W	F	F	F	F
F	W	W	W	F	F	W	W	F	F	W	W	F	F	W	W	F	F
F	F	W	F	W	F	W	F	W	F	W	F	W	F	W	F	W	F
übliches Junktor-symbol			$\vee$			$\Rightarrow$		$\Leftrightarrow$	$\wedge$	$\mid$						$\triangledown$	

Es zeigt sich eine Antisymmetrie in dem Sinne, daß sich der zweite Teil der Tabelle durch Spiegelung aus dem ersten ergibt, wenn man gleichzeitig W und F vertauscht, so daß $w(A \circ_i B) = w(\neg(A \circ_{17-i} B))$ ist. Man kommt also mit den ersten 8 Verkn. und $\neg$ aus. Die Verkn. $\circ_6$ ist von A, $\circ_4$ von B, $\circ_1$ von A und B unabhängig und daher überflüssig. $\circ_3$ ist auf $\circ_5$ zurückführbar, da $w(A \circ_3 B) = w(B \circ_5 A)$. Die in Abb. B genannten Verkn. reichen damit zur Beschreibung aller zweistelligen Verkn. aus.

C

Wahrheitstafeln für alle zweistelligen Verknüpfungen

$\neg A$	$A \mid A$	$A \triangledown A$
$A \wedge B$	$(A \mid B) \mid (A \mid B)$	$(A \triangledown A) \triangledown (B \triangledown B)$
$A \vee B$	$(A \mid A) \mid (B \mid B)$	$(A \triangledown B) \triangledown (A \triangledown B)$
$A \Rightarrow B$	$A \mid (A \mid B)$	$(B \triangledown (A \triangledown B)) \triangledown (B \triangledown (A \triangledown B))$

D

Zurückführung der Verknüpfungen $\neg$, $\wedge$, $\vee$, $\Rightarrow$ auf nand und nor

Aussagen und Wahrheitswerte

Die Mathematik ist wie jede Wissenschaft darauf angewiesen, ihre Ergebnisse mündlich und schriftlich zu formulieren. Wegen der Vielfalt von Sprachen und der Gefahr von Mißverständnissen beim Gebrauch der Umgangssprache ist man in der Mathematik mehr und mehr dazu übergegangen, die Aussagen in einer künstlichen, formalisierten Sprache wiederzugeben, die nur noch die logisch bedeutsamen Elemente der Umgangssprache enthält. Es beginnt damit, daß man selbst den Begriff der *Aussage* zu präzisieren hat. I. a. fordert man, daß die Aussagen in die Klasse der wahren und die Klasse der falschen Aussagen eingeteilt werden können (*Prinzip der Zweiwertigkeit*). Eine Aussage ist dann jedes schriftsprachliche Gebilde, dem entweder der *Wahrheitswert* des Wahren W oder der des Falschen F zukommt. Dabei spielt es keine Rolle, auf welche Weise der Wahrheitswert festgestellt wird. Bei bis heute nicht bewiesenen Vermutungen in der Mathematik etwa steht der Wahrheitswert gar nicht fest, doch darf bei der üblichen Auffassung angenommen werden, daß sie entweder wahr oder falsch sind. Ist A eine Aussage, so soll $w(A)$ der zugehörige Wahrheitswert sein (Abb. A).

Aussageformen

Nicht jede sinnvolle Zeichen- oder Buchstabenreihe ist eine Aussage, wie z. B.

Herzlichen Glückwunsch!
Die Zahl 5 ist größer.
$x+3=8$
$P(3)$
$S(7,3,4)$

Die letzten drei Gegenbeispiele sind trotzdem für die Mathematik von besonderem Interesse, da sie sog. Variable enthalten. Diese sind zwar auf einen gewissen Bereich von Dingen beschränkt, doch geht z. B. $x+3=8$ durch Einsetzung einer natürlichen Zahl für x in eine Aussage über, etwa in $11+3=8$(F) oder $5+3=8$(W). $P(3)$ kann durch Einsetzung eines sog. *Prädikates*, etwa »··· ist eine Primzahl« oder »··· ist eine gerade Zahl« in die Aussagen »3 ist eine Primzahl« (W), »3 ist eine gerade Zahl« (F) übergehen, $S(7,3,4)$ durch die Prädikate »··· ist die Summe von ··· und ···« oder »··· liegt zwischen ··· und ···« in »7 ist die Summe von 3 und 4« (W) bzw. »7 liegt zwischen 3 und 4« (F). Man nennt solche Gebilde *Aussageformen*.

Verknüpfung von Aussagen

Viele Aussagen und Aussageformen bestehen aus Teilen, die selbst wieder Aussagen bzw. Aussageformen sind. Als vermittelnde Worte treten insbesondere auf: nicht, und, oder, wenn-dann, genau dann-wenn. Es ist üblich, hierfür besondere Symbole (*Junktoren*) zu verwenden. Leider ist die Symbolik nicht einheitlich, doch scheint sich folgende Schreibweise durchzusetzen, so daß sie im folgenden verwendet werden soll: $\neg A$ für »nicht A«, $A \wedge B$ für »A und B«, $A \vee B$ für »A oder B«, $A \Rightarrow B$ für »wenn A, dann B«, $A \Leftrightarrow B$ für »A genau dann, wenn B«. In der Aussagenlogik werden diese *Verknüpfungen* so festgelegt, daß sich der Wahrheitswert einer Aussage eindeutig aus den Wahrheitswerten der Teilaussagen ergibt, unabhängig davon, ob zwischen den Teilaussagen inhaltlich ein logischer Zusammenhang besteht oder nicht (A_7 und A_8 in Abb. A). Durch eine *Belegung* der Teilaussagen mit Wahrheitswerten erhält man den Wahrheitswert der zusammengesetzten Aussage nach sog. *Wahrheitstafeln* (Abb. B). Man beachte, daß diese verabredeten Werte nicht in allen Fällen dem oft ungenauen und nicht einheitlichen Sprachgebrauch entsprechen. Z. B. wird $\vee$ nur für »oder im nicht ausschließenden Sinne« verwendet. Man beachte auch die Wahrheitstafel für $\Rightarrow$. Da man aus einer falschen Aussage durch logisch richtiges Schließen sowohl zu falschen als auch zu wahren Aussagen gelangen kann, ist es günstig, $w(A \Rightarrow B)$ immer als W festzusetzen, wenn $w(A)=$ F ist. Z. B. ist es einleuchtend, daß man aus der Gleichheit zweier Zahlen auf die Gleichheit ihrer Quadrate schließen kann, so daß folgende Aussagen der Form $A \Rightarrow B$ wahr sind:

$$2 = \quad 3 \Rightarrow 4 = 9\,,$$
$$2 = -2 \Rightarrow 4 = 4\,.$$

Im ersten Fall ist auch $w(B)=$ F, im zweiten dagegen $w(B)=$ W.

Man überzeugt sich leicht, daß insgesamt 16 zweistellige Verkn. möglich sind, doch lassen sich alle auf die obigen 5 zurückführen (Abb. C). Dasselbe gilt für alle Verkn. von mehr als zwei Aussagen. Auch das angegebene System mit 5 Verkn. läßt sich weiter vereinfachen, z. B. ist $A \Leftrightarrow B$ stets wahrheitswertgleich mit $(A \Rightarrow B) \wedge (B \Rightarrow A)$, wie sich leicht nachprüfen läßt. Bei Verwendung der Verkn. $A \mid B$ (A nand B, nicht zugleich A und B, SHEFFER) oder der Verkn. $A \nabla B$ (A nor B, weder A noch B) genügt sogar eine allein (Abb. D).

Wesentlich andere Verhältnisse ergeben sich, wenn man das Prinzip der Zweiwertigkeit aufgibt und mehr als zwei Wahrheitswerte zuläßt, doch spielt die *mehrwertige Logik* trotz interessanter Anwendungsmöglichkeiten in der intuitionistischen Math. (S. 19) und der Quantenmechanik nur eine untergeordnete Rolle.

Die Buchstaben $A, B, C, \ldots$ standen oben als *Aussagenvariablen* für beliebige Aussagen. Ein Ausdruck mit solchen Variablen heißt ebenfalls Aussageform, da er durch Einsetzung von Aussagen in eine Aussage überführt werden kann. Eine Aussageform heißt *erfüllbar*, wenn sie durch geeignete Einsetzung in eine wahre Aussage übergehen kann. Einen Sonderfall stellen die *identischen* oder *allgemeingültigen* Aussageformen dar, die durch jede Einsetzung in eine wahre Aussage übergehen, z. B. $A \Rightarrow A$ oder $((A \Rightarrow B) \wedge (B \Rightarrow A)) \Rightarrow (A \Leftrightarrow B)$. Dagegen gehen Aussageformen wie $((A \Rightarrow B) \wedge A) \wedge \neg B$ oder $\neg A \wedge A$ durch jede Einsetzung in falsche Aussagen über (*unerfüllbare* oder *kontradiktorische* Aussageformen).

	Formel	Bezeichnung
(1)	$A \vee \neg A$	Satz vom ausgeschlossenen Dritten
(2)	$\neg(A \wedge \neg A)$	Satz vom Widerspruch
(3)	$\neg(\neg A) \Leftrightarrow A$	Satz von der doppelten Verneinung
(4)	$\neg(A \wedge B) \Leftrightarrow \neg A \vee \neg B$	Sätze von DE MORGAN
(5)	$\neg(A \vee B) \Leftrightarrow \neg A \wedge \neg B$	
(6)	$A \Rightarrow B \Leftrightarrow \neg B \Rightarrow \neg A$	Kontrapositionssatz
(7)	$(A \Rightarrow B) \wedge A \Rightarrow B$	Satz zum modus ponens
(8)	$(A \Rightarrow B) \wedge \neg B \Rightarrow \neg A$	Satz zum modus tollens
(9)	$(A \Rightarrow B) \wedge (B \Rightarrow C) \Rightarrow (A \Rightarrow C)$	Satz zum modus barbara
(10)	$A \wedge (B \vee C) \Leftrightarrow (A \wedge B) \vee (A \wedge C)$	Distributivsätze
(11)	$A \vee (B \wedge C) \Leftrightarrow (A \vee B) \wedge (A \vee C)$	

A

Wichtige Sätze der Aussagenlogik

	Formel	Bezeichnung
(1)	$\neg \bigwedge_x A(x) \Leftrightarrow \bigvee_x \neg A(x)$	Verneinungssätze
(2)	$\neg \bigwedge_x \neg A(x) \Leftrightarrow \bigvee_x A(x)$	
(3)	$\neg \bigvee_x A(x) \Leftrightarrow \bigwedge_x \neg A(x)$	
(4)	$\neg \bigvee_x \neg A(x) \Leftrightarrow \bigwedge_x A(x)$	
(5)	$\bigwedge_x \bigwedge_y A(x, y) \Leftrightarrow \bigwedge_y \bigwedge_x A(x, y)$	Vertauschbarkeitssätze
(6)	$\bigvee_x \bigvee_y A(x, y) \Leftrightarrow \bigvee_y \bigvee_x A(x, y)$	
(7)	$\bigvee_x \bigwedge_y A(x, y) \Rightarrow \bigwedge_y \bigvee_x A(x, y)$	
(8)	$\bigwedge_x A(x) \Rightarrow A(x)$	
(9)	$A(x) \Rightarrow \bigvee_x A(x)$	

B

Man beachte, daß in (7) bis (9) $\Rightarrow$ und nicht $\Leftrightarrow$ steht!

Wichtige Sätze der Prädikatenlogik

Ausdruck: $P(x, y) \wedge Q(x, z, t) \Rightarrow R(u)$

Individuenmenge: $\omega = \mathbb{N}$

$\mathfrak{B}_\omega(x) = 2, \quad \mathfrak{B}_\omega(y) = 7, \quad \mathfrak{B}_\omega(z) = 1, \quad \mathfrak{B}_\omega(t) = 3, \quad \mathfrak{B}_\omega(u) = 16$

$\mathfrak{B}_\omega(P) = \{(1, 2), (2, 7), (7, 10)\}$

$\mathfrak{B}_\omega(Q) = \{(2, 3, 4), (3, 4, 5)\}$

$\mathfrak{B}_\omega(R) = \{16, 32, 48, 64, 80\}$

$(\mathfrak{B}_\omega(x), \mathfrak{B}_\omega(y)) \in \mathfrak{B}_\omega(P)$, daher $\mathfrak{B}^*_\omega(P(x, y)) = \mathrm{W}$

$(\mathfrak{B}_\omega(x), \mathfrak{B}_\omega(z), \mathfrak{B}_\omega(t)) \notin \mathfrak{B}_\omega(Q)$, daher $\mathfrak{B}^*_\omega(Q(x, z, t)) = \mathrm{F}$

$\mathfrak{B}_\omega(u) \in \mathfrak{B}_\omega(R)$, daher $\mathfrak{B}^*_\omega(R(u)) = \mathrm{W}$

C Der durch die Belegung $\mathfrak{B}_\omega$ induzierte Wahrheitswert ist deshalb $\mathfrak{B}^*_\omega(P(x, y) \wedge Q(x, z, t) \Rightarrow R(u)) = \mathrm{W}$.

Beispiel einer ω-Belegung

$$\bigwedge_x \bigwedge_y \bigwedge_z (A(x, y) \wedge A(y, z) \Rightarrow A(x, z)) \wedge \bigwedge_x \bigvee_y A(x, y) \Rightarrow \bigvee_x A(x, x)$$

In diesem Ausdruck wird behauptet, daß eine transitive Relation, in der jedes Glied als Vorderglied auftritt, auf mindestens ein Paar gleicher Individuen zutrifft. Das ist für jede endliche Individuenmenge ω sicher richtig. Für $\omega = \mathbb{N}$ (Menge der natürlichen Zahlen) erhält der Ausdruck jedoch durch die Belegung von A mit »ist kleiner als« den Wahrheitswert des Falschen.

D

Beispiel eines für jede endliche Menge ω ω-identischen, aber nicht allgemeingültigen Ausdrucks

Sätze und Regeln der Aussagenlogik

Die allgemeingültigen Aussageformen heißen *Sätze der Aussagenlogik* und sind insofern für die Math. von besonderem Interesse, als sich aus ihnen wichtige *Schlußregeln* ergeben, nach denen man von wahren Aussagen zu neuen wahren Aussagen gelangen kann. Besonders wichtige Sätze der Aussagenlogik sind in Abb. A zusammengestellt. Dabei ist die Schreibweise durch Weglassen von Klammern weitgehend vereinfacht gemäß der Verabredung, daß von den Junktoren $\wedge$, $\vee$, $\Rightarrow$, $\Leftrightarrow$ in der genannten Reihenfolge jeder stärker binden soll als der folgende. Aus (7) bis (9) ergeben sich die wichtigen Schlußregeln:

Wenn $A \Rightarrow B$ und A gelten, kann man auf B schließen (*modus ponens* oder *Abtrennungsregel*).

Wenn $A \Rightarrow B$ und $\neg B$ gelten, kann man auf $\neg A$ schließen (*modus tollens*).

Wenn $A \Rightarrow B$ und $B \Rightarrow C$ gelten, kann man auf $A \Rightarrow C$ schließen (*modus barbara* oder *Kettenschlußregel*).

Einer kürzeren Formulierung dienen folgende *Schlußfiguren*:

$$\frac{\begin{matrix} A \Rightarrow B \\ A \end{matrix}}{B} \qquad \frac{\begin{matrix} A \Rightarrow B \\ \neg B \end{matrix}}{\neg A} \qquad \frac{\begin{matrix} A \Rightarrow B \\ B \Rightarrow C \end{matrix}}{A \Rightarrow C}$$

Von jeder Aussageform ist in endlich vielen Schritten durch Belegung der Aussagenvariablen mit Wahrheitswerten auf alle nur möglichen Weisen entscheidbar, ob sie allgemeingültig ist, also einen Satz der Aussagenlogik darstellt, oder nicht.

Neben diesem sog. *semantischen Verfahren*, bei dem die Aussageformen durch die Belegung der Variablen mit Wahrheitswerten und die Auffassung der Junktoren als Wahrheitsfunktionen eine gewisse inhaltliche Deutung erhalten, gibt es noch einen anderen Weg (*syntaktisches Verfahren*), um zu einem vollständigen Satzsystem der Aussagenlogik zu kommen. Hierbei faßt man unter Verzicht auf jegliche inhaltliche Deutung die Aussageformen als bloße Zeichenreihen auf, aus denen nach bestimmten festgelegten Regeln in endlich vielen Schritten neue Zeichenreihen gebildet werden dürfen. Man kann nun Systeme von Aussageformen (*Axiome*) und Schlußregeln so angeben, daß genau die Sätze der Aussagenlogik im obigen Sinne *ableitbar* werden.

Prädikatenlogik erster Stufe

Für die Formalisierung math. Theorien reicht die Aussagenlogik noch nicht aus. Bei der weiteren Analyse von Aussagen stößt man auf *Subjekte*, *Prädikate* und sog. *quantifizierende Redeteile* wie »für alle« und »es gibt«. Subjekte sind Namen für Dinge aus einer bestimmten vorgegebenen Individuenmenge, Prädikate Namen für Relationen auf dieser Individuenmenge. Einstellige Prädikate heißen auch *Eigenschaften* (Beisp. S. 15). Man führt weiter die *Quantoren* $\bigwedge_x$ für »für alle x gilt« (*Generalisator*) und $\bigvee_x$ für »es gibt ein x, für das gilt« (*Partikularisator*) ein, wobei sich die Variable x auf die Elemente der Individuenmenge bezieht. Die Aussage »Es gibt eine Primzahl zwischen 5 und 9« ließe sich, wenn man P für das einstellige Prädikat »ist eine Primzahl« setzt, in der Form $\bigvee_x (P(x) \wedge 5 < x < 9)$ schreiben, wobei x auf die Menge $\mathbb{N}$ der natürlichen Zahlen bezogen ist, was man genauer durch $\bigvee_x (x \in \mathbb{N} \wedge P(x) \wedge 5 < x < 9)$ zum Ausdruck bringt. Man beachte, daß es sich trotz der vorkommenden Variablen x nicht um eine Aussageform, sondern um eine Aussage handelt, bei der x nur der Markierung dient. Man sagt, daß die Variable durch den Quantor *gebunden* sei. Zum Unterschied heißen die bisher verwendeten Variablen *freie* Variablen.

Als weitere Beispiele seien über der Menge $\mathbb{R}$ der reellen Zahlen genannt:

$$\bigwedge_x \bigwedge_y (x \in \mathbb{R} \wedge y \in \mathbb{R} \Rightarrow Kg(x, y) \vee Kg(y, x)) \quad \text{und}$$

$$\bigwedge_x \bigwedge_y (x \in \mathbb{R} \wedge y \in \mathbb{R} \Rightarrow \bigvee_z (z \in \mathbb{R} \wedge S(z, x, y))),$$

wobei $Kg(x, y)$ »x ist kleiner oder gleich y« und $S(z, x, y)$ »z ist die Summe von x und y« bedeuten soll. Kg ist also ein zweistelliges, S ein dreistelliges Prädikat.

Sätze der Prädikatenlogik

Um zu den Sätzen der Prädikatenlogik zu gelangen, gibt es wie in der Aussagenlogik zwei Wege.

Beim ersten (semantischen) bildet man mittels des Begriffs der *ω-Belegung* die Menge der Ausdrücke in die Menge $\{W, F\}$ der Wahrheitswerte ab. Eine ω-Belegung $\mathfrak{B}_\omega$ bezieht sich dabei auf eine vorgegebene Individuenmenge ω und stellt eine Abb. dar, die jeder Subjektsvariablen ein El. aus ω und jeder n-stelligen Prädikatenvariablen eine n-stellige Relation in ω (S. 31) zuordnet. Der durch $\mathfrak{B}_\omega$ induzierte Wahrheitswert $\mathfrak{B}^*_\omega$ von $P(x_1, \ldots, x_n)$ soll genau dann W sein, wenn $(\mathfrak{B}_\omega(x_1), \ldots, \mathfrak{B}_\omega(x_n)) \in \mathfrak{B}_\omega(P)$ gilt (Abb. C). Bei gebundenen Variablen ist entsprechend der inhaltlichen Bedeutung der Quantoren zu verfahren. Ein Ausdruck A heißt *ω-erfüllbar*, wenn es ein $\mathfrak{B}_\omega$ mit $\mathfrak{B}^*_\omega(A) = W$ gibt, er heißt *ω-identisch*, wenn dies für jedes $\mathfrak{B}_\omega$ gilt. A heißt *allgemeingültige Aussageform* oder *Satz der Prädikatenlogik*, wenn A ω-identisch ist für jede Wahl von ω. Besonderes Interesse verdient in diesem Zusammenhang das Theorem von LÖWENHEIM und SKOLEM, nach dem ein Ausdruck allgemeingültig ist, wenn es eine abzählbar-unendliche Menge $\mathfrak{B}_\omega$ gibt, für die er ω-identisch ist (vgl. aber D). Eine erfüllende ω-Belegung einer Menge M von Aussageformen wird übrigens auch ein *Modell* von M bezüglich ω genannt.

Der zweite (syntaktische) Weg geht wie in der Aussagenlogik von Axiomen und Schlußregeln aus. Auch hier läßt sich erreichen, daß genau alle Sätze der Prädikatenlogik ableitbar werden (*Vollständigkeitssatz* von GÖDEL). Hingegen ist nicht mehr von jedem beliebigen vorgelegten Ausdruck in endlich vielen Schritten entscheidbar, ob es sich um einen Satz der Prädikatenlogik handelt oder nicht (*Unentscheidbarkeitstheorem* von CHURCH).

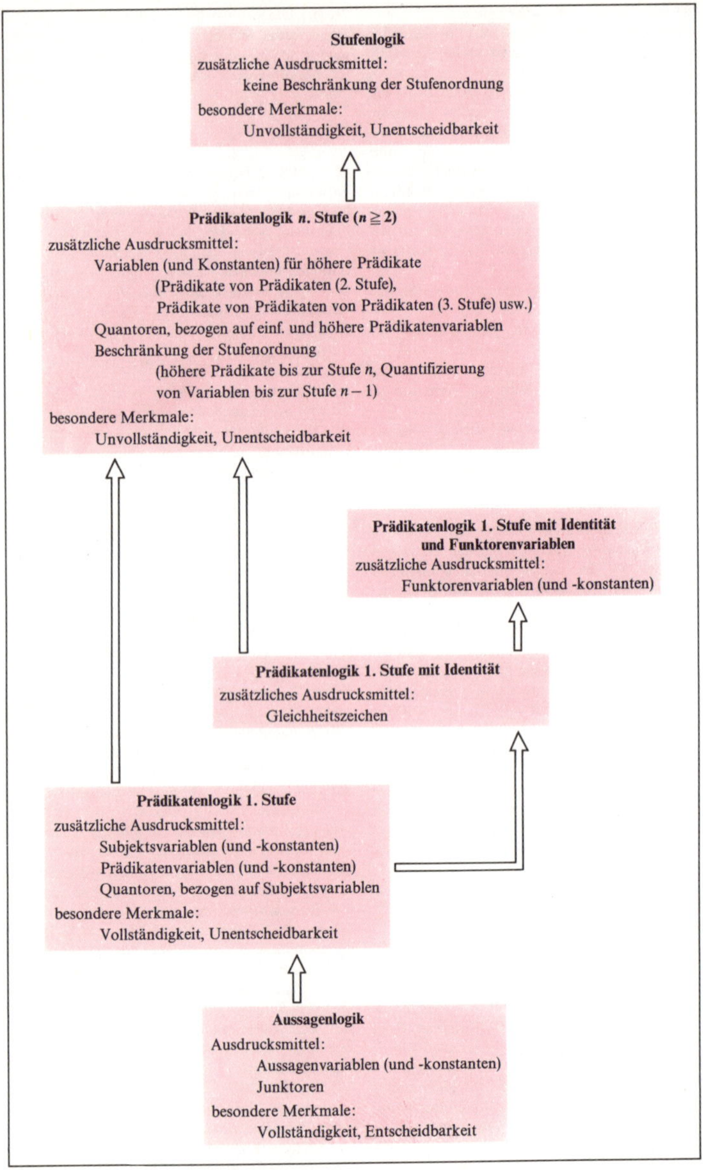

Aufbau der mathematischen Logik

Erweiterungen der Prädikatenlogik 1. Stufe

Für weitere Anwendungen der Prädikatenlogik nimmt man i. a. noch einige Erweiterungen vor. Die erste betrifft das *Gleichheitszeichen* »=« für die *Identität*, die eine feste Relation darstellt, in der jedes Element einer Menge zu sich selbst, aber zu keinem anderen Element steht. Da eine Definition wie bei anderen math. Zeichen hier nicht möglich ist, erscheint es sinnvoll, das Gleichheitszeichen zu den logischen Konstanten hinzuzuzählen (*Prädikatenlogik mit Identität*).

Prädikate sind als Namen für Relationen in einer Individuenmenge ω def. worden (S. 17). Nun stellen in der Math. die Funktionen von n Variablen spezielle $(n+1)$-stellige Relationen dar (S. 33). Z. B. ist die Abb., die jedem geordneten Paar $(x, y) \in \mathbb{R} \times \mathbb{R}$ die Summe $x+y=z \in \mathbb{R}$ zuordnet, einerseits eine Funktion von 2 Variablen, ist aber auf S. 17 auch durch das dreistellige Prädikat $S(z, x, y)$ bezeichnet worden. Die Funktionsschreibweise stellt also eine Vereinfachung dar, weshalb man bei der Bildung von Aussageformen vielfach auch *Funktorenvariablen* zuläßt, wobei ein *Funktor* ein Name für eine Funktion sein soll (zu unterscheiden vom Funktorbegriff auf S. 249). Da allerdings etwa $x+y$ mit dem Funktor $+$ nur einen Term darstellt, der durch Einsetzung noch nicht in eine Aussage, sondern eine Zahl übergeht, ist diese Erweiterung der Ausdrucksbestimmungen nur bei gleichzeitiger Verwendung des Gleichheitszeichens sinnvoll (*Prädikatenlogik mit Identität und Funktorenvariablen*).

Prädikatenlogik höherer Stufen

Die Quantifizierung bezog sich bei der bisherigen Darstellung nur auf Subjektsvariablen. Das reicht für weite Teile der Math., z. B. die allgemeine Strukturtheorie, aus. Dagegen tritt schon bei der axiomatischen Charakterisierung der natürlichen Zahlen die Notwendigkeit der Quantifizierung von Prädikatenvariablen auf (S. 53). Ein n-stelliges Prädikat über ω entspricht einer Teilmenge des n-fachen kartesischen Produktes von ω mit sich selbst. Eine Quantifizierung erfordert dann die Betrachtung der Potenzmenge, d. h. der Menge aller Teilmengen dieses Produktes (Prädikatenlogik 2. Stufe). Durch Einführung von Prädikatenprädikaten und deren Quantifizierung etc. ergibt sich ein Schichtenaufbau der Prädikatenlogik, wobei die Bildungsschritte durch eine gewisse Stufenordnung zu beschreiben sind. Kommen nur Prädikate bis zu einer bestimmten Stufe n vor, spricht man von Prädikatenlogik n-ter Stufe. Unterliegt die Stufenbildung keiner Beschränkung, spricht man von *Stufenlogik*. Die Leistungsfähigkeit der höheren Prädikatenlogik mag hier ein Beisp. zeigen. Bereits die zweite Stufe reicht aus, um die Identität durch $x=y :\Leftrightarrow \bigwedge_P (P(x) \Leftrightarrow P(y))$ def. zu können, wobei sich die Quantifizierung auf alle einstelligen Prädikate bezieht. Das Gleichheitszeichen braucht dann nicht mehr als logische Konstante aufgefaßt zu werden.

Leider läßt sich für die Prädikatenlogik höherer als erste Stufe nicht mehr die Übereinstimmung zwischen semantischem und syntaktischem Aufbau erreichen (*Unvollständigkeit* der höheren Prädikatenlogik). Für die elementare Zahlentheorie bedeutet das, daß man in der Prädikatenlogik erster Stufe zwar einen vollständigen Logikkalkül hat, aber die natürlichen Zahlen nicht eindeutig charakterisieren kann. In der zweiten Stufe gelingt zwar die eindeutige Charakterisierung, aber es gibt kein Verfahren mehr, um alle Sätze über natürliche Zahlen auf syntaktischem Wege herzuleiten.

In engem Zusammenhang mit dieser Frage steht das Problem der *syntaktischen Widerspruchsfreiheit* einer auf bestimmte Axiome aufgebauten math. Theorie. Es geht darum zu zeigen, daß eine kontradiktorische Aussageform wie $A \wedge \neg A$ nicht ableitbar ist. Das erfordert jeweils Hilfsmittel, die aus dem Kalkül herausführen, in dem die Axiome formuliert sind. Für viele Gebiete der Math. ist die Widerspruchsfreiheit bis heute nicht bewiesen.

Intuitionismus

Neben anderen Problemen hat vor allem die Unvollständigkeit der höheren Prädikatenlogik zu einer bemerkenswerten Kritik an den Grundlagen der hier dargestellten sog. klassischen Logik geführt, die den Umgang mit dem Unendlichen betrifft. Bei der üblichen *aktualen Auffassung des Unendlichen* kann man von der Menge der natürlichen Zahlen mit ihren Eigenschaften ebenso sprechen wie von einer endlichen Menge, die man als Ganzes erfassen kann. Bei der *potentiellen Auffassung des Unendlichen* dagegen erkennt man nur an, was man durch schrittweise Konstruktionen in endlich vielen Schritten erreichen kann. Die Menge der natürlichen Zahlen ist danach nicht als Ganzes zu erfassen, sondern ein offener Bereich. Nun gibt es aber wegen der Unvollständigkeit der höheren Prädikatenlogik Sätze über natürliche Zahlen, die nicht nach bestimmten Regeln in endlich vielen Schritten hergeleitet werden können. Bei der zuletzt genannten Auffassung des Unendlichen wird man dann weder die in solchen Sätzen behaupteten Eigenschaften der natürlichen Zahlen, noch ihre Verneinung anerkennen können. Man muß dann aber bereits den Satz vom ausgeschlossenen Dritten in seiner Anwendbarkeit auf unendliche Mengen, damit aber auch das Prinzip der Zweiwertigkeit der Logik verwerfen. Der Intuitionismus stellt ein auf diesen völlig anderen Grundlagen aufgebautes Logiksystem dar. Bei der Anwendung auf die Math. entfallen dabei alle nichtkonstruktiven Existenzbeweise und die indirekten Beweise (S. 21). Hinzu kommt die Ablehnung der axiomatischen Methode, durch die man ja gerade den Rahmen des konstruktiv Erreichbaren überschreiten will. Wenn auch verschiedene Wege aufgezeigt wurden, diese sehr starke Einengung wenigstens etwas zu lockern, hält man in der modernen Math. i. a. an der klassischen Logik fest.

Aus den 4 Axiomen

(1) $\bigwedge_x \bigwedge_y (x=y \Rightarrow y=x)$

(2) $\bigwedge_x \bigwedge_y (x=y \Rightarrow (A(x) \Rightarrow A(y)))$

(3) $\bigwedge_x \bigwedge_y (x+y=y+x)$

(4) $\bigwedge_x (0+x=x)$

ist abzuleiten: $\bigwedge_x (x+0=x)$.

Beweis:

(5)	$x=y \Rightarrow y=x$	aus (1), (2), (3), (4) durch Beseitigung des Generalisators
(6)	$x=y \Rightarrow (A(x) \Rightarrow A(y))$	
(7)	$x+y=y+x$	
(8)	$0+x=x$	
(9)	$z+0=0+z \Rightarrow 0+z=z+0$	aus (5) mit $x\mid z+0,\ y\mid 0+z$
(10)	$0+z=z+0 \Rightarrow (0+z=z \Rightarrow z+0=z)$	aus (6) mit $A(u)\mid u=z,\ x\mid 0+z,\ y\mid z+0$
(11)	$z+0=0+z \Rightarrow (0+z=z \Rightarrow z+0=z)$	aus (9) und (10) durch modus barbara
(12)	$z+0=0+z$	aus (7) mit $x\mid z,\ y\mid 0$
(13)	$0+z=z$	aus (8) mit $x\mid z$
(14)	$z+0=z$	aus (11), (12), (13) durch modus ponens (zweimal)
(15)	$\bigwedge_z (z+0=z)$	aus (14) durch Generalisierung
(16)	$\bigwedge_x (x+0=x)$	aus (15) durch gebundene Umbenennung

A

Beispiel für einen formalisierten direkten Beweis

Es ist zu beweisen:

$$\bigwedge_n \left(n \in \mathbb{N} \Rightarrow \sum_{k=0}^{n} k(k+1) = \frac{n(n+1)(n+2)}{3} \right)$$

Beweis:

Die Aussageform $\sum_{k=0}^{n} k(k+1) = \frac{n(n+1)(n+2)}{3}$ werde mit $A(n)$ bezeichnet.

(1) Induktionsbeginn:
Es gilt $A(0)$, denn $\sum_{k=0}^{0} k(k+1)$ bedeutet $0 \cdot 1$, was mit der rechten Seite $\frac{0 \cdot 1 \cdot 2}{3}$ übereinstimmt.

(2) Schluß von n auf $n+1$:
Annahme: Es gilt $A(n)$.
Folgerung:
$\sum_{k=0}^{n+1} k(k+1)$ bedeutet $\left(\sum_{k=0}^{n} k(k+1) \right) + (n+1)(n+2)$,
und das läßt sich unter obiger Annahme umformen zu

$$\frac{n(n+1)(n+2)}{3} + \frac{(n+1)(n+2) \cdot 3}{3} = \frac{(n+1)(n+2)(n+3)}{3}.$$

Also gilt $\sum_{k=0}^{n+1} k(k+1) = \frac{(n+1)(n+2)(n+3)}{3}$, d. h. $A(n+1)$.

$A(n) \Rightarrow A(n+1)$ läßt sich generalisieren zu $\bigwedge_n (A(n) \Rightarrow A(n+1))$. Aus (1) und (2) folgt die Behauptung.

B

Beispiel eines Beweises durch vollständige Induktion

Formen des Beweisens

Unter einem **Beweis** versteht man die Ableitung einer Aussage aus anderen Aussagen nach bestimmten logischen Schlußregeln. Es ist selbstverständlich, daß in der Math. nicht jede Aussage beweisbar sein kann, ohne daß man einem Zirkel verfällt. Versucht man, kompliziertere Aussagen auf einfachere zurückzuführen, so stößt man bald auf Sätze, die sich aus keinen früheren mehr herleiten lassen. Der Mathematiker gründet daher seine verschiedenen Teilgebiete auf *Axiome*, d. h. auf als wahr postulierte Aussagen, auf die bei den nun folgenden Beweisen zurückgegriffen werden darf. Alle Beweise sind damit letztlich auf Axiome zurückführbar (Beisp. für Axiomensysteme S. 39, 53, 133). Was aus einem Axiomensystem ableitbar ist, hängt ferner davon ab, für welches Logiksystem man sich entscheidet, welche Schlußregeln, die von wahren wieder zu wahren Aussagen führen sollen, man zulassen will.

Für die Aussagen- und Prädikatenlogik lassen sich verhältnismäßig leicht Systeme von Schlußregeln angeben, die es gestatten, das übliche inhaltliche Schließen streng zu formalisieren, doch läßt man auch in der Hochschulmath. inhaltlich geführte, nicht formalisierte Beweise weitgehend zu.

Die bekannteste Beweisform ist der **direkte Beweis**, dem als wesentliche Schlußregel der modus ponens (S. 17) zugrundeliegt. Von Bedeutung sind weiter Regeln zur Einführung und Beseitigung von Junktoren und Quantoren und eine Einsetzungsregel. Im Beispiel A bedeutet etwa $y\,|\,0+x$, daß y an allen Stellen, wo es frei vorkommt, durch $0+x$ ersetzt worden ist.

Zu bemerken ist, daß außer den Axiomen in einen Beweis auch andere Annahmen eingehen können, die aber dann später wieder zu beseitigen sind.

Soll aus einer Axiomenmenge M die Aussage A abgeleitet werden, so kann dies manchmal dadurch geschehen, daß man aus der Annahme der Verneinung $\neg A$ auf eine Aussage B schließt, deren Verneinung $\neg B$ aus M ableitbar ist. Aus $\neg A \Rightarrow B$ und $\neg B$ folgt mittels modus tollens (S. 17) $\neg\neg A$ und damit A (**indirekter Beweis**).

Ist die Behauptung A von der Form $C \Rightarrow D$, so ist die Verneinung $\neg A$ äquivalent zu $C \wedge \neg D$. Sonderfälle indirekter Beweise ergeben sich damit, wenn aus der Annahme $\neg A$, d. h. $C \wedge \neg D$ eine der Aussagen $\neg C$ oder D ableitbar ist.

Ein verwandtes Verfahren besteht darin, statt $C \Rightarrow D$ die sog. Kontraposition (S. 16) $\neg D \Rightarrow \neg C$ zu beweisen.

Das bekannteste Beispiel für einen indirekten Beweis aus der Schulmath. ist der für die Irrationalität von $\sqrt{2}$ (S. 58).

Die Schlußregeln des modus ponens und modus tollens rechtfertigen übrigens die häufig verwendeten Bezeichnungen *notwendige* bzw. *hinreichende Bedingung*. Wenn $A \Rightarrow B$ gilt, nennt man A eine hinreichende Bedingung für B, andererseits B eine notwendige Bedingung für A.

Beweisverfahren der vollständigen Induktion

Ist die zu beweisende Aussage von der Form $\bigwedge_n A(n)$, wobei $A(n)$ eine Funktion auf der Menge $\mathbb{N}$ der nat. Zahlen enthält, so kann der Beweis aufgrund einer besonderen im 5. PEANOaxiom (S. 53) formulierten Eigenschaft der nat. Zahlen so geführt werden, daß man zunächst $A(0)$ (Induktionsbeginn), sodann $\bigwedge_n (A(n) \Rightarrow A(n+1))$ (Schluß von n auf $n+1$) beweist. Insbesondere gilt dann $A(0) \Rightarrow A(1)$, $A(1) \Rightarrow A(2)$ usw. Durch wiederholte Anwendung des modus ponens folgt dann $A(1)$, $A(2)$ usw., daher auch $\bigwedge_n A(n)$ (Abb. B).

Eine Erweiterung dieses Verfahrens stellt die *transfinite Induktion* dar (S. 49).

Axiomatische Methode

Bei der Aufstellung von Axiomensystemen, wie sie oben erwähnt wurden, fordert man die *Widerspruchsfreiheit* (S. 19) und i. a. auch die *Unabhängigkeit*. (Keines der Axiome soll aus den vorhergehenden ableitbar sein.) Weiter interessiert die Frage, ob alle wahren Aussagen einer Theorie aus den Axiomen ableitbar sind, was in vielen Theorien schon der verwendeten logischen Hilfsmittel wegen zu verneinen ist (S. 19).

Formen des Definierens

Unter einer **Definition** versteht man i. a. die genaue Abgrenzung eines Begriffes innerhalb eines größeren Zusammenhanges unter Verwendung anderer Begriffe. Dabei ergeben sich ähnliche Probleme wie beim Beweisen. Man muß schließlich zwangsläufig auf Grundbegriffe stoßen, die einer Definition im obigen Sinne nicht mehr zugänglich sind. Bei den zuerst genannten *expliziten Definitionen* heißt der zu definierende Begriff *Definiendum*, der Begriff, durch den er erklärt wird, *Definiens*.

Man schreibt

Definiendum := Definiens oder

Definiendum :⇔ Definiens,

je nachdem das Definiens ein Term oder eine Aussage ist. Eine Definition stellt dann i. a. eine abgekürzte Schreibweise dar, wobei das Definiendum überall, wo es gebraucht wird, durch das Definiens ersetzt werden kann.

Viele Begriffe, insbesondere die Grundbegriffe natürliche Zahl, Punkt, Gerade, Abstand, Flächeninhalt usw. werden nicht explizit, sondern *implizit* definiert durch ihre gegenseitigen Beziehungen, die in einem geeigneten Axiomensystem formuliert werden.

Nach dem Definierbarkeitssatz von BETH läßt sich allerdings jede mit den Mitteln der Prädikatenlogik erster Stufe formulierte implizite Definition einer Relation oder Funktion auch in expliziter Form angeben.

Dem induktiven Beweis entspricht die *induktive* oder *rekursive* Definition. Man definiert beispielsweise $n!$ für alle $n \in \mathbb{N}$ durch $0! = 1$ und $(n+1)! = n!(n+1)$.

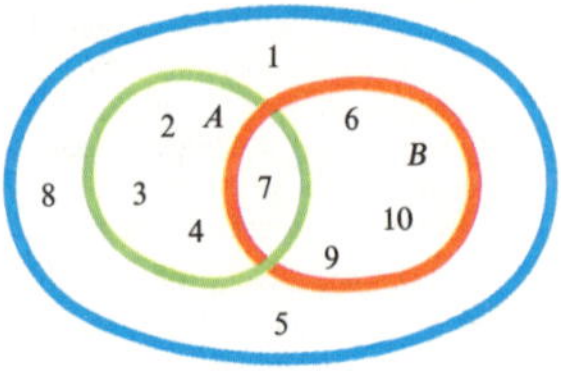

$A = \{2, 3, 4, 7\}$
$B = \{6, 7, 9, 10\}$

$3 \in A$	$7 \in A$
$3 \notin B$	$7 \in B$
$6 \notin A$	$5 \notin A$
$6 \in B$	$5 \notin B$

A

Elementbeziehung für Mengen, Mengendiagramm

$M_1 := \{3, 5, 7\}$
$M_2 := \{x \mid x \in \mathbb{N} \wedge x^3 - 15x^2 + 71x - 105 = 0\}$
M_3 sei die Menge aller ungeraden einstelligen Primzahlen
M_4 sei die Menge aller Primteiler von 315
M_5 sei die Menge aller ungeraden Zahlen zwischen 2 und 8

$$M_1 = M_2 = M_3 = M_4 = M_5$$

B

Verschiedene Beschreibungsmöglichkeiten einer Menge

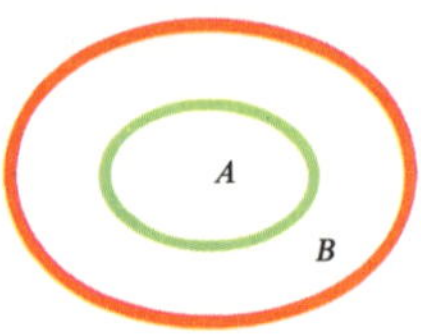

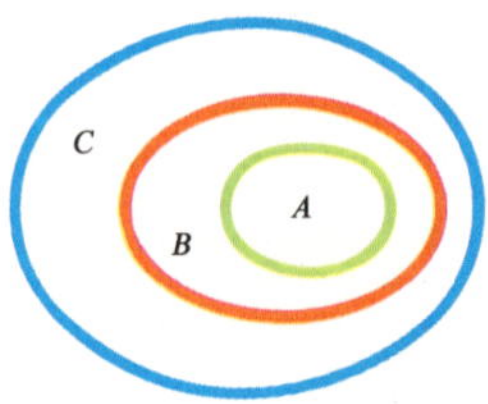

$A \subseteq B$
$A \subset B$

$A \subseteq B \wedge B \subseteq C \Rightarrow A \subseteq C$
$A \subset B \wedge B \subset C \Rightarrow A \subset C$

C

Teilmenge

$A_0 = \emptyset$	$\mathfrak{P}(A_0) = \{\emptyset\}$
$A_1 = \{a_1\}$	$\mathfrak{P}(A_1) = \{\emptyset, \{a_1\}\}$
$A_2 = \{a_1, a_2\}$	$\mathfrak{P}(A_2) = \{\emptyset, \{a_1\}, \{a_2\}, \{a_1, a_2\}\}$
$A_3 = \{a_1, a_2, a_3\}$	$\mathfrak{P}(A_3) = \{\emptyset, \{a_1\}, \{a_2\}, \{a_3\}, \{a_1, a_2\}, \{a_1, a_3\}, \{a_2, a_3\}, \{a_1, a_2, a_3\}\}$
....	....
$A_n = \{a_1, a_2, \ldots, a_n\}$	$\mathfrak{P}(A_n) = \mathfrak{P}(A_{n-1}) \cup \{\{a_n\}\} \cup \{\{a_1, a_n\}, \{a_2, a_n\}, \ldots, \{a_{n-1}, a_n\}\} \cup$ $\cup \{\{a_1, a_2, a_n\}, \{a_1, a_3, a_n\}, \ldots, \{a_{n-2}, a_{n-1}, a_n\}\} \cup \ldots \cup \{\{a_1, a_2, \ldots, a_n\}\}$

D

Potenzmenge

Der Begriff der **Menge** spielt in der modernen Math. eine fundamentale Rolle. Die Beschäftigung mit Mengen hat zudem die math. Grundlagenforschung entscheidend beeinflußt, da sich bei der ursprünglich von CANTOR gegebenen Def. der Menge (Def. 1) Widersprüche konstruieren ließen. Trotzdem legt man auch heute noch vielfach diese Def. zugrunde, vermeidet aber die Mengenbildungen, die sich als widersprüchlich erwiesen haben. Diese *naive Mengenlehre* soll auch hier zunächst entwickelt werden. Die wünschenswerte Strenge im Aufbau durch eine präzise Einengung der Mengendef., bei der alle für die Math. bedeutsamen Eigenschaften erhalten bleiben, wird in der *axiomatischen Mengenlehre* (S. 29) erreicht.

Einführende Begriffe

Def. 1: Eine *Menge* ist eine Zusammenfassung von bestimmten, wohlunterschiedenen Objekten unserer Anschauung oder unseres Denkens zu einem Ganzen. Die Objekte heißen *Elemente* (El.) der Menge.

Bei Verwendung der Variablen $a, b, c, \ldots$ für die El. einer Menge, der Variablen $A, B, C, \ldots$ für Mengen soll $a \in A$ bedeuten, daß a El. von A ist, $b \notin M$, daß b nicht El. von M ist (Abb. A).

Als El., die zu einer Menge zusammengefaßt werden, kommen in der Math. vorwiegend Zahlen, geometrische Gebilde, Abbildungen usw. in Frage, doch kann man auch die Stühle eines Konzertsaales, die Bauteile einer Maschine, die Verkehrsunfälle in Deutschland im vergangenen Jahr oder die Einwohner einer Stadt sinnvoll zu einer Menge zusammenfassen. Mengen können endlich oder unendlich sein (S. 35). Endliche Mengen kann man durch Aufzählung ihrer El. angeben, üblicherweise zwischen geschweiften Klammern, z. B. $\{2, 4, 6, 8, 10\}$, beliebige Mengen durch Angabe bestimmter definierender Bedingungen. Hierbei schreibt man abkürzend $\{x \mid E(x)\}$ für die Menge aller x, für die $E(x)$ gilt, so daß also $y \in \{x \mid E(x)\}$ genau dann gilt, wenn $E(y)$ gilt (Abb. B). Bedeutet $P(x)$ »x ist eine Primzahl«, so ist $\{x \mid P(x) \wedge x < 10\}$ die Menge aller Primzahlen unter 10, die man in aufzählender Form auch als $\{2, 3, 5, 7\}$ schreiben kann. Dagegen ist $\{x \mid P(x)\}$, die Menge aller Primzahlen, nicht mehr durch Angabe aller ihrer El. zu schreiben, da es sich um eine unendliche Menge handelt.

Besonders wichtige Mengen werden durch bestimmte Symbole abgekürzt. So bezeichnen z. B. $\mathbb{N}, \mathbb{Z}, \mathbb{Q}, \mathbb{R}$ und $\mathbb{C}$ der Reihe nach die Mengen der natürlichen, ganzen, rationalen, reellen bzw. komplexen Zahlen.

Def. 2: Mengen heißen *gleich*, wenn sie dieselben El. enthalten,

$$A = B :\Leftrightarrow \bigwedge_x (x \in A \Leftrightarrow x \in B).$$

Die Reihenfolge der El. ist also ohne Bedeutung, z. B. ist $\{2, 3, 5, 7\} = \{3, 5, 2, 7\}$. Die Gleichheitsrelation zwischen Mengen ist eine Äquivalenzrelation (S. 31). Durch eine unerfüllbare Bedingung wie $\{x \mid P(x) \wedge 31 < x < 37\}$ wird man auf die *leere Menge* geführt, die mit $\emptyset$ bezeichnet wird. Nach der Def. der Gleichheit kann es nur eine leere Menge geben, die man am einfachsten definieren kann durch:

Def. 3: $\emptyset := \{x \mid x \neq x\}$.

Mengendiagramme

Um sich die Zusammenfassung von Objekten zu einem Ganzen an einem Bild zu veranschaulichen, denkt man sich diese als Punkte einer Ebene, die durch einen Kreis oder eine andere geschlossene Kurve zusammengehalten werden (EULER- oder VENN-*Diagramm*) (Abb. A).

Teilmenge und Potenzmenge

Es kann sein, daß alle El. einer Menge A auch El. einer Menge B sind. In diesem Fall nennt man A *Teilmenge* von B, in Zeichen $A \subseteq B$.

Def. 4: $A \subseteq B :\Leftrightarrow \bigwedge_x (x \in A \Rightarrow x \in B)$.

Als Verschärfung definiert man die *echte Teilmenge*:

Def. 5: $A \subset B :\Leftrightarrow A \subseteq B \wedge A \neq B$.

In diesem Fall gibt es Elemente von B, die nicht zu A gehören (Abb. C).

Für die zweistellige Relation $\subseteq$ gilt:

$A \subseteq A$	Reflexivität,
$A \subseteq B \wedge B \subseteq A \Rightarrow A = B$	Identitivität,
$A \subseteq B \wedge B \subseteq C \Rightarrow A \subseteq C$	Transitivität (Abb. C).

Es handelt sich um eine sog. Ordnungsrelation (S. 31 u. S. 43).

Zwischen $\in$ und $\subset$ ist scharf zu unterscheiden. Es gilt zwar $2 \in \{2, 3, 4\}$, aber nicht $2 \subset \{2, 3, 4\}$, dagegen wohl $\{2\} \subset \{2, 3, 4\}$.

Für jede Menge A gilt $\emptyset \subseteq A$. Ist $A \neq \emptyset$, gilt die Verschärfung $\emptyset \subset A$.

Auch Mengen selbst lassen sich wieder zu Mengen zusammenfassen, deren El. sie sind *(Mengensystem)*. Ein besonderes Mengensystem ist die Menge aller Teilmengen einer Menge A, genannt die *Potenzmenge* $\mathfrak{P}(A)$.

Def. 6: $\mathfrak{P}(A) := \{x \mid x \subseteq A\}$ (Abb. D).

Es gilt:

Satz: Die Potenzmenge einer Menge von n El. enthält 2^n El.

Der Beweis wird durch vollständige Induktion über n geführt.

Widersprüchliche Mengenbildungen

Bei Mengen, deren El. Mengen sind, ist besondere Vorsicht am Platz. Man könnte nämlich daran denken, daß eine Menge auch sich selbst als El. enthält, wie etwa die Menge aller abstrakten Begriffe. RUSSELL hat nun die Menge R aller Mengen betrachtet, die sich selbst nicht als El. enthalten, also $R := \{x \mid x \notin x\}$ so daß $x \in R \Leftrightarrow x \notin x$. Insbesondere müßte für R selbst gelten $R \in R \Leftrightarrow R \notin R$. Die Menge R müßte sich also genau dann als El. enthalten, wenn sie sich nicht enthält (RUSSELL*sche Antinomie*). Auch die Menge aller Mengen (*Allmenge*) ist ein widerspruchsvoller Begriff. Durch Vermeidung solcher Mengenbildungen versucht man in der naiven Mengenlehre, diese und andere Widersprüche auszuschließen.

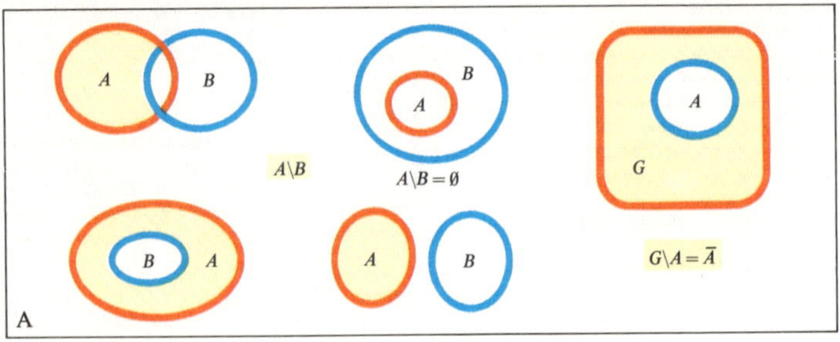

Restmenge, Komplement

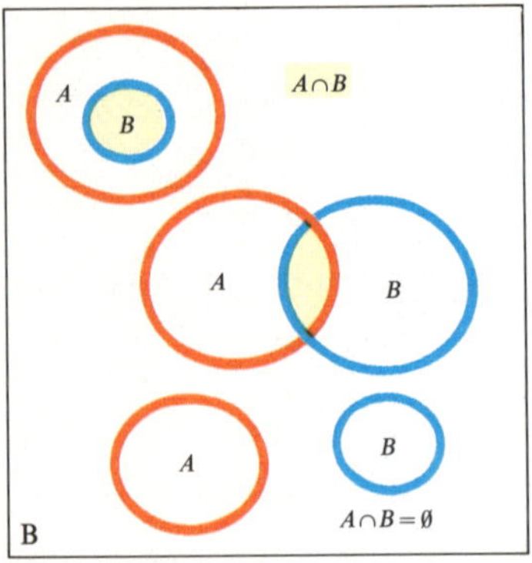

Durchschnitt

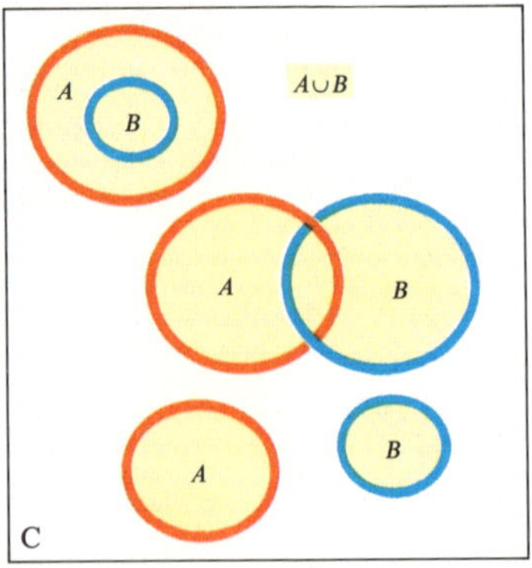

Vereinigung

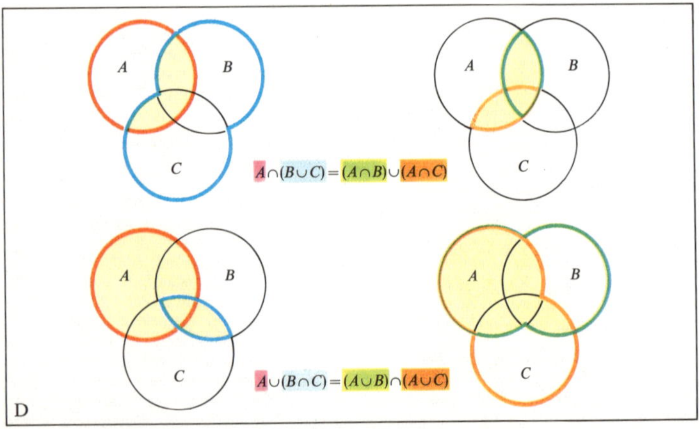

Distributivität von ∩ und ∪

Verknüpfungsoperationen für Mengen

Von besonderer Bedeutung für die Anwendbarkeit der Mengenlehre sind Verknüpfungsoperationen (S. 39) zwischen Mengen, deren Eigenschaften in engem Zusammenhang mit denen der aussagenlogischen Verkn. und denen der Rechenoperationen in Zahlenmengen stehen.

Def. 1: $A \setminus B := \{x \mid x \in A \wedge x \notin B\}$ (Abb. A).

Man liest $A \setminus B$ als A ohne (oder minus) B, da diese Menge genau die El. von A enthält, die nicht zu B gehören (*Restmenge*).

Ist $A \subseteq G$, so heißt $G \setminus A$ auch das *Komplement* von A bez. G (Abb. A), das auch als $\overline{A}$ geschrieben wird, wenn durch den Zusammenhang kein Zweifel besteht, welche Menge G gemeint ist. Das ist i. a. der Fall, wenn G der einer bestimmten Theorie zugrunde liegende Individuenbereich, die sog. *Grundmenge* ist. Da die Allmenge ein widerspruchsvoller Begriff ist (S. 23), kann bei der Bildung des Komplements auf die Menge G nicht verzichtet werden.

Der Zusammenhang der Komplementbildung mit der Negation wird deutlich durch $x \in G \Rightarrow (x \in \overline{A} \Leftrightarrow \neg x \in A)$.

Die wichtigsten Verknüpfungen von Mengen sind der *Durchschnitt* und die *Vereinigung* zweier Mengen.

Def. 2: $A \cap B := \{x \mid x \in A \wedge x \in B\}$ (Abb. B).

$A \cap B$ (sprich: *Durchschnitt* von A und B) besteht also aus allen El., die gleichzeitig zu A und B gehören. Das Symbol $\cap$ erinnert an $\wedge$. Ist $A \cap B = \emptyset$, so nennt man A und B *disjunkt*.

Def. 3: $A \cup B := \{x \mid x \in A \vee x \in B\}$ (Abb. C).

$A \cup B$ (sprich: *Vereinigung* von A und B) besteht aus allen El., die zu A oder zu B gehören (»oder« im nicht ausschließenden Sinne!). Das Symbol $\cup$ erinnert an $\vee$. Aus den Eigenschaften von $\wedge$ und $\vee$ ergeben sich sogleich wichtige Eigenschaften für $\cap$ und $\cup$:

$$\left.\begin{array}{l} A \cap B = B \cap A \\ A \cup B = B \cup A \end{array}\right\} \textit{Kommutativität},$$

$$\left.\begin{array}{l} (A \cap B) \cap C = A \cap (B \cap C) \\ (A \cup B) \cup C = A \cup (B \cup C) \end{array}\right\} \textit{Assoziativität},$$

$$\left.\begin{array}{l} A \cap (B \cup C) = (A \cap B) \cup (A \cap C) \\ A \cup (B \cap C) = (A \cup B) \cap (A \cup C) \end{array}\right\} \textit{Distributivität}.$$

Auch aus Mengendiagrammen lassen sich diese Eigenschaften leicht ablesen (Abb. D).

Wegen der weitgehenden formalen Übereinstimmung mit entsprechenden Rechenregeln der Addition und Multiplikation in Zahlenmengen (algebraische Strukturen, S. 39) nennt man den Teil der Mengenlehre, der sich mit den Verknüpfungen von Mengen beschäftigt, *Mengenalgebra*.

Weitere Eigenschaften:

$$\left.\begin{array}{l} A \cap (A \cup B) = A \\ A \cup (A \cap B) = A \end{array}\right\} \textit{Adjunktivität},$$

$$\left.\begin{array}{l} A \cap A = A \\ A \cup A = A \end{array}\right\} \textit{Idempotenz}.$$

Durchschnitt und Vereinigung lassen sich nicht nur für zwei Mengen definieren. Ist I eine beliebige endliche oder unendliche Indexmenge und ist jedem $i \in I$ eine Menge A_i zugeordnet, so definiert man:

Def. 4: $\bigcap_{i \in I} A_i := \left\{x \mid \bigwedge_i (i \in I \Rightarrow x \in A_i)\right\}$.

Def. 5: $\bigcup_{i \in I} A_i := \left\{x \mid \bigvee_i (i \in I \wedge x \in A_i)\right\}$.

Die El. von $\bigcap A_i$ gehören also allen A_i an, $\bigcup A_i$ besteht aus allen El., die wenigstens einem A_i angehören. Sollte die Indexmenge die leere Menge $\emptyset$ sein, so wird $\bigcap_{i \in \emptyset} A_i = G$ (Grundmenge) und $\bigcup_{i \in \emptyset} A_i = \emptyset$, da in Def. 4 und Def. 5 $i \in I$ unerfüllbar ist.

Für die leere Menge und die Grundmenge ergeben sich noch folgende Beziehungen:

$$A \cap \emptyset = \emptyset, \quad A \cup \emptyset = A,$$
$$A \cap G = A, \quad A \cup G = G,$$
$$A \cap \overline{A} = \emptyset, \quad A \cup \overline{A} = G.$$

Ferner gelten die *Gesetze von* DE MORGAN:

$$\overline{A \cap B} = \overline{A} \cup \overline{B} \quad \text{und} \quad \overline{A \cup B} = \overline{A} \cap \overline{B}.$$

Anwendungen

Die Operationen der Mengenalgebra treten in allen Disziplinen der Math. immer wieder auf. Einige Beispiele aus der Schulmath. mögen dies erläutern. So führt etwa der Durchschnitt der Menge T_2 der durch 2 teilbaren ganzen Zahlen mit der Menge T_3 der durch 3 teilbaren ganzen Zahlen auf die Menge T_6 der durch 6 teilbaren ganzen Zahlen, allgemein ist $T_a \cap T_b = T_{ab}$, falls a und b teilerfremd sind, was zur Aufstellung von Teilbarkeitsregeln führt.

In der Algebra ist die *Erfüllungsmenge eines Gleichungssystems* der Durchschnitt der Erfüllungsmengen der Einzelgleichungen. Bei graphischer Lösung ist das Schnittgebilde der Graphen der durch die Einzelgleichungen gegebenen Funktionen zu ermitteln. Dies erklärt übrigens die Ausdrucksweise Durchschnitt.

Weitere Anwendungen ergeben sich bei Ungleichungen. Die Erfüllungsmenge einer linearen Ungleichung mit 2 Variablen kann graphisch als Halbebene dargestellt werden. Sind mehrere Bedingungen in Form von Ungleichungen gegeben, so ist die Erfüllungsmenge ein Polygon als Durchschnitt von Halbebenen (Bd. II, Lin. Programmieren). Ist $|x+2| > 7$ über der Menge der reellen Zahlen als Grundmenge zu lösen, so ist wegen $|x+2| > 7 \Leftrightarrow x > 5 \vee x < -9$ die Erfüllungsmenge als Vereinigung der Erfüllungsmengen der beiden durch $\vee$ verknüpften Ungleichungen darstellbar. Andererseits könnte man wegen $|x+2| > 7 \Leftrightarrow \neg\, |x+2| \leqq 7$ auch das Komplement der Erfüllungsmenge von $|x+2| \leqq 7$ bilden.

Klasseneinteilungen

Def. 6: Gilt $\bigcup_{i \in I} A_i = G$, und sind dabei alle $A_i \neq \emptyset$ und paarweise disjunkt, so heißt die Menge $\{A_i\}$ eine *Klasseneinteilung* von G.

Die wichtigsten Klasseneinteilungen für die Math. sind die durch Äquivalenzrelationen erzeugten Einteilungen in Äquivalenzklassen (S. 31). So werden etwa die rationalen Zahlen, die Vektoren und viele andere Begriffe mittels Äquivalenzklassen definiert. Auch bei geometrischen Konstruktionsaufgaben kommt es i. a. darauf an, aus einer Klasse kongruenter Figuren einen Repräsentanten zu konstruieren.

(1)

$$\bigwedge_a \bigwedge_b (a \sqcap b = b \sqcap a)$$
$$\bigwedge_a \bigwedge_b (a \sqcup b = b \sqcup a)$$
Kommutativität

$$\bigwedge_a \bigwedge_b \bigwedge_c ((a \sqcap b) \sqcap c = a \sqcap (b \sqcap c))$$
$$\bigwedge_a \bigwedge_b \bigwedge_c ((a \sqcup b) \sqcup c = a \sqcup (b \sqcup c))$$
Assoziativität

$$\bigwedge_a \bigwedge_b (a \sqcap (a \sqcup b) = a)$$
$$\bigwedge_a \bigwedge_b (a \sqcup (a \sqcap b) = a)$$
Adjunktivität

(2)

$$\bigvee_n \bigwedge_a (a \sqcap n = n \wedge a \sqcup n = a)$$
$$\bigvee_e \bigwedge_a (a \sqcap e = a \wedge a \sqcup e = e)$$
Existenz von Nullelement n und Einselement e

(3)

$$\bigwedge_a \bigvee_{a'} (a \sqcap a' = n \wedge a \sqcup a' = e)$$
Komplementarität

(4)

$$\bigwedge_a \bigwedge_b \bigwedge_c (a \sqcap (b \sqcup c) = (a \sqcap b) \sqcup (a \sqcap c))$$
$$\bigwedge_a \bigwedge_b \bigwedge_c (a \sqcup (b \sqcap c) = (a \sqcup b) \sqcap (a \sqcup c))$$
Distributivität

A

Verbandsaxiome

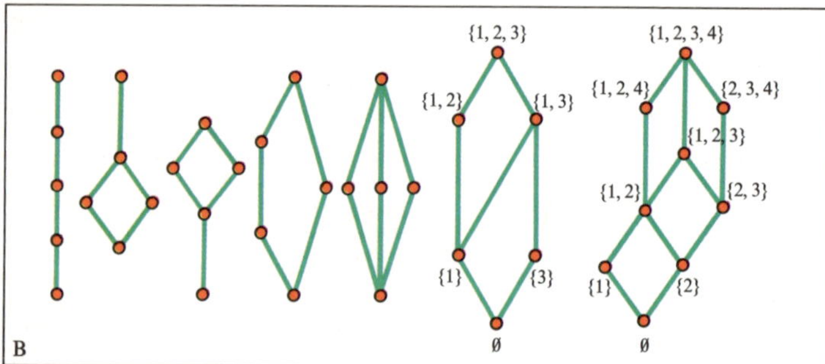

Hasse-Diagramme für alle Verbände mit 5 Elementen und für 2 Mengenverbände

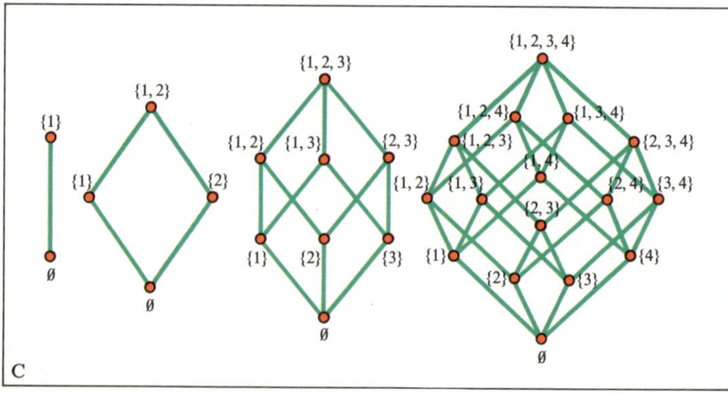

Hasse-Diagramme für Boolesche Verbände

Aus der Def. der mengentheoretischen Operationen $\cap$, $\cup$ und $-$ ergab sich ein enger Zusammenhang zwischen den Rechenregeln der Mengenalgebra und gewissen Sätzen der Aussagenlogik. Da ähnliche Gesetzmäßigkeiten auch bei ganz anderen Verkn. in den verschiedensten Gebieten der Math. auftreten, untersucht man die durch sie erzeugten Strukturen in einer axiomatisch aufgebauten abstrakten Theorie, der *Verbandstheorie*.

Verband, Mengenverband

Def. 1: Eine Menge V, in der zwei innere Verkn. (S. 39) $\sqcap$ und $\sqcup$ def. sind, heißt *Verband* (Vb.), wenn die Gesetze (1) in Abb. A gelten, Vb. mit Null- und Einsel., wenn (1) und (2), *komplementärer Vb.*, wenn (1), (2) und (3), *distributiver Vb.*, wenn (1) und (4), BOOLE*scher Vb.*, wenn (1), (2), (3) und (4) gelten.

Beispiele:

a. Die Potenzmenge $\mathfrak{P}(M)$ einer Menge M ist ein BOOLEscher Vb. mit $\emptyset$ als Nullel., M als Einsel. und den Verkn. $\cap$, $\cup$, $-$.

b. Die Klassen a äquivalenter Aussageformen der Aussagenlogik, def. durch $A_1 \in a \wedge A_2 \in a :\Leftrightarrow (A_1 \Leftrightarrow A_2)$, bilden einen BOOLEschen Vb. $a \sqcap b$, $a \sqcup b$, a' sind die Klassen, zu denen der Reihe nach $A \wedge B$, $A \vee B$, $\neg A$ gehören, falls $A \in a$, $B \in b$. n ist die Klasse der kontradiktorischen, e die der allgemeingültigen Aussageformen.

c. Die Menge $\mathbb{N}$ der nat. Zahlen bildet einen distributiven, nichtkomplementären Vb., wenn $a \sqcap b$ die untere, $a \sqcup b$ die obere Grenze (S. 45) von a und b bez. der Relation $\leqq$ bedeutet.

d. $\mathbb{N}$ bildet auch einen distributiven Vb., wenn $a \sqcap b = \mathrm{ggT}(a, b)$ und $a \sqcup b = \mathrm{kgV}(a, b)$ (S. 118) gesetzt wird.

e. Die Unterräume eines projektiven Raumes (S. 141) einschl. des Raumes selbst (Einsel.) und der leeren Menge (Nullel.) bilden einen komplementären, nichtdistributiven Vb., wenn $a \sqcap b$ den mengentheoretischen Durchschnitt und $a \sqcup b$ den kleinsten linearen Raum bedeutet, der a und b enthält.

Das *Beispiel* a. gibt Anlaß zu

Def. 2: Eine Menge von Teilmengen einer Menge M, zu der $\emptyset$ und M gehören und die mit je zwei Mengen auch deren Durchschnitt und Vereinigung enthält, heißt *Mengenverband*.

Bemerkenswert ist die *Dualität* des Axiomensystems (Abb. A) in dem Sinne, daß jedes Axiom wieder in ein Axiom des Systems übergeht, wenn man $\sqcap$ und $\sqcup$ und entsprechend n und e miteinander vertauscht. Jeder Beweis der Verbandstheorie liefert daher einen dualen Beweis für einen dualen Satz. Z. B. folgt aus den Axiomen der Adjunktivität, indem man im ersten $b = a$, im zweiten $b = a \sqcup a$ setzt:

$$a \sqcap (a \sqcup a) = a \quad \text{und} \quad a \sqcup (a \sqcap (a \sqcup a)) = a$$

und hieraus durch Einsetzung der verbandstheoretische Idempotenzsatz $a \sqcup a = a$. Durch Dualisierung erhält man den Satz $a \sqcap a = a$ mit seinem Beweis. In distributiven Verbänden gilt folgender

Eindeutigkeitssatz

$$a \sqcap c = b \sqcap c \wedge a \sqcup c = b \sqcup c \Rightarrow a = b.$$

Beweis: Aus $a \sqcap c = b \sqcap c$ folgt

$$a \sqcup (a \sqcap c) = a \sqcup (b \sqcap c)$$

und wegen der Adjunktivität und Distributivität

$$a = (a \sqcup b) \sqcap (a \sqcup c).$$

Durch Vertauschung von a und b erhält man unter Berücksichtigung der Kommutativität

$$b = (a \sqcup b) \sqcap (b \sqcup c).$$

Berücksichtigt man nun noch die Vorauss. $a \sqcup c = b \sqcup c$, so stimmen die rechten Seiten der soeben entwickelten Gleichungen überein, so daß $a = b$. Eine Folgerung aus diesem Satz ist die Eindeutigkeit des Komplements in BOOLEschen Verbänden.

Zusammenhang mit der Ordnungstheorie

Von besonderer Bedeutung für die Verbandstheorie ist, daß in beliebigen Verbänden die durch $a \sqsubseteq b :\Leftrightarrow a = a \sqcap b$ definierte zweistellige Relation alle Eigenschaften einer Ordnungsrelation (S. 43) hat. $a \sqcap b$ bzw. $a \sqcup b$ haben bez. dieser Ordnungsrelation die Eigenschaften der unteren bzw. oberen Grenze von a und b (S. 45). Umgekehrt sind in jeder geordneten Menge (S. 43), in der zu je zwei El. eine untere und eine obere Grenze existieren, die Verbandsaxiome erfüllt, wenn man unter $a \sqcap b$ bzw. $a \sqcup b$ diese untere bzw. obere Grenze versteht.

Existieren in der geordneten Menge ein kleinstes und ein größtes Element (S. 43), so spielen diese für den Vb. die Rolle des Null- und Einselementes.

Der Zusammenhang mit der Ordnungstheorie gibt die Möglichkeit, *endliche Verbände* mittels HASSE-*Diagrammen* (S. 43) zu veranschaulichen (Abb. B). Das erklärt übrigens die Bezeichnung Verband, da je zwei El. sowohl nach oben als auch nach unten verbunden sind.

Die Potenzmenge einer endlichen Menge mit n Elementen bildet einen BOOLEschen Verband mit 2^n Elementen. In einem endlichen BOOLEschen Vb. ist jedes Element die Vereinigung der in ihm enthaltenen oberen Nachbarn des Nullelementes (*Atome*). Daher ist jeder BOOLEsche Vb. einem solchen Potenzmengenverband (Abb. C) isomorph (S. 37). Seine Elementanzahl ist daher stets eine Zweierpotenz. Allgemeiner ist jeder distributive Vb. einem Mengenverband isomorph.

BOOLEsche Ringe

Zu den interessantesten Eigenschaften der BOOLEschen Vb. kommt man, wenn man mittels

$$a \cdot b := a \sqcap b$$
$$a + b := (a \sqcap b') \sqcup (a' \sqcap b)$$

zwei Rechenoperationen einführt. Es zeigt sich, daß alle Eigenschaften eines kommutativen Ringes mit Einselement (S. 41) erfüllt sind. Außerdem gilt $\bigwedge_a (a \cdot a = a)$ (*idempotenter Ring*). Eine notwendige Folgerung daraus ist $\bigwedge_a (a + a = n)$. Umgekehrt kann aus jedem kommutativen idempotenten Ring mit Einselement ein BOOLEscher Vb. gebildet werden, wenn man setzt: $a \sqcap b := a \cdot b$, $a \sqcup b := a + b + a \cdot b$, $a' := e + a$.

(1) EPIMENIDES (um 600 v. Chr.)

Der Kreter EPIMENIDES behauptet: Was ich jetzt sage, ist gelogen.
Hat E. gelogen, so ist seine Behauptung falsch, und er hat nicht gelogen. Hat E. nicht gelogen, so ist seine Behauptung wahr, und er hat gelogen.

(2) PROKLOS (um 450 n. Chr.)

PROTAGORAS lehrt einen Schüler die Rechte und trifft mit ihm die Verabredung, daß der Schüler die Studienkosten erst zu entrichten hat, nachdem er seinen ersten Prozeß gewonnen hat. Da er nach Abschluß seiner Studien keine Prozesse übernimmt, verklagt ihn P. schließlich auf Zahlung der Kosten. Er argumentiert: Gewinne ich den Prozeß, so erhalte ich mein Geld aufgrund des Urteilsspruches, verliere ich, so erhalte ich es aufgrund der früheren Verabredung. Der Schüler argumentiert umgekehrt, daß er die Studienkosten in keinem Fall zu zahlen braucht, entweder wegen der getroffenen Verabredung oder aufgrund des richterlichen Urteilsspruches.

(3) GRELLING (1908)

Man teile alle deutschen Adjektive (Eigenschaftswörter) in folgende zwei Klassen ein:

a) heterologische Adjektive, die nicht das sind, was sie bedeuten, z. B. das kurze Adjektiv »lang«, das dreisilbige Adjektiv »zweisilbig«, das deutsche Adjektiv »französisch«.

b) autologische Adjektive, die das sind, was sie bedeuten, z. B. das kurze Adjektiv »kurz«, das dreisilbige Adjektiv »dreisilbig«, das deutsche Adjektiv »deutsch«.

Die Frage, in welcher Klasse das Adjektiv »heterologisch« liegt, führt zu einem Widerspruch. Die Annahme, es liege in a), führt zu dem Schluß, daß es in b) liegt, und umgekehrt.

A

Beispiele für semantische Antinomien

(1) BURALI-FORTI (1897)

Man bilde die Menge aller Ordinalzahlen B. Da B wohlgeordnet ist, gehört zu dieser Wohlordnung eine Ordinalzahl, die zu B gehört und damit einen Abschnitt von B repräsentieren müßte, was den Sätzen der Ordinalzahltheorie widerspricht (S. 49).

(2) CANTOR (1899)

Man bilde die Menge C aller Mengen (Allmenge). Die Frage nach der Mächtigkeit dieser Menge führt auf einen Widerspruch, da die Potenzmenge von C, die eine größere Mächtigkeit als C hat (S. 35), als Teilmenge in C enthalten sein müßte.

(3) RUSSELL (1903)

Man bilde die Menge R aller Mengen, die sich selbst nicht als Element enthalten. Die Annahme, diese Menge R enthalte sich selbst als Element, führt zu dem Schluß, daß sie sich nicht enthält, und umgekehrt (S. 23).

B

Beispiele für syntaktische Antinomien

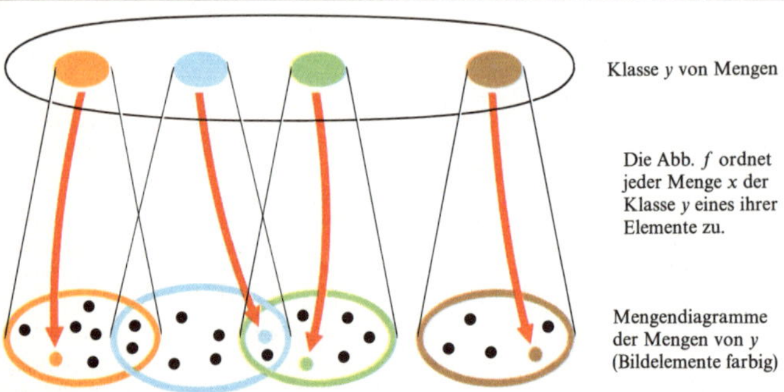

C

Auswahlaxiom

In der naiven Mengenlehre lassen sich Widersprüche konstruieren (S. 23). Man nennt solche zu Widersprüchen führende Überlegungen **Antinomien.** Ihre Analyse hat zu einem neuen Aufbau der Mengenlehre geführt.

Man unterscheidet *syntaktische Antinomien*, bei denen der Widerspruch durch rein formale Schlüsse zustandekommt (Abb. B), und *semantische Antinomien*, bei denen hierfür die Bedeutung der Aussagen wichtig ist (Abb. A). Eine Analyse der semantischen Antinomien zeigt, daß hier Mißbrauch mit der Sprache getrieben wird, indem nicht zwischen gewöhnlichen Aussagen und Aussagen über Aussagen (A 1), gewöhnlichen Eigenschaften und Eigenschaften von Eigenschaften (A 3) etc. unterschieden wird. Auf die Math., insbesondere auf die Mengenlehre angewandt, in die alle syntaktischen Antinomien fallen, heißt das, daß man etwa die Elementbeziehung der Mengenlehre in dem Sinne regeln müßte, daß man zwischen den Elementen einer Grundmenge, Mengen von El. der Grundmenge, Mengen solcher Mengen usw. unterscheidet und die Variablen für Elemente der verschiedenen Stufen entsprechend kennzeichnet. Ein Ausdruck $x \in y$ dürfte nur dann als definiert gelten, wenn die Stufe, zu der y gehört, um 1 höher als die Stufe von x ist. Diese Überlegungen sind der Grundgedanke der *Typentheorie* (RUSSELL), mit der sich erfahrungsgemäß auch alle syntaktischen Antinomien vermeiden lassen, da Ausdrücke wie $x \in x$ oder $\neg x \in x$, die zu den angegebenen Antinomien führen, nicht mehr zulässig sind. Da die Umgangssprache nicht zwischen verschiedenen Sprachschichten unterscheidet, lassen sich bei ihrem Gebrauch die Antinomien nicht vermeiden.

Neben der Typentheorie ist später die **axiomatische Mengenlehre** entwickelt worden, deren Grundgedanke ebenfalls darin besteht, nur gewisse Klassen von Dingen mit bestimmten axiomatisch festgelegten Eigenschaften als Mengen zu bezeichnen.

Um ein solches Axiomensystem zu formulieren, deren es mehrere gibt, braucht man Variablen $x, y, z, \ldots$ für Objekte, die man Klassen nennt. Zwischen ihnen kann die zweistellige Elementrelation $x \in y$ bestehen. Diejenigen Klassen, die El. wenigstens einer Klasse sind, sollen Mengen heißen.

Def. 1: $\mathrm{Mg}\, x :\Leftrightarrow \bigvee_y (x \in y)$.

Mengen sollen gleich heißen, wenn sie stets zugleich El. derselben Klasse sind und dieselben El. enthalten.

Def. 2: $x = y :\Leftrightarrow \bigwedge_z (x \in z \Leftrightarrow y \in z) \wedge \bigwedge_z (z \in x \Leftrightarrow z \in y)$.

Axiomatisch fordert man nun für die so definierten Mengen:

(1) $\bigvee_x \mathrm{Mg}\, x$ (*Existenzaxiom*)

(2) $\bigwedge_z (z \in x \Leftrightarrow z \in y) \Rightarrow x = y$ (*Extensionalitätsaxiom*)

(3) $\bigwedge_x (A(x) \Rightarrow \mathrm{Mg}\, x) \Rightarrow \bigvee_y \bigwedge_x (x \in y \Leftrightarrow A(x))$ (*Komprehensionsaxiom*)

(4) $\mathrm{Mg}\, \emptyset$ (*Nullmengenaxiom*)

(5) $\mathrm{Mg}\, x \Rightarrow \mathrm{Mg}\, \{x\}$ (*Einermengenaxiom*)

(6) $\mathrm{Mg}\, x \wedge \mathrm{Mg}\, y \Rightarrow \mathrm{Mg}(x \cup y)$ (1. *Vereinigungsmengenaxiom*)

(7) $\mathrm{Mg}\, x \Rightarrow \mathrm{Mg} \bigcup_{y \in x} y$ (2. *Vereinigungsmengenaxiom*).

Bevor noch vier weitere Axiome formuliert werden, soll gezeigt werden, daß bei diesem Aufbau der Mengenlehre die RUSSELLsche Antinomie nicht herzuleiten ist.

Ersetzt man in (3) $A(x)$ durch $\neg x \in x$, so erhält man zunächst

$\bigwedge_x (\neg x \in x \Rightarrow \mathrm{Mg}\, x) \Rightarrow \bigvee_y \bigwedge_x (x \in y \Leftrightarrow \neg x \in x)$

und wenn man hinten $x = y$ wählt,

$\bigwedge_x (\neg x \in x \Rightarrow \mathrm{Mg}\, x) \Rightarrow (y \in y \Leftrightarrow \neg y \in y)$.

Da das hintere Glied falsch ist, muß auch das vordere falsch sein. Es gilt also

$\neg \bigwedge_x (\neg x \in x \Rightarrow \mathrm{Mg}\, x)$, d. h. aber

$\bigvee_x (\neg x \in x \wedge \neg \mathrm{Mg}\, x)$.

Statt eines Widerspruches erhält man die Aussage, daß es eine Klasse gibt, die keine Menge ist.

Das nächste Axiom sichert die Existenz unendlicher Mengen, insbesondere der Menge $\mathbb{N}$ der natürlichen Zahlen.

(8) $\bigvee_x (\mathrm{Mg}\, x \wedge \emptyset \in x \wedge (y \in x \Rightarrow y \cup \{y\} \in x))$ (*Unendlichkeitsaxiom*).

Mit $\emptyset$ enthält diese Menge x nämlich auch $\{\emptyset\}$, $\{\emptyset, \{\emptyset\}\}$, $\{\emptyset, \{\emptyset\}, \{\emptyset, \{\emptyset\}\}\}$ usw., d. h. die Menge ist unendlich.

Ferner kann man jetzt Paarklassen def. und einen Relations- und Funktionsbegriff für Klassen aufbauen. Ist der Definitionsbereich einer solchen Funktion eine Menge, so soll es auch der Wertebereich sein.

(9) $\mathrm{Mg}\, x \wedge f: x \to y \Rightarrow \mathrm{Mg}\, y$ (*Funktionalaxiom*).

Hieraus läßt sich folgern, daß zu jeder Menge x eine Potenzklasse $\mathfrak{P}(x)$ existiert. Auch diese soll eine Menge sein.

(10) $\mathrm{Mg}\, x \Rightarrow \mathrm{Mg}\, \mathfrak{P}(x)$ (*Potenzmengenaxiom*).

Das folgende und letzte Axiom ist das problematischste.

(11) Zu jeder Klasse y nichtleerer Mengen x gibt es eine Funktion f mit $f(x) \in x$ für alle $x \in y$ (*Auswahlaxiom*).

Die Funktion f wählt aus jeder Menge ein El. dieser Menge aus (*Auswahlfunktion*, Abb. C). Das Axiom (11) enthält keine Angabe, wie man im Einzelfall eine solche Funktion konstruieren kann, es fordert nur ihre Existenz. Der Intuitionismus (S. 19) lehnt daher dieses Axiom und alle daraus gewonnenen Folgerungen ab (S. 45, Wohlordnungssatz, ZORNsches Lemma). Man kann zeigen, daß unter der Voraussetzung der Widerspruchsfreiheit der axiomatischen Mengenlehre das Auswahlaxiom von den übrigen unabhängig ist. Es gibt Modelle für die übrigen Axiome, für die (11) nicht erfüllt ist. Neben der *Mengenlehre mit Auswahlaxiom* kann daher in sinnvoller Weise eine *Mengenlehre ohne Auswahlaxiom* entwickelt werden, doch hält die Mehrzahl der Mathematiker an der ersteren fest.

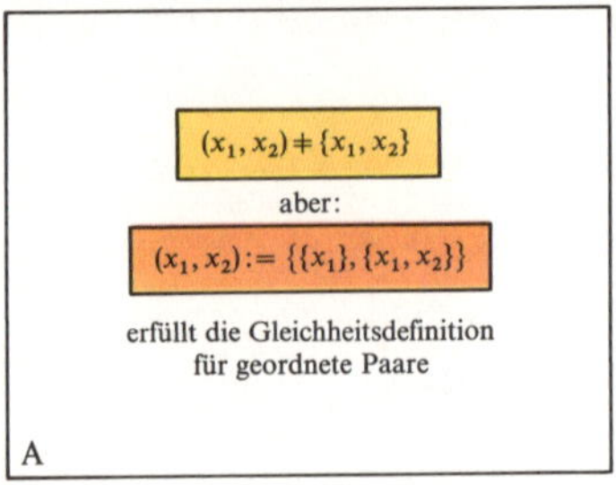

Mengentheor. Def. des geord. Paares

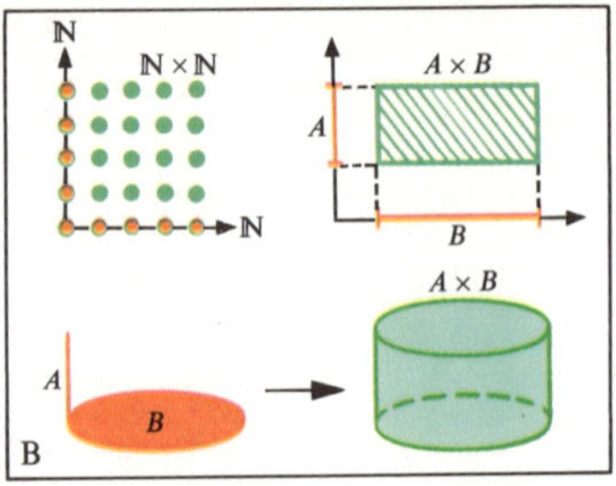

Kartesisches Produkt

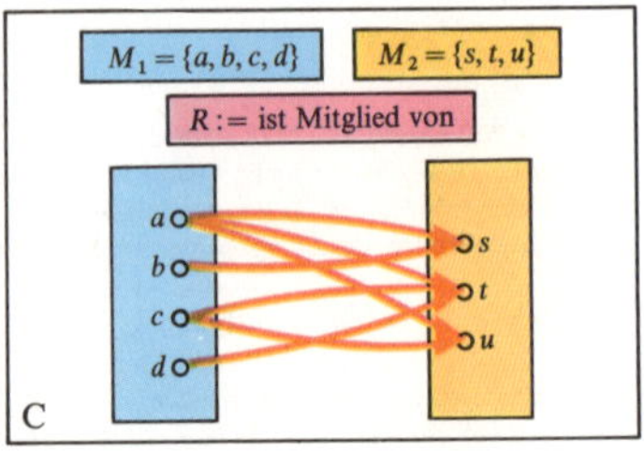

Graph einer zweistelligen Relation

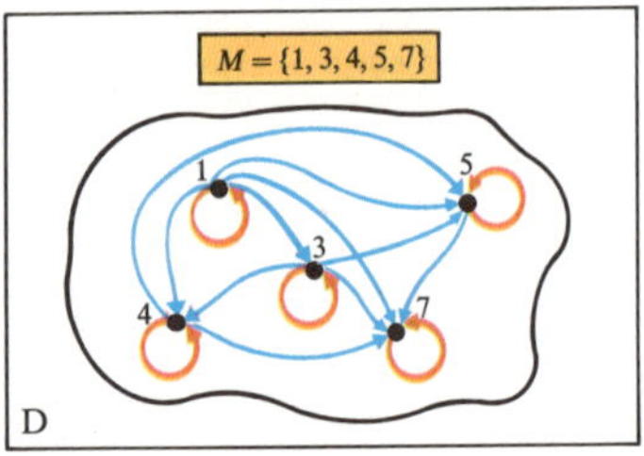

Gleichheitsrel. (rot), Ordnungsrel. (blau)

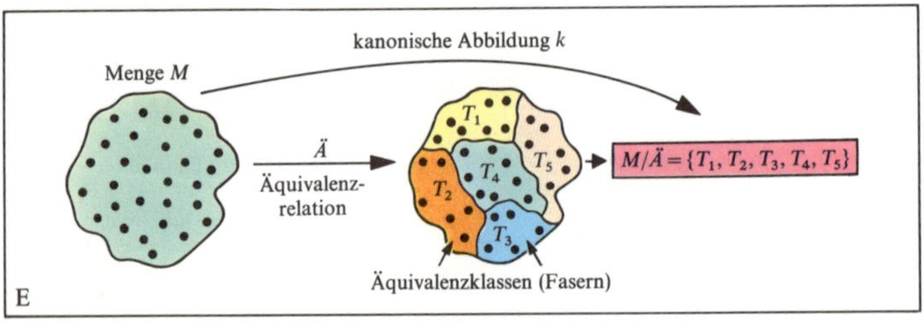

Äquivalenzrelation und Quotientenmenge

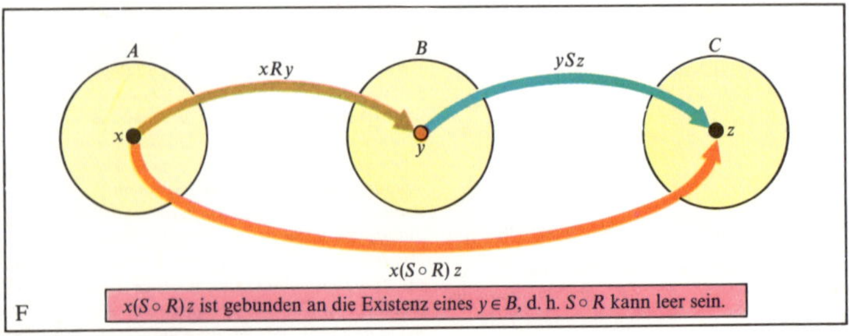

Komposition von Relationen

Zu den fundamentalen Begriffen der Mathematik gehört der Relationsbegriff, dem das kartesische Produkt von Mengen zugrunde liegt. Relationen (Rel.) stellen Beziehungen zwischen den El. einer Menge oder denen verschied. Mengen her. Einerseits ergeben sich daraus die Abbildungen (S. 33) als bes. wichtige spez. Rel., andererseits erzeugen die Rel. die Strukturen auf Mengen (S. 37f.).

Kartesisches Produkt, Relation

Kommt es auf die Reihenfolge zweier El. x_1, x_2 an, so wird der Begriff des *geordneten Paares* (x_1, x_2) verwendet (x_1 heißt erste Komponente, x_2 zweite Komponente). Die *Gleichheit* wird festgelegt durch:

$(x_1, x_2) = (y_1, y_2) :\Leftrightarrow x_1 = y_1 \wedge x_2 = y_2$.

Eine mengentheoretische Def. des geord. Paares ist in Abb. A wiedergegeben. Ein rekursives Verfahren def. als Verallgemeinerung des geord. Paares das *n-Tupel*

$(x_1, x_2, \ldots, x_n) := ((x_1, \ldots, x_{n-1}), x_n)$.

Die Gleichheit zweier n-Tupel ist dann ebenfalls komponentenweise erfüllt.

Def. 1: $M_1 \times \cdots \times M_n := \{(x_1, \ldots, x_n) \mid x_i \in M_i\}$ heißt *kartesisches Produkt* der Mengen $M_1, \ldots, M_n$. Die Menge $M_1 \times M_2 := \{(x_1, x_2) \mid x_1 \in M_1 \wedge x_2 \in M_2\}$ heißt auch *Paarmenge*. Im Falle $M_1 = \ldots = M_n = M$ wird auch M^n geschrieben.

Das kart. Produkt dient einerseits der Konstruktion neuer math. Gebilde (Abb. B), andererseits zur Def. des Relationsbegriffs.

Def. 2: Jede Teilmenge $R \subseteq M_1 \times \ldots \times M_n$ heißt *n-stellige Relation.*

Von besonderer Bedeutung sind die *zweistelligen Relationen* $R \subseteq M_1 \times M_2$. Sie können gedeutet werden als Zuordnungen (Elemente aus M_1 werden nach einer def. Vorschrift Elementen aus M_2 zugeordnet). Diese Zuordnungen lassen sich in einem Graphen (*Graph der Rel.*) darstellen (Abb. C). Statt $(x_1, x_2) \in R$ wird auch $x_1 R x_2$ geschrieben. Ist $M_1 = M_2 = M$, so liegt eine *zweistellige Relation in M* vor: $R \subseteq M \times M$.

Beispiele: Ordnungsrel. »$\leqq$«, Gleichheitsrel. »$=$« in $\mathbb{N}$ (Abb. D), Enthaltenseinsrel. »$\subseteq$« in Mengensystemen, Senkrechtstehen »$\perp$« in der Menge aller Geraden.

Eigenschaften zweistelliger Relationen

a) $R \subseteq M_1 \times M_2$

(1) *R linkstotal* $:\Leftrightarrow \bigwedge_{x_1} \bigvee_{x_2} (x_1 R x_2)$

(2) *R rechtstotal* $:\Leftrightarrow \bigwedge_{x_2} \bigvee_{x_1} (x_1 R x_2)$

(3) *R bitotal* $:\Leftrightarrow (1) \wedge (2)$

(4) *R linkseind.* $:\Leftrightarrow \bigwedge_{x} \bigwedge_{y} \bigwedge_{z} (x R y \wedge z R y \Rightarrow x = z)$

(5) *R rechtseind.* $:\Leftrightarrow \bigwedge_{x} \bigwedge_{y} \bigwedge_{z} (x R y \wedge x R z \Rightarrow y = z)$

(6) *R eineind.* $:\Leftrightarrow (4) \wedge (5)$.

Diese Eigenschaften sind grundlegend für den Begriff der Abbildung (S. 33).

b) $R \subseteq M \times M$

(7) *R reflexiv* $:\Leftrightarrow \bigwedge_{x} (x R x)$

(8) *R symm.* $:\Leftrightarrow \bigwedge_{x} \bigwedge_{y} (x R y \Rightarrow y R x)$

(9) *R asymm.* $:\Leftrightarrow \bigwedge_{x} \bigwedge_{y} (x R y \Rightarrow \neg (y R x))$

(10) *R identitiv (antisymm.)* $:\Leftrightarrow \bigwedge_{x} \bigwedge_{y} (x R y \wedge y R x \Rightarrow x = y)$

(11) *R konnex (linear)* $:\Leftrightarrow \bigwedge_{x} \bigwedge_{y} (x R y \vee y R x)$

(12) *R transitiv* $:\Leftrightarrow \bigwedge_{x} \bigwedge_{y} \bigwedge_{z} (x R y \wedge y R z \Rightarrow x R z)$.

Auf (7) bis (12) bauen sich die Ordnungsstrukturen auf (S. 43f.); (7), (8) und (12) def. den Begriff der Äquivalenzrelation.

Äquivalenzrelation, Quotientenmenge

Def. 3: Eine Relation $\ddot{A} \subseteq M \times M$ heißt *Äquivalenzrelation*, wenn sie reflexiv, symmetrisch und transitiv ist.

Beispiele: Parallelität von Geraden, Kongruenz von Strecken, Gleichheit in Zahlenmengen, Gleichmächtigkeit von Mengen (S. 35).

Jede Äquivalenzrel. zerlegt M in paarweise disjunkte, nichtleere Mengen (Klasseneinteilung):

Def. 4: Die Menge aller zu $x \in M$ in Relation stehenden El. von M heißt *Äquivalenzklasse* $[\![x]\!]$ oder Faser über x:

$[\![x]\!] := \{z \mid x \in M \wedge z \in M \wedge x \ddot{A} z\}$.

Wegen der Reflexivität ist $[\![x]\!] \neq \emptyset$. Aus Symmetrie und Transitivität folgen: $([\![x]\!] = [\![y]\!] \Leftrightarrow x \ddot{A} y)$ und $(z \in [\![x]\!] \wedge z \in [\![y]\!] \Rightarrow [\![x]\!] = [\![y]\!])$, d. h. jedes El. von M ist in genau einer Äq.klasse enthalten, und die Klassen sind paarweise disjunkt.

Eine Äquivalenzrel. erzeugt also eine neue Menge, die Menge der Äq.klassen von M.

Def. 5: $M/\ddot{A} := \{[\![x]\!] \mid x \in M\}$ heißt *Quotientenmenge* von M nach $\ddot{A}$ (Abb. E). Ein El. $y \in [\![x]\!]$ heißt *Repräsentant* der Klasse $[\![x]\!]$. R heißt vollständiges *Repräsentantensystem* von $M/\ddot{A}$, wenn R genau ein El. jeder Klasse von $M/\ddot{A}$ enthält.

$M/\ddot{A}$ ist das Ergebnis eines »Abstraktionsvorganges«. Die die Äq.klasse erzeugende Eigenschaft kann mit der Klasse identifiziert werden, d. h. von den übrigen Eigenschaften wird abgesehen. Zu jeder Klasseneinteilung von M läßt sich eine surjektive Abbildung $k: M \to M/\ddot{A}$ (*kanonische Abbildung*, auch nat. Abb.) angeben (S. 33).

Beispiele: Parallelität von Geraden führt zum Begriff »Richtung«, Kongruenz von Strecken zur »Länge«, Gleichmächtigkeit von Mengen zur »Kardinalzahl«, Ähnlichkeit von Mengen zum »Ordnungstypus«.

Komposition von Relationen

Ist $R \subseteq A \times B$ und $S \subseteq B \times C$, so ermöglichen R und S eine Rel. $S \circ R \subseteq A \times C$ (*Komposition, Nacheinanderausführung;* lies: S nach R) def. durch:

$x(S \circ R) z :\Leftrightarrow \bigvee_{y} (x R y \wedge y S z)$ (Abb. F).

Umkehrrelation

Zu jeder Rel. $R \subseteq M_1 \times M_2$ existiert eine *Umkehrrelation* (inverse Rel.) $R^{-1} \subseteq M_2 \times M_1$ def. durch $R^{-1} := \{(x_2, x_1) \mid (x_1, x_2) \in R\}$, d. h. $x_2 R^{-1} x_1 \Leftrightarrow x_1 R x_2$ (Umkehrung der Pfeile im Graphen von R).

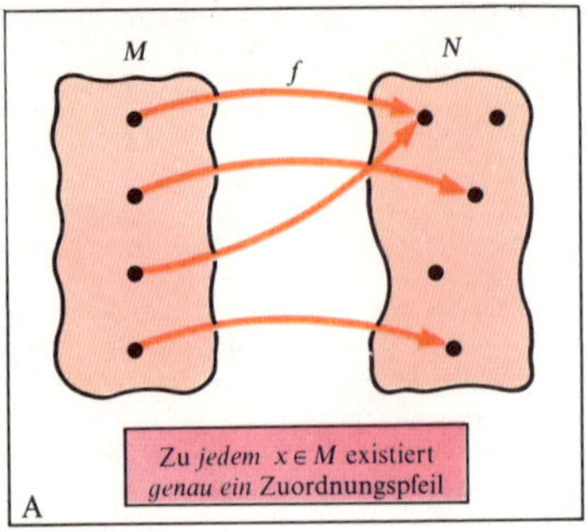

Abbildung

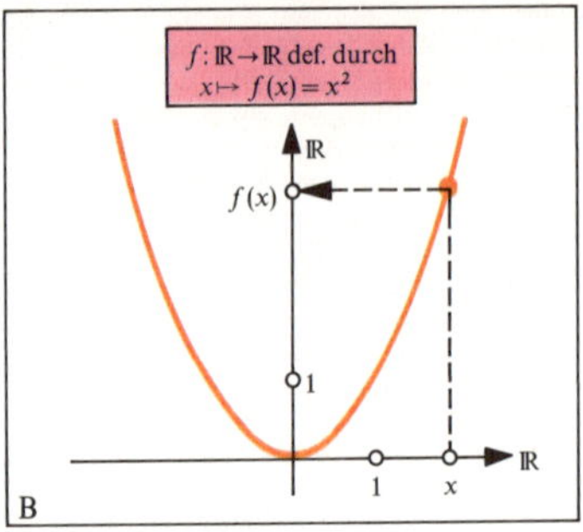

Graph einer Abbildung

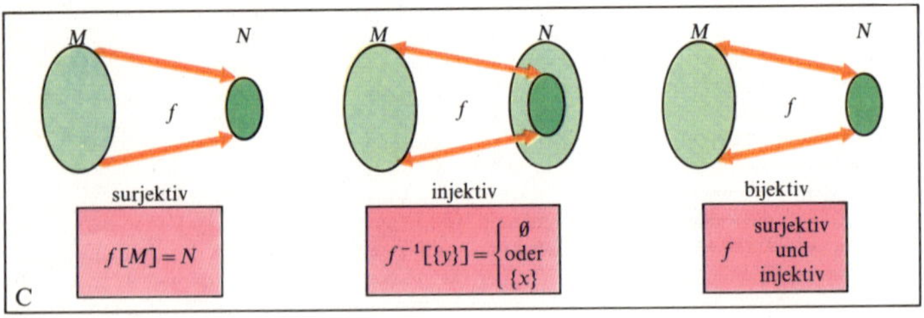

Abbildungstypen

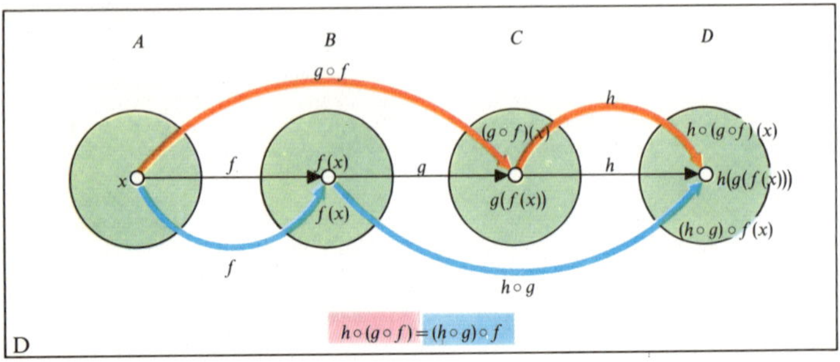

Assoziatives Gesetz der Komposition von Abbildungen

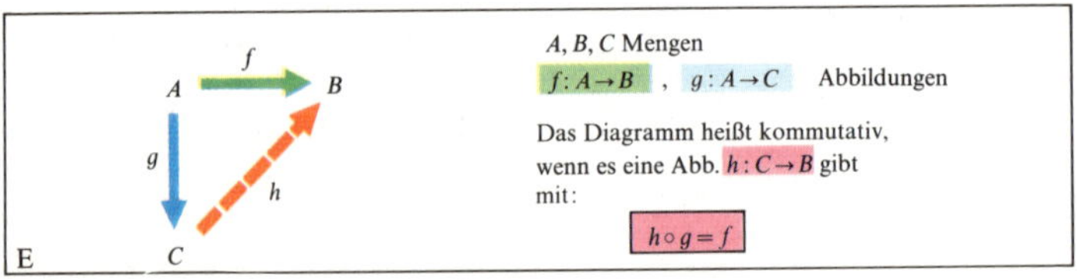

Kommutatives Diagramm

Relationen stellen i. a. *keine eindeutigen* Beziehungen zwischen Mengen her, d. h. einem El. können durchaus mehrere El. zugeordnet sein. Von einer Abbildung einer Menge in eine andere Menge wird verlangt, daß sie die *ganze* Menge *eindeutig* in die andere Menge abbildet. Dies gewährleisten die linkstotalen, rechtseindeutigen Relationen (S. 31).

Abbildungen (bei algebr. strukt. Mengen auch »Funktionen« genannt) sind in jeder math. Theorie anzutreffen. Sie dienen u. a. zur Def. neuer math. Begriffe und zur Untersuchung von Mengen, sind aber auch selbst Gegenstand math. Betrachtungen.

Definition der Abbildung

Def. 1: Eine linkstotale, rechtseindeutige Relation $f \subseteq M \times N$ heißt *Abbildung* (Funktion) (Abb. A).

Man vereinbart folgende Terminologie:

a) Da jedem $x \in M$ *genau ein* $y \in N$ zugeordnet wird, schreibt man statt $(x, y) \in f$ auch $x \mapsto y$ oder $x \mapsto f(x)$ mit $y = f(x)$. Statt $f \subseteq M \times N$ wird $f: M \to N$ geschrieben.

b) $x \mapsto y$ heißt *Abbildungsvorschrift*. Im speziellen Fall kann diese auch ein Rechenausdruck (Funktionsgleichung) sein: z. B. $y = 2x + 5$.

c) M heißt *Definitionsbereich*, N *Wertebereich*. $f[T] := \{f(x) \mid x \in T \subseteq M\}$ heißt *Bild von T* unter f, $f^{-1}[U] := \{x \mid f(x) \in U \subseteq N\}$ heißt *Urbild von U* bez. f (f^{-1} ist hier ein Symbol, keine Abb., s. u.).

d) $\{(x, f(x)) \mid x \in M\} \subseteq M \times N$ heißt *Graph der Abbildung*. Bei Zahlenmengen läßt sich der Graph in einem Koordinatensystem darstellen (Abb. B).

Bem.: Eine Abb. wird durch drei Angaben festgelegt: Abb.vorschrift f, Def.bereich und Wertebereich. Zwei Abb. $f, g: M \to N$ heißen *gleich*, wenn $f(x) = g(x)$ für alle $x \in M$ ist.

Abbildungstypen

a) **Surjektive Abb.:** $f: M \to N$ heißt *surjektiv* (Abb. auf), wenn $f[M] = N$ ist. Surj. Abb. sind bitotale rechtseindeutige Rel. (Abb. C).

Beispiele: $p_i: M_1 \times \cdots \times M_n \to M_i$ def. durch $(x_1, \ldots, x_n) \mapsto x_i$ ist surjektiv. Die Abbildung heißt *i-te Projektion*. $k: M \to M/\ddot{A}$ def. durch $x \mapsto [\![x]\!]$ ist surjektiv. k heißt *kanonische Abbildung* (S. 31).

b) **Injektive Abb.:** $f: M \to N$ heißt *injektiv* (eineindeutig, Injektion, *Einbettung*), wenn $f^{-1}[\{y\}] = \{x\}$ oder $f^{-1}[\{y\}] = \emptyset$ für alle $y \in N$ ist. Injektive Abb. sind linkstotale eineindeutige Rel. (Abb. C).

Beispiel: Für $U \subseteq M$ ist $i: U \to M$ def. durch $u \mapsto i(u) = u$ injektiv. i heißt *Inklusionsabbildung* oder *Einbettung von U in M*.

c) **Bijektive Abb.:** $f: M \to N$ heißt *bijektiv*, wenn f surjektiv und f injektiv ist. Bij. Abb. sind bitotale, eineindeutige Rel. (Abb. C). Mit ihnen hängt der Begriff der Isomorphie (S. 37) zusammen.

Beispiel: Die Inklusionsabb. $M \to M$ ist bijektiv. Sie heißt *Eins-Abbildung* oder *identische Abbildung* und wird mit 1_M bezeichnet.

Besondere Abbildungen

a) **Konstante Abb.:** $f: M \to N$ heißt *konstant*, wenn $f(x) = f(y)$ für alle $x, y \in M$ ist.

b) **Einschränkung:** $g: U \to N$ heißt *Einschränkung* von $f: M \to N$, wenn $U \subseteq M$ und $f(x) = g(x)$ für alle $x \in U$ ist. Anstelle von g wird f/U (lies: f eingeschränkt auf U) geschrieben.

c) **Fortsetzung:** $g: O \to N$ heißt *Fortsetzung* von $f: M \to N$, wenn $M \subseteq O$ und $g/M = f$ ist.

d) **Folge:** Jede Abb., deren Definitionsbereich die Menge $\mathbb{N}$ der nat. Zahlen ist, heißt *Folge*. I. a. notiert man eine Folge in der Form $(a_0, a_1, a_2, \ldots)$.

Komposition von Abbildungen

Sind $f: A \to B$ und $g: B \to C$ Abb., so ist eine Komposition $g \circ f$ (lies: g nach f) analog zu der von Rel. möglich (S. 31): $g \circ f: A \to C$ def. durch $(g \circ f)(x) = g(f(x))$. $g \circ f$ ist eine Abb.

Für drei Abb. $f: A \to B$, $g: B \to C$, $h: C \to D$ gilt das *assoziative Gesetz*: $h \circ (g \circ f) = (h \circ g) \circ f$ (Abb. D).

Die Komposition mit der Eins-Abb. ergibt:

$1_B \circ f = f$ und $f \circ 1_A = f$.

Es gilt: f, g surj. (inj., bij.) $\Rightarrow g \circ f$ surj. (inj., bij.).

Für viele Anwendungen ist die folgende Charakterisierung einer bijektiven Abb. wichtig:

$$f: A \to B \text{ bij.} \Leftrightarrow \bigvee_g (g: B \to A \wedge g \circ f = 1_A \wedge f \circ g = 1_B).$$

Bem.: $g \circ f = 1_A$ garantiert die Injektivität, $f \circ g = 1_B$ die Surjektivität.

Umkehrabbildung f^{-1} (inverse Abb.)

Die Umkehrrel. f^{-1} einer Abb. $f: M \to N$ ist i. a. keine Abb., da sie nicht eindeutig zu sein braucht (Abb. A). Es gilt:

Genau dann ist f^{-1} eine Abb. (die sog. *Umkehrabb.*) und selbst bijektiv mit $f^{-1} \circ f = 1_M$ und $f \circ f^{-1} = 1_N$, wenn f bijektiv ist.

Abbildungen und Mengenoperationen

Für Abb. $f: M \to N$ und $g: N \to O$ gilt:

$f[A \cap B] \subseteq f[A] \cap f[B]$ für alle $A, B \subseteq M$

$f\left[\bigcap_{i \in I} A_i\right] \subseteq \bigcap_{i \in I} f[A_i]$ für $A_i \subseteq M$

$f[A \cup B] = f[A] \cup f[B]$ für alle $A, B \subseteq M$

$f\left[\bigcup_{i \in I} A_i\right] = \bigcup_{i \in I} f[A_i]$ für $A_i \subseteq M$

$f^{-1}[A \cap B] = f^{-1}[A] \cap f^{-1}[B]$ für alle $A, B \subseteq N$

$f^{-1}\left[\bigcap_{i \in I} A_i\right] = \bigcap_{i \in I} f^{-1}[A_i]$ für $A_i \subseteq N$

$f^{-1}[A \cup B] = f^{-1}[A] \cup f^{-1}[B]$ für alle $A, B \subseteq N$

$f^{-1}\left[\bigcup_{i \in I} A_i\right] = \bigcup_{i \in I} f^{-1}[A_i]$ für $A_i \subseteq N$

$f[f^{-1}[A]] \subseteq A, f^{-1}[f[B]] \supseteq B$ für alle $A \subseteq N, B \subseteq M$

$f^{-1}[A \setminus B] = f^{-1}[A] \setminus f^{-1}[B]$ für alle $A, B \subseteq N$

$(g \circ f)^{-1}[A] = f^{-1}[g^{-1}[A]]$ für alle $A \subseteq O$.

Kommutative Diagramme

Sind $f: A \to B$ und $g: A \to C$ Abb. mit gleichem Definitionsbereich A, so ergibt sich häufig die Frage, ob man eine Abb. $h: C \to B$ (oder umgekehrt) angeben kann, so daß f durch die Komposition $h \circ g$ zu ersetzen ist. Ist das möglich, so spricht man von einem *kommutativen Diagramm* (Abb. E).

Funktionen mit *n* Variablen

Wenn der Definitionsbereich M einer Funktion $f: M \to N$ eine Teilmenge des kartesischen Produktes $M_1 \times \cdots \times M_n$ der Mengen $M_1, \ldots, M_n$ ist, spricht man auch von einer *Funktion mit n Variablen*. Statt $f((x_1, \ldots, x_n))$ schreibt man i.a. $f(x_1, \ldots, x_n)$.

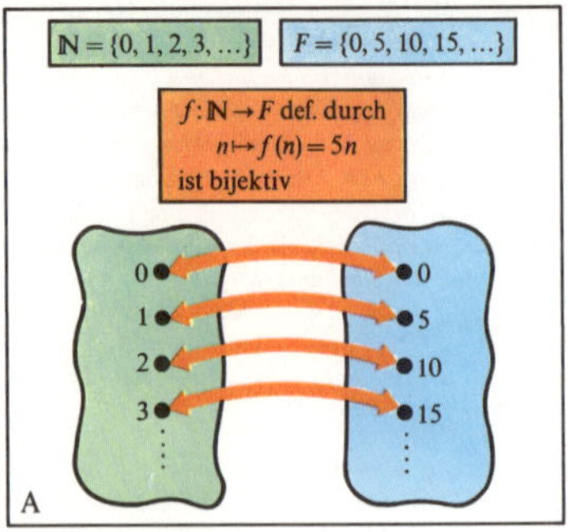

Gleichmächtigkeit

(1) $\operatorname{card}(A) + \operatorname{card}(B) = \operatorname{card}(A \cup B)$
mit $A \cap B = \emptyset$

(2) $\operatorname{card}(A) \cdot \operatorname{card}(B) = \operatorname{card}(A \times B)$

(3) $\operatorname{card}(A)^{\operatorname{card}(B)} = \operatorname{card}(A^B)$
mit $A^B := \{f \mid f: B \to A\}$

(4) $\operatorname{card}(M) \geqq \aleph_0 \wedge \operatorname{card}(A) \leqq \aleph_0$
$\Rightarrow \operatorname{card}(M \cup A) = \operatorname{card}(M)$,
d. h. $\operatorname{card}(M) + n = \operatorname{card}(M) + \aleph_0$
$= \operatorname{card}(M)$

B

Operationen mit Kardinalzahlen

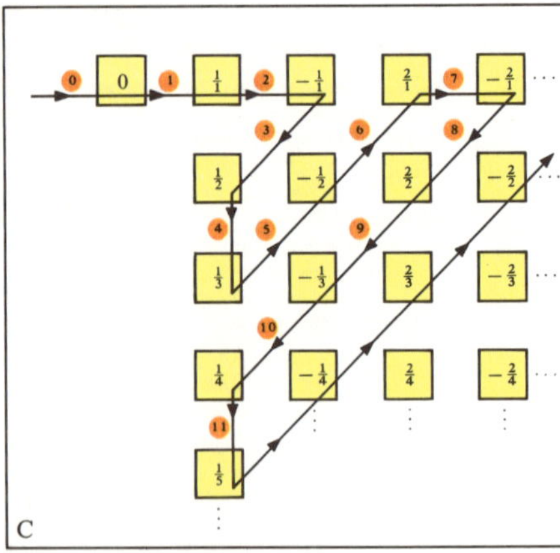

Das Schema umfaßt ganz $\mathbb{Q}$ (jedoch sind auch alle ungekürzten Brüche enthalten).

Wird das Schema »diagonal« durchlaufen, so läßt sich eine *surjektive* Abbildung erklären:

$$d: \mathbb{N} \longrightarrow \mathbb{Q}$$

Überspringt man alle Brüche, die in anderer Darstellung bereits erfaßt wurden, so wird die Abbildung *bijektiv*.

Abzählbarkeit der Menge $\mathbb{Q}$ der rationalen Zahlen

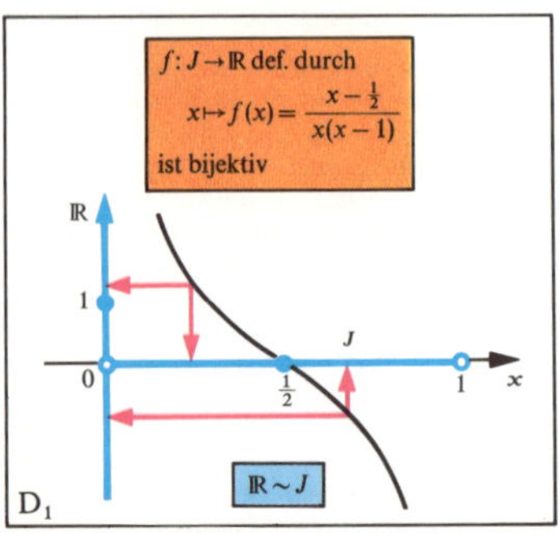

Annahme: J sei abzählbar.

Dann gibt es eine bij. Abb. $\mathbb{N} \to J$

$0 \leftrightarrow r_0 = 0, z_{00} z_{01} z_{02} z_{03} \ldots$
$1 \leftrightarrow r_1 = 0, z_{10} z_{11} z_{12} z_{13} \ldots$
$2 \leftrightarrow r_2 = 0, z_{20} z_{21} z_{22} z_{23} \ldots$
$3 \leftrightarrow r_3 = 0, z_{30} z_{31} z_{32} z_{33} \ldots$
$\vdots \quad \vdots$

$(z_{ij} \in \{0, 1, \ldots, 9\})$

Die Zahl $r = 0, \hat{z}_0 \hat{z}_1 \hat{z}_2 \ldots$
mit $\hat{z}_i = 2$ für $z_{ii} = 1$
und $\hat{z}_i = 1$ für $z_{ii} \neq 1$
ist nicht aufgeführt.

Widerspruch

D_2

Überabzählbarkeit der Menge $\mathbb{R}$ der reellen Zahlen

Betrachtet man Mengen, so interessiert die Frage nach der »Anzahl« der El., z. B. bei den Mengen $\{0, 1, 2, 3, \ldots\}$ und $\{0, 5, 10, 15, \ldots\}$. Eine Antwort ist nur durch eine exakte Def. des Begriffes »Anzahl« (Mächtigkeit) möglich; er wird ohne Verwendung der Menge der nat. Zahlen $\mathbb{N}$ gefaßt.

Gleichmächtigkeit

Def. 1: A und B seien Mengen. Existiert dann eine bijektive Abb. $A \to B$, so heißen A und B *gleichmächtig* (Zeichen: $A \sim B$).

In diesem Sinne sind z. B. die Mengen $\{1, 5, 7, 8, 9\}$ und $\{a, c, f, g, h\}$ gleichmächtig, aber auch die Mengen $\{0, 1, 2, 3, \ldots\}$ und $\{0, 5, 10, 15, \ldots\}$ (Abb. A).

Mächtigkeit, Kardinalzahl

Aufgrund der Gleichmächtigkeit von Mengen ist noch nichts über die Mächtigkeit der Mengen selbst ausgesagt. Die Mächtigkeit ist offensichtlich eine Eigenschaft, die einer Klasse von gleichmächtigen Mengen zukommen muß. Der Begriff Mächtigkeit ist also das Ergebnis eines Abstraktionsprozesses, dem eine Äquivalenzrelation zugrunde liegt (S. 31). Nun ist die Gleichmächtigkeit »$\sim$« tatsächlich eine Äquivalenzrel. in einem gegebenen Mengensystem $\mathfrak{M}$, wie man leicht mit Hilfe der Eigenschaften bijektiver Abb. (S. 33) nachweist.

Die Quotientenmenge $\mathfrak{M}/\sim$ besteht demnach aus Klassen gleichmächtiger Mengen.

Def. 2: Ein El. der Quotientenmenge $\mathfrak{M}/\sim$ heißt *Mächtigkeit* oder *Kardinalzahl.*

Jeder Menge A des Mengensystems läßt sich eine Kardinalzahl zuordnen (kan. Abb., S. 31) und zwar diejenige Klasse von $\mathfrak{M}/\sim$, in der A enthalten ist: $\mathrm{card}: \mathfrak{M} \to \mathfrak{M}/\sim$ def. durch $A \mapsto \mathrm{card}(A) = [\![A]\!]$. Statt $\mathrm{card}(A)$ wird auch $|A|$ geschrieben (Kardinalzahl von A).

Bem.: Der Begriff der Mächtigkeit ist *relativ* zum gewählten Mengensystem, denn die »Menge aller Mengen« kann wegen ihrer logischen Widersprüchlichkeit (S. 28) nicht zugrunde gelegt werden.

Endliche Menge, unendliche Menge

Der Begriff der Gleichmächtigkeit ermöglicht eine Def. der endlichen und unendlichen Menge, ohne die Menge der nat. Zahlen zu benutzen.

Def. 3: Eine Menge M heißt *unendlich,* wenn es eine echte Teilmenge $U \subset M$ gibt mit $M \sim U$. Andernfalls heißt M *endlich.*

Beispiel: $\mathbb{N}$ ist eine unendliche Menge (Abb. A); $\emptyset$, $\{0\}$, $\{0, 1\}$, $\{0, 1, 2\}$ usw. sind endliche Mengen.

Def. 4: Die Kardinalzahl einer endlichen Menge heißt *natürliche* (*finite, endliche*) *Kardinalzahl,* die einer unendlichen Menge *transfinite* (*nicht endliche*) *Kardinalzahl.*

Die nat. Kardinalzahlen, repräsentiert durch $\emptyset$, $\{0\}$, $\{0, 1\}, \ldots,$ erlauben eine mengentheoretische Begründung der Menge der nat. Zahlen (S. 53).

Operationen mit Kardinalzahlen

In der Menge der Kardinalzahlen eines Mengensystems lassen sich Addition, Multiplikation und Potenzierung erklären. Dabei wird die Add. durch die Mengenvereinigung, die Mult. durch das kart. Produkt und die Potenzierung durch die Menge aller Abb. def. (Abb. B/1, 2, 3). Das assoziative, das kommutative und das distributive Gesetz und die üblichen Potenzgesetze gelten.

Vergleichbarkeit von Kardinalzahlen

In der Menge der Kard.zahlen eines Mengensystems läßt sich eine konnexe Ordnungsrel. (S. 43) def.:

$$\mathrm{card}(A) \leqq \mathrm{card}(B) :\Leftrightarrow \bigvee_{C} (C \subseteq B \wedge A \sim C).$$

Mit Hilfe des Wohlordnungssatzes (S. 45) und der Ordinalzahltheorie (S. 49) zeigt man, daß »$\leqq$« sogar eine Wohlordnung ist.

Abzählbarkeit, Überabzählbarkeit

Die Kardinalzahlen unendlicher Mengen sind keineswegs identisch; es zeigt sich vielmehr am Beispiel transf. Kard.zahlen die Vielschichtigkeit unendlicher Mengen. So gilt z. B. der folgende Satz: Die Kard.-zahl einer beliebigen Menge M ist kleiner als diejenige der Potenzmenge $\mathfrak{P}(M)$, d. h. $\mathrm{card}(M) < \mathrm{card}(\mathfrak{P}(M))$. Aus $\mathbb{N}$ läßt sich also leicht eine unendliche Menge von größerer Mächtigkeit konstruieren: $\mathfrak{P}(\mathbb{N})$.

Dagegen besitzt die Menge der rat. Zahlen $\mathbb{Q}$ die gleiche Mächtigkeit wie $\mathbb{N}$ (CANTORsches Diagonalverfahren, Abb. C). Von gleicher Mächtigkeit wie $\mathbb{N}$ sind außerdem: $\mathbb{Q}^n = \mathbb{Q} \times \cdots \times \mathbb{Q}$, $\bigcup_{i=1}^{n} M_i$ mit $\mathrm{card}(M_i) = \mathrm{card}(\mathbb{N})$.

Def. 5: Eine Menge M heißt *abzählbar,* wenn $\mathrm{card}(M) \leqq \aleph_0$ mit $\aleph_0 := \mathrm{card}(\mathbb{N})$, *abzählbar unendlich,* wenn $\mathrm{card}(M) = \aleph_0$. M heißt *überabzählbar* (nicht abzählbar), wenn $\mathrm{card}(M) > \aleph_0$.

Bem.: Es gilt $M \cup A \sim M$, wenn M eine *unendliche* und A eine *abzählbare* Menge ist. Daraus ergibt sich eine wichtige Rechenregel für Kardinalzahlen (Abb. B/4).

Beispiele für abzählbare Mengen wurden bereits oben gegeben. Zu den überabzählbaren Mengen gehören, wenn $\mathrm{card}(M) \geqq \aleph_0$ ist, neben $\mathfrak{P}(M)$ auch die Menge aller Abb. einer Menge M in eine mindestens zweielementige Menge und die Menge der reellen Zahlen $\mathbb{R}$. Die Überabzählbarkeit von $\mathbb{R}$ kann bewiesen werden, indem sie für die Teilmenge $J = \{x \mid 0 < x < 1, x \in \mathbb{R}\}$ gezeigt wird, denn $\mathbb{R}$ ist gleichmächtig zu J (Abb. D_1). Die Überabzählbarkeit von J ergibt sich im indirekten Bew. (Abb. D_2).

Von gleicher Mächtigkeit wie $\mathbb{R}$ ist $\mathbb{R}^n = \mathbb{R} \times \ldots \times \mathbb{R}$ (also auch die Menge der kompl. Zahlen $\mathbb{C}$ bzw. der Quaternionen). Demnach sind die Menge aller Punkte einer Geraden und die Menge aller Punkte des dreidim. eukl. Raumes gleichmächtig, d. h. die Dimension ist keine Invariante bij. Abb. (s. Topologie).

Def. 6: Die Kardinalzahl von $\mathbb{R}$ wird mit $\mathfrak{c}$ bezeichnet: $\mathfrak{c} := \mathrm{card}(\mathbb{R})$. $\mathfrak{c}$ heißt auch *Mächtigkeit* des *Kontinuums* $\mathbb{R}$.

$\aleph_0$ ist die kleinste transfinite Kard.zahl, denn jede unendliche Menge enthält eine abzählbar unendliche Menge und jede Teilmenge einer abzählbaren Menge ist abzählbar. Die *Kontinuumhypothese* besagt, daß $\mathfrak{c}$ die nächst größere Kard.zahl ist.

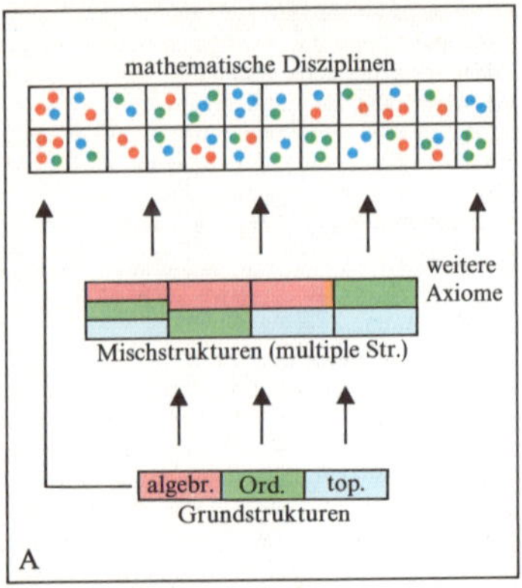

Struktureller Aufbau

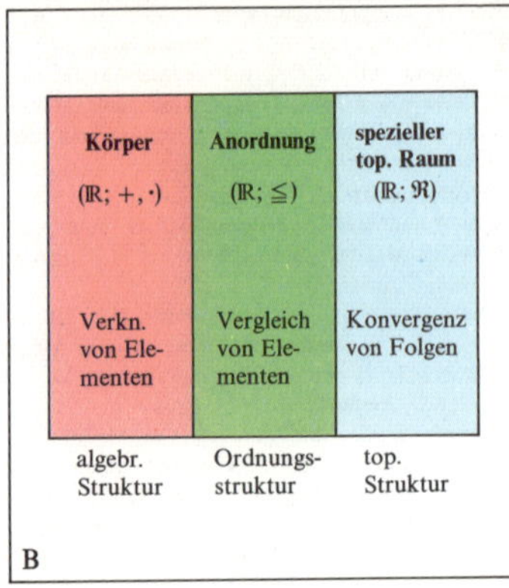

Struktur der reellen Zahlen ℝ

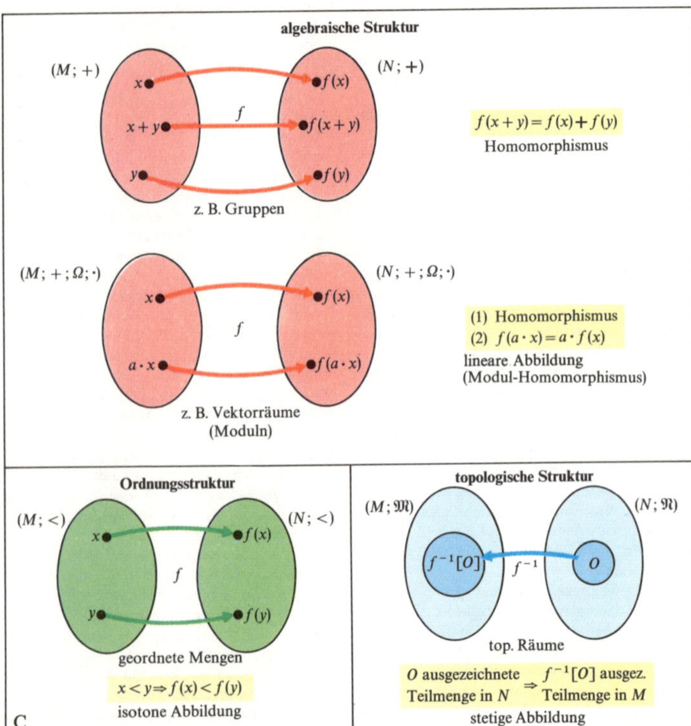

Strukturverträgliche Abbildungen

Die neuere Auffassung vom Aufbau der Mathematik (BOURBAKI) löst das Nebeneinander abgeschlossener math. Disziplinen auf. Eine Besinnung auf die axiomatische Festlegung verschiedener Theorien zeigt gemeinsame Grundstrukturen. Die traditionellen Disziplinen entwickeln sich auf den Grundstrukturen und den aus ihnen gebildeten Mischstrukturen unter Hinzunahme weiterer Axiome und Definitionen (Abb. A).

Grundstrukturen

a) **Algebraische Struktur:** Einer Menge wird eine *algebr. Struktur* aufgeprägt, wenn in ihr eine oder mehrere Verknüpfungen (innere, äußere, S. 39f.) erklärt sind, wie etwa Add. und Mult. in Zahlenmengen oder die Mult. von Vektoren mit Skalaren. Die wichtigsten algebr. Strukturen sind: Halbgruppe, Gruppe, Ring, Körper, Modul, Vektorraum (S. 39f.). Mit der Untersuchung algebr. Strukturen beschäftigt sich vorwiegend die Algebra (S. 71ff.).

b) **Ordnungsstruktur:** Einer Menge wird eine *Ordnungsstruktur* aufgeprägt, wenn in ihr eine Ordnungsrelation (S. 43) erklärt ist. Im weitesten Sinne bedeutet dies, daß es in einer Menge nach bestimmten Regeln vergleichbare Elemente gibt, wie das im speziellen Fall bei Zahlenmengen (außer $\mathbb{C}$) durch die Relation »$\leqq$« geschieht. Zu den Ordnungsstrukturen zählen: geordnete, konnex geordnete, induktiv geordnete, wohlgeordnete Menge (S. 43f.). Die Theorie der Ordnungsstrukturen ist eng verknüpft mit der Mengenlehre.

c) **Topologische Struktur:** Einer Menge wird eine *top. Struktur* aufgeprägt, wenn in ihr ein System von Teilmengen $\mathfrak{M}$ mit bestimmten Eigenschaften ausgezeichnet wird (S. 51). Die top. Struktur ist grundlegend für den Konvergenzbegriff, der mit dem Filterbegriff allgemeiner als in der Analysis gefaßt werden kann. Eine Menge mit einer top. Struktur heißt top. Raum. Die Untersuchung allgemeiner und spezieller top. Räume ist das Hauptanliegen der Topologie (S. 207ff.).

Multiple Strukturen (Mischstrukturen)

Eine *multiple Struktur* ist eine Mischstruktur aus den drei Grundstrukturen; so treten z. B. algebr. Strukturen zusammen mit Ordnungsstrukturen oder top. Strukturen auf ($\mathbb{R}$ besitzt z. B. alle drei Grundstrukturen in spezieller Form; Abb. B). Zu den multiplen Strukturen gehören: top. Gruppe, top. Vektorraum, geordneter Körper u. a.

Gebilde

Die Grundstrukturen lassen sich auf Relationen zurückführen. Eine strukt. Menge ist demnach eine Menge M, in der eine Familie $\{R_i\}$ von Relationen erklärt ist. Schreibweise: $(M; R_1, \ldots, R_n)$, wenn M mit den Relationen $R_1, \ldots, R_n$ versehen ist. Das geordnete Paar aus M und $(R_1, \ldots, R_n)$ heißt *Gebilde*. Für $n \geqq 2$ müssen die strukturprägenden Relationen *verträglich* gemacht werden. Die Wahl der Verträglichkeitsbedingungen ist entscheidend für die Ausprägung einer speziellen Theorie (z. B. distr. Gesetz bei Ringen, S. 41).

Abgeleitete Strukturen

Aus den Grundstrukturen lassen sich drei wichtige weiterführende Strukturtypen konstruieren. Die abgeleitete Struktur ist i. a. nicht mehr so reichhaltig wie die Ausgangsstruktur, hebt aber wesentliche Teile der Struktur hervor.

a) **Unterstruktur (-gebilde):** Eine *Unterstruktur* entsteht, wenn die Wirkung der strukturprägenden Relationen auf eine *Teilmenge* eingeschränkt wird. Zu den Unterstrukturen gehören: Unter(Teil-)gruppe (-ring, -körper, -modul), top. Unterraum, Teilordnung.

b) **Produktstruktur (-gebilde):** Eine *Produktstruktur* entsteht, wenn dem *kart. Produkt* $M_1 \times \cdots \times M_n$ aus gleichartig strukt. Mengen die Struktur von $M_1, \ldots, M_n$ komponentenweise aufgeprägt wird. Dabei bleiben gewisse gemeinsame Eigenschaften der M_i erhalten (z. B. gelten gewisse Eigenschaften von $\mathbb{R}$ auch im $\mathbb{R}^n = \mathbb{R} \times \cdots \times \mathbb{R}$).

c) **Quotientenstruktur (-gebilde):** Eine *Quotientenstruktur* entsteht, wenn auf einen *Quotientenraum* $M/\ddot{A}$ ($\ddot{A}$ Äquivalenzrelation) durch $\ddot{A}$ und die strukturprägenden Relationen in M (Verträglichkeit vorausgesetzt) die Struktur von M »übertragen« wird. Zu den Quotientenstrukturen gehören: Quotientengruppe (-ring, -körper, -modul), top. Quotientenraum.

Strukturverträgliche Abbildungen

Abbildungen gestatten, Beziehungen auch zwischen *strukturierten* Mengen herzustellen. Dabei ist wichtig, daß die Abb. mit der Struktur beider Mengen verträglich sind. Derartige strukturverträgliche Abb. (Abb. C) heißen *Morphismen* und erzeugen i. a. ein »verkleinertes« Bild der Ausgangsstruktur (Def.-bereich) in der Bildmengenstruktur. Wesentliche Merkmale der Struktur bleiben erhalten: z. B. »Gruppe« bei Gruppen-Homomorphismen (S. 73), »geordnete Menge« bei isotonen Abb. (S. 47), »Konvergenz« bei stetigen Abb. (S. 225).

Liegen multiple Strukturen vor, so müssen die zugehörigen Morphismen mit allen enthaltenen Grundstrukturen verträglich sein. Stetige Gruppen-Homomorphismen sind z. B. die zu top. Gruppen gehörigen Morphismen.

Isomorphismen

Zwei strukt. Mengen werden hinsichtlich der betrachteten Struktur als gleichwertig angesehen, wenn es einen *bijektiven* Morphismus gibt, dessen Umkehrabb. ebenfalls ein Morphismus ist (bei algebr. Strukturen kann man auf die letzte Forderung verzichten, da sie beweisbar ist). Man spricht von *Isomorphismen* und nennt die strukt. Mengen *isomorph*.

Spezielle Isomorphismen sind die sog. *Automorphismen*, die eine strukt. Menge isomorph auf sich abbilden. Die Menge aller Automorphismen einer strukt. Menge bildet bezüglich der Komposition von Abb. eine Gruppe (*Automorphismengruppe*). Sie ist z. B. in der Galoistheorie (S. 107) und in der Geometrie von Bedeutung.

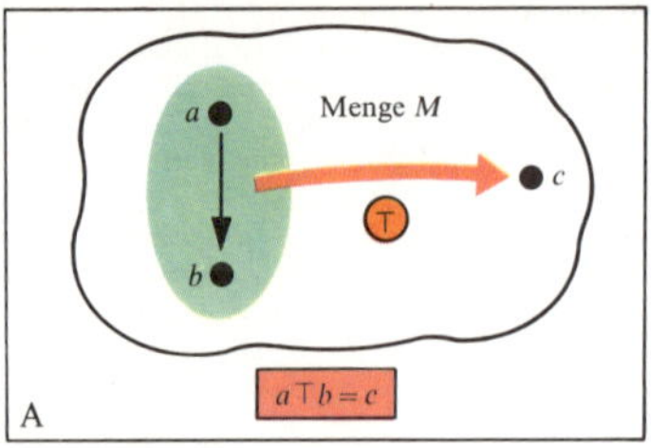

Innere Verknüpfung

$M = \{a_0, a_1, a_2, a_3\}$

$a_i \top a_i = a_0 \quad i \in \{0, 1, 2, 3\}$

$a_0 \top a_i = a_i = a_i \top a_0 \quad i \in \{1, 2, 3\}$

$a_1 \top a_2 = a_3 = a_2 \top a_1$

$a_2 \top a_3 = a_1 = a_3 \top a_2$

$a_3 \top a_1 = a_2 = a_1 \top a_3$

⊤	a_0	a_1	a_2	a_3
a_0	a_0	a_1	a_2	a_3
a_1	a_1	a_0	a_3	a_2
a_2	a_2	a_3	a_0	a_1
a_3	a_3	a_2	a_1	a_0

B

Verknüpfungstafel

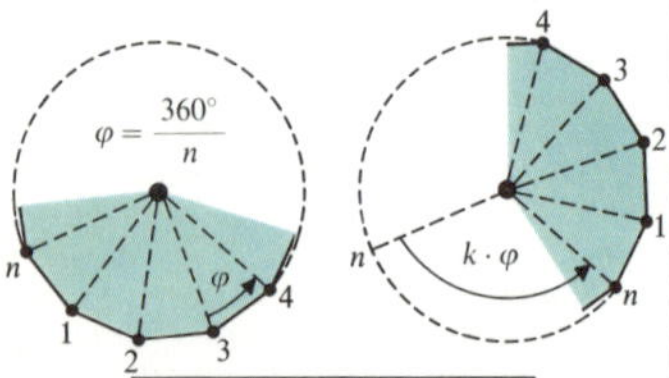

Drehung eines regelmäßigen n-Ecks um Vielfache von φ

$(n \in \mathbb{N}, n \geqq 3)$

$D_k :=$ Drehung um $k \cdot \varphi \quad (k \in \mathbb{N})$

$D_n = D_0;\ D_{n+1} = D_1;\ \ldots\ D_{n+m} = D_m$

$G_n = \{D_k | k \in \{0, 1, \ldots n-1\} \subset \mathbb{N}\}$

umfaßt alle Drehungen, die das n-Eck auf sich abbilden

Def. einer inneren Verknüpfung

$\circ : G_n \times G_n \rightarrow G_n$ def. durch

$D_j \circ D_i = D_{i+j}$

(lies: »D_j nach D_i ausgeführt«, d. h. erst um $i \cdot \varphi$, dann um $j \cdot \varphi$ drehen)

C_1

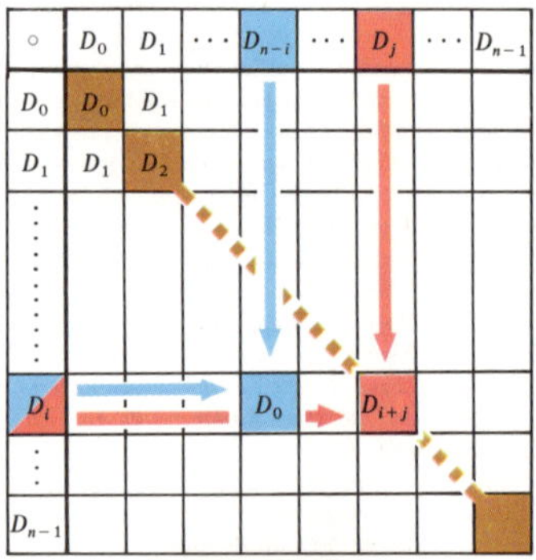

assoziatives Gesetz

$D_k \circ (D_j \circ D_i) = D_k \circ D_{i+j} = D_{(i+j)+k}$
$= D_{i+(j+k)} = D_{j+k} \circ D_i$
$= (D_k \circ D_j) \circ D_i$

kommutatives Gesetz

$D_j \circ D_i = D_{i+j} = D_{j+i} = D_i \circ D_j$

(auch aus der Symmetrie zur braun gezeichneten Diagonalen abzulesen)

C_2

Gruppe von Drehungen

	+ (neutr. El. 0)	· (neutr. El. 1)
$\mathbb{N}$	Nur 0 besitzt ein inv. El.	Nur 1 besitzt ein inv. El.
$\mathbb{Z}$	Jede Zahl besitzt ein inv. El. (die Gegenzahl)	Nur 1 und −1 besitzen inv. El.
$\mathbb{Q}$ $\mathbb{R}$ $\mathbb{C}$	Jede Zahl besitzt ein inv. El. (die Gegenzahl)	Außer 0 besitzt jede Zahl ein inv. El. (die Kehrzahl)

D

Inverse Elemente bei Zahlenmengen

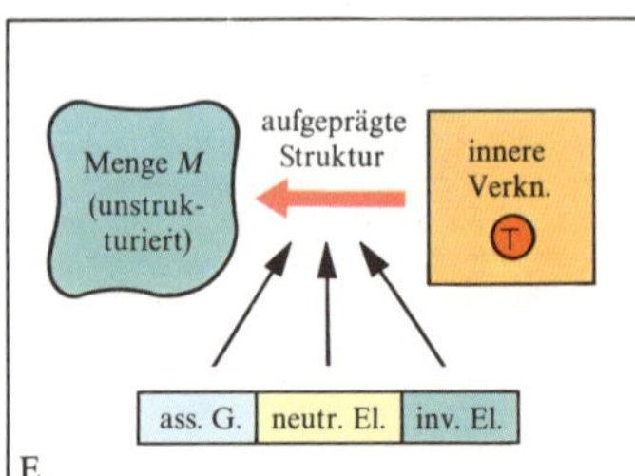

Struktur einer Gruppe

Das grundlegende Merkmal algebr. Rechenvorgänge mit Zahlen ist die Eigenschaft, zwei Zahlen addieren oder multiplizieren zu können. Es bestehen sog. »innere Verknüpfungen«. Inn. Verkn. sind jedoch nicht nur in Zahlenmengen möglich. Es liegt daher nahe, den Begriff der inn. Verkn. allgemein zu fassen.

Innere Verknüpfung (innere Komposition)

In einer nichtleeren Menge M stehe als allgemeines Verknüpfungszeichen das Zeichen »$\top$« (lies: verknüpft mit); es kann »$+$«, »$\cdot$« o. a. bedeuten. In M können Zahlen, geom. Objekte o. a. enthalten sein.

Def. 1: $\top$ heißt eine *innere Verknüpfung auf* einer Menge M, wenn es zu *jedem* Paar $(a, b) \in M \times M$ *genau* (eindeutig) ein $c \in M$ gibt mit: $a \top b = c$ (Abb. A). Gibt es nicht zu jedem (a, b) ein derartiges c, so heißt $\top$ eine innere Verknüpfung *in M*. Eine Menge, *auf* der eine inn. Verkn. def. ist, wird mit $(M; \top)$ bezeichnet.

Bem.: Jede inn. Verkn. kann als Abb. def. werden. Sei $T \subseteq M \times M$; dann ist $\top : T \to M$ def. durch $(a, b) \mapsto a \top b$. Bei einer Verkn. *auf M* ist $T = M \times M$.

Für endliche Mengen sind die Verkn. in einer sog. *Verknüpfungstafel* (einem Koordinatensystem entsprechend) gut darstellbar (Abb. B).

Beispiele für Verknüpfungen *auf M*:

a) »$+$«, »$\cdot$« auf $\mathbb{N}$, $\mathbb{Z}$, $\mathbb{Q}$, $\mathbb{R}$, $\mathbb{C}$.

b) Die Verkn. von Drehungen um einen Punkt in der Ebene (Abb. C_1).

c) Addition bzw. vekt. Produkt auf der Menge der Vektoren (S. 191, 193).

d) $\cap$ und $\cup$ auf $\mathfrak{P}(M)$ (S. 25).

e) »$+$« auf der Menge der (n, m)-Matrizen (S. 89).

f) »$\cdot$« auf der Menge der (n, n)-Matrizen (S. 89).

Beispiele für Verknüpfungen *in M*:

g) »$-$«, »$:$« in $\mathbb{N}$; »$:$« in $\mathbb{Z}$.

h) »$+$«, »$\cdot$« in $\{1, 2, \ldots, 10\}$.

Die inn. Verkn. können eine Reihe von Eigenschaften nach sich ziehen.

Assoziatives Gesetz

Da die inn. Verkn. nur für zwei El. festgelegt ist, muß die Verkn. mehrerer El. def. werden.

Def. 2: In $(M; \top)$ gelte für beliebige $a_i \in M$:

$$a_1 \top a_2 \top a_3 := (a_1 \top a_2) \top a_3$$

$$a_1 \top \ldots \top a_n := (a_1 \top \ldots \top a_{n-1}) \top a_n; \quad n \in \mathbb{N}, n \geqq 3$$

Es ergibt sich nicht notwendig dasselbe Ergebnis bei einer Def. $a_1 \top a_2 \top a_3 := a_1 \top (a_2 \top a_3)$.

Def. 3: In $(M; \top)$ gilt das *assoziative Gesetz*, wenn $(a_1 \top a_2) \top a_3 = a_1 \top (a_2 \top a_3)$ für alle El. aus M ist.

Gilt das ass. Gesetz, so darf man Klammern an beliebiger Stelle setzen oder weglassen. Mit Hilfe des Prinzips der vollst. Induktion kann diese Aussage auch für n-gliedrige Ausdrücke bewiesen werden.

Halbgruppe

Def. 4: $(M; \top)$ heißt *Halbgruppe*, wenn das ass. Gesetz in M gilt.

Bei den Beispielen a bis f ergeben sich Halbgruppen bis auf die mit dem vekt. Produkt versehene Menge der Vektoren.

Neutrales Element

Bei den Verkn. $a + 0 = a$, $a \cdot 1 = a$ für $a \in \mathbb{N}, \mathbb{Z}, \mathbb{Q}, \mathbb{R}, \mathbb{C}$, $\vec{a} + \vec{0} = \vec{a}$ für Vektoren oder $A \cup \emptyset = A$, $A \cap M = A$ für $A \in \mathfrak{P}(M)$ verhalten sich $0, 1, \vec{0}, \emptyset$ bzw. M »neutral«, denn die mit ihnen verknüpften El. reproduzieren sich.

Def. 5: In $(M; \top)$ heißt $e \in M$ *neutrales Element*, wenn $a \top e = a$ für alle $a \in M$ gilt.

Inverse Elemente

Die Unterschiede algebr. Strukturen zeigen sich deutlich bei der Frage, ob es zu $a \in M$ ein gewisses $a^{-1} \in M$ (bei add. Verkn. auch mit $-a$ bezeichnet) mit der Eigenschaft $a \top a^{-1} = e$ gibt (e neutr. El.).

Def. 6: In $(M; \top)$ mit neutr. El. e heißt $a^{-1} \in M$ *inverses Element* zu $a \in M$, wenn $a \top a^{-1} = e$ ist.

Die Tabelle in Abb. D gibt Aufschluß über die Existenz inv. El. bei den Zahlenmengen.

Bem.: Die Existenz inverser El. ermöglicht die Def. einer Umkehroperation; z. B. Subtraktion und Division in Zahlenmengen.

Gruppe

Mengen, in denen eine inn. Verkn. die Existenz inv. El. bewirkt, sind von besonderer algebr. Struktur.

Def. 7: $(M; \top)$ heißt *Gruppe*, wenn (Abb. E)

I. das assoziative Gesetz gilt,

II. ein neutrales Element existiert,

III. zu *jedem* Element ein inverses Element existiert.

Eine Gruppe ist also eine Halbgruppe mit den zusätzlichen Eigenschaften II und III.

Def. 8: Eine Gruppe $(M; \top)$ heißt *kommutativ* (abelsch), wenn $a \top b = b \top a$ für alle $a, b \in M$.

Beispiele für Gruppen: $(\mathbb{Z}; +)$, $(\mathbb{Q}; +)$, $(\mathbb{R}; +)$, $(\mathbb{C}; +)$, $(\mathbb{Q} \setminus \{0\}; \cdot)$, $(\mathbb{R} \setminus \{0\}; \cdot)$, $(\mathbb{C} \setminus \{0\}; \cdot)$ (vgl. Abb. D), Menge aller Drehungen eines n-Ecks (Abb. C) als Beispiel für endl. Gruppen mit $n \geqq 3$ El. (D_0 ist neutr. El., D_{n-i} invers zu D_i; das ass. Gesetz gilt, weil es für die Indexmenge gilt),
Gruppe mit 2 El. bzw. 1 El. (Abb. C, S. 40),
Menge M nach Abb. B (KLEINsche Vierergruppe)
Beispiel e, Beispiel f (bei Einschränkung auf reguläre Matrizen, S. 91). Bis auf das letzte Beispiel sind alle angeführten Gruppen kommutativ.

Wenn die Anzahl der El. einer Gruppe endlich ist, spricht man von einer *endlichen Gruppe*, sonst von *unendlichen Gruppen*.

Def. 9: Die Anzahl der El. einer endlichen Gruppe G wird *Ordnung* von G (ord$G$) genannt.

Bem.: In Def. 5 und Def. 6 erfolgt die Verknüpfung mit dem neutr. bzw. inv. El. von »rechts«. Man spricht daher von *rechts-neutralen* bzw. *rechts-inversen* Elementen. Völlig analog werden *links-neutrale* bzw. *links-inverse* El. def. Legt man die Gruppenaxiome zugrunde, so läßt sich beweisen (S. 73), daß es *genau ein neutrales* El. gibt, das links- und rechts-neutral zugleich ist. Ebenso existiert zu jedem El. einer Gruppe *genau ein inverses* El., das links- und rechts-invers zugleich ist. Eine Unterscheidung erübrigt sich also.

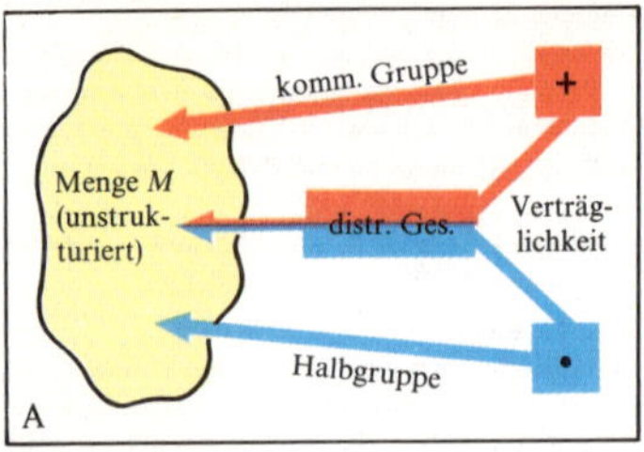

Struktur des Ringes

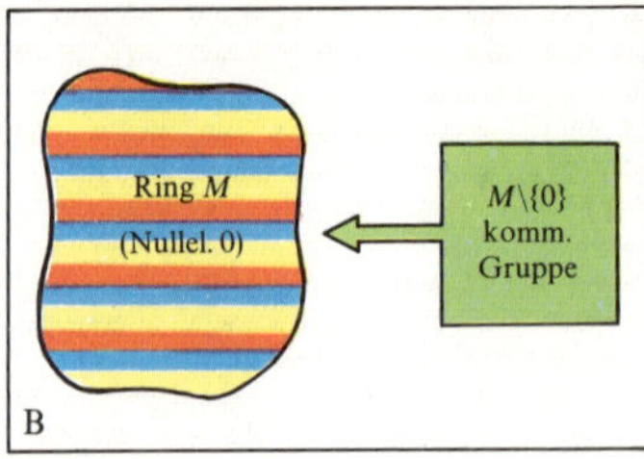

Struktur des Körpers

$M=\{g,u\}$

+	g	u
g	g	u
u	u	g

$(M;+)$ komm. Gruppe mit neutr. El. g

distributive Gesetze gelten

·	g	u
g	g	g
u	g	u

$(M;\cdot)$ Halbgruppe mit neutr. El. u

$M\backslash\{g\}=\{u\}$

·	u
u	u

$(M\backslash\{g\};\cdot)$ komm. Gruppe

M ist ein Körper, der aus den beiden neutr. El. besteht

(g und u können als »gerade« bzw. »ungerade« Zahl gedeutet werden)

C

Körper mit zwei Elementen

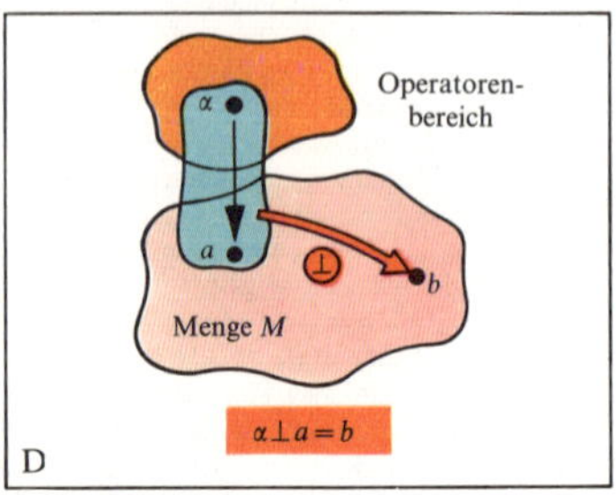

Äußere Verknüpfung

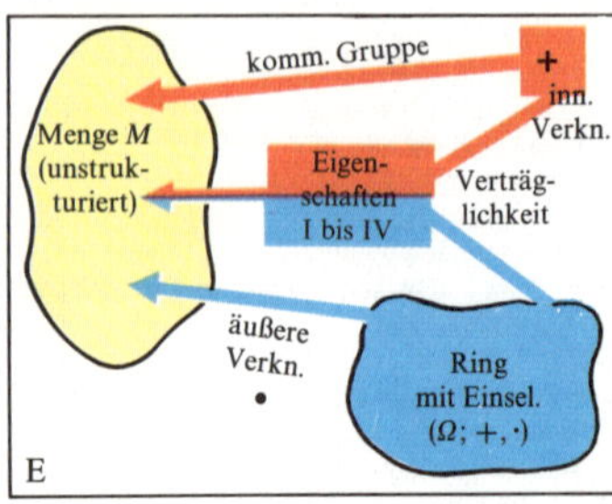

Struktur des Ω-Moduls

$G_n=\{D_k \mid k\in\{0,1,\dots n-1\}\subset\mathbb{N}\}$

(nach Abb. C, S. 38)

Def. einer äußeren Verkn.
mit dem Operatorenbereich $\mathbb{Z}$:

$\mathbb{Z}\times G_n\to G_n$ def. durch
$(z,D_k)\mapsto z\cdot D_k$

mit $z\cdot D_k=\begin{cases} D_{z\cdot k} & \text{für } z\geqq 0\\ D_{|z|\cdot(n-k)} & \text{für } z<0\end{cases}$

$D_{z\cdot k}$ kann gedeutet werden als Drehung um ein Vielfaches von $k\cdot\varphi$.

F

Beispiel eines $\mathbb{Z}$-Moduls

Ring, Integritätsring

Unter den algebr. strukturierten Mengen erweisen sich solche als besonders brauchbar, die zwei inn. Verkn. besitzen. In Analogie zu den Zahlenmengen werden »+« (Add.) und »·« (Mult.) als Zeichen gewählt. Um einer einheitlichen Struktur willen müssen die Verkn. verträglich gemacht werden. Das geschieht mit folgender Festlegung:

Def. 10: In $(M; +, \cdot)$ gilt das *links- bzw. rechtsdistributive Gesetz*, wenn für alle $a, b, c \in M$ gilt: $a \cdot (b+c) = a \cdot b + a \cdot c$ bzw. $(a+b) \cdot c = a \cdot c + b \cdot c$.

Bem.: Es genügt eine der Eigenschaften, wenn die Mult. kommutativ ist.

Die Struktur von $\mathbb{Z}$ nimmt unter den Zahlenmengen eine Sonderstellung ein. $(\mathbb{Z}; +)$ ist eine komm. Gruppe, $(\mathbb{Z}; \cdot)$ eine komm. Halbgruppe mit dem neutr. El. 1. Eine derartige algebr. Struktur kann bereits weitreichende Ergebnisse liefern.

Def. 11: $(M; +, \cdot)$ heißt *Ring*, wenn (Abb. A)

I. $(M; +)$ eine komm. Gruppe ist,
II. $(M; \cdot)$ eine Halbgruppe ist,
III. die distributiven Gesetze gelten.

Das neutr. El. bez. »+« heißt *Nullelement* 0. Existiert ein sog. *Einselement* 1 mit $a \cdot 1 = 1 \cdot a = a$ für alle $a \in M$, so spricht man von einem *Ring mit* 1. Ein Ring heißt *kommutativ*, wenn die Mult. komm. ist.

Bem.: Das zu a inverse El. der Add. wird i. a. mit $-a$ bezeichnet. Es gilt:
$a \cdot (-b) = (-a) \cdot b = -a \cdot b, (-a) \cdot (-b) = a \cdot b$.

Beispiele: $\mathbb{Z}$, $\mathbb{Q}$, $\mathbb{R}$, $\mathbb{C}$ mit »+« und »·«, Ring der (n, n)-Matrizen, Restklassenring, Polynomring.

Aus der distr. Eigenschaft des Ringes ergibt sich die besondere Rolle der 0: $a = 0 \vee b = 0 \Rightarrow a \cdot b = 0$. Gilt auch die Umkehrung $a \cdot b = 0 \Rightarrow a = 0 \vee b = 0$, so heißt der Ring *nullteilerfrei*. Im anderen Fall gibt es $a \neq 0$ und $b \neq 0$ mit $a \cdot b = 0$; a und b heißen dann *Nullteiler* (s. Matrizenring, Restklassenring).

Def. 12: Ein nullteilerfreier, komm. Ring mit 1 $(1 \neq 0)$ heißt *Integritätsring*.

Körper

Der Ringstruktur übergeordnet ist eine Struktur, bei der neben einem Einsel. auch inv. El. der Mult. existieren. Zum Nullel. kann es dann kein inv. El. geben, denn es ist $0 \cdot a = 0 \neq 1$ für alle $a \in M$ (man kann beweisen, daß das Nullel. und das Einsel. stets verschieden sind, wenn die Menge mindestens zwei El. enthält). Besitzt also M Ringstruktur, so können inv. El. der Mult. nur in $M \setminus \{0\}$ vorhanden sein.

Def. 13: $(M; +, \cdot)$ heißt *Körper*, wenn (Abb. B)

I. $(M; +, \cdot)$ ein Ring und
II. $(M \setminus \{0\}; \cdot)$ eine komm. Gruppe ist.

Verzichtet man in II auf die Kommutativität, so heißt $(M; +, \cdot)$ *Schiefkörper*.

Bem.: a^{-1} bezeichnet das zu a inv. El.

Beispiele: $\mathbb{Q}$, $\mathbb{R}$, $\mathbb{C}$ mit »+« und »·«, Restklassenkörper, Körper aus 2 El. (Abb. C).

Analog zu allen Zahlenkörpern kann man in jedem Körper eine Subtraktion und eine Division ohne 0 definieren: $a - b := a + (-b), c : d := c \cdot d^{-1}$.

Äußere Verknüpfung (äußere Komposition)

Neben den inn. Verkn. vermitteln auch sog. äußere Verkn. wichtige algebr. Strukturen. Zur nichtleeren Menge M tritt hier eine weitere Menge, der Operatorenbereich. Elemente des Operatorenbereiches werden mit El. aus M verknüpft, so daß wieder ein El. aus M entsteht. Als Verknüpfungszeichen wird »$\perp$« gewählt.

Def. 14: $\perp$ heißt *äußere Verknüpfung auf* einer Menge M mit dem Operatorenbereich Ω, wenn es zu *jedem* Paar $(\alpha, a) \in \Omega \times M$ *genau* ein $b \in M$ gibt mit: $\alpha \perp a = b$. Gibt es nicht zu jedem Paar (α, a) ein derartiges b, so heißt $\perp$ äußere Verknüpfung *in M* (Abb. D).

Eine Menge, *auf* der eine äuß. Verkn. def. ist, wird mit $(M, \Omega; \perp)$ bezeichnet.

Bem.: Jede äuß. Verkn. kann als Abb. def. werden. Sei $T \subseteq \Omega \times M$, dann ist $\perp : T \to M$ def. durch $(\alpha, a) \mapsto \alpha \perp a$. Für $T = \Omega \times M$ handelt es sich um eine äuß. Verkn. *auf* M. I. a. finden Ringe und Körper als Operatorenbereiche Verwendung.

Jede inn. Verkn. kann als äuß. Verkn. aufgefaßt werden, wenn $\Omega = M$ gesetzt wird.

Beispiele: Multiplikation mit Skalaren auf der Menge der Vektoren $(\Omega = \mathbb{R})$, »Vielfache« von Drehungen $(\Omega = \mathbb{Z}$, Abb. F), Multiplikation von Matrizen mit Skalaren $(\Omega = \mathbb{R})$.

Modul, Vektorraum

Wie aus den Beispielen zu ersehen ist, treten äuß. Verkn. häufig in Verbindung mit inn. Verkn. auf. Dabei ist der Operatorenbereich ein Ring mit 1 (z. B. $\mathbb{Z}$) oder ein Körper, d. h. der Operatorenbereich besitzt die inn. Verkn. »+« und »·«. Davon unterschieden werden müssen die äuß. Verkn. »·« auf M und die inn. Verkn. »+« auf M.

Def. 15: $(M; +)$ sei eine komm. Gruppe, $(\Omega; +, \cdot)$ ein Ring mit 1 und »·« eine äuß. Verkn. auf M bez. Ω. Dann heißt $(M; +, \Omega; \cdot)$ *Modul über dem Ring* Ω (kurz Ω-Modul), wenn für alle $a, b \in M$ und $\alpha, \beta \in \Omega$ gilt:

I. $\alpha \cdot (a+b) = \alpha \cdot a + \alpha \cdot b$
II. $(\alpha + \beta) \cdot a = \alpha \cdot a + \beta \cdot a$
III. $(\alpha \cdot \beta) \cdot a = \alpha \cdot (\beta \cdot a)$
IV. $1 \cdot a = a$ (Abb. E).

Die Eigenschaften I bis III regeln die Verträglichkeit der vier Verknüpfungen.

Beispiele: Die Menge der Drehungen (Abb. F) mit der inn. Verkn. »∘« (entspricht +) und der äuß. Verkn. »·« (entspricht ·) ist ein $\mathbb{Z}$-Modul. Jeder Ring mit Einsel. (erst recht jeder Körper) ist ein Modul über sich selbst; die Ringmult. kann als äuß. Verkn. aufgefaßt werden.

Unter den Moduln spielen diejenigen eine besondere Rolle, deren Operatorenbereich ein Körper ist.

Def. 16: Ist der Operatorenbereich eines Ω-Moduls ein Körper, so heißt der Modul *Vektorraum über dem Körper* Ω.

Beispiele: Die Menge der Vektoren ist ein Vektorraum über dem Körper $\mathbb{R}$. Jeder Körper ist ein Vektorraum über sich selbst.

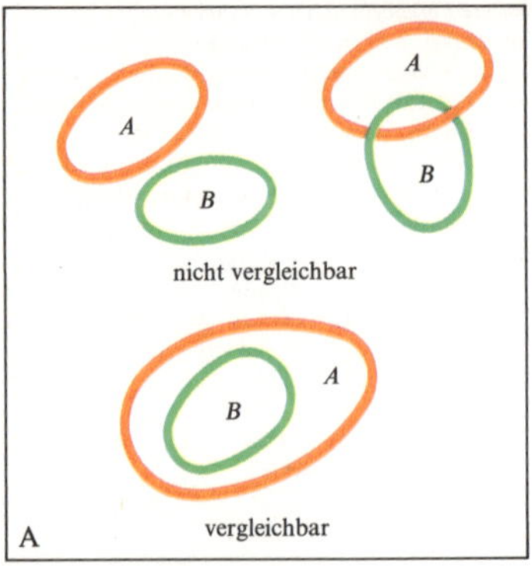

Vergleichbarkeit von Mengen

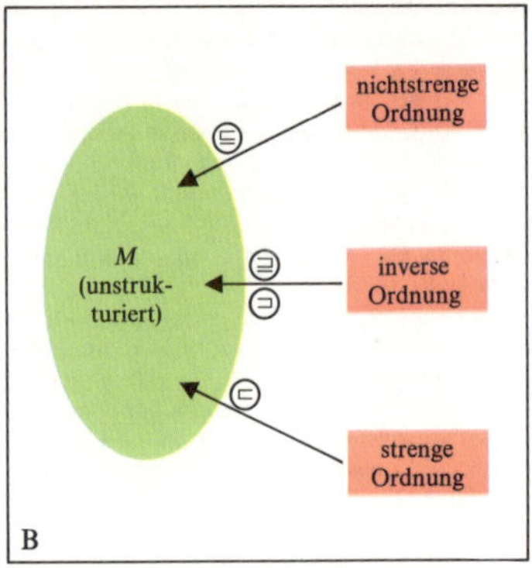

Ordnungsstrukturen

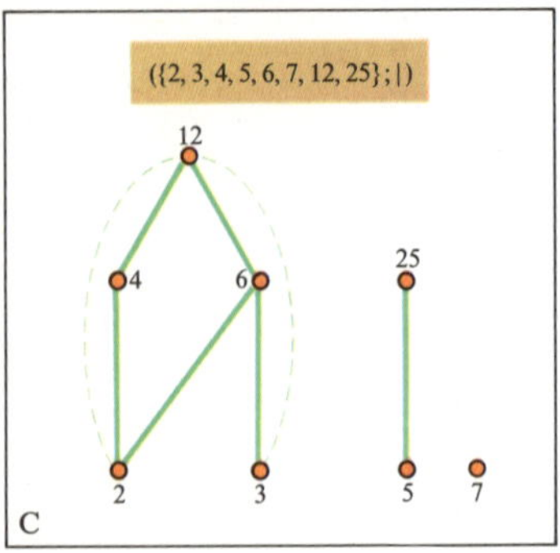

Ordnungsdiagramm

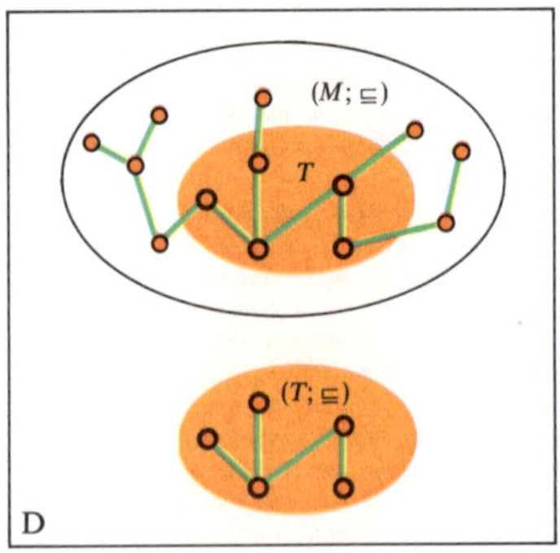

Teilordnung

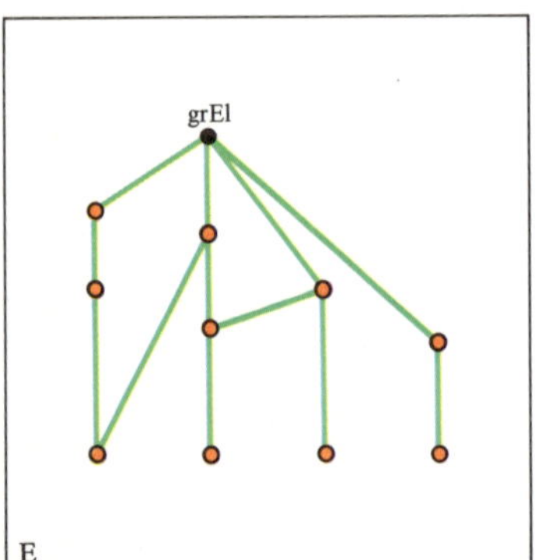

Größtes Element

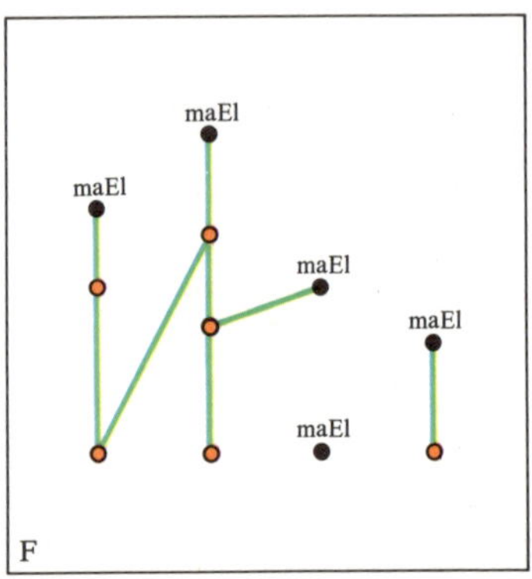

Maximales Element

In den Zahlenmengen $\mathbb{N}$, $\mathbb{Z}$, $\mathbb{Q}$, $\mathbb{R}$ lassen sich je zwei Zahlen durch die Rel. $\leqq$ vergleichen; die Rel. vermittelt eine »Ordnung« in der Menge. In Mengensystemen ermöglicht die Rel. $\subseteq$ einen Vergleich von Mengen, jedoch sind hier *nicht* je zwei Mengen vergleichbar (Abb. A). Beide Rel. besitzen aber die für einen Vergleich grundlegenden Merkmale (vgl. S. 23):

(1) jedes El. ist mit sich vergleichbar (Reflexivität),
(2) wenn a mit b und b mit a vergleichbar ist, so ist $a=b$ (Identitivität).
(3) wenn a mit b und b mit c vergleichbar ist, so auch a mit c (Transitivität).

Diese Eigenschaften liegen der Verallgemeinerung des von Zahlen bekannten Ordnungsbegriffs zugrunde. Auf die allgemeine Vergleichbarkeit (je zwei El. sind vergleichbar) wird verzichtet.

Ordnungsrelation, geordnete Menge

Def. 1: Eine Teilmenge $\sqsubseteq$ von $M \times M$ heißt *Ordnungsrelation*, wenn $\sqsubseteq$ reflexiv, identitiv und transitiv ist (S. 31). $(M; \sqsubseteq)$ heißt *geordnete Menge.*

Bem.: $\sqsubseteq$ wird gelesen: »kleiner oder gleich«.

Beispiele für geord. Mengen sind: $(\mathfrak{P}(M); \subseteq)$ bzw. jedes Mengensystem versehen mit $\subseteq$; $(\mathbb{N}; \leqq)$ (ebenso $\mathbb{Z}$, $\mathbb{Q}$, $\mathbb{R}$). Auch die Teilbarkeit ist eine Ord.rel. in $\mathbb{N}$.

Strenge Ordnungsrelation

Die Rel. $<$ ist *keine* Ord.rel. in den Zahlenmengen, da die reflexive Eigenschaft nicht erfüllt ist; dasselbe gilt für $\subset$ in jedem Mengensystem. Statt der Reflexivität gilt jedoch eine andere Eigenschaft: $a<b \Rightarrow \neg(b<a)$ bzw. $A \subset B \Rightarrow \neg(B \subset A)$, d. h. die Rel. sind asymmetrisch (S. 31). Dies führt zur Def. der strengen Ord.rel.

Def. 2: Eine Teilmenge $\sqsubset$ von $M \times M$ heißt *strenge Ordnungsrelation*, wenn $\sqsubset$ asymmetrisch und transitiv ist. $(M; \sqsubset)$ heißt *streng geordnete Menge.*

Bem.: $\sqsubset$ wird gelesen: »kleiner als« oder »echt kleiner als«.

Aufbau der Ordnungsstrukturen

Wegen der fehlenden reflexiven Eigenschaft kann eine strenge Ord.rel. niemals eine Ord.rel. sein und umgekehrt. Dennoch können beide als gleichberechtigt für den Aufbau der Ordnungsstrukturen angesehen werden, denn jede Ord.rel. induziert eine strenge Ord.rel. in derselben Menge und umgekehrt. Die die reflexive Eigenschaft charakterisierende sog. *Diagonale* $D := \{(x,x) \mid x \in M\}$ übernimmt die verbindende Rolle.

$\sqsubseteq$ Ord.rel. $\Rightarrow \sqsubseteq \setminus D$ strenge Ord.rel.,
$\sqsubset$ strenge Ord.rel. $\Rightarrow \sqsubset \cup D$ Ord.rel.

Elementweise bedeutet das:

$x \sqsubseteq y \Leftrightarrow x \sqsubset y \vee x=y$ bzw. $x \sqsubset y \Leftrightarrow x \sqsubseteq y \wedge x \neq y$.

$\sqsubseteq$ und $\sqsubset$ können also gleichberechtigt nebeneinander verwendet werden (Abb. B). Dasselbe gilt für die zu $\sqsubseteq$ und $\sqsubset$ *inversen Ordnungsrelationen* $\sqsupseteq$ bzw. $\sqsupset$:

$x \sqsupseteq y :\Leftrightarrow y \sqsubseteq x$ bzw. $x \sqsupset y :\Leftrightarrow y \sqsubset x$.

Zu den Ord.rel. $\subseteq$, $\subset$, $\leqq$, $<$, »ist Teiler von« gehören der Reihe nach die inv. Ord.rel. $\supseteq$, $\supset$, $\geqq$, $>$, »ist Vielfaches von«.

Konnex geordnete Menge

Den Vergleich von je zwei El. einer Menge ermöglichen konnexe (lineare) Rel. (S. 31).

Def. 3: $(M; \sqsubseteq)$ heißt *konnex* (linear oder vollständig) *geordnete Menge* (auch *Kette*), wenn $\sqsubseteq$ eine konnexe Ord. rel. ist.

Beispiele: $\mathbb{N}$, $\mathbb{Z}$, $\mathbb{Q}$, $\mathbb{R}$ mit $\leqq$ sind konnex geord. Mengen, $(\mathfrak{P}(M); \subseteq)$ und $(\mathbb{N}; |)$ dagegen nicht.

Ordnungsdiagramm (Hasse-Diagramm)

Ordnungsstrukturen endlicher Mengen lassen sich in einfachen Fällen recht übersichtlich in sog. *Ordnungsdiagrammen* (Hasse-Diagramme) darstellen. Jedem El. der Menge wird ein Punkt der Zeichenebene zugeordnet mit der Vereinbarung, b oberhalb von a zu zeichnen und mit a zu verbinden, wenn $a \sqsubset b$ bzw. $a \sqsubseteq b$ gilt. Durch die zusätzliche Vereinbarung, daß b nicht mehr mit a verbunden wird, wenn b über andere Punkte mit a verbunden ist (Transitivität), wird die Fülle der Linien reduziert.

Das Beispiel in Abb. C wurde auf diese Weise gezeichnet. Man bezeichnet b als oberen Nachbarn von a, wenn gilt: $a \sqsubseteq b \wedge \bigwedge_x (a \sqsubseteq x \sqsubseteq b \Rightarrow a=x \vee b=x)$.

Die El. einer endl. konnex geord. Menge lassen sich in Form einer »Kette« (s. Def. 3) anordnen. Die Ordnungsbeziehungen endl. Teilmengen von $\mathbb{N}$, $\mathbb{Z}$, $\mathbb{Q}$ und $\mathbb{R}$ lassen sich daher gut auf der »Zahlengeraden« darstellen.

Teilordnung

Wird die Ordnungsstruktur einer Menge M auf eine Teilmenge T eingeschränkt, so spricht man von einer *Teilordnung* (Abb. D). Die Struktur von M überträgt sich auf T; i. a. sind Teilordnungen jedoch spezieller als die Ordnung der Obermenge (in Abb. C ist z. B. $\{2, 4, 12\}$ eine Kette, obwohl M keine Kette ist). Mittels Teilordnungen kann man u. U. die Struktur der Obermenge untersuchen (z. B. Zornsches Lemma, S. 45). Dabei spielen die folgenden Begriffe eine bedeutsame Rolle.

Größtes Element, maximales Element

Im folgenden sei M eine geord. Menge.

Def. 4: $g = \mathrm{grEl}(M)$ (*größtes Element* von M)
$:\Leftrightarrow g \in M \wedge \bigwedge_x (x \in M \Rightarrow x \sqsubseteq g)$ (Abb. E).

Wie aus Abb. C zu ersehen ist, braucht es kein grEl in einer geord. Menge zu geben (existiert es, so ist es eindeutig bestimmt). Abb. C läßt aber erkennen, daß es in dieser geord. Menge El. gibt (12, 25 und 7), die relativ zu den mit ihnen vergleichbaren El. grEl sind; sie heißen maximal.

Def. 5: $m = \mathrm{maEl}(M)$ (*maximales Element* in M)
$:\Leftrightarrow m \in M \wedge \bigwedge_x ((x \in M \wedge m \sqsubseteq x) \Rightarrow x = m)$ (Abb. F).

Eine geord. Menge kann durchaus mehrere maEl enthalten (Abb. C, F), konnex geord. Mengen dagegen höchstens ein maEl, das grEl ist, wenn es existiert. Über die Existenz maximaler El. macht das Zornsche Lemma eine Aussage (S. 45).

Bem.: Die Begriffe »*kleinstes Element*« (klEl) und »*minimales Element*« (miEl) werden analog mit $\sqsupseteq$ gebildet.

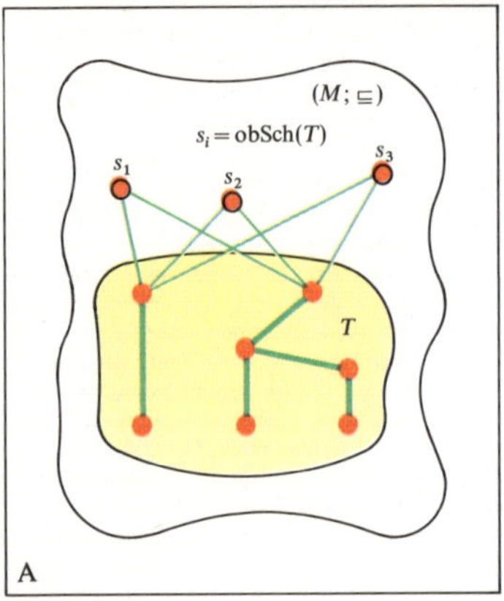

Obere Schranke

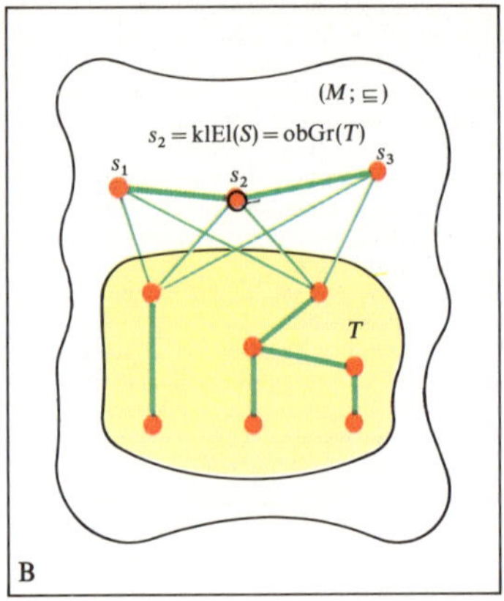

Obere Grenze

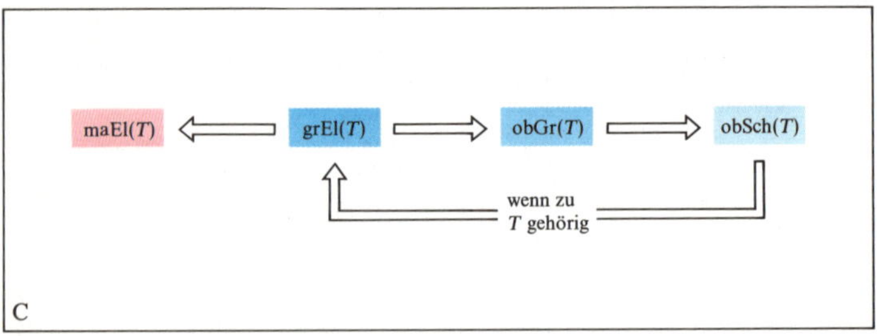

Zusammenhang von grEl, maEl, obSch, obGr

Vorgegeben seien $(\mathbb{Q}; \leqq)$ und $T := \{x \mid x \in \mathbb{Q}^+ \wedge x^2 \leqq 2\}$

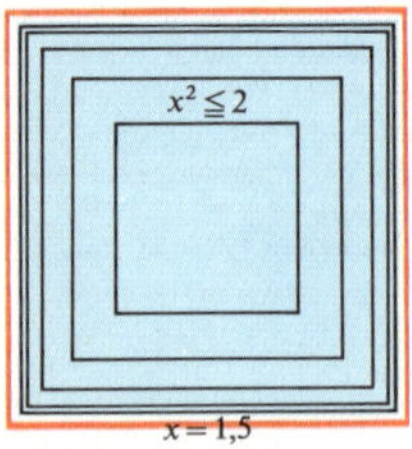

x kann gedeutet werden als Seitenlänge eines Quadrates mit dem Flächenmaß $x^2 \leqq 2$.

Es existieren obere Schranken von T in $\mathbb{Q}$, z. B. 1,5, 1,42, 1,415 usw., d. h. T ist beschränkt.

Es gibt keine obere Grenze von T in $\mathbb{Q}$, denn $\sqrt{2} \notin \mathbb{Q}$ (s. reelle Zahlen, S. 58/Abb. A).

Betrachtet man jedoch $(\mathbb{R}; \leqq)$, so besitzt T offensichtlich $\sqrt{2}$ als obere Grenze in $\mathbb{R}$. Allgemein gilt:

> In $(\mathbb{R}; \leqq)$ besitzt jede beschränkte Teilmenge aus $\mathbb{Q}$ eine obere Grenze (Satz von der oberen Grenze, S. 59).

D

Beschränkte Teilmenge aus $\mathbb{Q}$ ohne obere Grenze

Obere Schranke, obere Grenze

Der Begriff grEl einer Menge ist gemäß Def. 4 auch für Teilordnungen anwendbar. Existiert kein grEl in einer Teilmenge T, so kann es durchaus in M ein El. s geben, mit dem alle El. aus T vergleichbar sind, d. h. es wäre $s = \text{grEl}\,(T \cup \{s\})$. Diese Eigenschaft besitzen z. B. die Zahlen $1, \frac{3}{2}, 2$ für die Teilmenge $F := \{x \mid x = 1 - \frac{1}{n} \wedge n \in \mathbb{N} \setminus \{0\}\}$ aus $(\mathbb{Q}; \leqq)$.

Def. 6: $s = \text{obSch}(T)$ (*obere Schranke* von T) $:\Leftrightarrow T \subseteq M \wedge s \in M \wedge \bigwedge_x (x \in T \Rightarrow x \sqsubseteq s)$ (Abb. A).

Existiert ein s, so heißt T *nach oben beschränkt*.

Bem.: Nach Def. 6 ist auch das grEl einer Teilmenge, wenn es existiert, eine obSch. Daher kann man den Begriff obSch als eine Erweiterung des Begriffes grEl ansehen:

$s = \text{obSch}(T) \Leftrightarrow s = \text{grEl}(T \cup \{s\})$.

Für eine beschränkte Teilmenge kann man die Menge S aller obSch betrachten und die Frage nach dem klEl von S stellen. Für die oben angegebene Menge F ist $S = \{x \mid x \in \mathbb{Q} \wedge x \geqq 1\}$ und $1 = \text{klEl}(S)$. I. a. braucht eine derartige »kleinste obere Schranke« (obere Grenze) nicht zu existieren (Abb. D).

Def. 7: $o = \text{obGr}(T)$ (*obere Grenze* von T) $:\Leftrightarrow$ $T \subseteq M \wedge S = \{s \mid s = \text{obSch}(T)\} \wedge o = \text{klEl}(S)$.

o heißt auch *Supremum* (Abb. B).

Aus Def. 7 folgt unmittelbar, daß die obGr einer Teilmenge, wenn sie existiert, auch eindeutig bestimmt ist (als klEl). Den Zusammenhang zwischen grEl, maEl, obSch und obGr gibt Abb. C wieder.

Bem.: Der Begriff der oberen Grenze spielt bei vielen Vervollständigungsprozessen eine bedeutsame Rolle, wie z. B. bei der Vervollständigung von $\mathbb{Q}$ durch irrat. Zahlen zur Menge $\mathbb{R}$. In $(\mathbb{Q}; \leqq)$ besitzt *nicht jede* beschränkte Teilmenge eine obGr (Abb. D); durch die Einführung der irrat. Zahlen ist diese Eigenschaft jedoch für $(\mathbb{R}; \leqq)$ erfüllt (S. 59).

Bem.: Die Begriffe »*untere Schranke*« (unSch), »*nach unten beschränkt*« und »*untere Grenze*« (unGr) bzw. »*Infimum*« werden analog definiert.

Wohlgeordnete Menge, Wohlordnung

Die Konnexität einer Ord.rel. ist äquivalent zu der Eigenschaft, daß jede zweielementige (sogar jede nicht leere endl.) Teilmenge ein klEl besitzt:

$$a \sqsubseteq b \vee b \sqsubseteq a \Leftrightarrow \bigvee_c (c \in \{a, b\} \wedge c = \text{klEl}(\{a, b\})).$$

Vergleicht man unter diesem Gesichtspunkt etwa die vollst. geord. Mengen $(\mathbb{N}; \leqq)$ und $(\mathbb{Z}; \leqq)$, so zeigt sich, daß $(\mathbb{N}; \leqq)$ gegenüber $(\mathbb{Z}; \leqq)$ ausgezeichnet ist. In $(\mathbb{N}; \leqq)$ existiert auch in jeder *unendlichen* Teilmenge (auch in $\mathbb{N}$ selbst) ein klEl, während dies für $(\mathbb{Z}; \leqq)$ nicht gilt ($\mathbb{Z}$ selbst oder z. B. $\{0, -1, -2, \ldots\}$ besitzen kein klEl). In $(\mathbb{N}; \leqq)$ liegt also eine spezielle konnexe Ordnung vor.

Def. 8: Eine geordnete Menge $(M; \sqsubseteq_w)$ heißt *wohlgeordnete Menge*, wenn jede nichtleere Teilmenge von M ein klEl besitzt. $\sqsubseteq_w$ heißt in diesem Fall *Wohlordnung*.

Aus der Wohlordnung folgt die Konnexität (s. o.), d. h. jede wohlgeord. Menge ist eine Kette. Die Umkehrung gilt nicht, denn $(\mathbb{Z}; \leqq)$ ist zwar eine Kette, aber nicht wohlgeord. (s. o.).

Eine bemerkenswerte Folgerung aus der Wohlordnung ist die Eigenschaft, daß jedes El. einer wohlgeord. Menge, wenn es nicht grEl ist, genau einen Nachfolger im Sinne der Ord.rel. besitzt (s. nat. Zahlen, S. 53). Wenn keine Mißverständnisse möglich sind, veranschaulicht man wohlgeordnete Mengen durch »Reihenfolgen«.

Beispiele: $(\mathbb{N}; \leqq)$ und alle endl. Ketten sind wohlgeordnet. $\mathbb{Z}$ läßt sich durch Einführung einer anderen Ord.rel., die aus der Reihenfolge $(0, 1, -1, 2, -2, \ldots)$ leicht abzulesen ist, wohlordnen ($z_i \sqsubseteq_w z_k :\Leftrightarrow i \leqq k$). $(\mathbb{Q}; \leqq)$ und $(\mathbb{R}; \leqq)$ sind nicht wohlgeord., weil sie $(\mathbb{Z}; \leqq)$ als Teilordnung enthalten. Für $\mathbb{Q}$ läßt sich ebenfalls durch eine Reihenfolge – etwa die des Diagonalverfahrens, S. 35 – eine Wohlordnung definieren. Dieses Verfahren versagt bei $\mathbb{R}$ wegen der Überabzählbarkeit von $\mathbb{R}$. Es ist bisher noch nicht gelungen, eine Wohlordnung von $\mathbb{R}$ anzugeben.

Nimmt man den Wohlordnungssatz (s. u.) als gültig an, so läßt sich jede Menge – also auch $\mathbb{R}$ – wohlordnen.

Bem.: Wohlordnungen liegen der Einführung der Ordinalzahlen zugrunde (S. 47).

ZORNsches Lemma, Wohlordnungssatz

Die ältere math. Literatur verwendet häufig bei Beweisen, die unendl. Mengen betreffen, als Hilfsmittel – zusammen mit der transfiniten Induktion (S. 49) – den **Wohlordnungssatz:**

Jede Menge läßt sich wohlordnen.

Der Wohlordnungssatz ergibt sich als Folgerung aus dem Auswahlaxiom der axiomatischen Mengenlehre (S. 29). Umgekehrt läßt sich aus dem Wohlordnungssatz das Auswahlaxiom herleiten. Die Kritik am Auswahlaxiom (S. 29) gilt also wegen der Äquivalenz auch dem Wohlordnungssatz.

Unbefriedigend bei der Verwendung des Wohlordnungssatzes bleibt die Tatsache, daß nur die *Existenz* einer Wohlordnung garantiert wird, die Rel. selbst aber i. a. keinen Bezug zur vorliegenden Ordnungsstruktur hat. Diesen Mangel beseitigt das dem Wohlordnungssatz äquivalente **ZORNsche Lemma:**

Eine geordnete Menge, in der jede konnex geordnete Teilmenge eine obGr hat, besitzt mindestens ein maEl.

Bem.: Eine geord. Menge mit der Eigenschaft, daß jede konnex geord. Teilmenge eine obGr hat, heißt *induktiv geordnet*.

Bei Verwendung des ZORNschen Lemmas anstelle des Wohlordnungssatzes wird also an die Ordnungsstruktur der gegebenen Menge angeknüpft. Dies macht die Beweise i. a. klarer und kürzer.

Häufig ist die folgende **Verschärfung des ZORNschen Lemmas** nützlich:

Ist $(M; \sqsubseteq)$ induktiv geordnet, so gibt es zu jedem $x \in M$ ein maEl m mit $x \sqsubseteq m$.

(1)	$(\mathbb{N}; \leqq) := (0, 1, 2, \ldots)$	0 = klEl, kein grEl
(2)	$(\mathbb{N}; \sqsubseteq_1) := (\ldots, 2, 1, 0)$	kein klEl, 0 = grEl
(3)	$(\mathbb{N}; \sqsubseteq_2) := (\ldots, 5, 3, 1, 0, 2, 4, \ldots)$	kein klEl, kein grEl
(4)	$(\mathbb{N} \cup \{-1\}; \sqsubseteq_3) := (0, 1, 2, \ldots, -1)$	0 = klEl, − 1 = grEl, kein unmittelbarer Vorgänger zum grEl
(5)	$(\mathbb{N} \cup \{-1, -2\}; \sqsubseteq_4) := (0, 1, 2, \ldots, -1, -2)$	0 = klEl, − 2 = grEl, − 1 ist unmittelbarer Vorgänger zum grEl
(6)	$(\mathbb{N}; \sqsubseteq_5) := (2, 3, 4, \ldots, 0, 1)$	2 = klEl, 1 = grEl, 0 ist unmittelbarer Vorgänger zum grEl

A

Gleichmächtigkeit und Ordnungsstruktur

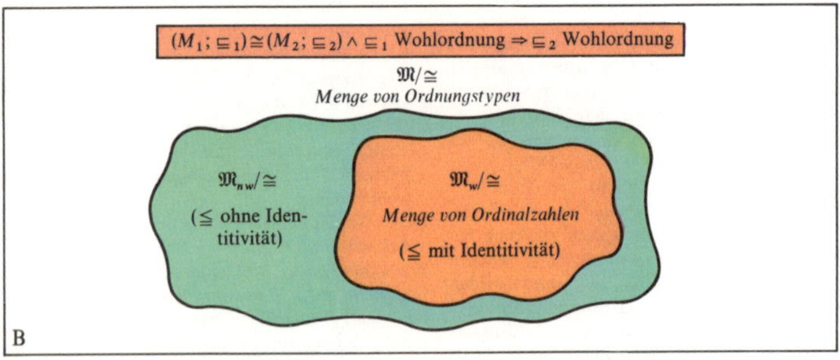

Klasseneinteilung einer Menge von Ordnungstypen

$A = \{x \mid x \in \mathbb{Q} \wedge -2 < x \leqq -1\}$ $\qquad B = \{x \mid x \in \mathbb{Q} \wedge 1 \leqq x < 2\}$

$(A; \leqq)$ und $(B; \leqq)$ sind nicht ähnlich, da B kein grEl besitzt.

$C = \{x \mid x \in \mathbb{Q} \wedge 1 < x \leqq \frac{3}{2}\}$ $\qquad D = \{x \mid x \in \mathbb{Q} \wedge -\frac{3}{2} \leqq x < -1\}$

Es gilt: $C \subset B$ und $(C; \leqq) \cong (A; \leqq)$ bzw. $D \subset A$ und $(D; \leqq) \cong (B; \leqq)$,

d. h. oty $A \leqq$ oty B und oty $B \leqq$ oty A, aber oty $A \neq$ oty B.

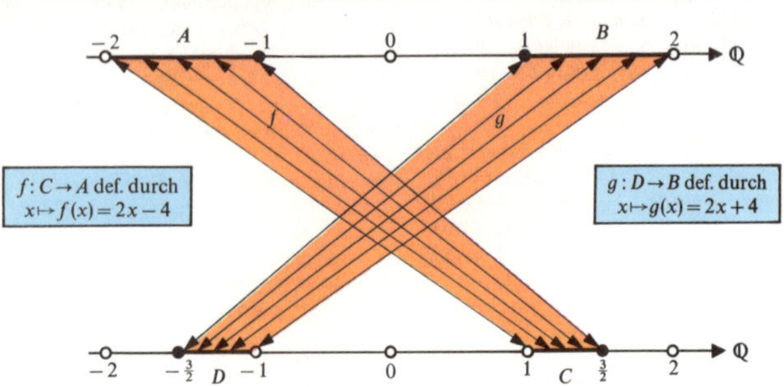

C

Nicht erfüllte Identitivität

Mit dem Begriff der Kardinalzahl (S. 35) wird die »Anzahl« der El. einer Menge erfaßt. Dabei liegen *unstrukturierte* Mengen zugrunde, die mit Hilfe bijektiver Abb. verglichen werden. Davon zu unterscheiden ist das »elementweise Durchzählen« einer Menge. Hier muß man davon ausgehen, daß die El. der Menge in einer bestimmten Reihenfolge gegeben sind und die »Stelle« jedes El. in der Reihenfolge eindeutig festgelegt ist. Voraussetzung für das »Durchzählen« ist also eine *Ordnungsstruktur*.

So sind die Mengen der Abb. A zwar hinsichtlich ihrer Mächtigkeit nicht zu unterscheiden, werden jedoch die Reihenfolgen betrachtet, so ergeben sich Unterschiede. Das »Durchzählen« ist für (2) und (3) nicht möglich, weil der Anfang des Zählprozesses (klEl) fehlt. Die Ergebnisse des »Durchzählens« sind bei (5) und (6) gleich, weil die Ordnungsstrukturen keinerlei Unterschiede aufweisen, bei (1), (4) und (5) dagegen nicht.

Der Vergleich geord. Mengen geschieht mit Hilfe strukturverträglicher bij. Abb. (ähnliche Abb., s. u.). Exakt gefaßt wird das »Durchzählen« mit dem Begriff der Ordinalzahl (spez. Ordnungstypus, s. u.).

Ähnliche Abbildung

Def. 1: $(M; \sqsubseteq_1)$ und $(N; \sqsubseteq_2)$ seien geord. Mengen; $f: M \to N$ sei eine Abb.

(a) f *isoton* $:\Leftrightarrow \bigwedge_x \bigwedge_y (x \sqsubseteq_1 y \Rightarrow f(x) \sqsubseteq_2 f(y))$,

(b) f *ähnlich* $:\Leftrightarrow f$ bijektiv $\wedge\ f, f^{-1}$ isoton.

$(M; \sqsubseteq_1)$ u. $(N; \sqsubseteq_2)$ heißen *ähnlich*, wenn eine ähnl. Abb. existiert. In Zeichen: $(M; \sqsubseteq_1) \cong (N; \sqsubseteq_2)$.

Ähnl. Mengen besitzen gleichwertige (isomorphe) Ordnungen und sind ordnungstheoretisch nicht zu unterscheiden. Die in Abb. A angegebenen Reihenfolgen (1) bis (5) sind paarweise nicht ähnl., (5) und (6) sind ähnl.

Bem.: Ähnl. Mengen sind gleichmächtig, da ähnliche Abb. bijektiv sind; die Umkehrung gilt i. a. nicht (vgl. Abb. A).

Ordnungstypen

Die Eigenschaft zweier geord. Mengen, ähnl. zu sein, ist eine Klasseneigenschaft, denn $\cong$ ist eine Äquivalenzrel. (S. 31) in jedem Mengensystem $\mathfrak{M}$ geord. Mengen. Der Beweis folgt aus den Eigenschaften:

(1) 1_M ist ähnlich, (2) f ähnlich $\Rightarrow f^{-1}$ ähnlich,

(3) f ähnlich $\wedge\ g$ ähnlich $\Rightarrow g \circ f$ ähnlich.

Die Quotientenmenge $\mathfrak{M}/\cong$ besteht demnach aus Klassen ähnl. Mengen.

Def. 2: Ein El. der Quotientenmenge $\mathfrak{M}/\cong$ heißt *Ordnungstypus*.

Jeder geord. Menge läßt sich ein Ord.typus zuordnen (kanonisch, S. 31): $\text{oty}: \mathfrak{M} \to \mathfrak{M}/\cong$ def. durch $(M; \sqsubseteq) \mapsto \text{oty}(M; \sqsubseteq) = [\![(M; \sqsubseteq)]\!]$. Es gilt:

$\text{oty}(M; \sqsubseteq_1) = \text{oty}(N; \sqsubseteq_2) \Rightarrow \text{card}(M) = \text{card}(N)$,

aber nicht die Umkehrung (vgl. Abb. A).

Bem.: $\mathfrak{M}/\cong$ zerfällt in zwei disjunkte Klassen, in die Klasse $\mathfrak{M}_w/\cong$ aller Ord.typen wohlgeord. Mengen und in die Klasse $\mathfrak{M}_{nw}/\cong$ aller Ord.typen nichtwohlgeord. Mengen aus $\mathfrak{M}$, denn die Wohlordnung ist invariant bei ähnl. Abb. (Abb. B).

Vergleichbarkeit von Ordnungstypen

Da ähnl. Mengen gleichmächtig sind, muß eine Ord.rel. $\leqq$ für Ord.typen mit derjenigen für Kard.-zahlen (S. 35) verträglich sein. Eine sinnvolle Def. der Rel. wäre daher:

$$\text{oty}(A; \sqsubseteq_1) \leqq \text{oty}(B; \sqsubseteq_2) :\Leftrightarrow \bigvee_C (C \subseteq B \wedge C \cong A),$$

wobei C Teilordnung von B ist (vgl. S. 35).

Diese Rel. ist zwar reflexiv und transitiv, aber *nicht identitiv* (Abb. C), sie ist also keine Ord.rel. Beschränkt man sich auf die Klasse $\mathfrak{M}_w/\cong$ der Ord.-typen wohlgeord. Mengen, so ist auch die Identitivität erfüllt (Folgerung aus Satz 1, s. u.).

Ordinalzahlen (Ordnungszahlen)

Def. 3: Der Ordnungstypus einer wohlgeord. Menge heißt *Ordinalzahl* (Ordnungszahl), in Zeichen: $\text{ord}(M; \sqsubseteq_w)$ (Abb. B).

Bem.: ord kann als Einschränkung der Abb. oty auf die Teilmenge $\mathfrak{M}_w$ aller wohlgeord. Mengen aus $\mathfrak{M}$ aufgefaßt werden.

Schränkt man die oben def. Rel. $\leqq$ auf Ord.zahlen ein, so liegt eine *Ordnungsrelation* vor. Die spez. Struktur wohlgeord. Mengen bewirkt, daß die Rel. sogar *konnex* und darüber hinaus eine *Wohlordnung* ist. Die Identitivität und die Konnexität folgen aus

Satz 1: *Je zwei wohlgeord. Mengen sind entweder ähnlich oder die eine ist einer echten Teilmenge der anderen ähnlich.*

Die echte Teilmenge läßt sich genauer bestimmen. Sie ist (vgl. S. 59, Def. 1) ein sogenannter *Abschnitt* A_x, eine Teilmenge, die alle El. enthält, die kleiner als ein bestimmtes El. x sind. Aus Satz 1 ergibt sich als

Folgerung: *Eine wohlgeord. Menge ist keinem ihrer Abschnitte ähnlich.*

Endliche Ordinalzahlen

$(\mathbb{N}; \leqq)$ ist wohlgeord., also auch jede endl. Teilmenge von $\mathbb{N}$. Die unstrukturierten Teilmengen $\emptyset$, $\{0\}$, $\{0,1\}$ usw. repräsentieren die endl. Kard.zahlen, als Teilordnungen von $(\mathbb{N}; \leqq)$ repräsentieren sie die endl. Ordinalzahlen. Denn ist $(E; \sqsubseteq_w)$ irgendeine wohlgeord. Menge mit $\text{card}(E) = n$, so kann E in einer Reihenfolge – etwa $a_0 \sqsubseteq_w a_1 \sqsubseteq_w \dots \sqsubseteq_w a_{n-1}$ – angegeben werden, und es folgt $f: E \to \{0, 1, \dots n-1\}$ def. durch $a_i \mapsto i$ ist eine ähnl. Abb., d. h. $\text{ord}(E; \sqsubseteq_w) = \text{ord}(\{0, 1, \dots n-1\}; \leqq)$.

Am Beispiel endl. Mengen wird deutlich, daß es zu einer Menge verschiedene Wohlordnungen geben kann (jede nicht identische Permutation der in einer Reihenfolge geord. El. erzeugt eine neue Wohlordnung; für $\text{card}(E) = n$ gibt es $n!$ paarweise verschiedene Wohlordnungen von E). Bei *endlichen* Mengen führen verschiedene Wohlordnungen jedoch zur gleichen Ord.zahl (vgl. oben), d. h.

$\text{card}(E) = \text{card}(F) \Leftrightarrow \text{ord}(E) = \text{ord}(F)$.

Die endl. Ord.zahlen können daher mit den endl. Kard.zahlen 0, 1, 2 usw. identifiziert werden. Für transfinite Ord.zahlen (S. 49) ergibt sich hier ein wesentlicher Unterschied (s. Zahlklasse, S. 49).

$(A; \sqsubseteq_w) := (a_0, a_1, \ldots)$ $\qquad \alpha := \operatorname{ord}(A; \sqsubseteq_w)$

$\updownarrow \quad \updownarrow \quad \updownarrow$

$(A \cup \{x\}; \sqsubseteq_w) := (a_0, a_1, \ldots, x)$ $\qquad \beta := \operatorname{ord}(A \cup \{x\}; \sqsubseteq_w)$

Es gilt: $\alpha < \beta \wedge \neg \bigvee_{\gamma} (\alpha < \gamma < \beta)$

A

Nachfolger einer Ordinalzahl

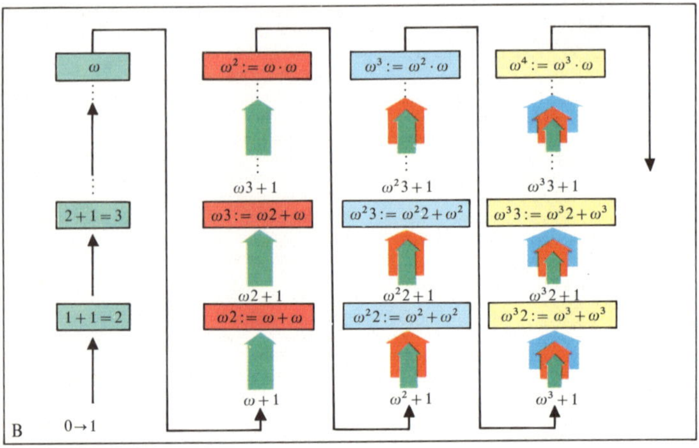

Ordinalzahlreihe (CANTOR)

$(X; \sqsubset_1) := (x_0, x_1, \ldots)$ $\qquad (Y; \sqsubset_2) := (y_0, y_1, \ldots)$

a) **Geordnete Vereinigung, Summe von Ordinalzahlen**

$X \cap Y = \emptyset, \quad (X \cup Y; \sqsubset_v) := (x_0, x_1, \ldots, y_0, y_1, \ldots)$

Def.: $\operatorname{ord}(X; \sqsubset_1) + \operatorname{ord}(Y; \sqsubset_2) := \operatorname{ord}(X \cup Y; \sqsubset_v)$

b) **Lexikographisches Produkt, Produkt von Ordinalzahlen**

$(X \times Y; \sqsubset_p) := ((x_0, y_0), (x_0, y_1), \ldots, (x_1, y_0), (x_1, y_1), \ldots)$

Def.: $\operatorname{ord}(Y; \sqsubset_2) \cdot \operatorname{ord}(X; \sqsubset_1) := \operatorname{ord}(X \times Y; \sqsubset_p)$

Beispiele

$(X; \sqsubset_1) := (0, 1, 2, \ldots)$, $\operatorname{ord} X = \omega$ $\qquad (Y; \sqsubset_2) := (y_0, y_1)$, $\operatorname{ord} Y = 2$

a) $(X \cup Y; \sqsubset_v) = (0, 1, 2, \ldots, y_0, y_1)$ $\qquad \operatorname{ord}(X \cup Y) = \omega + 2$

$(Y \cup X; \sqsubset_v) = (y_0, y_1, 0, 1, 2, \ldots)$ $\qquad \operatorname{ord}(Y \cup X) = \omega$

d. h. $\operatorname{ord} X + \operatorname{ord} Y \neq \operatorname{ord} Y + \operatorname{ord} X$

b) $(X \times Y; \sqsubset_p) = ((0, y_0), (0, y_1), (1, y_0), (1, y_1), \ldots)$ $\qquad \operatorname{ord}(X \times Y) = \omega$

$(Y \times X; \sqsubset_p) = ((y_0, 0), (y_0, 1), \ldots, (y_1, 0), (y_1, 1), \ldots)$ $\qquad \operatorname{ord}(Y \times X) = \omega \cdot 2$

d. h. $\operatorname{ord} X \cdot \operatorname{ord} Y \neq \operatorname{ord} Y \cdot \operatorname{ord} X$

C

Summe und Produkt von Ordinalzahlen

Transfinite Ordinalzahlen

Eine wichtige transf. Ord.zahl ist durch $\omega := \text{ord}(\mathbb{N}; \leqq)$ gegeben. ω ist die *kleinste* transf. Ord.zahl. Gilt nämlich $\text{ord}(A; \sqsubseteq_w) < \omega$, so muß $(A; \sqsubseteq_w)$ einem Abschnitt von $(\mathbb{N}; \leqq)$ ähnl. sein (Satz 1, S. 47); dieser ist jedoch eine endl. Teilmenge von $\mathbb{N}$, also ist auch A endl. und $\text{ord}(A; \sqsubseteq_w)$ eine endl. Ord.zahl.

Weitere transf. Ord.zahlen ergeben sich aus dem

Satz 2: *Wird der Repräsentantenmenge einer Ord.zahl α ein weiteres El. als grEl hinzugefügt, so entsteht eine Repräsentantenmenge der unmittelbar nachfolgenden Ord.zahl $\beta(\beta := \alpha + 1)$* (Abb. A).

Die wohlgeord. Mengen $(0, 1, \ldots, -1)$, $(0, 1, \ldots, -1, -2)$, ..., $(0, 1, \ldots, -1, \ldots, -n)$ usw. repräsentieren daher die auf ω folgenden Ord.zahlen $\omega+1, \omega+2, \ldots, \omega+n$ usw. Mit Hilfe von Satz 2 kann man zwar zu jeder Ord.zahl α den Nachfolger $\alpha+1$ angeben, aber nicht *alle* Ord.zahlen entwickeln. So läßt sich z. B. die Ord.zahl zu $(0, 1, \ldots, -1, -2, \ldots)$ – mit $\omega + \omega$ bezeichnet – nach diesem Verfahren nicht erzeugen, denn diese Menge besitzt kein grEl. Dasselbe gilt für ω, wenn das Verfahren für endl. Ord.-zahlen angewendet wird. ω und $\omega + \omega$ haben jedoch die Eigenschaft, daß sie obGr aller kleineren Ord.zahlen sind, aber nicht zur Menge gehören. Man spricht von *Limeszahlen.* Allgemein: Eine Ord.zahl $(\neq 0)$, die nicht unmittelbar Nachfolger einer Ord.-zahl ist, heißt Limeszahl.

Mit einer Limeszahl beginnend läßt sich das oben angegebene Verfahren stets wiederholen. Es führt von $\omega + \omega$ (auch $\omega \cdot 2$) zur nächst größeren Limeszahl $\omega + \omega + \omega$ (auch $\omega \cdot 3$) usw. Daraus ergibt sich die nicht abbrechende *Ordinalzahlreihe* (Abb. B). Eine ihrer besonderen Eigenschaften nennt

Satz 3: *Die Ord.zahl eines beliebigen Abschnitts Ω_α der Ordinalzahlreihe ist α.*

Antinomie von Burali-Forti

Die *Menge Ω aller Ord.zahlen* ist ein widersprüchlicher Begriff. Nimmt man die Existenz von Ω an, so kann Ω wohlgeord. werden (Wohlordnung $\leqq$, S. 47) und es existiert eine Ord.zahl $\alpha := \text{ord}(\Omega; \leqq)$ mit $\alpha \in \Omega$. α bestimmt einen Abschnitt Ω_α in $(\Omega; \leqq)$ mit $\text{ord}(\Omega_\alpha; \leqq) = \alpha$ (Satz 3); also sind $(\Omega_\alpha; \leqq)$ und $(\Omega; \leqq)$ im Widerspruch zur Folgerung aus Satz 1 (S. 47) ähnlich.

Bem.: Die Widersprüchlichkeit entfällt, wenn nur Abschnitte der Ord.zahlreihe bzw. deren Teilmengen betrachtet werden.

Zahlklassen

Eine unstrukturierte Menge läßt sich auf verschiedene Weise wohlordnen. Für unendl. Mengen können sich dabei verschiedene Ord.zahlen ergeben (vgl. Abb. A, S. 46).

Ist a eine Kard.zahl, so heißt die Menge aller Ord.-zahlen, deren Repräsentantenmengen von der Mächtigkeit a sind, *Zahlklasse $Z(a)$*. Es gilt:

a endlich $\Rightarrow \text{card}(Z(a)) = 1$,

a transfinit $\Rightarrow \text{card}(Z(a)) \geqq a$.

So ist z. B. $Z(\aleph_0)$ mit $\aleph_0 = \text{card}(\mathbb{N})$ eine überabzählbare Menge, deren Kard.zahl mit $\aleph_1$ bezeichnet wird. Es läßt sich zeigen, daß zwischen $\aleph_0$ und $\aleph_1$ keine Kard.zahl liegt. Die Kontinuumshypothese (S. 35) besagt also: $\text{card}(\mathbb{R}) = \aleph_1$.

Bem.: Mit Hilfe des Begriffes der Zahlklasse und der wohlordnenden Rel. $\leqq$ für Ord.zahlen ergibt sich, daß die Rel. $\leqq$ für Kard.zahlen ebenfalls eine Wohlordnung ist.

Operationen mit Ordinalzahlen

Die *geordnete Vereinigung* von geord. Mengen gestattet die Def. einer *nichtkomm. Addition* für Ord.-zahlen (Abb. C/a); durch das *lexikographische Produkt* von geord. Mengen läßt sich eine *nichtkomm. Multiplikation* von Ord.zahlen einführen (Abb. C/b). Für beide Operationen gilt das ass. Gesetz; das distr. Gesetz ist nur linksdistributiv erfüllt (vgl. Operationen mit Kard.zahlen, S. 35).

Der Prozeß des Durchzählens einer Menge

Beim Durchzählen einer Menge muß jedem El. der Menge eindeutig eine wohldef. »Stelle« in einer Reihenfolge zukommen. Das Durchzählen ist daher nur für wohlgeord. Mengen sinnvoll. Ist nun eine wohlgeord. Menge $(M; \sqsubseteq_w)$ gegeben, so kann das Durchzählen mit Hilfe von Ord.zahlen erfolgen. Es sei $\alpha := \text{ord}(M; \sqsubseteq_w)$; dann ist $(M; \sqsubseteq_w)$ ähnl. zu dem Abschnitt $(\Omega_\alpha; \leqq)$ von Ord.zahlen β, die kleiner als α sind (Satz 3). $(M; \sqsubseteq_w)$ kann daher in einer Reihenfolge $(x_0, x_1, \ldots, x_\beta, \ldots)$ durchlaufen werden, in der die »Stelle« eines El. durch eine Ord.zahl markiert ist. Auf diese Weise gelingt es, den Zählprozeß über endl. Mengen hinaus auf unendl. wohlgeord. Mengen zu erweitern. Das Ergebnis des Durchzählens ist die zu $(M; \sqsubseteq_w)$ gehörige Ord.zahl α.

Transfinite Induktion

In der Ord.zahlreihe werden die nat. Zahlen durch den Abschnitt der endl. Ord.zahlen dargestellt. Es liegt daher nahe zu fragen, ob die Aussage des 5. Peanoaxioms (S. 53) auf einen beliebigen Abschnitt von Ord.zahlen übertragen werden kann, denn dann wäre eine Erweiterung des Prinzips der vollst. Induktion (S. 21) ins Transfinite möglich.

Satz 4: *$\Omega_\alpha = \{\beta \mid \beta < \alpha\}$ sei ein Abschnitt der Ord.-zahlreihe und $M \subseteq \Omega_\alpha$. Wenn* (1) $0 \in M$ *und* (2) *mit jedem Abschnitt $\Omega_\beta \subseteq M (\beta < \alpha)$ auch $\beta \in M$, so gilt $M = \Omega_\alpha$.*

Für $\Omega_\alpha = \mathbb{N}$ ist Satz 4 äquivalent zur Aussage des 5. Peanoaxinoms. Der Satz ermöglicht also eine Ausweitung des Prinzips der vollst. Induktion auf transf. Ord.zahlen (*transfinite Induktion*). Man kann daher Aussagen der Form $\bigwedge_\beta (\beta \in \Omega_\alpha \Rightarrow A(\beta))$ beweisen. Zu zeigen ist:

(1) $A(0)$, (2) $\bigwedge_\gamma (\gamma < \beta \Rightarrow A(\gamma)) \Rightarrow A(\beta)$.

Der Beweisschritt (2) ist im Falle $\Omega_\alpha = \mathbb{N}$ äquivalent zu $\bigwedge_n (A(n) \Rightarrow A(n+1))$. Für einen Abschnitt von Ord.-zahlen, der Limeszahlen enthält, gilt diese Äquivalenz nicht, denn eine Limeszahl kann sich nicht durch Addition von 1 aus einem Vorgänger ergeben.

Bem.: Anstelle der transf. Induktion verwendet man häufig das Zornsche Lemma (S. 45).

$$(a_n) := \left((-1)^n \frac{1}{n+1}\right) = \left(1, -\frac{1}{2}, \frac{1}{3}, -\frac{1}{4}, \frac{1}{5}, \ldots\right)$$

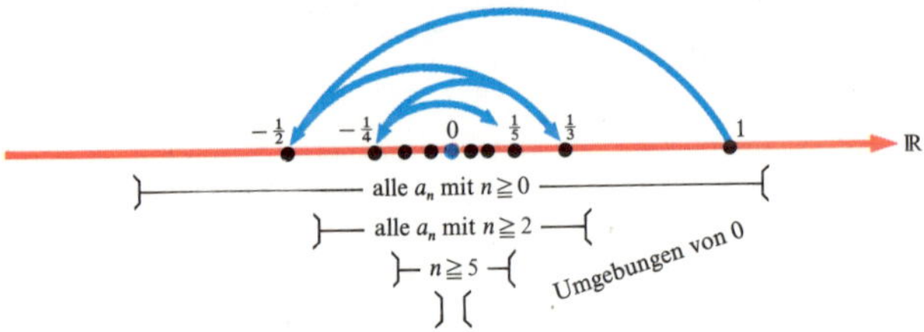

In jeder Umgebung von 0 sind fast alle Glieder der Folge enthalten, d. h. höchstens endlich viele Glieder liegen außerhalb.

A

Konvergenz einer Folge

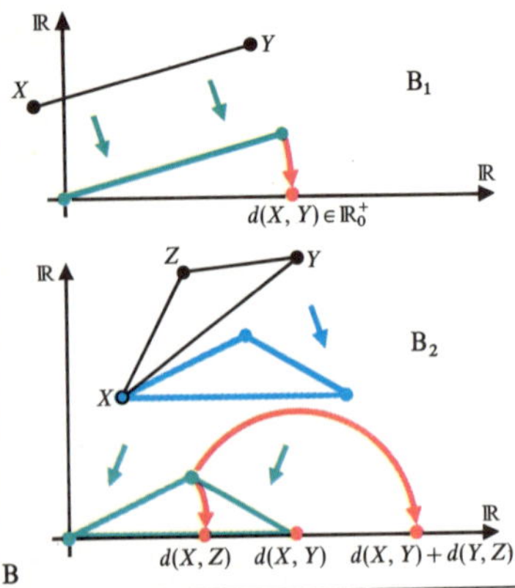

In der euklidischen Ebene $\mathbb{R}^2$ kann eine Metrik durch

$$d(X, Y) := \overline{XY}$$

definiert werden, d. h. durch den Abstand der Punkte X und Y (B_1).

Unmittelbar ergeben sich die Eigenschaften

(1) $\overline{XY} = 0 \Leftrightarrow X = Y$,

(2) $\overline{XY} = \overline{YX}$ *(Symmetrie)*.

Die Eigenschaft

(3) $\overline{XY} + \overline{YZ} \geqq \overline{XZ}$,

die sog. *Dreiecksungleichung*, wird durch Abb. B_2 veranschaulicht.

(Bei Verwendung von kartesischen Koordinaten gilt für $X = (x_1|x_2)$ und $Y = (y_1|y_2)$:

$$\overline{XY} = \sqrt{(x_1 - y_1)^2 + (x_2 - y_2)^2}.)$$

B

Metrik in der euklidischen Ebene $\mathbb{R}^2$

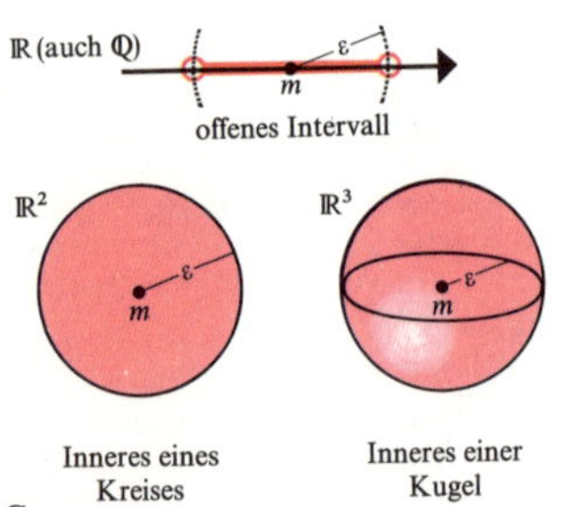

C

ε-Umgebungen

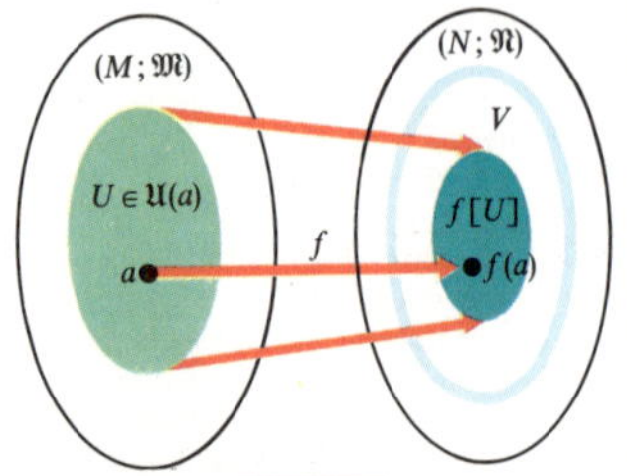

Zu jedem $V \in \mathfrak{U}(f(a))$ existiert ein $U \in \mathfrak{U}(a)$ mit $f[U] \subseteq V$.

D

Stetigkeit in einem Punkt a

Ein wichtiges Konstruktions- und Untersuchungshilfsmittel sind Folgen (z. B. S. 61 oder Analysis, Bd. II). Um den Begriff der *Konvergenz von Folgen* erklären zu können, kommt man mit algebr. Strukturen und Ordnungsstrukturen allein nicht aus. Anschaulich bedeutet die Existenz eines Konvergenzpunktes einer Folge, daß man in jeder »Umgebung« des Punktes stets fast alle Glieder der Folge findet (Abb. A). Diese anschauliche Vorstellung wird exakt faßbar durch die Auszeichnung bestimmter Teilmengen einer Menge. Man prägt der Menge eine *topologische Struktur* auf und macht die Menge damit zu einem *topologischen Raum*, in dem der Begriff der Umgebung axiomatisch fundiert ist. Die Axiomatik orientiert sich an dem Ziel, Konvergenz von Folgen erklären zu können.

Topologischer Raum

Bei der Axiomatisierung möchte man möglichst einfache Axiome zugrunde legen. Das führt zu der folgenden Definition:

Def. 1: $(M;\mathfrak{M})$ heißt *top. Raum*, wenn $\mathfrak{M}$ Teilmenge aus $\mathfrak{P}(M)$ mit folgenden Eigenschaften ist:
(I) $\emptyset \in \mathfrak{M}, M \in \mathfrak{M}$, (II) $O_1, O_2 \in \mathfrak{M} \Rightarrow O_1 \cap O_2 \in \mathfrak{M}$,
(III) $\mathfrak{N} \subseteq \mathfrak{M} \Rightarrow \bigcup_{O \in \mathfrak{N}} O \in \mathfrak{M}$.
$\mathfrak{M}$ heißt *Topologie* auf M. Die El. von $\mathfrak{M}$ heißen *offene Mengen*, die von M *Punkte*.

Mit Hilfe der offenen Mengen wird nun der Begriff der Umgebung definiert:

Def. 2: U heißt eine *Umgebung* von x, wenn $U \subseteq M$ ist und ein $O \in \mathfrak{M}$ mit $x \in O \subseteq U$ existiert. Mit $\mathfrak{U}(x)$ wird die Menge aller Umgebungen von x bezeichnet; $\mathfrak{U}(x) \neq \emptyset$, da $M \in \mathfrak{U}(x)$.

Bem.: Ein top. Raum läßt sich auch über Umgebungsaxiome def.; der Begriff der offenen Menge wird dann zusätzlich erklärt (S. 215).

Mittels des Umgebungsbegriffs (Def. 2) def. man die Konvergenz einer Folge:

Def. 3: $(a_0, a_1, \ldots)$ sei eine Folge im top. Raum $(M;\mathfrak{M})$. Die Folge heißt *konvergent* gegen $a \in M$ ($\lim_{n\to\infty} a_n = a$), wenn es zu jeder Umgebung $U \in \mathfrak{U}(a)$ ein $n_0 \in \mathbb{N}$ gibt, so daß $a_n \in U$ für alle $n \geqq n_0$.

Allerdings ist in allg. top. Räumen der Konvergenzpunkt nicht eindeutig bestimmt (S. 225). Fordert man zusätzlich, daß es zu je zwei verschiedenen Punkten aus M disjunkte Umgebungen gibt (HAUSDORFF-Raum), so ist die Eindeutigkeit der Konvergenz gesichert. Zu den HAUSDORFF-Räumen gehören die sogenannten metrischen Räume.

Metrischer Raum

Eine Menge M heißt *metrischer Raum*, wenn auf M eine *Metrik* erklärt ist, d. h. wenn eine Abbildung $d: M \times M \to \mathbb{R}_0^+$ existiert mit den Eigenschaften
(1) $d(x,y)=0 \Leftrightarrow x=y$, (2) $d(x,y)=d(y,x)$,
(3) $d(x,y)+d(y,z) \geqq d(x,z)$.

$d(x,y)$ kann als »Abstand« von x und y aufgefaßt werden (vgl. $\mathbb{R}^2$, Abb. B).

Beispiele: $\mathbb{Q}$ und $\mathbb{R}$ sind metrische Räume, da sich durch den absoluten Betrag eine Metrik def. läßt:
$d(x,y) := |x-y|$ (S. 57).

Jeder metrische Raum läßt sich auf einfache Weise topologisieren. Man betrachtet sogenannte *ε-Umgebungen* $U(m,\varepsilon) = \{x \mid x \in M \wedge d(x,m) < \varepsilon\}$ um m mit dem »Radius« ε (Abb. C) und nennt eine Teilmenge von M offen, wenn mit jedem ihrer Punkte eine ganze ε-Umgebung um den Punkt in der Teilmenge enthalten ist. Damit wird der metr. Raum zu einem top. Raum. Die ε-Umgebungen spielen in dieser Topologie die entscheidende Rolle, denn sie sind selbst offene Mengen. Statt der Menge aller Umgebungen eines Punktes genügt es, die Menge aller ε-Umgebungen um den Punkt zu betrachten. Eine Folge ist daher bereits konvergent, wenn es zu jeder ε-Umgebung $U(a,\varepsilon)$ um den Konvergenzpunkt a ein $n_0 \in \mathbb{N}$ gibt, so daß $a_n \in U(a,\varepsilon)$ für alle $n \geqq n_0$ (vgl. Def. 3), d. h. wenn

$$\bigwedge_{\varepsilon} \Big(\varepsilon \in \mathbb{R}^+ \Rightarrow \bigvee_{n_0} \bigwedge_{n} (n \geqq n_0 \Rightarrow d(a_n, a) < \varepsilon)\Big).$$

Stetige Abbildungen

Die mit der top. Struktur verträglichen Abbildungen müssen mittels der offenen Mengen def. sein. Das führt zu den stetigen Abbildungen.

Def. 4: $(M;\mathfrak{M})$, $(N;\mathfrak{N})$ seien top. Räume, $f: M \to N$ sei eine Abbildung. Dann heißt f *stetig auf M* (global-stetig), wenn $\bigwedge_{O} (O \in \mathfrak{N} \Rightarrow f^{-1}[O] \in \mathfrak{M})$ (Abb. C, S. 36).

f heißt *stetig in* $a \in M$ (lokal-stetig), wenn (Abb. D)
$\bigwedge_{V} (V \in \mathfrak{U}(f(a)) \Rightarrow \bigvee_{U} (U \in \mathfrak{U}(a) \wedge f[U] \subseteq V))$.

Es läßt sich leicht zeigen, daß f genau dann global-stetig ist, wenn f in jedem Punkt lokal-stetig ist.

Bem.: Zwei top. Räume sind topologisch nicht unterscheidbar, wenn es eine bijektive stetige Abbildung f gibt und auch f^{-1} stetig ist. Daher zeichnet man die stetigen Abb. als die strukturverträglichen aus (vgl. Topologie).

In metrischen Räumen kann man die lokale Stetigkeit allein mit ε-Umgebungen nachweisen:

f ist stetig in a genau dann, wenn es zu jeder ε-Umgebung um $f(a)$ eine ε-Umgebung um a gibt, deren Bild in der ε-Umgebung um $f(a)$ liegt.

Man kann jedoch noch einen Schritt weitergehen und die Stetigkeit auf reine Grenzwertbetrachtungen zurückführen:

f ist stetig in a genau dann, wenn für jede gegen a konvergierende Folge (a_n) gilt:
$\lim_{n\to\infty} f(a_n) = f(\lim_{n\to\infty} a_n) = f(a)$.

Dies ist die in der Analysis (Bd. II) übliche Stetigkeitsbedingung.

Spezielle topologische Strukturen

Mit dem HAUSDORFF-Raum und dem metrischen Raum wurden bereits spezielle top. Räume genannt. In der *Topologie* (S. 207ff.) wird die Untersuchung abgeleiteter top. Strukturen (Unter-, Produkt-, Quotientenraum) und spezieller top. Strukturen mit zusätzlichen Eigenschaften (z. B. Trennungsaxiome, Zusammenhang, Kompaktheit) vorgenommen.

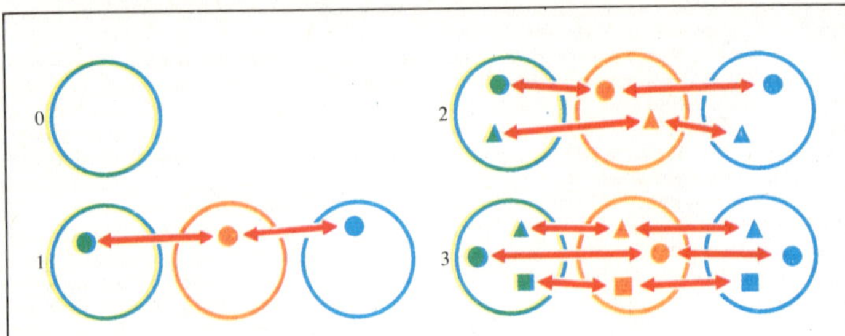

A

Deutung der nat. Zahlen als nat. Kardinalzahlen

+	0	1	2	3	…	n	n'	…
0	0	1	2	3	…	n	n'	…
1	1	2	3	4	…	n'	n''	…
2	2	3	4	5	…	⋮	⋮	…
⋮	⋮	⋮	⋮	⋮	⋮	⋮	⋮	⋮
m	m	m'	.	.	…	$m+n$	$(m+n)'$	…
m'	m'	m''	.	.	…	$(m+n)'$	$(m+n)''$	…
⋮	⋮	⋮	⋮	⋮	⋮	⋮	⋮	⋮

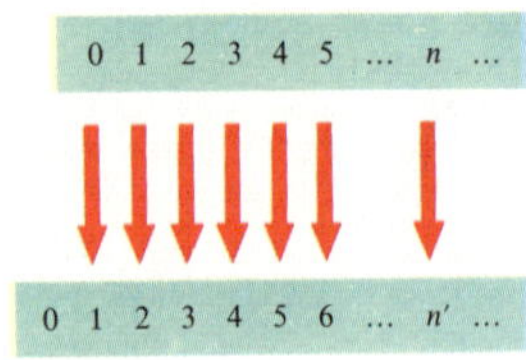

B

Verknüpfungstafel für + und Nachfolgerelation in ℕ

$$
\begin{aligned}
5+2 &= 5+1' && \text{nach Def. 1}\\
&= (5+1)' && \text{„ „ 2}\\
&= (5+0')' && \text{„ „ 1}\\
&= (5+0)'' && \text{„ „ 2}\\
&= 5'' && \text{„ „ 2}\\
&= 6' && \text{„ „ 1}\\
&= 7 && \text{„ „ 1}
\end{aligned}
$$

C_1

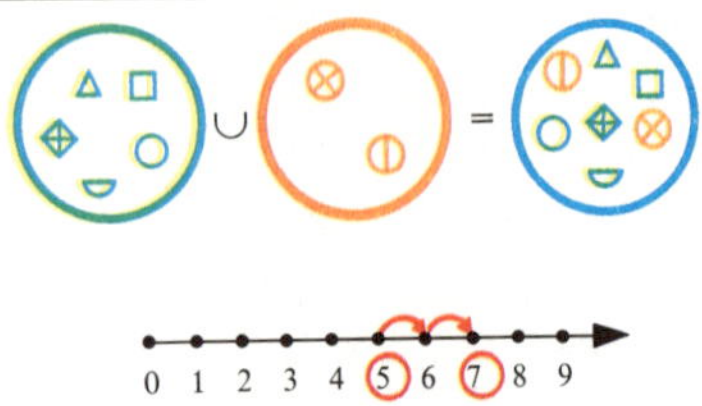

C_2 $5+2=5''=7$

Beweis der Aussage $5+2=7$, Deutung als Vereinigung und Darstellung am Zahlenstrahl

	Addition	Multiplikation
Assoziativgesetze	$(n+m)+k=n+(m+k)$	$(nm)k=n(mk)$
Kommutativgesetze	$n+m=m+n$	$nm=mn$
Gesetze v. neutr. El.	$n+0=0+n=n$	$n\cdot 1=1\cdot n=n$
Monotoniegesetze	$n\leqq m\Leftrightarrow n+k\leqq m+k$	$k>0\Rightarrow(n\leqq m\Leftrightarrow nk\leqq mk)$
Kürzungsregeln	$n+k=m+k\Rightarrow n=m$	$k\neq 0\Rightarrow(nk=mk\Rightarrow n=m)$
Distributivgesetz	$k(m+n)=km+kn$	

D

Rechengesetze im Halbring der natürlichen Zahlen

Aufbau des Zahlensystems

Beim Zählen werden mehr oder weniger gleichartige Dinge zu Mengen zusammengefaßt. Ein Abstraktionsvorgang führt dann über Äquivalenzklassen gleichmächtiger Mengen zum Begriff der *natürlichen Zahl* (S. 35).

Will man das Zahlenrechnen mittels der axiomatischen Methode begründen, so ist es möglich, vom umfassendsten Zahlbereich auszugehen und dann die Untersuchung von Unterstrukturen anzuschließen, oder, wie im folgenden, mit den natürlichen Zahlen zu beginnen und geeignete Oberstrukturen zu konstruieren.

Axiomatik der natürlichen Zahlen

Die erste axiomatische Charakterisierung der nat. Zahlen stammt von PEANO. Seine Axiome lauten in geringer Abwandlung:

(1) $0 \in \mathbb{N}$. 0 ist eine natürliche Zahl.

(2) $\bigwedge_n (n \in \mathbb{N} \Rightarrow \bigvee_{n'} (n' \in \mathbb{N}))$. Zu jeder nat. Zahl n gibt es eine nat. Zahl n' als *Nachfolger* von n.

(3) $\bigwedge_n (n \in \mathbb{N} \Rightarrow n' \neq 0)$. 0 ist nicht Nachfolger einer natürlichen Zahl.

(4) $\bigwedge_n \bigwedge_m (n \in \mathbb{N} \wedge m \in \mathbb{N} \wedge n' = m' \Rightarrow n = m)$.
Natürliche Zahlen mit gleichen Nachfolgern sind gleich.

(5) $\bigwedge_M (M \subseteq \mathbb{N} \wedge 0 \in M \wedge \bigwedge_n (n \in M \Rightarrow n' \in M) \Rightarrow M = \mathbb{N})$.
Enthält eine Teilmenge M von $\mathbb{N}$ die Zahl 0 und mit jeder natürlichen Zahl auch deren Nachfolger, so ist $M = \mathbb{N}$.

In Analogie zu den nat. Kardinalzahlen wurde im Gegensatz zu PEANO 0 statt 1 als kleinste nat. Zahl gewählt (Abb. A).

Für das Axiom (5), das das Beweisverfahren der *vollständigen Induktion* (S. 21) begründet, existiert folgende gleichwertige Fassung:

(5') $\bigwedge_P (P(0) \wedge \bigwedge_n (n \in \mathbb{N} \wedge P(n) \Rightarrow P(n'))$
$\Rightarrow \bigwedge_n (n \in \mathbb{N} \Rightarrow P(n)))$.

Eine Eigenschaft, die der Null und mit jeder natürlichen Zahl auch deren Nachfolger zukommt, kommt allen natürlichen Zahlen zu.

Mittels der Nachfolgerel. lassen sich aus dem Grundbegriff 0 die übrigen nat. Zahlen explizit def.:

Def. 1: $1 := 0'$, $2 := 1'$, $3 := 2'$ usw.

Addition

Die *Rechenoperationen* der Addition und Multiplikation sind nicht in das Axiomensystem einbezogen worden. Sie lassen sich induktiv def. Zunächst genügt die Betrachtung der *Addition*.

Def. 2: $n + 0 := n$ und $n + m' := (n + m)'$.

Hierdurch ist die Summe als innere Verknüpfung für alle natürlichen Zahlen definiert. Ist nämlich M die Menge derjenigen m, für die $n + m$ definiert ist, so gilt nach Def. 2 $0 \in M \wedge (m \in M \Rightarrow m' \in M)$. Nach (5) ist dann $M = \mathbb{N}$. Insbesondere ist $n + 1 = n'$ (Abb. B und C).

Die Eindeutigkeit der so def. Addition läßt sich aus (4), (5) folgern, desgl. die bekannten Rechengesetze.

Satz 1: $(n + m) + k = n + (m + k)$ (*Assoziativgesetz*).

Satz 2: $n + m = m + n$ (*Kommutativgesetz*).

Der Beweis von Satz 1 ergibt sich ohne weiteres durch Induktion über k. Der Beweis von Satz 2 läßt die Bedeutung von (5) besonders deutlich erkennen: Ist $m = 0$, so gilt der Satz für $n = 0$ trivialerweise. Andererseits folgt aus $0 + n = n + 0 = n$ und Def. 2 $0 + n' = (0 + n)' = n' = n' + 0$. Daher gilt nach (5) $\bigwedge_n (n + 0 = 0 + n)$. Eine Folgerung hieraus ist $1 + 0 = 0 + 1$ und $1 + n = n + 1 \Rightarrow 1 + n' = (1 + n)' = (n + 1)' = (n')' = n' + 1$, also nach (5) auch $\bigwedge_n (n + 1 = 1 + n)$.

Jetzt ist nur noch zu zeigen, daß gilt: $n + m = m + n \Rightarrow n + m' = m' + n$. Es ist aber nach dem bisher Gezeigten $n + m' = (n + m)' = (m + n)' = m + n' = m + (n + 1) = m + (1 + n) = (m + 1) + n = m' + n$.

Wegen der genannten Rechengesetze ist $(\mathbb{N}; +)$ eine kommutative Halbgruppe (S. 39) mit 0 als neutralem El. Bei der mengentheoretischen Deutung der natürlichen Zahlen kann man die Addition durch die Vereinigung disjunkter Mengen erklären (Abb. C).

Ordnungsstruktur

Weiter definiert man

Def. 3: $n \leqq m :\Leftrightarrow \bigvee_k (n + k = m)$.

Def. 4: $n < m :\Leftrightarrow n \leqq m \wedge n \neq m$.

Es ist nicht schwer zu zeigen, daß $(\mathbb{N}; \leqq)$ eine *konnex geordnete Menge* (*Kette*) und $(\mathbb{N}; <)$ eine *streng konnex geordnete Menge* (S. 43) ist.

Diese Ordnungsstruktur ist mit der durch die Addition gegebenen algebraischen Struktur verträglich in dem Sinne, daß gilt:

Satz 3: $n \leqq m \Leftrightarrow n + k \leqq m + k$ (*Monotoniegesetz*).

Für die vollständige Induktion ergibt sich die Folgerung, daß eine Menge, die eine natürliche Zahl k und mit jeder natürlichen Zahl auch deren Nachfolger enthält, alle natürlichen Zahlen $n \geqq k$ enthält.

Die vollständige Ordnung durch $\leqq$ ermöglicht die geometrische Veranschaulichung der natürlichen Zahlen am *Zahlenstrahl* (Abb. C), einem HASSE-*Diagramm* (S. 43). Übrigens läßt sich eine dem Satz 3 entsprechende Aussage auch für die Gleichheit beweisen:

Satz 4: $n + k = m + k \Rightarrow n = m$ (*Kürzungsregel*).

Subtraktion

Aus Def. 3 folgt die Lösbarkeit der Gleichung $n + x = m$, falls $n \leqq m$ gilt. Man nennt diese eindeutig bestimmte Lösung die *Differenz* von m und n und schreibt $x = m - n$.

Multiplikation

Die *Multiplikation* läßt sich als innere Verknüpfung ähnlich wie die Addition induktiv definieren:

Def. 5: $n \cdot 0 := 0$ und $n \cdot m' := n \cdot m + n$.

Da entsprechende Rechenregeln wie für die Addition gelten, bildet auch $(\mathbb{N}; \cdot)$ eine kommutative Halbgruppe mit der Zahl 1 als neutralem El. Monotoniegesetz und Kürzungsregel gelten auch hier (Abb. D).

Ferner hängen Add. und Mult. zusammen durch:

Satz 5: $k \cdot (m + n) = k \cdot m + k \cdot n$ (*Distributivgesetz*).

Man sagt, $(\mathbb{N}; +; \cdot)$ sei ein *kommutativer Halbring*.

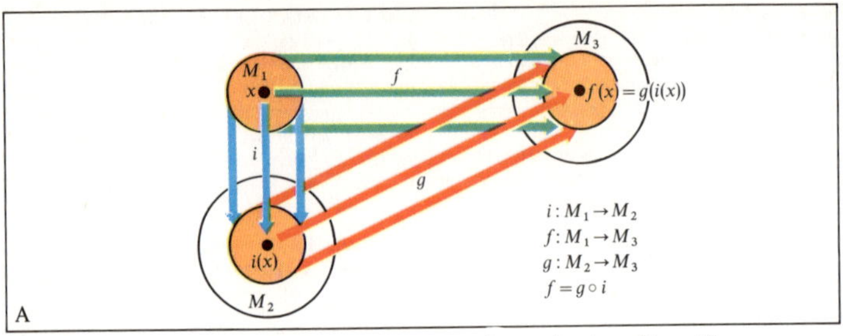

Universelles Abbildungsproblem bei der Vervollständigung einer strukturierten Menge M_1

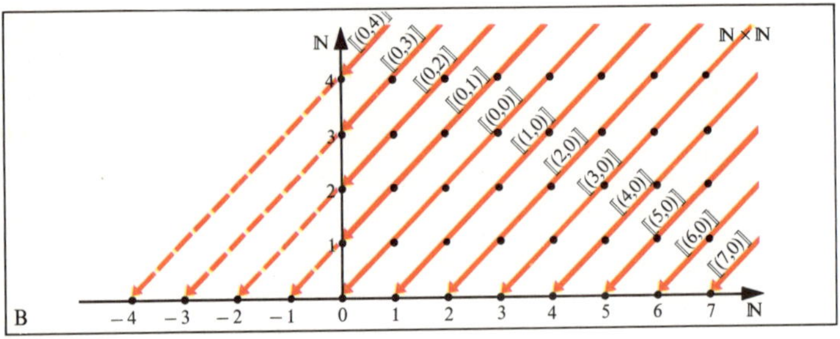

$\mathbb{Z}$ als Menge von Äquivalenzklassen (Fasern) in $\mathbb{N} \times \mathbb{N}$

Addition

A_1 $a \in \mathbb{Z}^+ \wedge b \in \mathbb{Z}^- \wedge |a| \geqq |b| \Rightarrow a + b = |a| - |b|$.
$a \in \mathbb{Z}^+ \wedge b \in \mathbb{Z}^- \wedge |a| \leqq |b| \Rightarrow a + b = -(|b| - |a|)$.

Zwei ganze Zahlen mit ungleichen Vorzeichen werden addiert, indem man ihre absoluten Beträge subtrahiert und das Ergebnis mit dem Vorzeichen der Zahl mit dem größeren Betrag versieht.

A_2 $a \in \mathbb{Z}^- \wedge b \in \mathbb{Z}^- \Rightarrow a + b = -(|a| + |b|)$.

Zwei ganze Zahlen mit gleichen Vorzeichen werden addiert, indem man ihre absoluten Beträge addiert und das Ergebnis mit dem gemeinsamen Vorzeichen versieht.

Subtraktion

S $a \in \mathbb{Z} \wedge b \in \mathbb{Z} \Rightarrow a - b = a + (-b)$.

Eine ganze Zahl wird subtrahiert, indem man ihre Gegenzahl addiert.

Multiplikation

M_1 $a \in \mathbb{Z}^+ \wedge b \in \mathbb{Z}^- \Rightarrow ab = -|a| \cdot |b|$.

Zwei ganze Zahlen mit ungleichen Vorzeichen werden multipliziert, indem man ihre absoluten Beträge multipliziert und dann zur Gegenzahl übergeht.

M_2 $a \in \mathbb{Z}^- \wedge b \in \mathbb{Z}^- \Rightarrow ab = |a| \cdot |b|$.

Zwei ganze Zahlen mit gleichen Vorzeichen werden multipliziert, indem man ihre absoluten Beträge multipliziert.

C

Rechenregeln für ganze Zahlen

Problem der Vervollständigung

Addition und Multiplikation sind in $\mathbb{N}$ nicht allgemein umkehrbar. Die unbeschränkte Durchführbarkeit der Subtraktion als Umkehrung der Addition erreicht man bekanntlich durch Hinzunahme der *negativen ganzen Zahlen.* Dadurch wird der *Halbring* $\mathbb{N}$ der natürlichen Zahlen zum *Ring* $\mathbb{Z}$ der ganzen Zahlen erweitert.

Bei dieser und späteren Erweiterungen geht es um Folgendes:

(1) Zu einer strukturierten Menge M_1 (hier $\mathbb{N}$) ist eine Menge M_2 (hier $\mathbb{Z}$) mit besonderen zusätzlichen Strukturmerkmalen zu konstruieren.

(2) Es ist eine injektive strukturverträgliche Abb. $i: M_1 \to M_2$ anzugeben (S. 37), durch die M_1 in M_2 eingebettet wird. M_1 und $i[M_1]$ sind dann isomorph, so daß man M_1 und $i[M_1]$ identifizieren kann.

(3) Besitzt eine Menge M_3 ebenfalls die geforderten Strukturmerkmale und läßt sich M_1 in M_3 einbetten, so soll sich auch M_2 in M_3 einbetten lassen. Zu jeder injektiven strukturverträglichen Abb. $f: M_1 \to M_3$ soll es genau eine entsprechende Abb. $g: M_2 \to M_3$ mit $f = g \circ i$ geben (*universelle Eigenschaft* von *i*, Abb. A).

M_2 ist dann als kleinste Oberstruktur von M_1 bis auf Isomorphie eindeutig bestimmt und vom Konstruktionsverfahren unabhängig.

Konstruktion von $\mathbb{Z}$

Im Falle $m \leqq n$ gibt es unendlich viele Zahlenpaare aus $\mathbb{N} \times \mathbb{N}$ mit derselben Differenz $n-m$. Aus $n_1 - m_1 = n_2 - m_2$ folgt aber $n_1 + m_2 = n_2 + m_1$, so daß man durch die folgende Äquivalenzrelation $\ddot{A}_1$ eine Klasseneinteilung (S. 31) in $\mathbb{N} \times \mathbb{N}$ vornehmen kann:

Def. 1: $(n_1, m_1)\, \ddot{A}_1 (n_2, m_2) :\Leftrightarrow n_1 + m_2 = n_2 + m_1$.

Die Äquivalenzklassen sollen durch Angabe eines Paares in eckigen Klammern geschrieben werden. Es gilt also z. B. $(2,5) \in [\![(8,11)]\!]$, da $(2,5)\, \ddot{A}_1 (8,11)$.

$\mathbb{Z}$ soll nun die Menge aller Äquivalenzklassen (Quotientenmenge, S. 31) sein (Abb. B).

Def. 2: $\mathbb{Z} := \mathbb{N} \times \mathbb{N}/\ddot{A}_1 = \{[\![(n,m)]\!] \mid (n,m) \in \mathbb{N} \times \mathbb{N}\}$.

Algebraische Struktur von $\mathbb{Z}$

In $\mathbb{Z}$ läßt sich die algebraische Struktur eines Ringes definieren durch:

Def. 3: $[\![(n,m)]\!] + [\![(k,l)]\!] := [\![(n+k, m+l)]\!]$.

Def. 4: $[\![(n,m)]\!] \cdot [\![(k,l)]\!] := [\![(nk+ml, nl+mk)]\!]$.

Daß diese Verkn. kommutativ und assoziativ sind und das Distributivgesetz gilt, läßt sich aus den entsprechenden Gesetzen in $\mathbb{N}$ leicht folgern. In $\mathbb{Z}$ ist aber auch die Gleichung $[\![(n,m)]\!] + x = [\![(k,l)]\!]$ für beliebige El. $[\![(n,m)]\!]$ und $[\![(k,l)]\!]$ aus $\mathbb{Z}$ lösbar. Denn setzt man $x = [\![(k+m, n+l]\!]$, so folgt aus Def. 3, Def. 1 und der Kürzungsregel der Addition (S. 53), daß x Lösung der obigen Gleichung ist. Damit ist ein Ring konstruiert, denn die letztgenannte Eigenschaft garantiert die Existenz eines neutralen Elementes und inverser Elemente der Addition (S. 39). Es bleibt aber noch die Frage, ob $\mathbb{Z}$ eine Vervollständigung von $\mathbb{N}$ ist.

$\mathbb{Z}$ als Erweiterung von $\mathbb{N}$

Da im Falle $m \leqq n$ die Differenzen $n-m$ zur Einführung der Zahlenpaare (n,m) führten, liegt es nahe, zu versuchen, die Klassen $[\![(n,0)]\!]$ jeweils mit n zu identifizieren, also die Abb. $i: \mathbb{N} \to \mathbb{Z}$, def. durch $n \mapsto [\![(n,0)]\!]$ zu betrachten. Diese stellt in der Tat eine strukturverträgliche Abb. (Ringhomomorphismus, S. 81) dar, denn aus Def. 3 und Def. 4 folgt $i(n+m) = i(n) + i(m)$ und $i(nm) = i(n)\, i(m)$. Aus Def. 1 ergibt sich weiter $i(n) = i(m) \Rightarrow n = m$, d. h. i ist injektiv.

Die Klassen $[\![(0,n)]\!]$ mit $n \neq 0$ werden üblicherweise $-n$ geschrieben und *negative ganze Zahlen* genannt im Unterschied zu den natürlichen Zahlen, die man mit Ausnahme von 0 auch *positive ganze Zahlen* nennt und gelegentlich durch das Vorzeichen + besonders kennzeichnet.

Für den Nachweis der universellen Eigenschaft von *i* sei auf S. 78, Abb. C verwiesen. Das hier verwendete Konstruktionsverfahren entspricht dem auf S. 79 entwickelten. Daher ist $(\mathbb{Z}; +)$ bis auf Isomorphie eindeutig bestimmte kleinste Gruppe, die $(\mathbb{N}; +)$ umfaßt, und $(\mathbb{Z}; +, \cdot)$ kleinster Ring, in dem der Halbring $(\mathbb{N}; +, \cdot)$ enthalten ist. Die Multiplikation wird dabei ohne zusätzliche Strukturmerkmale übertragen. Übrigens folgt aus der Kürzungsregel, daß $\mathbb{Z}$ *nullteilerfrei* und damit ein *Integritätsring* (S. 41) ist.

Ordnungsstruktur von $\mathbb{Z}$

Im Gegensatz zu den natürlichen Zahlen hat in $\mathbb{Z}$ jede Zahl nicht nur einen Nachfolger, sondern auch einen *Vorgänger.* $\mathbb{Z}$ läßt sich ähnlich wie $\mathbb{N}$ anordnen:

Def. 5: $a \leqq b :\Leftrightarrow b - a \in \mathbb{N}$.

Diese Ordnungsrelation in $\mathbb{Z}$ stimmt für die natürlichen Zahlen mit der früheren überein, ist jedoch keine Wohlordnung (S. 45). $\mathbb{Z}$ läßt sich auf der *Zahlengeraden,* einer Erweiterung des Zahlenstrahls (Abb. B), darstellen. Die Menge der positiven bzw. negativen ganzen Zahlen wird mit $\mathbb{Z}^+$ bzw. $\mathbb{Z}^-$ bezeichnet. Ist die Zahl 0 eingeschlossen, schreibt man $\mathbb{Z}_0^+$ bzw. $\mathbb{Z}_0^-$.

Rechenregeln in $\mathbb{Z}$

In $\mathbb{Z}$ sind die drei Rechenoperationen der Addition, Subtraktion und Multiplikation aufgrund der Konstruktion unbeschränkt durchführbar.

Für die Formulierung der Rechenregeln (Abb. C), die das Rechnen in $\mathbb{Z}$ auf das Rechnen in $\mathbb{N}$ zurückführen, bedient man sich mit Vorteil der Begriffe der Gegenzahl und des absoluten Betrages. Statt $0-a$ schreibt man auch $-a$ und nennt die Zahlen a und $-a$ *Gegenzahlen.* Eine der beiden ist stets eine natürliche Zahl und heißt der *absolute Betrag* von *a*, geschrieben $|a|$. Es gilt daher: $|a| := a$ für $a \geqq 0$ und $|a| := -a$ für $a < 0$.

Bew. von M_1: Aus $a = [\![(a,0)]\!]$ und $b = [\![(0,|b|)]\!]$ folgt nach Def. 4

$$ab = [\![(a,0)]\!] \cdot [\![(0,|b|)]\!] = [\![(0, a \cdot |b|)]\!] = -(a \cdot |b|).$$

Bew. von M_2: Aus $a = [\![(0,|a|)]\!]$ und $b = [\![(0,|b|)]\!]$ folgt nach Def. 4

$$ab = [\![(0,|a|)]\!] \cdot [\![(0,|b|)]\!] = [\![(|a| \cdot |b|, 0)]\!] = |a| \cdot |b|.$$

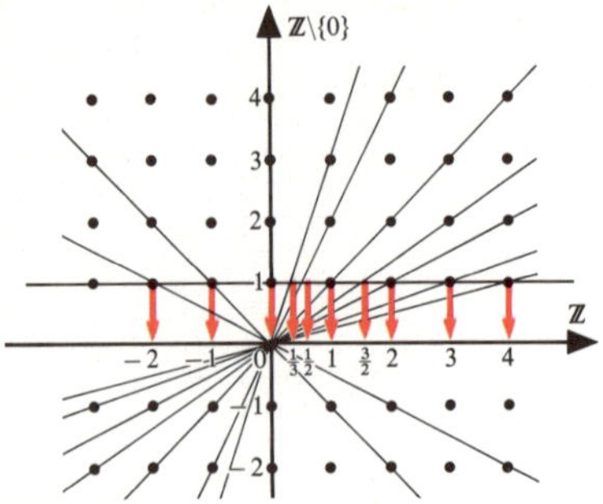

Alle äquivalenten Paare liegen auf einer Geraden durch den Ursprung. Diese schneidet die Parallele im Abstand 1 zur waagerechten Zahlengeraden in einem Punkt, dessen senkrechte Projektion auf die Zahlengerade das Bild der rationalen Zahl liefert.

A

Rationale Zahlen als Fasern in $(\mathbb{Z} \times \mathbb{Z}\backslash\{0\})$ und Anordnung von $\mathbb{Q}$

Addition	$[\![(a,b)]\!] + [\![(c,d)]\!] = [\![(ad+bc, bd)]\!], \frac{a}{b} + \frac{c}{d} = \frac{ad+bc}{bd}.$
Multiplikation	$[\![(a,b)]\!] \cdot [\![(c,d)]\!] = [\![(ac, bd)]\!], \frac{a}{b} \cdot \frac{c}{d} = \frac{ac}{bd}.$
Subtraktion	Man subtrahiert eine rationale Zahl, indem man ihre Gegenzahl addiert. Gegenzahl von $[\![(a,b)]\!] = \frac{a}{b}$ ist $-[\![(a,b)]\!] = [\![(-a,b)]\!] = \frac{-a}{b} = -\frac{a}{b}.$
Division	Man dividiert durch eine rationale Zahl, indem man mit ihrer Kehrzahl multipliziert. Kehrzahl von $[\![(a,b)]\!] = \frac{a}{b}$ mit $a \neq 0$ ist $[\![(a,b)]\!]^{-1} = [\![(b,a)]\!] = \frac{b}{a}.$

Erweitern (Kürzen) heißt, beide Zahlen des Paares mit derselben ganzen Zahl multiplizieren (durch dieselbe ganze Zahl dividieren). Erweitern und Kürzen stellt nur den Übergang zu äquivalenten Repräsentanten derselben rationalen Zahl dar.

$$[\![(a,b)]\!] = [\![(ac,bc)]\!], \ \frac{a}{b} = \frac{ac}{bc}. \quad [\![(a,b)]\!] = [\![(a:d, b:d)]\!], \ \frac{a}{b} = \frac{a:d}{b:d}, \quad d \neq 0.$$

$\frac{a}{b}$ heißt Normaldarstellung einer rationalen Zahl, falls $b > 0$ und a und b teilerfremd (S. 118) sind.

B

Rechenregeln in $\mathbb{Q}$ in Klassen- und Bruchschreibweise und Normaldarstellung rationaler Zahlen

Ist b in $\frac{a}{b}$ eine Zehnerpotenz $b = 10^n$, so kann man in der Zifferndarstellung der Zahl a von rechts aus n Stellen durch ein Komma abteilen. Man verzichtet dann auf die Angabe von b (Dezimalbruchdarstellung).

$$\frac{47}{10} = 4{,}7 \qquad \frac{35}{100} = 0{,}35 \qquad \frac{6}{1000} = 0{,}006$$

Eine Dezimalbruchdarstellung von $\frac{a}{b}$ ist durch Erweitern genau dann erreichbar, wenn die Primzerlegung (S. 117) von b nur die Primzahlen 2 und 5 enthält, da $10^n = 2^n 5^n$.

$$\frac{3}{4} = \frac{3}{2^2} = \frac{3 \cdot 5^2}{2^2 5^2} = \frac{75}{10^2} = 0{,}75 \qquad \frac{13}{80} = \frac{13}{2^4 \cdot 5} = \frac{13 \cdot 5^3}{2^4 \cdot 5^4} = \frac{1625}{10^4} = 0{,}1625$$

(Unendliche Dezimalbrüche s. S. 63)

C

Dezimalbruchdarstellung

Die Frage nach der Umkehrbarkeit der Multiplikation führt auf die nach der Lösbarkeit der Gleichung $bx=a$ für beliebige ganze Zahlen a und b. Gibt es eine Lösung, so nennt man sie den *Quotienten* von a und b und schreibt $x=a:b$. Eine solche *Division* ist in $\mathbb{Z}$ nicht allgemein durchführbar. Es stellt sich damit die Aufgabe, den Ring $\mathbb{Z}$ unter Beachtung der auf S. 55 genannten Schritte so zu vervollständigen, daß die Division unbeschränkt durchführbar wird. Nun spielt allerdings die Zahl 0 eine besondere Rolle. Es gilt $\bigwedge_c (c\in\mathbb{Z}\Rightarrow 0\cdot c=0)$.

Die Gleichung $0\cdot x=a$ ist also in $\mathbb{Z}$ für $a=0$ nicht eindeutig und für $a\neq 0$ überhaupt nicht lösbar. Es ist daher sinnvoll, in der Erweiterungsmenge die Lösbarkeit von $bx=a$ nur für $a\neq 0$ zu fordern. Man will also vom Ring $\mathbb{Z}$ zu einer Menge $\mathbb{Q}$ mit der algebraischen Struktur eines *Körpers* übergehen.

Konstruktion von $\mathbb{Q}$

Man bildet die Paarmenge $\mathbb{Z}\times(\mathbb{Z}\setminus\{0\})$ und führt eine Äquivalenzrelation $\ddot{A}_2$ ein. Dabei berücksichtigt man, daß im Falle der Durchführbarkeit der Division aus $a_1:b_1=a_2:b_2$ die Gleichung $a_1b_2=a_2b_1$ folgt.

Def. 1: $(a_1,b_1)\,\ddot{A}_2(a_2,b_2):\Leftrightarrow a_1b_2=a_2b_1$.

$\mathbb{Q}$ soll die Menge der Äquivalenzklassen sein (Abb. A).

Def. 2: $\mathbb{Q}:=\mathbb{Z}\times(\mathbb{Z}\setminus\{0\})/\ddot{A}_2=\{[\![(a,b)]\!]\mid(a,b)\in\mathbb{Z}\times(\mathbb{Z}\setminus\{0\})\}$.

Die Elemente von $\mathbb{Q}$ heißen rationale Zahlen.

Algebraische Struktur von $\mathbb{Q}$

In $\mathbb{Q}$ läßt sich die algebraische Struktur eines Körpers definieren. Denkt man daran, daß sich für die rationalen Zahlen die üblichen Rechenregeln der Bruchrechnung ergeben sollen, so kommt man für die Addition und Multiplikation auf folgende Def.

Def. 3: $[\![(a,b)]\!]+[\![(c,d)]\!]:=[\![(ad+bc,bd)]\!]$.

Def. 4: $[\![(a,b)]\!]\cdot[\![(c,d)]\!]:=[\![(ac,bd)]\!]$.

Man bestätigt leicht, daß $(\mathbb{Q};+)$ eine kommutative Gruppe mit dem neutralen El. $[\![(0,1)]\!]$ ist, wobei das zu $[\![(a,b)]\!]$ inverse El. bez. der Addition (*Gegenzahl*) $-[\![(a,b)]\!]=[\![(-a,b)]\!]$ ist. Ferner ist $(\mathbb{Q}\setminus\{[\![(0,1)]\!]\};\cdot)$ eine kommutative Gruppe mit dem neutralen El. $[\![(1,1)]\!]$. Das zu $[\![(a,b)]\!]$ inverse El. bez. der Multiplikation (*Kehrzahl*) ist $[\![(a,b)]\!]^{-1}=[\![(b,a)]\!]$. Diese Inversenbildung führt genau dann zu einem El. von $\mathbb{Q}$, wenn $a\neq 0$. Da sich auch das distr. Gesetz bestätigen läßt, ist $(\mathbb{Q};+,\cdot)$ ein Körper. $\mathbb{Q}$ hat also die zusätzlich geforderte Struktureigenschaft.

$\mathbb{Q}$ als kleinster $\mathbb{Z}$ umfassender Körper

Um $\mathbb{Q}$ als Erweiterung von $\mathbb{Z}$ zu erkennen, muß $\mathbb{Z}$ durch eine Einbettungsabb. i in $\mathbb{Q}$ isomorph eingebettet werden. Da $[\![(0,1)]\!]$ die Rolle der Null und $[\![(1,1)]\!]$ die der Eins spielt, def. man $i:\mathbb{Z}\to\mathbb{Q}$ durch $a\mapsto[\![(a,1)]\!]$.

i ist mit der Ringstruktur verträglich (Ringhomomorphismus, S. 81), denn es gilt:

$i(a+b)=[\![(a+b,1)]\!]=[\![(a,1)]\!]+[\![(b,1)]\!]=i(a)+i(b)$,
$i(ab)=[\![(ab,1)]\!]=[\![(a,1)]\!]\cdot[\![(b,1)]\!]=i(a)\,i(b)$.

Def. 1 ergibt $i(a)=i(b)\Rightarrow a=b$, d. h. i ist injektiv.

Statt $[\![(0,1)]\!]$ soll im folgenden wieder 0, statt $[\![(1,1)]\!]$ wieder 1 geschrieben und allgemeiner $[\![(a,1)]\!]$ mit der ganzen Zahl a identifiziert werden.

Jede rationale Zahl $[\![(a,b)]\!]$ ist Lösung einer Gleichung der Form $[\![(b,1)]\!]\cdot x=[\![(a,1)]\!]$ und daher als Quotient ganzer Zahlen zu schreiben $[\![(a,b)]\!]=a:b$. Die übliche Schreibweise für rationale Zahlen ist die Bruchschreibweise mit $\frac{a}{b}:=[\![(a,b)]\!]$. Ein Bruch ist danach eine Äquivalenzklasse von Paaren ganzer Zahlen, und es gilt für beliebige $a\in\mathbb{Z}$, $b\in\mathbb{Z}\setminus\{0\}$, $a:b=\frac{a}{b}$. Entsprechend den Überlegungen bei $\mathbb{Z}$ (S. 55) kann auch hier aus dem Konstruktionsverfahren auf die universelle Eigenschaft von i geschlossen werden. $(\mathbb{Q};+,\cdot)$ ist der kleinste den Ring $(\mathbb{Z};+,\cdot)$ umfassende Körper und bis auf Isomorphie eindeutig bestimmt. Auf entsprechende Weise lassen sich beliebige Integritätsringe zu Körpern vervollständigen (*Quotientenkörper*).

In $\mathbb{Q}$ ist nun jede Gleichung $qx=p$ mit $p\in\mathbb{Q}$, $q\in\mathbb{Q}\setminus\{0\}$ eindeutig lösbar durch $x=q^{-1}p$. Rechenregeln in $\mathbb{Q}$ und besondere Schreibweisen rationaler Zahlen sind in Abb. B und C zusammengestellt.

Ordnungsstruktur von $\mathbb{Q}$

Aus $[\![(a,b)]\!]=[\![(-a,-b)]\!]$ folgt, daß jede rationale Zahl in der Form $[\![(a,b)]\!]$ mit $b>0$ geschrieben werden kann (*Normaldarstellung*, Abb. C). Aus $[\![(a_1,b_1)]\!]=[\![(a_2,b_2)]\!]$ und $b_1>0$, $b_2>0$ ergibt sich nach Def. 1, daß a_1 und a_2 entweder beide in $\mathbb{Z}^+$ oder beide in $\mathbb{Z}^-$ liegen oder beide 0 sind.

Def. 5: Eine rationale Zahl $[\![(a,b)]\!]$ mit $b>0$ heißt *positiv* (*negativ*), wenn $a>0 (a<0)$.

Die Menge aller positiven (negativen) rationalen Zahlen wird mit $\mathbb{Q}^+ (\mathbb{Q}^-)$ bezeichnet. Ist die Zahl 0 eingeschlossen, schreibt man $\mathbb{Q}_0^+ (\mathbb{Q}_0^-)$.

Es ist jetzt möglich, eine konnexe Ordnungsrelation in $\mathbb{Q}$ einzuführen, die eine Erweiterung der bisherigen Ordnung von $\mathbb{Z}$ darstellt.

Def. 6: $p\leqq q:\Leftrightarrow q-p\geqq 0$.

Für $\mathbb{Q}$ ergibt sich damit wieder die Möglichkeit der Veranschaulichung auf der Zahlengeraden (Abb. A). Die Ordnungsrelation ist mit der algebraischen Struktur verträglich. Die Monotoniegesetze (S. 52, D) gelten auch in $\mathbb{Q}$.

Zwischen je zwei rationalen Zahlen p und q liegt eine weitere, z. B. $(p+q):2$. $\{r\mid r\in\mathbb{Q}\wedge p<r<q\}$ ist daher unendlich. Außerdem ist $(\mathbb{Q};\leqq)$ *archimedisch geordnet*, d. h. zu jedem p und q aus $\mathbb{Q}_0^+$ gibt es ein $n\in\mathbb{N}$ mit $np>q$.

Topologische Struktur von $\mathbb{Q}$

Mittels des absoluten Betrages, def. durch $|p|=p$, falls $p\geqq 0$ und $|p|=-p$, falls $p<0$, läßt sich in $\mathbb{Q}$ eine *Metrik* (S. 51) und damit eine *topologische Struktur* erklären.

Die Funktion $d:\mathbb{Q}\times\mathbb{Q}\to\mathbb{Q}_0^+$, def. durch $d(p,q)=|p-q|$ hat die für eine Metrik charakteristischen Eigenschaften.

Die topologische Struktur des metrischen Raumes $\mathbb{Q}$ ist im wesentlichen durch die *offenen Intervalle* $)a,b(:=\{x\mid x\in\mathbb{Q}\wedge a<x<b\}$ definiert.

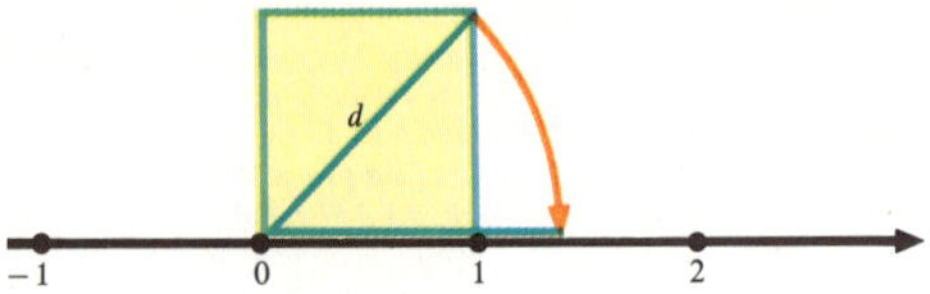

Satz: Es gibt keine rationale Zahl d mit $d^2=2$.

Beweis (indirekt): Angenommen, $d=\frac{a}{b}$ sei die Normaldarstellung einer rationalen Zahl, für die $d^2=2$ gilt.

Aus $d^2=\frac{a^2}{b^2}=2$ folgt $a^2=2b^2$. Dann ist a durch 2 teilbar.

Denn wäre a ungerade von der Form $2n+1$, so auch $a^2=4(n^2+n)+1$. Ist aber $a=2n$, so $a^2=4n^2$, d. h. $b^2=2n^2$, und es müßte auch b durch 2 teilbar sein. Das widerspricht der Annahme, daß $\frac{a}{b}$ eine Normaldarstellung von d ist.

Satz: Die irrationale Zahl $d=\mathbb{Q}^- \cup \{x \mid x \in \mathbb{Q}_0^+ \wedge x^2<2\}$ hat die Eigenschaft $d^2=2$.

Beweis: Nach Def. 6 ist $d^2=\mathbb{Q}^- \cup \{xy \mid x \in \mathbb{Q}_0^+ \wedge x^2<2 \wedge y \in \mathbb{Q}_0^+ \wedge y^2<2\}$.
Aus $x \in \mathbb{Q}_0^+ \wedge x^2<2 \wedge y \in \mathbb{Q}_0^+ \wedge y^2<2$ folgt aber $(xy)^2=x^2y^2<4$ und $xy<2$. Umgekehrt läßt sich jedes $z \in \mathbb{Q}_0^+$ mit $z<2$ als Produkt xy schreiben mit $x \in \mathbb{Q}_0^+ \wedge x^2<2 \wedge y \in \mathbb{Q}_0^+ \wedge y^2<2$.
Daher ist $d^2=\{z \mid z \in \mathbb{Q} \wedge z<2\}=A_2=2$.

A

Irrationalität von $\sqrt{2}$

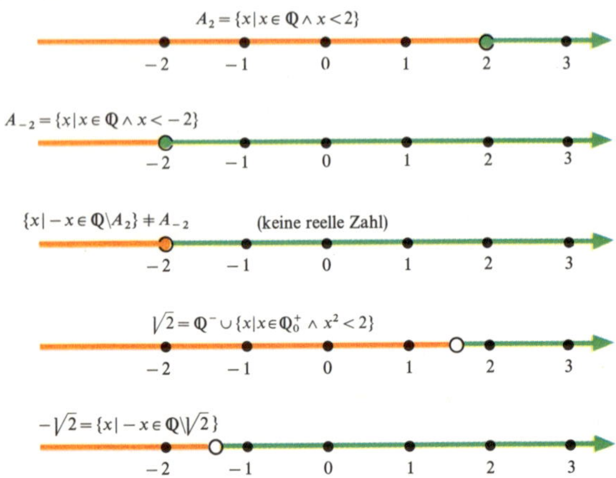

Die Restmenge $\mathbb{Q}\setminus r$ einer reellen Zahl besitzt ein kleinstes El., z. B. wenn r rational ist, sie ist offen, wenn r irrational ist.

Die Menge $\{x \mid -x \in \mathbb{Q}\setminus r\}$ ist daher nur dann ein offener Anfang in $\mathbb{Q}$, also eine reelle Zahl, wenn r irrational ist. Die Gegenzahl von rationalen Zahlen ist daher anders zu bestimmen als die von irrationalen Zahlen (S. 59).

B

Zum Rechnen mit reellen Zahlen

Da in $\mathbb{Q}$ die vier Grundrechenarten unbeschränkt durchführbar sind, gibt die algebraische Struktur keinen Anlaß zu einer neuen Erweiterung. Doch weisen Ordnungs- und topologische Struktur bemerkenswerte Unvollständigkeiten auf, die zur Erweiterung zum Bereich $\mathbb{R}$ der reellen Zahlen führen.

Unvollständigkeit der Ordnungsstruktur von $\mathbb{Q}$

$(\mathbb{Q}; \leqq)$ stellt eine konnex geordnete Menge im Sinne von Def. 3 auf S. 43 dar, doch füllen die rationalen Zahlen, obwohl sie überall dicht liegen, die Zahlengerade nicht vollständig aus. Z. B. gilt für die Länge d der Diagonale im Einheitsquadrat nach PYTHAGORAS $d^2 = 1^2 + 1^2 = 2$. Legt man diese Strecke mittels des Zirkels auf die Zahlengerade (Abb. A), so müßte man zum Bild einer Zahl gelangen, deren Quadrat 2 ist. Eine solche Zahl gibt es aber in $\mathbb{Q}$ nicht (Abb. A). Zwar lassen sich Folgen von Näherungswerten angeben, wie 1; 1,4; 1,41; 1,414; 1,4142; ..., doch besitzt die Menge $T = \{x \mid x \in \mathbb{Q} \wedge x^2 < 2\}$ keine obere Grenze (S. 44, Abb. D und S. 45, Def. 7).

Um die zusätzliche Struktureigenschaft für ein neues Vervollständigungsproblem formulieren zu können, definiert man:

Def. 1: Unter dem durch $p \in M$ bestimmten *Abschnitt* einer konnex geordneten Menge $(M, \sqsubseteq)$ versteht man die Menge $A_p := \{x \mid x \in M \wedge x \sqsubset p\}$.

Def. 2: Eine Menge B heißt *Anfang* in der konnex geordneten Menge $(M, \sqsubseteq)$, wenn $B \subset M$ und B mit jedem El. x auch alle $y \in M$ enthält, für die $y \sqsubseteq x$. Ein Anfang ohne größtes El. (S. 43, Def. 4) heißt *offener Anfang*.

Alle durch rationale Zahlen bestimmten Abschnitte von $(\mathbb{Q}, \leqq)$ sind offene Anfänge in $\mathbb{Q}$. Das Umgekehrte gilt nicht, z. B. ist $\mathbb{Q}^- \cup \{x \mid x \in \mathbb{Q}_0^+ \wedge x^2 < 2\}$ zwar ein offener Anfang in $\mathbb{Q}$, aber nicht Abschnitt einer rationalen Zahl.

Es geht jetzt darum, die Menge $(\mathbb{Q}, \leqq)$ so zu vervollständigen, daß in der vervollständigten Menge $\mathbb{R}$ jeder offene Anfang der Abschnitt eines Elementes aus $\mathbb{R}$ ist.

Konstruktion von $\mathbb{R}$

Def. 3: Die Menge aller offenen Anfänge in $\mathbb{Q}$ werde mit $\mathbb{R}$ bezeichnet. Die El. von $\mathbb{R}$ heißen *reelle Zahlen.*

Die reellen Zahlen sind also als Mengen rationaler Zahlen definiert. Sie werden im folgenden allgemein mit $r, s, \ldots$ bezeichnet. Durch folgende Ordnungsrelation wird $\mathbb{R}$ zu einer konnex und archimedisch geordneten Menge:

Def. 4: $r \leqq s :\Leftrightarrow r \subseteq s$ $(r, s \in \mathbb{R})$.

$\mathbb{R}$ hat jetzt die zusätzlich geforderte Struktureigenschaft.

Satz: *Jeder offene Anfang in $\mathbb{R}$ ist der Abschnitt einer reellen Zahl.*

Beweis: B sei ein offener Anfang in $\mathbb{R}$. Man bildet $r = \bigcup_{x \in B} x$. r ist wie alle x eine Menge rationaler Zahlen und hat alle Eigenschaften eines offenen Anfangs in $\mathbb{Q}$, ist also eine reelle Zahl. Insbesondere hat r kein größtes El. g. Denn aus $g \in r$ folgt die Existenz eines $x \in B$ mit $g \in x$ und damit die eines $g' \in x$ mit $g' > g$, da x kein größtes El. besitzt. Aufgrund der Konstruktion von r ist nun aber B der Abschnitt von r in $\mathbb{R}$.

Als Folgerung aus diesem Satz hat jede nach oben beschränkte Menge reeller Zahlen eine obere Grenze *(Satz von der oberen Grenze).*

Einbettung von $\mathbb{Q}$ in $\mathbb{R}$

Um zu erkennen, daß $\mathbb{R}$ eine zu $\mathbb{Q}$ isomorphe Teilordnung (S. 43) enthält, bildet man die Abb. $i: \mathbb{Q} \to \mathbb{R}$, def. durch $p \mapsto i(p) = A_p$. Jede rationale Zahl wird auf den durch sie bestimmten Abschnitt von $\mathbb{Q}$ abgebildet. Da gilt $p \leqq q \Rightarrow A_p \subseteq A_q$, ist i strukturverträglich (*isoton*). Da die Abschnitte verschiedener rationaler Zahlen verschieden sind, ist i auch injektiv. Reelle Zahlen, die nicht Abschnitte rationaler Zahlen sind, heißen *irrationale Zahlen.*

Übrigens kann man statt offener Anfänge r auch sog. DEDEKINDsche Schnitte zur Definition reeller Zahlen verwenden, das sind Paare $(B, \mathbb{Q} \setminus B)$, wobei B ein Anfang in $\mathbb{Q}$ ist.

Es ist noch zu zeigen, daß es zu jeder injektiven isotonen Abb. $f: \mathbb{Q} \to M$ von $\mathbb{Q}$ in eine bel. Menge M mit den geforderten Strukturmerkmalen eine isotone Abb. $g: \mathbb{R} \to M$ gibt, so daß $f = g \circ i$ (S. 54, A).

Es sei $r \in \mathbb{R}$ ein offener Anfang in $\mathbb{Q}$.

$$r' := \{x \mid x \in M \wedge \bigwedge_p (p \in \mathbb{Q} \setminus r \Rightarrow x < f(p))\}.$$

Dann ist r' ein offener Anfang in M und damit der Abschnitt eines Elements $a \in M$. Man setzt $g(r) = a$ und hat damit eine Abb. $g: \mathbb{R} \to M$ gefunden. Aus $r \leqq s$ folgt weiter $r' \subseteq s'$ und damit $g(r) \leqq g(s)$, d. h. g ist isoton. Wendet man g insbesondere auf die Abschnitte $i(q)$ von rationalen Zahlen $q \in \mathbb{Q}$ an, so ist

$$i(q)' = \{x \mid x \in M \wedge \bigwedge_p (p \in \mathbb{Q} \setminus i(q) \Rightarrow x < f(p))\}$$
$$= \{x \mid x \in M \wedge x < f(q)\}$$

der Abschnitt von $f(q)$, d. h. es ist $g \circ i = f$. Bei dieser Konstruktion braucht g jedoch nicht eindeutig bestimmt zu sein.

Algebraische Struktur von $\mathbb{R}$

Die Konstruktion von $\mathbb{R}$ ist damit abgeschlossen, ohne daß die algebraischen Eigenschaften von $\mathbb{Q}$ hierfür benutzt wurden. Doch ist die Einführung einer algebraischen Struktur in $\mathbb{R}$ möglich, die eine Erweiterung derjenigen von $\mathbb{Q}$ darstellt.

Def. 5: $r + s := \{x + y \mid x \in r \wedge y \in s\}$.

Def. 6: $rs := \mathbb{Q}^- \cup \{xy \mid x \in r \setminus \mathbb{Q}^- \wedge y \in s \setminus \mathbb{Q}^-\}$, falls $r \geqq 0$ und $s \geqq 0$.

Das Produkt beliebiger reeller Zahlen kann mittels $rs = (-r)(-s) = -((-r)s) = -(r(-s))$ auf Def. 6 zurückgeführt werden.

$\mathbb{R}$ erhält dadurch Körperstruktur. Gegenzahl und Kehrzahl einer reellen Zahl r (Abb. B) erhält man als

$-r = A_{-p}$, falls $r = A_p$ mit $p \in \mathbb{Q}$.
$-r = \{x \mid -x \in \mathbb{Q} \setminus r\}$, falls r irrational,
$r^{-1} = \bigcup_{x \in \mathbb{Q} \setminus r} A_{x^{-1}}$, falls $r > 0$.
$r^{-1} = -(-r)^{-1}$, falls $r < 0$.

Die obige Abb. $i: \mathbb{Q} \to \mathbb{R}$ ist mit dieser Struktur verträglich.

Konvergente Folge

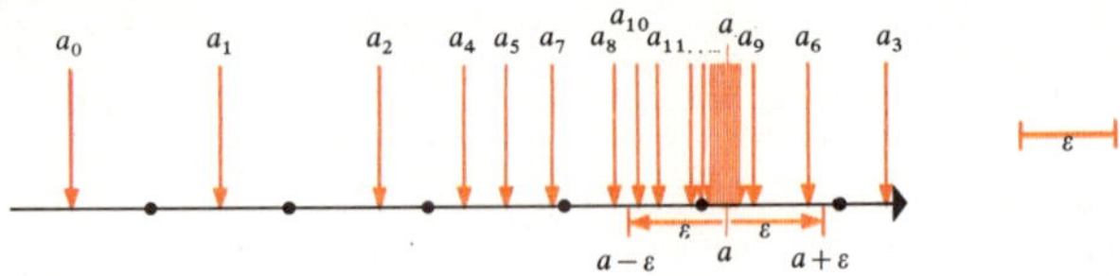

Im angegebenen Beispiel ist $n_0(\varepsilon)=9$, denn die absoluten Beträge von $a-a_9, a-a_{10}, a-a_{11}, a-a_{12}, \ldots$ sind kleiner als ε.

Zum Nachweis der Konvergenz ist zu zeigen, daß es zu jedem positiven ε ein $n_0(\varepsilon)$ gibt, so daß $|a-a_n|<\varepsilon$ für alle $n \geqq n_0(\varepsilon)$.

A_1

Fundamentalfolge

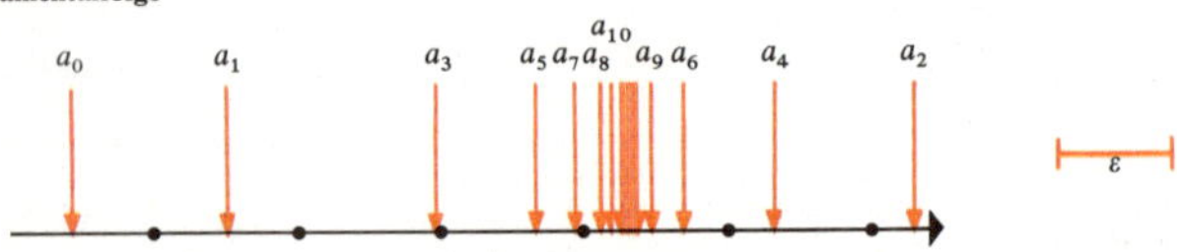

Bei einer konvergenten Folge kommen die Glieder mit wachsendem n nicht nur dem Grenzwert beliebig nahe, auch der Abstand der Glieder voneinander wird immer kleiner. In obigem Beispiel sind von $n_1(\varepsilon)=6$ ab die Abstände aller Glieder voneinander, d. h. die absoluten Beträge von

$$\begin{aligned} a_6-a_7,\ a_6-a_8,\ a_6-a_9,\ a_6-a_{10}, \ldots \\ a_7-a_8,\ a_7-a_9,\ a_7-a_{10}, \ldots \\ a_8-a_9,\ a_8-a_{10}, \ldots \\ a_9-a_{10}, \ldots \end{aligned}$$

kleiner als ε.

Eine Fundamentalfolge liegt vor, wenn es zu jedem positiven ε ein $n_1(\varepsilon)$ gibt, so daß $|a_n-a_m|<\varepsilon$ für alle $n \geqq n_1$ und $m \geqq n_1$. Nicht alle Folgen mit dieser Eigenschaft sind auch konvergent.

A_2

Monoton steigende Folge

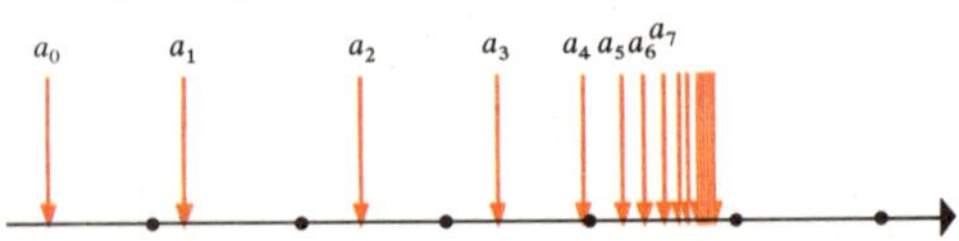

Es gilt $a_{n+1} \geqq a_n$ für alle n. Entsprechend lassen sich monoton fallende Folgen bilden.

Satz: Jede monotone beschränkte Folge ist eine Fundamentalfolge.

A_3

Folgen in $\mathbb{Q}$

$(M;\mathfrak{M},\top)$ heißt *topologische Gruppe* genau dann, wenn $(M;\mathfrak{M})$ ein top. Raum und $(M;\top)$ eine Gruppe ist und folgende Verträglichkeitsbedingung erfüllt ist:

Die Abb. $f: M \times M \to M$ def. durch $(x, y) \mapsto x \top y^{-1}$
ist stetig (im Sinne der Produkttopologie, S. 221).

Beispiele: Die Gruppen $(\mathbb{Q}; +)$, $(\mathbb{Q}\setminus\{0\}; \cdot)$, $(\mathbb{R}; +)$, $(\mathbb{R}\setminus\{0\}; \cdot)$ werden zu top. Gruppen, wenn man $\mathbb{Q}$ bzw. $\mathbb{R}$ mit der natürlichen Topologie (S. 215) versieht.

B

Topologische Gruppe

Unvollständigkeit der topologischen Struktur von $\mathbb{Q}$

Ein ganz anderer Zugang zu den reellen Zahlen, der auf CANTOR zurückgeht, ergibt sich aus der Unvollständigkeit der topologischen Struktur von $\mathbb{Q}$. Es ist nicht notwendig, bei dieser Vervollständigung auch von der algebraischen oder der Ordnungsstruktur von $\mathbb{Q}$ Gebrauch zu machen. Zur Vereinfachung soll das in geringem Umfang hier allerdings geschehen. Die Gruppe $(\mathbb{Q}; +)$ wird durch die auf S. 57 eingeführte Metrik zu einer *topologischen Gruppe* (Abb. B), in der sich Konvergenzuntersuchungen durchführen lassen.

Nach S. 51 ist eine Folge $(a_n)=(a_0, a_1, a_2, \ldots)$ von El. eines metrischen Raumes *konvergent* gegen das El. a, wenn es zu jedem $\varepsilon>0$ ein $n_0 \in \mathbb{N}$ gibt, so daß $d(a, a_n)<\varepsilon$ für alle $n \geqq n_0$. Man schreibt auch $\lim\limits_{n\to\infty} a_n = a$ (Abb. A). In $\mathbb{Q}$ gilt insbesondere $\lim\limits_{n\to\infty} a_n = a \Leftrightarrow \bigwedge\limits_{\varepsilon}\Big(\varepsilon \in \mathbb{Q}^+ \Rightarrow \bigvee\limits_{n_0} \bigwedge\limits_{n} (n \geqq n_0 \Rightarrow |a-a_n|<\varepsilon)\Big)$.

Wichtig sind zwei weitere Arten von Folgen:

Def. 1: Eine Folge (a_n) heißt *Nullfolge*, wenn $\lim\limits_{n\to\infty} a_n = 0$ gilt.

Def. 2: Eine Folge (a_n) heißt *Fundamentalfolge* (FF) oder CAUCHYfolge, wenn es zu jedem $\varepsilon>0$ ein $n_1 \in \mathbb{N}$ gibt, so daß $d(a_n, a_m)<\varepsilon$ für alle $n \geqq n_1$ und $m \geqq n_1$ (Abb. A).

Bem.: Allgemeiner kann für topologische Gruppen die Konvergenz gegen a auch so formuliert werden, daß es zu jeder Umgebung des Nullel. ein n_0 gibt, so daß für $n \geqq n_0$ alle Differenzen $a-a_n$ in dieser Umgebung liegen. Bei einer FF liegen alle Differenzen $a_n - a_m$ für $n \geqq n_1$ und $m \geqq n_1$ in einer solchen Umgebung.

Satz: *Jede konvergente Folge ist eine FF.*

Beweis: Ist $\varepsilon>0$ vorgegeben, so ist auch $\frac{\varepsilon}{2}>0$ und es gibt wegen der Konvergenz ein n_1, so daß $|a-a_n|<\frac{\varepsilon}{2}$ für alle $n \geqq n_1$. Dann gilt wegen der Dreiecksungleichung $|a_n - a_m| = |(a_n - a)+(a-a_m)| \leqq |a-a_n| + |a-a_m| < \frac{\varepsilon}{2}+\frac{\varepsilon}{2}=\varepsilon$ für alle $n \geqq n_1$ und $m \geqq n_1$. Leider gilt nicht die Umkehrung des Satzes, nicht jede FF konvergiert.

Z. B. ist die Folge der dezimalen Näherungswerte für $\sqrt{2}$ eine nichtkonvergente FF in $\mathbb{Q}$. Die zusätzliche topologische Struktureigenschaft für eine Erweiterung von $\mathbb{Q}$ soll jetzt die Forderung sein, daß in der vervollständigten Menge jede FF konvergiert. Einen Raum mit dieser Eigenschaft nennt man *vollständig*. Die Vervollständigung von $\mathbb{Q}$ heißt *vollständige Hülle* von $\mathbb{Q}$.

Konstruktion der vollständigen Hülle von $\mathbb{Q}$

Man könnte zunächst daran denken, die FF selbst als El. der zu konstruierenden Menge zu verwenden. Doch zeigt schon die Betrachtung konvergenter FF, daß es jeweils beliebig viele Folgen mit gleichem Grenzwert gibt. Sind (a_n) und (b_n) zwei solche Folgen, so ist allerdings $(a_n - b_n)$ eine Nullfolge. Dies führt zu einer Klasseneinteilung in der Menge aller FF durch die Einführung einer Äquivalenzrelation $\ddot{A}_3$:

Def. 3: $(a_n)\,\ddot{A}_3(b_n) :\Leftrightarrow (a_n), (b_n)$ FF in $\mathbb{Q}$ $\wedge \lim\limits_{n\to\infty}(a_n - b_n)=0$.

Man prüft leicht nach, daß $\ddot{A}_3$ alle Eigenschaften einer Äquivalenzrelation (S. 31) hat.

Def. 4: $\bar{\mathbb{Q}} := \{[\![(a_n)]\!] \mid (a_n) \text{ FF in } \mathbb{Q}\}$.

In $\bar{\mathbb{Q}}$ ist eine vom Repräsentanten der Klasse unabhängige Addition bzw. Subtraktion erklärbar durch $[\![(a_n)]\!]+[\![(b_n)]\!] := [\![(a_n+b_n)]\!]$. Die Klasse der Nullfolgen spielt für die Addition die Rolle des Nullelementes und werde mit 0 bezeichnet.

Jede von 0 verschiedene Klasse hat, wie sich zeigen läßt, stets Repräsentanten, deren Glieder alle positiv oder alle negativ sind. Daher ist es sinnvoll zu def.:

Def. 5: $[\![(a_n)]\!]>0 :\Leftrightarrow [\![(a_n)]\!] \neq 0 \wedge \bigvee\limits_{(x_n)}((x_n)\,\ddot{A}_3(a_n) \wedge \bigwedge\limits_{n}(x_n>0))$,

$[\![(a_n)]\!]<0 :\Leftrightarrow [\![(-a_n)]\!]>0$.

Somit kann man $\bar{\mathbb{Q}}$ anordnen und durch

$$|[\![(a_n)]\!]| := \begin{cases} [\![(a_n)]\!] & \text{für } [\![(a_n)]\!] \geqq 0 \\ [\![(-a_n)]\!] & \text{für } [\![(a_n)]\!] < 0 \end{cases}$$

einen abs. Betrag einführen, durch den in $\bar{\mathbb{Q}}$ eine Metrik und damit eine top. Struktur eingeführt werden kann, durch die $\bar{\mathbb{Q}}$ die Eigenschaften einer top. Gruppe erhält. Es zeigt sich, daß jede FF in $\bar{\mathbb{Q}}$ konvergiert. $\bar{\mathbb{Q}}$ ist die gesuchte vollständige Hülle von $\mathbb{Q}$.

Einbettung von $\mathbb{Q}$ in $\bar{\mathbb{Q}}$

Die Abb. $i: \mathbb{Q} \to \bar{\mathbb{Q}}$ def. durch $i(p)=[\![(p, p, p, \ldots)]\!]$ ist eine injektive strukturverträgliche Abb. Strukturverträglichkeit bedeutet hier Verträglichkeit mit der Gruppenstruktur von $(\mathbb{Q}; +)$ und der topologischen Struktur (S. 51).

Aus der Konstruktion von $\bar{\mathbb{Q}}$ ergibt sich auch die universelle Eigenschaft von i. Denn ist M irgendeine Menge mit den geforderten Strukturmerkmalen, und läßt sich $\mathbb{Q}$ in M einbetten durch die strukturverträgliche Abb. $f: \mathbb{Q} \to M$, so kann zunächst gefolgert werden, daß $(f(a_n))$ FF in M ist, wenn (a_n) FF in $\mathbb{Q}$ ist. $(f(a_n))$ konvergiert wegen der Struktureigenschaften von M dann gegen ein El. $r' \in M$. Die Abb. $g: \bar{\mathbb{Q}} \to M$ def. durch $g([\![(a_n)]\!])=r'$ bettet dann $\bar{\mathbb{Q}}$ in M ein, und es ist $f = g \circ i$. $\bar{\mathbb{Q}}$ ist damit die kleinste $\mathbb{Q}$ umfassende Menge, in der jede FF konvergiert, und ist bis auf Isomorphie eindeutig bestimmt.

Isomorphie von $\bar{\mathbb{Q}}$ und $\mathbb{R}$

Die top. Struktur von $\bar{\mathbb{Q}}$ heißt reelle Topologie im Unterschied zur sog. rationalen Topologie von $\mathbb{Q}$.

Durch $[\![(a_n)]\!]\cdot[\![(b_n)]\!] := [\![(a_n b_n)]\!]$ und $[\![(a_n)]\!]^{-1} := [\![(a_n^{-1})]\!]$ für $[\![(a_n)]\!] \neq 0$ und $a_n \neq 0$ läßt sich die algebraische Struktur von $\bar{\mathbb{Q}}$ zu einer Körperstruktur erweitern derart, daß $\mathbb{R}$ und $\bar{\mathbb{Q}}$ bijektiv unter Erhaltung aller Strukturmerkmale aufeinander abgebildet und damit identifiziert werden können.

Ist etwa (a_n) eine FF in $\mathbb{Q}$, so gibt es stets eine äquivalente monoton steigende (Abb. A) Folge (b_n). $\bigcup\limits_{n\in\mathbb{N}} A_{b_n}$ ist dann ein offener Anfang in $\mathbb{Q}$ und $\varphi: \bar{\mathbb{Q}} \to \mathbb{R}$ def. durch $\varphi([\![(a_n)]\!]) = \bigcup\limits_{n\in\mathbb{N}} A_{b_n}$ eine bijektive strukturverträgliche Abbildung.

$(a_n; b_n) \quad a_n = k_n \cdot 10^{-n}, \quad b_n = (k_n + 1) \cdot 10^{-n}$

(1; 2)	$k_0 = 1$
(1,4; 1,5)	$k_1 = 14$
(1,41; 1,42)	$k_2 = 141$
(1,414; 1,415)	$k_3 = 1414$
(1,4142; 1,4143)	$k_4 = 14142$
…	…

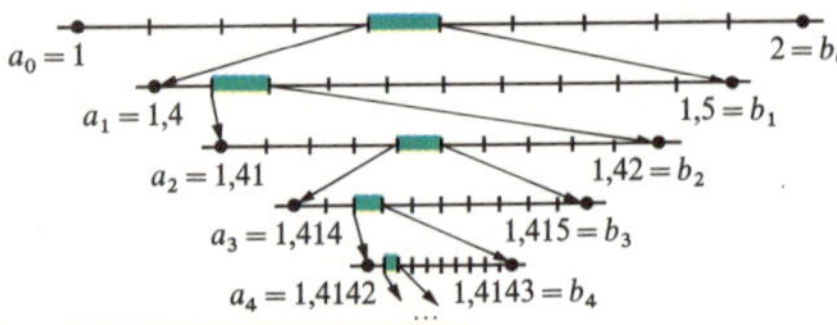

$\sqrt{2} = 1{,}41421356237309504880\ldots$

A

Beispiel einer Intervallschachtelung für $\sqrt{2}$

Jede positive rationale Zahl $p = \frac{m}{n}$ (bei negativen Zahlen nimmt man zunächst die Gegenzahl) kann durch Division mit Rest als endliche oder periodische g-adische Reihe geschrieben werden. Geht die Division nicht auf, so wiederholt sich spätestens nach $n-1$ Stellen hinter dem Komma ein Divisionsrest und es beginnt eine Periode, die durch Überstreichen gekennzeichnet wird.

Beispiel für $g = 10$: $\quad \frac{23}{198} = 23 : 198 = 0{,}116161616\ldots = 0{,}1\overline{16}\ldots$

Allgemein erhält man:

$$\frac{m}{n} = m : n = a_0, a_1 \ldots a_k \overline{b_1 \ldots b_l} \ldots \quad \text{mit} \quad a_0 \in \mathbb{N} \quad \text{und} \quad 0 \leqq a_i < g \quad \text{für} \quad i \in \{1 \ldots k\}$$

$$0 \leqq b_j < g \quad \text{für} \quad j \in \{1 \ldots l\}.$$

Die Anzahl der Vorziffern k ist die kleinste Zahl $x \in \mathbb{N}$, für die $\frac{n}{n'}$ Teiler von g^x ist. n' ist dabei der zu g teilerfremde Teil in der Primzahlzerlegung von n.

Die Periodenlänge l ist die kleinste Zahl $y \in \mathbb{N} \setminus \{0\}$, für die n' Teiler von $g^y - 1$ ist (*m* und *n* teilerfremd).

In obigem Beispiel ist $\quad n = 198 = 2 \cdot 3^2 \cdot 11 \qquad \frac{n}{n'} = 2, \quad k = 1, \quad l = 2.$

$\qquad n' = 99 = 3^2 \cdot 11$

2 ist Teiler von 10^x für $x = 1$, aber nicht für $x = 0$.

99 ist Teiler von $10^y - 1$ für $y = 2$, aber nicht für $y = 1$.

Jede periodische g-adische Reihe stellt eine rationale Zahl dar und kann als Bruch geschrieben werden. Allgemein gilt, wie man durch Division mit Rest bestätigt:

$$a_0, a_1 \ldots a_k \overline{b_1 \ldots b_l} \ldots = a_0 + \frac{\left(g^l \sum_{\nu=1}^{k} a_\nu g^{k-\nu} + \sum_{\nu=1}^{l} b_\nu g^{l-\nu}\right) - \sum_{\nu=1}^{k} a_\nu g^{k-\nu}}{(g^l - 1)\, g^k}$$

Beispiel für $g = 10 (k = 2, l = 1)$: $\quad 0{,}25\overline{4}\ldots = 0 + \frac{254 - 25}{9 \cdot 100} = \frac{229}{900}.$

B

g-adische Darstellung rationaler Zahlen

$r^s = t \qquad r \in \mathbb{R}_0^+, \qquad s \in \mathbb{R}, \qquad t \in \mathbb{R}_0^+.$

Potenzieren
(gesucht der Potenzwert t)

$t = r^s$
$r^{s_1} \cdot r^{s_2} = r^{s_1 + s_2}$
$r^{s_1} : r^{s_2} = r^{s_1 - s_2}$
$r_1^s \cdot r_2^s = (r_1 \cdot r_2)^s$
$r_1^s : r_2^s = (r_1 : r_2)^s$
$(r^{s_1})^{s_2} = r^{s_1 \cdot s_2}$
$r > 1 \Rightarrow$
$(s_1 < s_2 \Leftrightarrow r^{s_1} < r^{s_2})$
(Monotoniegesetz)

Radizieren
(gesucht die Basis r)

$r = \sqrt[s]{t} \; (s \neq 0)$

Da $\sqrt[s]{t} = t^{\frac{1}{s}}$, sind alle Potenzgesetze zugleich Wurzelgesetze. Insbesondere gilt:

$\sqrt[s]{t_1} \cdot \sqrt[s]{t_2} = \sqrt[s]{t_1 \cdot t_2}$
$\sqrt[s]{t_1} : \sqrt[s]{t_2} = \sqrt[s]{t_1 : t_2}$
$\sqrt[s_1]{\sqrt[s_2]{t}} = \sqrt[s_1 \cdot s_2]{t}$

Logarithmieren
(gesucht der Exponent s)

$s = \log_r t \quad (r \neq 0, t \neq 0, r \neq 1)$
$\log_r (t_1 \cdot t_2) = \log_r t_1 + \log_r t_2$
$\log_r (t_1 : t_2) = \log_r t_1 - \log_r t_2$
$\log_r (t^u) = u \cdot \log_r t, \; \log_r \sqrt[u]{t} = \frac{\log_r t}{u}$
$\frac{\log_r t}{\log_r u} = \log_u t$

Besondere Schreibweisen:
$\lg t := \log_{10} t$ (dekad. Log.)
$\ln t := \log_e t$ (natürl. Log.)
$\mathrm{lb}\, t := \log_2 t$ (binärer Log.)

C

Rechenoperationen dritter Stufe in $\mathbb{R}$

Intervallschachtelungen

WEIERSTRASS hat eine dritte Charakterisierung der reellen Zahlen angegeben, die zwar nicht in dem Maße verallgemeinerungsfähig ist wie die Verfahren von DEDEKIND (S. 59) und CANTOR (S. 61), doch liefert sie einen leichten Zugang zu der üblichen *Dezimaldarstellung reeller Zahlen.* Der Weg soll hier nur skizziert werden.

Der entscheidende Begriff ist der der *Intervallschachtelung.* Man versteht darunter eine Folge $((a_n, b_n))$ abgeschlossener Intervalle in $\mathbb{Q}$ mit den Eigenschaften $a_{n+1} \geqq a_n$, $b_{n+1} \leqq b_n$ und $\lim_{n\to\infty}(b_n - a_n) = 0$. Jedes Intervall ist also im vorhergehenden enthalten, und die Intervallänge schrumpft auf 0 zusammen (Abb. A). Die Intervalle können sich dabei auf eine rationale Zahl zusammenziehen, brauchen es aber nicht. In der Menge aller Intervallschachtelungen läßt sich eine Äquivalenzrelation $\ddot{A}_4$ erklären durch $((a_n, b_n))\,\ddot{A}_4((c_n, d_n)) :\Leftrightarrow \bigwedge_n (n \in \mathbb{N} \Rightarrow a_n \leqq d_n \wedge c_n \leqq b_n)$. Die Äquivalenzklassen haben alle Eigenschaften der früher definierten reellen Zahlen. Die Klasse $[\![((a_n, b_n))]\!]$ läßt sich identifizieren mit dem offenen Anfang $\bigcup_{n\in\mathbb{N}} A_{a_n}$.

Darstellung reeller Zahlen

Von den natürlichen Zahlen ist die Dezimalschreibweise bekannt. Es handelt sich um endliche Reihen der Form

$z_n \cdot 10^n + z_{n-1} \cdot 10^{n-1} + \cdots + z_2 \cdot 10^2 + z_1 \cdot 10^1 + z_0$

mit $z_\nu \in \mathbb{N} \wedge 0 \leqq z_\nu < 10$. Zur Potenzschreibweise vgl. Def. 1 auf dieser Seite.

Z. B. ist $5436 = 5 \cdot 10^3 + 4 \cdot 10^2 + 3 \cdot 10^1 + 6$.

Die Zahlen z_ν heißen Ziffern der Darstellung und sind eindeutig bestimmt.

Bem.: Bei Reihendarstellung kann hier und im folgenden die Zahl 10 durch jede andere ganze Zahl $g \geqq 2$ ersetzt werden (g-adische Darstellung).

Soll nun eine positive reelle Zahl r dargestellt werden, so gibt es eine zugehörige Intervallschachtelung mit $b_n - a_n = 10^{-n}$ und $a_n = k_n \cdot 10^{-n} < r$, $b_n = (k_n + 1)\,10^{-n} \geqq r$ und $k_n \in \mathbb{N}$. Für die Zahlen a_n ergibt sich damit eine Darstellung der Form

$a_n = z_m 10^m + z_{m-1} 10^{m-1} + \cdots + z_1 10 + z_0$
$+ z_{-1} 10^{-1} + \cdots + z_{-n} 10^{-n}$ (*endliche Dezimalzahl*) und für die reelle Zahl r eine entsprechende Darstellung als *unendliche Dezimalzahl,* die man als unendliche Reihe im Sinne der Analysis (Bd. II) auffassen kann. Eine Übertragung auf negative reelle Zahlen gelingt mittels ihrer Gegenzahlen. Für die reelle Zahl 1 erhält man auf diese Weise die Darstellung $0{,}999999\ldots = 0{,}\overline{9}\ldots$ (periodische Dezimalzahl). Sind aber von einer bestimmten Stelle ab alle Ziffern 9, so ist die dargestellte Zahl stets gleich derjenigen reellen Zahl, in der die letzte von 9 verschiedene Ziffer um 1 erhöht ist und die Darstellung dort abbricht. Alle Dezimalzahlen mit der Periode 9 und nur diese besitzen daher eine zweite Darstellung als endliche Dezimalzahl. Die Menge aller unendlichen Dezimalzahlen (Periode 0 ausgeschlossen) kann daher mit $\mathbb{R}$ identifiziert werden.

Jede rationale Zahl $\frac{m}{n}$ läßt sich durch Division mit Rest von m durch n in eine Dezimalzahl verwandeln (Abb. B). Nach spätestens $n-1$ Schritten muß sich ein Divisionsrest wiederholen, so daß die Entwicklung schließlich abbricht oder periodisch wird. Da auch umgekehrt jede periodische Dezimalzahl rational ist (Abb. B), kann man die Menge der irrationalen Zahlen mit der Menge der nichtperiodischen unendlichen Dezimalzahlen identifizieren.

Erweiterung der algebraischen Struktur von $\mathbb{R}$

Neben den Rechenoperationen der Addition und Subtraktion (1. Stufe) und der Multiplikation und Division (2. Stufe) läßt sich in $\mathbb{R}$ das Potenzieren (3. Stufe) als innere Verkn. in $\mathbb{R}$ (S. 39), nebst Umkehrungen einführen. Die Def. erfolgt schrittweise:

Def. 1: $r^0 := 1$ und $r^{n+1} := r \cdot r^n$ für $r \in \mathbb{R}, n \in \mathbb{N}$.

Es ergeben sich u. a. die bekannten Rechenregeln: $r^m r^n = r^{m+n}$, $r^n s^n = (rs)^n$, $(r^m)^n = r^{mn}$. Eine Verallgemeinerung des Potenzbegriffs setzt die Def. von Wurzeln positiver reeller Zahlen auf der Grundlage von Def. 3, S. 59 voraus.

Def. 2: $\sqrt[n]{r} := \mathbb{Q}^- \cup \{x \mid x \in \mathbb{Q}_0^+ \wedge x^n \in r\}$ für $n \in \mathbb{N} \setminus \{0\}$, $r \in \mathbb{R}_0^+$.

Es gilt $(\sqrt[n]{r})^n = r$ (vgl. S. 58, A); $\sqrt[n]{r}$ ist daher Lösung der Gleichung $x^n = r$. Das Bestimmen von Wurzeln heißt *Radizieren* und ist z. B. mittels Intervallschachtelungen näherungsweise mit beliebiger Genauigkeit durchführbar. Die Potenzdef. läßt sich jetzt auf negative und gebrochene Exponenten ausdehnen. Der Wurzelbegriff geht dabei im Potenzbegriff auf.

Def. 3: $r^{-n} := \frac{1}{r^n}$, $n \in \mathbb{N}$, $r \in \mathbb{R} \setminus \{0\}$.
$r^{m/n} := (\sqrt[n]{r})^m$, $m \in \mathbb{Z}$, $n \in \mathbb{N} \setminus \{0\}$, $r \in \mathbb{R}^+$,
für $m > 0$ darf auch $r = 0$ sein.

Die oben angegebenen Rechenregeln für Potenzen lassen sich auch für rationale Exponenten bestätigen. Ferner zeigt man leicht: Ist $r > 1$, so gilt $r^p > 1$ genau dann, wenn $p > 0$. Sind nun p_1 und p_2 zwei beliebige rationale Zahlen mit $p_2 > p_1$, und ist $r > 1$, so folgt $r^{p_2 - p_1} > 1$ und $r^{p_2} > r^{p_1}$.

Diese Monotonieeigenschaft liefert die Möglichkeit einer Verallgemeinerung auf beliebige reelle Exponenten. Für $r \in \mathbb{R}_0^+$ und $s \in \mathbb{R}$ setzt man:

Def. 4: $r^s := \bigcup_{p \in s} r^p$ $(p \in \mathbb{Q})$, falls $r \geqq 1$,
$r^s := (r^{-1})^{-s}$, falls $0 < r < 1$,
$r^s := 0$, falls $r = 0$ und $s > 0$.

Bem.: Für $r = 0$ und $s = 0$ folgt $0^0 = 1$ aus Def. 1. Die so def. Potenzwerte liegen stets in $\mathbb{R}_0^+$. Die bisherigen Rechenregeln gelten weiterhin (Abb. C).

Neben dem Radizieren besitzt das Potenzieren noch eine weitere Umkehrung, das *Logarithmieren.* Die Gleichung $r^x = t$ hat für $r \in \mathbb{R}^+$, $r \neq 1$ und $t \in \mathbb{R}^+$, wie aus dem Monotoniegesetz und dem Satz von der oberen Grenze folgt, stets genau eine Lösung, die man $x = \log_r t$ schreibt (lies: Logarithmus von t zur Basis r). Beim Rechnen mit Logarithmen wird Multiplizieren und Dividieren (2. Stufe) auf Addieren und Subtrahieren (1. Stufe), Potenzieren und Radizieren (3. Stufe) auf Multiplizieren und Dividieren (2. Stufe) zurückgeführt (Abb. C).

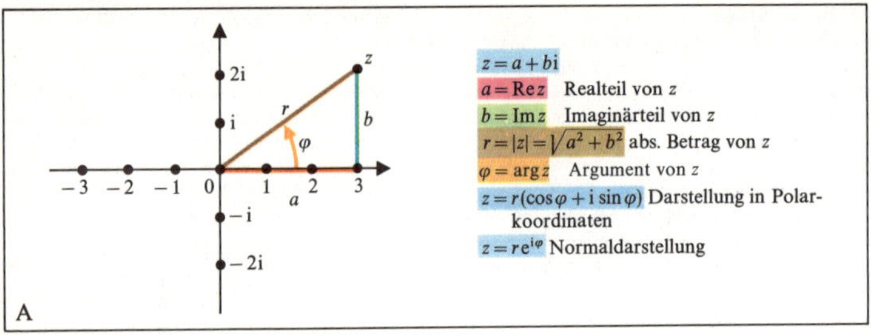

Gausssche Zahlenebene

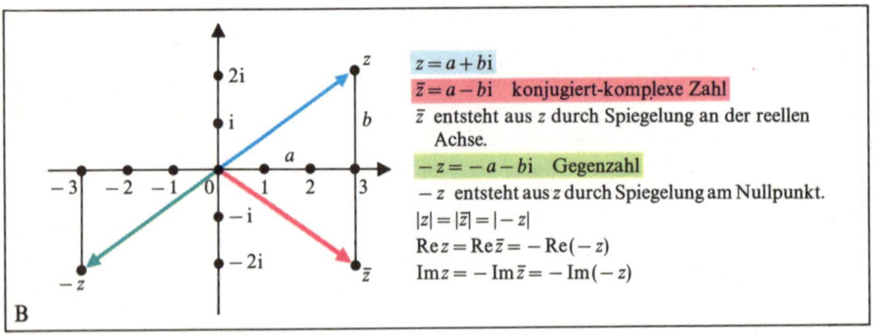

Konjugiert-komplexe Zahl und Gegenzahl

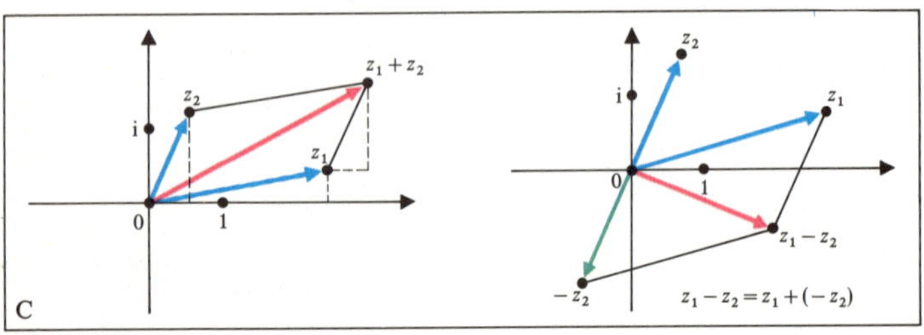

Addition und Subtraktion komplexer Zahlen

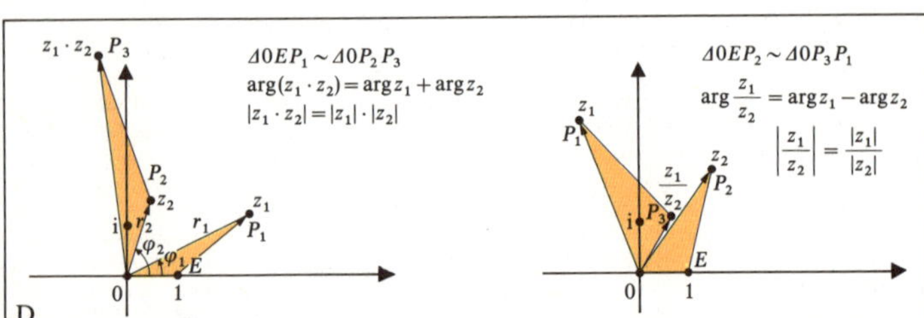

Multiplikation und Division komplexer Zahlen

Konstruktion des Körpers $\mathbb{C}$ der komplexen Zahlen
Durch die Erweiterung der algebraischen Struktur von $\mathbb{R}$ tritt wieder eine bemerkenswerte Unvollständigkeit zu Tage. Die Verknüpfungen der dritten Stufe (S. 63) lassen sich nicht für bel. El. aus $\mathbb{R}$ def. Z. B. kann das Symbol $\sqrt{-1}$ nicht als reelle Zahl def. werden. Anders formuliert: Das Polynom X^2+1 aus dem Polynomring $\mathbb{R}[X]$ (S. 95) besitzt in $\mathbb{R}$ keine Nullstelle, es ist irreduzibel.
In der Algebra (S. 103) wird gezeigt, wie zu einem irreduziblen Polynom aus dem Polynomring $K[X]$ über einem beliebigen Körper K ein Oberkörper konstruiert werden kann, in dem das Polynom eine Nullstelle besitzt. Auf den hier vorliegenden speziellen Fall angewandt heißt das, daß man in $\mathbb{R}[X]$ den Restklassenring mod X^2+1 bildet. Hierzu erklärt man zunächst die Äquivalenz von Polynomen $f(X)$ und $g(X)$ aus $\mathbb{R}[X]$ durch:

Def. 1: $f(X)\,\ddot{A}_5\,g(X) :\Leftrightarrow \bigvee_{h(X)} (h(X)\in\mathbb{R}[X] \wedge f(X)-g(X)=h(X)(X^2+1))$.

Def. 2: $\mathbb{C} := \mathbb{R}[X]/\ddot{A}_5 = \{[\![f(X)]\!] \mid f(X)\in\mathbb{R}[X]\}$.

Bem.: Statt $\mathbb{R}[X]/\ddot{A}_5$ schreibt man auch $\mathbb{R}[X]/(X^2+1)$.

In $\mathbb{C}$ läßt sich eine vom Repräsentanten unabhängige Addition und Multiplikation von Klassen einführen:

Def. 3: $[\![f(X)]\!]+[\![g(X)]\!] := [\![f(X)+g(X)]\!]$.
$[\![f(X)]\!]\cdot[\![g(X)]\!] := [\![f(X)\,g(X)]\!]$.

$(\mathbb{C};+,\cdot)$ ist dann sogar ein Körper. Die Existenz eines Inversen der Multiplikation von $[\![f(X)]\!]$ ergibt sich folgendermaßen: Wegen der Irreduzibilität von X^2+1 ist der ggT von $f(X)$ und X^2+1 gleich 1. Da $\mathbb{R}[X]$ ein euklidischer Integritätsring (S. 117) ist, gibt es dann Polynome $h(X)$ und $k(X)$, so daß $f(X)h(X)+(X^2+1)k(X)=1$ und damit
$[\![f(X)]\!]\,[\![h(X)]\!]=[\![1]\!]$. Also ist $[\![f(X)]\!]^{-1}=[\![h(X)]\!]$.
Jede Klasse enthält genau ein Polynom der Form $a+bX$ mit $a,b\in\mathbb{R}$, ist also durch ein Paar reeller Zahlen bestimmt. Es gilt nämlich
(1) $(a+bX)\,\ddot{A}_5\,(c+dX) \Leftrightarrow a=c \wedge b=d$, und
(2) $f(X)=q(X)(X^2+1)+r(X)$ mit $\operatorname{grad} r(X)\leqq 1$, also $f(X)\,\ddot{A}_5\,r(X)$.
Daher ist die Menge aller Polynome $a+bX$ mit $a,b\in\mathbb{R}$ ein Repräsentantensystem für $\mathbb{C}$, für das gilt:

$$[\![a+bX]\!]+[\![c+dX]\!]=[\![(a+c)+(b+d)X]\!],$$
$$[\![a+bX]\!]\cdot[\![c+dX]\!]=[\![(ac+bdX^2)+(ad+bc)X]\!] = [\![(ac-bd)+(ad+bc)X]\!].$$

Das Inverse läßt sich hier unmittelbar angeben. Wie man leicht durch Rechnung bestätigt, ist
$[\![a+bX]\!]^{-1}=\left[\!\!\left[\frac{a}{a^2+b^2}-\frac{b}{a^2+b^2}X\right]\!\!\right]$. Durch die Abb. $f:\mathbb{R}\to\mathbb{C}$ def. durch $a\mapsto[\![a]\!]$ läßt sich $\mathbb{R}$ in $\mathbb{C}$ einbetten. $[\![a]\!]$ kann mit a identifiziert werden. Man setzt nun $\mathrm{i} := [\![X]\!]$. Dann ist i Nullstelle des Polynoms X^2+1, und es ergibt sich für die El. aus $\mathbb{C}$ die Darstellung $[\![a+bX]\!]=a+b[\![X]\!]=a+b\mathrm{i}$ mit $a,b\in\mathbb{R}$. Es gilt weiter $\mathrm{i}^2=-1$.
Die El. von $\mathbb{C}$ heißen *komplexe Zahlen*. Das Konstruktionsverfahren stellt sicher, daß $\mathbb{C}$ der kleinste Oberkörper von $\mathbb{R}$ ist, in dem X^2+1 Nullstellen hat.

Bem.: Häufig werden die komplexen Zahlen unmittelbar als Paare reeller Zahlen eingeführt, für die dann die Verkn. der Addition und Multiplikation entsprechend wie oben def. werden.

Die Zahlen $b\mathrm{i}$ mit $b\in\mathbb{R}$ heißen auch *imaginäre Zahlen*, die Zahl i *imaginäre Einheit*.

Veranschaulichung komplexer Zahlen
Bevor in $\mathbb{C}$ nun das Potenzieren nebst seinen Umkehrungen zu erklären sein wird, sollen zunächst die komplexen Zahlen veranschaulicht werden. Der Körper $\mathbb{C}$ kann als Vektorraum der Dimension 2 über $\mathbb{R}$ mit der Basis $\{1,\mathrm{i}\}$ betrachtet werden. Man faßt nun in $z=a+b\mathrm{i}$ die reellen Zahlen a (*Realteil*) und b (*Imaginärteil*) als Koordinaten in einem ebenen kartesischen Koordinatensystem auf. Auf diese Weise entspricht jeder komplexen Zahl ein Punkt der Ebene und umgekehrt. Die waagerechte Achse enthält die reellen, die senkrechte die imaginären Zahlen (GAUSS*sche Zahlenebene*, Abb. A).
Für die El. von $\mathbb{C}$ läßt sich ein absoluter Betrag mit allen Eigenschaften einer Metrik (S. 51) einführen:

$$|z|=|a+b\mathrm{i}| := \sqrt{a^2+b^2}.$$

Unter der zu $z=a+b\mathrm{i}$ *konjugiert-komplexen Zahl* versteht man die Zahl $\bar{z} := a-b\mathrm{i}$ (Abb. B). Es gilt $z\bar{z}=|z|^2$, und daher auch $z^{-1}=\dfrac{\bar{z}}{|z|^2}$.
Weiter bestätigt man leicht die folgenden Regeln über das Rechnen mit konjugiert-komplexen Zahlen:

$$\overline{z_1+z_2}=\bar{z}_1+\bar{z}_2,\quad \overline{z_1-z_2}=\bar{z}_1-\bar{z}_2,$$
$$\overline{z_1 z_2}=\bar{z}_1\cdot\bar{z}_2,\quad \overline{\left(\frac{z_1}{z_2}\right)}=\frac{\bar{z}_1}{\bar{z}_2}.$$

Verwendet man in der GAUSSschen Zahlenebene Polarkoordinaten r und φ mit $0\leqq\varphi<2\pi$, so kann man für $z\neq 0$ auch schreiben $z=r(\cos\varphi+\mathrm{i}\sin\varphi)$. Dabei ist $r=|z|$. φ heißt *Argument* von z, in Zeichen auch $\arg z$.
In der Funktionentheorie (Bd. II) wird gezeigt, daß $\cos\varphi+\mathrm{i}\cdot\sin\varphi=\mathrm{e}^{\mathrm{i}\varphi}$, so daß man die sehr nützliche Normaldarstellung komplexer Zahlen $z=r\mathrm{e}^{\mathrm{i}\varphi}$ mit $0\leqq\varphi<2\pi$ erhält.

Rechenoperationen 1. und 2. Stufe in der GAUSSschen Zahlenebene
Addition und Subtraktion komplexer Zahlen lassen sich in der GAUSSschen Zahlenebene vektoriell (Abb. C), Multiplikation und Division ebenfalls geometrisch unter Verwendung ähnlicher Dreiecke durchführen (Abb. D). Letzteres läßt sich mittels der *Normaldarstellung* besonders einfach begründen.
Ist $z_1=r_1\mathrm{e}^{\mathrm{i}\varphi_1}$ und $z_2=r_2\mathrm{e}^{\mathrm{i}\varphi_2}$, so erhält man $z_1 z_2=r_1 r_2\mathrm{e}^{\mathrm{i}(\varphi_1+\varphi_2)}$ und

$$\frac{z_1}{z_2}=\frac{r_1}{r_2}\mathrm{e}^{\mathrm{i}(\varphi_1-\varphi_2)}.$$

In den letzten beiden Ergebnissen ist, um auf eine Normaldarstellung zu kommen, die Summe bzw. Differenz der Argumente mod 2π auf Werte zwischen 0 und 2π zu reduzieren.

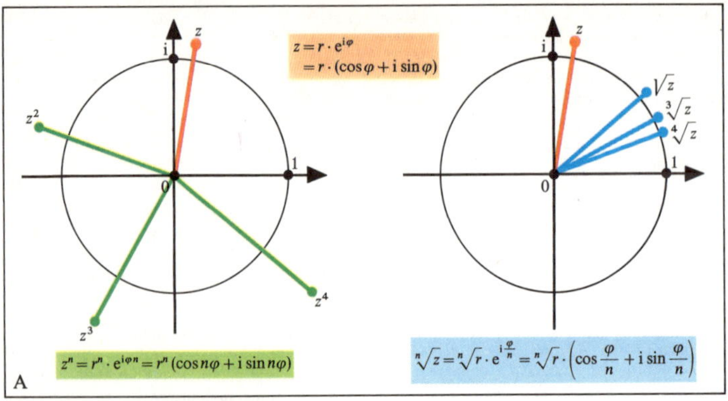

Potenzieren und Radizieren komplexer Zahlen (Exponenten aus $\mathbb{N}\setminus\{0\}$)

Zu berechnen: $(0{,}4 + 0{,}3i)^{5+2i}$

$$0{,}4 + 0{,}3i = r \cdot e^{i\varphi}$$
$$r = \sqrt{0{,}16 + 0{,}09} = 0{,}5$$
$$\varphi = \arctan 0{,}75 = 0{,}64350$$
$$\ln(0{,}4 + 0{,}3i) = \ln r + i\varphi = -0{,}69315 + 0{,}64350i$$
$$(0{,}4 + 0{,}3i)^{5+2i} = e^{(\ln r + i\varphi)(5+2i)} = e^{-4{,}75275 + 1{,}83120i} = 0{,}00864\, e^{1{,}83120i} = 0{,}00864(-0{,}25748 + 0{,}96628i) = -0{,}00222 + 0{,}00835i$$

Zu berechnen: $\log_{3+2i}(1 + 4i)$

$$1 + 4i = r_1\, e^{i\varphi_1}$$
$$r_1 = \sqrt{1 + 16} = 4{,}1231$$
$$\varphi_1 = \arctan 4 = 1{,}32582$$
$$3 + 2i = r_2\, e^{i\varphi_2}$$
$$r_2 = \sqrt{9 + 4} = 3{,}6056$$
$$\varphi_2 = \arctan \tfrac{2}{3} = 0{,}58800$$
$$\ln(1 + 4i) = \ln r_1 + i\varphi_1 = 1{,}41661 + 1{,}32582i$$
$$\ln(3 + 2i) = \ln r_2 + i\varphi_2 = 1{,}28247 + 0{,}58800i$$
$$\log_{3+2i}(1 + 4i) = \frac{\ln(1 + 4i)}{\ln(3 + 2i)} = 1{,}3044 + 0{,}4358i$$

B

Potenzieren und Logarithmieren komplexer Zahlen

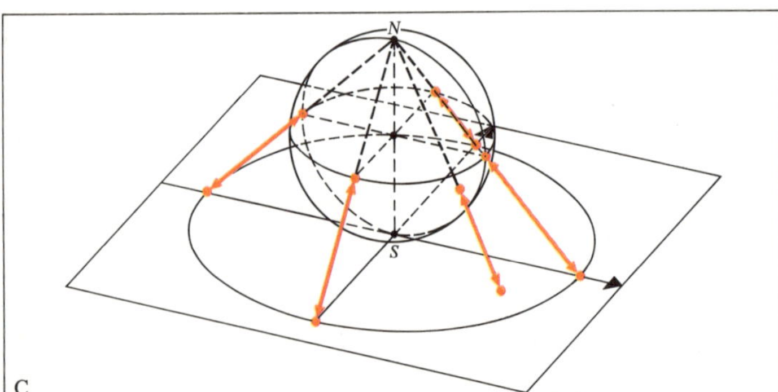

GAUSSsche Zahlenebene und RIEMANNsche Zahlenkugel

Algebraische Abgeschlossenheit von $\mathbb{C}$

Da das Potenzieren mit natürlichen Zahlen auf die Multiplikation zurückführbar ist, kann man Potenzen komplexer Zahlen mit Exponenten aus $\mathbb{N}$ sofort berechnen:

$$z = re^{i\varphi} \wedge n \in \mathbb{N} \Rightarrow z^n = r^n e^{in\varphi}.$$

Es ist also $|z^n| = |z|^n$ und

$\arg z^n \equiv n \cdot \arg z \bmod 2\pi \quad$ mit $\quad 0 \leqq \arg z^n < 2\pi$

(Abb. A). Entsprechend kann auch das Radizieren auf das Rechnen mit reellen Zahlen zurückgeführt werden:

$$z = re^{i\varphi} \wedge n \in \mathbb{N} \setminus \{0\} \Rightarrow \sqrt[n]{z} = \sqrt[n]{r} \cdot e^{i\frac{\varphi}{n}}.$$

Hier gilt $|\sqrt[n]{z}| = \sqrt[n]{|z|}$ und $\arg \sqrt[n]{z} = \frac{1}{n} \arg z$ (Abb. A). $\sqrt[n]{z}$ ist eine Nullstelle des Polynoms $X^n - z$. Dieses Polynom besitzt genau n verschiedene Nullstellen, die sich schreiben lassen als $x_k = \sqrt[n]{z} \cdot e^{i\frac{2\pi}{n}k}$ mit $k \in \{0, 1, 2, \ldots, n-1\}$. Das Symbol $\sqrt[n]{z}$ bezeichnet unter den n Nullstellen dasjenige mit dem kleinsten Argument. Die Nullstellen von $X^n - 1$ heißen *n-te Einheitswurzeln.* Sie entsprechen in der GAUSSschen Zahlenebene den Eckpunkten des dem Einheitskreis einbeschriebenen regelmäßigen n-Ecks, dessen einer Eckpunkt auf der positiven reellen Achse liegt.

Nach obigen Ergebnissen hat in $\mathbb{C}$ neben $X^2 + 1$ auch jedes Polynom $X^2 - z$ mit $z \in \mathbb{C}$ Nullstellen. Als weitreichende und keineswegs elementare Verallgemeinerung gilt folgender

Algebraischer Hauptsatz der komplexen Zahlen:

Jedes Polynom aus $\mathbb{C}[X]$ mit einem Grad $n > 0$ hat wenigstens eine Nullstelle in $\mathbb{C}$ (vgl. S. 96).

Es gibt viele verschiedene Beweise dieses auch als *Fundamentalsatz der Algebra* bezeichneten Satzes. Allerdings gelingt der Beweis nicht mit rein algebraischen Mitteln. Besonders einfach erhält man ihn in der Funktionentheorie als Folgerung aus dem Satz von LIOUVILLE (Bd. II). Der Körper $\mathbb{C}$ heißt wegen dieser Eigenschaft auch *algebraisch abgeschlossen.*

Als Folgerung aus dem Hauptsatz ergibt sich, daß jedes Polynom aus $\mathbb{C}[X]$ vom Grad $n > 0$ in n Linearfaktoren zerfällt. Sind alle Koeffizienten reell, so ist mit x_i auch $\bar{x}_i$ eine Nullstelle, und das Polynom zerfällt in $\mathbb{R}[X]$ in lineare und quadratische Faktoren. Ist n ungerade, so muß für mindestens eine Nullstelle $x_i = \bar{x}_i$ sein, es gibt also mindestens eine reelle Nullstelle.

Rechenoperationen 3. Stufe in $\mathbb{C}$

Aus der Normaldarstellung der komplexen Zahlen ergibt sich die Möglichkeit, unter Beibehaltung der bisherigen Rechengesetze das Potenzieren auch auf komplexe Exponenten auszudehnen.

Ist $z = re^{i\varphi}$, $z \neq 0$ und $w = x + iy$, so

$$z^w = (re^{i\varphi})^{x+iy} := r^x r^{iy} e^{i\varphi x - \varphi y} = (r^x e^{-\varphi y}) e^{i(y \ln r + \varphi x)}.$$

Das Radizieren läßt sich wie bei reellen Zahlen auf das Potenzieren zurückführen:

$$\sqrt[w]{z} := z^{1/w} \quad \text{für} \quad z \in \mathbb{C}, \quad w \in \mathbb{C} \setminus \{0\}.$$

Für das Logarithmieren ist die Normaldarstellung besonders zweckmäßig, insbesondere bei Logarithmen zur Basis e:

$$\ln z := \ln r + i\varphi \quad \text{für} \quad z = re^{i\varphi} \neq 0.$$

$\ln z$ ist eine Lösung der Gleichung $e^x = z$, und zwar die einzige mit $0 \leqq \varphi < 2\pi$. Wegen $e^{2\pi i} = 1$ gibt es noch unendlich viele weitere Lösungen, nämlich $\ln r + i\varphi + 2\pi i k$ mit $k \in \mathbb{Z}$.

Ist die Basis eine komplexe Zahl w mit $w \neq 0$ und $w \neq 1$, so setzt man entsprechend wie bei reellen Zahlen:

$$\log_w z := \frac{\ln z}{\ln w} \quad \text{für} \quad z \neq 0.$$

$\log_w z$ ist Lösung der Gleichung $w^x = z$. Wie bei der Umkehrung der Multiplikation die Division durch 0 ausgeschlossen ist, sind beim Radizieren und Logarithmieren die angegebenen Ausnahmen nicht zu beheben.

Weitere Strukturmerkmale von $\mathbb{C}$

Während die algebraische Struktur von $\mathbb{C}$ eine Erweiterung derjenigen von $\mathbb{R}$ ist, geht beim Übergang von $\mathbb{R}$ zu $\mathbb{C}$ die Ordnungsstruktur verloren. Zwar läßt sich $\mathbb{C}$ noch anordnen, etwa durch

$$z_1 \sqsubset z_2 :\Leftrightarrow \begin{cases} |z_1| < |z_2| \vee \\ (|z_1| = |z_2| \wedge \arg z_1 < \arg z_2). \end{cases}$$

Doch ist keine Anordnung mehr möglich, die mit der algebraischen Struktur verträglich ist und bei der insbesondere die Monotoniegesetze der Addition und Multiplikation (S. 52, D) gelten, aus denen sich z. B. folgern läßt $a > 0 \Rightarrow a^2 > 0$.

Dagegen läßt sich die reelle Topologie mittels des absoluten Betrages zu einer komplexen erweitern. Es gilt der folgende wichtige Satz:

Topologischer Hauptsatz der komplexen Zahlen:

Jede Fundamentalfolge komplexer Zahlen hat in $\mathbb{C}$ einen Grenzwert.

$\mathbb{C}$ ist also vollständig (S. 61).

RIEMANNsche Zahlensphäre, Kompaktifizierung

Denkt man sich auf die GAUSSsche Zahlenebene im Nullpunkt eine Kugel mit dem Durchmesser 1 gelegt, ergibt sich durch stereograph. Projektion vom Nordpol aus eine homöomorphe Abb. der Zahlenebene auf die im Nordpol punktierte Oberfläche der Kugel (Abb. C). Dem Einheitskreis der Ebene entspricht der Äquator dieser sog. *RIEMANNschen Zahlensphäre.* Ordnet man dem Nordpol einen neuen Punkt ∞ zu, so erhält man durch Hinzufügung dieses Punktes zur komplexen Ebene einen *kompakten Raum* (S. 229). Eine Umgebungsbasis für den Punkt ∞ in der Ebene bilden die Außengebiete aller Kreise um den Nullpunkt. Die Hinzufügung eines einzelnen Punktes ist nicht die einzige Möglichkeit einer *Kompaktifizierung* der Ebene (in der projektiven Geometrie erreicht man dies auf ganz anderem Wege, S. 139), aber für die Theorie der komplexen Funktionen (Bd. II) von besonderer Bedeutung. In dem entstehenden kompakten Raum erhält man ein besonders übersichtliches Verhalten holomorpher und meromorpher Funktionen, da man allein durch diesen Kompaktifizierungsprozeß eine RIEMANNsche Fläche erhält.

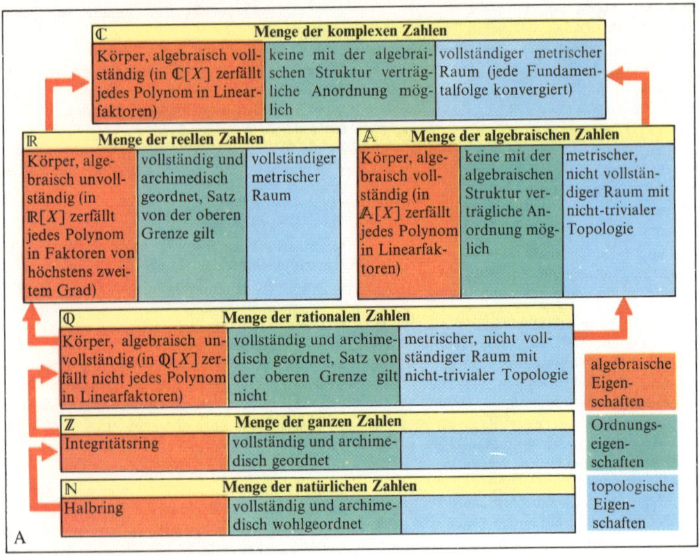

Aufbau des Zahlensystems mit Struktureigenschaften

Die *Quaternionen* der Form

$$\alpha = a + bi + cj + dk \quad \text{mit} \quad a, b, c, d \in \mathbb{R}$$

bilden einen linearen Vektorraum der Dimension 4 über ℝ, der zu einem Schiefkörper gemacht werden kann durch die Einführung einer inneren Multiplikation, bei der für die Basiselemente 1, i, j, k nebenstehende Verknüpfungstabelle gilt. a heißt *Skalarteil*, $bi + cj + dk$ *Vektorteil* von α. Die Quaternion $\bar{\alpha} := a - bi - cj - dk$ heißt zu α *konjugiert*.

·	1	i	j	k
1	1	i	j	k
i	i	−1	k	−j
j	j	−k	−1	i
k	k	j	−i	−1

Beispiele und weitere Eigenschaften

$\alpha_1 = 3 + 2i - 4j + k \quad \bar{\alpha}_1 = 3 - 2i + 4j - k \quad \alpha_2 = 4 - 3i + j - 5k \quad \bar{\alpha}_2 = 4 + 3i - j + 5k$

Absoluter Betrag $|\alpha| := \sqrt{\alpha\bar{\alpha}} \quad \alpha_1\bar{\alpha}_1 = 30,\ |\alpha_1| = \sqrt{30} \quad \alpha_2\bar{\alpha}_2 = 51,\ |\alpha_2| = \sqrt{51}$

Inverse Quaternion $\alpha^{-1} := \dfrac{\bar{\alpha}}{|\alpha|^2}$. Es gilt $\alpha\alpha^{-1} = \alpha^{-1}\alpha = 1$.

$$\alpha_1^{-1} = \frac{3 - 2i + 4j - k}{30}, \quad \alpha_2^{-1} = \frac{4 + 3i - j + 5k}{51}$$

Addition und Subtraktion

$\alpha_1 + \alpha_2 = 7 - i - 3j - 4k \qquad \alpha_1 - \alpha_2 = -1 + 5i - 5j + 6k$

Multiplikation

$\alpha_1\alpha_2 = 27 + 18i - 6j - 21k \qquad \alpha_2\alpha_1 = 27 - 20i - 20j - k \qquad$ Es gilt $\alpha_1\alpha_2 \neq \alpha_2\alpha_1$.

Division

$\alpha_1\alpha_2^{-1} = \dfrac{-3 - 2i - 26j + 29k}{51}$ Lösung von $x\alpha_2 = \alpha_1$,

$\alpha_2^{-1}\alpha_1 = \dfrac{-3 + 36i - 12j + 9k}{51}$ Lösung von $\alpha_2 y = \alpha_1$.

B

Quaternionen

Axiomatischer Aufbau des Zahlensystems

Beim Aufbau des Zahlensystems (S. 52 bis 67) spielen die axiomatisch eingeführten natürlichen Zahlen die grundlegende Rolle. Durch Vervollständigungsprobleme, die die verschiedenen Struktureigenschaften der Zahlbereiche betreffen, erhält man sukzessive die Bereiche $\mathbb{Z}$, $\mathbb{Q}$, $\mathbb{R}$, $\mathbb{C}$ (Abb. A).

Bei der Einführung der reellen Zahlen ist schon deutlich geworden, daß man u. U. auf recht verschiedenen Wegen isomorphe Zahlbereiche erhalten kann. Das gilt auch für die übrigen Bereiche. Insbesondere lassen sich alle auch axiomatisch einführen. Ein Axiomensystem für $\mathbb{Z}$, das an das PEANOsystem (S. 53) angelehnt ist, ist etwa:

(1) $0 \in \mathbb{Z}$.

(2) Zu jedem $g \in \mathbb{Z}$ gibt es in $\mathbb{Z}$ einen Nachfolger und einen Vorgänger.

(3) 0 ist von allen seinen sukzessiven Nachfolgern verschieden.

(4) Enthält eine Teilmenge M von $\mathbb{Z}$ die Zahl 0 und mit jeder Zahl deren Nachfolger und Vorgänger, so ist $M = \mathbb{Z}$.

$\mathbb{Q}$ kann axiomatisch als der kleinste Körper der Charakteristik 0 (S. 105) gekennzeichnet werden, $\mathbb{R}$ als archimedisch geordneter Körper, in dem jede Fundamentalfolge konvergiert. Bei $\mathbb{C}$ tritt an die Stelle der Axiome über die Anordnung die Forderung der algebraischen Abgeschlossenheit. Die natürlichen Zahlen stellen jeweils eine Unterstruktur der genannten Zahlbereiche dar.

Eindeutige Charakterisierung der natürlichen Zahlen

Das Axiomensystem von PEANO charakterisiert die natürlichen Zahlen bis auf Isomorphie eindeutig (*monomorphes* oder *kategorisches Axiomensystem*). Da es allerdings nicht mit den Ausdrucksmitteln der Prädikatenlogik der ersten Stufe formuliert ist, gibt es kein Verfahren mehr, um alle wahren Aussagen über natürliche Zahlen daraus herzuleiten (S. 19). Es ist denkbar, daß einige der bis heute unbewiesenen Vermutungen der Zahlentheorie zwar wahr, aber prinzipiell unbeweisbar sind.

Algebraische und transzendente Zahlen

Die Konstruktion von $\mathbb{C}$ kann von $\mathbb{Q}$ aus auch so durchgeführt werden, daß man in einem ersten Schritt die algebraische Abgeschlossenheit über $\mathbb{Q}$ und erst danach die topologische Vollständigkeit durch die Konstruktion der vollständigen Hülle herbeiführt. Man erhält als Zwischenkörper dann den *Körper der algebraischen Zahlen*, d. h. der Nullstellen aller Polynome aus $\mathbb{Q}[X]$. Diese Menge ist im Gegensatz zu $\mathbb{R}$ und $\mathbb{C}$ noch abzählbar.

Die nichtalgebraischen komplexen Zahlen heißen *transzendente Zahlen*. Zu ihnen gehören die wichtigen Zahlen e und π.

Bem.: Der Nachweis der Transzendenz einer Zahl ist i. a. recht schwierig und erfolgt indirekt. Die Annahme, die Zahl sei Nullstelle eines Polynoms aus $\mathbb{Q}[X]$, wird zu einem Widerspruch geführt.

Zwischen $\mathbb{Q}$ und den Körper der algebraischen Zahlen lassen sich, wie in der Algebra gezeigt wird, unendlich viele Zwischenkörper (*algebraische Körpererweiterungen*) einschalten.

***p*-adische Zahlen**

Durch geringe Modifikation der durchgeführten Vervollständigungsprozesse kann man zu völlig anderen Zahlbereichen kommen. Z. B. läßt sich das CANTORsche Verfahren der Konstruktion der vollständigen Hülle von $\mathbb{Q}$ auf beliebige metrische Vektorräume übertragen, zu denen insbesondere die bewerteten Körper (S. 122) gehören.

Auch $\mathbb{Q}$ selbst kann durch folgende *p-adische Bewertung* mit einer vom absoluten Betrag verschiedenen Metrik versehen werden. Ist $r \neq 0$ eine rationale Zahl, p eine Primzahl und $w_p(r) \in \mathbb{Z}$ der Exponent von p in der Primzahlzerlegung von r, so erhält man durch $|r|_p = p^{-w_p(r)} \wedge |0|_p = 0$ eine Metrik. $|r|_p$ ist stets entweder 0 oder eine Potenz von p (*diskrete Bewertung*). Für $p = 2$ ist z. B. $|2|_2 = 2^{-1}$, $|\frac{3}{4}|_2 = |3 \cdot 2^{-2}|_2 = 2^2$, $|25|_2 = |5^2|_2 = 1$. Die Begriffe konvergente bzw. Fundamentalfolge lassen sich wie auf S. 61 bilden. Die Folge $(2^n) = (1, 2, 4, 8, 16, \ldots)$ konvergiert jetzt gegen 0, die Folge $\left(\sum_{k=0}^{n} 2^{k+1}\right) = (0, 2, 6, 14, 30, \ldots)$ gegen -2. Wieder gibt es nichtkonvergente Fundamentalfolgen. Man kann zeigen, daß dies z. B. für $\left(\sum_{k=0}^{n} 2^{k^2}\right)$ zutrifft. Mit dem CANTORschen Verfahren (S. 61) erhält man jetzt als vollständige Hülle von $\mathbb{Q}$ den Körper $\mathbb{Q}_p$ der p-adischen Zahlen (HENSEL), nicht zu verwechseln mit reellen Zahlen in g-adischer Darstellung (S. 63). Die Körper $\mathbb{Q}_p$ sind für verschiedene Primzahlen weder untereinander, noch zu $\mathbb{R}$ isomorph, besitzen aber die gleiche Mächtigkeit wie $\mathbb{R}$. Sie spielen in der Zahlentheorie eine wichtige Rolle (S. 123).

Quaternionen

Die Konstruktion der komplexen Zahlen führt zu der Frage, ob auch $\mathbb{C}$ noch neuer Erweiterungen fähig ist, insbesondere, ob es andere Körpererweiterungen K von $\mathbb{R}$ gibt, die ebenfalls als Vektorräume endlicher Dimension über $\mathbb{R}$ aufgefaßt werden können. Diese Frage ist zu verneinen. Verzichtet man auf die Kommutativität der Multiplikation in K und fordert nur $a\alpha = \alpha a$ für alle $a \in \mathbb{R}$ und $\alpha \in K$, so gibt es nach FROBENIUS außer $\mathbb{C}$ noch genau einen Schiefkörper dieser Art, den *Schiefkörper der Quaternionen* mit der Dimension 4. Wählt man die Basiselemente als 1, i, j, k, so lassen sich alle El. schreiben als $\alpha = a + bi + cj + dk$, $a, b, c, d \in \mathbb{R}$. Mit der Multiplikationstabelle in Abb. C beherrscht man die Multiplikation beliebiger El. a heißt *Realteil*, $bi + cj + dk$ *Vektorteil* von α. Setzt man $\bar{\alpha} := a - bi - cj - dk$ und $|\alpha| := \sqrt{\alpha \cdot \bar{\alpha}}$, so ist $\alpha^{-1} = \frac{\bar{\alpha}}{|\alpha|^2}$, entsprechend wie bei komplexen Zahlen.

$\mathbb{C}$ kann wie $\mathbb{R}$ als Unterkörper des Quaternionenschiefkörpers aufgefaßt werden.

Nimmt man Nullteiler in Kauf oder verzichtet auf die Assoziativität der Multiplikation, so gibt es weitere algebraische Strukturen, die $\mathbb{R}$ umfassen.

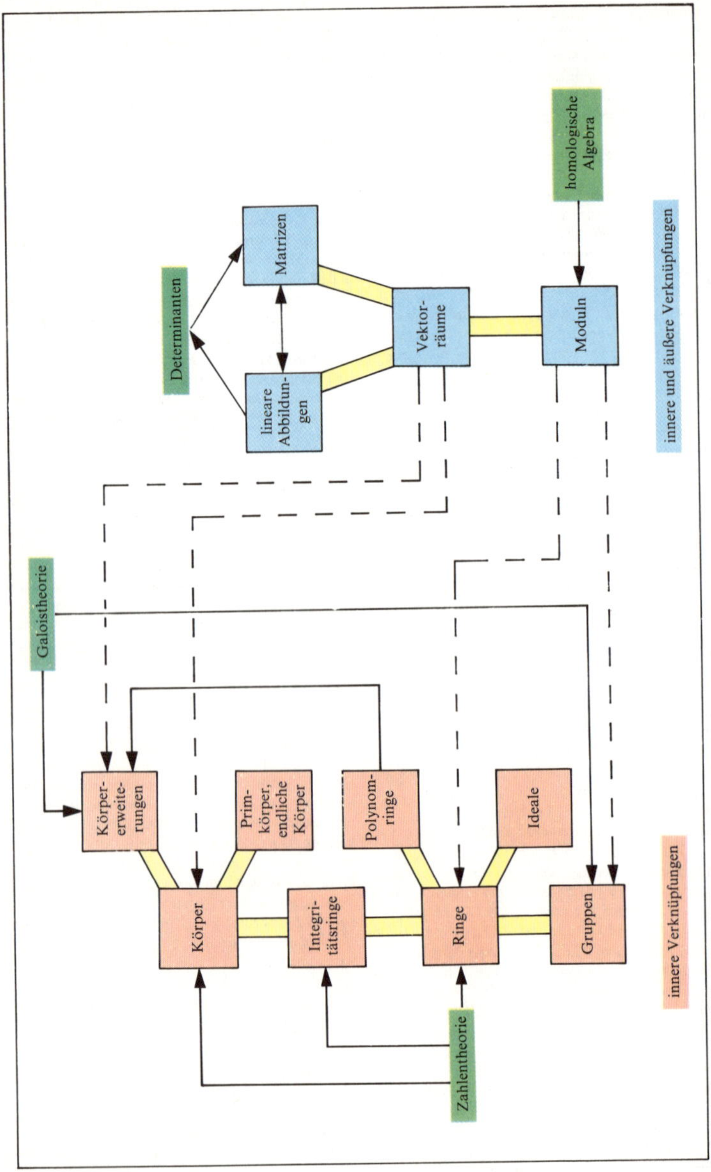
Determinanten
Matrizen
lineare Abbildungen
Vektorräume
Moduln
homologische Algebra
innere und äußere Verknüpfungen
Galoistheorie
Körpererweiterungen
Primkörper, endliche Körper
Polynomringe
Ideale
Körper
Integritätsringe
Ringe
Gruppen
Zahlentheorie
innere Verknüpfungen

Die **Algebra** beschäftigt sich mit den Eigenschaften *algebraisch strukturierter Mengen* (z. B. Gruppen, Ringe, Körper, Moduln, Vektorräume). Die Mengen können endlich oder unendlich sein. Die algebraische Struktur wird durch *innere* und *äußere Verknüpfungen* (S. 39, 41) vermittelt, die spezielle Eigenschaften besitzen (z. B. assoziatives Gesetz, kommutatives Gesetz, Existenz eines neutralen Elementes und inverser Elemente, distributives Gesetz). Zur Untersuchung algebraisch strukturierter Mengen erweist es sich als zweckmäßig, sog. *abgeleitete Strukturen* (S. 37) zu erklären. Zu ihnen gehören die *Unterstrukturen* (z. B. Untergruppe, -ring, -körper, -modul, Ideal), die *Quotientenstrukturen* (z. B. Quotientengruppe, -ring, -körper, -modul) und die *Produktstrukturen* (z. B. direktes Produkt von Gruppen und Moduln).
Der Vergleich algebraisch strukturierter Mengen wird durch Abbildungen vorgenommen, die mit der Struktur beider Mengen verträglich sind. Man spricht von den *Homomorphismen* des speziellen Strukturtyps (z. B. Gruppen-, Ring-, Körper-, Modul-Homomorphismen, lineare Abbildungen). Zwei algebraisch strukturierte Mengen werden als algebraisch gleichwertig (*isomorph*) angesehen, wenn zwischen ihnen ein bijektiver Homomorphismus existiert. Man nennt eine derartige Abbildung auch *Isomorphismus* und spricht speziell vom Gruppen-, Ring-, Körper- und Modul-Isomorphismus. Mit dem Isomorphiebegriff läßt sich eine Klasseneinteilung algebraisch strukturierter Mengen vornehmen; es ergeben sich Klassen isomorpher algebraisch strukturierter Mengen. Eine wesentliche Aufgabe der Algebra besteht darin, derartige Klassen durch geeignete Repräsentanten (*Modelle*) zu kennzeichnen (z. B. Modelle zyklischer Gruppen, S. 75, 77, oder Modelle endlich-dimensionaler Vektorräume, S. 87).

In der **Gruppentheorie** (S. 73 bis 79) werden die durch eine innere Verknüpfung strukturierten Mengen untersucht, wobei das assoziative Gesetz erfüllt ist und die Existenz eines neutralen Elementes und der inversen Elemente gesichert ist. Man betrachtet endliche und unendliche Gruppen. Eine besondere Rolle spielen kommutative Gruppen. Als wichtige Unterstrukturen treten Normalteiler auf. Der Strukturtyp »Gruppe« ist grundlegend für die meisten anderen algebraischen Strukturen.

Die **Theorie der Ringe** (S. 81, 83) beschäftigt sich mit kommutativen Gruppen, auf denen zusätzlich eine zweite innere Verknüpfung definiert ist, die das assoziative Gesetz erfüllt und mit der ersten inneren Verknüpfung durch das distributive Gesetz verträglich gemacht ist. Als wichtige Unterstrukturen ergeben sich die Ideale, die den Normalteilern in Gruppen entsprechen. Die Ideale sind u. a. auch für die Teilbarkeitstheorie in Ringen von Bedeutung (Zahlentheorie).
Neben kommutativen Ringen mit oder ohne Einselement werden Integritätsringe untersucht, in denen die Nullteilerfreiheit gesichert ist.
Ringe werden in der Modultheorie als Operatorenbereiche verwendet und sind selbst spezielle Moduln. Die **Polynomringe** (S. 95, 96, 97) und die mit ihnen verbundenen Begriffe sind für viele Bereiche der Algebra von Bedeutung (z. B. Körpererweiterungen).

Die **Theorie der Körper** (S. 81, 83) behandelt diejenigen kommutativen Ringe, bei denen auch die zweite innere Verknüpfung eine Gruppenstruktur vermittelt (das Nullelement ausgenommen). Der Zusammenhang von Ringen und Körpern kann mit Hilfe von Idealen wiedergegeben werden.
Von besonderer Bedeutung für die Körpertheorie ist das Verhältnis von Körpern zu ihren Unterkörpern. Dieses Problem liegt der **Theorie der Körpererweiterungen** (S. 99 bis 103) zugrunde. In diesem Rahmen sind **Primkörper** und **endliche Körper** (S. 105) bedeutsam. Bei der Untersuchung von Körpererweiterungen spielen u. a. Begriffe der Theorie der Vektorräume (z. B. Dimension) und Polynome eine Rolle.

In der **Galoistheorie** (S. 107 bis 115) werden spezielle Körpererweiterungen durch die Eigenschaften endlicher Gruppen beschrieben. Mit Hilfe der Galoistheorie gelingt es, die Frage nach der Auflösbarkeit der allgemeinen Gleichung n-ten Grades durch Radikale für $n \geqq 5$ zu verneinen. Die Galoistheorie liefert darüber hinaus Kriterien für die Lösbarkeit von Konstruktionen mit Zirkel und Lineal. Dadurch wird es möglich, eine Reihe klassischer Konstruktionsprobleme (z. B. Quadratur des Kreises) zu entscheiden.

Die **Theorie der Moduln** (S. 85, 87) befaßt sich mit Mengen, auf denen neben der Struktur einer kommutativen Gruppe eine äußere Verknüpfung definiert ist, die mit der inneren Verknüpfung verträglich gemacht wird. Der verwendete Operatorenbereich ist dabei ein kommutativer Ring mit Einselement. Die Theorie der Moduln weist enge Beziehungen zur Theorie der kommutativen Gruppen und zur Idealtheorie auf.
Mit Hilfe von Moduln kann man auch die Homologietheorie (S. 249) entwickeln, wobei die funktorielle Methode (S. 249) angewendet wird. Die Grundlagen dafür werden heute in einer neuen algebr. Disziplin, der **homologischen Algebra**, abgehandelt, auf die jedoch nicht eingegangen wird.

Die **Theorie der Vektorräume** (S. 87, 89) ist ein Spezialfall der Theorie der Moduln, da hier Moduln betrachtet werden, deren Operatorenbereich ein Körper ist. Sie hat sich aus der Theorie zur Lösung **linearer Gleichungssysteme** (S. 93) entwickelt und zeigt vielseitige Anwendungsmöglichkeiten. Eng mit strukturverträglichen Abbildungen von Vektorräumen, den sog. linearen Abbildungen, hängen **Matrizen** (S. 89, 91) und ihre Operationen zusammen. Auch der Begriff der **Determinante** (S. 91) läßt sich in die Theorie der Vektorräume einordnen. Die Theorie der Moduln und Vektorräume wird auch als **lineare Algebra** bezeichnet.

$\cdot$	a_0	a_1	a_2	a_3	a_4	a_5
a_0	a_0	a_1	a_2	a_3	a_4	a_5
a_1	a_1	a_2	a_0	a_4	a_5	a_3
a_2	a_2	a_0	a_1	a_5	a_3	a_4
a_3	a_3	a_5	a_4	a_0	a_2	a_1
a_4	a_4	a_3	a_5	a_1	a_0	a_2
a_5	a_5	a_4	a_3	a_2	a_1	a_0

A_1

echte Untergruppen:

$\{a_0, a_1, a_2\}$, $\{a_0, a_3\}$, $\{a_0, a_4\}$, $\{a_0, a_5\}$

$\circ$	D_0	D_1	D_2	D_3	D_4
D_0	D_0	D_1	D_2	D_3	D_4
D_1	D_1	D_2	D_3	D_4	D_0
D_2	D_2	D_3	D_4	D_0	D_1
D_3	D_3	D_4	D_0	D_1	D_2
D_4	D_4	D_0	D_1	D_2	D_3

A_2

(D_0 bis D_4 können als Drehungen eines regelmäßigen Fünfecks gedeutet werden, S. 38/Abb. C.)

keine echten Untergruppen

In einer echten Untergruppe muß es neben dem neutr. El. (hier a_0 bzw. D_0) mindestens ein weiteres El. x geben. Mit diesem El. müssen auch die Potenzen $x^2 := x \cdot x$, $x^3 := x \cdot x^2$ usw. zur Untergruppe gehören.

In Abb. A_2 können D_1 bis D_4 nicht zu einer echten Untergruppe gehören, weil ihre Potenzen jeweils bereits die ganze Gruppe erzeugen. Die Gruppe der Abb. A_2 enthält daher keine echten Untergruppen.

In Abb. A_1 findet man leicht die angegebenen echten Untergruppen.

A

Echte Untergruppen endlicher Gruppen

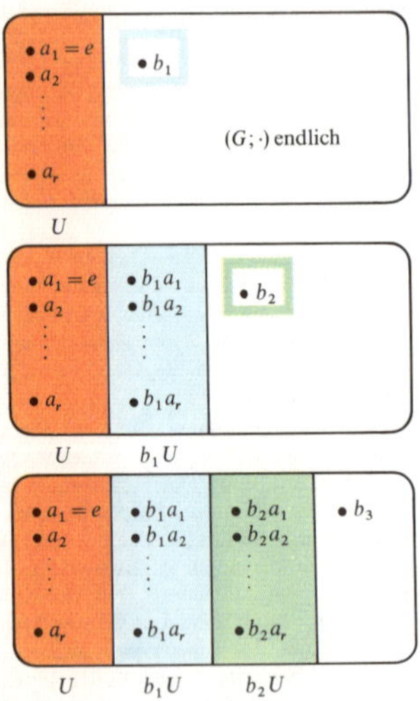

$U := \{a_1 = e, a_2, \ldots, a_r\}$ sei eine Untergruppe von G mit $\operatorname{ord} U = r \leqq \operatorname{ord} G$.

Wenn es ein $b_1 \in G$ mit $b_1 \notin U$ gibt, so sind in G mindestens r weitere El. außerhalb U vorhanden, und zwar die Menge $b_1 U := \{b_1 a_i \mid a_i \in U\}$.

Zu zeigen: $\bigwedge_i (b_1 a_i \notin U)$ und

$$\bigwedge_i \bigwedge_k (i \neq k \Rightarrow b_1 a_i \neq b_1 a_k).$$

Wenn es ein $b_2 \in G$ mit $b_2 \notin U$ und $b_2 \notin b_1 U$ gibt, so existiert wie oben eine Menge aus r El. $b_2 U := \{b_2 a_i \mid a_i \in U\}$ mit $b_2 U \cap U = \emptyset$. Zusätzlich gilt aber auch $b_2 U \cap b_1 U = \emptyset$, so daß drei disjunkte Klassen in G entstehen.

Zu zeigen: $\bigwedge_i \bigwedge_k (i \neq k \Rightarrow b_2 a_i \neq b_1 a_k)$.

Nach endl. vielen Schritten muß das Verfahren abbrechen, da dann alle El. auf Klassen mit gleicher El.anzahl verteilt sind. Es gilt also:

$\operatorname{ord} U \mid \operatorname{ord} G$.

B

Satz von EULER-LAGRANGE

Zur Def. des Gruppenbegriffs und der zugehörigen Begriffe sei auf S. 39 verwiesen. Die *Aufgabe* der Gruppentheorie liegt darin, geeignete *Untersuchungshilfsmittel* für Gruppen bereitzustellen und alle Gruppen durch *Modelle* (vgl. S. 75) zu erfassen. Die letztere Aufgabe ist bisher nur z. T. gelöst.

Einfache Eigenschaften von Gruppen

Aus den Axiomen einer Gruppe $(G;\top)$ folgert man:

(1) *Ein rechts-inverses Element ist auch links-invers.*

Bew.: $a^{-1}\top a=(a^{-1}\top a)\top(a^{-1}\top(a^{-1})^{-1})$
$=a^{-1}\top(a\top a^{-1})\top(a^{-1})^{-1}=a^{-1}\top e\top(a^{-1})^{-1}$
$=a^{-1}\top(a^{-1})^{-1}=e=a\top a^{-1}$.

(2) *Ein rechts-neutrales Element ist auch links-neutral.*

Bew.: $e\top a=(a\top a^{-1})\top a=a\top(a^{-1}\top a)=a\top e$.

Eine Unterscheidung zwischen »rechts-« und »links-« erübrigt sich also, wenn eine Gruppe vorliegt.

(3) *Es gibt genau ein neutrales Element.*

Bew.: e, f neutr. $\Rightarrow e=e\top f=f$ wegen (2).

(4) *Zu jedem Element gibt es genau ein inv. El.*

Bew.: a^{-1}, $\hat a$ invers zu $a\Rightarrow \hat a=\hat a\top(a\top a^{-1})$
$=(\hat a\top a)\top a^{-1}=e\top a^{-1}=a^{-1}$.

In Gruppen sind demnach das neutr. El. und die inversen El. eindeutig bestimmt.

(5) *Die Gleichungen* $a\top x=b$ *und* $y\top a=b$ *besitzen für jedes* $a,b\in G$ *genau eine Lösung* $x\in G$ *bzw.* $y\in G$ (in der Form »... mindestens eine Lösung...« ersetzt (5) II und III in Def. 7, S. 39).

(6) $a=b\Leftrightarrow a\top c=b\top c\Leftrightarrow c\top a=c\top b$.

Die Eigenschaft (6) liefert unmittelbar $x=a^{-1}\top b$ bzw. $y=b\top a^{-1}$ für die Gleichungen in (5).

(7) $(a\top b)^{-1}=b^{-1}\top a^{-1}$.

Bew.: $(a\top b)^{-1}\top(a\top b)=e\Rightarrow(a\top b)^{-1}\top a=b^{-1}$
$\Rightarrow(a\top b)^{-1}=b^{-1}\top a^{-1}$ nach (6).

Untergruppen

Def. 1: Eine nichtleere Teilmenge einer Gruppe $(G;\top)$, die hinsichtlich derselben Verkn. $\top$ eine Gruppe bildet, heißt *Untergruppe* von G.

In jeder Gruppe sind die aus dem neutr. El. bestehende Teilmenge $\{e\}$ und die ganze Menge Untergruppen. Sind darüber hinaus Untergruppen vorhanden, so spricht man von *echten Untergruppen.*

Beispiele: In $(\mathbb{Z};+)$ sind die Mengen
$n\mathbb{Z}:=\{\dots,-2n,-n,0,n,2n,\dots\}$ $(n\in\mathbb{N}\setminus\{0,1\})$
echte Untergruppen. Unendl. Gruppen besitzen stets echte Untergruppen; dies trifft für endl. Gruppen nicht zu (Abb. A).

Der Nachweis der Untergruppeneigenschaft wird erleichtert durch

Satz 1: $(G;\top)$ sei eine Gruppe. $U\subseteq G$ ist genau dann eine Untergruppe von G, wenn $U\neq\emptyset$ und $\bigwedge_a\bigwedge_b(a\in U\wedge b\in U\Rightarrow a\top b^{-1}\in U)$.

Zyklisch erzeugte Gruppen

Jedes El. x einer Gruppe $(G;\top)$ ist in einer Untergruppe von G enthalten. Die kleinste derartige Untergruppe ist $U_x:=\{x^k\mid x\in G\wedge k\in\mathbb{Z}\}$ mit

$$x^k:=\begin{cases} x\top\dots\top x\quad (k\text{-mal}) & \text{für } k\in\mathbb{Z}^+\\ e & \text{für } k=0\\ x^{-1}\top\dots\top x^{-1}\,(|k|\text{-mal}) & \text{für } k\in\mathbb{Z}^-.\end{cases}$$

Diese sog. *von x in G erzeugte zyklische Untergruppe* U_x ist endl. genau dann, wenn eine kleinste nat. Zahl $r\neq 0$ mit $x^r=e$ existiert (ord $U_x=r$). Allg. def. man:

Def. 2: Eine Gruppe $(G;\top)$ heißt *zyklisch*, wenn es ein $x\in G$ gibt mit $G=\{x^k\mid k\in\mathbb{Z}\}$. x heißt *Erzeugende* von G.

Beispiele: $(\mathbb{Z};+)$ und alle echten Untergruppen von $\mathbb{Z}$ sind unendl. zykl. Gruppen. Die Drehungsgruppen G_n (S. 38, Abb. C) sind endl. zykl. Gruppen.

Nebenklassen

Gehört $x\in G$ nicht zur Untergruppe U, so sind U und $xU:=\{x\top u\mid u\in U\}$ disjunkt, denn wäre $x\top u\in U$ für ein $u\in U$, so müßte auch $x\in U$ gelten. U und xU sind gleichmächtig, jedoch ist xU keine Untergruppe, da z. B. $e\notin xU$.

Def. 3: U sei eine Untergruppe der Gruppe $(G;\top)$ und $x\in G$. Dann heißt $xU:=\{x\top u\mid u\in U\}$ *Linksnebenklasse* bezüglich U (entsprechend $Ux:=\{u\top x\mid u\in U\}$ *Rechtsnebenklasse*).

Bem.: Im Falle einer add. Verkn. »+« schreibt man $x+U$ bzw. $U+x$.

Man zeigt leicht, daß zwei Links-(Rechts-)nebenklassen entweder gleich oder disjunkt sind. Daher läßt sich eine Gruppe G vollständig in paarweise disjunkte Links-(Rechts-)nebenklassen zerlegen. Die *Menge der Links-(Rechts-)nebenklassen* wird mit G/U bezeichnet (lies: G nach U).

Für endl. Gruppen liefert diese Zerlegung den sog. Satz von EULER-LAGRANGE (Abb. B):

Satz 2: *Die Ordnung einer Untergruppe in einer endl. Gruppe ist stets Teiler der Gruppenordnung.*

Bem.: Die Anzahl der Links-(Rechts-)nebenklassen bezüglich U in einer endl. Gruppe G wird *Index von U* in G (ind U) genannt. Es ergibt sich:

$$\operatorname{ord} G=\operatorname{ind} U\cdot\operatorname{ord} U.$$

Homomorphismen

Wichtig zur Untersuchung von Gruppen sind die mit der algebr. Struktur verträglichen Abbildungen, Homomorphismen genannt.

Def. 4: $(M;\top)$ und $(\hat M;\hat\top)$ seien Mengen mit inn. Verkn. Eine Abb. $f:M\to\hat M$ heißt *Homomorphismus*, wenn für alle $a,b\in M$ gilt: $f(a\top b)=f(a)\,\hat\top\,f(b)$. M und $f[M]$ heißen *homomorph.* Ein Homomorphismus $f:G\to\hat G$ heißt *Gruppen-Homomorphismus*, wenn G und $\hat G$ Gruppen sind.

Beispiele: Inklusionsabb., ident. Abb. 1_G,
$\exp:(\mathbb{R};+)\to(\mathbb{R}^+;\cdot)$ def. durch $x\mapsto e^x$,
$\ln:(\mathbb{R}^+;\cdot)\to(\mathbb{R};+)$ def. durch $x\mapsto\ln x$,
$1:(\mathbb{R};+)\to(\mathbb{R};+)$ def. durch $x\to mx\,(m\in\mathbb{R})$,
$f_a:(\mathbb{Z};+)\to(G;\top)$ def. durch $z\mapsto a^z\,(a\in G)$.

Die besondere Bedeutung der Homomorphismen liegt darin, daß durch sie der Strukturtyp der Def.-menge auf die Bildmenge übertragen wird. Es gilt:

Satz 3: *Ist G eine Gruppe (komm. Gruppe, Halbgruppe, Halbgruppe mit neutr. El.) und* $\hat M$ *eine Menge mit einer inn. Verkn., so ist für jeden Homomorphismus* $f:G\to\hat M$ *das Bild* $f[G]$ *eine Gruppe (komm. Gruppe, Halbgruppe, Halbgruppe mit neutr. El.).*

Das Bild einer Untergruppe von G unter einem Gruppen-Hom. $f:G\to\hat G$ ist eine Untergruppe von $\hat G$.

Bem.: Beim Beweis von Satz 3 zeigt man:
$f(e)=\hat e$ und $f(x^{-1})=f(x)^{-1}$.

A

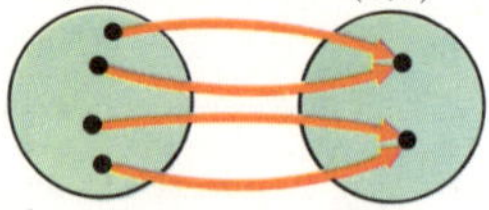

Ein *surjektiver* Gruppen-Hom. stellt i. a. eine »Verkleinerung« dar, d. h. mehreren El. aus G kann dasselbe El. aus $\hat{G}$ zugeordnet sein.

Beispiel: G und $\hat{G} := \{e\}$ mit $e \in G$ sind homomorphe Gruppen vermöge des Gruppen-Hom. $f: G \to \hat{G}$ def. durch $x \mapsto f(x) = e$.

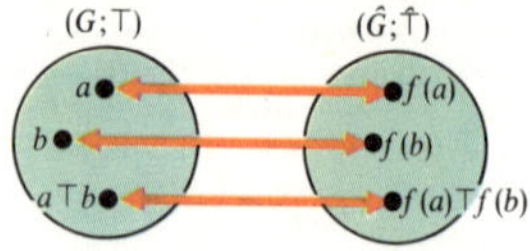

Ein *bijektiver* Gruppen-Hom. sichert neben der Verträglichkeit der Verknüpfungen die Gleichmächtigkeit (S. 35) der Mengen.

Beispiel: $f: (\mathbb{R}; +) \to (\mathbb{R}^+; \cdot)$ def. durch $x \mapsto 2^x$ (Abb. B).

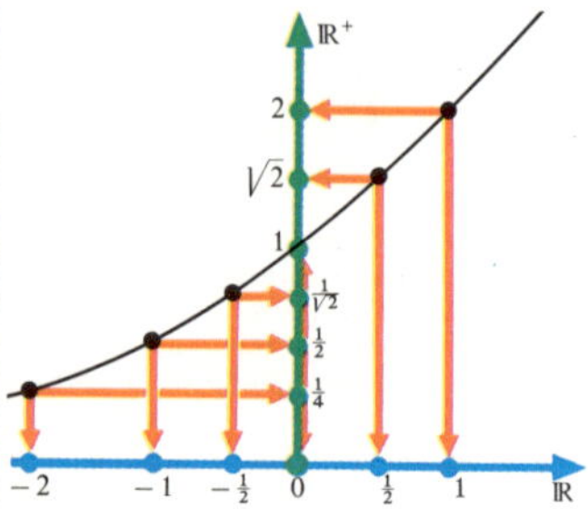

Die Abbildung $f: (\mathbb{R}; +) \to (\mathbb{R}^+; \cdot)$ def. durch $x \mapsto 2^x$ ist ein bijektiver Gruppen-Hom., d. h. $(\mathbb{R}; +)$ und $(\mathbb{R}^+; \cdot)$ sind isomorphe Gruppen.

B

Beispiel isomorpher Gruppen

Für $\begin{pmatrix} a_1, \ldots, a_n \\ a_{i_1}, \ldots, a_{i_n} \end{pmatrix}, \begin{pmatrix} a_1, \ldots, a_n \\ a_{k_1}, \ldots, a_{k_n} \end{pmatrix} \in S_n$ def. man als *Produkt:*

$$\begin{pmatrix} a_1, \ldots, a_n \\ a_{i_1}, \ldots, a_{i_n} \end{pmatrix} \cdot \begin{pmatrix} a_1, \ldots, a_n \\ a_{k_1}, \ldots, a_{k_n} \end{pmatrix} := \begin{pmatrix} a_1, \ldots, a_n \\ a_{r_1}, \ldots, a_{r_n} \end{pmatrix},$$

wobei $\begin{pmatrix} a_1, \ldots, a_n \\ a_{i_1}, \ldots, a_{i_n} \end{pmatrix}$ in $\begin{pmatrix} a_{k_1}, \ldots, a_{k_n} \\ a_{r_1}, \ldots, a_{r_n} \end{pmatrix}$ umzuformen ist.

Beispiel: $\begin{pmatrix} 123 \\ 132 \end{pmatrix} \cdot \begin{pmatrix} 123 \\ 321 \end{pmatrix} = \begin{pmatrix} 321 \\ 231 \end{pmatrix} \cdot \begin{pmatrix} 123 \\ 321 \end{pmatrix} = \begin{pmatrix} 123 \\ 231 \end{pmatrix}$

Das *neutrale Element* ist $\begin{pmatrix} a_1, \ldots, a_n \\ a_1, \ldots, a_n \end{pmatrix}$.

Das *inv. El.* zu $\begin{pmatrix} a_1, \ldots, a_n \\ a_{i_1}, \ldots, a_{i_n} \end{pmatrix}$ ist $\begin{pmatrix} a_{i_1}, \ldots, a_{i_n} \\ a_1, \ldots, a_n \end{pmatrix}$.

Beispiel: $\begin{pmatrix} 123 \\ 312 \end{pmatrix}$ ist invers zu $\begin{pmatrix} 123 \\ 231 \end{pmatrix} = \begin{pmatrix} 312 \\ 123 \end{pmatrix}$.

C

Permutationsgruppe

Die zu $\mathbb{Z}_n := \mathbb{Z}/n\mathbb{Z}$ gehörige Äquivalenzrel. $\ddot{A}(x\ddot{A}y \Leftrightarrow x - y \in n\mathbb{Z})$ kann für $n \geqq 1$ durch die Teilbarkeitseigenschaften in $\mathbb{Z}$ veranschaulicht werden:

$$x\ddot{A}y \Leftrightarrow n \mid x - y.$$

Für $n = 0$ besteht jede Klasse aus genau einem El., denn $x - y \in \{0\} \Leftrightarrow x = y$. $\mathbb{Z}_0$ kann daher mit $\mathbb{Z}$ identifiziert werden.

Für $n = 1$ entsteht genau eine Klasse, denn 1 teilt alle Differenzen $x - y$. Diese Klasse kann durch die Zahl 0 repräsentiert werden: $[\![0]\!] = \{x \mid 1 \mid x\} = \mathbb{Z}$. Es ist also $\mathbb{Z}_1 = \{[\![0]\!]\}$. $\mathbb{Z}_1$ kann mit der Untergruppe $\{0\}$ von $\mathbb{Z}$ identifiziert werden. Für $n = 2$ ergeben sich entsprechend die durch 0 und 1 repräsentierten Klassen

$$[\![0]\!] = \{x \mid 2 \mid x\} = \{\ldots, -4, -2, 0, 2, 4, \ldots\}, \quad [\![1]\!] = \{x \mid 2 \mid x - 1\} = \{\ldots, -3, -1, 1, 3, \ldots\}.$$

Für $n = 3$ erhält man die Klassen

$$[\![0]\!] = \{x \mid 3 \mid x\} = \{\ldots, -6, -3, 0, 3, 6, \ldots\},$$
$$[\![1]\!] = \{x \mid 3 \mid x - 1\} = \{\ldots, -5, -2, 1, 4, 7, \ldots\},$$
$$[\![2]\!] = \{x \mid 3 \mid x - 2\} = \{\ldots, -4, -1, 2, 5, 8, \ldots\}.$$

Für beliebiges $n \geqq 1$ ergibt sich demnach $\mathbb{Z}_n = \{[\![0]\!], [\![1]\!], \ldots, [\![n-1]\!]\}$. $\mathbb{Z}_n$ ist für $n \geqq 1$ eine endl. zyklische Gruppe der Ordnung n.

D

Restklassengruppe mod n

Gruppenisomorphie

Zwischen zwei homomorphen Gruppen G und $\hat{G}$ können noch wesentliche Strukturunterschiede bestehen (Abb. A). Existiert jedoch ein bij. Gruppen-Hom., so sind die beiden Gruppen mit den Mitteln der Gruppentheorie nicht zu unterscheiden (Abb. A).

Def. 5: Ein bijektiver Gruppen-Hom. $f: G \to \hat{G}$ heißt *Gruppen-Isomorphismus.* Die zugehörigen Gruppen heißen *isomorph* (in Zeichen: $G \cong \hat{G}$).

Beispiele: $(\mathbb{R}; +)$ und $(\mathbb{R}^+; \cdot)$ sind isomorphe Gruppen (Abb. B).

Für einen injektiven Gruppen-Hom. $f: G \to \hat{G}$ ergibt sich: $G \cong f[G] \subseteq \hat{G}$.

Die Isomorphie ist eine *Äquivalenzrel.* auf einer Menge von Gruppen, denn es gilt: $G \cong G$, $G \cong \hat{G} \Rightarrow \hat{G} \cong G$ und $G \cong \hat{G} \wedge \hat{G} \cong \dot{G} \Rightarrow G \cong \dot{G}$. Ziel der Gruppentheorie ist es, geeignete Repräsentanten (*Modelle*) für eine Klasse isomorpher Gruppen anzugeben.

Beispiel: Jede unendl. zyklische Gruppe G mit der Erzeugenden a ist isomorph zu $(\mathbb{Z}; +)$ vermöge des Gruppen-Isomorphismus $f_a: \mathbb{Z} \to G$ def. durch $z \mapsto a^z$. $(\mathbb{Z}; +)$ ist also Modell für die Klasse unendl. zyklischer Gruppen (endl. zykl., S. 77).

Über Modelle beliebiger unendl. Gruppen ist noch wenig bekannt. Bei endl. Gruppen läßt sich das Problem mit Hilfe der Permutationsgruppen eingrenzen.

Permutationsgruppen

Unter einer *Permutation von n Elementen* ($n \in \mathbb{N} \setminus \{0\}$) versteht man eine bijektive Abbildung einer Menge $\{a_1, \dots, a_n\}$ auf sich; man gibt sie durch das Schema $\begin{pmatrix} a_1, \dots, a_n \\ a_{i_1}, \dots, a_{i_n} \end{pmatrix}$ an.

Beispiel: $a_0 = \begin{pmatrix} 123 \\ 123 \end{pmatrix}$, $a_1 = \begin{pmatrix} 123 \\ 312 \end{pmatrix}$, $a_2 = \begin{pmatrix} 123 \\ 231 \end{pmatrix}$, $a_3 = \begin{pmatrix} 123 \\ 132 \end{pmatrix}$, $a_4 = \begin{pmatrix} 123 \\ 321 \end{pmatrix}$, $a_5 = \begin{pmatrix} 123 \\ 213 \end{pmatrix}$ sind alle Permutationen der El. 1, 2, 3.

Hinsichtlich der Komposition von Abbildungen (S. 33) bildet die Menge aller Permutationen von n El. eine Gruppe der Ordnung $n!$ (vgl. Abb. C).

Beispiel: Die Verknüpfungstafel der oben angegebenen Permutationsgruppe $\{a_0, a_1, a_2, a_3, a_4, a_5\}$ ist auf S. 72 (Abb. A_1) zu finden.

Permutationsgruppen von Mengen gleicher Mächtigkeit sind isomorph, d. h. es kommt nicht auf die Natur der El. an, sondern allein auf deren Anzahl. Daher kann man von *der* Permutationsgruppe S_n der Ordnung $n!$ sprechen (*symmetrische Gruppe*). Durch die Permutationsgruppe S_n lassen sich alle Gruppen der Ordnung n erfassen, denn jede Gruppe der Ordnung n ist zu einer Untergruppe von S_n isomorph (*Satz von* CAYLEY). Man kann nämlich jedem El. a_i einer Gruppe $G = \{a_1, \dots, a_n\}$ eindeutig eine Permutation $\begin{pmatrix} a_1, \dots, a_n \\ a_i \top a_1, \dots, a_i \top a_n \end{pmatrix}$ zuordnen. Diese Abbildung ist ein injektiver Gruppen-Hom., d. h. $G \cong f[G] \subseteq S_n$. Als Modelle endl. Gruppen können demnach Untergruppen der Permutationsgruppen angesehen werden. Die Struktur der Permutationsgruppen ist jedoch so kompliziert, daß allg. Ergebnisse noch nicht vorliegen.

Quotientengruppe, Normalteiler

Auf S. 73 wurde ausgeführt, daß sich jede Gruppe $(G; \top)$ nach einer Untergruppe U in die Menge G/U der Links-(Rechts-)nebenklassen zerlegen läßt. Zu einer derartigen Klasseneinteilung gehört eine *Äquivalenzrel.* $\ddot{A}$ (S. 31). Wegen $b \in aU \Leftrightarrow a^{-1} \top b \in U$ ergibt sich: $a \ddot{A} b \Leftrightarrow a^{-1} \top b \in U$.

Bem.: G/U kann daher als die Quotientenmenge $G/\ddot{A}$ angesehen werden. Die Nebenklasse aU ist die Äquivalenzklasse $[\![a]\!]$.

Es ergibt sich die Frage, ob die auf G def. inn. Verkn. $\top$ eine inn. Verkn. auf G/U ermöglicht. Da G und G/U durch die kanonische Abb. $k: G \to G/U$ def. durch $x \mapsto [\![x]\!] = xU$ verbunden sind (S. 31, 33), sucht man durch k die Struktur von G auf G/U zu übertragen und def. eine Verkn. $\dot{\top}$ durch:

Def. 6: $[\![a]\!] \dot{\top} [\![b]\!] := [\![a \top b]\!]$ für alle $[\![a]\!], [\![b]\!] \in G/U$.

$\dot{\top}$ ist eine inn. Verkn. auf G/U, wenn die Verkn. von der Wahl der Repräsentanten unabhängig ist, d. h. wenn gilt:

$$x \in [\![a]\!] \wedge y \in [\![b]\!] \Rightarrow x \top y \in [\![a \top b]\!].$$

(*Verträglichkeitsbedingung*)

Setzt man diese Bedingung voraus, so ist $(G/U; \dot{\top})$ also eine Menge mit einer inn. Verkn. und die kan. Abb. k darüber hinaus ein surjektiver Homomorphismus. Daher ist $(G/U; \dot{\top})$ als homomorphes Bild der Gruppe G selbst eine Gruppe (Satz 3, S. 73). Es stellt sich nun die Frage, welche Untergruppen die Verträglichkeitsbedingung erfüllen. Man beweist

Satz 4: *Eine Untergruppe U von G erfüllt die Verträglichkeitsbedingung genau dann, wenn jede Linksnebenklasse xU zugleich Rechtsnebenklasse Ux ist, d. h. wenn $xU = Ux$ für alle $x \in G$.*

Das führt zu

Def. 7: Eine Untergruppe N einer Gruppe $(G; \top)$ heißt *Normalteiler* in G, wenn $xN = Nx$ für alle $x \in G$.

Beispiele: Jede Untergruppe einer komm. Gruppe ist ein Normalteiler. Die in Abb. A_1, S. 72, angegebene Untergruppe $\{a_0, a_1, a_2\}$ ist ein Normalteiler, die Untergruppe $\{a_0, a_3\}$ dagegen nicht.

Mit Def. 7 erhält man den

Satz 5: $(G; \top)$ *sei eine Gruppe, N ein Normalteiler von G und G/N die durch die Äquivalenzrel.* $\ddot{A}$ $(x \ddot{A} y \Leftrightarrow x^{-1} \top y \in N)$ *erzeugte Quotientenmenge. Dann ist* $(G/N; \dot{\top})$ *mit der inn. Verkn.* $\dot{\top}$ *gemäß Def. 6 eine Gruppe und die kan. Abb.* $k: G \to G/N$ *ein Gruppen-Hom.*

Def. 8: Die Gruppe $(G/N; \dot{\top})$ gemäß Satz 4 heißt *Quotientengruppe* von G nach N.

Beispiel: $n\mathbb{Z} := \{nz \mid z \in \mathbb{Z}\}$ $(n \in \mathbb{N})$ ist als Untergruppe der komm. Gruppe $(\mathbb{Z}; +)$ ein Normalteiler in $\mathbb{Z}$.

Die Quotientengruppe $(\mathbb{Z}_n; +)$ mit $\mathbb{Z}_n := \mathbb{Z}/n\mathbb{Z}$ und $[\![x]\!] + [\![y]\!] := [\![x + y]\!]$ wird auch *Restklassengruppe* mod. n genannt (Abb. D). Sie ist zyklisch und für $n \geqq 1$ endlich.

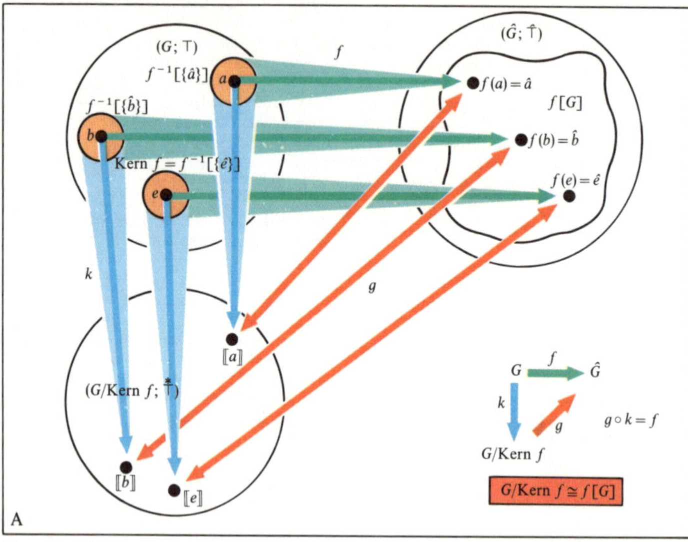

Homomorphiesatz

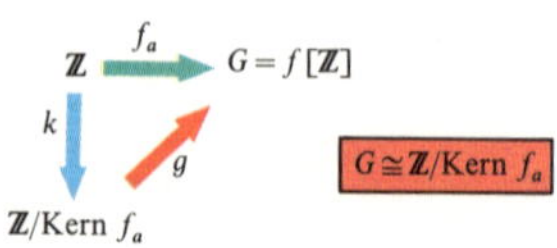

$$\text{Kern } f_a = \{z \mid z \in \mathbb{Z} \wedge f_a(z) = e\} = \begin{cases} \{0\}, & \text{wenn } G \text{ unendl.} \\ n\mathbb{Z}, & \text{wenn } G \text{ endlich} \end{cases}$$

(n ist die kleinste nat. Zahl $\neq 0$ mit $a^n = e$)

$$\Rightarrow G \cong \begin{cases} \mathbb{Z}, & \text{wenn } G \text{ unendl.} \\ \mathbb{Z}_n, & \text{wenn } G \text{ endlich} \end{cases}$$

B

Modelle zyklischer Gruppen

Es gibt genau vier komm. Gruppen der Ordnung 100.

Beweis: Die zur Darstellung als direktes Produkt in Frage kommenden zyklischen Untergruppen können durch die Restklassengruppen $\mathbb{Z}_{n_i}$ (Satz 6) repräsentiert werden.

Es muß demnach gelten:

$n_1 \mid n_2, \ldots, n_{k-1} \mid n_k$ und $n_1 \cdot \ldots \cdot n_k = 100$.

Teiler von 100 sind 1, 2, 4, 5, 10, 20, 25, 50 und 100, so daß sich folgende Zerlegungen ergeben:

$$100 = 1 \cdot 100 = 2 \cdot 50 = 5 \cdot 20 = 10 \cdot 10$$

($4 \cdot 25$ scheidet aus, da $4 \nmid 25$).

Es gibt also genau vier komm. Gruppen der Ordnung 100.

C

Beispiel zum Basissatz

D

ord G	1	2	3	4	5	6	7	8	9	10	11	12	13	14	15
Gruppenanzahl	1	1	1	2	1	2	1	5	2	2	1	5	1	2	1
davon komm.	1	1	1	2	1	1	1	3	2	1	1	2	1	1	1

Zu jeder Primzahl gibt es genau eine (komm.) Gruppe. Zu jedem Primzahlquadrat gibt es genau zwei (komm.) Gruppen. Die Gruppenanzahl wächst mit der Anzahl der Teiler.

(Eine vollständige Systematik liegt noch nicht vor!)

Endliche Gruppen

Homomorphiesatz

Will man Strukturaussagen über eine Gruppe $\hat{G}$ machen, so zieht man häufig eine bekannte Gruppe G zum Vergleich heran. Ein derartiger Vergleich erfordert einen Homomorphismus $f: G \to \hat{G}$, so daß man in $\hat{G}$ das homomorphe Bild $f[G]$ als Untergruppe betrachten kann.

I. a. sind jedoch die Strukturen von G und $f[G]$ noch sehr unterschiedlich, so daß man nach einer zu $f[G]$ isomorphen Gruppe sucht, die aus G konstruiert wird und daher mehr Merkmale von G trägt. Dazu geeignet sind Quotientengruppen.

Die Frage, ob sich stets eine Quotientengruppe angeben läßt, wird positiv beantwortet durch den

Homomorphiesatz: $(G; \top)$ *und* $(\hat{G}; \hat{\top})$ *seien Gruppen; $f: G \to \hat{G}$ sei ein Gruppen-Hom.*
Dann gilt:
(1) $\operatorname{Kern} f := \{x \mid x \in G \wedge f(x) = \hat{e} \wedge \hat{e}$ *neutr. El.*$\}$ $= f^{-1}[\{\hat{e}\}]$ *ist ein Normalteiler von G.*
(2) *Die Quotientengruppe* $G/\operatorname{Kern} f$ *ist isomorph zu* $f[G]$ *vermöge der Abbildung* $g: G/\operatorname{Kern} f \to \hat{G}$ *def. durch* $[\![x]\!] \mapsto f(x)$.
(3) *Mit der kan. Abb.* $k: G \to G/\operatorname{Kern} f$ *def. durch* $x \mapsto [\![x]\!]$ *gilt:* $g \circ k = f$. *Die Abb. g ist dadurch eindeutig bestimmt.*

Beweis: (1) Man zeigt, daß das Urbild jedes Normalteilers ein Normalteiler ist. Daraus ergibt sich, daß $\operatorname{Kern} f = f^{-1}[\{\hat{e}\}]$ ein Normalteiler von G ist.
(2) Die Abb. g ist wohldef., d. h. vom Repräsentanten der Klasse $[\![x]\!]$ unabhängig, da $[\![x]\!] = [\![y]\!] \Rightarrow y \in [\![x]\!]$ $\Rightarrow x^{-1} \top y \in \operatorname{Kern} f \Rightarrow f(x^{-1} \top y) = \hat{e} \Rightarrow f(x^{-1}) \hat{\top} f(y)$ $= \hat{e} \Rightarrow f(x)^{-1} \hat{\top} f(y) = \hat{e} \Rightarrow f(y) = f(x)$.
Da man alle Implikationszeichen umkehren kann, ist auch die Injektivität von g bewiesen. Nach Def. von g gilt: $g[G/\operatorname{Kern} f] = f[G]$. g ist ein Homomorphismus, denn $g([\![x]\!] \hat{\top} [\![y]\!]) = g([\![x \top y]\!]) = f(x \top y)$ $= f(x) \hat{\top} f(y) = g([\![x]\!]) \hat{\top} g([\![y]\!])$. Es folgt: $G/\operatorname{Kern} f \cong f[G]$.
(3) Aus $g \circ k(x) = g(k(x)) = g([\![x]\!]) = f(x)$ für alle $x \in G$ folgt: $g \circ k = f$. Sei nun $\bar{g}$ mit $\bar{g} \circ k = f$ gegeben, so ergibt sich $\bar{g} \circ k = g \circ k$ und daraus $\bar{g} = g$, da k surjektiv ist.

Bem.: Wegen $[\![x]\!] = [\![y]\!] \Leftrightarrow f(x) = f(y)$ umfaßt die Klasse $[\![x]\!]$ alle El. von G mit demselben Bildelement $f(x)$, d. h. $[\![x]\!] = f^{-1}[\{f(x)\}]$ (Abb. A).

Anwendungen des Homomorphiesatzes

1. **Modelle zyklischer Gruppen:** G sei eine zyklische Gruppe mit der Erzeugenden a. Dann ist die Abb. $f_a: \mathbb{Z} \to G$ def. durch $z \mapsto f_a(z) = a^z$ ein surjektiver Gruppen-Hom., also $\mathbb{Z}/\operatorname{Kern} f_a \cong f_a[\mathbb{Z}] = G$. Der Normalteiler $\operatorname{Kern} f_a$ ist $n\mathbb{Z}(n \in \mathbb{N})$, so daß sich $G \cong \mathbb{Z}_n$ ergibt (Abb. B). Es gilt:

Satz 6: *Die Gruppe* $(\mathbb{Z}; +)$ *der ganzen Zahlen ist bis auf Isomorphie die einzige unendl. zyklische Gruppe, die Restklassengruppe* $\mathbb{Z}_n$ (S. 75) *bis auf Isomorphie die einzige endl. zyklische Gruppe der Ordnung n.*

2. **Kleiner Fermatscher Satz:** *In jeder endl. Gruppe G mit dem neutr. El. e gilt für alle* $a \in G$: $a^{\operatorname{ord} G} = e$.
Beweis: Betrachtet man die von $a \in G$ erzeugte zyklische Untergruppe U_a (S. 73), so gibt es eine kleinste nat. Zahl $r \neq 0$ mit $a^r = e$. Aus Satz 6 folgt $U_a \cong \mathbb{Z}_r$, d. h. $\operatorname{ord} U_a = r$. Nach Satz 2, S. 73, gilt $r \mid n$, so daß $a^n = a^{r \cdot m} = (a^r)^m = e^m = e (n = \operatorname{ord} G)$.

3. **I. Isomorphiesatz:** *G sei eine Gruppe, U eine Untergruppe von G und N ein Normalteiler in G. Mit* $UN := \{x \top y \mid x \in U \wedge y \in N\}$ *gilt dann:* $U/U \cap N \cong UN/N$.
Beweis: $U \cap N$ ist ein Normalteiler in U, UN eine Untergruppe von G. N ist auch Normalteiler in UN. Betrachtet man nun die Einschränkungen (S. 33) der kan. Abb. $k: G \to G/N$ auf U bzw. UN, so erhält man die surjektiven Homomorphismen
$k/U: U \to k[U]$ und $k/UN: UN \to k[U]$.
Zweimaliges Anwenden des Homomorphiesatzes ergibt: $U/\operatorname{Kern}(k/U) \cong k[U] \cong UN/\operatorname{Kern}(k/UN)$.
Wegen $\operatorname{Kern}(k/U) = U \cap N$ und $\operatorname{Kern}(k/UN) = N$ ist dann schließlich $U/U \cap N \cong UN/N$.

4. **II. Isomorphiesatz:** G_1 *und* G_2 *seien Gruppen,* N_1 *und* N_2 *Normalteiler von* G_1 *bzw.* G_2. *Ist dann* $f: G_1 \to G_2$ *ein surjektiver Gruppen-Hom. mit* $f^{-1}[N_2] = N_1$, *so gilt:* $G_1/N_1 \cong G_2/N_2$.
Aus diesem Satz folgert man, wenn G eine Gruppe ist und N_1 und N_2 Normalteiler von G sind mit $N_1 \subseteq N_2$:

$$(G/N_1)/(N_2/N_1) \cong G/N_2 .$$

5. **Direktes Produkt, Basissatz für endl.-erzeugte komm. Gruppen:** Die auf S. 38 (Abb. B) angegebene Gruppe ist zwar nicht zyklisch, jedoch lassen sich alle El. aus den El. a_1 und a_2 wie folgt erzeugen:
$a_0 = a_1^2,\ a_1 = a_1,\ a_2 = a_2,\ a_3 = a_1 \top a_2$.
Allgemein def. man

Def. 9: Eine Gruppe $(G; \top)$ heißt *endlich-erzeugt* vom Erzeugendensystem $\{x_1, \ldots, x_r\}$, wenn $G = \{x_{v_1}^{z_1} \top \ldots \top x_{v_r}^{z_r} \mid z_i \in \mathbb{Z} \wedge x_{v_i} \in \{x_1, \ldots, x_r\}\}$.

I. a. ist die Darstellung eines El. einer endl.-erzeugten Gruppe nicht eindeutig (in obigem Beispiel: $a_0 = a_1^2 = a_2^2$). Man kann jedoch in vielen Fällen die Eindeutigkeit durch eine zusätzliche Vereinbarung erzwingen. Bei obigem Beispiel sind $a_0 = a_0 \top a_0$, $a_1 = a_1 \top a_0$, $a_2 = a_0 \top a_2$, $a_3 = a_1 \top a_2$ eindeutig dargestellt, wenn man fordert, daß die erste Komponente aus der Untergruppe $\{a_0, a_1\}$, die zweite aus der Untergruppe $\{a_0, a_2\}$ zu wählen ist.

Def. 10: Eine komm. Gruppe $(G; \top)$ ist das *direkte Produkt* der Untergruppen $U_1, \ldots, U_k$, wenn für jedes $x \in G$ eine eindeutige Darstellung $x = x_1 \top \ldots \top x_k (x_i \in U_i)$ existiert.

Basissatz: *Eine endl.-erzeugte komm. Gruppe* $(G; \top)$ *ist direktes Produkt aus k endlichen zyklischen Untergruppen* $U_1, \ldots, U_k$ *und l unendlichen zyklischen Untergruppen* $\bar{U}_1, \ldots, \bar{U}_l$, *wobei gilt:*
$\operatorname{ord} U_i \mid \operatorname{ord} U_{i+1}$ *für alle* $i \in \{1, \ldots, k-1\}$.
(Im Falle $l = 0$ bzw. $k = 0$ sind nur endliche bzw. nur unendliche Untergruppen beteiligt.)

Für endliche komm. Gruppen ist $l = 0$; außerdem gilt: $\operatorname{ord} U_1 \cdot \operatorname{ord} U_2 \cdot \ldots \cdot \operatorname{ord} U_k = \operatorname{ord} G$.

Der Basissatz erlaubt es nun, zu vorgegebener Ordnung die Anzahl komm. Gruppen zu bestimmen (Abb. C, D).

$S_3 := \{a_0, a_1, a_2, a_3, a_4, a_5\}$

(vgl. S. 72/Abb. A_1 und S. 75)

S_3 ist auflösbar vermöge der Kette

$S_3 \supseteq U_1 = \{a_0, a_1, a_2\} \supseteq U_0 = \{a_0\}$,

denn:

(1) U_1 ist Normalteiler von S_3 und U_0 Normalteiler von U_1,

(2) $U_1/\{a_0\}$ ist komm., da U_1 komm. ist, $S_3/U_1 = \{\{a_0, a_1, a_2\}, \{a_3, a_4, a_5\}\}$ ist als Gruppe mit zwei El. komm.

A

Auflösbarkeit der symm. Gruppe S_3

Permutationen der Form

$$\begin{pmatrix} \ldots a \ldots b \ldots c \ldots \\ \ldots b \ldots c \ldots a \ldots \end{pmatrix}$$

heißen *Dreierzyklen*, da bis auf a, b und c alle El. auf sich abgebildet werden und die Abbildung der Menge $\{a, b, c\}$ »zyklisch« erfolgt:

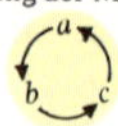

Kurzform (abc)

Beispiel: $\begin{pmatrix} 1234567 \\ 1532467 \end{pmatrix} = (254)$

B

Dreierzyklen

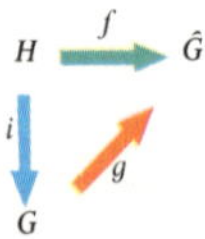

$\hat{G}$ sei eine komm. Gruppe und $f: H \to \hat{G}$ ein injektiver Homomorphismus (Einbettung von H in $\hat{G}$).

Wenn es dann einen Gruppen-Hom. $g: G \to \hat{G}$ mit $g \circ i = f$ gibt, muß notwendig gelten:

$$\begin{aligned} g([\![(x, x')]\!]) &= g(i(x) \hat{\top} i(x')^{-1}) = g(i(x)) \hat{\top} g(i(x')^{-1}) \\ &= g \circ i(x) \hat{\top} g(i(x'))^{-1} \\ &= g \circ i(x) \hat{\top} (g \circ i(x'))^{-1} = f(x) \hat{\top} f(x')^{-1}. \end{aligned}$$

$i: H \to G$ def. durch $h \mapsto [\![(a \top h, a)]\!]$ mit $[\![(x, x')]\!] = i(x) \hat{\top} i(x')^{-1}$

Tatsächlich ist $g: G \to \hat{G}$ def. durch $[\![(x, x')]\!] \mapsto f(x) \hat{\top} f(x')^{-1}$ ein injektiver Gruppen-Hom. mit $g \circ i = f$.

(a) g ist eindeutig, da f eindeutig ist.

(b) Die Def. von g ist vom Repräsentanten der Klasse unabhängig, denn $[\![(x, x')]\!] = [\![(y, y')]\!] \Rightarrow x \top y' = y \top x' \Rightarrow f(x \top y') = f(y \top x') \Rightarrow f(x) \hat{\top} f(y') = f(y) \hat{\top} f(x') \Rightarrow f(x) \hat{\top} f(x')^{-1} = f(y) \hat{\top} f(y')^{-1} \Rightarrow g([\![(x, x')]\!]) = g([\![(y, y')]\!])$.

(c) g ist injektiv, denn die Implikationszeichen in (b) lassen sich umkehren.

(d) g ist ein Homomorphismus, denn

$$\begin{aligned} &g([\![(x, x')]\!] \hat{\top} [\![(y, y')]\!]) = g([\![(x \top y, x' \top y')]\!]) = f(x \top y) \hat{\top} f(x' \top y')^{-1} = \\ &f(x) \hat{\top} f(y) \hat{\top} (f(x') \hat{\top} f(y'))^{-1} = f(x) \hat{\top} f(y) \hat{\top} f(y')^{-1} \hat{\top} f(x')^{-1} = \\ &f(x) \hat{\top} f(x')^{-1} \hat{\top} f(y) \hat{\top} f(y')^{-1} = g([\![(x, x')]\!]) \hat{\top} g([\![(y, y')]\!]). \end{aligned}$$

C_1

Zu jeder Einbettung von H in $\hat{G}$ gibt es also eine eindeutig bestimmte Einbettung von G in $\hat{G}$, so daß das obige Abbildungsdiagramm komm. ist.

G_1 und G_2 seien zwei Erweiterungen der Halbgruppe H mit den Eigenschaften (1) bis (3).

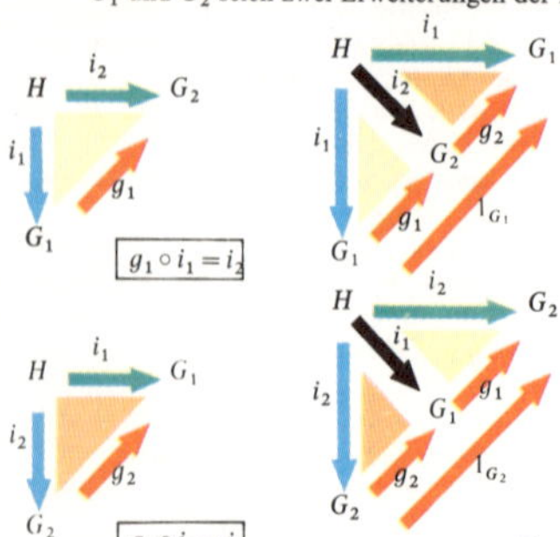

C_2

Aus $g_1 \circ i_1 = i_2$ und $g_2 \circ i_2 = i_1$ erhält man durch Einsetzen:

$(g_2 \circ g_1) \circ i_1 = i_1, \quad (g_1 \circ g_2) \circ i_2 = i_2$.

$g_2 \circ g_1$ und $g_1 \circ g_2$ machen die nebenstehenden Diagramme kommutativ. Andererseits sind die Diagramme vermöge 1_{G_1} und 1_{G_2} kommutativ. Aufgrund der Eindeutigkeit ergibt sich:

$$g_2 \circ g_1 = 1_{G_1}, \quad g_1 \circ g_2 = 1_{G_2}.$$

g_1 und g_2 sind also bijektive Abbildungen (S. 33). Es folgt:

$G_1 \cong G_2$.

C_3

Universelle Eigenschaft

Auflösbare Gruppen

Von besonderer Bedeutung für die Anwendung der Galoistheorie auf die Lösbarkeit von Gleichungen durch Radikale (S. 111) ist der Begriff der auflösbaren Gruppe.

Def. 11: Eine Gruppe heißt *auflösbar*, wenn es eine Untergruppenkette

$G = U_k \supseteq U_{k-1} \supseteq \ldots \supseteq U_1 \supseteq U_0 = \{e\} \quad (k \in \mathbb{N})$

gibt mit den Eigenschaften:

(1) U_i ist Normalteiler von U_{i+1},

(2) die Quotientengruppe U_{i+1}/U_i ist kommutativ $(i \in \{0, \ldots, k-1\})$.

Eine komm. Gruppe G ist stets auflösbar durch $G \supseteq \{e\}$, denn $G/\{e\}$ ist komm. Unter den nichtkomm. Gruppen sind z. B. die symmetrischen Gruppen S_3 (Abb. A) und S_4 auflösbar. Dagegen gilt

Satz 7: *Die symmetrische Gruppe S_n ist für $n \geqq 5$ nicht auflösbar.*

Der *Beweis* des Satzes wird indirekt geführt. Man nimmt an, S_n sei für $n \geqq 5$ auflösbar, d. h. es gebe eine Untergruppenkette gemäß Def. 11 mit $U_k = S_n$.

Wird mit D die Menge aller *Dreierzyklen* (Abb. B) von S_n bezeichnet, so zeigt man:

$D \subseteq U_{i+1} \Rightarrow D \subseteq U_i$.

Daraus ergibt sich sofort als Widerspruch $D \subseteq U_0 = \{e\}$, denn wegen $D \subseteq S_n = U_k$ gilt auch $D \subseteq U_{k-1}$, woraus $D \subseteq U_{k-2}$ und schließlich nach endl. vielen Schritten $D \subseteq \{e\}$ folgt.

Beim Beweis der obigen Implikation wählt man ein beliebiges $\sigma = (abc) \in D$ und errechnet mit $\tau = (axb) \in D$, $\varrho = (bcy) \in D$ $(x \neq y,\ x, y \notin \{a, b, c\})$:

$\sigma = \varrho \cdot \tau \cdot \varrho^{-1} \cdot \tau^{-1}$.

Aus $D \subseteq U_{i+1}$ folgt in der komm. Quotientengruppe $U_{i+1}/U_i : [\![\sigma]\!] = [\![e]\!]$, d. h. $\sigma \in e\,U_i = U_i$.

Erweiterung einer Halbgruppe

Ein wichtiges Beispiel einer Strukturerweiterung liegt in der Konstruktion der Gruppe $(\mathbb{Z}; +)$ aus der Halbgruppe $(\mathbb{N}; +)$ vor (S. 55). Wesentliche Kennzeichen des Erweiterungsverfahrens sind:

(1) Die Erweiterung trägt Gruppenstruktur.

(2) Die Halbgruppe läßt sich durch einen injektiven Homomorphismus einbetten, d. h. die Erweiterung »umfaßt« die Halbgruppe.

(3) In jede Gruppe, in die man die Halbgruppe einbetten kann, läßt sich auf genau eine Weise auch die Erweiterung einbetten, und das zugehörige Abb.-diagramm ist komm. (*universelle Eigenschaft der Einbettung*).

Das Erweiterungsverfahren kann auf komm. Halbgruppen, in denen die *Kürzungsregel*

$\bigwedge_a \bigwedge_b (a \top x = b \top x \Rightarrow a = b)$

gilt, übertragen werden. Es gilt:

Satz 8: *$(H; \top)$ sei eine komm. Halbgruppe, in der die Kürzungsregel gilt. Def. man eine Rel. $\ddot{A} \subseteq H^2 \times H^2$ durch $(x, x')\,\ddot{A}\,(y, y') :\Leftrightarrow x \top y' = y \top x'$, so gilt:*

(a) $\ddot{A}$ ist eine Äquivalenzrelation.

(b) $G := H \times H/\ddot{A}$ ist eine komm. Gruppe mit der inn. Verkn. $\dagger$ def. durch

$[\![(x, x')]\!] \dagger [\![(y, y')]\!] := [\![(x \top y, x' \top y')]\!]$.

(c) Es gibt einen injektiven Homomorphismus $i: H \to G$ def. durch $h \mapsto i(h) = [\![(a \top h, a)]\!]$, so daß für alle $[\![(x, x')]\!] \in G$ gilt: $[\![(x, x')]\!] = i(x) \top i(x')^{-1}$.

Beweis: (a) Auf den Nachweis, daß $\ddot{A}$ eine Äquivalenzrel. ist, wird verzichtet (zur Reflexivität benötigt man das komm. Gesetz, zur Transitivität die Kürzungsregel).

(b) Durch $\ddot{A}$ wird $H \times H$ in disjunkte Klassen

$[\![(x, x')]\!] := \{(u, u') \mid x \top u' = u \top x'\}$

zerlegt. Auf der Quotientenmenge $G := H \times H/\ddot{A}$ def. man eine inn. Verkn. $\dagger$ durch

$[\![(x, x')]\!] \dagger [\![(y, y')]\!] := [\![(x \top y, x' \top y')]\!]$.

Diese Def. ist unabhängig von der Wahl des Klassenrepräsentanten.

Das komm. Gesetz und das assoziative Gesetz gelten in G, weil sie in H gelten und die Def. von $\dagger$ komponentenweise erfolgte. Neutrales El. in G ist die Klasse $[\![(a, a)]\!] := \{(x, x) \mid x \in H\}$,

denn $[\![(x, x')]\!] \dagger [\![(a, a)]\!] = [\![(x \top a, x' \top a)]\!] = [\![(x, x')]\!]$.

Inverses El. zu $[\![(x, x')]\!]$ ist $[\![(x', x)]\!]$, denn

$[\![(x, x')]\!] \dagger [\![(x', x)]\!] = [\![(x \top x', x' \top x)]\!]$
$= [\![(x \top x', x \top x')]\!] = [\![(a, a)]\!]$.

G ist also eine komm. Gruppe.

(c) Durch die Abb. $i: H \to G$ def. durch $h \mapsto i(h) = [\![(a \top h, a)]\!]$ wird H in G eingebettet, denn i ist ein inj. Homomorphismus, wie man leicht nachrechnet.

Für ein beliebiges $[\![(x, x')]\!] \in G$ ergibt sich:

$[\![(x, x')]\!] = [\![(x \top x \top x', x' \top x \top x')]\!] = [\![(x \top x, x)]\!]$
$\dagger [\![(x', x' \top x')]\!] = i(x) \dagger i(x')^{-1}$.

Bem.: Aus (c) folgt, daß jedes El. aus G eine Darstellung durch El. aus $i[H]$ und deren Inverse besitzt. G ist daher die kleinste $i[H]$ umfassende Gruppe.

Die Konstruktion der Erweiterung gemäß Satz 8 genügt den Eigenschaften (1) und (2). Die universelle Eigenschaft (3) wird in Abb. C_1 bewiesen.

Als Folge der universellen Eigenschaft ergibt sich

Satz 9: *Jede Erweiterung mit den Eigenschaften (1) bis (3) ist isomorph zur Erweiterung gemäß Satz 8.*

Beim *Beweis* von Satz 9 nimmt man an, daß es zwei Erweiterungen G_1 und G_2 von H mit den Eigenschaften (1) bis (3) gebe. Die zugehörigen Einbettungen von H in G_1 bzw. G_2 seien i_1 bzw. i_2.

Aus (3) folgt, daß es eindeutig bestimmte Einbettungen g_1 und g_2 von G_1 in G_2 bzw. von G_2 in G_1 gibt, die die Diagramme in Abb. C_2 komm. machen. Setzt man die Diagramme wie in Abb. C_3 zusammen, so ergibt sich, daß g_1 und g_2 bijektiv sind.

G_1 und G_2 sind also isomorphe Gruppen.

Bem.: Die durch ein spezielles Konstruktionsverfahren konstruierte Gruppe $H \times H/\ddot{A}$ ist also bis auf Isomorphie die einzige Lösung des Erweiterungsproblems.

Beispiele:

Komm. Halbgruppe mit Kürzungsregel	Erweiterungsgruppe
$(\mathbb{N}; +)$	$(\mathbb{Z}; +)$
$(\mathbb{N} \setminus \{0\}; \cdot)$	$(\mathbb{Q}^+; \cdot)$
$(\mathbb{Z} \setminus \{0\}; \cdot)$	$(\mathbb{Q} \setminus \{0\}; \cdot)$
$(\mathbb{Q}^+; +)$	$(\mathbb{Q}; +)$

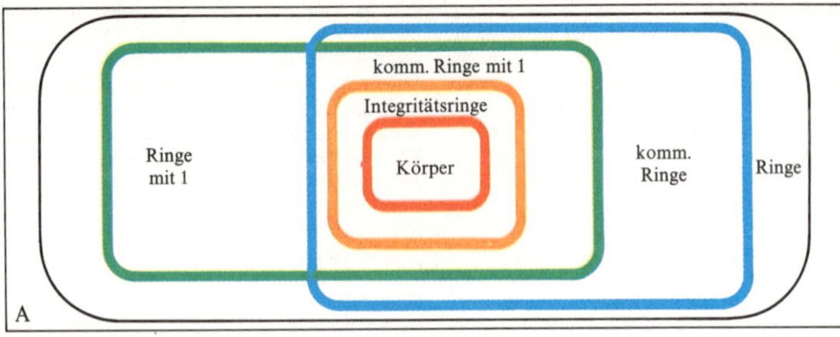

Ringe und Körper

(1) Die Komposition $\sigma \circ \varphi$ zweier Automorphismen φ und σ von K ist wieder ein Automorphismus von K, denn es gilt:

$$\varphi, \sigma \text{ bijektiv} \Rightarrow \sigma \circ \varphi \text{ bijektiv} \quad \text{und} \quad \sigma \circ \varphi(a+b) = \sigma \circ \varphi(a) + \sigma \circ \varphi(b).$$

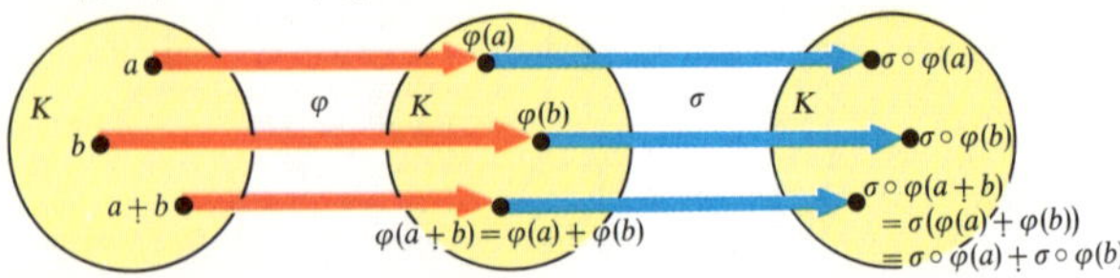

(2) Das assoziative Gesetz gilt, weil es für die Komposition beliebiger Abbildungen erfüllt ist.

(3) Das neutrale Element ist die identische Abbildung 1_K.

(4) Das inverse Element zum Automorphismus φ ist die Abbildung φ^{-1}, denn es gilt:

$$\varphi \text{ bijektiv} \Rightarrow \varphi^{-1} \text{ bijektiv} \quad \text{und} \quad \varphi^{-1}(a+b) = \varphi^{-1}(a) + \varphi^{-1}(b).$$

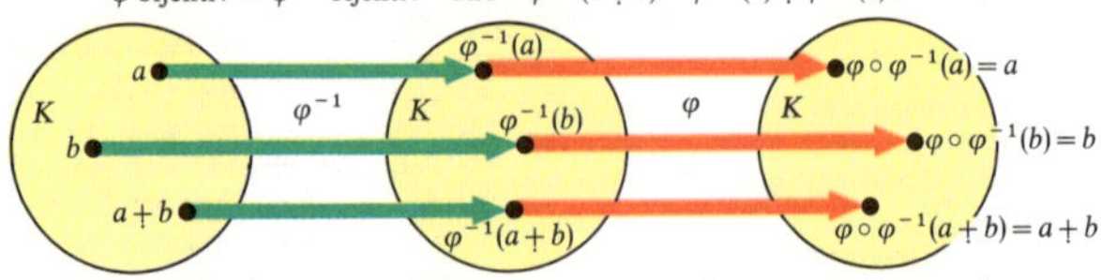

$$a+b = \varphi \circ \varphi^{-1}(a) + \varphi \circ \varphi^{-1}(b) = \varphi(\varphi^{-1}(a) + \varphi^{-1}(b)) \Rightarrow \varphi^{-1}(a+b) = \varphi^{-1}(a) + \varphi^{-1}(b)$$

B

Gruppe $\mathrm{Aut}(K, K)$ der Automorphismen von K

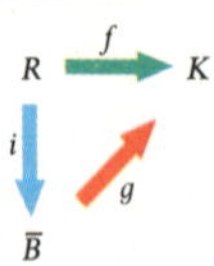

$i: R \to \bar{B}$ def. durch $a \mapsto [\![(a,1)]\!]$ mit $i[R] = \bar{R} \cong R$ und $\bar{B}$ Körper der Brüche von $\bar{R}$ in $\bar{B}$.

Ist $f: R \to K$ ein beliebiger injektiver Ring-Hom. in den Körper K,

so gibt es genau einen injektiven Ring-Hom.
$g: \bar{B} \to K$ def. durch $[\![(a,b)]\!] \mapsto f(a) \cdot f(b)^{-1}$ mit $g \circ i = f$.

Daß g ein inj. Ring-Hom. ist, bestätigt man durch Ausrechnen. Wäre $\bar{g}: \bar{B} \to K$ ebenfalls ein inj. Ring-Hom., mit $\bar{g} \circ i = f$, so folgt aus $\bar{g} \circ i = g \circ i$: $\bar{g}/\bar{R} = g/\bar{R}$. Da $\bar{B}$ der Körper der Brüche von $\bar{R}$ in $\bar{B}$ ist, läßt sich $[\![(a,b)]\!]$ darstellen durch $[\![(a,1)]\!] \cdot [\![(b,1)]\!]^{-1}$. Daraus ergibt sich: $\bar{g} = g$.

$\bar{B}$ ist isomorph zum Körper der Brüche von $f[R]$ in K, also bis auf Isomorphie eindeutig bestimmt.

C

Quotientenkörper

Zur Def. der Begriffe Ring, komm. Ring, Ring mit 1, Integritätsring, Körper sei auf S. 41 verwiesen (vgl. Abb. A).

Unterstrukturen

Wie bei Gruppen sind Unterstrukturen wichtig.

Def. 1: Eine nichtleere Teilmenge eines Ringes R (Körpers K) heißt *Unterring* (*Unterkörper*), wenn sie bezüglich derselben Verknüpfungen ein Ring (Körper) ist. R wird dann auch *Oberring* (*K Oberkörper*) genannt.

Beispiele: Die Menge $n\mathbb{Z} := \{nx \mid x \in \mathbb{Z}\}$ $(n \in \mathbb{N})$ ist ein Unterring von $\mathbb{Z}$. $\mathbb{Z}$ ist ein Unterring von $\mathbb{Q}$ und $\mathbb{Q}$ ein Unterkörper von $\mathbb{R}$.

Satz 1: *U ist genau dann ein Unterring eines Ringes R, wenn $U \neq \emptyset$ und*

$$\bigwedge_a \bigwedge_b (a \in U \wedge b \in U \Rightarrow a + (-b) \in U \wedge ab \in U).$$

U ist genau dann ein Unterkörper eines Körpers K, wenn U ein Unterring ist und

$$\bigwedge_a \bigwedge_b (a \in U \wedge b \in U \Rightarrow ab^{-1} \in U).$$

Mit Satz 1 beweist man, daß der Durchschnitt von Unterkörpern eines Körpers ein Unterkörper ist.

Ring- und Körper-Homomorphismen

Analog zum Gruppen-Hom. (S. 73) def. man:

Def. 2: $(R; +, \cdot)$ und $(S; +, \cdot)$ seien Ringe (Körper). Dann heißt $f: R \to S$ *Ring-(Körper-)Homomorphismus*, wenn für alle $a, b \in R$ gilt:

$f(a+b) = f(a) + f(b)$ und $f(a \cdot b) = f(a) \cdot f(b)$.

Sind R und S Ringe mit 1, so verlangt man zusätzlich: $f(1) = 1 \in S$.

Ein bijektiver Ring-(Körper-)Hom. heißt *Ring-(Körper-)Isomorphismus.*

Bezüglich der additiven Gruppe ist jeder Ring- bzw. Körper-Hom. f ein Gruppen-Hom., bei Körpern auch bezüglich der multiplikativen Gruppe. Daher ist das Bild eines Ringes bzw. Körpers unter f stets ein Unterring bzw. Unterkörper.

Automorphismen

Von besonderer Bedeutung sind Körper-Isomorphismen eines Körpers auf sich.

Def. 3: K sei ein Körper. Dann heißt ein Körper-Isomorphismus $\varphi: K \to K$ *Automorphismus* von K. Die Menge der Automorphismen von K wird mit $\mathrm{Aut}(K, K)$ bezeichnet.

Man zeigt leicht, daß $\mathrm{Aut}(K, K)$ versehen mit der Komposition von Abb. eine Gruppe ist (Abb. B). Jedem Körper kann also eine Gruppe zugeordnet werden. Diese Eigenschaft findet in der Galoistheorie Anwendung (S. 107).

Zu jeder nichtleeren Teilmenge T von $\mathrm{Aut}(K, K)$ läßt sich ein Unterkörper von K konstruieren. Man betrachtet die Menge der El. aus K, die unter allen Automorphismen aus T auf sich abgebildet werden. Tatsächlich ist

$$F(T) := \left\{x \mid x \in K \wedge \bigwedge_\sigma (\sigma \in T \Rightarrow \sigma(x) = x)\right\}$$

ein Unterkörper, der sog. *Fixkörper* zu T

Körper der Brüche

Es sei R ein Integritätsring und K ein Körper mit $R \subseteq K$. Dann nennt man den kleinsten R umfassenden Körper B mit $B \subseteq K$ *Körper der Brüche* von R in K.

Zu B müssen mit $a, b \in R (b \neq 0)$ auch b^{-1} und alle »Brüche« ab^{-1} gehören. Man zeigt leicht, daß

$$B = \{ab^{-1} \mid a \in R \wedge b \in R \wedge b \neq 0\}$$

der gesuchte Körper der Brüche ist.

Beispiele: $\mathbb{Q}$ ist der Körper der Brüche von $\mathbb{Z}$ in $\mathbb{R}$. Wenn E ein Körper, K ein Unterkörper von E und $\alpha \in E$ ist, so ist $K(\alpha)$ (Körperadjunktion, S. 98) der Körper der Brüche von $K[\alpha]$ (Ringadjunktion, S. 95) in E.

Quotientenkörper

Bei der Konstruktion des Körpers der Brüche wurde die Existenz eines Oberkörpers gefordert. Man kann diese Voraussetzung fallenlassen und zu jedem Integritätsring R einen Körper $\bar{B}$, den sog. *Quotientenkörper* von R, konstruieren mit folgenden Eigenschaften:

(1) *In $\bar{B}$ gibt es einen Unterring $\bar{R}$, der isomorph zu R ist.*

(2) *$\bar{B}$ ist der kleinste $\bar{R}$ umfassende Körper, also der Körper der Brüche von $\bar{R}$ in $\bar{B}$.*

(3) *$\bar{B}$ ist bis auf Isomorphie eindeutig bestimmt.*

Bei der Konstruktion von $\bar{B}$ def. man für Paare $(a, b) \in R \times R \setminus \{0\}$ eine Äquivalenzrel. $\ddot{A}$ durch:

$$(a_1, b_1)\, \ddot{A}\, (a_2, b_2) :\Leftrightarrow a_1 b_2 = a_2 b_1.$$

Auf $\bar{B} := R \times R \setminus \{0\}/\ddot{A}$ def. man innere Verkn.

$$[\![(a, b)]\!] + [\![(c, d)]\!] := [\![(ad + bc, cd)]\!],$$

$$[\![(a, b)]\!] \cdot [\![(c, d)]\!] := [\![(ac, bd)]\!],$$

(man beachte die völlige Analogie zu den Rechenregeln für »Brüche«: 1. Komp. – Zähler, 2. Komp. – Nenner), und zeigt, daß die Verknüpfungen nicht von der Wahl des Repräsentanten abhängen. Durch weitere Rechnung ergibt sich, daß $(\bar{B}; +, \cdot)$ ein Körper ist (vgl. S. 57).

Die Eigenschaften (1) bis (3) sind noch zu prüfen.

(1) Die Teilmenge $\bar{R} := \{[\![(a, 1)]\!] \mid a \in R\}$ ist ein in $\bar{B}$ enthaltener Integritätsring und isomorph zu R vermöge der Abb. $i: R \to \bar{B}$ def. durch $a \mapsto [\![(a, 1)]\!]$.

(2) $\bar{B}$ ist der Körper der Brüche von $\bar{R}$ in $\bar{B}$, denn wegen $[\![(b, 1)]\!]^{-1} = [\![(1, b)]\!]$ ist

$$\{[\![(a, 1)]\!] \cdot [\![(b, 1)]\!]^{-1} \mid a \in R \wedge b \in R \wedge b \neq 0\}$$
$$= \{[\![(a, b)]\!] \mid a \in R \wedge b \in R \wedge b \neq 0\} = \bar{B}.$$

(3) Ist K ein Körper, in den sich R durch einen injektiven Ring-Hom. $f: R \to K$ einbetten läßt, so kann auch $\bar{B}$ durch den Ring-Hom. $g: \bar{B} \to K$ def. durch $[\![(a, b)]\!] \mapsto f(a) \cdot f(b)^{-1}$ in K eingebettet werden. g ist eindeutig bestimmt durch die Eigenschaft $g \circ i = f$ (Abb. C). $\bar{B}$ ist also bis auf Isomorphie eindeutig bestimmter Quotientenkörper von R.

Bem.: Insbesondere ist $\bar{B}$ stets isomorph zum Körper der Brüche von R in K, wenn K ein R umfassender Körper ist.

Beispiele: $\mathbb{Q}$ kann als Quotientenkörper von $\mathbb{Z}$ konstruiert werden (S. 57). Wenn R ein Integritätsring ist, so auch der Polynomring $R[X]$ (vgl. S. 95). Man kann daher den Quotientenkörper von $R[X]$ konstruieren:

$$\left\{\frac{f(X)}{g(X)} \mid f(X), g(X) \in R[X] \wedge g(X) \neq 0\right\}.$$

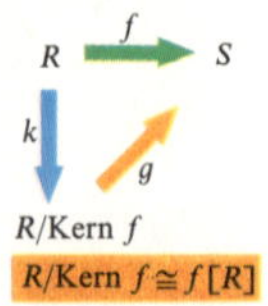

$f: R \to S$ sei ein beliebiger Ring-Hom.

Kern $f := \{x \mid x \in R \wedge f(x) = 0\}$ ist ein Ideal in R, so daß der Quotientenring $R/\text{Kern } f$ gebildet werden kann mit der kan. Abb. $k: R \to R/\text{Kern } f$ als Ring-Hom.

Dann ist $g: R/\text{Kern } f \to S$ def. durch $\llbracket x \rrbracket \mapsto f(x)$ ein injektiver Ring-Hom. mit $g \circ k = f$, d. h.

$$g[R/\text{Kern } f] = f[R] \quad \text{und somit} \quad R/\text{Kern } f \cong f[R].$$

Kern f ist ein Ideal, denn Kern f ist eine Untergruppe von $(R; +)$ und es gilt $R \cdot \text{Kern } f \subseteq \text{Kern } f$ wegen $\bigwedge_x \bigwedge_r (x \in \text{Kern } f \wedge r \in R \Rightarrow f(rx) = f(r)\, f(x) = 0)$.

Mit f ist auch g ein Ring-Hom. Nach Def. von g gilt $g \circ k = f$. g ist inj., da $f(x) = f(y)$ $\Rightarrow f(x-y) = 0 \Rightarrow x - y \in \text{Kern } f \Rightarrow x \in y + \text{Kern } f = \llbracket y \rrbracket \Rightarrow \llbracket x \rrbracket = \llbracket y \rrbracket$.

A

Homomorphiesatz für Ringe

Verknüpfungstafeln zu $\mathbb{Z}_4 := \mathbb{Z}/4\mathbb{Z} = \{\llbracket 0 \rrbracket, \llbracket 1 \rrbracket, \llbracket 2 \rrbracket, \llbracket 3 \rrbracket\}$

+	⟦0⟧	⟦1⟧	⟦2⟧	⟦3⟧
⟦0⟧	⟦0⟧	⟦1⟧	⟦2⟧	⟦3⟧
⟦1⟧	⟦1⟧	⟦2⟧	⟦3⟧	⟦0⟧
⟦2⟧	⟦2⟧	⟦3⟧	⟦0⟧	⟦1⟧
⟦3⟧	⟦3⟧	⟦0⟧	⟦1⟧	⟦2⟧

·	⟦0⟧	⟦1⟧	⟦2⟧	⟦3⟧
⟦0⟧	⟦0⟧	⟦0⟧	⟦0⟧	⟦0⟧
⟦1⟧	⟦0⟧	⟦1⟧	⟦2⟧	⟦3⟧
⟦2⟧	⟦0⟧	⟦2⟧	⟦0⟧	⟦2⟧
⟦3⟧	⟦0⟧	⟦3⟧	⟦2⟧	⟦1⟧

Der Ring $\mathbb{Z}_4$ ist nicht nullteilerfrei, also kein Integritätsring, denn $\llbracket 2 \rrbracket \cdot \llbracket 2 \rrbracket = \llbracket 0 \rrbracket$.

Verknüpfungstafeln zu $\mathbb{Z}_5 := \mathbb{Z}/5\mathbb{Z} = \{\llbracket 0 \rrbracket, \llbracket 1 \rrbracket, \llbracket 2 \rrbracket, \llbracket 3 \rrbracket, \llbracket 4 \rrbracket\}$

+	⟦0⟧	⟦1⟧	⟦2⟧	⟦3⟧	⟦4⟧
⟦0⟧	⟦0⟧	⟦1⟧	⟦2⟧	⟦3⟧	⟦4⟧
⟦1⟧	⟦1⟧	⟦2⟧	⟦3⟧	⟦4⟧	⟦0⟧
⟦2⟧	⟦2⟧	⟦3⟧	⟦4⟧	⟦0⟧	⟦1⟧
⟦3⟧	⟦3⟧	⟦4⟧	⟦0⟧	⟦1⟧	⟦2⟧
⟦4⟧	⟦4⟧	⟦0⟧	⟦1⟧	⟦2⟧	⟦3⟧

·	⟦0⟧	⟦1⟧	⟦2⟧	⟦3⟧	⟦4⟧
⟦0⟧	⟦0⟧	⟦0⟧	⟦0⟧	⟦0⟧	⟦0⟧
⟦1⟧	⟦0⟧	⟦1⟧	⟦2⟧	⟦3⟧	⟦4⟧
⟦2⟧	⟦0⟧	⟦2⟧	⟦4⟧	⟦1⟧	⟦3⟧
⟦3⟧	⟦0⟧	⟦3⟧	⟦1⟧	⟦4⟧	⟦2⟧
⟦4⟧	⟦0⟧	⟦4⟧	⟦3⟧	⟦2⟧	⟦1⟧

Der Ring $\mathbb{Z}_5$ ist nullteilerfrei, also ein Integritätsring.

Darüber hinaus existiert zu jedem El. aus $\mathbb{Z}_5 \setminus \{\llbracket 0 \rrbracket\}$ ein inverses El. der Multiplikation (das Einsel. $\llbracket 1 \rrbracket$ ist in jeder Zeile genau einmal vorhanden). $\mathbb{Z}_5$ ist also sogar ein Körper.

B

Beispiele von Restklassenringen (vgl. auch S. 74)

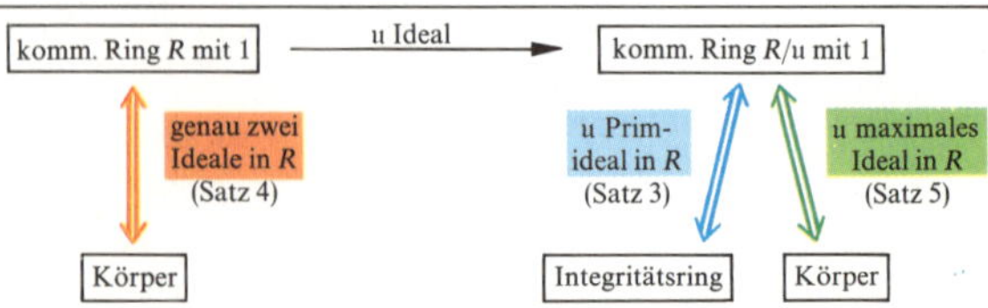

C

Zusammenfassung

Quotientenring, Ideale

Betrachtet man die komm. Gruppe $(R;+)$ eines Ringes $(R;+,\cdot)$ und eine Untergruppe $\mathfrak{u}$ von $(R;+)$, so läßt sich die komm. Quotientengruppe $(R/\mathfrak{u};+)$ bilden mit der kan. Abb. $k: R \to R/\mathfrak{u}$ als Gruppen-Hom. (S. 75, Satz 4). Es ergibt sich daher das *Problem*, ob man zusätzlich eine Mult. auf $R/\mathfrak{u}$ def. kann, die $R/\mathfrak{u}$ zu einem Ring macht mit k als Ring-Hom. Man definiert:

Def. 4: $[\![x]\!] \cdot [\![y]\!] := [\![x \cdot y]\!]$ für alle $[\![x]\!], [\![y]\!] \in R/\mathfrak{u}$.

Die so eingeführte Mult. ist genau dann eine innere Verkn. auf $R/\mathfrak{u}$, wenn $\bigwedge\limits_r \bigwedge\limits_u (r \in R \wedge u \in \mathfrak{u} \Rightarrow ru \in \mathfrak{u})$, d. h. $R\mathfrak{u} \subseteq \mathfrak{u}$ mit $R\mathfrak{u} := \{ru \mid r \in R \wedge u \in \mathfrak{u}\}$.

Das legt die folgende Def. nahe:

Def. 5: $(R;+,\cdot)$ sei ein komm. Ring. Dann heißt $\mathfrak{u} \subseteq R$ *Ideal* in R, wenn $\mathfrak{u}$ eine Untergruppe von $(R;+)$ ist und $R\mathfrak{u} \subseteq \mathfrak{u}$ gilt.

Bem.: Bei nichtkomm. Ringen unterscheidet man Links- und Rechtsideale. Ein Ideal ist ein spezieller Unterring. Die einzigen Ideale in $\mathbb{Z}$ sind die Unterringe $n\mathbb{Z} (n \in \mathbb{N})$ und $\mathbb{Z}$ selbst. In jedem Ring sind $\{0\}$ (*Nullideal* $\mathfrak{o}$) und der ganze Ring Ideale.

Als Antwort auf das oben gestellte Problem ergibt sich nun:

Satz 2: *$(R;+,\cdot)$ sei ein Ring, $\mathfrak{u} \subseteq R$ eine Untergruppe von $(R;+)$ und $(R/\mathfrak{u};+)$ die zugehörige Quotientengruppe mit der kan. Abb. $k: R \to R/\mathfrak{u}$ als Gruppen-Hom. Dann gilt: $(R/\mathfrak{u};+,\cdot)$ mit der Mult. gemäß Def. 4 ist genau dann ein Ring mit k als Ring-Hom., wenn $\mathfrak{u}$ ein Ideal ist.*

Def. 6: Der Ring $(R/\mathfrak{u};+,\cdot)$ gemäß Satz 2 heißt *Quotientenring* von R nach $\mathfrak{u}$.

Bem.: Den Normalteilern in Gruppen entsprechen die Ideale in Ringen. Der *Homomorphiesatz* für Gruppen (S. 77) läßt sich auf Ringe übertragen (Abb. A).

Restklassenring $\mathbb{Z}_n$

Für den Ring $(\mathbb{Z};+,\cdot)$, das Ideal $n\mathbb{Z} (n \geqq 1)$ und die Restklassengruppe $(\mathbb{Z}_n;+)$ (S. 75) folgt aus Satz 2: $(\mathbb{Z}_n;+,\cdot)$ mit $[\![x]\!] \dot{+} [\![y]\!] := [\![x \dot{+} y]\!]$ ist ein endl. Ring, der sog. *Restklassenring* mod n. Nicht alle Restklassenringe sind nullteilerfrei ($\mathbb{Z}_4$, Abb. B); der nullteilerfreie Restklassenring $\mathbb{Z}_5$ ist jedoch sogar ein Körper. Man zeigt allg. (vgl. Satz 3 u. 7):

$\mathbb{Z}_n (n \geqq 2)$ *Integritätsring* $\Leftrightarrow \mathbb{Z}_n$ *Körper* $\Leftrightarrow n$ *Primzahl.*

Kennzeichnung von Integritätsringen durch Primideale

Das Beispiel $\mathbb{Z}_n$ legt die Frage nahe, wann der Quotientenring $R/\mathfrak{u}$ eines Ringes R ein Integritätsring ist. Zunächst muß R ein komm. Ring mit 1 sein. Bezüglich der Nullteilerfreiheit in $R/\mathfrak{u}$ gilt:

$([\![xy]\!] = 0 \Rightarrow [\![x]\!] = 0 \vee [\![y]\!] = 0)$
$\Leftrightarrow (xy \in \mathfrak{u} \Rightarrow x \in \mathfrak{u} \vee y \in \mathfrak{u})$. Daher rührt die

Def. 7: Ein Ideal $\mathfrak{p} \neq R$ heißt *Primideal* in R, wenn $\bigwedge\limits_x \bigwedge\limits_y (xy \in \mathfrak{p} \Rightarrow x \in \mathfrak{p} \vee y \in \mathfrak{p})$.

Bem.: Die Bezeichnung Primideal wird am Beispiel $\mathbb{Z}$ deutlich: $n\mathbb{Z}$ *Primideal* $\Leftrightarrow n$ *Primzahl.*

Mit Def. 7 ergibt sich nun der

Satz 3: *R sei ein komm. Ring mit 1, $\mathfrak{u}$ ein Ideal in R. Dann ist der Quotientenring $R/\mathfrak{u}$ genau dann ein Integritätsring, wenn $\mathfrak{u}$ ein Primideal ist.*

Bem.: Ein komm. Ring mit 1 ist genau dann ein Integritätsring, wenn $\mathfrak{o}$ ein Primideal ist (beachte: $R/\mathfrak{o} \cong R$).

Beispiel: $\mathbb{Z}_n$ Integritätsring $\Leftrightarrow n$ Primzahl.

Kennzeichnung von Körpern durch Ideale

Die Frage, wann ein komm. Ring R mit 1 ein Körper ist, kann mit Hilfe von Idealen beantwortet werden. Ist nämlich $\mathfrak{u} \neq \mathfrak{o}$ ein Ideal in einem Körper K, so gibt es ein $a \in \mathfrak{u}$ $(a \neq 0)$ und $a^{-1} \in K$ mit $aa^{-1} = 1$, so daß wegen $K\mathfrak{u} \subseteq \mathfrak{u}$ auch $1 \in \mathfrak{u}$, d. h. $\mathfrak{u} = K$ ist. Ein Körper enthält also genau zwei Ideale: $\mathfrak{o}$ und K. Ebenso läßt sich die Existenz inv. El. in einem komm. Ring R mit 1 nachweisen, wenn R genau zwei Ideale besitzt. Es gilt:

Satz 4: *Ein komm. Ring R mit 1 ist genau dann ein Körper, wenn R genau zwei Ideale enthält ($\mathfrak{o}$ und R).*

Mit Hilfe dieses Satzes läßt sich angeben, wann ein Quotientenring $R/\mathfrak{u}$ ein Körper ist.

R sei ein komm. Ring mit 1; dann gilt dies auch für $R/\mathfrak{u}$. Also ist $R/\mathfrak{u}$ nach Satz 4 genau dann ein Körper, wenn $\mathfrak{o}$ und $R/\mathfrak{u} \neq \mathfrak{o}$ die einzigen Ideale in $R/\mathfrak{u}$ sind. Der zweite Teil der Aussage läßt sich durch eine Eigenschaft des Ideals $\mathfrak{u}$ in R kennzeichnen.

Es ist nämlich genau dann $\mathfrak{a}$ ein von $\mathfrak{o}$ und $R/\mathfrak{u}$ verschiedenes Ideal in $R/\mathfrak{u}$, wenn es in R ein Ideal $\mathfrak{v} \neq R$ gibt, das $\mathfrak{u}$ umfaßt. Aus der Negation dieser Aussage ergibt sich: $R/\mathfrak{u}$ ist genau dann ein Körper, wenn es in R kein Ideal $\mathfrak{v}$ gibt mit $\mathfrak{v} \neq R$ und $\mathfrak{v} \supseteq \mathfrak{u}$, d. h. wenn $\mathfrak{u}$ in der durch $\subseteq$ geordneten Menge aller von R verschiedenen Ideale in R ein maximales El. (S. 43) ist (man spricht von *maximalen Idealen*).

Satz 5: *R sei ein komm. Ring mit 1, $\mathfrak{u}$ ein Ideal in R. Dann ist $R/\mathfrak{u}$ genau dann ein Körper, wenn $\mathfrak{u}$ maximales Ideal ist.*

Bem.: Ein komm. Ring mit 1 ist also genau dann ein Körper, wenn $\mathfrak{o}$ ein maximales Ideal ist (vgl. Satz 4).

Aus Satz 3 und Satz 5 ergibt sich:

Satz 6: *In einem komm. Ring mit 1 ist jedes maximale Ideal auch Primideal.*

Der Satz läßt sich in sog. Hauptidealringen umkehren (Satz 7).

Hauptideale, Hauptidealringe

In einem komm. Ring R mit 1 ist für jedes $a \in R$ die Menge $Ra := \{ra \mid r \in R\}$ ein Ideal (vgl. $n\mathbb{Z}$).

Def. 8: R sei ein komm. Ring mit 1. Dann heißt $(a) := Ra$ das *von $a \in R$ erzeugte Ideal.* Ein Ideal $\mathfrak{u}$ heißt *Hauptideal*, wenn $\mathfrak{u} = (a)$ mit $a \in R$. R heißt *Hauptidealring*, wenn jedes Ideal Hauptideal ist.

Beispiele: $\mathbb{Z}$ und der Polynomring $K[X]$ über dem Körper K (S. 95) sind Hauptidealringe.

Satz 7: *R sei ein Hauptidealring, $\mathfrak{u} \neq \mathfrak{o}$ ein Ideal in R. Dann gilt: $\mathfrak{u}$ ist maximales Ideal genau dann, wenn $\mathfrak{u}$ Primideal ist.*

Folgerung: Mit Satz 5 ergibt sich:

$\mathbb{Z}_n (n \geqq 2)$ *Körper* $\Leftrightarrow n$ *Primzahl* bzw.
$K[X]/\mathfrak{u} (\mathfrak{u} \neq \mathfrak{o})$ *Körper* $\Leftrightarrow \mathfrak{u}$ *Primideal.*

$(M; +; \Omega; \cdot)$ sei ein Ω-Modul. Dann gilt:

(1) $o \cdot x = 0$, $\alpha \cdot 0 = 0$ (o Nullel. in Ω, 0 neutr. El. in M)

(2) $\alpha \cdot (-x) = -(\alpha \cdot x) = (-\alpha) \cdot x$ (3) $(-\alpha) \cdot (-x) = \alpha \cdot x$

A

Rechenregeln in Moduln

$(R; +, \cdot)$ sei ein Ring mit 1.

Dann ist $(R; +)$ eine komm. Gruppe und die mult. Verkn. »·« eine äuß. Verkn. auf R mit dem Operatorenbereich R.

Jeder Ring mit 1 kann als Modul über sich selbst angesehen werden.

Die *Untermoduln* von R sind nach Satz 1 mit den *Idealen* in R identisch.

$(G; \top)$ sei eine komm. Gruppe.

Dann kann man auf G eine äuß. Verkn. »·« mit dem Operatorenbereich $\mathbb{Z}$ def.:

$$z \cdot x := \begin{cases} x \top \ldots \top x & (z\text{-mal}) \quad \text{für } z \in \mathbb{Z}^+ \\ e & \text{für } z = o \\ x^{-1} \top \ldots \top x^{-1} & (|z|\text{-mal}) \quad \text{für } z \in \mathbb{Z}^- \end{cases}$$

Jede komm. Gruppe kann als Modul über $\mathbb{Z}$ angesehen werden.

Die *Untermoduln* von G sind nach Satz 1 mit den *Untergruppen* von G identisch.

B

Ringe mit 1 und komm. Gruppen als Moduln

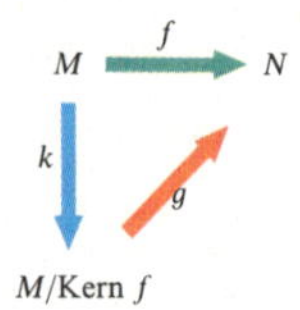

$M/\text{Kern } f \cong f[M]$

$f: M \to N$ sei ein beliebiger Modul-Hom.

Kern $f := \{x \mid x \in M \wedge f(x) = 0\}$ ist ein Untermodul von M, so daß der Quotientenmodul $M/\text{Kern } f$ gebildet werden kann mit der kan. Abbildung $k: M \to M/\text{Kern } f$ als Modul-Hom.

Dann ist $g: M/\text{Kern } f \to N$ def. durch $[\![x]\!] \mapsto f(x)$ ein injektiver Modul-Hom. mit $g \circ k = f$, d. h.

$g[M/\text{Kern } f] = f[M]$ und somit $M/\text{Kern } f \cong f[M]$.

C

Homomorphiesatz für Moduln

I. Isomorphiesatz: U und V seien Untermoduln eines Ω-Moduls M. Dann gilt:

$U/U \cap V \cong UV/V$

II. Isomorphiesatz: M_1 und M_2 seien Ω-Moduln, U_1 und U_2 Untermoduln von M_1 bzw. M_2. Ist dann $f: M_1 \to M_2$ ein surjektiver Modul-Hom. mit $f^{-1}[U_2] = U_1$, so gilt:

$M_1/U_1 \cong M_2/U_2$

Ist M ein Ω-Modul und sind U_1 und U_2 Untermoduln von M, so gilt:

$(M/U_1)/(U_2/U_1) \cong M/U_2$

D

Isomorphiesätze für Moduln

Aus der Theorie zur Lösung linearer Gleichungssysteme (S. 93) hat sich die Theorie der Vektorräume entwickelt. Eine Verallgemeinerung dieser Theorie ist die Theorie der Moduln, in der Vektorräume spezielle Moduln sind. Der Modulbegriff hat sich als sehr vielseitig anwendbar erwiesen.

Die Def. der Begriffe »Modul«, »Vektorraum« und Beispiele finden sich auf S. 41.

Bem.: Abb. A enthält drei wichtige Regeln zum Rechnen in Moduln. Wenn keine Verwechslungen möglich sind, schreibt man αx für die äuß. Verkn.

Untermoduln

Analog zu den Unterstrukturen von Gruppen, Ringen und Körpern def. man:

Def. 1: Eine nichtleere Teilmenge U eines Ω-Moduls M heißt *Untermodul* von M, wenn sie bezüglich derselben inn. und äuß. Verkn. ein Ω-Modul ist.

Beispiele: $\{0\}$ und M sind stets Untermoduln.

Ein Untermodul ist eine Untergruppe von $(M; +)$. Aber nicht jede Untergruppe U ist ein Untermodul, denn man zeigt leicht, daß

$\bigwedge_\alpha \bigwedge_a (\alpha \in \Omega \wedge a \in U \Rightarrow \alpha a \in U)$ erfüllt sein muß. Es gilt

Satz 1: *U ist genau dann ein Untermodul des Ω-Moduls $(M; +; \Omega; \cdot)$, wenn*
(1) *$(U; +)$ eine Untergruppe ist und*
(2) *$\bigwedge_\alpha \bigwedge_a (\alpha \in \Omega \wedge a \in U \Rightarrow \alpha a \in U)$ gilt.*

Mit Satz 1 ergibt sich, daß der Durchschnitt $\bigcap_{i \in I} U_i$ und die Summe $U_1 + \cdots + U_n := \{u_1 + \cdots + u_n \mid u_i \in U_i\}$ von Untermod. eines Ω-Moduls ein Untermodul ist.

Bem.: Die Theorie der Moduln steht in enger Beziehung zu komm. Gruppen und Idealen (Abb. B).

Modul-Homomorphismen

Die strukturverträglichen Abbildungen sind diejenigen Gruppen-Hom. (S. 73), die mit den äuß. Verkn. (gleicher Operatorenbereich) verträglich sind.

Def. 2: M und N seien Ω-Moduln. Dann heißt $f: M \to N$ *Modul-Homomorphismus*, wenn für alle $a, b \in M$ und $\alpha \in \Omega$ gilt:
(1) $f(a+b) = f(a) + f(b)$, (2) $f(\alpha a) = \alpha f(a)$.
Ein bij. Modul-Hom. heißt *Modul-Isomorphismus.*

Bem.: $f(\alpha a + \beta b) = \alpha f(a) + \beta f(b)$ für alle $a, b \in M$ und $\alpha, \beta \in \Omega$ ist äquivalent zu (1) und (2).

Für jeden Modul-Hom. $f: M \to N$ ist das Bild $f[U]$ eines Untermodul U von M ein Untermodul von N (also auch $f[M]$).

Def. man $\operatorname{Kern} f := \{x \mid x \in M \wedge f(x) = 0\}$ wie bei Gruppen-Hom., so ergibt sich ein wichtiger Untermodul von M (Homomorphiesatz, s. u.).

Quotientenmodul

Wenn man in einem Ω-Modul M einen Untermodul U auswählt, so kann man die komm. Quotientengruppe M/U (S. 75) bilden, da $(M; +)$ komm. und U somit Normalteiler von M ist. Def. man durch

Def. 3: $\alpha[\![x]\!] := [\![\alpha x]\!]$ für alle $\alpha \in \Omega, [\![x]\!] \in M/U$ eine äuß. Verkn. auf M/U, so wird M/U zu einem Ω-Modul. Dabei ist die kan. Abb. $k: M \to M/U$ def. durch $x \mapsto [\![x]\!]$ ein Modul-Hom. Es folgt

Satz 2: *M sei ein Ω-Modul, U ein Untermodul. Dann ist M/U mit der äuß. Verkn. gemäß Def. 3 ein Ω-Modul und die kan. Abbildung ein Modul-Hom.*

Def. 4: Der Ω-Modul M/U gemäß Satz 2 heißt *Quotientenmodul* von M nach U.

Bem.: Der *Homomorphiesatz* und die *Isomorphiesätze* für Gruppen (S. 77) lassen sich übertragen auf Moduln (Abb. C, D).

Direktes Produkt von Moduln

Sind $M_1, M_2, \ldots, M_n$ Ω-Moduln, so kann man aus ihnen einen neuen Ω-Modul konstruieren, indem man auf dem kartesischen Produkt $\bigtimes_{i=1}^{n} M_i := M_1 \times \cdots \times M_n$ eine inn. und äuß. Verkn. komponentenweise durch die Verkn. auf den M_i def.

Def. 5: Für alle $(x_1, \ldots, x_n), (y_1, \ldots, y_n) \in \bigtimes_{i=1}^{n} M_i$ und und alle $\alpha \in \Omega$ gelte:
$(x_1, \ldots, x_n) + (y_1, \ldots, y_n) := (x_1 + y_1, \ldots, x_n + y_n)$,
$\alpha(x_1, \ldots, x_n) := (\alpha x_1, \ldots, \alpha x_n)$.

Der konstruierte Ω-Modul wird *direktes Produkt* von $M_1, \ldots, M_n$ genannt. Im Falle $M_1 = M_2 = \cdots = M_n$ erhält er die Bezeichnung M^n.

Beispiel: Für jeden Ring R mit 1 ist $R^n := \{(x_1, \ldots, x_n) \mid x_i \in R\}$ ein R-Modul.

Charakteristisch für das direkte Produkt ist es, daß die sog. Projektionen (S. 33) surj. Modul-Hom. sind.

Bem.: Das direkte Produkt kann man auch für beliebige Indexmengen erklären. In diesem Fall ergibt sich ein wichtiger Untermodul, die *direkte Summe*. Für endliche Indexmengen stimmen direktes Produkt und direkte Summe überein.

In den Anwendungsbereich des direkten Produktes gehört das Problem, ob man einen Modul bereits durch Angabe bestimmter Untermoduln vollständig beschreiben kann. Wenn man das direkte Produkt $\bigtimes_{i=1}^{n} U_i$ von Untermoduln U_i eines Ω-Moduls M bildet und diesen Modul durch den Modul-Hom. $f: \bigtimes_{i=1}^{n} U_i \to M$ def. durch $(x_1, \ldots, x_n) \mapsto x_1 + \cdots + x_n$ mit M in Beziehung setzt, so ist das Bild unter f der Untermodul $U_1 + \cdots + U_n$.

Ist nun f ein Modul-Isomorphismus, so wird M vollständig durch die Angabe der verwendeten Untermoduln beschrieben. Die notwendigen Voraussetzungen zur Isomorphie gibt

Satz 3: *Ein Ω-Modul M ist genau dann isomorph zum direkten Produkt $\bigtimes_{i=1}^{n} U_i$ von Untermoduln U_i, wenn jedes $x \in M$ eine eindeutige Darstellung $x = x_1 + \cdots + x_n$ $(x_i \in U_i)$ besitzt.*

Liegt Isomorphie vor, so sagt man kurz:
M ist direktes Produkt der Untermoduln $U_1, \ldots, U_n$ (vgl. S. 77/Def. 10).

Für zwei Untermoduln gilt das einfache Kriterium: M ist direktes Produkt zweier Untermoduln U_1 und U_2 genau dann, wenn $M = U_1 + U_2$ und $U_1 \cap U_2 = \{0\}$.

M sei ein Ω-Modul.

(1) $L(T) = \bigcap_{T \subseteq U} U$ (U Untermodul)

(2) $L\left(\bigcup_{i=1}^{n} U_i\right) = U_1 + \ldots + U_n$ (U_i Untermodul)

(3) $T_1 \subseteq T_2 \subseteq M \Rightarrow T_1 \subseteq L(T_1) \subseteq L(T_2) \subseteq L(M) = M$

(4) $L(L(T)) = L(T)$

A

Eigenschaften des Hüllenoperators

($\mathbb{Q}$; $+, \cdot$) kann als Modul über $\mathbb{Q}$ angesehen werden (vgl. S. 84/Abb. B).

(a) $\{1\}$ ist ein Erz.system von $\mathbb{Q}$ über $\mathbb{Q}$, denn ist $a \in \mathbb{Q}$, so folgt: $a = a \cdot 1$.

(b) $\{1\}$ ist lin. unabh. über $\mathbb{Q}$, denn $a \cdot 1 = 0 \Rightarrow a = 0$.

Der $\mathbb{Q}$-Modul ($\mathbb{Q}$; $+, \cdot$) ist frei.

(R; $+, \cdot$) sei ein Ring mit 1. Dann ist $R^n (n \in \mathbb{N} \backslash \{0\})$ als direktes Produkt ein R-Modul (vgl. S. 85).

(a) $E := \{(1, 0, \ldots, 0), (0, 1, 0, \ldots, 0), \ldots, (0, \ldots, 0, 1)\}$ ist ein Erz.system von R^n über R, denn ist $(x_1, x_2, \ldots, x_n) \in R^n$, so gilt:
$(x_1, x_2, \ldots, x_n) = x_1 \cdot (1, 0, \ldots, 0) + x_2 \cdot (0, 1, 0, \ldots, 0) + \ldots + x_n \cdot (0, \ldots, 0, 1)$.

(b) E ist lin. unabh. über R, denn sei
$a_1 \cdot (1, 0, \ldots, 0) + a_2 \cdot (0, 1, 0, \ldots, 0) + \ldots + a_n \cdot (0, \ldots, 0, 1) = (0, \ldots, 0)$,
so ergibt sich: $(a_1, a_2, \ldots, a_n) = (0, \ldots, 0)$, d. h. $a_i = 0$ für alle $i \in \{1, \ldots, n\}$.

Der R-Modul R^n ist frei.

($\mathbb{Q}$; $+$) kann als $\mathbb{Z}$-Modul angesehen werden (vgl. S. 84/Abb. B).

(a) Jede Teilmenge von $\mathbb{Q}$, die 0 enthält, ist lin. abhängig über $\mathbb{Z}$, denn $1 \cdot 0 + 0 \cdot a + 0 \cdot b + \ldots = 0$, ohne daß alle Koeffizienten Null sind.

(b) Jede zweielementige Menge $\{a, b\} \subset \mathbb{Q} \backslash \{0\}$ ist lin. abhängig über $\mathbb{Z}$, denn mit $a = \frac{p}{q}, b = \frac{r}{s}$ ($p, q, r, s \in \mathbb{Z} \backslash \{0\}$) und $n = r \cdot q, m = -s \cdot p$ ergibt sich:
$\imath \cdot a + m \cdot b = 0$, wobei n und m beide nicht Null sind.
Jede Teilmenge von $\mathbb{Q}$ mit mehr als einem El. ist lin. abh. über $\mathbb{Z}$.

(c) Jede einelementige Teilmenge $\{a\} \subset \mathbb{Q} \backslash \{0\}$ ist lin. unabh. über $\mathbb{Z}$, denn $n \cdot a = 0 \Rightarrow n = 0$ ($n \in \mathbb{Z}$).

(d) Eine einelementige Teilmenge aus $\mathbb{Q} \backslash \{0\}$ ist jedoch kein Erz.system von $\mathbb{Q}$ über $\mathbb{Z}$, denn sei $a = \frac{p}{q} (p, q \in \mathbb{Z} \backslash \{0\})$, so ist z. B. $\frac{p}{2q} \notin \{n \cdot a \mid n \in \mathbb{Z}\}$.

Der $\mathbb{Z}$-Modul ($\mathbb{Q}$; $+$) ist nicht frei.

B

Beispiele freier und nicht freier Moduln

V sei ein endl. dim. Vektorraum über K, U ein Unterraum und V/U der zugehörige Quotientenraum. Dann gilt:

(1) U ist endl. dim. mit $\dim(U/K) \leqq \dim(V/K)$

(2) $\dim(U/K) = \dim(V/K) \Rightarrow U = V$

(3) V/U ist endl. dim. mit $\dim(V/U/K) = \dim(V/K) - \dim(U/K)$

C

Eigenschaften endlichdimensionaler Vektorräume

Lineare Hülle, Erzeugendensystem

Wenn T eine nicht leere Teilmenge eines Ω-Moduls M ist, so kann man in M Ausdrücke der Form $\sum_{x\in T} \alpha_x x$ bilden, wobei höchstens endlich viele der $\alpha_x \in \Omega$ von 0 verschieden sind (T wird zugleich als Indexmenge gewählt, so daß alle El. aus T auftreten, aber nur endlich viele der Summanden von 0 verschieden sind). Man nennt diese Ausdrücke *Linearkombinationen* von El. aus T. Die Menge aller Linearkombinationen von El. aus T ist ein Untermodul von M, und zwar der kleinste, der T umfaßt. Er wird *lineare Hülle* von T genannt und mit $L(T)$ bezeichnet; L heißt *Hüllenoperator*. Abb. A enthält Eigenschaften des Hüllenoperators.

Bem.: Man nennt $L(T)$ auch den *von T erzeugten Untermodul* und def. $L(\emptyset) := \{0\}$.

Da $L(T)$ stets ein Untermodul von M ist, kann man die Frage stellen, ob es ein $T \subseteq M$ gibt mit $L(T) = M$.

Def. 6: M sei ein Ω-Modul. Dann heißt eine Teilmenge E ein *Erzeugendensystem* (Erz.system) von M über Ω, wenn $L(E) = M$ ist.

Wegen $L(M) = M$ existiert in jedem Modul ein Erz.system. Interessant sind jedoch Erz.systeme, die echte oder gar endl. Teilmengen von M sind. Im letzteren Fall nennt man den Modul »*von endl. Typ*«.

Beispiel: $\{(1,0,\ldots,0),(0,1,0,\ldots,0),\ldots,(0,\ldots,0,1)\}$ ist ein endl. Erz.system für den R-Modul R^n.

Jedes $x \in M$ läßt sich durch eine Linearkombination von El. aus E darstellen. I. a. ist diese Darstellung jedoch nicht eindeutig. Die Forderung einer eindeutigen Darstellung führt zu den Begriffen

Lineare Unabhängigkeit, Basis

Die eindeutige Darstellung durch ein Erz.system E ist genau dann gegeben, wenn aus $\sum_{x\in E} \alpha_x x = 0$ stets $\alpha_x = 0$ für alle α_x folgt.

Def. 7: M sei ein Ω-Modul. Eine Teilmenge T von M heißt *linear unabhängig* über Ω, wenn aus $\sum_{x\in T} \alpha_x x = 0$ stets $\alpha_x = 0$ für alle α_x folgt. Andernfalls heißt T *linear abhängig* über Ω.

Bem.: $\emptyset$ wird als lin. unabh. definiert.

Bei der Untersuchung auf lin. Unabhängigkeit kann man sich auf endl. Mengen beschränken, denn es gilt:

T ist lin. unabh. genau dann, wenn jede endl. Teilmenge von T lin. unabh. ist.

Anzumerken ist noch, daß es in jedem Ω-Modul eine bez. der Inklusion maximale lin. unabh. Teilmenge gibt (Anwendung des ZORNschen Lemmas, S. 45).

Die eindeutige Darstellung jedes El. eines Ω-Moduls wird also durch lin. unabh. Erz.systeme gesichert. Man def.

Def. 8: M sei ein Ω-Modul. Ein lin. unabh. Erz.-system von M über Ω heißt *Basis* von M. Existiert eine Basis, so heißt M *freier Modul*.

Beispiele: $(\mathbb{Q}; +, \cdot)$ ist als $\mathbb{Q}$-Modul frei, ebenso jeder R-Modul R^n mit $n \in \mathbb{N}\setminus\{0\}$ (Abb. B). Dagegen ist $(\mathbb{Q}; +)$ als $\mathbb{Z}$-Modul nicht frei (Abb. B).

Die Auszeichnung freier Moduln wird deutlich an

Satz 4: *M sei ein freier Ω-Modul mit der Basis B, N ein beliebiger Ω-Modul. Zu jeder auf der Basis def. Abb. $f: B \to N$ gibt es genau einen mit f auf B übereinstimmenden Modul-Hom. $f^*: M \to N$ def. durch $x = \sum_{b\in B} \alpha_b b \mapsto \sum_{b\in B} \alpha_b f(b)$, die sog. lineare Fortsetzung von f.*

Vektorräume

Betrachtet man speziell die Moduln über einem Körper K, sog. *Vektorräume über K*, so kann man nachweisen, daß stets eine Basis existiert. Wesentlich ist dabei, daß nun im Operatorenbereich die Inversen der Mult. existieren. Man beweist, daß jede maximale lin. unabh. Teilmenge eine Basis darstellt.

Satz 5: *Jeder Vektorraum V über dem Körper K besitzt eine Basis.*

Bem.: Ein Vektorraum kann durchaus verschiedene Basen besitzen.

Zur Konstruktion einer Basis wählt man eine lin. unabh. Teilmenge aus einem Erz.system E aus (ggf. $\emptyset$) und ergänzt diese Menge sukzessive durch El. aus E zu einer umfassenden lin. unabh. Teilmenge, bis eine maximale lin. unabh. Teilmenge von E vorliegt. Zugrunde liegt diesem Verfahren der

Satz 6 (Basisergänzungssatz): *V sei ein Vektorraum über K, E ein Erz.system von V und A eine lin. unabh. Teilmenge von E. Dann kann man A zu einer Basis B von V ergänzen mit $A \subseteq B \subseteq E$.*

Bem.: Bei Vektorräumen ist es üblich, von *Unterräumen* und *Quotientenräumen* anstelle von Untermoduln und Quotientenmoduln zu sprechen. Die Vektorraum-Homomorphismen heißen auch *lineare Abbildungen* (S. 89). Die El. eines Vektorraumes nennt man *Vektoren* und bezeichnet sie mit $\boldsymbol{a}, \boldsymbol{b}, \boldsymbol{x}, \boldsymbol{y} \ldots$ bzw. $\vec{a}, \vec{b}, \vec{x}, \vec{y}, \ldots$ (anal. Geom.).

Vektorräume endlicher Dimension

Def. 9: Ein Vektorraum mit endl. Basis heißt *endlichdimensional* (endl.dim.).

Die Anzahl der Basisel. ist für endl.dim. Vektorräume eine charakteristische Größe, denn sie ist für alle Basen desselben Vektorraumes gleich groß.

Def. 10: Die Anzahl der Basisel. irgendeiner Basis eines endl.dim. Vektorraumes V über K heißt *Dimension* von V über K (in Zeichen: $\dim(V/K)$).

Beispiel: K^n ist für jeden Körper K ein Vektorraum über K von der Dimension n (vgl. Abb. B).

Durch die Vektorräume K^n sind bereits bis auf Isomorphie alle endl.dim. Vektorräume über K angegeben, denn es gilt

Satz 8: *Zwei endl.dim. Vektorräume über K sind genau dann isomorph, wenn ihre Dimensionen gleich sind, d.h. K^n ist bis auf Isomorphie der einzige n-dimensionale Vektorraum über K.*

Beispiel: Der Vektorraum $\mathbb{R}^3$ (S. 191) ist bis auf Isomorphie der einzige dreidimensionale Vektorraum über $\mathbb{R}$.

Bem.: Abb. C enthält weitere Eigenschaften endl.-dim. Vektorräume.

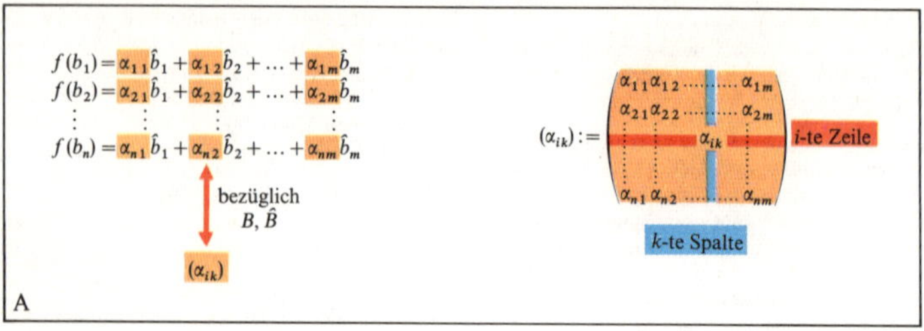

Lineare Abbildung und Matrix

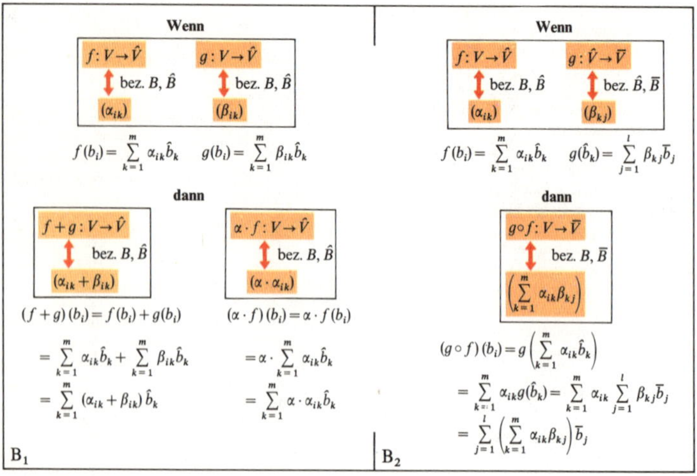

Verknüpfungen linearer Abbildungen, Komposition linearer Abbildungen

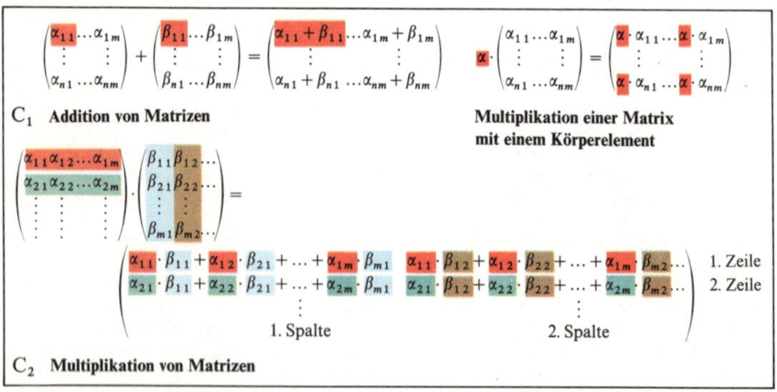

Verknüpfungen von Matrizen

Lineare Abbildungen

Anstelle von Modul-Hom. (Def. 2, S. 85) spricht man bei Vektorräumen von *linearen Abbildungen.* Der Homomorphiesatz und die Isomorphiesätze (S. 84) gelten in der entsprechenden Formulierung.

Da jeder Vektorraum eine Basis besitzt (Satz 5, S. 87), sind lin. Abb. bereits eindeutig bestimmt durch die Bildelemente der Basis (Satz 4, S. 87). Für endl.-dim. Vektorräume über K ergibt sich aufgrund dieser Eigenschaft eine enge Beziehung zwischen lin. Abb. und Matrizen.

Lineare Abbildungen endlichdimensionaler Vektorräume und Matrizen

Betrachtet man zwei endl.dim. Vektorräume V und $\hat{V}$ über K der Dimension n bzw. m und gibt als Basen $B:=\{\boldsymbol{b}_1, \ldots, \boldsymbol{b}_n\}$ bzw. $\hat{B}:=\{\hat{\boldsymbol{b}}_1, \ldots, \hat{\boldsymbol{b}}_m\}$ vor, so existiert zu n nicht notwendig verschiedenen El. $\hat{\boldsymbol{x}}_1, \ldots, \hat{\boldsymbol{x}}_n$ aus $\hat{V}$ genau eine lin. Abb. $f: V \to \hat{V}$ mit $f(\boldsymbol{b}_i)=\hat{\boldsymbol{x}}_i (i \in \{1, \ldots, n\})$. Da die $\hat{\boldsymbol{x}}_i$ in $\hat{V}$ bezüglich $\hat{B}$ eine eindeutige Darstellung $\hat{\boldsymbol{x}}_i=\sum_{k=1}^{m} \alpha_{ik}\hat{\boldsymbol{b}}_k$ besitzen, ergibt sich

$$f(\boldsymbol{b}_i)=\sum_{k=1}^{m} \alpha_{ik}\hat{\boldsymbol{b}}_k \ (i \in \{1, \ldots, n\}).$$

Bezüglich der Basen B und $\hat{B}$ ist jede lin. Abb. also bereits eindeutig bestimmt durch ein System nicht notwendig verschiedener Körperelemente α_{ik} $(i \in \{1, \ldots, n\}, k \in \{1, \ldots, m\})$. Das System der α_{ik} notiert man zweckmäßig als Matrix (Abb. A).

Def. 11: K sei ein Körper und $\alpha_{ik} (i \in \{1, \ldots, n\}, k \in \{1, \ldots, m\})$ seien nicht notwendig verschiedene El. aus K. Dann heißt

$$(\alpha_{ik}):=\begin{pmatrix} \alpha_{11}, \ldots, \alpha_{1m} \\ \vdots \qquad \vdots \\ \alpha_{n1}, \ldots, \alpha_{nm} \end{pmatrix} \quad \text{(Abb. A)}$$

Matrix über K vom Typ (n, m) (kurz: (n, m)-Matrix über K). i heißt Zeilenindex, k Spaltenindex. n gibt die Anzahl der Zeilen, m die der Spalten an.

Da auch zu jeder (n, m)-Matrix eine lin. Abb. $f: V \to \hat{V}$ existiert, ergibt sich der

Satz 9: *Sind V und $\hat{V}$ endl.dim Vektorräume über K der Dimension n bzw. m mit den Basen B und $\hat{B}$, so läßt sich bez. B und $\hat{B}$ jeder lin. Abb. $f: V \to \hat{V}$ bijektiv eine (n, m)-Matrix über K zuordnen.*

Bezeichnet man die Menge aller lin. Abb. $f: V \to \hat{V}$ mit $\mathfrak{L}(V, \hat{V})$ und die Menge aller (n, m)-Matrizen über K mit $M_{n,m}(K)$, so gibt es nach Satz 9 eine bijektive Abb. $l: \mathfrak{L}(V, \hat{V}) \to M_{n,m}(K)$.

Die Vektorräume $\mathfrak{L}(V, \hat{V})$ und $M_{n,m}(K)$

Auf $\mathfrak{L}(V, \hat{V})$ kann man durch

$f+g: V \to \hat{V}$ def. durch $\boldsymbol{x} \mapsto f(\boldsymbol{x})+g(\boldsymbol{x})$,

$\alpha \cdot f: V \to \hat{V}$ def. durch $\boldsymbol{x} \mapsto \alpha \cdot f(\boldsymbol{x})$

eine inn. und eine äuß. Verkn. erklären. Bezüglich dieser Verkn. ist $\mathfrak{L}(V, \hat{V})$ ein Vektorraum über K. Nach Satz 9 lassen sich den lin. Abb. $f+g$ und $\alpha \cdot f$ Matrizen zuordnen (Abb. B_1). Diese Matrizen legen es nahe, die folgenden Verkn. für (n, m)-Matrizen zu def. (Abb. C_1):

$(\alpha_{ik})+(\beta_{ik}):=(\alpha_{ik}+\beta_{ik})$ **Matrizenaddition.**

$\alpha \cdot (\alpha_{ik}):=(\alpha \cdot \alpha_{ik})$ **Mult. von Matrizen mit Körperel.**

Auf diese Weise wird $M_{n,m}(K)$ ebenfalls zu einem Vektorraum über K, denn die oben angegebene Abb. l ist ein Isomorphismus, d. h. $\mathfrak{L}(V, \hat{V}) \cong M_{n,m}(K)$.

Bem.: Das neutr. El. der Add. ist die sog. *Nullmatrix*, bei der an jeder Stelle das Nullel. aus K steht. Das inv. El. der Add. zu (α_{ik}) ist $(-\alpha_{ik})$. Die Add. von Matr. verschied. Typs ist nicht def.

Die Menge aller Matrizen, die an einer Stelle das Einsel. von K und sonst nur das Nullel. von K enthalten, bildet eine Basis von $M_{n,m}(K)$. Da es $n \cdot m$ derartige Matrizen gibt, ist

$$\dim(\mathfrak{L}(V, \hat{V})/K)=\dim(M_{n,m}(K)/K)=n \cdot m\,.$$

Der duale Vektorraum $\mathfrak{L}(V, K)$

Zu jedem Vektorraum V über K der Dimension n kann man den zu V isomorphen Vektorraum $\mathfrak{L}(V, K)$ bilden, denn K ist ein Vektorraum über sich selbst mit $\dim(K/K)=1$, so daß $\dim(\mathfrak{L}(V, K)/K)=n$.

Def. 12: $\mathfrak{L}(V, K)$ heißt *dualer Vektorraum* zu V. Die El. aus $\mathfrak{L}(V, K)$ werden *Linearformen* genannt.

Die Bedeutung des dualen Vektorraumes liegt darin, daß man Unterräume von V (z.B. Geraden, Ebenen im $\mathbb{R}^3$) durch eine Menge spezieller Linearformen beschreiben kann.

Bem.: Eine Verallgemeinerung der Linearformen sind die sog. Tensoren (Bd. II).

Die Komposition linearer Abbildungen

Sind $f: V \to \hat{V}$ und $g: \hat{V} \to \bar{V}$ lin. Abb. endl.-dim. Vektorräume über K, so ist auch die Komposition $g \circ f: V \to \bar{V}$ eine lin. Abb. Zu ihr gehört die in Abb. B wiedergegebene Matrix. Man erhält sie aus den zu f und g gehörigen Matrizen, wenn man def. (Abb. C_2):

$$(\alpha_{ik}) \cdot (\beta_{kj}):=\left(\sum_{k=1}^{m} \alpha_{ik} \cdot \beta_{kj}\right) \ \textbf{Matrizenmultiplikation.}$$

Bem.: Bei der Komposition lin. Abb. müssen der Wertebereich der ersten und der Def.bereich der zweiten übereinstimmen. Entsprechend ist die Matrizenmultiplikation nur ausführbar, wenn die Spaltenzahl der ersten Matrix gleich der Zeilenzahl der zweiten Matrix ist.

Die Ringe $\mathfrak{L}(V, V)$ und $M_{n,n}(K)$

Betrachtet man den Vektorraum $\mathfrak{L}(V, V)$, also alle lin. Abb. eines Vektorraumes in sich, so ist die Komposition von Abb. eine inn. Verkn. auf $\mathfrak{L}(V, V)$. Sie ist assoziativ, aber i.a. nicht komm. Die identische Abb. ist das neutr. El.; die Existenz inv. El. ist nicht gesichert.

Bezüglich der Addition und Komposition von lin. Abb. ist $\mathfrak{L}(V, V)$ ein nichtkomm., nichtnullteilerfreier Ring mit 1, denn die distr. Gesetze sind erfüllt. Völlig Entsprechendes gilt für die zu $\mathfrak{L}(V, V)$ gehörige Menge $M_{n,n}(K)$ aller (n, n)-Matrizen (auch *n-reihig quadratisch* genannt) hinsichtlich der Add. und Mult. von Matrizen. Das neutr. El. der Mult. ist die sog. *Einheitsmatrix* (δ_{ik}) mit $\delta_{ik}=1$ für $i=k$ und $\delta_{ik}=0$ für $i \neq k$.

Da die Abb. $l: \mathfrak{L}(V, V) \to M_{n,n}(K)$ ein Ring-Isomorphismus mit $l(1_V)=(\delta_{ik})$ ist, gilt: $\mathfrak{L}(V, V) \cong M_{n,n}(K)$.

Bem.: Berücksichtigt man auch noch die äuß. Verkn., so sind $\mathfrak{L}(V, V)$ und $M_{n,n}(K)$ sog. *Algebren* über K mit 1.

$$P=\begin{pmatrix}1&2&3&4&5\\5&4&1&3&2\end{pmatrix}$$

$\to(13245)\to(13425)\to(13452)\to(14352)$

$\leftarrow(54132)\leftarrow(45132)\leftarrow(41532)\leftarrow(14532)$

8 Vertauschungen,
d. h. $\operatorname{sign} P=(-1)^8=+1$

A

Signum einer Permutation

Zweireihige Determinante

P: $\begin{pmatrix}1&2\\1&2\end{pmatrix}$, $\begin{pmatrix}1&2\\2&1\end{pmatrix}$

sign P: $+1$ $\quad -1$

$$\begin{vmatrix}\alpha_{11}&\alpha_{12}\\\alpha_{21}&\alpha_{22}\end{vmatrix}=+\alpha_{11}\cdot\alpha_{22}-\alpha_{12}\cdot\alpha_{21}$$

Dreireihige Determinante

P: $\begin{pmatrix}1&2&3\\1&2&3\end{pmatrix}$ $\begin{pmatrix}1&2&3\\1&3&2\end{pmatrix}$ $\begin{pmatrix}1&2&3\\3&1&2\end{pmatrix}$ $\begin{pmatrix}1&2&3\\2&1&3\end{pmatrix}$ $\begin{pmatrix}1&2&3\\2&3&1\end{pmatrix}$ $\begin{pmatrix}1&2&3\\3&2&1\end{pmatrix}$

sign P: $+1$ $\quad -1$ $\quad +1$ $\quad -1$ $\quad +1$ $\quad -1$

$$\begin{vmatrix}\alpha_{11}&\alpha_{12}&\alpha_{13}\\\alpha_{21}&\alpha_{22}&\alpha_{23}\\\alpha_{31}&\alpha_{32}&\alpha_{33}\end{vmatrix}=+\alpha_{11}\cdot\alpha_{22}\cdot\alpha_{33}-\alpha_{11}\cdot\alpha_{23}\cdot\alpha_{32}+\alpha_{13}\alpha_{21}\alpha_{32}-\alpha_{12}\alpha_{21}\alpha_{33}+\alpha_{12}\alpha_{23}\alpha_{31}-\alpha_{13}\alpha_{22}\alpha_{31}$$

$$=\alpha_{11}\begin{vmatrix}\alpha_{22}&\alpha_{23}\\\alpha_{32}&\alpha_{33}\end{vmatrix}-\alpha_{21}\begin{vmatrix}\alpha_{12}&\alpha_{13}\\\alpha_{32}&\alpha_{33}\end{vmatrix}+\alpha_{31}\begin{vmatrix}\alpha_{12}&\alpha_{13}\\\alpha_{22}&\alpha_{23}\end{vmatrix}$$

B

Zweireihige und dreireihige Determinante

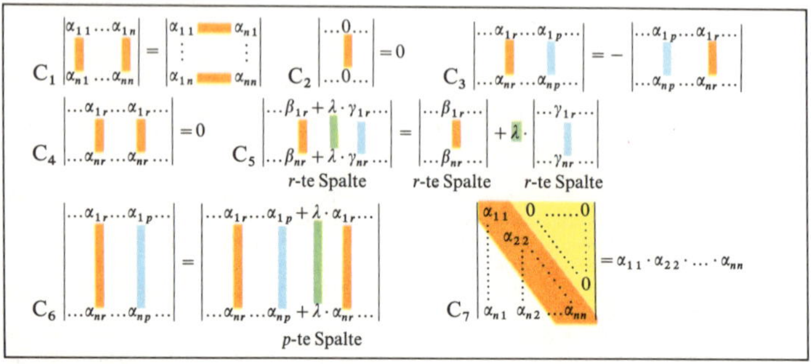

Rechenregeln für Determinanten

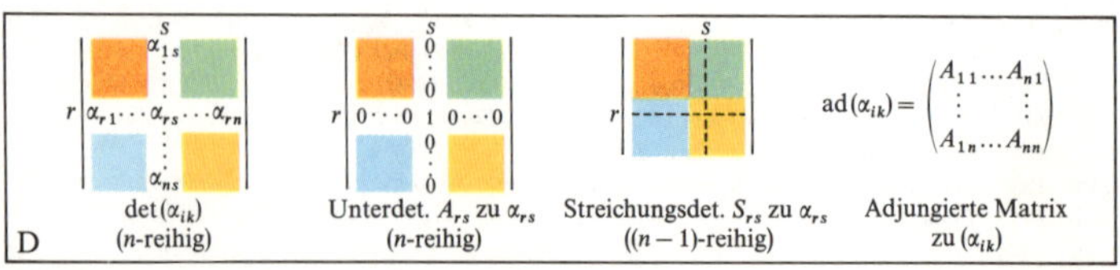

Unterdeterminante, Streichungsdeterminante, adjungierte Matrix

Die Automorphismengruppe Aut (V, V)

Die Menge $\mathfrak{L}(V, V)$ aller lin. Abb. eines n-dimensionalen Vektorraumes in sich (S. 89) bildet bezüglich der Komposition von Abb. keine Gruppe, da die inversen El. (Umkehrabb.) i.a. nicht existieren. Beschränkt man sich jedoch auf bijektive lin. Abb. $f \in \mathfrak{L}(V, V)$, d.h. auf isomorphe Selbstabb. von V, so existiert die bijektive lin. Abb. $f^{-1} \in \mathfrak{L}(V, V)$ mit $f^{-1} \circ f = 1_V$. Derartige lin. Abb. werden ausgezeichnet.

Def. 13: Eine bijektive lin. Abb. aus $\mathfrak{L}(V, V)$ heißt *Automorphismus* von V. Die Menge aller Automorphismen von V wird mit $\mathrm{Aut}(V, V)$ bezeichnet.

Bez. der Komposition von Abb. ist $\mathrm{Aut}(V, V)$ eine *nichtkomm. Gruppe*, auch *lineare Gruppe* von V genannt.

Reguläre Matrizen

Zeichnet man in V eine Basis B aus, so kann man bezüglich B die Menge aller Matrizen aus $M_{n,n}(K)$ (S. 89) betrachten, die zu $\mathrm{Aut}(V, V)$ gehört. Wesentlich ist nun, daß sich dieselbe Matrizenmenge ergibt, wenn man zu einer anderen Basis von V übergeht. Durch $\mathrm{Aut}(V, V)$ wird also in $M_{n,n}(K)$ eine Teilmenge ausgezeichnet.

Def. 14: Eine zu einem Automorphismus von V gehörige Matrix aus $M_{n,n}(K)$ heißt *regulär.*

In der Theorie der Determinantenfunktionen zeigt man, daß eine Kennzeichnung regulärer Matrizen allein durch die zu ihr gehörenden Körperel. mit dem Begriff der Determinante möglich ist.

Determinante einer Matrix

Für die Def. der Determinante benötigt man den Begriff *Signum einer Permutation.* Läßt sich in einer Permutation $P := \begin{pmatrix} 1, \ldots, n \\ i_1, \ldots, i_n \end{pmatrix}$ aus S_n (S. 75) die Reihenfolge $(1, \ldots, n)$ durch eine Anzahl p von Vertauschungen je zweier benachbarter El. in die Reihenfolge $(i_1, \ldots, i_n)$ überführen (Abb. A), so heißt $(-1)^p$ *Signum von P* (sign P). Das Signum von P ist eindeutig bestimmt. Nun def. man

Def. 15: (α_{ik}) sei eine (n, n)-Matrix über K. Dann heißt

$$\begin{vmatrix} \alpha_{11} & \cdots & \alpha_{1n} \\ \vdots & & \\ \alpha_{n1} & \cdots & \alpha_{nn} \end{vmatrix} := \sum_{P \in S_n} \operatorname{sign} P \cdot \alpha_{i_1 1} \cdot \alpha_{i_2 2} \cdot \ldots \cdot \alpha_{i_n n}$$

$$\text{mit } P := \begin{pmatrix} 1, \ldots, n \\ i_1, \ldots, i_n \end{pmatrix}$$

n-reihige Determinante (Det.) von (α_{ik}), kurz: $\det(\alpha_{ik})$. Faßt man die Spalten der Matrix als Vektoren $s_1, \ldots, s_n \in K^n$ auf, so schreibt man: $\det(s_1, \ldots, s_n)$.

Eine n-reihige Det. besteht aus $n!$ Summanden; jeder Summand enthält genau ein El. aus jeder Zeile und Spalte der Matrix.

Beispiele zur Berechnung: Abb. B.

Rechenregeln für Determinanten

(1) *Eine Det. ändert ihren Wert nicht, wenn man die Spalten in derselben Reihenfolge als Zeilen notiert* (Abb. C_1).

Bem.: Aus (1) ergibt sich, daß alle für Spalten ausgesprochenen Regeln auch für Zeilen gelten.

(2) *Eine Det. hat den Wert* 0, *wenn eine Spalte nur Nullen enthält* (Abb. C_2): $\det(\ldots, \mathbf{o}, \ldots) = 0$.

(3) *Eine Det. ändert ihr Vorzeichen, wenn man zwei Spalten vertauscht* (Abb. C_3):
$\det(\ldots, s_r, \ldots, s_p, \ldots) = -\det(\ldots, s_p, \ldots, s_r, \ldots)$.

Folgerung: Eine Det. hat den Wert 0, wenn zwei Spalten übereinstimmen (Abb. C_4):
$\det(\ldots, s_r, \ldots, s_r, \ldots) = 0$.

(4) *Summensatz für Det.* (Abb. C_5):
$\det(\ldots, a_r + \lambda \cdot b_r, \ldots) = \det(\ldots, a_r, \ldots) + \lambda \cdot \det(\ldots, b_r, \ldots) \quad (\lambda \in K)$.

Folgerungen:

(a) Eine Det. ändert ihren Wert nicht, wenn man zu einer Spalte das λ-fache einer anderen Spalte addiert (Abb. C_6):
$\det(\ldots, s_r, \ldots, s_p \ldots) = \det(\ldots, s_r, \ldots, s_p + \lambda \cdot s_r, \ldots) \quad (\lambda \in K)$.

(b) Multipliziert man alle El. einer Spalte mit $\lambda \in K$, so ändert sich die Det. um das λ-fache:
$\det(\ldots, \lambda s_r, \ldots) = \lambda \cdot \det(\ldots, s_r, \ldots)$.

(c) $\det(\lambda \cdot (\alpha_{ik})) = \lambda^n \cdot \det(\alpha_{ik})$.

(d) Eine Det. ist genau dann von 0 verschieden, wenn die Menge der Spaltenvektoren lin. unabh. über K ist.

(5) *Besitzt eine Det. Dreiecksgestalt, d.h. ist* $\alpha_{ik} = 0$ *für* $k > i$, *so ist die Det. gleich dem Produkt der El.* $\alpha_{11}, \ldots, \alpha_{nn}$ (Abb. C_7).

Folgerung: Die Det. der Einheitsmatrix (δ_{ik}) ist 1.

(6) *Produktsatz für Det.:*
$\det((\alpha_{ik}) \cdot (\beta_{ik})) = \det(\alpha_{ik}) \cdot \det(\beta_{ik})$.

(7) *Entwicklungssatz für Det.: Bildet man zu einer fest gewählten Spalte vom Index s sämtliche Unterdet.* A_{rs}, $r \in \{1, \ldots, n\}$ (Abb. D), *so ergibt sich:* $\det(\alpha_{ik}) = \sum_{r=1}^{n} \alpha_{rs} A_{rs}$.

Bem.: A_{rs} berechnet man mit der $(n-1)$-reihigen *Streichungsdet.* S_{rs} (Abb. D), die durch Streichung der r-ten Zeile und s-ten Spalte entsteht:
$A_{rs} = (-1)^{r+s} S_{rs}$.

Abb. B enthält die Entwicklung einer dreireihigen Det. nach der 1. Spalte.

Die Gruppe $GL_n(K)$ regulärer Matrizen

Eine notwendige Bedingung für die Existenz einer multiplikativen Inversen $(\alpha_{ik})^{-1}$ zu $(\alpha_{ik}) \in M_{n,n}(K)$ ist $\det(\alpha_{ik}) \neq 0$, denn wegen (6) gilt: $(\alpha_{ik}) \cdot (\alpha_{ik})^{-1} = (\delta_{ik}) \Rightarrow \det(\alpha_{ik}) \cdot \det(\alpha_{ik})^{-1} = 1$, d.h. $\det(\alpha_{ik}) \neq 0$. Diese Bedingung ist aber auch hinreichend, denn verwendet man die aus den Unterdet. A_{rs} gebildete adjungierte Matrix $\mathrm{ad}(\alpha_{ik})$ (Abb. D), so gilt:

$$(\alpha_{ik})^{-1} := \frac{1}{\det(\alpha_{ik})} \cdot \mathrm{ad}(\alpha_{ik}) \text{ ist invers zu } (\alpha_{ik}).$$

Mit Hilfe von (6) rechnet man leicht nach, daß die Menge der Matrizen aus $M_{n,n}(K)$ mit von 0 verschiedener Det. hinsichtlich der Matrizenmult. eine nichtkomm. Gruppe bildet. Sie wird mit $GL_n(K)$ bezeichnet. Weitergehende Untersuchungen zeigen: *Eine Matrix ist genau dann regulär, wenn sie zu $GL_n(K)$ gehört.*

$GL_n(K)$ ist also die zu $\mathrm{Aut}(V, V)$ gehörige Menge regulärer Matrizen. Es gilt: $\mathrm{Aut}(V, V) \cong GL_n(K)$.

$$\begin{array}{rl} 5x_1+7x_2+15x_3=6 \\ x_1+2x_2+4x_3=4 \\ 2x_1+3x_2+7x_3=5 \end{array} \quad\Leftrightarrow\quad \begin{pmatrix} 5 & 7 & 15 \\ 1 & 2 & 4 \\ 2 & 3 & 7 \end{pmatrix} \begin{pmatrix} x_1 \\ x_2 \\ x_3 \end{pmatrix} = \begin{pmatrix} 6 \\ 4 \\ 5 \end{pmatrix} \qquad \det A = 2$$

Cramersche Regel

$$x_1=\tfrac{1}{2}\begin{vmatrix} 6 & 7 & 15 \\ 4 & 2 & 4 \\ 5 & 3 & 7 \end{vmatrix}=-7, \qquad x_2=\tfrac{1}{2}\begin{vmatrix} 5 & 6 & 15 \\ 1 & 4 & 4 \\ 2 & 5 & 7 \end{vmatrix}=\tfrac{1}{2}, \qquad x_3=\tfrac{1}{2}\begin{vmatrix} 5 & 7 & 6 \\ 1 & 2 & 4 \\ 2 & 3 & 5 \end{vmatrix}=\tfrac{5}{2}$$

Lösung: $\boxed{(-7, \tfrac{1}{2}, \tfrac{5}{2})}$

Eliminationsverfahren

Ziel des Verfahrens ist die äquivalente Umformung des Gleichungssystems in ein System der Form

$$\begin{array}{l} x_1=c_1 \\ x_2=c_2 \\ x_3=c_3 \end{array} \quad \text{bzw.} \quad \begin{pmatrix} 1 & 0 & 0 \\ 0 & 1 & 0 \\ 0 & 0 & 1 \end{pmatrix} \begin{pmatrix} x_1 \\ x_2 \\ x_3 \end{pmatrix} = \begin{pmatrix} c_1 \\ c_2 \\ c_3 \end{pmatrix},$$

aus dem man die Lösung (c_1, c_2, c_3) leicht ablesen kann.

Äquivalente Umformungen sind dabei:

(1) Vertauschung von Gleichungen, (2) Addition von Gleichungen,
(3) Multiplikation von Gleichungen mit Elementen aus $\mathbb{R}\setminus\{0\}$.

Im allgemeinen geht man folgendermaßen vor: Zwei der Gleichungen werden durch Gleichungen mit 2 Variablen ersetzt, von diesen wiederum eine durch eine Gleichung mit einer Variablen. Dann kann man nacheinander die restlichen Gleichungen in Gleichungen mit einer Variablen umformen.

$$\begin{array}{rl} & 5x_1+7x_2+15x_3=6 \\ (+) & x_1+2x_2+4x_3=4/\cdot(-5) \\ \hline & -3x_2-5x_3=-14 \end{array} \qquad \begin{array}{rl} & x_1+2x_2+4x_3=4/\cdot(-2) \\ (+) & 2x_1+3x_2+7x_3=5 \\ \hline & x_2+x_3=3 \end{array}$$

$$-2x_3=-5$$

$$\boxed{x_3=\tfrac{5}{2}} \qquad \boxed{x_2=\tfrac{1}{2}} \qquad \boxed{x_1=-7}$$

Lösung: $\boxed{(-7, \tfrac{1}{2}, \tfrac{5}{2})}$

Schematisierung des Eliminationsverfahrens

Notiert man das Gleichungssystem in der Form $\begin{pmatrix} 5 & 7 & 15 & 6 \\ 1 & 2 & 4 & 4 \\ 2 & 3 & 7 & 5 \end{pmatrix}$, so ist diese Matrix durch (1) Vertauschung von Zeilen, (2) Addition von Zeilen, (3) Multiplikation von Zeilen mit Elementen aus $\mathbb{R}\setminus\{0\}$ auf die Form

$$\begin{pmatrix} 1 & 0 & 0 & c_1 \\ 0 & 1 & 0 & c_2 \\ 0 & 0 & 1 & c_3 \end{pmatrix} \text{ zu bringen:} \qquad \begin{pmatrix} 5 & 7 & 15 & 6 \\ 1 & 2 & 4 & 4 \\ 2 & 3 & 7 & 5 \end{pmatrix} \overset{(1)}{\Leftrightarrow} \begin{pmatrix} 1 & 2 & 4 & 4 \\ 5 & 7 & 15 & 6 \\ 2 & 3 & 7 & 5 \end{pmatrix} \overset{(2),(3)}{\Leftrightarrow}$$

$$\begin{pmatrix} 1 & 2 & 4 & 4 \\ 0 & -3 & -5 & -14 \\ 0 & 1 & 1 & 3 \end{pmatrix} \overset{(2),(3)}{\Leftrightarrow} \begin{pmatrix} 1 & 2 & 4 & 4 \\ 0 & -3 & -5 & -14 \\ 0 & 0 & -2 & -5 \end{pmatrix} \overset{(3)}{\Leftrightarrow} \begin{pmatrix} 1 & 2 & 4 & 4 \\ 0 & -3 & -5 & -14 \\ 0 & 0 & 1 & \frac{5}{2} \end{pmatrix} \overset{(2),(3)}{\Leftrightarrow} \begin{pmatrix} 1 & 2 & 4 & 4 \\ 0 & -3 & 0 & -\frac{3}{2} \\ 0 & 0 & 1 & \frac{5}{2} \end{pmatrix} \overset{(3)}{\Leftrightarrow}$$

$$\begin{pmatrix} 1 & 2 & 4 & 4 \\ 0 & 1 & 0 & \frac{1}{2} \\ 0 & 0 & 1 & \frac{5}{2} \end{pmatrix} \overset{(2),(3)}{\Leftrightarrow} \begin{pmatrix} 1 & 0 & 4 & 3 \\ 0 & 1 & 0 & \frac{1}{2} \\ 0 & 0 & 1 & \frac{5}{2} \end{pmatrix} \overset{(2),(3)}{\Leftrightarrow} \begin{pmatrix} 1 & 0 & 0 & -7 \\ 0 & 1 & 0 & \frac{1}{2} \\ 0 & 0 & 1 & \frac{5}{2} \end{pmatrix}$$

Lösung: $\boxed{(-7, \tfrac{1}{2}, \tfrac{5}{2})}$

Lineares Gleichungssystem über $\mathbb{R}$

Gleichungen

Zur Def. einer Gleichung verwendet man den Begriff des *Terms.* Darunter versteht man Ausdrücke, die Zeichen für El. aus Mengen, wohldef. Operationszeichen oder Variablen x_i enthalten. Für die Variablen sind El. aus vorgegebenen Grundmengen G_i einzusetzen.

Beispiele: 5; $\sqrt{2}$; $2x+1/G=\mathbb{Q}$; $\frac{1}{x}/G=\mathbb{R}$;
$x_1+x_2-3/G_1=G_2=\mathbb{R}$;
$\frac{3}{x_1-x_2}x_3/G_1=G_2=G_3=\mathbb{R}$.

Verbindet man zwei Terme T_1 und T_2 durch das Zeichen »=«, so nennt man $T_1=T_2$ eine *Gleichung,* auch *Gleichung mit n Variablen,* wenn T_1 und T_2 genau die Variablen $x_1, \ldots, x_n$ (Grundmengen $G_1, \ldots, G_n$) enthalten. Einzusetzen sind in eine Gleichung mit n Variablen die n-Tupel aus $G:=G_1\times\ldots\times G_n$. Diese Menge heißt *Grundmenge der Gleichung.*

Beispiele: (1) $2x+1=5/G=\mathbb{Q}$; (2) $\frac{1}{x}=2/G=\mathbb{R}$;
(3) $\frac{3}{x_1-x_2}x_3=x_1-3/G=\mathbb{R}\times\mathbb{R}\times\mathbb{R}$.

Um nichtdef. Ausdrücke auszuschließen, die beim Einsetzen entstehen können (z. B. wenn 0 in (2) oder (1, 1, 1) in (3) eingesetzt wird), bildet man die *Definitionsmenge D einer Gleichung.* Sie umfaßt alle El. von G, für die sich beim Einsetzen eine wahre oder falsche Aussage ergibt.

Beispiele: (1) $D=\mathbb{Q}$; (2) $D=\mathbb{R}\setminus\{0\}$; (3) $D=\mathbb{R}\times\mathbb{R}\times\mathbb{R}\setminus\{(x_1,x_2,x_3)\,|\,x_1=x_2\}$.

Bem.: Bezüglich D ist jede Gleichung eine Aussageform (S. 25).

Aufgabe der Gleichungslehre ist es, die *Lösungsmenge L* einer Gleichung oder eines Gleichungssystems (s.u.) zu bestimmen. Sie enthält alle El. von D, für die sich beim Einsetzen *wahre* Aussagen ergeben. Die Lösungsmenge wird häufig dadurch bestimmt, daß man vorgegebene Gleichungen auf einfachere Gleichungen (z.B. $x=a$) mit derselben Lösungsmenge zurückführt. Gleichungen mit derselben Lösungsmenge heißen *äquivalent.* Umformungen, die Gleichungen in äquivalente überführen, nennt man *Äquivalenzumformungen.* Sie sind abhängig von der spez. Art der Gleichung.

Beispiel: $4x^2-4x-5=2x^2+1/G=D=\mathbb{R}$
$4x^2-4x-5=2x^2+1 \Leftrightarrow 2x^2-4x-6=0 \Leftrightarrow$
$x^2-2x-3=0 \Leftrightarrow x^2-2x+1-1-3=0 \Leftrightarrow$
$(x-1)^2-4=0 \Leftrightarrow (x-1+2)(x-1-2)=0 \Leftrightarrow$
$x+1=0 \vee x-3=0 \Leftrightarrow x=-1 \vee x=3$.
$L=\{-1,3\}$.

Lineare Gleichungssysteme

Def.: Ein System von m Gleichungen mit n Variablen $x_1, \ldots, x_n$ (Grundmengen: Körper K)

$$\text{(I)}\quad \begin{matrix} a_{11}x_1+\ldots+a_{1n}x_n=b_1 \\ \vdots \qquad\qquad \vdots \qquad \vdots \\ a_{m1}x_1+\ldots+a_{mn}x_n=b_m \end{matrix} \quad (a_{ik}, b_i \in K)$$

heißt *lineares Gleichungssystem* über K. Ist mindestens ein b_i von 0 verschieden, so heißt (I) *inhomogen,* im anderen Falle *homogen.* Jedes n-Tupel $(x_1, \ldots, x_n)\in K^n$, das Lösung aller m Gleichungen ist, wird *Lösung* von (I) genannt.

Setzt man $A:=(a_{ik})$, $\boldsymbol{x}:=(x_1, \ldots, x_n)\in K^n$ und $\boldsymbol{b}:=(b_1, \ldots, b_m)\in K^m$, so erhält man die zu (I) äquivalente *Matrizengleichung*

(II) $A\boldsymbol{x}=\boldsymbol{b}$ ($\boldsymbol{x}$ und $\boldsymbol{b}$ als Spalten notiert),

die häufig einfacher zu behandeln ist als (I).

In einem wichtigen Spezialfall läßt sich die Lösungsmenge leicht bestimmen.

CRAMERsche Regel

Satz 1: *Ist $n=m$ und $\det A\neq 0$, so besitzt das System $A\boldsymbol{x}=\boldsymbol{b}$ genau eine Lösung, und zwar $\boldsymbol{x}=A^{-1}\boldsymbol{b}$.*

Beachtet man die Def. von A^{-1} (S. 91) und verwendet den Entwicklungssatz (S. 91), so ergibt sich als Lösung $\boldsymbol{x}=(x_1, \ldots, x_n)$ mit: $(k=1, \ldots, n)$

$$x_k=\frac{1}{\det A}\cdot\begin{vmatrix} a_{11} & \ldots & a_{1\,k-1} & b_1 & a_{1\,k+1} & \ldots & a_{1n} \\ \vdots & & \vdots & \vdots & \vdots & & \vdots \\ a_{n1} & \ldots & a_{nk-1} & b_n & a_{nk+1} & \ldots & a_{nn} \end{vmatrix}$$

(sog. CRAMERsche Regel).

Beispiel: Abb. Seite 92.

Bem.: Für die prakt. Anwendung ist die CRAMERsche Regel i.a. unzweckmäßig, da die Berechnung von Det. höherer Ordnung sehr schwierig sein kann. Man bedient sich des Eliminationsverfahrens (Abb. S. 92) oder approximativer Verfahren.

Wichtig ist die CRAMERsche Regel für die Theorie, weil sich allgem. Lösungsverfahren hom. und inhom. Systeme stets auf das Rechnen mit der CRAMERschen Regel zurückführen lassen.

Homogene Systeme

Ein hom. System $A\boldsymbol{x}=\boldsymbol{o}$ ist stets lösbar, denn z. B. ist $\boldsymbol{o}\in K^n$ eine Lösung. Mit zwei Lösungen $\boldsymbol{x}$ und $\boldsymbol{y}$ sind auch $\boldsymbol{x}-\boldsymbol{y}$ und $\lambda\boldsymbol{x}(\lambda\in K)$ Lösungen. Daher ist die Lösungsmenge L_h eines hom. Systems ein Vektorraum über K, genauer ein Unterraum von K^n (Satz 1, S. 85, anwenden).

Die Dimension von L_h ist durch die Matrix A bestimmt. Bezeichnet man die Maximalzahl lin. unabh. Spalten-(Zeilen-)Vektoren von A mit r (rang A), so ist $\dim(L_h/K)=n-r$.

Gelingt es also, $n-r$ lin.unabh. Lösungen $\boldsymbol{x}_1, \ldots, \boldsymbol{x}_{n-r}$ anzugeben, so ist $\{\boldsymbol{x}_1, \ldots, \boldsymbol{x}_{n-r}\}$ eine Basis von L_h, d.h.

$L_h=\{\boldsymbol{x}\,|\,\boldsymbol{x}=\lambda_1\boldsymbol{x}_1+\ldots+\lambda_{n-r}\boldsymbol{x}_{n-r} \wedge \lambda_i\in K\}$.

Bem.: $\boldsymbol{x}=\lambda_1\boldsymbol{x}_1+\ldots+\lambda_{n-r}\boldsymbol{x}_{n-r}$ heißt auch *allgemeine Lösung* des hom. Systems. Die $\boldsymbol{x}_i$ lassen sich nach einem allgem. Lösungsverfahren unter Verwendung der CRAMERschen Regel bestimmen.

Inhomogene Systeme

Ein inhomogenes System ist nicht immer lösbar, z.B. $x_1+x_2=0 \wedge x_1+x_2=1$.

Ein Kriterium für die Lösbarkeit enthält

Satz 2: *Ein inhom. System $A\boldsymbol{x}=\boldsymbol{b}$ ist lösbar genau dann, wenn sich $\boldsymbol{b}$ durch die Spaltenvektoren $\boldsymbol{s}_1, \ldots, \boldsymbol{s}_n$ von A linear kombinieren läßt, d.h. wenn*
$\boldsymbol{b}=\lambda_1\boldsymbol{s}_1+\ldots+\lambda_n\boldsymbol{s}_n$ $(\lambda_i\in K)$.

Die Lösungsmenge L_{ih} eines lösbaren inhom. Systems $A\boldsymbol{x}=\boldsymbol{b}$ läßt sich mit Hilfe der Lösungsmenge L_h des zugehörigen hom. Systems $A\boldsymbol{x}=\boldsymbol{o}$ darstellen. Ist nämlich $\boldsymbol{x}_0$ irgendeine sog. *partikuläre Lösung* von $A\boldsymbol{x}=\boldsymbol{b}$, so gilt:

$L_{ih}=\boldsymbol{x}_0+L_h$ (Linksnebenklasse).

$\mathbb{Z}[q] := \left\{\sum_{\nu=0}^{r} a_\nu q^\nu \mid q \in \mathbb{Q} \wedge a_\nu \in \mathbb{Z} \wedge r \in \mathbb{N}\right\}$ ist ein Unterring mit 1 von $\mathbb{Q}$

Das komm. und ass. Gesetz der Add. und Mult. und das distr. Gesetz gelten in $\mathbb{Z}[q]$, da sie in $\mathbb{Q}$ gelten. $1 \in \mathbb{Z}[q]$, da $1 \in \mathbb{Z}$ und $\mathbb{Z} \subseteq \mathbb{Z}[q]$.

a) $z_1 \in \mathbb{Z}[q] \wedge z_2 \in \mathbb{Z}[q] \Rightarrow z_1 - z_2 \in \mathbb{Z}[q]$

$$z_1 := \sum_{\nu=0}^{r} a_\nu q^\nu \wedge z_2 := \sum_{\nu=0}^{s} b_\nu q^\nu \text{ (o.B.d.A. } r \geqq s) \Rightarrow z_1 - z_2 = \sum_{\nu=0}^{r} a_\nu q^\nu - \sum_{\nu=0}^{s} b_\nu q^\nu \Rightarrow$$

$$z_1 - z_2 = a_0 - b_0 + (a_1 - b_1)\,q + \ldots + (a_s - b_s)\,q^s + a_{s+1} q^{s+1} + \ldots + a_r q^r \Rightarrow z_1 - z_2 = \sum_{\nu=0}^{r} c_\nu q^\nu \in \mathbb{Z}[q]$$

b) $z_1 \in \mathbb{Z}[q] \wedge z_2 \in \mathbb{Z}[q] \Rightarrow z_1 \cdot z_2 \in \mathbb{Z}[q]$

$$z_1 := \sum_{\nu=0}^{r} a_\nu q^\nu \wedge z_2 := \sum_{\nu=0}^{s} b_\nu q^\nu \Rightarrow z_1 \cdot z_2 = \sum_{\nu=0}^{r} a_\nu q^\nu \cdot \sum_{\nu=0}^{s} b_\nu q^\nu \Rightarrow z_1 \cdot z_2 = a_0 b_0 + (a_0 b_1 + a_1 b_0)\,q +$$

$$+ (a_0 b_2 + a_1 b_1 + a_2 b_0)\,q^2 + \ldots + (a_{r-1} b_s + a_r b_{s-1})\,q^{r+s-1} + a_r b_s q^{r+s} \Rightarrow z_1 \cdot z_2 = \sum_{\nu=0}^{r+s} d_\nu q^\nu \in \mathbb{Z}[q]$$

A Bem.: Auf das komm. Gesetz der Mult. kann bei b) nicht verzichtet werden.

Zwischenring $\mathbb{Z}[q]$

$(R; +, \cdot)$ sei ein Ring mit 1. Dann bildet man die Menge F aller Folgen $(a_0, a_1, \ldots)$ mit $a_\nu \in R$, bei denen höchstens endl. viele $a_\nu \neq 0$ sind, d. h. die Menge aller Abbildungen $f: \mathbb{N} \to R$, wobei $f[\mathbb{N}] \cap R \setminus \{0\}$ eine endliche Menge ist. Man definiert auf F:

Gleichheit:	$(a_0, a_1, \ldots) = (b_0, b_1, \ldots) :\Leftrightarrow a_0 = b_0, a_1 = b_1, \ldots$
Addition:	$(a_0, a_1, \ldots) + (b_0, b_1, \ldots) := (a_0 + b_0, a_1 + b_1, \ldots)$
Multiplikation:	$(a_0, a_1, \ldots) \cdot (b_0, b_1, \ldots) := (a_0 b_0, \ldots, a_0 b_i + a_1 b_{i-1} + \ldots + a_i b_0, \ldots)$
Nullelement:	$(0, 0, \ldots)$ Einselement: $(1, 0, 0, \ldots)$
Inverses Element der Addition:	$(-a_0, -a_1, \ldots)$ invers zu $(a_0, a_1, \ldots)$
Es ergibt sich:	$(F; +, \cdot)$ ist ein Ring mit 1

$(\{(a, 0, 0, \ldots) \mid a \in R\}; +, \cdot)$ ist ein zu R isomorpher Unterring von F und kann mit R identifiziert werden. F kann also als Oberring von R aufgefaßt werden.

In F gibt es ein ausgezeichnetes Element:

$$X := (0, 1, 0, 0, \ldots)$$

Es gilt: $X^2 := X \cdot X = (0, 0, 1, 0, 0, \ldots)$, $X^3 := X \cdot X^2 = (0, 0, 0, 1, 0, 0, \ldots)$ usw., d. h.

$$(a_0, a_1, a_2, \ldots) = (a_0, 0, 0, \ldots) + (a_1, 0, 0, \ldots) \cdot X + (a_2, 0, 0, \ldots) \cdot X^2 + \ldots$$

(da höchstens endl. viele $a_\nu \neq 0$ sind, handelt es sich um eine endl. Summe)

Vereinbart man, zwischen $(a, 0, 0, \ldots) \in F$ und $a \in R$ nicht zu unterscheiden, so gilt:

$$(a_0, a_1, \ldots) = \sum_{\nu=0}^{r} a_\nu X^\nu$$

F ist die Menge aller Polynome in X über R und wird mit $R[X]$ bezeichnet, da F der kleinste Ring ist, der R umfaßt und X enthält.

B X heißt Unbestimmte oder Transzendente, da aus $\sum_{\nu=0}^{r} a_\nu X^\nu = 0 \in F$ stets folgt: $a_\nu = 0 \in R$.

Konstruktion des Polynomringes $R[X]$ aus R

$f(X)$ $g(X)$

$X^4 + 2X^3 + X + 1 = X^2(X^2 - 1) + 2X^3 + X^2 + X + 1$

$\to 2X^3 + X^2 + X + 1 = 2X(X^2 - 1) + X^2 + 3X + 1$

$\to X^2 + 3X + 1 = 1(X^2 - 1) + 3X + 2$

$X^4 + 2X^3 + X + 1 = (X^2 + 2X + 1)(X^2 - 1) + 3X + 2$

Rechenschema

$(X^4 + 2X^3 + X + 1) : (X^2 - 1) \mid X^2 + 2X + 1$

$-(X^4 - X^2)$

$2X^3 + X^2 + X + 1$

$-(2X^3 - 2X)$

$X^2 + 3X + 1$

$-(X^2 - 1)$

$3X + 2$

C

Divisions-Algorithmus zu $X^4 + 2X^3 + X + 1$ und $X^2 - 1$

Konstruktion von Zwischenringen, Ring-Adjunktion

$\mathbb{Q}$ ist der kleinste $\mathbb{Z}$ umfassende Körper (S. 57). Eine Teilmenge T mit $\mathbb{Z} \subseteq T \subseteq \mathbb{Q}$ trägt also als Unterstruktur von $\mathbb{Q}$ allenfalls die Ringstruktur. Derartige *Zwischenringe* lassen sich leicht angeben:

Gehört $q \in \mathbb{Q}$ zu einem Zwischenring, so gehören alle Potenzen $q^\nu (\nu \in \mathbb{N})$, alle Produkte $a_\nu q^\nu (a_\nu \in \mathbb{Z}, \nu \in \mathbb{N})$ und deren endl. Summen $\sum_{\nu=0}^{r} a_\nu q^\nu (r \in \mathbb{N})$ zum Zwischenring. Man kann zeigen (Abb. A), daß

$$\mathbb{Z}[q] := \left\{ \sum_{\nu=0}^{r} a_\nu q^\nu \mid q \in \mathbb{Q} \wedge a_\nu \in \mathbb{Z} \wedge r \in \mathbb{N} \right\} \text{ bereits}$$

ein Zwischenring mit 1 ist (für $q \in \mathbb{Z}$ ist $\mathbb{Z}[q] = \mathbb{Z}$). Das Verfahren läßt sich verallgemeinern.

Satz 1: *S sei ein komm. Ring mit* 1 (s. Bem. in Abb. A) *und R ein Unterring von S mit* 1. *Dann ist*

$$R[\alpha] := \left\{ \sum_{\nu=0}^{r} a_\nu \alpha^\nu \mid \alpha \in S \wedge a_\nu \in R \wedge r \in \mathbb{N} \right\}$$

ein Zwischenring mit 1.

$R[\alpha]$ ist der *kleinste* Ring, der α enthält und R umfaßt.

Def. 1: $R[\alpha]$ heißt durch *Ring-Adjunktion* von α zu R erzeugter Ring (lies: »R adjungiert α«).

Polynome, Polynomring $R[X]$

Die in $R[\alpha]$ auftretenden El. legen eine Formalisierung nahe. Offensichtlich ergeben sich die El. von $R[\alpha]$, wenn man in den *formalen Ausdrücken*

$$a_0 + a_1 X + \ldots + a_r X^r \ (a_\nu \in R \wedge r \in \mathbb{N})$$

X durch das El. α ersetzt.

Def. 2: R sei ein Ring mit 1. Dann heißt

$$f(X) := a_0 + a_1 X + \ldots + a_r X^r (a_\nu \in R \wedge r \in \mathbb{N})$$

Polynom in X über R; X heißt *Unbestimmte*. Die $a_\nu \in R$ werden *Koeffizienten* genannt; R heißt *Koeffizientenring*. Die Menge aller Polynome in X über R wird mit $R[X]$ bezeichnet.

Auf $R[X]$ muß eine Gleichheitsrel. def. werden:

Def. 3: Zwei Polynome aus $R[X]$ heißen *gleich*, wenn alle gleichindizierten Koeffizienten übereinstimmen und weitere Koeffizienten eines der beiden Polynome $0 \in R$ sind.

Beispiele: Die Polynome $1 + X^2 + a_3 X^3$ und $b_0 + b_2 X^2 + X^3 + b_4 X^4$ sind genau dann gleich, wenn $b_0 = b_2 = a_3 = 1$ und $b_4 = 0$.

In Analogie zu Satz 1 def. man auf $R[X]$ eine Add. und eine Mult., so daß $R[X]$ ein Ring mit 1 wird.

Def. 4: Ist $f(X) := \sum_{\nu=0}^{r} a_\nu X^\nu \in R[X]$ und $g(X) := \sum_{\nu=0}^{s} b_\nu X^\nu \in R[X]$, so setzt man mit $t = \text{grEl}(\{r, s\})$ und $a_\nu = 0 = b_\mu$ für $\nu > r, \mu > s$

$$f(X) + g(X) := \sum_{\nu=0}^{t} (a_\nu + b_\nu) X^\nu,$$

$$f(X) \cdot g(X) := \sum_{\nu=0}^{r+s} \left(\sum_{\mu=0}^{\nu} a_\mu b_{\nu-\mu} \right) X^\nu.$$

$n(X) := 0$ mit $0 \in R$ ist das Nullel. *(Nullpolynom)* in $R[X]$, $e(X) := 1$ mit $1 \in R$ das Einsel. *(Einspolynom)* in $R[X]$. Zu $f(X) := \sum_{\nu=0}^{r} a_\nu X^\nu$ gehört als inv. El. $-f(X) := \sum_{\nu=0}^{r} (-a_\nu) X^\nu$. Für das ass. Gesetz der Mult. und das distributive Gesetz benötigt man die Rechenregeln für endl. Reihen (Bd. II). Wenn R ein komm. (nullteilerfreier) Ring ist, so gilt diese Eigenschaft auch für $R[X]$. Damit ergibt sich

Satz 2: *R sei ein Ring mit* 1 *(komm. Ring mit* 1, *Integritätsring). Dann ist auch $R[X]$ ein Ring mit* 1 *(komm. Ring mit* 1, *Integritätsring), der sog. Polynomring $R[X]$ über R.*

Bem.: $R[X]$ kann auch als Oberring von R konstruiert werden (Abb. B).

Grad von Polynomen

Def. 5: Es sei $f(X) := \sum_{\nu=0}^{r} a_\nu X^\nu \neq 0$ ein Polynom aus $R[X]$. Dann heißt die größte nat. Zahl ν, für die $a_\nu \neq 0$ ist, *Grad von $f(X)$* (grad $f(X)$). Der zugehörige Koeffizient heißt *höchster Koeffizient* des Polynoms. Ein Polynom wird *normiert* genannt, wenn der höchste Koeffizient $1 \in R$ ist.

Beispiele: Die sog. *konstanten* Polynome $f(X) := a_0 \neq 0$ sind vom Grad 0; dem Nullpolynom wird kein Grad zugeordnet. $X + X^r$ ist normiert und vom Grad r.

Offensichtlich gilt:

$$\text{grad}(f(X) + g(X)) \leq \text{grEl}(\{\text{grad} f(X), \text{grad} g(X)\}),$$
$$\text{grad}(f(X) \cdot g(X)) \leq \text{grad} f(X) + \text{grad} g(X).$$

Ist R ein Integritätsring, so ergibt sich

$$\text{grad}(f(X) \cdot g(X)) = \text{grad} f(X) + \text{grad} g(X),$$

denn sind $a_r \neq 0$ und $b_s \neq 0$ die höchsten Koeffizienten von $f(X)$ bzw. $g(X)$, so ist $a_r b_s \neq 0$ und als Koeffizient von X^{r+s} höchster Koeffizient von $f(X) \cdot g(X)$.

Polynomring $R[X_1, \ldots, X_n]$

Adjungiert man zu einem Ring mit 1 die Unbestimmten $X_1, \ldots, X_n$, so kann man formale Ausdrücke

$$\sum_{0 \leq \nu_i \leq r} a_{\nu_1 \ldots \nu_n} X_1^{\nu_1} \cdot \ldots \cdot X_n^{\nu_n} (a_{\nu_1 \ldots \nu_n} \in R \wedge r \in \mathbb{N})$$

betrachten. Man nennt sie *Polynome in $X_1, \ldots, X_n$ über R*. Die Menge derartiger Polynome wird mit $R[X_1, \ldots, X_n]$ bezeichnet. Verallgemeinert man Def. 4, so wird $R[X_1, \ldots, X_n]$ zu einem Ring mit 1 (Satz 2 gilt sinngemäß).

Bem.: $R[X_1, \ldots, X_n]$ ergibt sich auch durch *sukzessive Adjunktion* der Unbestimmten, wobei die Reihenfolge keine Rolle spielt, d.h. $R[X_1, \ldots, X_i] = R[X_1, \ldots X_{i-1}][X_i]$ $(i \in \{2, \ldots, n\})$.

Teilbarkeit in Polynomringen $K[X]$ über einem Körper K

Vorbemerkung: Die hier angeschnittenen Fragen können z.T. auch in Polynomringen über einem Ring beantwortet werden. Der Einfachheit halber wird jedoch ein *Koeffizientenkörper K* verwendet.

Die Teilbarkeitsdef. $a \mid b :\Leftrightarrow \bigvee_z (z \in \mathbb{Z} \wedge b = za)$ im Ring $\mathbb{Z}$ läßt sich übertragen auf $K[X]$.

Def. 6: $g(X) \in K[X]$ *teilt* $f(X) \in K[X]$ (in Zeichen: $g(X) \mid f(X)$), wenn es ein $h(X) \in K[X]$ gibt mit $f(X) = g(X) \cdot h(X)$ (auch $h(X)$ ist dann ein *Teiler* von $f(X)$). $g(X)$ heißt *echter Teiler* von $f(X)$, wenn $0 < \text{grad}\, g(X) < \text{grad}\, f(X)$.

Ein Polynom wird *irreduzibel* über K genannt, wenn es keine echten Teiler in $K[X]$ besitzt, andernfalls *reduzibel* über K.

Bem.: Reduzible Polynome entsprechen den ganzen Zahlen mit echten Teilern, irred. Polynome den Primzahlen.

Beispiele: X^2-1 ist reduzibel über jedem Körper, denn $X^2-1=(X+1)(X-1)$. X^2+1 ist zwar reduzibel über $\mathbb{C}$, da $X^2+1=(X+i)(X-i)$, aber irred. über $\mathbb{R}$. Jedes Polynom vom Grade 1 ist irred. Wenn $g(X)$ ein Teiler von $f(X)$ ist, so auch $a\cdot g(X)$ für jedes $a\in K\setminus\{0\}$.

Dem Satz von der eindeutigen Zerlegung nat. Zahlen in Primfaktoren entspricht

Satz 3: *Jedes Polynom aus $K[X]$ läßt sich eindeutig in ein Produkt von irreduziblen Polynomen aus $K[X]$ zerlegen.*

Bem.: Der Nachweis der Eindeutigkeit gelingt mit Hilfe von Satz 9, S. 103 (vgl. auch S. 117/118).

Beispiele: $X^4-2X^3-X^2+4X-2$ besitzt über $\mathbb{Q}$ die Zerlegung $(X^2-2)(X-1)^2$, über $\mathbb{R}$ dagegen die Zerlegung $(X+\sqrt{2})\ (X-\sqrt{2})\ (X-1)^2$. Die Zerlegung hängt also von der Wahl des Koeffizientenkörpers ab.

Divisionsalgorithmus

Bekanntlich kann man für nat. Zahlen eine »Division mit Rest« einführen. Diese läßt sich exakt mit den auf $\mathbb{N}$ def. Verknüpfungen beschreiben. Z.B. gilt für 112 und 25: $112=4\cdot 25+12$.

Allgemein: Zu $a,b\in\mathbb{N}$ gibt es eindeutig bestimmte $q,r\in\mathbb{N}$ mit $a=q\cdot b+r$ und $0\leqq r<b$. Dieser sog. *Divisionsalgorithmus* läßt sich auch in Ringen $K[X]$ durchführen.

Satz 4: *Zu $f(X)$, $g(X)\in K[X]$ gibt es eindeutig bestimmte $q(X), r(X)\in K[X]$, so daß*

$$f(X)=q(X)\cdot g(X)+r(X)$$

mit $\operatorname{grad} r(X)<\operatorname{grad} g(X)$ *oder* $r(X)=0$.

Beispiel: Abb. C, S. 94.

Bem.: $K[X]$ ist nach Satz 4 ein Euklidischer Ring (vgl. S. 117). Der sog. *Euklidische Algorithmus* (S. 116) ist daher ausführbar. Durch ihn kann der »größte gemeinsame Teiler« (ggT) bestimmt werden als letzter nicht verschwindender Rest.

Def. 7: Unter $\operatorname{ggT}(f(X),g(X))$ soll das normierte Polynom höchsten Grades verstanden werden, das $f(X)\in K[X]$ und $g(X)\in K[X]$ teilt. $f(X)$ und $g(X)$ heißen *teilerfremd*, wenn $\operatorname{ggT}(f(X),g(X))=1$.

Dann gilt der

Satz 5: *Sind $f(X)$, $g(X)\in K[X]$ vom Nullpolynom verschiedene Polynome, so gibt es zwei teilerfremde Polynome $u(X), v(X)\in K[X]$ mit* $u(X)\cdot f(X)+v(X)\cdot g(X)=\operatorname{ggT}(f(X),g(X))$.

Bem.: Wenn also $f(X)$ und $g(X)$ teilerfremd sind, gilt:

$$u(X)\cdot f(X)+v(X)\cdot g(X)=1\,.$$

Nullstellen eines Polynoms

Die Beispiele zu Satz 3 zeigen, daß bei der Zerlegung eines Polymoms in irred. Faktoren Polynome kleinsten Grades der Form $X-\alpha$ mit $\alpha\in K$ entstehen können.

Def. 8: Das Polynom $X-\alpha\in K[X]$ heißt *Linearfaktor* von $f(X)\in K[X]$, wenn $X-\alpha\,|\,f(X)$.

$X-\alpha\,|\,f(X)$ bedeutet: $f(X)=(X-\alpha)\,g(X)$ mit $g(X)\in K[X]$. Ersetzt man die Unbestimmte X durch $\alpha\in K$, so erhält man einen Ausdruck $f(\alpha)\in K$. Wegen $f(\alpha)=(\alpha-\alpha)\,g(\alpha)$ ist $f(\alpha)=0$.

Def. 9: $\alpha\in K$ heißt *Nullstelle* von $f(X)\in K[X]$, wenn $f(\alpha)=0$ mit $0\in K$.

Wenn also $X-\alpha$ ein Linearfaktor von $f(X)\in K[X]$ ist, so ist α Nullstelle von $f(X)$. Auch die Umkehrung gilt, denn ist $\alpha\in K$ eine Nullstelle von $f(X)$, so ergibt sich aus $f(\alpha)=0$ und $f(X)=g(X)(X-\alpha)+r(X)$ mit $\operatorname{grad} r(X)<1$ oder $r(X)=0$ (Satz 4), daß $r(X)=0$ ist, d.h. $f(X)=g(X)(X-\alpha)$.

Satz 6: *$\alpha\in K$ ist genau dann Nullstelle von $f(X)\in K[X]$, wenn $f(X)$ den Linearfaktor $X-\alpha$ besitzt.*

Mehrfache Nullstellen

Wenn $f(X)=(X-\alpha)\,g(X)$ gilt, so ist es durchaus möglich, daß $X-\alpha\,|\,g(X)$. In diesem Fall spricht man von mehrfachen Nullstellen. Z.B. ist 1 zweifache Nullstelle von $X^3-4X^2+5X-2\in\mathbb{Q}[X]$, 2 dagegen nur einfache Nullstelle.

Def. 10: $\alpha\in K$ heißt *m-fache Nullstelle* ($m\in\mathbb{N}\setminus\{0\}$) von $f(X)\in K[X]$, wenn $(X-\alpha)^m\,|\,f(X)$ und $(X-\alpha)^{m+1}\nmid f(X)$.

Aus Satz 6 und Def. 10 ergibt sich

Satz 7: *Ein Polynom $f(X)\in K[X]$ vom Grad $n\geqq 1$ besitzt höchstens n verschiedene Nullstellen in K. Genauer: Die Summe der Vielfachheiten der Nullstellen ist kleiner oder gleich n.*

Bem.: In $\mathbb{R}[X]$ kann es Polynome ohne Nullstellen in $\mathbb{R}$ geben, z.B. X^2+1. Dagegen besitzt jedes Polynom aus $\mathbb{C}[X]$ vom Grad $n\geqq 1$ mindestens eine Nullstelle in $\mathbb{C}$ (vgl. S. 67, Algebr. Hauptsatz der kompl. Zahlen). Mit Satz 7 ergibt sich: Die Summe der Vielfachheiten aller Nullstellen ist n. Damit läßt sich jedes Polynom aus $\mathbb{C}[X]$ vom Grad $n\geqq 1$ zerlegen in $a_n(X-\alpha_1)^{m_1}\cdot\ldots\cdot(X-\alpha_s)^{m_s}$ mit $\sum_{\nu=1}^{s} m_\nu=n$. Man sagt: das Polynom zerfällt über $\mathbb{C}$ vollständig in Linearfaktoren.

Die Untersuchung auf mehrfache Nullstellen kann durch folgenden Begriff erleichtert werden:

Def. 11: Das Polynom $f'(X):=\sum_{\nu=1}^{r}\nu a_\nu X^{\nu-1}$ mit $\nu a_\nu:=\sum_{\mu=1}^{\nu} a_\nu$ heißt *Ableitung* zu $f(X):=\sum_{\nu=0}^{r} a_\nu X^\nu$.

Für die Ableitung gelten die Regeln:

(1) $(f(X)+g(X))'=f'(X)+g'(X)$,

(2) $(c\cdot f(X))'=c\cdot f'(X)$ für $c\in K$,

(3) $(f(X)\cdot g(X))'=f'(X)\cdot g(X)+f(X)\cdot g'(X)$,

(4) $(f(X)^n)'=n\cdot f(X)^{n-1}\cdot f'(X)$ für $n\in\mathbb{N}\setminus\{0\}$.

Aus diesen Rechenregeln ergibt sich

Satz 8: *$\alpha\in K$ ist einfache Nullstelle von $f(X)\in K[X]$ genau dann, wenn $f(\alpha)=0$ und $f'(\alpha)\neq 0$.*

Eine m-fache Nullstelle ($m\geqq 2$) von $f(X)\in K[X]$ ist mindestens $(m-1)$-fache Nullstelle von $f'(X)$.

Beispiele: $X^n-1\in\mathbb{C}[X]$ mit $n\geqq 1$ besitzt nur einfache Nullstellen, denn 0 ist keine Nullstelle und $n\alpha^{n-1}\neq 0$ für alle $\alpha\in\mathbb{C}\setminus\{0\}$. Das Polynom besitzt also genau n verschiedene Nullstellen in $\mathbb{C}$, die sich am Einheitskreis darstellen lassen (S. 67).

Irreduzibilitätskriterien

Es gibt keine allgem. Kriterien, nach denen über die Irreduzibilität eines beliebigen Polynoms entschieden werden könnte. Aus der Fülle sehr unterschiedlicher Kriterien können hier nur die wichtigsten genannt werden.

Ist ein Polynom $f(X) \in K[X]$ vom Grad $n \geqq 2$ irred., so kann $f(X)$ in K offensichtlich keine Nullstellen besitzen.

Diese notwendige Bedingung ist aber i.a. nicht hinreichend, d.h. Polynome aus $K[X]$, die keine Nullstellen in K besitzen, können durchaus reduzibel sein.

Beispiel: $X^4 - 4 = (X^2-2)(X^2+2) \in \mathbb{Q}[X]$ ist reduzibel über $\mathbb{Q}$, aber es ist keine Nullstelle in $\mathbb{Q}$ enthalten.

Für $n=2$ und $n=3$ ist die obige Bedingung allerdings auch hinreichend, denn im Falle der Reduzibilität muß ein Faktor vom Grad 1 sein. Es gilt daher

Satz 9: *Ein Polynom $f(X) \in K[X]$ vom Grad 2 oder 3 ist irred. über K genau dann, wenn $f(X)$ in K keine Nullstellen hat.*

Ein ähnlicher Satz für spezielle Polynome stammt von ABEL.

Satz 10: *Das Polynom $X^p - a_0 \in K[X]$ vom Primzahlgrad p ist irred. über K genau dann, wenn es keine Nullstellen in K hat.*

Bem.: $X^p - a_0$ besitzt genau dann keine Nullstelle in K, wenn $a_0 \neq \alpha^p$ für alle $\alpha \in K$.

Beispiele: $X^2+1, X^3-2, X^{11}-6 \in \mathbb{Q}[X]$ sind irred. über $\mathbb{Q}$.

Irreduzibilität über $\mathbb{Q}$

Für Polynome aus $\mathbb{Q}[X]$ kann die Frage nach der Irreduzibilität über $\mathbb{Q}$ auf Polynome aus $\mathbb{Z}[X]$ reduziert werden. Ist nämlich $f(X) := \sum_{v=0}^{r} a_v X^v \in \mathbb{Q}[X]$ mit gekürzten $a_v = \frac{p_v}{q_v}$ $(p_v, q_v \in \mathbb{Z})$, so ist $f(X) = \frac{1}{b} \sum_{v=0}^{r} b_v X^v$ mit $b = \text{kgV}(\{q_0, \ldots, q_r\})$ und weiter

$$f(X) = \frac{a}{b} \sum_{v=0}^{r} c_v X^v \quad \text{mit} \quad a = \text{ggT}(\{b_0, \ldots, b_r\}).$$

$f^*(X) := \sum_{v=0}^{r} c_v X^v \in \mathbb{Z}[X]$ heißt *primitives Polynom* zu $f(X)$. Es gilt:

Satz 11: *$f(X) \in \mathbb{Q}[X]$ ist genau dann irred. über $\mathbb{Q}$, wenn das zugehörige primitive Polynom $f^*(X) \in \mathbb{Z}[X]$ irred. über $\mathbb{Q}$ ist.*

Ein wichtiges hinreichendes Kriterium ist das *Kriterium von* EISENSTEIN:

Satz 12: *Das Polynom $f(X) := \sum_{v=0}^{n} a_v X^v \in \mathbb{Z}[X]$ ist irred. über $\mathbb{Q}$, wenn es eine Primzahl p gibt mit den Eigenschaften:*

$p \nmid a_n$, $p \mid a_v (v = 0, \ldots, n-1)$, $p^2 \nmid a_0$.

Beispiele: X^2+2X+2, $5X^4+6X^2-3X+12$ und $X^n + 2^n X^{n-1} + \ldots + 2^2 X + 2$ $(n \geqq 1)$ sind irred. über $\mathbb{Q}$. Das letzte Beispiel zeigt, daß es in $\mathbb{Q}[X]$ irred. Polynome beliebigen Grades gibt.

Bem.: Die Umkehrung von Satz 12 gilt nicht, denn das Polynom $X^2+4 \in \mathbb{Z}[X]$ ist irred. über $\mathbb{Q}$, obwohl die Bedingungen des Satzes nicht erfüllt sind.

Mit Hilfe der Eigenschaft, daß ein normiertes Polynom $f(X) := \sum_{v=0}^{r} a_v X^v \in \mathbb{Z}[X]$ in $\mathbb{Q}$ allenfalls ganzzahlige Nullstellen besitzt, die Teiler von a_0 sind, und Satz 9 ergibt sich

Satz 13: *Ein normiertes Polynom $f(X) \in \mathbb{Z}[X]$ vom Grad 2 oder 3 ist irred. über $\mathbb{Q}$, wenn kein Teiler von a_0 Nullstelle von $f(X)$ ist.*

Beispiel: In $X^3 - 3X - 1 \in \mathbb{Z}[X]$ sind $+1$ und -1 die einzigen Teiler von $a_0 = -1$, aber keine Nullstellen. $X^3 - 3X - 1$ ist also irred. über $\mathbb{Q}$.

Algebraische Elemente über einem Körper

$\sqrt{2} \in \mathbb{R}$ ist Nullstelle des Polynoms $X - \sqrt{2} \in \mathbb{R}[X]$, andererseits aber auch Nullstelle von $X^2 - 2 \in \mathbb{Q}[X]$. Daraus ergibt sich die Frage, ob jede reelle Zahl Nullstelle eines Polynoms aus $\mathbb{Q}[X]$ ist. Die Frage ist zu verneinen. Tatsächlich gibt es überabzählbar viele sog. *transzendente Zahlen* (u.a. e und π), die nicht Nullstelle eines Polynoms aus $\mathbb{Q}[X]$ sind (S. 69). Komplexe Zahlen, die Nullstelle eines Polynoms aus $\mathbb{Q}[X]$ sind, heißen *algebraische Zahlen.*

Das Problem wird verallgemeinert:

Def. 12: E sei ein Oberkörper des Körpers K. Dann heißt $\alpha \in E$ *algebraisch* über K *(algebr. El.)*, wenn α Nullstelle eines *von 0 verschiedenen* Polynoms aus $K[X]$ ist, sonst *transzendent (transz. El.)*.

Ist $\alpha \in E$ algebr. über K, so gibt es unter allen Polynomen aus $K[X]$, die α als Nullstelle besitzen, solche kleinsten Grades. Sie teilen jedes Polynom aus $K[X]$, das α als Nullstelle hat (Satz 4 anwenden). Mit Hilfe dieser Eigenschaft kann man folgern, daß es genau ein normiertes Polynom kleinsten Grades gibt.

Satz 14: *Ist $\alpha \in E$ algebraisch über K, so läßt sich α eindeutig ein Polynom $m_\alpha(X) \in K[X]$ zuordnen, das folgende Eigenschaften besitzt:*

(1) *$m_\alpha(X)$ ist von kleinstem Grad mit α als Nullstelle.*

(2) *$m_\alpha(X)$ ist Teiler jedes Polynoms aus $K[X]$, das α als Nullstelle hat.*

(3) *$m_\alpha(X)$ ist normiert.*

Def. 13: Das Polynom $m_\alpha(X) \in K[X]$ mit den Eigenschaften gemäß Satz 14 heißt *Minimalpolynom* zum algebr. Element α.

Zur Kennzeichnung des Minimalpolynoms dient

Satz 15: *Ein Polynom $f(X) \in K[X]$ ist genau dann Minimalpolynom zu $\alpha \in E$, wenn $f(\alpha) = 0$ und $f(X)$ normiert und irred. über K ist.*

Beispiele: $X^n - 2$ ist normiert und irred. über $\mathbb{Q}$. Wegen $(\sqrt[n]{2})^n - 2 = 0$ ist $X^n - 2$ das Minimalpolynom zu $\sqrt[n]{2}$.

$\sqrt{3} + \sqrt{2}$ ist algebr. über $\mathbb{Q}$, denn aus $(\sqrt{3}+\sqrt{2})^2 = 2\sqrt{6} + 5$ und $((\sqrt{3}+\sqrt{2})^2 - 5)^2 = 24$ folgt, daß $\sqrt{3}+\sqrt{2}$ Nullstelle von $(X^2-5)^2 - 24 = X^4 - 10X^2 + 1 \in \mathbb{Q}[X]$ ist. Das Polynom ist normiert und irred. über $\mathbb{Q}$, also das Minimalpolynom zu $\sqrt{3}+\sqrt{2}$.

Körperkette:

$$\overbrace{\underbrace{E \supseteq Z_s}_{\operatorname{grad}(E/Z_s)} \supseteq \; \dots \; \supseteq \underbrace{Z_{i+1} \supseteq Z_i}_{\operatorname{grad}(Z_{i+1}/Z_i)} \supseteq \; \dots \; \supseteq \underbrace{Z_1 \supseteq K}_{\operatorname{grad}(Z_1/K)}}^{\operatorname{grad}(E/K)=n}$$

$$\operatorname{grad}(E/K) = \operatorname{grad}(E/Z_s) \cdot \dots \cdot \operatorname{grad}(Z_{i+1}/Z_i) \cdot \dots \cdot \operatorname{grad}(Z_1/K)$$

Der Beweis erfolgt durch vollständige Induktion nach s, wobei der Gradsatz anzuwenden ist.

A

Verallgemeinerung des Gradsatzes für eine Körperkette

Im Unterkörper $\mathbb{Q}(\sqrt{2}) \subset \mathbb{R}$ müssen die Addition und die Multiplikation innere Verknüpfungen sein. Also gilt z. B.

$$b \in \mathbb{Q} \wedge \sqrt{2} \in \mathbb{Q}(\sqrt{2}) \Rightarrow b\sqrt{2} \in \mathbb{Q}(\sqrt{2}) \quad \text{und} \quad a \in \mathbb{Q} \wedge b\sqrt{2} \in \mathbb{Q}(\sqrt{2}) \Rightarrow a + b\sqrt{2} \in \mathbb{Q}(\sqrt{2}).$$

Es wird gezeigt, daß alle El. von $\mathbb{Q}(\sqrt{2})$ die Form $a + b\sqrt{2}$ $(a, b \in \mathbb{Q})$ haben.

a) $(\{x \mid x = a + b\sqrt{2} \wedge a, b \in \mathbb{Q}\}; +, \cdot)$ ist ein Unterkörper von $\mathbb{R}$, der in $\mathbb{Q}(\sqrt{2})$ enthalten ist, denn

(1) $(a+b\sqrt{2}) - (c+d\sqrt{2}) = (a-c) + (b-d)\sqrt{2}$,

(2) $(a+b\sqrt{2}) \cdot (c+d\sqrt{2})^{-1} = (a+b\sqrt{2}) \dfrac{c-d\sqrt{2}}{c^2-2d^2} = \dfrac{ac-2bd}{c^2-2d^2} + \dfrac{bc-ad}{c^2-2d^2}\sqrt{2} \quad (c+d\sqrt{2} \neq 0)$.

b) Wegen $\sqrt{2} = 0 + 1\sqrt{2}$ ist $\sqrt{2} \in \{x \mid x = a + b\sqrt{2} \wedge a, b \in \mathbb{Q}\}$. Nach Def. von $\mathbb{Q}(\sqrt{2})$ gilt also:

$$\mathbb{Q}(\sqrt{2}) \subseteq \{x \mid x = a + b\sqrt{2} \wedge a, b \in \mathbb{Q}\}.$$

Aus a) und b) folgt:

$$\mathbb{Q}(\sqrt{2}) = \{x \mid x = a + b\sqrt{2} \wedge a, b \in \mathbb{Q}\}.$$

Wegen $x \in \mathbb{Q}(\sqrt{2}) \Leftrightarrow x = a + b\sqrt{2} \wedge a, b \in \mathbb{Q}$ ist $\{1, \sqrt{2}\}$ ein Erzeugendensystem von $\mathbb{Q}(\sqrt{2})$ über $\mathbb{Q}$. $\{1, \sqrt{2}\}$ ist darüber hinaus eine Basis von $\mathbb{Q}(\sqrt{2})$ über $\mathbb{Q}$, da $\{1, \sqrt{2}\}$ linear unabhängig über $\mathbb{Q}$ ist, denn $a + b\sqrt{2} = 0 \Leftrightarrow a = 0 \wedge b = 0$. Also gilt:

$$\operatorname{grad}(\mathbb{Q}(\sqrt{2})/\mathbb{Q}) = 2.$$

(vgl. S. 103, Beisp. (a))

B

Kennzeichnung der Erweiterung $\mathbb{Q}(\sqrt{2})$

I. Mit $\sqrt{2}$ und $\sqrt{3}$ gehört auch $\sqrt{6}$ als Produktwert von $\sqrt{2} \cdot \sqrt{3}$ zu $\mathbb{Q}(\sqrt{2}, \sqrt{3})$. Analog zum Beweis in Abb. B zeigt man:

$$\mathbb{Q}(\sqrt{2}, \sqrt{3}) = \{x \mid x = a_1 + a_2\sqrt{2} + a_3\sqrt{3} + a_4\sqrt{6} \wedge a_i \in \mathbb{Q}\}.$$

II. $\{1, \sqrt{2}, \sqrt{3}, \sqrt{6}\}$ ist eine Basis von $\mathbb{Q}(\sqrt{2}, \sqrt{3})$ über $\mathbb{Q}$, d. h.

$$\operatorname{grad}(\mathbb{Q}(\sqrt{2}, \sqrt{3})/\mathbb{Q}) = 4.$$

III. Wegen $\frac{1}{6}(\sqrt{3}+\sqrt{6})^2 - \frac{3}{2} = \sqrt{2}$ und $\frac{1}{4}(\sqrt{2}+\sqrt{6})^2 - 2 = \sqrt{3}$ läßt sich $\mathbb{Q}(\sqrt{2}, \sqrt{3})$ auch durch Adjunktion von $\sqrt{3}$ und $\sqrt{6}$ bzw. $\sqrt{2}$ und $\sqrt{6}$ erzeugen, d. h.

$$\mathbb{Q}(\sqrt{2}, \sqrt{3}) = \mathbb{Q}(\sqrt{2}, \sqrt{6}) = \mathbb{Q}(\sqrt{3}, \sqrt{6}).$$

IV. Aus $\frac{1}{2}(\sqrt{2}+\sqrt{3}) + \frac{1}{2}(\sqrt{2}+\sqrt{3})^{-1} = \sqrt{3}$ und $\frac{1}{2}(\sqrt{2}+\sqrt{3}) - \frac{1}{2}(\sqrt{2}+\sqrt{3})^{-1} = \sqrt{2}$ ergibt sich:

$$\sqrt{2} \in \mathbb{Q}(\sqrt{2}+\sqrt{3}) \quad \text{und} \quad \sqrt{3} \in \mathbb{Q}(\sqrt{2}+\sqrt{3}), \quad \text{d. h.} \quad \mathbb{Q}(\sqrt{2}, \sqrt{3}) \subseteq \mathbb{Q}(\sqrt{2}+\sqrt{3}).$$

Andererseits ist $\sqrt{2}+\sqrt{3} \in \mathbb{Q}(\sqrt{2}, \sqrt{3})$, d. h. $\mathbb{Q}(\sqrt{2}+\sqrt{3}) \subseteq \mathbb{Q}(\sqrt{2}, \sqrt{3})$.

Es gilt also: $\mathbb{Q}(\sqrt{2}, \sqrt{3}) = \mathbb{Q}(\sqrt{2}+\sqrt{3})$.

C

Kennzeichnung der Erweiterung $\mathbb{Q}(\sqrt{2}, \sqrt{3})$

Beim Aufbau des Zahlensystems werden die Körper $\mathbb{R}$ und $\mathbb{C}$ so konstruiert, daß $\mathbb{Q}$ Unterkörper von $\mathbb{R}$ und dieser Unterkörper von $\mathbb{C}$ ist. Man spricht von **Körpererweiterungen.**

Def. 1: E und K seien Körper. Gilt $K \subseteq E$, so heißt E *Körpererweiterung* über K (kurz: E Erw. ü. K). Ein Körper Z mit $K \subseteq Z \subseteq E$ heißt *Zwischenkörper.*

Eine wesentliche Aussage über die Struktur einer Erw. E ü. K ergibt sich aus der Tatsache, daß der Körper E ein Vektorraum über dem Unterkörper K ist (S. 87). Daher läßt sich der Dimensionsbegriff (S. 87) übertragen. Bei Körpern spricht man allerdings vom Grad eines Körpers E über dem Unterkörper K (in Zeichen: grad(E/K)), da sich die Dimension mit dem Grad irreduzibler Polynome in Verbindung bringen läßt (S. 101, 103).

Def. 2: $\operatorname{grad}(E/K) := \dim(E/K)$. Ist $\operatorname{grad}(E/K)$ endlich, so heißt E *endliche Erweiterung* über K.

Beispiele: $\operatorname{grad}(\mathbb{C}/\mathbb{R}) = 2$, da $\{1, \mathrm{i}\}$ eine Basis von $\mathbb{C}$ über $\mathbb{R}$ ist. Dagegen ist $\operatorname{grad}(\mathbb{C}/\mathbb{Q})$ nicht endl. (S. 101, algebr. Hülle).

Weiteren Aufschluß über die Struktur einer Erweiterung kann die Untersuchung möglicher Zwischenkörper geben. Dies gilt besonders für endl. Erweiterungen.

Endliche Erweiterungen

Auf S. 65 wird $\mathbb{C}$ als der kleinste $\mathbb{R}$ umfassende Körper eingeführt, d.h. zwischen $\mathbb{C}$ und $\mathbb{R}$ existiert kein echter Zwischenkörper. Dies ergibt sich auch aus der Eigenschaft, daß $\operatorname{grad}(\mathbb{C}/\mathbb{R}) = 2$.

Für endl. Erw. läßt sich nämlich zeigen, daß $\operatorname{grad}(Z/K)$ für jeden Zwischenkörper Z ein Teiler von $\operatorname{grad}(E/K)$ sein muß.

Satz 1 (*Gradsatz*): *Es sei E eine Erw. ü. K und Z ein Zwischenkörper. Dann gilt:*

(1) $\operatorname{grad}(E/K)$ *endl.* $\Rightarrow \operatorname{grad}(E/Z)$ *endl.* $\wedge \operatorname{grad}(Z/K)$ *endl.*

(2) $\operatorname{grad}(E/K)$ *endl.* $\Rightarrow \operatorname{grad}(E/K) = \operatorname{grad}(E/Z) \cdot \operatorname{grad}(Z/K)$ (vgl. Abb. A).

Aus Satz 1 folgt unmittelbar, daß eine Erw. von Primzahlgrad keine echten Zwischenkörper haben kann. Also liegt wegen $\operatorname{grad}(\mathbb{C}/\mathbb{R}) = 2$ zwischen $\mathbb{C}$ und $\mathbb{R}$ kein weiterer Körper.

Aus Satz 1 ergibt sich weiter, daß bei einer endl. Erw. höchstens endl. viele Zwischenkörper verschiedenen Grades existieren, denn eine nat. Zahl besitzt nur endl. viele Teiler.

Bem.: Die letzte Eigenschaft besagt nicht, daß die Anzahl der Zwischenkörper endl. sein muß (vgl. S. 101, Satz 6, bzw. S. 107). Gibt es jedoch unendl. viele Zwischenkörper, so muß es unendl. viele desselben Grades geben.

Konstruktion von Zwischenkörpern, Körper-Adjunktion

Die Konstruktion von Zwischenkörpern kann allgemein folgendermaßen geschehen:

Es sei A eine Teilmenge einer Erw. E ü. K. Dann gibt es einen kleinsten Zwischenkörper, der A enthält: den Durchschnitt aller Zwischenkörper, in denen A enthalten ist (S. 81). Dieser Körper wird mit $K(A)$ bezeichnet.

Def. 3: Es sei E eine Erw. ü. K und $A \subseteq E$. Dann heißt $K(A) := \bigcap_{A \subseteq Z \subseteq E} Z$ (Z Zwischenkörper) durch *Körper-Adjunktion* von A zu K erzeugter Körper (lies: »K adjungiert A«). Ist $A := \{\alpha_1, \ldots, \alpha_r\}$ endlich, so schreibt man auch $K(\alpha_1, \ldots, \alpha_r)$ (lies: »K adjungiert α_1 bis α_r«).

Als Körper enthält $K(A)$ neben K und A auch alle El., die durch Add., Subtr., Mult. und Div. von El. aus K und A entstehen können. Die auf diese Weise gebildeten El. werden rationale Ausdrücke aus El. von K und A genannt. Man kann zeigen, daß die Menge derartiger rationaler Ausdrücke einen Unterkörper bildet. Da er einerseits in $K(A)$ enthalten ist und andererseits A enthält, ist $K(A)$ der Körper aller rationalen Ausdrücke von El. aus K und A. Es gilt der

Satz 2: *Ist E eine Erw. ü. K und $A \subseteq E$, $B \subseteq E$, so gilt:*

(1) $K(A)(B) = K(B)(A) = K(A \cup B)$,

(2) $A \subseteq B \Rightarrow K(A) \subseteq K(B)$,

(3) $K(A) = \bigcup_{T \subseteq A} K(T)$ *(T endlich).*

Bem.: Aus (1) folgt, daß die Adjunktion einer endl. Menge durch sukzessives Adjungieren einzelner El. geschehen kann:

$$K(\alpha_1, \ldots, \alpha_r) = K(\alpha_1)(\alpha_2)\ldots(\alpha_r).$$

(3) besagt, daß sich die Adjunktion einer beliebigen Teilmenge auf die Adjunktion endl. Mengen zurückführen läßt.

Jede endl. Erw. ü. K kann durch Adjunktion eines Erzeugendensystems (S. 87) zu K erzeugt werden, denn ist $\{\alpha_1, \ldots, \alpha_r\}$ ein Erzeugendensystem von E ü. K, so ist nach Def. 3 $K(\alpha_1, \ldots, \alpha_r) \subseteq E$, aber auch $E \subseteq K(\alpha_1, \ldots, \alpha_r)$, da $x \in E \Rightarrow x = \sum_{i=1}^{r} \lambda_i \alpha_i \in K(\alpha_1, \ldots, \alpha_r)$ mit $\lambda_i \in K$.

Satz 3: *Ist E eine endl. Erw. ü. K und $\{\alpha_1, \ldots, \alpha_r\}$ ein Erzeugendensystem (eine Basis) von E ü. K, so gilt: $E = K(\alpha_1, \ldots, \alpha_r)$.*

Beispiele: (1) $\{1, \mathrm{i}\}$ ist eine Basis von $\mathbb{C}$ über $\mathbb{R}$, d.h. $\mathbb{C} = \mathbb{R}(1, \mathrm{i})$. Da $1 \in \mathbb{R}$ ist, folgt: $\mathbb{C} = \mathbb{R}(\mathrm{i})$. $\mathbb{C}$ ist also der durch Adjunktion von i zu $\mathbb{R}$ erzeugte Körper.

(2) In Analogie zu (1) kann man durch Adjunktion von El. aus $\mathbb{R}$ zu $\mathbb{Q}$ echte Zwischenkörper zwischen $\mathbb{Q}$ und $\mathbb{R}$ konstruieren, wenn die adjungierten El. nicht zu $\mathbb{Q}$ gehören. $\mathbb{Q}(\sqrt{2})$ ist z.B. ein derartiger Zwischenkörper (Abb. B).

Allgemein gilt für $m \in \mathbb{N}$ und $\sqrt{m} \notin \mathbb{Q}$: $\mathbb{Q}(\sqrt{m}) = \{x \mid x = a + b\sqrt{m} \wedge a, b \in \mathbb{Q}\}$ ist ein Zwischenkörper mit $\operatorname{grad}(\mathbb{Q}(\sqrt{m})/\mathbb{Q}) = 2$.

(3) Zwischenkörper höheren Grades über $\mathbb{Q}$ lassen sich z.B. durch Adjunktion mehrerer reeller Zahlen erzeugen (Abb. C).

Bem.: Die Beispiele (1) bis (3) zeigen, daß endl. Erweiterungen bereits durch Adjunktion einer Teilmenge einer Basis erzeugt werden können (vgl. Satz 3).

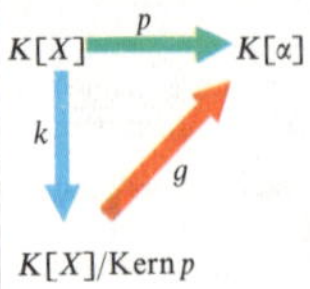

$p: K[X] \to K[\alpha]$ def. durch $f(X) \mapsto f(\alpha)$
ist ein surj. Ring-Homomorphismus nach Konstruktion von $K[X]$.

$\mathrm{Kern}\,p = \{f(X) \mid f(X) \in K[X] \wedge f(\alpha) = 0\}$
ist die Menge aller Polynome aus $K[X]$ mit α als Nullstelle.

Aus dem Homomorphiesatz für Ringe (S. 82) folgt:
$K[X]/\mathrm{Kern}\,p \cong K[\alpha]$

$K[\alpha]$ Integritätsring $\Rightarrow K[X]/\mathrm{Kern}\,p$ Integritätsring $\Rightarrow \mathrm{Kern}\,p$ Primideal in $K[X]$ (Satz 3, S. 83)

$\Rightarrow \begin{cases} K[X]/\mathrm{Kern}\,p \cong K[\alpha] \text{ Körper für } \mathrm{Kern}\,p \neq \mathfrak{o} \\ K[X] \cong K[\alpha] \text{ kein Körper für } \mathrm{Kern}\,p = \mathfrak{o} \end{cases}$ (Folg. zu Satz 7, S. 83)

$\mathrm{Kern}\,p \neq \mathfrak{o}$	$\mathrm{Kern}\,p = \mathfrak{o}$
$\Updownarrow$	$\Updownarrow$
α ist Nullstelle eines von 0 verschiedenen Polynoms aus $K[X]$	α ist niemals Nullstelle eines von 0 verschiedenen Polynoms aus $K[X]$
(α algebraisch über K)	(α transzendent über K)
$\Updownarrow$	$\Updownarrow$
$K[\alpha] = K(\alpha)$	$K[\alpha] \cong K[X]$
$K[\alpha]$ ist bereits ein Körper	$K[\alpha]$ ist ein Integritätsring, aber kein Körper. $K(\alpha)$ ist isomorph zum Quotientenkörper von $K[X]$.

A

Einfache Körpererweiterungen $K(\alpha)$

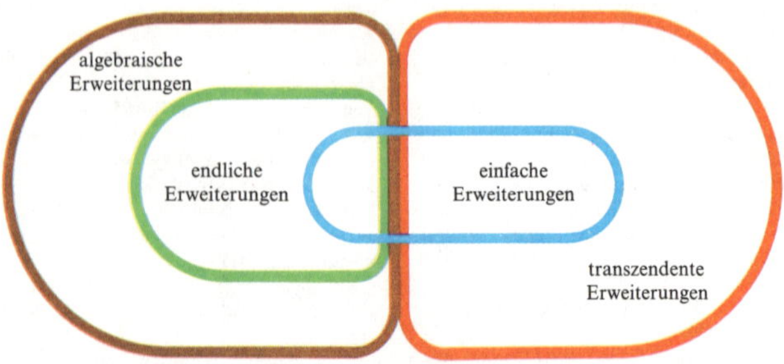

B

Zusammenstellung

Besonders leicht läßt sich die Struktur einer Erweiterung E ü. K überblicken, wenn die Erw. durch Adjunktion eines einzigen Elementes zu K erzeugt wird. Man spricht von einfachen Erweiterungen.

Einfache Erweiterungen

Def. 4: Eine Erw. E ü. K heißt *einfache Erweiterung*, wenn $E = K(\alpha)$ und $\alpha \in E$. α heißt *primitives Element*.

Beispiele: $\mathbb{C} = \mathbb{R}(i)$, $\mathbb{Q}(\sqrt{2})$, $\mathbb{Q}(\sqrt{2}+\sqrt{3})$ sind einfache Erweiterungen (S. 99).

Aus der Definition von $K(\alpha)$ ergibt sich, daß $K(\alpha)$ der kleinste den Integritätsring $K[\alpha] := \left\{\sum_{\nu=0}^{r} \lambda_\nu \alpha^\nu \mid \lambda_\nu \in K \wedge r \in \mathbb{N}\right\}$ (S. 95) umfassende Körper, d.h. der Körper der Brüche von $K[\alpha]$ in $K(\alpha)$ ist. Also:

$$K(\alpha) = \{ab^{-1} \mid a, b \in K[\alpha] \wedge b \neq 0\} \quad \text{(S. 81)}.$$

Kennzeichnung einfacher Erweiterungen

Einfache Erweiterungen $K(\alpha)$ lassen sich mit Hilfe des Polynomringes $K[X]$ klassifizieren.

Die Abb. $p: K[X] \to K[\alpha]$ def. durch $f(X) \mapsto f(\alpha)$ ist ein surjektiver Ring-Homomorphismus, so daß gilt (Abb. A):

$$K[X]/\mathrm{Kern}\, p \cong K[\alpha].$$

Für Kern $p \neq o$, d.h. α algebraisch über K (S. 97), ist $K[X]/\mathrm{Kern}\, p$ ein Körper. Wegen der Isomorphie zu $K[\alpha]$ muß dann $K(\alpha) = K[\alpha]$ gelten.

Im Fall Kern $p = o$, d.h. α transzendent über K (S. 97), ist $K[\alpha]$ isomorph zu $K[X]$, d.h. kein Körper. $K(\alpha)$ ist dann isomorph zum Quotientenkörper von $K[X]$ (S. 81). Es ergibt sich zusammenfassend der

Satz 4: *$E = K(\alpha)$ sei eine einfache Erweiterung. Dann ist entweder $K(\alpha) = K[\alpha]$ ($\Leftrightarrow \alpha$ algebraisch über K) oder $K(\alpha)$ isomorph zum Quotientenkörper von $K[X]$ ($\Leftrightarrow \alpha$ transzendent über K).*

Endliche einfache Erweiterungen

I. $E = K(\alpha)$ sei eine endl. einfache Erw., d.h. $\mathrm{grad}(E/K) = n$. Dann müssen die $n+1$ El. $1, \alpha, \alpha^2, \ldots, \alpha^n$ linear abhängig über K sein, d.h. $\sum_{\nu=0}^{n} \lambda_\nu \alpha^\nu = 0$ mit $(\lambda_0, \ldots, \lambda_n) \neq (0, \ldots, 0)$ und $\lambda_\nu \in K$. α ist also Nullstelle des von Null verschiedenen Polynoms $\sum_{\nu=0}^{n} \lambda_\nu X^\nu \in K[X]$, d.h. algebraisch über K.

II. Ist umgekehrt α algebraisch über K und $K(\alpha)$ eine einfache Erw., so zeigt man, daß die Erw. endl. ist. Es ist nämlich $K(\alpha) = K[\alpha]$ (Satz 4), und aus der Existenz des Minimalpolynoms $m_\alpha(X) := \sum_{\nu=0}^{m} \lambda_\nu X^\nu \in K[X]$ (S. 97) ergibt sich $\sum_{\nu=0}^{m} \lambda_\nu \alpha^\nu = 0$ ($\lambda_m = 1$), so daß wegen $\alpha^m = -\sum_{\nu=0}^{m-1} \lambda_\nu \alpha^\nu$ jedes El. aus $K(\alpha)$ durch $\{1, \alpha, \ldots, \alpha^{m-1}\}$ darstellbar ist. $\{1, \alpha, \ldots, \alpha^{m-1}\}$ ist also ein endl. Erzeugendensystem von $K(\alpha)$ über K und damit $K(\alpha)$ eine endl. Erw. über K.

Bem.: Mit den Eigenschaften von $m_\alpha(X)$ (S. 97) zeigt man, daß $\{1, \alpha, \ldots, \alpha^{m-1}\}$ eine Basis von $K(\alpha)$ über K ist, wenn $\mathrm{grad}\, m_\alpha(X) = m$. Es ist also:

$$\mathrm{grad}(K(\alpha)/K) = \mathrm{grad}\, m_\alpha(X).$$

Aus I und II ergibt sich der

Satz 5: *Eine einfache Erw. ü. K ist genau dann endlich, wenn das primitive Element algebraisch über K ist.*

Ein entsprechender, auf STEINITZ zurückgehender Satz sei ohne Beweis genannt.

Satz 6: *Eine endliche Erw. über K ist genau dann einfach, wenn nur endlich viele Zwischenkörper existieren.*

Algebraische Erweiterungen

Wenn E eine endliche (nicht notwendig einfache) Erweiterung ü. K ist, so ergibt sich analog zu I, daß jedes El. von E algebraisch über K ist.

Def. 5: Eine Erw. E ü. K heißt *algebraisch*, wenn jedes El. aus E algebraisch über K ist, andernfalls *transzendent*.

Eine endl. Erw. ist also stets eine algebraische Erweiterung. Die Umkehrung gilt i.a. nicht, denn z.B. ist der Körper der algebr. Zahlen $\mathbb{A}$ (S. 69) algebraisch über $\mathbb{Q}$, aber von unendlichem Grad über $\mathbb{Q}$ (s.u. algebraische Hülle).

Jede Erweiterung E ü. K, die durch Adjunktion endl. vieler über K algebraischer El. entsteht, ist von endl. Grad über K ($E = K(\alpha_1, \ldots, \alpha_s)$ kann dann nämlich durch sukzessive Adjunktion der α_i erzeugt werden).

Da sich umgekehrt jede endl. Erw. durch Adjunktion endl. vieler algebr. El. erzeugen läßt (z.B. durch Adjunktion eines Erzeugendensystems, Satz 3, S. 99), gilt

Satz 7: *Jede endl. Erw. ist algebraisch. Eine Erw. E ü. K ist genau dann endl., wenn sich E durch Adjunktion endl. vieler über K algebr. El. erzeugen läßt.*

Algebraische Hülle

Die in einer Erw. E ü. K enthaltene Menge der über K algebraischen El. wird *algebraische Hülle* von K in E genannt.

Es handelt sich um einen über K algebraischen Zwischenkörper, der die in E gelegenen Nullstellen aller Polynome aus $K[X]$ enthält.

Beispiele: Die algebr. Hülle von $\mathbb{Q}$ in $\mathbb{C}$ ist der Körper $\mathbb{A}$ der algebraischen Zahlen (S. 69). $\mathbb{A}$ ist keine endl. Erw. von $\mathbb{Q}$, denn in $\mathbb{Q}[X]$ gibt es irreduzible Polynome beliebigen Grades (S. 97), so daß kein endl. Erzeugendensystem von $\mathbb{A}$ über $\mathbb{Q}$ existieren kann. Als Folgerung ergibt sich, daß auch $\mathbb{C}$ keine endl. Erw. über $\mathbb{Q}$ ist.

Ein Körper K heißt *algebraisch-abgeschlossen*, wenn für jede Erw. E über K die algebraische Hülle von K in E mit K übereinstimmt. Das ist z.B. eine wesentliche Kennzeichnung des Körpers der komplexen Zahlen (S. 69).

Endliche Körper (S. 105) sind nicht algebraisch abgeschlossen. Man kann jedoch zu jedem Körper einen algebraisch-abgeschlossenen Oberkörper konstruieren (KRONECKER-STEINITZ). Beim Beweis bedient man sich des ZORNschen Lemmas.

(1) **Der Quotientenring $K[X]/(f(X))$**

Es sei $f(X) \in K[X]$ ein irred. Polynom vom Grad $n > 1$ und $(f(X))$ das zugehörige Hauptideal (S. 83). Die dem Quotientenring $K[X]/(f(X))$ zugrundeliegende Äquivalenzrel. $\ddot{A}$ (S. 75) ist def. durch $p(X)\,\ddot{A}\,g(X) :\Leftrightarrow g(X) - p(X) \in (f(X))$. Ein El. aus $K[X]/(f(X))$ wird daher angegeben durch die Klasse

$$[\![p(X)]\!] = \{g(X) \mid g(X) - p(X) = h(X) \cdot f(X) \wedge h(X) \in K[X]\}.$$

Mit R werde die aus dem Nullpolynom und allen Polynomen vom Grad kleiner als n bestehende Menge bezeichnet:

$$R := \left\{ r(X) \mid r(X) = \sum_{\nu=0}^{n-1} a_\nu X^\nu \in K[X] \right\}.$$

(a) In jeder Klasse von $K[X]/(f(X))$ gibt es *höchstens ein* Polynom aus R, denn für zwei verschiedene Polynome $g_1(X)$ und $g_2(X)$ derselben Klasse muß gelten: $\operatorname{grad}(g_1(X) - g_2(X)) \geqq n$. Es existiert aber auch *mindestens ein* Polynom aus R in jeder Klasse, denn zu jedem $g(X) \in [\![p(X)]\!]$ gibt es nach dem Divisionsalgorithmus (S. 96) einen eindeutig bestimmten Rest $r(X)$ bezüglich $f(X)$: $g(X) = q(X) \cdot f(X) + r(X)$ mit $r(X) \in R$. Daraus ergibt sich $g(X) - r(X) = q(X) \cdot f(X)$, so daß $g(X)$ und sein Rest $r(X)$ bezüglich $f(X)$ derselben Klasse angehören.
Wählt man also eine beliebige Klasse aus $K[X]/(f(X))$, so enthält die Klasse *genau ein* Polynom aus R. Die Polynome aus R sind daher geeignete Repräsentanten für die Klassen. Da andererseits jedes Polynom aus R in einer Klasse liegt, ergibt sich:

Die Menge R ist ein vollständiges Repräsentantensystem von $K[X]/(f(X))$.

(b) Aus (a) folgt außerdem, daß die Reste aller Polynome einer Klasse bezüglich $f(X)$ gleich sind. Man kann daher sagen:

Eine Klasse aus $K[X]/(f(X))$ besteht aus denjenigen Polynomen, die bezüglich $f(X)$ denselben Rest besitzen.

Man bezeichnet die El. von $K[X]/(f(X))$ daher auch als *Restklassen* mod $f(X)$ und $K[X]/(f(X))$ als *Restklassenring* mod $f(X)$.

Bem.: Das Rechnen mit Restklassen kann auf das Rechnen mit El. aus R zurückgeführt werden, wenn bei der Mult. der Grad reduziert wird, sobald er $\geqq n$ ist.

(c) Nach Folgerung zu Satz 7, S. 83, ist $K[X]/(f(X))$ genau dann ein Körper, wenn $(f(X))$ ein Primideal (Def. 7, S. 83) ist. Für ein irred. Polynom $f(X)$ ist $(f(X))$ ein Primideal, denn

$$g_1(X) \cdot g_2(X) \in (f(X)) \Rightarrow g_1(X) \cdot g_2(X) = h(X) \cdot f(X) \Rightarrow f(X) \mid g_1(X) \cdot g_2(X)$$
$$\Rightarrow f(X) \mid g_1(X) \vee f(X) \mid g_2(X) \text{ (da } f(X) \text{ irreduzibel)}$$
$$\Rightarrow g_1(X) = h_1(X) \cdot f(X) \vee g_2(X) = h_2(X) \cdot f(X) \Rightarrow g_1(X) \in (f(X)) \vee g_2(X) \in (f(X)).$$

Es gilt daher: Für ein irreduzibles Polynom $f(X)$ ist $K[X]/(f(X))$ ein Körper.

(2) **Die Existenz eines zu K isomorphen Unterkörpers von $K[X]/(f(X))$**

Es sei $K^* := \{[\![a]\!] \mid a \in K\}$. Dann ist die Abb. $f: K \to K^*$ def. durch $a \mapsto [\![a]\!]$ ein Isomorphismus von K auf K^* unabhängig von der Gestalt des Polynoms $f(X)$, d. h.

$$K^* \cong K.$$

(3) **Die Existenz einer Nullstelle von $f(X)$ in $K[X]/(f(X))$**

Wegen $K^* \cong K$ kann man anstelle von $f(X) = a_0 + a_1 X + \ldots + a_n X^n \in K[X]$ das Polynom $f(\hat{X}) = [\![a_0]\!] + [\![a_1]\!]\,\hat{X} + \ldots + [\![a_n]\!]\,\hat{X}^n \in K^*[\hat{X}]$ betrachten (zur besseren Kennzeichnung wird eine neue Unbestimmte $\hat{X}$ eingeführt). Dann ist $\alpha := [\![X]\!] \in K[X]/(f(X))$ Nullstelle von $f(\hat{X})$, denn $f([\![X]\!]) = [\![a_0]\!] + [\![a_1]\!] \cdot [\![X]\!] + \ldots + [\![a_n]\!] \cdot [\![X]\!]^n = [\![a_0 + a_1 X + \ldots + a_n X^n]\!] = [\![f(X)]\!] = [\![0]\!]$. Es gilt:

In $K[X]/(f(X))$ besitzt $f(X)$ eine Nullstelle.

(4) **$K[X]/(f(X))$ als einfache Erweiterung**

In $K[X]/(f(X))$ kann man den Unterkörper $K^*(\alpha)$ mit $\alpha = [\![X]\!]$ betrachten. Da α algebr. ist, folgt nach Satz 4, S. 101: $K^*(\alpha) = K[\alpha]$.
Betrachtet man ein beliebiges El. $[\![r(X)]\!] \in K[X]/(f(X))$ mit $r(X) = a_0 + a_1 X + \ldots + a_{n-1} X^{n-1} \in R$, so gilt $[\![r(X)]\!] = [\![a_0]\!] + [\![a_1]\!] \cdot [\![X]\!] + \ldots + [\![a_{n-1}]\!] \cdot [\![X]\!]^{n-1} \in K^*(\alpha)$.

Daraus folgt:

$$K[X]/(f(X)) = K^*(\alpha) = K^*[\alpha].$$

Beweis zu Satz 8

Zerfällungskörper von Polynomen

Auf S. 65 wird $\mathbb{C}$ als kleinste $\mathbb{R}$ umfassende Körpererweiterung so eingeführt, daß das Polynom $X^2 + 1 \in \mathbb{R}[X]$ in $\mathbb{C}$ eine Nullstelle besitzt. Als Verallgemeinerung ergibt sich das folgende *Problem:*

Kann man zu jedem Polynom vom Grad $\geqq 1$ über einem Körper K eine Erweiterung E konstruieren, in der es eine Nullstelle besitzt?

Offensichtlich ist das Problem gelöst, wenn die Konstruktion einer derartigen Erweiterung für jedes über K irreduzible Polynom vom Grad $\geqq 1$ möglich ist, denn jedes Polynom läßt sich in irreduzible Faktoren zerlegen (S. 96).

Für $\operatorname{grad} f(X) = 1$, d.h. für Polynome der Form $a_1 X + a_0 \in K[X]$, existiert eine Nullstelle in K $(-a_1^{-1} a_0)$, so daß K selbst der gesuchte Körper ist.

Für $\operatorname{grad} f(X) > 1$ wird das Problem gelöst durch

Satz 8: *$f(X) \in K[X]$ sei ein irreduzibles Polynom vom Grad > 1. Dann gilt:*

(1) Der Quotientenring $K[X]/(f(X))$ nach dem von $f(X)$ erzeugten Hauptideal $(f(X))$ ist ein Körper.

(2) K kann mit einem Unterkörper K^* von $K[X]/(f(X))$ identifiziert werden.

(3) $f(X)$ besitzt in $K[X]/(f(X))$ eine Nullstelle α.

(4) $K[X]/(f(X)) = K^*(\alpha) = K^*[\alpha]$ (einfache algebraische Erweiterung).

Der *Beweis* ist in Abb. A enthalten.

Vermöge Satz 6 lassen sich zu jedem Polynom $f(X) \in K[X]$ sukzessive Körpererweiterungen konstruieren, in die sich K einbetten läßt und in denen das Polynom in Linearfaktoren (S. 96) zerfällt, d.h.

$$f(X) = a_n (X - \alpha_1)^{r_1} \dots (X - \alpha_s)^{r_s}.$$

Def. 6: *E sei eine Erweiterung von K, in der $f(X) \in K[X]$ in Linearfaktoren zerfällt. Dann heißt der kleinste Zwischenkörper mit derselben Eigenschaft Zerfällungskörper von $f(X)$ über K.*

Zu jedem Polynom gibt es einen Zerfällungskörper; er ist nach Satz 7, S. 101, eine endl. Körpererweiterung über dem Koeffizientenkörper des Polynoms. Darüber hinaus sind Zerfällungskörper desselben Polynoms, wenn sie in verschiedenen Erweiterungen enthalten sind, stets isomorph, so daß man von *dem* Zerfällungskörper eines Polynoms sprechen kann.

Satz 9: *Zu jedem Polynom $f(X) \in K[X]$ gibt es einen bis auf Isomorphie eindeutig bestimmten Zerfällungskörper. Sind $\alpha_1, \dots, \alpha_s$ alle Nullstellen von $f(X)$, so ist $K(\alpha_1, \dots, \alpha_s)$ der Zerfällungskörper.*

Beispiele: $\mathbb{C} = \mathbb{R}(\mathrm{i})$ ist Zerfällungskörper zu $X^2 + 1 \in \mathbb{R}[X]$, dgl. $\mathbb{Q}(\sqrt{2})$ zu $X^2 - 2 \in \mathbb{Q}[X]$, $\mathbb{Q}\left(\sqrt[3]{2}, \frac{1}{\sqrt[3]{4}}(-1 + \mathrm{i}\sqrt{3})\right)$ zu $X^3 - 2 \in \mathbb{Q}[X]$.

Für viele Probleme (z.B. Galoistheorie, S. 107) ist es wichtig, den Grad des Zerfällungskörpers über dem Koeffizientenkörper zu kennen. Wenn der Zerfällungskörper eine einfache Erweiterung $K(\alpha)$ ist, kann man $\operatorname{grad}(K(\alpha)/K)$ durch den Grad des zu α gehörigen Minimalpolynoms $m_\alpha(X)$ bestimmen (S. 101, Bem.). Nach Satz 15, S. 97, gilt es, ein normiertes und über K irreduzibles Polynom aus $K[X]$ zu finden, das α zur Nullstelle hat.

Beispiele: (a) $\operatorname{grad}(\mathbb{C}/\mathbb{R}) = 2$ mit $\mathbb{C} = \mathbb{R}(\mathrm{i})$, bzw. $\operatorname{grad}(\mathbb{Q}(\sqrt{2})/\mathbb{Q}) = 2$, da $X^2 + 1 \in \mathbb{R}[X]$ bzw. $X^2 - 2 \in \mathbb{Q}[X]$ die zu i bzw. $\sqrt{2}$ gehörigen Minimalpolynome sind.

(b) Der Zerfällungskörper von $X^n - 1 \in \mathbb{Q}[X]$ ist die einfache Erweiterung $\mathbb{Q}(\varepsilon)$ mit $\varepsilon = \cos\frac{2\pi}{n} + \mathrm{i}\sin\frac{2\pi}{n} \in \mathbb{C}$, denn ε ist eine sog. *primitive n-te Einheitswurzel*, d.h. $\varepsilon^0, \varepsilon, \varepsilon^2, \dots, \varepsilon^{n-1}$ sind bereits alle Nullstellen von $X^n - 1$.

Zerlegt man $X^n - 1 = (X - 1)(X - \varepsilon) \dots (X - \varepsilon^{n-1})$ in irreduzible Faktoren aus $\mathbb{Q}[X]$, so ergeben sich als Faktoren die sog. *Kreisteilungspolynome*

$$\Phi_i(X) = \prod_{\nu} (X - \eta_{i\nu}),$$

wobei die $\eta_{i\nu}$ die primitiven i-ten Einheitswurzeln sind (also Nullst. von $X^i - 1$).

Es gilt:

$$X^n - 1 = \prod_{i \mid n} \Phi_i(X).$$

ε ist also Nullstelle des über $\mathbb{Q}$ irreduziblen Kreisteilungspolynoms $\Phi_n(X) \in \mathbb{Q}[X]$. Der Grad von $\Phi_n(X)$ ergibt sich aus der Anzahl primitiver n-ter Einheitswurzeln. Diese wird durch die EULERsche Funktion φ (S. 119) angegeben, so daß gilt:

$$\operatorname{grad}(\mathbb{Q}(\varepsilon)/\mathbb{Q}) = \varphi(n).$$

Separable Polynome

Zerlegt man Polynome aus $\mathbb{Q}[X]$ in ihre irreduziblen Faktoren, so stellt man fest, daß die irreduziblen Faktoren in $\mathbb{C}$ nur einfache Nullstellen besitzen. Man spricht von separablen Polynomen.

Def. 7: Ein Polynom $f(X) \in K[X]$ vom Grad $\geqq 1$ heißt *separabel*, wenn jeder über K irreduzible Faktor von $f(X)$ nur einfache Nullstellen in seinem Zerfällungskörper besitzt.

K heißt *vollkommen*, wenn jedes Polynom aus $K[X]$ vom Grad $\geqq 1$ separabel ist.

Bem.: Von besonderer Bedeutung sind separable Polynome in der Galoistheorie.

Ein wesentliches Hilfsmittel zur Entscheidung, ob ein Polynom separabel ist, ist der folgende

Satz 10: *Ein über K irreduzibles Polynom $f(X) := \sum_{\nu=0}^{r} a_\nu X^\nu \in K[X]$ mit von Null verschiedener Ableitung (S. 96) $f'(X) = \sum_{\nu=1}^{r} \nu a_\nu X^{\nu-1}$, besitzt in seinem Zerfällungskörper nur einfache Nullstellen.*

In einem Körper der Charakteristik 0 (S. 105) ist $\nu a_\nu \neq 0$ für $a_\nu \neq 0$ und $\nu \in \mathbb{N} \setminus \{0\}$, d.h. $f'(X) \neq 0$ für jedes irreduzible Polynom $f(X)$. Nach Satz 10 gilt also

Satz 11: *Jeder Körper der Charakteristik 0 ist vollkommen.*

Beispiele: $\mathbb{Q}, \mathbb{R}, \mathbb{C}$ sind vollkommene Körper. Das Polynom $X^n - 1 \in \mathbb{Q}[X]$ ist daher separabel.

Bem.: Jeder endl. Körper ist ebenfalls vollkommen, obwohl die Charakteristik nicht Null ist. Nicht separable Polynome gibt es also nur über unendlichen Koeffizientenkörpern der Charakteristik p (S. 105). Notwendige Bedingung ist $f'(X) = 0$.

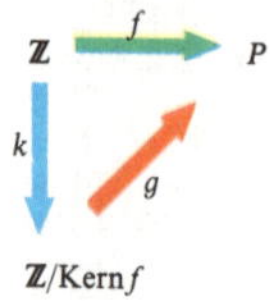

$f: \mathbb{Z} \to P$ def. durch $z \mapsto z \circ 1$ ist ein surjektiver Ring-Homomorphismus.

Kern $f = \{z \mid z \in \mathbb{Z} \wedge z \circ 1 = 0\}$

Aus dem Homomorphiesatz für Ringe (S. 82) folgt:
$P \cong \mathbb{Z}/\text{Kern } f$

P Integritätsring $\Rightarrow \mathbb{Z}/\text{Kern } f$ Integritätsring $\Rightarrow$ Kern f Primideal in $\mathbb{Z}$ (Satz 3, S. 83)

$\Rightarrow \text{Kern } f = \begin{cases} p\mathbb{Z} \text{ mit } p \text{ Primzahl} \\ \mathfrak{o} \text{ (S. 83)} \end{cases} \Rightarrow P \cong \begin{cases} \mathbb{Z}_p \text{ für Kern } f = p\mathbb{Z} \neq \mathfrak{o} \\ \mathbb{Z} \text{ für Kern } f = \mathfrak{o} \end{cases}$

Kern $f = p\mathbb{Z}$ (p Primzahl)
$\Updownarrow$
es gibt eine kleinste nat. Zahl $p \neq 0$ mit $p \circ 1 = 0$

$\boxed{P \cong \mathbb{Z}_p}$

ist ein endlicher Körper und damit der Primkörper von K.

Kern $f = \mathfrak{o}$
$\Updownarrow$
$\bigwedge_z (z \in \mathbb{Z}\backslash\{0\} \wedge 1 \in K \Rightarrow z \circ 1 \neq 0)$

$\boxed{P \cong \mathbb{Z}}$

ist ein Integritätsring, aber kein Körper. Der Primkörper ist der Quotientenkörper von P als kleinster P umfassender Körper. Er ist isomorph zum Quotientenkörper von $\mathbb{Z}$, d. h. isomorph zu $\mathbb{Q}$.

A

Primkörper

Menge von Körpern

Charakteristik p

Klasse der Körper mit endl. Primkörper (isomorph zu $\mathbb{Z}_p$)

Klasse der Körper mit unendl. Primkörper (isomorph zu $\mathbb{Q}$)

Charakteristik 0

B

Charakteristik

$K = \{0, 1, a, b\}$

+	0	1	a	b
0	0	1	a	b
1	1	0	b	a
a	a	b	0	1
b	b	a	1	0

·	0	1	a	b
0	0	0	0	0
1	0	1	a	b
a	0	a	b	1
b	0	b	1	a

$1 + 1 = 0, \quad a + a = 0, \quad b + b = 0$

C

Körper der Charakteristik 2 mit 4 Elementen

Primkörper

Def. 1: Ein Körper heißt *Primkörper*, wenn er keinen von sich verschiedenen Unterkörper enthält.

Beispiele: $\mathbb{Q}$ ist nach Konstruktion als kleinster $\mathbb{Z}$ umfassender Körper Primkörper. Die Restklassenkörper $\mathbb{Z}_p$ (p Primzahl) sind ebenfalls Primkörper, denn die einzige von $\mathbb{Z}_p$ verschiedene add. Untergruppe ist $\{[\![0]\!]\}$ (S. 83).

Jeder Körper enthält genau einen Primkörper als Unterkörper, und zwar den *Durchschnitt aller Unterkörper* (vgl. S. 81, Satz 1). Offensichtlich handelt es sich um den kleinsten 0 und 1 umfassenden Unterkörper. Dieser läßt sich konstruktiv angeben und ist, wie sich zeigen wird, isomorph zu einem Körper $\mathbb{Z}_p$ oder zu $\mathbb{Q}$.

Konstruktion des Primkörpers

Man betrachtet in einem Körper $(K; +, \cdot)$ die Menge P aller »Vielfachen« $z \circ 1$ ($z \in \mathbb{Z}$) von $1 \in K$ mit

$$z \circ 1 := \begin{cases} 1 + \cdots + 1 \ (z\text{-mal}) & \text{für } z \in \mathbb{Z}^+ \\ 0 & \text{für } z = 0 \\ -(1 + \cdots + 1)\ (|z|\text{-mal}) & \text{für } z \in \mathbb{Z}^- \end{cases}$$

Für die Add. und Mult. gelten dann die folgenden Rechenregeln:

$$z_1 \circ 1 + z_2 \circ 1 = (z_1 + z_2) \circ 1,$$
$$(z_1 \circ 1) \circ (z_2 \circ 1) = (z_1 \cdot z_2) \circ 1 .$$

P wird auf diese Weise zu einem Integritätsring. Abb. A zeigt, daß P sogar ein Körper und damit der gesuchte Primkörper ist, wenn es ein $z \in \mathbb{Z} \setminus \{0\}$ gibt mit $z \circ 1 = 0$. In diesem Falle ist der Primkörper endl. und isomorph zu einem $\mathbb{Z}_p$.

Im anderen Falle ist P isomorph zu $\mathbb{Z}$ und der Quotientenkörper von P der gesuchte Primkörper, der dann isomorph zu $\mathbb{Q}$ ist.

Satz 1: *Der Primkörper eines Körpers ist bis auf Isomorphie entweder ein Restklassenkörper $\mathbb{Z}_p$ oder der Körper der rationalen Zahlen $\mathbb{Q}$.*

Charakteristik von Körpern

Die Aussage des Satzes 1 legt es nahe, die Menge aller Körper in zwei Klassen einzuteilen, in die mit endl. Primkörper und die mit unendl. Primkörper (Abb. B). Man def.:

Def. 2: Ein Körper besitzt die *Charakteristik* p (p Primzahl), wenn sein Primkörper isomorph zum Restklassenkörper $\mathbb{Z}_p$ ist. Andernfalls wird dem Körper die Charakteristik 0 zugeordnet (sein Primkörper ist isomorph zu $\mathbb{Q}$).

Ein Körper ist genau dann von der Charakteristik p, wenn es eine kleinste nat. Zahl $p \neq 0$ mit $p \circ 1 = 0$ gibt (vgl. Abb. A).

Beispiele: In Abb. C ist ein Körper der Charakteristik 2 angegeben. Die Körper $\mathbb{Q}$, $\mathbb{R}$ und $\mathbb{C}$ besitzen die Charakteristik 0.

Für einen Körper K der Charakteristik p gelten folgende Eigenschaften:

(1) $p \circ a = 0$ für alle $a \in K$,

(2) $n \circ a = 0 \Leftrightarrow a = 0 \vee n = q \cdot p$ für alle $n \in \mathbb{Z}$, $a \in K$,

(3) $(a+b)^p = a^p + b^p$, $(a-b)^p = a^p - b^p$, $(ab)^p = a^p b^p$ für alle $a, b \in K$.

Folgerung:

Aus der Eigenschaft (3) ergibt sich sofort, daß die Abb. $\sigma: K \to K$ def. durch $a \mapsto a^p$ ein injektiver Körper-Hom. ist. Für einen endl. Körper K ist σ zusätzlich surjektiv, d.h. ein Automorphismus von K.

Endliche Körper

Endl. Körper wurden zuerst von GALOIS untersucht. Daher werden sie auch als GALOIS-*Felder* (*Galoissche Körper*) bezeichnet.

Beispiele: Restklassenkörper $\mathbb{Z}_p$, Körper der Abb. C.

Endl. Körper sind stets von Primzahlcharakteristik, da sie wegen der Endlichkeit keinen zu $\mathbb{Q}$ isomorphen Unterkörper besitzen können.

Jeder endl. Körper der Charakteristik p läßt sich daher als endl. Erweiterung seines Primkörpers P mit p Elementen auffassen. Ist $\operatorname{grad}(K/P) = r$ und $\{\alpha_1, \ldots, \alpha_r\}$ eine Basis von K über P, so existiert eine bijektive Abb. $f: K \to P^r$ def. durch

$$x = \sum_{v=1}^{r} \lambda_v \alpha_v (\lambda_v \in P) \mapsto (\lambda_1, \ldots, \lambda_r) .$$

Also ist $\operatorname{card}(K) = \operatorname{card}(P^r) = p^r$. Es ergibt sich daher

Satz 2: *Die Char. eines endl. Körpers K ist eine Primzahl p. Der Körper besitzt p^r Elemente, wobei r der Grad von K über dem Primkörper ist.*

Da in obigem Beweis nicht die Eigenschaften des Primkörpers eingehen, gilt außerdem allgemein:

Satz 3: *Ist E eine endl. Erweiterung des endl. Körpers K mit $\operatorname{grad}(E/K) = n$ und $\operatorname{card}(K) = q$, so gilt: $\operatorname{card}(E) = q^n$.*

Existenz endlicher Körper

Die Untersuchung endl. Körper wird wesentlich erleichtert durch

Satz 4: *Endl. Körper derselben Elementeanzahl sind isomorph.*

Es gibt also bis auf Isomorphie nur einen Körper der Elementeanzahl $2\,(\mathbb{Z}_2)$, $3\,(\mathbb{Z}_3)$, 4 (Körper der Abb. C), $5\,(\mathbb{Z}_5)$ usw. Satz 4 ergibt sich aus der Eigenschaft, daß in der mult. Gruppe $K \setminus \{0\}$ für alle $\alpha \in K \setminus \{0\}$ gilt: $\alpha^{p^r - 1} = 1$, wenn $\operatorname{card}(K) = p^r$. Denn dann ist weiter $\alpha^{p^r} - \alpha = 0$ für alle $\alpha \in K$, so daß jedes $\alpha \in K$ Nullstelle des Polynoms $X^{p^r} - X \in P[X]$ ist (P Primkörper). Also ist K als Zerfällungskörper des Polynoms $X^{p^r} - X$ bis auf Isomorphie eindeutig bestimmt.

Es ergibt sich nun die Frage, ob zu jeder Primzahlpotenz p^r ($r \in \mathbb{N} \setminus \{0\}$) ein Körper K mit $\operatorname{card}(K) = p^r$ existiert. Für $r = 1$ wird die Frage durch die Restklassenkörper $\mathbb{Z}_p$ bereits beantwortet. Für beliebiges r betrachtet man eine Körpererweiterung E von $\mathbb{Z}_p$, in der das Polynom $X^{p^r} - X \in \mathbb{Z}_p[X]$ vollständig in Linearfaktoren zerfällt. Die Menge K aller Nullstellen von $X^{p^r} - X$ in E bildet dann einen Körper mit p^r Elementen. Es gilt mit Satz 4 daher der

Satz 5: *Zu jeder Primzahlpotenz p^r gibt es bis auf Isomorphie genau einen Körper mit p^r Elementen.*

Bem.: Die endl. Körper kann man also als vollständig bekannt ansehen. Sie sind im wesentlichen durch die Restklassenkörper $\mathbb{Z}_p$ bestimmt.

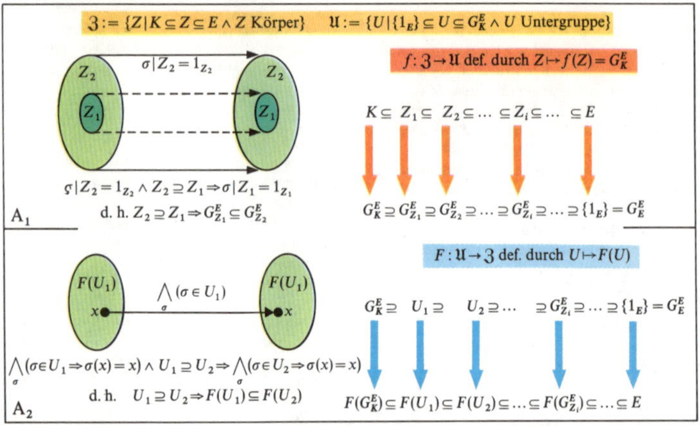

Zuordnung von Zwischenkörpern und Untergruppen

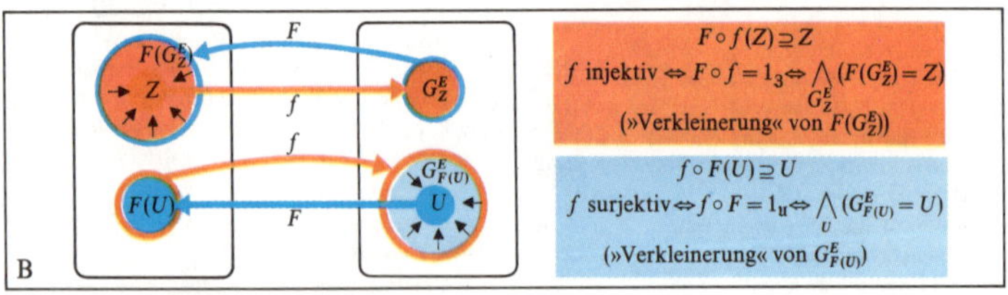

Bijektivität der galoisschen Abbildung f

$E := \mathbb{Q}(\sqrt{2}, \sqrt{3})$ ist endlich-galoissche Erweiterung über $\mathbb{Q}$ mit der Galoisgruppe $G_{\mathbb{Q}}^E = V_4$ (KLEINsche Vierergruppe, S. 38/Abb. B).

a) **grad$(E/\mathbb{Q}) = 4$**

$B = \{1, \sqrt{2}, \sqrt{3}, \sqrt{6}\}$ ist eine Basis des Vektorraumes $\mathbb{Q}(\sqrt{2}, \sqrt{3})$ über $\mathbb{Q}$, d. h.

grad$(E/\mathbb{Q}) = 4$ und $x \in E \Leftrightarrow x = \alpha_1 + \alpha_2\sqrt{2} + \alpha_3\sqrt{3} + \alpha_4\sqrt{6} \wedge \alpha_i \in \mathbb{Q}$ (vgl. S. 98)

b) **$G_{\mathbb{Q}}^E = V_4$**

Wegen $\sigma \in G_{\mathbb{Q}}^E \Rightarrow \sigma | \mathbb{Q} = 1_{\mathbb{Q}} \Rightarrow \bigwedge_x (\sigma(x) = \alpha_1 + \alpha_2\sigma(\sqrt{2}) + \alpha_3\sigma(\sqrt{3}) + \alpha_4\sigma(\sqrt{2})\,\sigma(\sqrt{3}))$ ist $\sigma \in G_{\mathbb{Q}}^E$ eindeutig durch die Menge $\{\sigma(\sqrt{2}), \sigma(\sqrt{3})\}$ bestimmt. Da σ ein Homomorphismus ist, gilt außerdem: $\sigma^2(\sqrt{2}) = 2$, $\sigma^2(\sqrt{3}) = 3$. Also ergibt sich:

$$\sigma(\sqrt{2}) \in \{\sqrt{2}, -\sqrt{2}\}, \quad \sigma(\sqrt{3}) \in \{\sqrt{3}, -\sqrt{3}\} \quad \text{und damit } \operatorname{Ord} G_{\mathbb{Q}}^E \leqq 4.$$

Tatsächlich lassen sich 4 Automorphismen $\sigma_0, \sigma_1, \sigma_2, \sigma_3$ definieren durch:

$\sigma_0(\sqrt{2}) = \sqrt{2}$	$\sigma_1(\sqrt{2}) = -\sqrt{2}$	$\sigma_2(\sqrt{2}) = \sqrt{2}$	$\sigma_3(\sqrt{2}) = -\sqrt{2}$
$\sigma_0(\sqrt{3}) = \sqrt{3}$	$\sigma_1(\sqrt{3}) = \sqrt{3}$	$\sigma_2(\sqrt{3}) = -\sqrt{3}$	$\sigma_3(\sqrt{3}) = -\sqrt{3}$

Es ist also $G_{\mathbb{Q}}^E = \{\sigma_0, \sigma_1, \sigma_2, \sigma_3\} = V_4$ (vgl. S. 38/Abb. B).

c) **$F(G_{\mathbb{Q}}^E) = \mathbb{Q}$**

$\mathbb{Q} \subseteq F(G_{\mathbb{Q}}^E)$ gilt stets (Abb. B). Zu zeigen: $F(G_{\mathbb{Q}}^E) \subseteq \mathbb{Q}$.

C $x \in F(G_{\mathbb{Q}}^E) \Rightarrow \bigwedge_i (\sigma_i(x) = x) \Rightarrow \begin{Bmatrix} \alpha_2\sqrt{2} + \alpha_4\sqrt{6} = 0 \\ \alpha_3\sqrt{3} + \alpha_4\sqrt{6} = 0 \end{Bmatrix} \Rightarrow \alpha_2 = \alpha_3 = \alpha_4 = 0$, d. h. $x \in F(G_{\mathbb{Q}}^E) \Rightarrow x = \alpha_1 \in \mathbb{Q}$

Beispiel einer endlich-galoisschen Erweiterung

Mit Hilfe der Galoistheorie kann man u. a. die Frage nach der Auflösbarkeit von Gleichungen durch Radikale (S. 111) und Konstruierbarkeitsprobleme (z. B. Quadratur des Kreises, S. 113/115) entscheiden. Bei der Behandlung dieser Probleme geht es um die Konstruktion einer *Körpererweiterung* E über einem Grundkörper K (S. 99). Dabei werden i. a. *Zwischenkörper* verwendet, die die Erweiterung bestimmen. Die Galoistheorie zeigt, daß im besonderen Fall der *endlich-galoisschen Erweiterung* (s. u.) eine *gruppentheoretische* Beschreibung der Zwischenkörper möglich ist (Hauptsatz). Auf diese Weise lassen sich körpertheoretische Probleme mit den Mitteln der Gruppentheorie entscheiden.

Problemstellung

Gegeben sei eine Körpererweiterung E über dem Grundkörper K. Der Erweiterung E läßt sich eine Gruppe zuordnen, die Gruppe $\mathrm{Aut}(E, E)$ der Automorphismen von E (S. 81). *Ziel* ist es, dem Grundkörper und jedem Zwischenkörper umkehrbar eindeutig eine Untergruppe von $\mathrm{Aut}(E, E)$ zuzuordnen, denn dann kann man mit Hilfe der Untergruppen den Überblick über die Zwischenkörper gewinnen.

Man betrachtet Mengen von Automorphismen aus $\mathrm{Aut}(E, E)$, die auf einem Unterkörper k von E ein charakteristisches Verhalten zeigen und def.:

Def. 1: $\sigma \in \mathrm{Aut}(E, E)$ heißt *relativer Automorphismus* von E über k, wenn die Einschränkung von σ auf k die identische Abb. 1_k ist, d. h. wenn $\sigma \mid k = 1_k$. Die Menge aller relativen Automorphismen von E über k wird *Galoisgruppe* G_k^E genannt.

G_K^E ist also die Menge von Automorphismen aus $\mathrm{Aut}(E, E)$, die den Grundkörper K elementweise fest lassen. Man weist leicht nach, daß G_K^E eine Untergruppe von $\mathrm{Aut}(E, E)$ ist, ebenso G_Z^E für jeden Zwischenkörper Z. Insbesondere ist $G_E^E = \{1_E\}$, denn nur die identische Abb. läßt ganz E elementweise fest. Es ist daher zu vermuten, daß sich die Zwischenkörpereigenschaft gruppentheoretisch ausdrücken läßt. Tatsächlich gilt:

$$K \subseteq Z \subseteq E \Rightarrow G_K^E \supseteq G_Z^E \supseteq G_E^E = \{1_E\}.$$

Von der Menge $\mathfrak{Z}$ aller Zwischenkörper existiert also eine Abb. f in die Menge $\mathfrak{U}$ aller Untergruppen von G_K^E, die die Enthaltenseinsrelation umkehrt (Abb. A_1).

Def. 2: Die Abb. $f: \mathfrak{Z} \underset{\cdot}{\rightarrow} \mathfrak{U}$ def. durch $Z \mapsto f(Z) = G_Z^E$ heißt *galoissche* (gal.) *Abbildung*.

Bijektivität der galoisschen Abbildung

Da sich jeder nichtleeren Teilmenge T von $\mathrm{Aut}(E, E)$, also auch jeder Untergruppe, ein Unterkörper von E zuordnen läßt, der *Fixkörper* $F(T)$ (vgl. S. 81), gibt es eine Abb. $F: \mathfrak{U} \rightarrow \mathfrak{Z}$, die ebenfalls die Enthaltenseinsrelation umkehrt (Abb. A_2). Daher geschieht die Untersuchung, wann die gal. Abb. f bijektiv ist, mit dem folgenden Kriterium (S. 33):

f bijektiv $\Leftrightarrow \bigvee\limits_F (F: \mathfrak{U} \rightarrow \mathfrak{Z} \wedge F \circ f = 1_{\mathfrak{Z}} \wedge f \circ F = 1_{\mathfrak{U}})$.

Da $F \circ f = 1_{\mathfrak{Z}} \Leftrightarrow \bigwedge\limits_Z (F(f(Z)) = Z) \Leftrightarrow \bigwedge\limits_Z (F(G_Z^E) = Z)$

und $f \circ F = 1_{\mathfrak{U}} \Leftrightarrow \bigwedge\limits_U (f(F(U)) = U) \Leftrightarrow \bigwedge\limits_U (G_{F(U)}^E = U)$,

gilt also die Bijektivität von f genau dann, wenn jeder Zwischenkörper der Fixkörper der zugehörigen Galoisgruppe ist (i. a. $Z \subseteq F(G_Z^E)$) und jede Untergruppe als Bild des zugehörigen Fixkörpers auftritt (i. a. $U \subseteq G_{F(U)}^E$) (Abb. B).

Bem.: Die erste Bedingung garantiert die Injektivität, die zweite die Surjektivität von f (Abb. B).

Endlich-galoissche Erweiterung, Hauptsatz

Für *endliche* Erweiterungen ($\mathrm{grad}(E/K) = n$, $n \in \mathbb{N} \setminus \{0\}$) sind alle Bedingungen für die Bijektivität der gal. Abb. f bereits erfüllt, wenn nur der Grundkörper K der Fixkörper seiner Galoisgruppe ist, d. h. wenn $F(G_K^E) = K$. Dann gilt nämlich:

(a) $F(G_K^E) = K \Rightarrow \bigwedge\limits_Z (F(G_Z^E) = Z) \Rightarrow f$ injektiv

(b) $\bigwedge\limits_Z (F(G_Z^E) = Z) \Rightarrow \bigwedge\limits_Z (\mathrm{ord}\, G_Z^E = \mathrm{grad}(E/Z))$.

Da weiter $\mathrm{ord}\, U = \mathrm{grad}(E/F(U))$ für jede endl. Untergruppe $U \subseteq \mathrm{Aut}(E, E)$ gilt, folgt aus (b): $\bigwedge\limits_U (G_{F(U)}^E = U)$, d. h. f surjektiv.

Def. 3: Eine Erw. E über k heißt *endlich-galoissch*, wenn $\mathrm{grad}(E/k) = n (n \in \mathbb{N} \setminus \{0\})$ und $F(G_k^E) = k$.

Damit ergibt sich der **Hauptsatz**:

E sei endl.-gal. Erweiterung über dem Grundkörper K und G_K^E die zugehörige Galoisgruppe. Dann gilt:

(1) *E ist endl.-gal. über jedem Zwischenkörper Z mit der Galoisgruppe G_Z^E, d. h.* $\bigwedge\limits_Z (F(G_Z^E) = Z)$.

(2) *Jede Untergruppe U von G ist Galoisgruppe zum Fixkörper F(U), d. h.* $\bigwedge\limits_U (G_{F(U)}^E = U)$.

(3) *Für alle Körper Z mit $K \subseteq Z \subseteq E$ gilt:* $\mathrm{ord}\, G_Z^E = \mathrm{grad}(E/Z)$.

Folgerungen: Aus (1) und (2) ergibt sich:

(I) Die gal. Abb. f ist bijektiv mit $f^{-1} = F$.

Aus (3) und (I) folgt:

(II) Zwischen einem Körper K und einer endl.-gal. Erweiterung existieren höchstens endl. viele Zwischenkörper.

Bem.: An der Folgerung (II) wird der Vorteil des Hauptsatzes gut sichtbar. Will man alle Zwischenkörper direkt angeben, so gelingt dies i. a. nicht in endl. vielen Schritten, wenn E eine unendl. Menge ist. Der »Umweg« über die Untergruppen der endl. Galoisgruppe ermöglicht aber stets einen vollständigen Überblick in endl. vielen Schritten.

Polynom-Kriterium für endl.-gal. Erweiterungen

In Abb. C wird gezeigt, daß der Körper $\mathbb{Q}(\sqrt{2}, \sqrt{3})$ endl.-gal. über $\mathbb{Q}$ ist. $\mathbb{Q}(\sqrt{2}, \sqrt{3})$ läßt sich jedoch auch als Zerfällungskörper von $(X^2-2)\,(X^2-3) \in \mathbb{Q}[X]$ charakterisieren. Das Polynom ist *separabel* (S. 103), da die über $\mathbb{Q}$ irreduziblen Faktoren X^2-2 und X^2-3 keine mehrfachen Nullstellen besitzen. Die endl.-gal. Erweiterung $\mathbb{Q}(\sqrt{2}, \sqrt{3})$ ist also Zerfällungskörper eines separablen Polynoms. Daß sich endl.-gal. Erweiterungen stets durch separable Polynome beschreiben lassen, ergibt sich aus

Satz 1: *E ist endl.-gal. Erw. über K genau dann, wenn E der Zerfällungskörper eines über K separablen Polynoms ist.*

$E := \mathbb{Q}(\sqrt{2}, \sqrt{3})$ ist endl.-gal. über $\mathbb{Q}$ mit $G_{\mathbb{Q}}^E = V_4$ (vgl. Abb. C, S. 106)

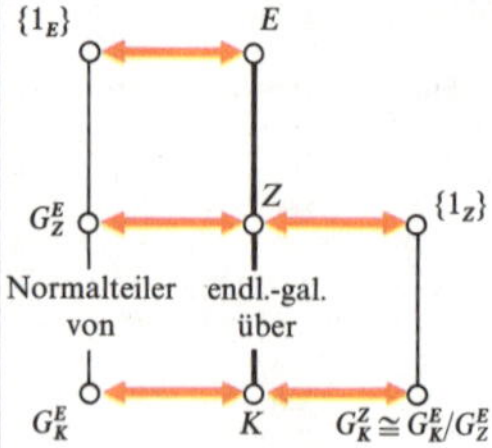

Die Ordnung jeder Untergruppe ist Teiler der Gruppenordnung. Also gibt es nur echte Untergruppen der Ordnung 2. Diese sind:

$U_1 = \{\sigma_0, \sigma_1\}$ $\quad U_2 = \{\sigma_0, \sigma_2\}$ $\quad U_3 = \{\sigma_0, \sigma_3\}$

Zu diesen Untergruppen gehören die Zwischenkörper

$Z_1 = \mathbb{Q}(\sqrt{3})$ $\quad Z_2 = \mathbb{Q}(\sqrt{2})$ $\quad Z_3 = \mathbb{Q}(\sqrt{6})$

Als Zerfällungskörper der separablen Polynome

$X^2 - 3$ $\quad X^2 - 2$ $\quad X^2 - 6$

sind alle Zwischenkörper endl.-gal. über $\mathbb{Q}$.

Andererseits ist V_4 abelsch, d. h. jede Untergruppe ist Normalteiler von V_4. Es gilt:

$$G_{\mathbb{Q}}^{Z_1} = \{\sigma_0/Z_1, \sigma_2/Z_1\} \cong G_{\mathbb{Q}}^E/G_{Z_1}^E = \{\sigma_0 G_{Z_1}^E, \sigma_2 G_{Z_1}^E\}$$
$$G_{\mathbb{Q}}^{Z_2} = \{\sigma_0/Z_2, \sigma_1/Z_2\} \cong G_{\mathbb{Q}}^E/G_{Z_2}^E = \{\sigma_0 G_{Z_2}^E, \sigma_1 G_{Z_2}^E\}$$
$$G_{\mathbb{Q}}^{Z_3} = \{\sigma_0/Z_3, \sigma_1/Z_3\} \cong G_{\mathbb{Q}}^E/G_{Z_3}^E = \{\sigma_0 G_{Z_3}^E, \sigma_1 G_{Z_3}^E\}$$

A

Normalteiler einer Galoisgruppe

$$p(\sigma) = \begin{pmatrix} \alpha_1 & ,\ldots, & \alpha_r \\ \sigma(\alpha_1), & \ldots, & \sigma(\alpha_r) \end{pmatrix}$$
$$p(\tau) = \begin{pmatrix} \alpha_1 & ,\ldots, & \alpha_r \\ \tau(\alpha_1), & \ldots, & \tau(\alpha_r) \end{pmatrix}$$

(1) **p injektiv**

$$p(\sigma) = p(\tau) \Rightarrow \bigwedge_i (\sigma(\alpha_i) = \tau(\alpha_i))$$
$$\bigwedge_i (\sigma(\alpha_i) = \tau(\alpha_i)) \Rightarrow \sigma = \tau$$

(2) **p Homomorphismus**

$$p(\tau \circ \sigma) = \begin{pmatrix} \alpha_1 & ,\ldots, & \alpha_r \\ \tau\circ\sigma(\alpha_1), & \ldots, & \tau\circ\sigma(\alpha_r) \end{pmatrix}$$
$$= \begin{pmatrix} \alpha_1 & ,\ldots, & \alpha_r \\ \sigma(\alpha_1), & \ldots, & \sigma(\alpha_r) \end{pmatrix} \cdot \begin{pmatrix} \alpha_1 & ,\ldots, & \alpha_r \\ \tau(\alpha_1), & \ldots, & \tau(\alpha_r) \end{pmatrix}$$
$$= p(\sigma) \cdot p(\tau)$$

B (vgl. S. 75)

Injektiver Homomorphismus
$p: G_K^E \to S_r$

$f(X) \in K[X]$ sei vom Grade n und besitze die paarweise verschiedenen Nullstellen $\alpha_1, \ldots, \alpha_n$.

Ist $f(X)$ reduzibel über K, so gilt:

$$f(X) = g_1(X) \cdot g_2(X) \cdot \ldots \quad (g_i(X) \text{ irreduzibel über } K)$$

$\{\alpha_{i1}, \alpha_{i2}, \ldots\} \subseteq \{\alpha_1, \ldots, \alpha_n\}$ sei die Menge der Nullstellen von $g_i(X)$. Da Nullstellen von $g_i(X)$ in Nullstellen von $g_i(X)$ abgebildet werden, ergibt sich für $\sigma \in G_K^E$:

$$p(\sigma) = \begin{pmatrix} \alpha_{11}, \alpha_{12} & ,\ldots, & \alpha_{21}, \alpha_{22} & ,\ldots \\ \underbrace{\sigma(\alpha_{11}), \sigma(\alpha_{12}), \ldots}_{\text{Nullstellen von } g_1(X)}, & & \underbrace{\sigma(\alpha_{21}), \sigma(\alpha_{22}), \ldots}_{\text{Nullstellen von } g_2(X)} \end{pmatrix} \in S_n$$

Transitivitätsgebiete

Zu folgender Permutation $\begin{pmatrix} \alpha_{11}, \ldots \\ \alpha_{21}, \ldots \end{pmatrix} \in S_n$ gibt es daher kein $\sigma \in G_K^E$, denn α_{21} müßte im Transitivitätsgebiet von $g_2(X)$ liegen.

Notwendig für die Surjektivität von p ist also, daß genau ein Transitivitätsgebiet existiert, d. h. $f(X)$ irreduzibel über K ist.

C

Notwendige Bedingung für $G_K^E \cong S_n$

Beispiele: $f(X) = (X - x_1)(X - x_2) \Rightarrow f(X) = X^2 - (x_1 + x_2)X + x_1 x_2$

$f(X) = (X - x_1)(X - x_2)(X - x_3) \Rightarrow f(X) = X^3 - (x_1 + x_2 + x_3)X^2 + (x_1x_2 + x_1x_3 + x_2x_3)X - x_1x_2x_3$

Allgemein: $f(X) = (X - x_1)(X - x_2) \cdot \ldots \cdot (X - x_n) \Rightarrow$

$$f(X) = X^n - (x_1 + x_2 + \ldots + x_n)X^{n-1} + (x_1x_2 + x_1x_3 + \ldots + x_1x_n + x_2x_3 + x_2x_4 + \ldots + x_2x_n + \ldots)X^{n-2}$$
$$- (x_1x_2x_3 + \ldots)X^{n-3} + \ldots + (-1)^{n-1}(x_1x_2\ldots x_{n-1} + x_1x_2\ldots x_{n-2}x_n + \ldots + x_2x_3\ldots x_n)X$$
$$+ (-1)^n x_1x_2\ldots x_n \Rightarrow$$

$$f(X) = X^n + a_{n-1}X^{n-1} + a_{n-2}X^{n-2} + \ldots + a_1X + a_0 \quad \text{mit: } a_{n-1} = -\sum_{i=1}^{n} x_i; \quad a_{n-2} = \sum_{i<j}^{1\ldots n} x_i x_j; \quad \ldots;$$
$$a_r = (-1)^k \left(\sum_{\substack{r_1 < \cdots < r_k \\ k = n-r}}^{1\ldots n} x_{r_1} x_{r_2} \ldots x_{r_k} \right); \ \ldots; \quad a_1 = (-1)^{n-1} \left(\sum_{i=1}^{n} x_1 \ldots \cancel{x_i} \ldots x_n \right); \quad a_0 = (-1)^n x_1 x_2 \ldots x_n$$

Die a_i heißen *elementarsymmetrische Funktionen* in den Variablen $x_1, \ldots, x_n$. Sie sind symmetrisch in $x_1, \ldots, x_n$, d. h. eine Permutation der $x_1, \ldots, x_n$ verändert sie nicht.

D

Elementarsymmetrische Funktionen

Eigenschaften endl.-gal. Erweiterungen

(A) E sei endl.-gal. über K mit der Galoisgruppe G_K^E. Dann gehört für jedes $\sigma \in G_K^E$ und jeden Zwischenkörper Z zum Zwischenkörper $\sigma[Z]$ die Galoisgruppe $G_{\sigma[Z]}^E = \sigma G_K^E \sigma^{-1} = \{\sigma \circ \tau \circ \sigma^{-1} \mid \tau \in G_K^E\}$.

(B) E sei endl.-gal. über K mit der Galoisgruppe G_K^E, Z ein Zwischenkörper. Dann gilt (Bsp. Abb. A):

(1) Z ist endl.-gal. über K genau dann, wenn G_Z^E Normalteiler von G_K^E ist.

(2) Ist Z endl.-gal. über K, so gilt: $G_K^Z \cong G_K^E / G_Z^E$.

(C) Nennt man den größten gemeinsamen Unterkörper zweier gegebener Unterkörper »*Durchschnitt*« ($\sqcap$), den kleinsten beide umfassenden Oberkörper »*Hülle*« ($\sqcup$) und überträgt diese Begriffe sinngemäß auf Untergruppen, so gilt im Falle einer endl.-gal. Erweiterung:

$f(Z_1 \sqcap Z_2) = G_{Z_1}^E \sqcup G_{Z_2}^E, \quad F(U_1 \sqcap U_2) = F(U_1) \sqcup F(U_2),$

$f(Z_1 \sqcup Z_2) = G_{Z_1}^E \sqcap G_{Z_2}^E, \quad F(U_1 \sqcup U_2) = F(U_1) \sqcap F(U_2).$

Bem.: Bezüglich $\sqcap$ und $\sqcup$ stellen die Mengen $\mathfrak{Z}$ und $\mathfrak{U}$ Verbände (S. 27) dar, so daß die gal. Abb. f als »Verbandsisomorphismus« gedeutet werden kann, der die Verknüpfungen $\sqcap$ und $\sqcup$ umkehrt.

Galoisgruppe eines Polynoms

Def. 4: E sei der Zerfällungskörper des Polynoms $f(X) \in K[X]$. Dann heißt G_K^E *Galoisgruppe des Polynoms* $f(X)$.

Die Galoisgruppe eines Polynoms wird näher beschrieben durch

Satz 2: *Die Galoisgruppe G_K^E eines Polynoms $f(X) \in K[X]$ vom Grade n ist einer Untergruppe der sym. Gruppe S_r $(r \leqq n)$ isomorph, wobei r die Anzahl paarweise verschiedener Nullstellen von $f(X)$ ist.*

Beweis: Ist $\{\alpha_1, \dots, \alpha_r\}$ die Menge paarweise verschiedener Nullstellen von $f(X)$, so gilt $E = K(\alpha_1, \dots, \alpha_r)$ nach Satz 9, S. 103. $\sigma \in G_K^E$ ist daher eindeutig durch die Menge der Bildelemente $\{\sigma(\alpha_1), \dots, \sigma(\alpha_r)\}$ festgelegt. Diese Menge stimmt mit $\{\alpha_1, \dots, \alpha_r\}$ überein, da σ injektiv ist und aus $f(\alpha_i) = 0$ auch $f(\sigma(\alpha_i)) = 0$ folgt. Jedem $\sigma \in G_K^E$ läßt sich also eind. eine Permutation $p(\sigma) = \begin{pmatrix} \alpha_1, \dots, \alpha_r \\ \sigma(\alpha_1), \dots, \sigma(\alpha_r) \end{pmatrix} \in S_r$ (S. 75) zuordnen.

Da diese Abb. $p: G_K^E \to S_r$ ein inj. Gruppenhomomorphismus ist (Abb. B), gilt Satz 2.

Bem.: Sind *alle* Nullstellen von $f(X)$ paarweise verschieden, so gilt: $G_K^E \cong p(G_K^E) \subseteq S_n$.

Als *notwendige Bedingung* für $G_K^E \cong S_n$ ergibt sich, daß $f(X)$ irreduzibel und separabel über K sein muß (Abb. C).

Daß es Polynome vom Grade n gibt, deren Galoisgruppe isomorph zu S_n ist, zeigt

Satz 3: *Es sei $f(X) = (X - x_1) \cdot \ldots \cdot (X - x_n) = X^n + a_{n-1} X^{n-1} + \dots + a_1 X + a_0 \in K(a_0, \dots, a_{n-1})[X]$, wobei $a_0, \dots, a_{n-1}$ die elementarsymmetrischen Funktionen* (Abb. D) *in den unabhängigen Variablen $x_1, \dots, x_n$ sind. Dann ist die Galoisgruppe von $f(X)$ isomorph zur symmetrischen Gruppe S_n.*

Beweis: $E = K(x_1, \dots, x_n)$ ist der Zerfällungskörper von $f(X)$; es sei $Z := K(a_0, \dots, a_{n-1})$. Gemäß Satz 2 und Bem. gilt $G_Z^E \cong p(G_Z^E) \subseteq S_n$. Es ist noch die Surjektivität von p zu zeigen. *Jede* Permutation $\begin{pmatrix} x_1, \dots, x_n \\ x_{\nu_1}, \dots, x_{\nu_n} \end{pmatrix} \in S_n$ bewirkt einen Automorphismus $\sigma \in \mathrm{Aut}(E, E)$. Da die a_i symmetrisch in $x_1, \dots, x_n$ sind, bleibt Z elementweise fest, d. h. es ist $\sigma \in G_Z^E$. p ist also surj.

Bem.: Aufgrund der Bem. zu Satz 2 folgt, daß $f(X)$ irreduzibel und separabel über $K(a_0, \dots, a_{n-1})$ ist. Also ist der Zerfällungskörper endl.-gal. über $K(a_0, \dots, a_{n-1})$ mit einer zu S_n isomorphen Galoisgruppe.

Galoisgruppe des allgemeinen Polynoms

Def. 5: $g(X) = X^n + u_{n-1} X^{n-1} + \dots + u_1 X + u_0$ aus $K(u_0, \dots, u_{n-1})[X]$ heißt *allgemeines Polynom n-ten Grades*, wobei $u_0, \dots, u_{n-1}$ unabhängige Variable sind.

Das allgem. Polynom steht im Zusammenhang mit der allgem. Gleichung (S. 111); deshalb soll seine Galoisgruppe bestimmt werden. Es gilt

Satz 4: *Das allgemeine Polynom n-ten Grades ist irreduzibel und separabel über $K(u_0, \dots, u_{n-1})$; seine Galoisgruppe ist isomorph zu S_n.*

Beweis: Man wendet Satz 3 an und def. einen Isomorphismus $f: K(u_0, \dots, u_{n-1}) \to K(a_0, \dots, a_{n-1})$ durch $u_i \mapsto f(u_i) = a_i$. Dabei geht $g(X)$ in $f(X)$ über. Der Isomorphismus f läßt sich zu einem Isomorphismus $f': K(\alpha_1, \dots, \alpha_n) \to K(x_1, \dots, x_n)$ der Zerfällungskörper von $g(X)$ und $f(X)$ fortsetzen, wobei $\alpha_1, \dots, \alpha_n$ die Nullstellen von $g(X)$ sind. Daraus ergibt sich mit Satz 3 der Satz 4.

Galoisgruppe des Polynoms $X^n - 1 \in \mathbb{Q}[X]$

Satz 5: *Der Zerfällungskörper $\mathbb{Q}(\varepsilon)$ von $X^n - 1 \in \mathbb{Q}[X]$ (ε primitive n-te Einheitswurzel) ist endlich-galoissch über $\mathbb{Q}$ mit einer kommutativen Galoisgruppe.*

Beweis: Nach S. 103 ist $E := \mathbb{Q}(\varepsilon)$ der Zerfällungskörper des separablen Polynoms $X^n - 1$ aus $\mathbb{Q}[X]$; damit ist E endl.-gal. über $\mathbb{Q}$. $\sigma \in G_{\mathbb{Q}}^E$ ist durch $\sigma(\varepsilon)$ eindeutig bestimmt. Da auch $\sigma(\varepsilon)$ eine primitive n-te Einheitswurzel ist, gilt: $\sigma(\varepsilon) = \varepsilon^m$, wobei m und n teilerfremd sind. Jedem $\sigma \in G_{\mathbb{Q}}^E$ läßt sich daher durch eine Abb. $f: G_{\mathbb{Q}}^E \to \mathbb{Z}_n$ eine Restklasse $[\![m]\!]$ (S. 75) zuordnen, wobei die Restklassenrepräsentanten zu n teilerfremd sind. Die Menge aller derartigen Restklassen aus $\mathbb{Z}_n$ bildet eine komm. mult. Gruppe. Da die Abb. f injektiv ist, muß $G_{\mathbb{Q}}^E$ isomorph zu einer ihrer Untergruppen und damit komm. sein.

Galoisgruppe endlicher Körper

Satz 6: *Jede endl. Erweiterung E über einem endl. Körper K ist endl.-gal. mit zyklischer Galoisgruppe.*

Beweis: Ist $\mathrm{grad}(E/K) = n$ und $\mathrm{card}(K) = q$, so enthält E genau q^n Elemente (S. 105, Satz 3) und ist Zerfällungskörper des separablen Polynoms $X^{q^n} - X$ (S. 105, Satz 4), denn genau alle El. von E sind Nullstellen. E ist also endl.-gal. über K.

$\sigma: E \to E$ def. durch $x \mapsto x^q$ ist ein Automorphismus aus $\mathrm{Aut}(E, E)$ (S. 107). Wegen $x^q = x$ für alle $x \in K$, folgt $\sigma \mid K = 1_K$, d. h. $\sigma \in G_K^E$. Da $\mathrm{ord}\, G_K^E = n$ ist (Hauptsatz), gibt es ein $s \leqq n$ mit $\sigma^s = 1_E$, d. h. $\sigma^s(x) = x^{q^s} = x$ für alle $x \in E$. Daraus folgt, daß $s = n$ sein muß. Also ist $G_K^E = \{1_E, \sigma, \sigma^2, \dots, \sigma^{n-1}\}$ und damit zyklisch.

Gleichung 3. Grades

Normalform		reduzierte Form
$x^3+ax^2+bx+c=0$	$\overset{x=z-\frac{a}{3}}{\Leftarrow}$	$z^3+pz+q=0$
$(a, b, c \in \mathbb{R})$		$(p=b-\frac{1}{3}a^2, q=\frac{2}{27}a^3-\frac{1}{3}ab+c)$

Ersetzt man in der Normalform x durch $z-\frac{a}{3}$, so erhält man die reduzierte Form. Für jede Lösung z der reduzierten Form ist $x=z-\frac{a}{3}$ Lösung der Normalform.

$$z^3+pz+q=0 \quad \overset{z=u+v}{\Leftarrow} \quad u^3+v^3+q=0 \wedge 3uv+p=0.$$

Für $p=0$ ist die Lösung der reduzierten Form trivial (reine kub. Gleichung, s. u.). Im Falle $p \neq 0$ geht die red. Form durch $z=u+v$ über in $u^3+v^3+q+(3uv+p)(u+v)=0$. Ist nun (u, v) eine Lösung des Gleichungssystems $u^3+v^3+q=0 \wedge 3uv+p=0$, so ist $z=u+v$ eine Lösung der reduzierten Form. Durch geeignete Umformungen erhält man das folgende Gleichungssystem, dessen Lösungen (u, v) auch $u^3+v^3+q=0 \wedge 3uv+p=0$ erfüllen:

$$u^3=-\frac{q}{2}+\sqrt{\frac{1}{4}q^2+\frac{1}{27}p^3} \wedge 3uv+p=0$$
$$(p=b-\frac{1}{3}a^2, q=\frac{2}{27}a^3-\frac{1}{3}ab+c).$$

Damit ist die Aufgabe im wesentlichen zurückgeführt auf die Lösung einer reinen kubischen Gleichung der Form

$$u^3=k \ (k \in \mathbb{C}).$$

Diese Gleichung besitzt im Körper $\mathbb{C}$ der komplexen Zahlen die drei Lösungen:

$$u_1=\sqrt[3]{k}, \quad u_2=\varepsilon \cdot u_1, \quad u_3=\varepsilon^2 \cdot u_1 \quad (\varepsilon=-\frac{1}{2}+\frac{\sqrt{3}}{2}\mathrm{i}).$$

Die Gleichung $3uv+p=0$ liefert die zu u_1, u_2, u_3 gehörigen Werte v_1, v_2, v_3. Man erhält dann als Lösungen der reduzierten Form:

$$z_1=u_1+v_1 \quad \text{mit} \quad u_1=\sqrt[3]{-\frac{q}{2}+\sqrt{\frac{1}{4}q^2+\frac{1}{27}p^3}} \quad \text{und} \quad v_1=-\frac{p}{3u_1},$$
$$z_2=u_2+v_2=\varepsilon \cdot u_1+\varepsilon^2 \cdot v_1, \quad z_3=u_3+v_3=\varepsilon^2 \cdot u_1+\varepsilon \cdot v_1 \quad (\varepsilon=-\frac{1}{2}+\frac{\sqrt{3}}{2}\mathrm{i}).$$

A

(Auflösung nach CARDANO)

Auflösung der Gleichung 3. Grades

Gleichung 4. Grades

Normalform		reduzierte Form
$x^4+ax^3+bx^2+cx+d=0$	$\overset{x=z-\frac{a}{4}}{\Leftarrow}$	$z^4+pz^2+qz+r=0$
$(a, b, c, d \in \mathbb{R})$		$(p=b-\frac{3}{8}a^2,\ q=c-\frac{ab}{2}+\frac{1}{8}a^3,$ $r=d-\frac{ac}{4}+\frac{1}{16}a^2b-\frac{3}{256}a^4)$

Auflösung der reduzierten Form

$$z^4+pz^2+qz+r=0 \quad \Leftarrow \quad (z^2+p)^2-(Qz+R)^2=0 \quad \Leftrightarrow \quad z^2+P=Qz+R \vee z^2+P=-Qz-R$$
$$(2P-Q^2=p,\ -2QR=q,\ P^2-R^2=r).$$

Ist $q=0$, so kann die biquadratische Gleichung $z^4+pz^2+r=0$ auf quadratische Gleichungen zurückgeführt werden. Im Falle $q \neq 0$ ist zunächst eine Lösung (P, Q, R) des Gleichungssystems $2P-Q^2=p \wedge -2QR=q \wedge P^2-R^2=r$ zu ermitteln. Durch geeignete Umformungen erhält man:

$$(1)\ Q^2=\frac{q^2}{4(P^2-r)}, \quad (2)\ R^2=P^2-r, \quad (3)\ QR=-\frac{q}{2}, \quad (4)\ P^3-\frac{p}{2}P^2-rP+\frac{pr}{2}-\frac{1}{8}q^2=0.$$

Zu einer Lösung P von (4) wählt man unter den Lösungen von (1) und (2) ein Paar (Q, R) aus, das (3) erfüllt, und setzt (P, Q, R) in $z^2+P=Qz+R \vee z^2+P=-Qz-R$ ein. Die Lösungen dieses Systems sind die vier Lösungen der reduzierten Form.

B

(Auflösung nach FERRARI)

Auflösung der Gleichung 4. Grades

Ein wesentlicher Impuls zur Entwicklung der Galoistheorie ergab sich aus der Frage nach der **Auflösbarkeit von Gleichungen durch Radikale.**

Bekanntlich ist die allgem. quadratische Gleichung $x^2+px+q=0 (p, q \in \mathbb{R})$ im Körper der komplexen Zahlen $\mathbb{C}$ stets durch die Operation des »Wurzelziehens« auflösbar:

$$L=\{\tfrac{1}{2}(-p+\sqrt{p^2-4q}),\ \tfrac{1}{2}(-p-\sqrt{p^2-4q})\}.$$

Entsprechendes gilt für die Auflösung der allgem. Gleichung 3. und 4. Grades (Abb. A, B). Man kann daher die Frage stellen, ob die allgem. Gleichungen 5. und höheren Grades in gleicher Weise auflösbar sind. Im Satz von ABEL (s. u.) wird diese Frage verneint.

Problemstellung

Vorbemerkung: Der Einfachheit halber wird im folgenden stets die Körpercharakteristik 0 (S. 105) vorausgesetzt.

Def. 1: K sei ein Körper; $u_0, \dots, u_{n-1}$ seien unabhängige Variable. Die Gleichung

$$x^n+u_{n-1}x^{n-1}+\cdots+u_1x+u_0=0 (n \in \mathbb{N})$$

heißt *allgem. Gleichung n-ten Grades* über K.

Zur allgem. Gleichung n-ten Grades gehört das *allgem. Polynom n-ten Grades* (vgl. Def. 5., S. 109)

$$g(X)=X^n+u_{n-1}X^{n-1}+\cdots+u_1X+u_0$$

aus $K(u_0, \dots, u_{n-1})[X]$.

Jede Nullstelle von $g(X)$ wird als *Lösung* der allgemeinen Gleichung bezeichnet.

Def. 2: K sei ein Körper. $X^n-a=0$ mit $a \in K$ und $n \in \mathbb{N}\setminus\{0\}$ heißt *reine Gleichung* über K. Die Lösungen heißen *Radikale* über K.

An der Lösungsmenge der quadratischen Gleichung erkennt man, daß sich jede Lösung in einem Körper darstellen läßt, der durch Adjunktion des Radikals $\sqrt{p^2-4q}$ (reine Gleichung: $x^2-p^2+4q=0$) zu $\mathbb{R}(p, q)$ entsteht. Eine derartige Erweiterung von $\mathbb{R}(p, q)$ heißt *einfache Radikalerweiterung*. Wie jedoch die Auflösungen der Gleichungen 3. und 4. Grades zeigen (Abb. A, B), kommt man mit einfachen Radikalerweiterungen nicht aus. Vielmehr ergeben sich Ausdrücke der Form

$$\sqrt[n]{\dots+\sqrt[m]{\dots\dots\dots}+\dots+\sqrt[k]{\dots\dots}+\dots}.$$

Derartige Ausdrücke lassen sich durch sukzessive Adjunktion von Radikalen zu einem Körper darstellen. Das führt zu:

Def. 3: K sei ein Körper und $K=K_0 \subseteq K_1 \subseteq \cdots \subseteq K_s = E$ eine Körperkette. Dann heißt E *Radikalerweiterung* von K, wenn

(1) $K_{i+1}=K_i(\alpha_i)$ für $i \in \{0, \dots, s-1\}$,

(2) α_i Radikal über K_i ist.

Def. 4: Die allgemeine Gleichung n-ten Grades heißt *auflösbar durch Radikale*, wenn der Zerfällungskörper des allgemeinen Polynoms n-ten Grades in einer Radikalerweiterung enthalten ist.

Für eine durch Radikale auflösbare Gleichung gilt also, daß sich die Nullstellen des zugehörigen Polynoms (Lösungen der Gleichung) durch Radikale berechnen lassen. Z. B. ist $\mathbb{R}(p, q, \sqrt{p^2-4q})$ Zerfällungskörper von X^2+pX+q und zugleich Radikalerweiterung über $\mathbb{R}(p, q)$.

Als *Problem* ergibt sich:

Ist der Zerfällungskörper des allgemeinen Polynoms n-ten Grades für alle $n \in \mathbb{N}$ in einer Radikalerweiterung enthalten?

Notwendige gruppentheoretische Bedingung für die Auflösbarkeit

Mit Hilfe der Galoistheorie gelingt es, die körpertheoretische Bedingung für die Auflösbarkeit (Def. 4) in eine gruppentheoretische umzuwandeln.

Nach Satz 4 (S. 109) ist das allgemeine Polynom n-ten Grades $g(X)$ irreduzibel und separabel über $K(u_0, \dots, u_{n-1})$.

Als separables Polynom besitzt $g(X)$ einen endlich-galoisschen Zerfällungskörper E (Satz 1, S. 107); die zugehörige Galoisgruppe ist isomorph zur symmetrischen Gruppe S_n (Satz 4, S. 109).

Ist nun die allgem. Gleichung n-ten Grades durch Radikale auflösbar, so muß E in einer Radikalerweiterung enthalten sein. Man muß annehmen, daß sich diese zusätzliche Bedingung für den Zerfällungskörper in einer bestimmten Eigenschaft der Galoisgruppe widerspiegelt. Diese Eigenschaft ist die Auflösbarkeit (S. 79) der Galoisgruppe. Es gilt

Satz 1: *Wenn die allgemeine Gleichung n-ten Grades durch Radikale auflösbar ist, so ist die Galoisgruppe des allgemeinen Polynoms auflösbar.*

Bem.: Als *notwendige gruppentheoretische Bedingung* für die Auflösbarkeit wird also die Auflösbarkeit der symmetrischen Gruppe S_n erkannt.

Satz von ABEL

In der Gruppentheorie (S. 79) wird gezeigt, daß die symmetrische Gruppe S_n für $n \geqq 5$ nicht auflösbar ist. Die notwendige Bedingung für die Auflösbarkeit der allgem. Gleichung n-ten Grades durch Radikale ist also für $n \geqq 5$ nicht erfüllt. Daher gilt

Satz 2 (Satz von ABEL): *Die allgemeine Gleichung n-ten Grades über einem Körper der Charakteristik 0 ist für $n \geqq 5$ nicht durch Radikale auflösbar.*

Bem.: Man kann darüber hinaus zeigen, daß die Auflösbarkeit der Galoisgruppe auch *hinreichende Bedingung* für die Lösbarkeit durch Radikale ist.

Da S_2, S_3 und S_4 auflösbar sind (S. 79), müssen daher die Gleichungen 2., 3. und 4. Grades stets durch Radikale auflösbar sein.

Bem.: Das Auflösungsverfahren und die Auflösungsformeln zur allgem. Gleichung 3. und 4. Grades sind für die praktische Anwendung i. a. zu aufwendig.

In der Praxis begnügt man sich mit näherungsweise bestimmten Lösungen. Derartige Näherungslösungen für Gleichungen 3. Grades über $\mathbb{R}$ können z. B. trigonometrisch oder graphisch gewonnen werden. Auch allgem. Näherungsverfahren (regula falsi, NEWTONsches Verfahren, Iterationsverfahren, GRAEFFE-Verfahren, s. Analysis Bd. II) werden herangezogen.

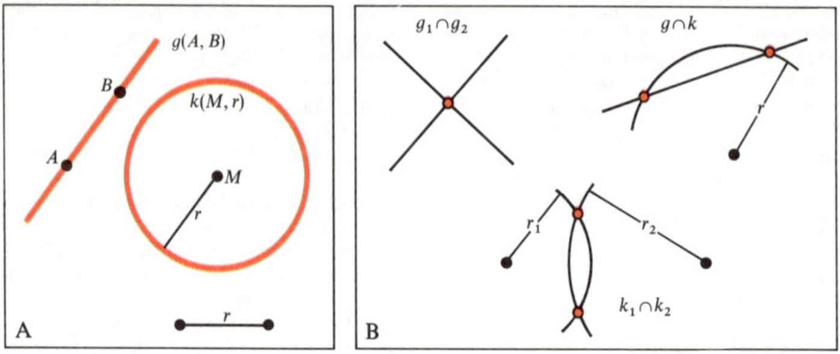

Zulässige Konstruktionsschritte

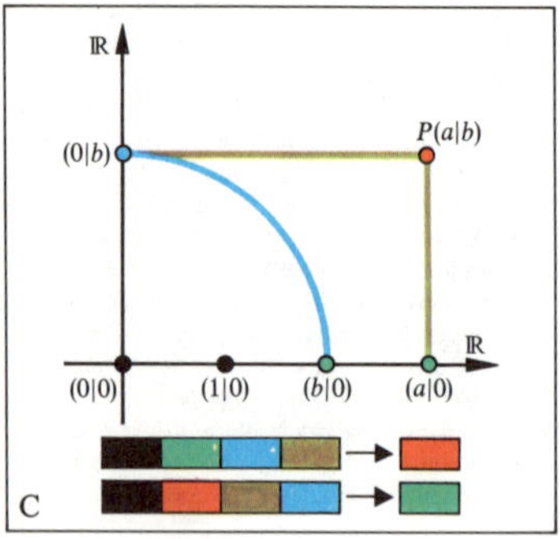

Konstruktion eines Punktes

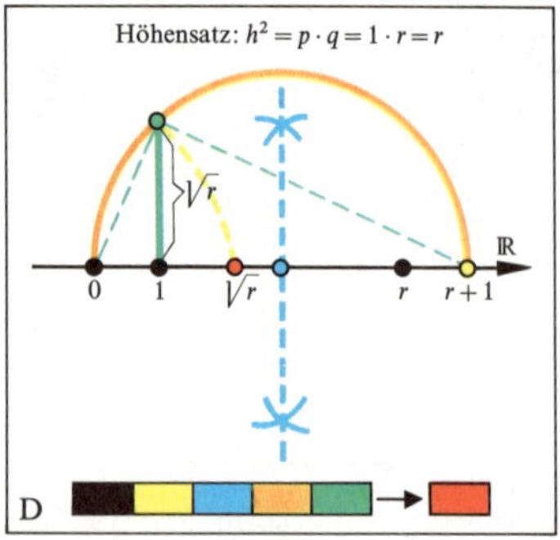

Konstruktion von $\sqrt{r}\,(r > 0)$

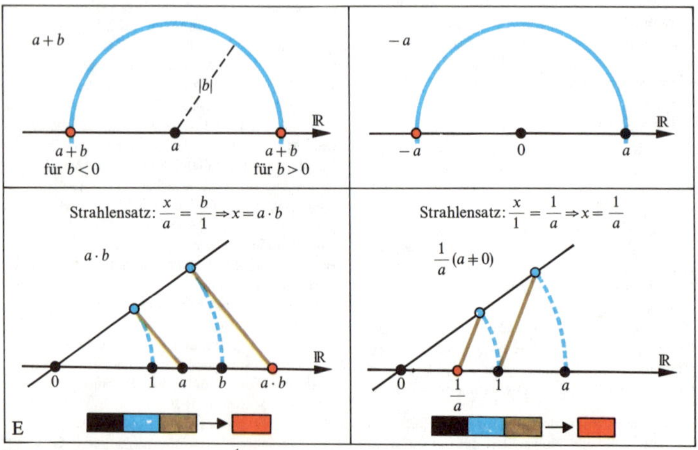

Konstruktion von $a+b$, $-a$, $a \cdot b$, $\frac{1}{a}\,(a \neq 0)$

Zu den klassischen Problemen der Geometrie gehören Konstruktionsaufgaben. Dabei bestehen hinsichtlich der Hilfsmittel i. a. gewisse Beschränkungen. So kann z. B. gefordert werden, die Konstruktion nur mit dem Lineal, nur mit dem Zirkel oder nur mit Zirkel und Lineal auszuführen.
Von besonderem Interesse waren *Konstruktionen mit Zirkel und Lineal.* Bei einer Reihe von Problemen gelang der Nachweis, ob die Konstruktion ausführbar ist oder nicht, erst durch eine *Algebraisierung* der Aufgabenstellung.

Konstruierbarkeit mit Zirkel und Lineal

Eine ebene geom. Figur ist *konstruierbar mit Zirkel und Lineal* (Z. u. L.), wenn die Figur durch eine endl. Punktmenge festgelegt ist (z. B. ein Dreieck durch die drei Eckpunkte) und sich jeder dieser Punkte aus vorgegebenen oder bereits konstruierten Punkten in einer endl. Anzahl von Schritten mit Z. u. L. konstruieren läßt. *Zulässige Konstruktionsschritte* sind dabei (Abb. A, B):

(1) Konstruktion von Geraden und Kreisen, die durch vorgegebene oder bereits konstruierte Punkte festgelegt sind.
(2) Konstruktion des Durchschnitts zweier Geraden, zweier Kreise oder einer Geraden und eines Kreises.

Durch die Einführung eines kart. Koordinatensystems läßt sich die Konstruktionsaufgabe *algebraisieren.* Zu jedem Punkt gehört dann genau ein reelles Zahlenpaar und umgekehrt (s. Analyt. Geom.).
Das Koordinatensystem werde durch die Punkte $P_0(0 \mid 0)$ und $P_1(1 \mid 0)$ definiert. Im folgenden zählen diese Punkte zu den vorgegebenen Punkten.
Es besteht also die Aufgabe, einen Punkt $P(a \mid b)$ aus vorgegebenen Punkten mit Z. u. L. zu konstruieren. Äquivalent dazu ist die Konstruktion der Punkte $P(a \mid 0)$ und $P(b \mid 0)$ (Abb. C). Die Konstruktion eines Punktes $P(x \mid 0)$ kann als die *Konstruktion der reellen Zahl* x auf der Zahlengeraden angesehen werden. Es ergibt sich daher:
$P(a \mid b)$ konstruierbar $\Leftrightarrow a$ und b konstruierbar.

Kriterium für die Konstruierbarkeit

Wie aus Abb. E zu entnehmen ist, lassen sich zu vorgegebenen $0, 1, a, b \in \mathbb{R}$ stets $a+b$, $-a$, $a \cdot b$, $\frac{1}{a}(a \neq 0)$ mit Z. u. L. konstruieren. Daraus ergibt sich, daß jeder rationale Ausdruck vorgegebener reeller Zahlen (0 und 1 sollen im Folgenden stets dazu gehören) konstruierbar ist.
Aus 0 und 1 allein läßt sich daher jedes $x \in \mathbb{Q}$, aus $a_0, \ldots, a_n$ jedes $x \in \mathbb{Q}(a_0, \ldots, a_n)$ konstruieren. Damit wird die Verbindung zum *Körperbegriff* hergestellt, denn $\mathbb{Q}(a_0, \ldots, a_n)$ ist der durch Adjunktion von $a_0, \ldots, a_n$ zu $\mathbb{Q}$ erzeugte Körper (S. 99). Aus Abb. D geht hervor, daß die Quadratwurzel jeder vorgegebenen positiven reellen Zahl konstruierbar ist; also sind die Quadratwurzeln positiver Zahlen aus $\mathbb{Q}(a_0, \ldots, a_n)$ konstruierbar. Daher kann man zu $\mathbb{Q}(a_0, \ldots, a_n)$ eine derartige Quadratwurzel adjungieren, so daß nach dem Vorangegangenen auch jedes El. des auf diese Weise erzeugten Oberkörpers konstruierbar ist.
Dieses Verfahren kann fortgesetzt werden; es ergibt sich eine *Körperkette* (I)

$$K_0 := \mathbb{Q}(a_0, \ldots, a_n) \subseteq K_1 \subseteq \ldots \subseteq K_i \subseteq K_{i+1} \subseteq \ldots,$$

in der $K_{i+1} = K_i(\sqrt{r_i})$ mit $r_i \in K_i$, $r_i > 0 (i = 0, 1, \ldots)$ ist. Eine *hinreichende Bedingung* für die Konstruierbarkeit von $x \in \mathbb{R}$ mit Z. u. L. ist also die Zugehörigkeit zu einem Körper der Körperkette (I). Es gilt:

Wenn $x \in K_i$ ist, so kann x aus den gegebenen reellen Zahlen $a_0, \ldots, a_n$ konstruiert werden.

Diese hinreichende Bedingung erweist sich auch als *notwendig*.
Ist x konstruierbar, so muß sich $P(x \mid 0)$ in einer endl. Anzahl von Schritten ergeben haben. Die Durchführung der zulässigen Konstruktionsschritte bedeutet algebraisch:

(1') Angeben von Geraden- bzw. Kreisgleichungen (ihre Koeffizienten sind rationale Ausdrücke der vorgegebenen oder bereits konstruierten Zahlen),
(2') Berechnen der Schnittpunktskoordinaten (dabei treten neben rationalen Ausdrücken vorgegebener oder bereits konstruierter Zahlen nur noch Quadratwurzelausdrücke auf, da lineare und quadratische Gleichungen zu lösen sind; s. Analytische Geometrie).

Im Falle der Konstruierbarkeit von x muß sich x also mittels rationaler Operationen und durch Quadratwurzeln aus den vorgegebenen Zahlen darstellen lassen, d. h. x gehört einem Körper an, der durch sukzessive Adjunktion von Quadratwurzeln zu $\mathbb{Q}(a_0, \ldots, a_n)$ entsteht. Es gilt also

Satz 1: *$x \in \mathbb{R}$ ist mit Z. u. L. konstruierbar aus $a_0, \ldots, a_n \in \mathbb{R}$ genau dann, wenn x einem Körper der Körperkette (I) angehört.*

Verschärfung von Satz 1

Durch Satz 1 wird das geom. Problem auf ein algebraisches zurückgeführt. Mittels algebr. Methoden ist zu entscheiden, wann x einem Körper der Körperkette angehört. Die Galoistheorie liefert folgenden

Satz 2: *$x \in \mathbb{R}$ ist mit Z. u. L. konstruierbar aus $a_0, \ldots, a_n \in \mathbb{R}$ genau dann, wenn x in einer endlich-galoisschen Erweiterung E über $\mathbb{Q}(a_0, \ldots, a_n)$ vom Grade 2^m enthalten ist ($m \in \mathbb{N}$).*
Notwendig für die Konstruierbarkeit von $x \in \mathbb{R}$ ist, daß x in einer algebraischen Erweiterung von $\mathbb{Q}$ enthalten ist.

Bem.: Bezüglich des Beweises von Satz 2 wird auf die Literatur verwiesen. Wesentlicher Bestandteil von Satz 2 ist die Aussage über den Grad der Erweiterung. Auf diese Weise gelingt es, die Lösbarkeit von Konstruktionsproblemen mit Hilfe von Polynomen zu entscheiden.

Die Nützlichkeit von Satz 2 zeigt sich an einer Reihe von Beispielen (S. 115).

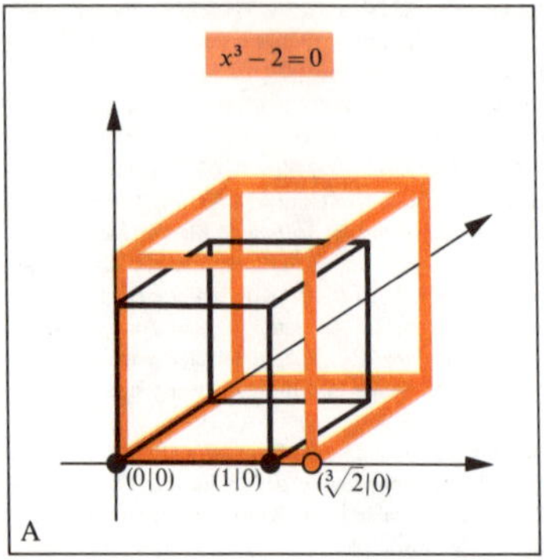

Delisches Problem (Würfelverdopplung)

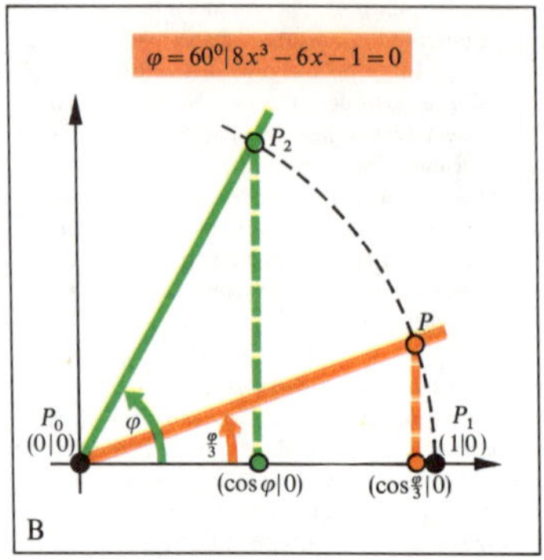

Winkeldreiteilung

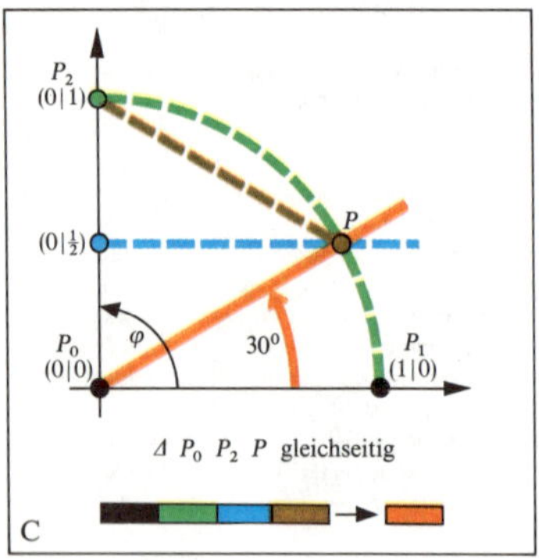

Dreiteilung eines rechten Winkels

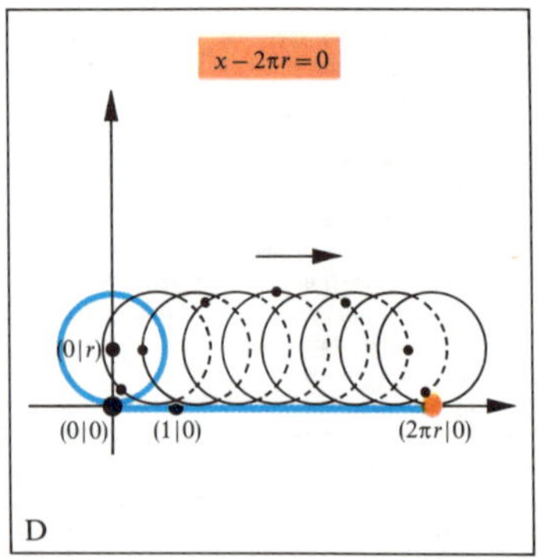

Rektifikation des Kreises

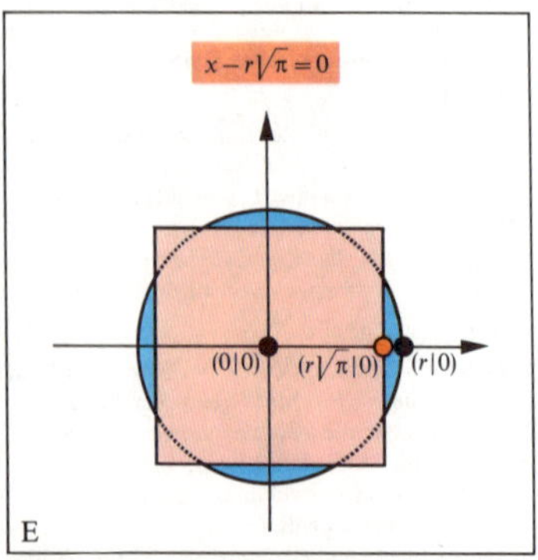

Quadratur des Kreises

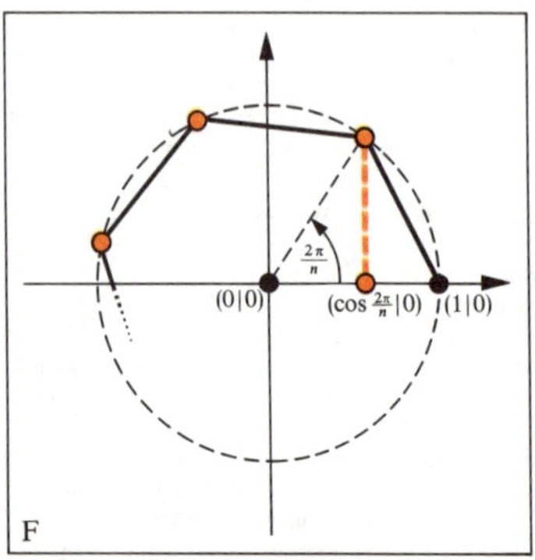

Konstruktion eines regelmäßigen *n*-Ecks

Beispiele für Konstruktionsaufgaben

a) **Delisches Problem (Würfelverdopplung)**

Gegeben sei ein Würfel der Kantenlänge 1, aus dem ein Würfel mit doppeltem Volumen zu konstruieren ist. Es muß also $\sqrt[3]{2}$ konstruiert werden (Abb. A).

Satz 3: *Die Würfelverdopplung ist mit Z. u. L. nicht ausführbar.*

Beweis: Der Grundkörper ist $\mathbb{Q}$. $\sqrt[3]{2}$ ist Nullstelle des über $\mathbb{Q}$ irreduziblen Polynoms $X^3-2 \in \mathbb{Q}[X]$. Also ist $\mathbb{Q}(\sqrt[3]{2})$ vom Grade 3 über $\mathbb{Q}$. Wäre nun $\sqrt[3]{2}$ konstruierbar, so müßte $\sqrt[3]{2}$ in einer Erweiterung E vom Grade 2^m über $\mathbb{Q}$ liegen (Satz 2, S. 113). Wegen $\mathbb{Q} \subset \mathbb{Q}(\sqrt[3]{2}) \subseteq E$ führt diese Annahme jedoch nach dem Gradsatz (S. 99) zur falschen Aussage $3 \mid 2^m$.

b) **Dreiteilung eines Winkels**

Gegeben sei ein Winkel φ durch P_0, P_1, P_2. Konstruiert werden soll ein Punkt P, so daß der durch P_0, P_1, P festgelegte Winkel $\frac{1}{3}\varphi$ ist (Abb. B). O. B. d. A. kann man P_0, P_1, P_2 gemäß Abb. B wählen. P_2 ist damit durch den Fußpunkt $(\cos\varphi \mid 0)$ festgelegt. Es müßte demnach $\cos\frac{1}{3}\varphi$ konstruiert werden.

Satz 4: *Die Winkeldreiteilung ist für beliebige Winkel mit Z. u. L. nicht möglich.*

Beweis: Der Grundkörper ist $\mathbb{Q}(\cos\varphi)$. $\cos\frac{1}{3}\varphi$ ist Nullstelle des Polynoms $4X^3-3X-\cos\varphi \in \mathbb{Q}(\cos\varphi)[X]$ (das ergibt sich aus der trig. Beziehung $\cos\varphi = 4\cos^3\frac{1}{3}\varphi - 3\cos\frac{1}{3}\varphi$). Immer dann, wenn dieses Polynom irreduzibel über $\mathbb{Q}(\cos\varphi)$ ist, kann $\cos\frac{1}{3}\varphi$ nicht mit Z. u. L. konstruierbar sein (vgl. Beweis zu a)). Es genügt also zu zeigen, daß das Polynom für einen speziellen Winkel irreduzibel ist. Für $\varphi = 60°$ ergibt sich das Polynom $4X^3-3X-\frac{1}{2} \in \mathbb{Q}[X]$ oder die äquivalente Form $8X^3-6X-1 \in \mathbb{Z}[X]$. Setzt man $2X = Y$, so ergibt sich Y^3-3Y-1. Dieses Polynom ist irreduzibel über $\mathbb{Q}$ (vgl. S. 97, Satz 13, Beispiel). Also ist auch $4X^3-3X-\frac{1}{2}$ irreduzibel über $\mathbb{Q}$.

Bem.: Für spezielle Winkel ist die Dreiteilung ausführbar, z. B. $\varphi = 90°$ (Abb. C).

c) **Rektifikation des Kreisumfanges**

Hiermit meint man die Konstruktion einer Strecke, deren Länge gleich dem Umfang eines gegebenen Kreises mit dem Radius r ist (Abb. D, »Abrollen« des Umfanges).

Satz 5: *Die Rektifikation des Kreisumfanges ist mit Z. u. L. nicht ausführbar.*

Beweis: Wegen $x = 2r\pi$ ist $\pi \in \mathbb{R}$ zu konstruieren. Das ist nicht möglich, da π als transzendente Zahl (S. 69) in keiner algebr. Erweiterung von $\mathbb{Q}$ liegt (S. 113, Satz 2).

d) **Quadratur des Kreises**

Satz 6: *Die Verwandlung eines gegebenen Kreises mit dem Radius r in ein flächengleiches Quadrat ist mit Z. u. L. nicht möglich.*

Beweis: Es geht darum, die Kante $x = r\sqrt{\pi}$ des Quadrates zu konstruieren (Abb. E). Wäre die Konstruktion ausführbar, so müßte auch $(\sqrt{\pi})^2 = \pi$ konstruierbar sein, was nicht möglich ist.

e) **Konstruktion regelmäßiger n-Ecke**

Gegeben sei ein Kreis vom Radius 1. Konstruiert werden soll ein regelmäßiges n-Eck, das den gegebenen Kreis als Umkreis besitzt. Für spez. Fälle von n ist die Konstruktion mit Z. u. L. möglich (s. u.). Nach Abb. F ist das n-Eck genau dann konstruierbar, wenn der Punkt $(\cos\alpha_n \mid 0)$ mit $\alpha_n = \frac{2\pi}{n}$ konstruierbar ist. Nach Satz 2 (S. 113) ist dies genau dann der Fall, wenn die kleinste endl.-gal. Erweiterung, die $\cos\alpha_n$ enthält, den Grad 2^m über $\mathbb{Q}$ besitzt. Nun ist $\mathbb{Q}(\cos\alpha_n)$ bereits selbst endl.-gal. über $\mathbb{Q}$, denn es gilt:

(1) $\mathbb{Q} \subseteq \mathbb{Q}(\cos\alpha_n) \subseteq \mathbb{Q}(\varepsilon)$ mit $\varepsilon = \cos\alpha_n + \mathrm{i}\sin\alpha_n$.

(2) ε ist primitive n-te Einheitswurzel (S. 103), so daß $\mathbb{Q}(\varepsilon)$ als Zerfällungskörper des separablen Polynoms X^n-1 endl.-gal. über $\mathbb{Q}$ mit abelscher Galoisgruppe G ist (Satz 5, S. 109).

(3) Jede Untergruppe von G ist daher Normalteiler von G (S. 75), d. h. $\mathbb{Q}(\cos\alpha_n)$ endl.-gal. über $\mathbb{Q}$ (S. 109, (B)).

$\cos\alpha_n$ ist also genau dann konstruierbar, wenn $\mathbb{Q}(\cos\alpha_n)$ vom Grad 2^m über $\mathbb{Q}$ ist (Satz 2, S. 113). Der Grad von $\mathbb{Q}(\cos\alpha_n)$ über $\mathbb{Q}$ läßt sich bestimmen:

(4) $\operatorname{grad}(\mathbb{Q}(\varepsilon)/\mathbb{Q}) = \varphi(n)$ (S. 103).

(5) $\operatorname{grad}(\mathbb{Q}(\varepsilon)/\mathbb{Q}(\cos\alpha_n)) = 1$ oder 2, denn ε ist Nullstelle des Polynoms $X^2 - 2\cos\alpha_n X + 1 \in \mathbb{Q}(\cos\alpha_n)[X]$.

(6) Aus dem Gradsatz (S. 99) ergibt sich: $\operatorname{grad}(\mathbb{Q}(\cos\alpha_n)/\mathbb{Q}) = \varphi(n)$ oder $\frac{1}{2}\varphi(n)$.

Es folgt also:

$\cos\alpha_n$ ist genau dann konstruierbar, wenn $\varphi(n) = 2^m$ oder $\frac{1}{2}\varphi(n) = 2^m$, d. h. wenn $\varphi(n) = 2^r$.

Aus den Eigenschaften von $\varphi(n)$ (S. 119) ergibt sich, wenn für n die Primzahlzerlegung $p_1^{\alpha_1} \cdot \ldots \cdot p_s^{\alpha_s}$ $(p_i < p_{i+1},\ \alpha_i \in \mathbb{N}\setminus\{0\})$ angesetzt wird:

$\varphi(n) = (p_1-1)\,p_1^{\alpha_1-1} \cdot \ldots \cdot (p_s-1)\,p_s^{\alpha_s-1}$.

Es gilt also $\varphi(n) = 2^r$ genau dann, wenn

$$p_i - 1 = 2^{k_i}\ (i \in \{1, \ldots, s\},\ k_i \in \mathbb{N}) \quad \text{und} \quad \begin{cases} \alpha_2 = \ldots = \alpha_s = 1 & \text{für } p_1 = 2 \\ \alpha_1 = \ldots = \alpha_s = 1 & \text{für } p_1 \neq 2, \end{cases}$$

d. h. $\varphi(n) = 2^r$ gilt genau dann, wenn

$$n = p_1^{\alpha_1} \cdot p_2 \cdot \ldots \cdot p_s$$

$$\text{mit } p_i = 2^{k_i}+1 \text{ und } \begin{cases} \alpha_1 \text{ beliebig} & \text{für } p_1 = 2 \\ \alpha_1 = 1 & \text{für } p_1 \neq 2 \end{cases}$$

(Primzahlen der Form 2^k+1 heißen FERMATsche Primzahlen, S. 127).

Damit gilt der

Satz 7: *Ein regelmäßiges n-Eck ist genau dann konstruierbar mit Z. u. L., wenn n ein endliches Produkt von verschiedenen Zahlen aus der Menge der Zweierpotenzen und der* FERMAT*schen Primzahlen ist.*

Bem.: Jede FERMATsche Primzahl besitzt die Darstellung $2^{2^t}+1\ (t \in \mathbb{N})$, aber nicht jede Zahl mit dieser Darstellung ist eine Primzahl. Bisher sind nur die FERMATschen Primzahlen 3, 5, 17, 257, 65537 $(t = 0, \ldots, 4)$ bekannt.

Konstruierbar sind nach Satz 7 z. B. die regelmäßigen n-Ecke mit $n = 3, 4, 5, 6, 8, 10, 12, 15, 16, 17, 20, \ldots$. Dagegen sind die in der Reihenfolge fehlenden n-Ecke nicht mit Z. u. L. konstruierbar.

Die Zahl 6 besitzt in $\mathbb{Z}[\sqrt{-5}]$ folgende zwei Zerlegungen:

$$6 = 2 \cdot 3 \quad \text{und} \quad 6 = (1+\sqrt{-5}) \cdot (1-\sqrt{-5}).$$

$g: \mathbb{Z}[\sqrt{-5}] \to \mathbb{N}$ def. durch $a + b\sqrt{-5} \mapsto a^2 + 5b^2$ ist eine monotone Wertfunktion, und es gilt:

$$g(2) = 4, \qquad g(3) = 9,$$
$$g(1+\sqrt{-5}) = 6, \qquad g(1-\sqrt{-5}) = 6.$$

Für einen echten Teiler t eines dieser 4 Elemente müßte $g(t)$ echter Teiler von 4, 6 oder 9, d. h. 2 oder 3 sein. Solche Elemente t gibt es aber in $\mathbb{Z}[\sqrt{-5}]$ nicht, da die Gleichungen $a^2 + 5b^2 = 2$ bzw. $a^2 + 5b^2 = 3$ sicher keine ganzzahligen Lösungen besitzen. Die Zerlegung von 6 in irreduzible Elemente ist also nicht eindeutig möglich. Die Faktoren sind keine Primelemente.

A$_1$

$\mathbb{Z}[\sqrt{-5}]$ ist kein ZPE-Ring.

Bildet man nun die folgenden Ideale

$$\mathfrak{a} = (2, 1+\sqrt{-5}) = (2, 1-\sqrt{-5}), \quad \mathfrak{b} = (3, 1+\sqrt{-5}), \quad \mathfrak{c} = (3, 1-\sqrt{-5}),$$

so ist

$$\mathfrak{a}^2 = (2)$$
$$\mathfrak{b} \cdot \mathfrak{c} = (3)$$
$$\mathfrak{a} \cdot \mathfrak{b} = (1+\sqrt{-5})$$
$$\mathfrak{a} \cdot \mathfrak{c} = (1-\sqrt{-5}).$$

Die durch die obigen irreduziblen Elemente erzeugten Ideale sind also weiter zerlegbar. Die Ideale $\mathfrak{a}, \mathfrak{b}, \mathfrak{c}$ sind Primideale und treten als letzte multiplikative Bausteine an die Stelle der Primzahlen. Für (6) ergibt sich die eindeutige Zerlegung $(6) = \mathfrak{a}^2\mathfrak{b}\mathfrak{c}$.

$\mathbb{Z}[\sqrt{-5}]$ ist ein ZPI-Ring.

A$_2$

Zerlegung in irreduzible Elemente

Zu zwei Elementen a_1, a_2 eines euklidischen Ringes mit $g(a_1) \geqq g(a_2) > 0$ kann man durch fortgesetzte Division mit Rest Elemente $q_2, q_3, \ldots$ bestimmen, so daß

$$a_1 = a_2 q_2 + a_3 \quad \text{mit} \quad g(a_3) < g(a_2)$$
$$a_2 = a_3 q_3 + a_4 \quad \text{mit} \quad g(a_4) < g(a_3)$$
$$a_3 = a_4 q_4 + a_5 \quad \text{mit} \quad g(a_5) < g(a_4)$$
$$\ldots \qquad \qquad \ldots$$

Die Folge $(g(a_i))$ muß nach endlich vielen Schritten den Wert 0 erreichen, damit auch die Folge (a_i). Ist $g(a_n) > 0$, aber $g(a_{n+1}) = 0$, a_n also das letzte von 0 verschiedene Glied der Folge (a_i), so ist $a_n = \text{ggT}(a_1, a_2)$.

Denn a_n ist Teiler aller vorhergehenden a_i, und jeder gemeinsame Teiler von a_1 und a_2 teilt alle folgenden a_i.

Beispiel: $a_1 = 816$, $a_2 = 294$.

$816 : 294 = 2$ 588	$816 = 294 \cdot 2 + 228$
$294 : 228 = 1$ 228	$294 = 228 \cdot 1 + 66$
$228 : 66 = 3$ 198	$228 = 66 \cdot 3 + 30$
$66 : 30 = 2$ 60	$66 = 30 \cdot 2 + 6$
$30 : 6 = 5$ 30 0	$30 = 6 \cdot 5$

$\text{ggT}(816, 294) = 6$

Durch Einsetzen erhält man schrittweise

$$6 = 1 \cdot 66 - 2 \cdot 30$$
$$= -2 \cdot 228 + 7 \cdot 66$$
$$= -9 \cdot 228 + 7 \cdot 294$$
$$6 = -9 \cdot 816 + 25 \cdot 294 \quad \text{(Lineare Darstellung des ggT)}$$

B

Euklidischer Algorithmus und ggT

Überblick

Der ursprüngliche Gegenstand der Zahlentheorie ist der Ring $\mathbb{Z}$ der ganzen Zahlen, in dem Addition, Subtraktion und Multiplikation unbeschränkt ausführbar sind, nicht dagegen die Division. Ist für $a, b \in \mathbb{Z}$ auch $a : b \in \mathbb{Z}$, so heißt a durch b *teilbar*. Die Zahlentheorie untersucht die Teilbarkeitsverhältnisse in $\mathbb{Z}$. Die Teilbarkeit von a durch b ist gleichwertig damit, daß die Gleichung $bx = a$ eine ganzzahlige Lösung hat. Als Verallgemeinerung ergibt sich dann die Frage nach den ganzzahligen Lösungen einer beliebigen algebraischen Gleichung oder eines Gleichungssystems (diophantische Gleichungen).

Es ist heute üblich, mit den Teilbarkeitsuntersuchungen gleich in beliebigen Integritätsringen zu beginnen.

Grundbegriffe der Teilbarkeit

Ein nullteilerfreier kommutativer Ring mit 1 heißt Integritätsring (S. 41). Wichtige Beispiele sind neben $\mathbb{Z}$ die Polynomringe $R[X]$ bzw. $K[X]$ über einem Integritätsring R (S. 95) bzw. über einem Körper K, ferner die sog. quadratischen Zahlringe $\mathbb{Z}[\sqrt{m}] := \{a + b\sqrt{m} \mid a, b \in \mathbb{Z}\}$ mit $m \in \mathbb{N}, \sqrt{m} \notin \mathbb{N}$.

Für einen Integritätsring R definiert man nun:

Def. 1: a heißt *Teiler* von b (in Zeichen $a \mid b$), wenn es ein El. $q \in R$ gibt, so daß $b = aq$.
e heißt *Einheit*, wenn $e \mid 1$.
a und b heißen *assoziiert* (in Zeichen $a \sim b$), wenn $a \mid b$ und $b \mid a$.
Ein Teiler a von b, der keine Einheit und nicht zu b assoziiert ist, heißt *echter Teiler* von b.
a heißt *irreduzibel*, wenn a nicht Einheit ist und keinen echten Teiler besitzt.

Bem.: Die Relation $\sim$ ist eine Äquivalenzrelation. Aus $a \sim b$ folgt $a = be$, wobei e Einheit ist.

Einheiten in $\mathbb{Z}$ sind die Zahlen $+1$ und -1. In einem Körper ist jedes El. $\neq 0$ Einheit. In $\mathbb{Z}[\sqrt{7}]$ ist z. B. auch $8 + 3\sqrt{7}$ Einheit, da $(8 + 3\sqrt{7})(8 - 3\sqrt{7}) = 1$.

Wertfunktionen

In vielen Integritätsringen lassen sich die Teilbarkeitsverhältnisse durch eine Abb. $g : R \to \mathbb{N}$ leichter überschaubar machen. An die Abb. g wird man dabei geeignete Anforderungen stellen müssen.

Def. 2: $g : R \to \mathbb{N}$ heißt *Wertfunktion* auf einem Integritätsring R, wenn gilt:
(1) $g(ab) = g(a)\,g(b)$ (Homomorphieeigenschaft),
(2) $g(a) = 0 \Leftrightarrow a = 0$.

Für Wertfunktionen gilt: Aus $b = aq$ folgt $g(b) = g(a)\,g(q)$. Ist a daher Teiler von b, so $g(a)$ Teiler von $g(b)$ und $g(a) \leq g(b)$. Aus $a \sim b$ folgt $g(a) = g(b)$. Ist e Einheit, so ist $g(e) = 1$.

Def. 3: Eine Wertfunktion g heißt *monoton*, wenn $g(a) < g(b)$ für jeden echten Teiler a von $b \neq 0$ ist.

Man sieht sogleich, daß eine Wertfunktion monoton ist, wenn aus $g(a) = 1$ stets folgt, daß a Einheit ist.

Ein notwendiges Kriterium für Monotonie liefert der **Teilerkettensatz:** *Eine Folge (a_n), in der jedes Glied echter Teiler des vorhergehenden ist, kann in Ringen mit monotoner Wertfunktion nur endlich viele Glieder umfassen.*

Es soll nun zunächst gezeigt werden, daß auf wichtigen Integritätsringen solche Wertfunktionen tatsächlich existieren.

Auf $\mathbb{Z}$ ist durch $g(a) := |a|$ eine monotone Wertfunktion def., auf $\mathbb{Z}[\sqrt{m}]$ durch $g(a + b\sqrt{m}) := |a^2 - b^2 m|$, auf $K[X]$ durch

$$g(a(X)) := \begin{cases} 0, & \text{falls} \quad a(X) = 0 \\ 2^{\operatorname{grad} a(X)}, & \text{falls} \quad a(X) \neq 0. \end{cases}$$

Bem.: Statt 2 kann jede reelle Zahl $r > 1$ als Basis gewählt werden.

Daß es nicht auf jedem Integritätsring monotone Wertfunktionen gibt, zeigt das Beispiel des Rings aller ganzen algebraischen Zahlen (S. 123), da in ihm der Teilerkettensatz nicht gilt. ($\sqrt{2}, \sqrt[4]{2}, \sqrt[8]{2}, \sqrt[16]{2}, \ldots$) ist eine nicht abbrechende Folge echter Teiler.

Für das Folgende ist von Bedeutung:

Satz 1: *In einem Integritätsring mit monotoner Wertfunktion ist jedes El., das nicht Einheit ist, als Produkt endlich vieler irreduzibler El. darstellbar.*

Solche Zerlegungen sind i. a. nicht eindeutig bestimmt, auch dann nicht, wenn man von der Reihenfolge der Faktoren absieht und assoziierte El. als nicht wesentlich verschieden ansieht (s. Beispiel in Abb. A_1).

Primelemente, ZPE-Ringe

Der Begriff des irreduziblen El. erfüllt noch nicht den Wunsch nach letzten multiplikativen Bausteinen der Zahlen.

Def. 4: p heißt *Primel.*, wenn p keine Einheit ist und aus $p \mid ab$ stets folgt $p \mid a$ oder $p \mid b$.

Satz 2: *Jedes Primel. ist irreduzibel.*

Denn aus $p = ab$ folgt $a \mid p \wedge b \mid p$ und wegen Def. 4 $p \mid a \vee p \mid b$, so daß $p \sim a \vee p \sim b$. p hat also keinen echten Teiler.

Eine Zerlegung in Primel. ist, falls sie überhaupt existiert, stets eindeutig in dem Sinne, daß die Faktoren zweier Zerlegungen paarweise assoziiert sind. Der Beweis folgt mittels Def. 4 durch vollständige Induktion über die Anzahl der Faktoren.

Def. 5: Ein Integritätsring, in dem jedes El. eine Zerlegung in Primelemente besitzt, heißt *ZPE-Ring*.

Bem.: $\mathbb{Z}[\sqrt{-5}]$ ist kein ZPE-Ring (Abb. A_1).

Eine wichtige Klasse von ZPE-Ringen bilden die im Folgenden def. euklidischen Ringe, in denen eine sinnvolle Division von b durch a mit Rest r möglich ist, wobei $b = aq + r$.

Def. 6: Eine Wertfunktion g mit der zusätzlichen Eigenschaft
$0 < g(a) \leq g(b) \Rightarrow \bigvee_q (g(b - aq) < g(b))$
heißt *euklidisch*. Ein Ring, in dem eine euklidische Wertfunktion def. werden kann, heißt *euklidischer Ring*.

q kann unter obigen Voraussetzungen stets so bestimmt werden, daß $g(b - aq) < g(a)$ wird. Schreibt man $b - aq = r$, also $b = aq + r$, so heißt r der Rest der Division von b durch a, wobei $g(r) < g(a)$ gilt.

Bem.: Jede euklidische Wertfunktion ist monoton.

Satz 3: *Jeder euklidische Ring ist ein ZPE-Ring.* *Beweis:* Gäbe es in einem eukl. Ring irreduzible El., die nicht prim sind, so würde man ein El. u wählen, für das $g(u)$ möglichst klein ist, d. h. alle irreduziblen El. v mit $g(v) < g(u)$ seien prim. Da u nicht prim ist, gäbe es Produkte ab, die u als Teiler haben, ohne daß u einen Faktor teilt. ab sei ein solches Produkt mit kleinstem Wert der Wertfunktion. Wären jetzt $g(a)$ und $g(b)$ kleiner als $g(u)$, so hätten a und b und damit ab eindeutige Primelementzerlegungen. u müßte zu einem dieser El. assoziiert sein (Widerspruch). Wäre dagegen $g(a) \geqq g(u)$, so gäbe es ein q, so daß $g(a-qu) < g(a)$ und damit $g((a-qu)\,b) < g(ab)$. Von dem Produkt $(a-qu)\,b = ab - qub$, das durch u teilbar ist, müßte dann auch ein Faktor durch u teilbar sein, d. h. $u \mid a - qu$, also auch $u \mid a$ (Widerspr.).

Die Umkehrung von Satz 3 gilt nicht. So ist z. B. $\mathbb{Z}[X]$ ein ZPE-Ring, aber kein euklidischer Ring.

Bem.: $\mathbb{Z}$ ist ein euklidischer Ring. Die Bedingung von Def. 6 ist mit $q = 1$ oder $q = -1$ stets erfüllbar. Alle Polynomringe $K[X]$ sind euklidisch. Denn sind $a(X), b(X)$ zwei Polynome aus $K[X]$ mit den höchsten Koeffizienten α bzw. β, g die oben def. Wertfunktion und $\operatorname{grad} a(X) = n \geqq \operatorname{grad} b(X) = m > 0$, so ist $g\left(b(X) - \frac{\beta}{\alpha} X^{n-m} a(X)\right) < g(b(X))$.

Unter den quadratischen Ringen $\mathbb{Z}[\sqrt{m}]$ gibt es allerdings nur endlich viele euklidische, u. a. für $m = -2, -1, 2, 3$.

Daß $\mathbb{Z}$ ein ZPE-Ring ist, wird auch als *Hauptsatz der elementaren Zahlentheorie* bezeichnet.

Es erhebt sich nun die Frage, ob in Ringen, die nicht ZPE-Ringe sind, letzte multiplikative Bausteine konstruiert werden können, die dann allerdings keine Ringelemente sein können. Dies ist mit verschiedenen Methoden (*Idealtheorie, Bewertungstheorie*) in sehr vielen Fällen tatsächlich möglich.

Idealtheorie

Die Erweiterung des betrachteten Zahlbereichs kann durch Zahlenklassen vorgenommen werden. Dies entspricht dem Verfahren der Geometrie, eine affine Ebene durch uneigentliche Punkte zu einer projektiven Ebene zu ergänzen. Die neuen Punkte werden dort durch Klassen paralleler Geraden def. (S. 139). In der Zahlentheorie bieten sich als uneigentliche oder ideale Zahlen die auf S. 83 eingeführten *Ideale* an. Dort wurde auch der Begriff des *Primideals* bereits def. Jedes Ideal $\mathfrak{u}$ ist als Unterring ein Modul über R und hat eine Basis (S. 85/87). Besitzt $\mathfrak{u}$ die endliche Basis $\{u_1, \ldots, u_n\}$, so ist $\mathfrak{u} = \{r_1 u_1 + \cdots + r_n u_n \mid r_i \in R\}$, und man schreibt $\mathfrak{u} = (u_1, u_2, \ldots, u_n)$.

Def. 7: Hat jedes Ideal eines Ringes eine endl. Basis, so heißt der Ring *noethersch*. Wird jedes Ideal des Ringes durch nur ein El. erzeugt, so heißt der Ring *Hauptidealring*.

Unter dem Produkt zweier Ideale $\mathfrak{u}$ und $\mathfrak{v}$ versteht man das von allen Produkten uv ($u \in \mathfrak{u}, v \in \mathfrak{v}$) erzeugte Ideal, d. h. die Menge aller endlichen Summen solcher Produkte. Mit diesen Begriffsbildungen kann man versuchen, statt der Zahlen von R die Ideale von R in Faktoren zu zerlegen.

Def. 8: Ein Integritätsring, in dem jedes Ideal eine Zerlegung in Primideale besitzt, heißt *ZPI-Ring* oder *dedekindscher Ring*.

Eine solche Zerlegung ist bis auf die Reihenfolge der Faktoren eindeutig.

Satz 4: *Jeder euklidische Ring ist Hauptidealring.* Ist a ein El. des Ideals $\mathfrak{a}$ mit kleinstem Wert der Wertfunktion, so gilt $\mathfrak{a} = (a)$.

Die Zerlegung von a in Primelemente entspricht dann genau der Zerlegung von $\mathfrak{a}$ in Primideale. Jeder euklidische Ring ist also sowohl ZPE-Ring, als auch ZPI-Ring.

Jedoch gibt es weitere wichtige ZPI-Ringe, die keine ZPE-Ringe sind. So gehören zu den ZPI-Ringen alle quadratischen Ringe $\mathbb{Z}[\sqrt{m}]$, für $m \equiv 2(4)$ und $m \equiv 3(4)$ (S. 119), insbesondere $\mathbb{Z}[\sqrt{-5}]$ (Abb. A_2), dgl. alle Ringe $\mathbb{Z}\left[\frac{1+\sqrt{m}}{2}\right]$ für $m \equiv 1(4)$. Nur ein Teil dieser Ringe ist gleichzeitig euklidisch.

Man kann zeigen:

Satz 5: *Ein Integritätsring R ist genau dann ZPI-Ring, wenn jedes von* (0) *verschiedene Primideal maximal* (S. 83) *ist.*

Es gibt ZPE-Ringe, die keine ZPI-Ringe sind, z. B. Polynomringe $K[X_1, X_2, \ldots, X_n]$ mit mehreren Unbestimmten über einem Körper K (S. 95). Da das Primideal (X_1) echt im Primideal (X_1, X_2) enthalten ist, ist die Bedingung des vorigen Satzes nicht erfüllt. Während die Menge der Ringel. für die Zahlentheorie i. a. nicht umfassend genug ist, ist die Menge aller Ideale i. a. offensichtlich schon zu umfangreich.

Bem.: In Ringen, die nicht ZPI-Ringe sind, kann u. U. noch eine Zerlegung in sog. *Primärideale* $\mathfrak{q}$ erreicht werden, für die gilt $\bigwedge_x \bigwedge_y (xy \in \mathfrak{q} \wedge x \notin \mathfrak{q} \Rightarrow (y^n \in \mathfrak{q}))$ mit $n \in \mathbb{N}$. Für Primideale ist $n = 1$.

ggT und kgV

Für die Zahlentheorie wichtig sind die Begriffe des *größten gemeinsamen Teilers* (ggT) und des *kleinsten gemeinsamen Vielfachen* (kgV) zweier Ringelemente:

$$d = \operatorname{ggT}(a, b) :\Leftrightarrow d \mid a \wedge d \mid b \wedge (d' \mid a \wedge d' \mid b \Rightarrow d' \mid d),$$
$$v = \operatorname{kgV}(a, b) :\Leftrightarrow a \mid v \wedge b \mid v \wedge (a \mid v' \wedge b \mid v' \Rightarrow v \mid v').$$

Bem.: d und v sind bis auf Assoziiertheit eindeutig bestimmt.

a und b heißen *teilerfremd*, wenn $1 = \operatorname{ggT}(a, b)$. Nicht in jedem Ring existieren die so def. El. überhaupt. In einem ZPE-Ring aber kann jedes El. eindeutig durch Primelementpotenzen in der Form $a = e \prod_i p_i^{\alpha_i}$ dargestellt werden, wobei e Einheit ist. Erstreckt man das Produkt über alle Primel., so sind von den Exponentenwerten nur endlich viele von 0 verschieden. Es ergibt sich leicht:

$$\operatorname{ggT}(a, b) = \prod_i p_i^{\text{klEl}(\{\alpha_i, \beta_i\})},$$
$$\operatorname{kgV}(a, b) = \prod_i p_i^{\text{grEl}(\{\alpha_i, \beta_i\})}.$$

Lineare Darstellung des ggT

In euklidischen Ringen kann $\text{ggT}(a_1, a_2)$ in endlich vielen Schritten durch den euklidischen Algorithmus bestimmt werden, auch ohne daß man die Primelementzerlegungen von a_1 und a_2 kennt (S. 116, Abb. B). Durch schrittweises Einsetzen folgt aus diesem Verfahren (aber auch aus der Tatsache, daß jeder eukl. Ring Hauptidealring ist), daß es zu a_1 und und a_2 Ringel. x_1 und x_2 gibt, so daß $\text{ggT}(a_1, a_2) = a_1 x_1 + a_2 x_2$.

Bem.: Die Begriffe ggT und kgV lassen sich auch auf Ideale ausdehnen, indem man setzt:
$\text{ggT}(\mathfrak{a}, \mathfrak{b}) = \{a + b \mid a \in \mathfrak{a} \wedge b \in \mathfrak{b}\}$,
$\text{kgV}(\mathfrak{a}, \mathfrak{b}) = \mathfrak{a} \cap \mathfrak{b}$.

Restklassen und Restklassenringe

Bisher wurde nur danach gefragt, ob ein El. b eines Integritätsringes R durch ein El. a teilbar ist oder nicht. In eukl. Ringen kann man die Untersuchungen verfeinern, indem man die El., die bei der Division den gleichen Rest ergeben, in sog. *Restklassen* zusammenfaßt. Die El. mit dem Rest 0 bilden gerade das Hauptideal (a).

Def. 9: $b_1 \equiv b_2(a)$ (in Worten: b_1 *kongruent* b_2 *modulo* a)$:\Leftrightarrow b_1 - b_2 \in (a)$.

Diese Def. läßt sich durch Kongruenzen nach einem Ideal auf beliebige Ringe ausdehnen:

Def. 10: $b_1 \equiv b_2(\mathfrak{a}) :\Leftrightarrow b_1 - b_2 \in \mathfrak{a}$.

Diese Kongruenzrel. ist eine Äquivalenzrelation. Die Menge der Klassen $[\![b]\!]$ bildet einen Ring, den *Restklassenring* oder *Quotientenring* $R/(a)$ bzw. $R/\mathfrak{a}$. Gemäß S. 83 ist $R/\mathfrak{a}$ genau dann ein Integritätsring, wenn $\mathfrak{a}$ ein Primideal ist. $\mathbb{Z}_p := \mathbb{Z}/(p)$ ist sogar ein Körper. Allgemeiner gilt:

Satz 6: *Ist R ein eukl. Ring und $\mathfrak{p}$ ein Primideal, so ist $R/\mathfrak{p}$ ein Körper.*

Beweis: $\mathfrak{p}$ werde durch das Primel. p erzeugt. Ist nun $[\![a]\!] \neq [\![0]\!]$, so ist $\text{ggT}(a, p) = 1$, und es gibt eine lin. Darstellung $ab + pq = 1$ mit $b, q \in R$. Wegen $[\![a]\!] \cdot [\![b]\!] = [\![1]\!]$, ist dann $[\![b]\!]$ invers zu $[\![a]\!]$, also $R/\mathfrak{p}$ ein Körper.

Für Restklassenringe gilt der folgende für die Zahlentheorie wichtige Zerlegungssatz:

Satz 7: *Ist R ein eukl. Ring und $a = q_1 q_2 \dots q_n$ mit paarweise teilerfremden Faktoren q_i, so läßt sich jedes El. $[\![b]\!] \in R/(a)$ eindeutig in der Form $[\![b]\!] = [\![b_1]\!] + [\![b_2]\!] + \dots + [\![b_n]\!]$ darstellen, wobei $[\![b_i]\!] \in R/(q_i)$ (vgl. S. 77, direktes Produkt von Gruppen).*

Beim Beweis zeigt man u. a., daß
$[\![1]\!] = [\![e_1]\!] + [\![e_2]\!] + \dots + [\![e_n]\!]$ mit $[\![e_i]\!] \in R/(q_i)$ und

$$[\![e_i]\!] \cdot [\![e_j]\!] = \begin{cases} [\![0]\!], & \text{falls } i \neq j, \\ [\![e_i]\!], & \text{falls } i = j. \end{cases} \quad (\textit{Orthogonalitätseigensch.})$$

Simultane Kongruenzen

Betrachtet man in einem euklidischen Ring ein System von Kongruenzen $x \equiv c_i(q_i), i \in \{1, \dots, n\}$, so ergibt sich:

Satz 8 (Hauptsatz über simultane Kongruenzen): *Die Lösungsmenge des Simultansystems $x \equiv c_i(q_i)$, $i \in \{1, \dots, n\}$ mit $\text{ggT}(q_i, q_j) = 1$ für $i \neq j$ besteht aus den El. einer bestimmten Restklasse* mod a *mit $a = q_1 \cdot \ldots \cdot q_n$.*

Beweis: Man bilde zunächst die Quotienten $a_i = a : q_i$. Dann gibt es eine lin. Darstellung von 1 mittels dieser a_i:

$$1 = x_1 a_1 + x_2 a_2 + \dots + x_n a_n = e_1 + e_2 + \dots + e_n.$$

Man multipliziert alle e_i mit c_i und erhält mit $c_1 e_1 + c_2 e_2 + \ldots + c_n e_n$ eine simultane Lösung, zu der alle weiteren Lösungen kongruent mod a sind.

Beispiel: $x \equiv 1(3), x \equiv 3(4), x \equiv 5(7)$.

$$a = 3 \cdot 4 \cdot 7,$$
$$a_1 = 84 : 3 = 28, \quad a_2 = 84 : 4 = 21, \quad a_3 = 84 : 7 = 12,$$
$$1 = 7 \cdot 28 - 7 \cdot 21 - 4 \cdot 12,$$
$$= 196 - 147 - 48.$$
$$x \equiv 196 \cdot 1 - 147 \cdot 3 - 48 \cdot 5(84) \equiv -485(84)$$
$$\equiv 19(84).$$

Einheiten im Restklassenring und φ-Funktion

Wichtig für die Zahlentheorie ist die Untersuchung der Einheiten des Restklassenringes $R/(a)$ eines eukl. Ringes. Die Klasse $[\![b]\!]$ ist Einheit, wenn es eine Klasse $[\![b']\!]$ gibt, so daß $[\![b]\!] \cdot [\![b']\!] = [\![1]\!]$.

Satz 9: *$[\![b]\!]$ ist genau dann Einheit von $R/(a)$, wenn $\text{ggT}(a, b) = 1$.*

Satz 10: *Ist jedes El. $[\![b]\!] \in R/(a)$ eindeutig durch El. $[\![b_i]\!]$ von n Unterringen R_i in der Form $[\![b]\!] = [\![b_1]\!] + [\![b_2]\!] + \dots + [\![b_n]\!]$ darstellbar, so ist $[\![b]\!]$ genau dann Einheit von $R/(a)$, wenn $[\![b_i]\!]$ für jedes i Einheit von R_i ist.*

Der Beweis von Satz 9 läßt sich auf die lin. Darstellung des ggT zurückführen. Bei Satz 10 zeigt man zunächst, daß $[\![b_i]\!] \cdot [\![b_j]\!] = [\![0]\!]$ für $i \neq j$, so daß aus $[\![b]\!] = [\![b_1]\!] + \dots + [\![b_n]\!]$ und $[\![b']\!] = [\![b'_1]\!] + \dots + [\![b'_n]\!]$ stets folgt $[\![b]\!] \cdot [\![b']\!] = [\![b_1]\!] \cdot [\![b'_1]\!] + \dots + [\![b_n]\!] \cdot [\![b'_n]\!]$. Ist nun $[\![1]\!] = [\![e_1]\!] + \dots + [\![e_n]\!]$ die eindeutige Darstellung von $[\![1]\!]$ und $[\![b]\!]$ Einheit, so kann $[\![b']\!]$ so gewählt werden, daß $[\![b_i]\!] \cdot [\![b'_i]\!] = [\![e_i]\!]$ wird für alle i, d. h. $[\![b_i]\!]$ ist Einheit von R_i. Sind umgekehrt alle $[\![b_i]\!]$ Einheiten von R_i, zu denen es $[\![b'_i]\!]$ gibt mit $[\![b_i]\!] \cdot [\![b'_i]\!] = [\![e_i]\!]$, so ist $[\![b]\!] \cdot [\![b']\!] = [\![1]\!]$.

Folgerungen: Hat $R/(a)$ endlich viele Einheiten, so ist deren Anzahl das Produkt der Anzahlen der Einheiten der R_i. Ist speziell $R = \mathbb{Z}$ und $a = e \prod_i p_i^{\alpha_i}$ die Zerlegung von a in Primelementpotenzen, so folgt aus Satz 9, daß die Anzahl der Einheiten von $R/(a)$ gleich der Anzahl der zu a teilerfremden Restklassen (d. h. Restklassen mit zu a teilerfremden Repräsentanten) ist. Ihre Anzahl wird mit $\varphi(a)$ (Eulersche *φ-Funktion*) bezeichnet.

Nach dem Vorhergehenden ist $\varphi(a) = \prod_{p_i \mid a} \varphi(p_i^{\alpha_i})$.

Will man $\varphi(p^\alpha)$ bestimmen, so betrachtet man zunächst die zu p^α nicht teilerfremden Klassen. Diese werden durch Zahlen der Form cp mit $0 \leqq c < p^{\alpha-1}$ erzeugt. Es gibt also $p^{\alpha-1}$ solcher Restklassen, so daß $\varphi(p^\alpha) = p^\alpha - p^{\alpha-1} = p^\alpha \left(1 - \frac{1}{p}\right)$. Dann ist schließlich

$$\varphi(a) = \prod_{p_i \mid a} p_i^{\alpha_i} \left(1 - \frac{1}{p_i}\right) = a \prod_{p_i \mid a} \left(1 - \frac{1}{p_i}\right).$$

Bem.: Die teilerfremden Restklassen mod m bilden eine multiplikative Gruppe G_m, die im Falle $m = p^\alpha$ mit $p \neq 2$ zyklisch ist. Jedes erzeugende El. von G_{p^α} heißt *Primitivrest* mod p^α. Ihre Anzahl ist $\varphi(\varphi(p^\alpha))$.

$n=2$ $x_1^2+x_2^2=x_3^2$ ist durch Tripel positiver ganzer Zahlen lösbar. Alle Lösungstripel, genannt pythagoräische Zahlentripel, lassen sich schreiben in der Form

$$\left.\begin{aligned} x_1 &= (a^2-b^2)\,c \\ x_2 &= 2abc \\ x_3 &= (a^2+b^2)\,c \end{aligned}\right\} \quad a,b,c\in\mathbb{Z}^+$$

Beispiele mit $c=1$ und ggT $(x_1, x_2, x_3)=1$:

a	2	3	4	4	5	5	6	6	7	7	7	8	8	8	8	…
b	1	2	1	3	2	4	1	5	2	4	6	1	3	5	7	…
x_1	3	5	15	7	21	9	35	11	45	33	13	63	55	39	15	…
x_2	4	12	8	24	20	40	12	60	28	56	84	16	48	80	112	…
x_3	5	13	17	25	29	41	37	61	53	65	85	65	73	89	113	…

$n\geqq 3$ Für $x_1^n+x_2^n=x_3^n$ sind keine Lösungstripel positiver ganzer Zahlen bekannt. Der Beweis, daß es keine Lösungen geben kann, ist allerdings bis heute nicht erbracht worden. FERMAT hat behauptet, einen Beweis zu kennen, ihn aber nicht veröffentlicht.

Wegen $x_1^{mn}+x_2^{mn}=x_3^{mn}\Rightarrow(x_1^m)^n+(x_2^m)^n=(x_3^m)^n$ würde es genügen, die FERMATsche Vermutung für Primzahlexponenten $p>2$ und den Exponenten 4 zu beweisen. Dieser Nachweis ist für $n=4$ und eine große Anzahl von Primzahlen (z. B. für alle Primzahlen p mit $2<p<4003$) gelungen, doch lassen die dafür bisher verwendeten Beweismethoden keine unbeschränkte Verallgemeinerung zu.

A

FERMATsche Gleichung

Für verschiedene ungerade Primzahlen p und q gilt: $\left(\frac{q}{p}\right)=\left(\frac{p}{q}\right)\cdot(-1)^{\frac{p-1}{2}\cdot\frac{q-1}{2}}$

Beweis: Man setzt $\left(\frac{q}{p}\right)=(-1)^\nu$. Um ν nach dem GAUSSschen Lemma zu bestimmen, bildet man qx für $1\leqq x\leqq\frac{p-1}{2}$ und reduziert auf absolut kleinste Reste. ν ist dann die Anzahl der Lösungen $y\in\mathbb{Z}^+$ von

(1) $\qquad -\frac{p}{2}<qx-py\leqq 0\,.$

Hieraus folgt $py<qx+\frac{p}{2}<q\frac{p}{2}+\frac{p}{2}=\frac{q+1}{2}p$, also $y<\frac{q+1}{2}$.

Da außerdem $1\leqq y$ ist, hat man die Lösungspaare der Ungleichung (1) zu bestimmen, für die

$1\leqq x\leqq\frac{p-1}{2}$ und $1\leqq y\leqq\frac{q-1}{2}$ gilt.

Entsprechend erhält man für $\left(\frac{p}{q}\right)=(-1)^\mu$ durch Umbenennung μ als Anzahl der Lösungspaare von

(2) $\qquad 0\leqq qx-py<\frac{q}{2}$

mit $1\leqq x\leqq\frac{p-1}{2}$ und $1\leqq y\leqq\frac{q-1}{2}$.

Hieraus folgt $\left(\frac{q}{p}\right)=\left(\frac{p}{q}\right)(-1)^{\nu+\mu}$,

wobei $\nu+\mu$ geometrisch die Anzahl der Gitterpunkte im schraffierten Streifen der nebenstehenden Figur ist. Aus Symmetriegründen unterscheidet sich $\nu+\mu$ von der Gesamtzahl $\frac{p-1}{2}\cdot\frac{q-1}{2}$ aller Gitterpunkte im gelben Rechteck um eine gerade Zahl, womit die Behauptung bewiesen ist.

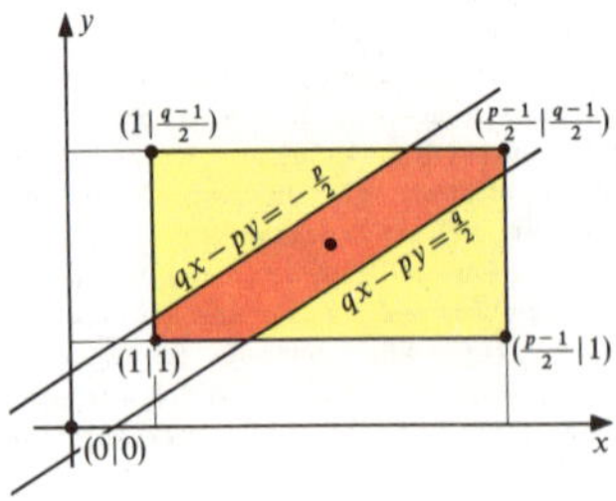

Anwendungen:

(a) Zur zweiten Hauptfrage

Bei vorgegebenem a hängt $\left(\frac{a}{p}\right)$ nur von der Restklasse von p mod $4a$ ab; wenn a Primzahl ist mit $a\equiv 1(4)$ sogar nur von der Restklasse von p mod a.

(b) Berechnung von LEGENDRE-Symbolen

Beispiel:

$$\left(\tfrac{230}{137}\right)=\left(\tfrac{93}{137}\right)=\left(\tfrac{3}{137}\right)\cdot\left(\tfrac{31}{137}\right)=\left(\tfrac{137}{3}\right)\cdot\left(\tfrac{137}{31}\right)=\left(\tfrac{2}{3}\right)\cdot\left(\tfrac{13}{31}\right)=-\left(\tfrac{31}{13}\right)=-\left(\tfrac{5}{13}\right)=-\left(\tfrac{13}{5}\right)=-\left(\tfrac{3}{5}\right)$$
$$=-\left(\tfrac{5}{3}\right)=-\left(\tfrac{-1}{3}\right)=+1$$

Die Kongruenz $x^2\equiv 230\,(137)$ ist also lösbar.

Bei der Umformung wurden auch die Sätze 6 und 8 von S. 121 angewandt und die Symbolzähler modulo der Symbolnenner reduziert.

B

Quadratisches Reziprozitätsgesetz

Diophantische Gleichungen

Ist $f(X_1, X_2, \ldots, X_n)$ ein Polynom aus $\mathbb{Z}[X_1, X_2, \ldots, X_n]$ mit $n \geqq 2$, so bezeichnet man $f(x_1, x_2, \ldots, x_n) = 0$ als diophantische Gleichung, wenn man verlangt, die ganzzahligen Lösungen zu ermitteln. In vielen Fällen lassen sich diese als Lösungen von Kongruenzen bestimmen. Denn jede dioph. Gleichung der Form $g(x_1, \ldots, x_{n-1}) + x_n b = 0$ ist gleichwertig mit der Kongruenz $g(x_1, \ldots, x_{n-1}) \equiv 0\,(b)$.

Beispiel: Statt $ax_1 + bx_2 - c = 0$ löst man $ax_1 - c \equiv 0\,(b)$. Hierzu benutzt man den kleinen FERMATschen Satz der Gruppentheorie (S. 77), nach dem $g^{\operatorname{ord} G} = e$ für jedes El. g einer endlichen Gruppe G gilt. Die zu b teilerfremden Klassen $[\![a]\!]$ sind die Einheiten von $\mathbb{Z}_b$, ihre Anzahl $\varphi(b)$, also $[\![a]\!]^{\varphi(b)} = [\![1]\!]$ oder $a^{\varphi(b)} \equiv 1\,(b)$ mit $\operatorname{ggT}(a, b) = 1$. Die Lösungen von $ax_1 - c \equiv 0\,(b)$ sind im Falle $\operatorname{ggT}(a, b) = 1$ dann von der Form $x \equiv a^{\varphi(b)-1} c\,(b)$, wie man durch Einsetzen bestätigt.

Satz 8, S. 119, gestattet eine Verallgemeinerung auf Systeme von Gleichungen obiger Form.

Schwierigkeiten ergeben sich bei Gleichungen höheren Grades. So hat FERMAT für $x_1^n + x_2^n = x_3^n$, $n > 2$ die bis heute nicht bewiesene Vermutung aufgestellt, es gebe kein Lösungstripel aus $\mathbb{Z}^+$ (Abb. A).

Potenzreste

Besondere Bedeutung haben dioph. Gleichungen der Form $x_1^n + mx_2 - a = 0$ bzw. die gleichwertigen Kongruenzen $x_1^n - a \equiv 0(m)$.

Def. 1: Ein teilerfremder Rest a mod m heißt *n-ter Potenzrest* mod m, wenn $x^n \equiv a(m)$ lösbar ist, sonst *n-ter Potenznichtrest* mod m.

Es stellen sich nun im wesentlichen zwei Fragen:

I. Welche a sind n-te Potenzreste mod m?

II. Für welche m ist a ein n-ter Potenzrest mod m?

Zunächst kann das Problem auf den Fall $m = p^\alpha$ reduziert werden. Es gilt:

Satz 1: *Ist $m = p_1^{\alpha_1} \cdot p_2^{\alpha_2} \ldots p_k^{\alpha_k}$ die Zerlegung von m in Primzahlpotenzen, so ist a n-ter Potenzrest* mod m *genau dann, wenn a n-ter Potenzrest* mod $p_i^{\alpha_i}$ *für alle $i \in \{1, 2, \ldots k\}$ ist.*

Erste Hauptfrage für Potenzreste

Für $m = p^\alpha$ wird Frage I durch folgenden Satz vollständig beantwortet:

Satz 2 (EULER*sches Kriterium*): *a ist n-ter Potenzrest* mod $p^\alpha(p \neq 2)$ *genau dann, wenn* $a^{\frac{\varphi(p^\alpha)}{\operatorname{ggT}(n, \varphi(p^\alpha))}} \equiv 1(p^\alpha)$. *$a$ ist bei geradem n n-ter Potenzrest* mod $2^\alpha (\alpha \geqq 2)$ *genau dann, wenn $a \equiv 1(4)$ und* $a^{\frac{2^{\alpha-2}}{\operatorname{ggT}(n, 2^{\alpha-2})}} \equiv 1(2^\alpha)$. *Jedes ungerade a ist n-ter Potenzrest* mod 2 *und bei ungeradem n n-ter Potenzrest* mod 2^α.

Bem.: Ist für $p \neq 2$ $\operatorname{ggT}(n, \varphi(p^\alpha)) = 1$, so ist die Bedingung $a^{\varphi(p^\alpha)} \equiv 1(p^\alpha)$ nach dem kleinen FERMATschen Satz für jedes a erfüllt.

Für quadratische Reste ($n = 2$) vereinfacht sich Satz 2:

Satz 3: *a ist quadr. Rest* mod $p^\alpha(p \neq 2)$ *genau dann, wenn* $a^{\frac{p-1}{2}} \equiv 1(p)$, *d.h. genau dann, wenn a quadr. Rest* mod p *ist. a ist quadr. Rest* mod 2^α *genau dann, wenn $a \equiv 1(2^\beta)$ mit $\beta = \operatorname{klEl}(\{\alpha, 3\})$.*

Zweite Hauptfrage für Potenzreste

Für $n = 2$ lautet Frage II jetzt noch: Für welche ungeraden Primzahlen p ist a quadr. Rest mod p? Zur kürzeren Formulierung der Ergebnisse def. man das LEGENDRE*sche Restsymbol* $\left(\frac{a}{p}\right)$ (lies: a nach p):

Def. 2: Ist $\operatorname{ggT}(a, p) = 1$ und p eine ungerade Primzahl, so

$$\left(\frac{a}{p}\right) := \begin{cases} 1, & \text{wenn } a \text{ quadr. Rest mod } p, \\ -1, & \text{wenn } a \text{ quadr. Nichtrest mod } p. \end{cases}$$

Satz 4: *Ist r ein beliebiger Primitivrest* (S. 119) mod p *und $a \equiv r^v(p)$, so gilt* $\left(\frac{a}{p}\right) = (-1)^v$.

Denn a ist genau dann quadr. Rest, wenn v gerade ist.

Als Folgerung gilt $\left(\frac{ab}{p}\right) = \left(\frac{a}{p}\right) \cdot \left(\frac{b}{p}\right)$, so daß nur noch die Bestimmung von $\left(\frac{-1}{p}\right)$, $\left(\frac{2}{p}\right)$ und $\left(\frac{q}{p}\right)$ für ungerade Primzahlen q nötig ist.

Satz 5: $\left(\frac{a}{p}\right) \equiv a^{\frac{p-1}{2}}\,(p)$.

Beweis: Nach dem kleinen FERMATschen Satz ist $a^{p-1} = \left(a^{\frac{p-1}{2}}\right)^2 \equiv 1(p)$, daher $a \equiv \pm 1(p)$. In Verbindung mit Satz 3 ergibt sich daraus die Behauptung. Setzt man speziell $a = -1$, so ergibt sich:

Satz 6: $\left(\frac{-1}{p}\right) = \begin{cases} 1, & \text{falls } p \equiv 1(4), \\ -1, & \text{falls } p \equiv -1(4). \end{cases}$

Sämtliche von 0 verschiedenen Reste mod p lassen sich auf einen der folgenden reduzieren: $\pm 1, \pm 2, \ldots, \pm \frac{p-1}{2}$ *(abs. kleinste Reste)*.

Satz 7 (GAUSS*sches Lemma*): *Ist* $\operatorname{ggT}(a, p) = 1$ *und reduziert man die Reste $a \cdot 1, a \cdot 2, \ldots a \cdot \frac{p-1}{2}$ auf die abs. kleinsten Reste $h_1, h_2, \ldots h_{\frac{p-1}{2}}$, und ist v die Anzahl der negativen h_i, so* $\left(\frac{a}{p}\right) = (-1)^v$.

Der Beweis ergibt sich, indem man das Produkt aller h_i bildet und zeigt, daß die Beträge $|h_i|$ alle Zahlen $1, 2, \ldots \frac{p-1}{2}$ durchlaufen. Setzt man $a = 2$, so hat man die Reste $2, 4, \ldots p-1$ auf die abs. kleinsten zu reduzieren. Durch Auszählen erhält man die Bedingung $v \equiv \frac{p^2-1}{8}\,(2)$. Daher gilt:

Satz 8: $\left(\frac{2}{p}\right) = \begin{cases} 1, & \text{falls } p \equiv \pm 1(8), \\ -1, & \text{falls } p \equiv \pm 3(8). \end{cases}$

Satz 9 (Quadr. Reziprozitätsgesetz): *Sind p und q zwei verschiedene ungerade Primzahlen, so ist* $\left(\frac{q}{p}\right) = \left(\frac{p}{q}\right) \cdot (-1)^{\frac{p-1}{2} \cdot \frac{q-1}{2}}$, *d.h.*

$$\left(\frac{q}{p}\right) = \begin{cases} \left(\frac{p}{q}\right), & \textit{falls } p \equiv 1(4) \vee q \equiv 1(4), \\ -\left(\frac{p}{q}\right), & \textit{falls } p \equiv -1(4) \wedge q \equiv -1(4). \end{cases}$$

(Bew. und Anwendungen in Abb. B)

Bem.: Auch für höhere Potenzreste führt Frage II auf ähnliche Formeln und Reziprozitätsgesetze.

Teilbarkeitstheorie in Körpern

Die Teilbarkeitstheorie läßt sich leicht auf Quotientenkörper (S. 81) von Integritätsringen übertragen.

Def. 1: Ist R ein Integritätsring und K sein Quotientenkörper, so heißt a *Teiler von b bez. R*, wenn der Quotient $\frac{b}{a}$ in R liegt, in Formeln $a|_R b :\Leftrightarrow \frac{b}{a} \in R$.

Entsprechend lassen sich die Begriffe Assoziiertheit und Einheit übertragen.

Ist R ein ZPE-Ring (S. 117), so ergibt sich für die El. von K eine Zerlegung in Primelementpotenzen mit Exponenten aus $\mathbb{Z}$. $a|_R b$ gilt für $a = e_a \prod_i p_i^{\alpha_i}$, $b = e_b \prod_i p_i^{\beta_i}$ genau dann, wenn $\alpha_i \leqq \beta_i$ für alle i.

Bewertungen

Wählt man eine feste Primzahl p, so hat diese in der Primzahlzerlegung der El. $a \in K \setminus \{0\}$ jeweils einen bestimmten Exponenten α. Durch $\varphi(a) = c^\alpha$ mit $c \in \mathbb{R}$ und $0 < c < 1$ können dann diesen a reelle Zahlen zugeordnet werden mit ähnlichen Eigenschaften wie der für die Teilbarkeitstheorie wichtige abs. Betrag (Wertfunktionen, S. 117).

Wie sich zeigen wird, gibt es viele Körper, auf denen ähnliche Funktionen, Bewertungen genannt, existieren, auch ohne daß der zugrundegelegte Integritätsring ein ZPE-Ring ist. Von hier aus ergibt sich ein neuer Zugang zur Teilbarkeitstheorie.

Def. 2: Eine Abb. $\varphi: K \to \mathbb{R}_0^+$ eines Körpers K in die Menge der nichtnegativen reellen Zahlen heißt *Bewertung* von K, wenn folgende Eigenschaften vorliegen:

(B 1): $\varphi(a) = 0 \Leftrightarrow a = 0$,

(B 2): $\varphi(ab) = \varphi(a)\,\varphi(b)$ (*Homomorphieeigensch.*),

(B 3): $\bigvee_c (c \in \mathbb{R} \wedge c \geqq 1 \wedge \varphi(a+b) \leqq c\,\mathrm{grEl}(\{\varphi(a), \varphi(b)\}))$ (*Maximumeigensch.*).

φ heißt *nichtarchimedische Bewertung*, wenn in (B 3) $c = 1$ gewählt werden kann, sonst *archimedische Bewertung*.

Bem.: Aus (B 2) folgt $\varphi\left(\frac{a}{b}\right) = \frac{\varphi(a)}{\varphi(b)}$, ferner $\varphi(1) = 1$ und allgemeiner $\varphi(e) = 1$ für jede Einheit e, daher auch $\varphi(-a) = \varphi(a)$.

Jeder Körper kann durch die Festsetzung $\varphi(0) = 0$, $\varphi(a) = 1$ für alle $a \neq 0$ bewertet werden, doch ist diese sog. *triviale Bewertung* i.a. uninteressant. Bei nichttrivialen Bew. gibt es stets mindestens ein El. a_0 mit $0 < \varphi(a_0) < 1$. Bei nichtarchimedischen Bew. gilt für $\varphi(a) \neq \varphi(b)$ in (B 3) stets sogar $\varphi(a+b) = \mathrm{grEl}(\{\varphi(a), \varphi(b)\})$.

Satz 1: *Ein endlicher Körper mit n El. besitzt nur die triviale Bewertung.*

Denn hier ist wegen $a^n = 1$ jedes El. Einheitswurzel und damit Einheit.

Bem.: Körper mit Primzahlcharakteristik besitzen nur nichtarchimedische Bew.

Da im wesentlichen nur die durch eine Bew. erzeugte Größenbeziehung zwischen den Körperel. interessiert, def. man weiter:

Def. 3: Zwei Bew. φ_1 und φ_2 heißen *äquivalent*, wenn $\varphi_1(a) < \varphi_1(b) \Leftrightarrow \varphi_2(a) < \varphi_2(b)$.

Satz 2: *Für jede zu φ_1 äquivalente Bew. φ_2 gilt $\varphi_2(a) = \varphi_1(a)^s$ mit $s \in \mathbb{R}^+$. Umgekehrt ist φ_1 zu jedem solchen φ_2 äquivalent, falls φ_2 überhaupt eine Bew. ist.*

Bewertungen des Körpers $\mathbb{Q}$

Für den Körper $\mathbb{Q}$ der rationalen Zahlen bildet der Absolutbetrag eine archimedische Bew. Ferner gehört zu jeder Primzahl p eine nichtarchimedische Bew. φ_p, genannt *p-adische Bew.*, def. durch

$$\varphi_p(a) := \begin{cases} 0 & \text{für } a = 0 \\ p^{-\alpha_p} & \text{für } a \neq 0, \text{ wobei } \alpha_p \text{ der Exponent von } p \text{ in der Primzerlegung von } a \text{ ist.} \end{cases}$$

Man schreibt auch $|a|_p$ statt $\varphi_p(a)$ und $|a|_\infty$ statt $|a|$.

Von besonderer Bedeutung für die Zahlentheorie ist der folgende Satz von Ostrowski:

Satz 3: *Die Bew. $|\ |_\infty$ und $|\ |_p$, wo p alle Primzahlen durchläuft, bilden ein vollständiges System inäquivalenter Bew. von $\mathbb{Q}$. Jede weitere Bew. ist zu einer dieser Bew. äquivalent.*

Der Beweis läuft für die nichtarchimedischen Bew. darauf hinaus zu zeigen, daß die Menge $\{x \mid x \in \mathbb{Q} \wedge \varphi(x) \leqq 1\}$ ein Primideal ist, das dann als Hauptideal durch eine Primzahl erzeugt werden kann.

Bewertungen des Körpers $K(X)$ der rationalen Funktionen über K

Adjungiert man zu einem trivial bewerteten Körper K eine Unbestimmte X, so lassen sich leicht alle Bew. von $K(X)$ bestimmen. Sie sind sämtlich nichtarchimedisch. Es genügt nun, alle Bew. des ZPE-Ringes $K[X]$ der Polynome über K zu untersuchen, da man durch Quotientenbildung eine Bew. des Quotientenkörpers $K(X)$ von $K[X]$ erhält.

1. Fall: Es sei $\varphi(X) \leqq 1$.

Dann gilt $\varphi(a_n X^n) = \varphi(a_n) \cdot \varphi(X)^n = \varphi(X)^n \leqq 1$ und damit wegen (B 3) $\varphi(f(X)) \leqq 1$ für jedes Polynom. Ist φ nichttrivial, so gibt es ein $f(X)$ mit $\varphi(f(X)) < 1$. Zerlegt man $f(X)$ in Primfaktoren, so muß für mindestens einen Primfaktor $p(X)$ gelten $\varphi(p(X)) < 1$. Dasselbe gilt für alle durch $p(X)$ teilbaren Polynome. Für die zu $p(X)$ teilerfremden Polynome $q(X)$ folgt dagegen aus der lin. Darstellung des ggT $\varphi(q(X)) = 1$. Ist nun $f(X) = p(X)^\alpha q(X)$, so $\varphi(f(X)) = \varphi(p(X))^\alpha$. Zu jedem Primpolynom gehört also genau eine den p-adischen Bew. von $\mathbb{Q}$ entsprechende Bew.

2. Fall: Es sei $\varphi(X) > 1$. In diesem Fall erhält man bis auf Äquivalenz nur eine einzige Bew., für die gilt:

$$\varphi(f(X)) = \varphi(a_n X^n + a_{n-1} X^{n-1} + \ldots + a_0) = \varphi(X)^n = \varphi(X)^{\operatorname{grad} f(X)}.$$

Ist $K = \mathbb{C}$, so sind alle Primpolynome linear von der Form $X - a$, und es gehört zu jedem $a \in \mathbb{C}$ eine Bew. der in Fall 1 untersuchten Art; sie gibt für $r(X) \in \mathbb{C}(X)$ Auskunft über die Ordnung der Nullstelle bzw. Polstelle bei a, während die in Fall 2 auftretende Bew. über das entsprechende Verhalten im Unendlichen Auskunft gibt. Dies ist der Grund, weshalb oben dem Absolutbetrag der Index ∞ gegeben wurde. Allgemeiner entspricht bei einem auf einer Riemannschen Fläche (Bd. II) erklärten Funktionenkörper jedem Punkt dieser Fläche eine Bewertung.

Exponentenbewertungen

Zu einer nichtarchimedischen Bew. φ kann eine Abb. $v: K \to \mathbb{R} \cup \{\infty\}$ durch

$$v(a) := \begin{cases} \infty, \text{ falls } a = 0, \\ -\log \varphi(a), \text{ falls } a \neq 0 \end{cases}$$

definiert werden mit folgenden Eigenschaften

(E 1): $v(a) = \infty \Leftrightarrow a = 0$,

(E 2): $v(ab) = v(a) + v(b)$,

(E 3): $v(a+b) \geqq \text{klEl}(\{v(a), v(b)\})$.

Def. 4: Jede Abb. $v: K \to \mathbb{R} \cup \{\infty\}$ mit den Eigenschaften (E 1), (E 2) und (E 3) heißt *Exponentenbewertung* von K. Ist $v(a) = 0$ für alle $a \neq 0$, so heißt v *triviale Exponentenbewertung*.

Man kann umgekehrt von jeder Exponentenbew. wieder zu einer nichtarchimedischen Bew. übergehen. Die p-adischen Bew. in $\mathbb{Q}$ führen bis auf Äquivalenz auf $v_p(a) = \alpha_p$, wobei α_p der Exponent von p in der Primzerlegung von a ist.

Die Menge $W := \{v(a) \mid a \neq 0 \wedge a \in K\}$ bildet eine Gruppe bez. Addition, die Wertgruppe von v.

Def. 5: Hat W einen kleinsten positiven Wert, so heißt v *diskrete*, andernfalls *dichte Exponentenbew.*

Bei diskreten Exponentenbew., zu denen alle v_p in $\mathbb{Q}$ gehören, sind alle El. von W Vielfache des kleinsten positiven Wertes, der dann auf 1 normiert werden kann, andernfalls liegen sie überall dicht in $\mathbb{R}$. Auch die Exponentenbew. sollen im folgenden kurz Bew. heißen.

Für die Zahlentheorie sind vor allem die diskreten Bew. wichtig.

Satz 4: Bei nichttrivialem v ist die Teilmenge $B := \{x \mid x \in K \wedge v(x) \geqq 0\}$ von K ein Integritätsring, dessen Quotientenkörper wieder K ist. Die Teilmenge $\mathfrak{p} := \{x \mid x \in K \wedge v(x) > 0\}$ ist ein Primideal in B.

B heißt der *Bewertungsring von* v, $\mathfrak{p}$ das *Primideal von* v, $\mathfrak{K} := B/\mathfrak{p}$ der *Restklassenkörper von* v.

Bem.: Ist die Bew. diskret und $a \in K$ ein El., für das $v(a)$ der kleinste positive Wert von $v[K]$ ist, so gilt $\mathfrak{p} = (a)$.

Hat K die Charakteristik p (S. 105), so auch der Restklassenkörper $\mathfrak{K}$, hat dagegen K die Charakteristik 0, so kann $\mathfrak{K}$ die Charakteristik 0 oder Primzahlcharakteristik haben. Beispiele für den letzteren Fall liefern die p-adischen Bew.

Es sei W_0 die Untergruppe von W bei Beschränkung auf den Primkörper. Dann ist bei diskreten Bew. die Faktorgruppe W/W_0 endlich. Ihre Ordnung e heißt die *abs. Verzweigungsordnung* der Bew. Die angegebenen Begriffsbildungen führen zu einer Klassifizierung der bewerteten Körper (S. 124, Abb. A).

Vollständige Hülle bewerteter Körper

Auf S. 61 wurde das CANTORsche Verfahren zur Konstruktion des Körpers $\mathbb{R}$ entwickelt. Mit Hilfe des abs. Betrages ließen sich in $\mathbb{Q}$ die Begriffe konvergente und Fundamentalfolge def. Die vollständige Hülle von $\mathbb{Q}$, in der jede Fundamentalfolge konvergiert, ergab sich als Menge von Äquivalenzklassen im Ring aller Fundamentalfolgen, und kann auch als Restklassenkörper dieses Ringes nach dem Ideal der Nullfolgen beschrieben werden. Bei der Konstruktion wurden nur Eigenschaften des abs. Betrages ausgenutzt, die auch den Bew. bewerteter Körper, die insbesondere topologische Räume darstellen, zukommen.

Zu jedem bewerteten Körper K kann daher auf ähnliche Weise eine vollständige Hülle K_φ bez. einer Bew. φ konstruiert werden. Äquivalente Bew. führen dabei zur selben Hülle, und die Bewertung φ läßt sich, wie auf S. 61 gezeigt, auf K_φ ausdehnen. Die vollständigen Hüllen von $\mathbb{Q}$ bez. seiner Bew. werden mit $\mathbb{Q}_p$ (Körper der p-adischen Zahlen, HENSEL) bzw. mit $\mathbb{Q}_\infty = \mathbb{R}$ bezeichnet.

Problem der Fortsetzung von Bewertungen

Beim Übergang von $\mathbb{Z}$ zu einem umfassenderen Zahlbereich können sich die Teilbarkeitsverhältnisse wesentlich ändern, u.U. ist eine Zerlegung in Primel. gar nicht mehr möglich, höchstens noch eine Zerlegung von Idealen in Primideale (S. 117). Einen zweiten Lösungsansatz neben der Idealtheorie liefert die Bewertungstheorie. In $\mathbb{Q}$ nämlich entsprechen die Primzahlen gerade den Klassen der nichtarchimedischen Bew. Durch Einbettung des Integritätsringes in seinen Quotientenkörper und Ermittlung aller seiner Bew. ergibt sich ein vollständiger Überblick über die Teilbarkeitsverhältnisse. Nun läßt sich aber jeder Körper aus seinem Primkörper durch eine wohlgeordnete Folge von Adjunktionen je eines (algebraischen oder transzendenten) Elementes erzeugen. Da die Bew. der Primkörper vollständig bekannt sind, bleibt für die Zahlentheorie nun das Problem, ob und wie sich die Bew. eines Körpers auf eine einfach-transzendente bzw. einfach-algebraische Erweiterung so fortsetzen läßt, daß die Beschränkung der neuen Bew. auf den Grundkörper zur ursprünglichen Bew. äquivalent ist. Für transzendente Erweiterungen, die für die Zahlentheorie von geringerer Bedeutung sind, gilt, daß sich jede diskrete Bew. des Grundkörpers auf unendlich viele nicht-äquivalente Arten als diskrete Bew. fortsetzen läßt.

Für endlich-algebraische Erweiterungen sind zur Lösung des Problems noch einige Vorbereitungen nötig.

Norm in endlich-algebraischen Erweiterungen

Bei endlich-algebraischen Erweiterungen vergleicht man zunächst mit der Fortsetzung des abs. Betrages von $\mathbb{R}$ auf $\mathbb{C} = \mathbb{R}(i)$. Man setzt dort $|\alpha| = \sqrt{|\alpha\bar{\alpha}|}$, wobei $\alpha\bar{\alpha} \in \mathbb{R}$. $\alpha\bar{\alpha}$ heißt auch Norm von α, $(N(\alpha))$. Als erstes hat man daher ein Analogon zur Norm zu def.

Ist L eine algebraische Erweiterung von K mit $\text{grad}(L/K) = n$ und der Basis $\{\omega_1, \ldots, \omega_n\}$, so ist für alle $\alpha \in L \setminus \{0\}$ die Abb. $\sigma_\alpha: L \to L$ def. durch $x \mapsto \alpha x$ ein Automorphismus von L. Zu ihr gehört eine von der Basis unabhängige reguläre (n, n)-Matrix (α_{ik}) mit $\det(\alpha_{ik}) \neq 0$ (S. 91). Man setzt nun

$$N(\alpha) := \begin{cases} 0 \text{ für } \alpha = 0, \\ \det(\alpha_{ik}) \text{ für } \alpha \neq 0. \end{cases}$$

Charakteristik von K	p		0				
Bewertung des Primkörpers von K	trivial		trivial		p-adisch		absoluter Betrag
Charakteristik des Restklassenkörpers $\mathfrak{R}=B/\mathfrak{p}$	$\operatorname{char}\mathfrak{R}=\operatorname{char}K$		$\operatorname{char}\mathfrak{R}=0$ (Charakteristikgleichheit)		$\operatorname{char}\mathfrak{R}=p$ (Charakteristikungleichheit)		—
Art der Bewertung von K	nichtarch. diskret	nichtarch. dicht	nichtarch. diskret	nichtarch. dicht	nichtarch. diskret	nichtarch. dicht	arch. dicht
Weitere Klassifizierungsmerkmale	$p, \mathfrak{R}$	$p, \mathfrak{R}, W$	$\mathfrak{R}$	$\mathfrak{R}$ W	$p, \mathfrak{R}$ $e=\operatorname{ord}(W/W_0)$	$p, \mathfrak{R}$ $W, W/W_0$	—

A

Klassifizierung der bewerteten Körper

$\mathbb{Q}(\sqrt{3})$

$p=2$ und $p=3$ sind verzweigt.

Für alle anderen Primzahlen p gilt:

p ist zerlegt, wenn $(\frac{3}{p})=1$. Das gilt für $p\equiv 1, 11\ (12)$.

p ist träge, wenn $(\frac{3}{p})=-1$. Das gilt für $p\equiv 5, 7\ (12)$.

∞ ist zerlegt. Der abs. Betrag in $\mathbb{Q}$ besitzt zwei Fortsetzungen:

$|a+b\sqrt{3}|_{\infty_1}=|a+b\sqrt{3}|$

$|a+b\sqrt{3}|_{\infty_2}=|a-b\sqrt{3}|$ (| | ohne Index: abs. Betrag in $\mathbb{R}$)

$|a+b\sqrt{3}|_{\infty_1}\cdot|a+b\sqrt{3}|_{\infty_2}=|a^2-3b^2|=N(a+b\sqrt{3})$

$\mathbb{Q}(\sqrt{-5})$

$p=2$ und $p=5$ sind verzweigt.

Für alle anderen Primzahlen p gilt:

p ist zerlegt, wenn $(\frac{-5}{p})=1$. Das gilt für $p\equiv 1, 3, 7, 9\ (20)$.

Für $p\equiv 3, 7\ (20)$ sind die Primdivisoren der Zerlegung keine Hauptdivisoren mehr. Der Körper hat die Klassenzahl 2.

p ist träge, wenn $(\frac{-5}{p})=-1$. Das gilt für $p\equiv 11, 13, 17, 19\ (20)$.

∞ ist verzweigt. Der abs. Betrag in $\mathbb{Q}$ besitzt nur eine Fortsetzung

$|a+b\sqrt{-5}|_{\infty}=|a+b\sqrt{-5}|=\sqrt{a^2+5b^2}=\sqrt{N(a+b\sqrt{-5})}$

(| | ohne Index: abs. Betrag in $\mathbb{C}$)

B

Zerlegung von Primzahlen in quadratischen Zahlkörpern $\mathbb{Q}(\sqrt{m})$

$m<0$	h
$-1, -2, -3, -7, -11, -19, -43, \ldots$	1
$-5, -6, -10, -13, -15, -35, \ldots$	2
$-23, -31, \ldots$	3
$-14, -39, \ldots$	4
$-47, \ldots$	5

Zu jeder Klassenzahl gehören nur endlich viele Werte von m.

$m>0$	h
$2, 3, 5, 6, 7, 11, 13, 14, 17, 19, 21, 22, 23, 29, 33, 37, 41, \ldots$	1
$10, 15, \ldots$	2

Zu $h=1$ gehören vermutlich unendlich viele Werte von m.

C

Beispiele von Klassenzahlen quadratischer Zahlkörper $\mathbb{Q}(\sqrt{m})$

Fortsetzung diskreter Bewertungen auf endlich-algebraische Erweiterungen

K sei ein durch φ bewerteter Körper, L eine endlich-algebraische Erweiterung von K mit $\operatorname{grad}(L/K)=n$. Für die El. $\alpha \in L$ macht man nun folgenden Ansatz:

$$\Phi(\alpha) := \sqrt[n]{(N(\alpha))}.$$

Für die El. $a \in K$ ist $N(a)=a^n$ und damit $\Phi(a)=\varphi(a)$. Die Bewertungseigenschaften (B 1) und (B 2) sind für Φ leicht nachzuweisen, doch ist (B 3) i. a. nicht erfüllt. Hier spielt die Vollständigkeit von K (S. 123) eine wichtige Rolle. Es gilt:

Satz 5: *Ist K bez. φ vollständig, so ist Φ eine Bew. von L. Φ ist bis auf Äquivalenz die einzige Fortsetzung von φ auf L und L bez. Φ ebenfalls vollständig.*

Bei nichtvollständigem Grundkörper K muß man zur Fortsetzung von φ anders verfahren. Es genügt hier, einfache Erweiterungen $L=K(\vartheta)$ zu untersuchen. Bei mehrfachen Erweiterungen kann dann die Fortsetzung schrittweise durchgeführt werden. Es sei $m(X)$ das Minimalpolynom (S. 97) von ϑ. Dann ist $m(X)$ über K irreduzibel, zerfällt aber i. a. in der vollständigen Hülle K_φ in ein Produkt irreduzibler Faktoren in der Form $m(X)=f_1(X)\cdot \ldots \cdot f_r(X)$.

Man betrachtet nun den Körper $K_\varphi(\vartheta_1)$, wobei ϑ_1 Nullstelle von $f_1(X)$ ist. Die Bew. kann dann von K auf K_φ und von da nach Satz 5 auf $K_\varphi(\vartheta_1)$ eindeutig fortgesetzt werden. Dadurch wird auch der in $K_\varphi(\vartheta_1)$ enthaltene Körper $K(\vartheta_1)$ bewertet, der seinerseits zu $L=K(\vartheta)$ isomorph ist. Durch diesen Isomorphismus läßt sich die Bew. von $K(\vartheta_1)$ auf L übertragen (*Wertisomorphismus*).

Diese Überlegungen lassen sich auf alle r Faktoren der Zerlegung von $m(X)$ anwenden. Man erhält auf diese Weise r inäquivalente Fortsetzungen von φ auf L, und es läßt sich zeigen, daß es nur genau diese gibt.

Bem.: Die Fortsetzbarkeit gilt in gleicher Weise für archimedische und nichtarchimedische Bew. und kann ebenso für Exponentenbew. ausgesprochen werden. Das Verfahren liefert u.a. die wohlbekannte Fortsetzung des abs. Betrages von $\mathbb{R}$ auf $\mathbb{C}$.

Divisoren

Ein Primel. $p \in K$ verliert beim Übergang zu einer endlich-algebraischen Erweiterung L von K i. a. seine Primelementeigenschaft.

Man betrachtet nun die durch p erzeugte diskrete Bew. φ bzw. Exponentenbew. w und ihre Fortsetzungen Φ_i bzw. $W_i (i=1, \ldots, r)$ auf L. Normiert man alle Exponentenbew. auf kleinsten positiven Wert 1, so ist $W_i(p)$ ein Vielfaches von $w(p)$, $W_i(p)=e w_i(p)$. e heißt *relative Verzweigungsordnung* von W_i bez. w. Der Restklassenkörper $\mathfrak{K}_i$ von W_i ist endlich-algebraisch über dem Restklassenkörper $\mathfrak{K}$ von w. $f_i := \operatorname{grad}(\mathfrak{K}_i/\mathfrak{K})$ heißt der *Trägheitsgrad* von W_i bez. w. Es gilt $n=\sum\limits_{i=1}^{r} e_i f_i$. Ordnet man nun dem Primel. p_i ein Symbol $\mathfrak{p}_i$ (*Primdivisor*), den Klassen äquivalenter Bew. von L je ein Symbol $\overline{\mathfrak{p}}_{ij}$ zu, so erhält man durch $\mathfrak{p}_i=\overline{\mathfrak{p}}_{i1}^{e_{i1}}\cdot \ldots \cdot \overline{\mathfrak{p}}_{ir_i}^{e_{ir_i}}$ eine formale Zerlegung des Primdivisors $\mathfrak{p}_i$ in L, die genau der Zerlegung des Primideals (p_i) in L entspricht, falls der Bewertungsring von L ein ZPI-Ring ist.

Die Ausdrücke $\prod \mathfrak{p}_i^{\alpha_i}$ heißen *Divisoren*. Jedem El. des Körpers K kann ein Divisor $\prod \mathfrak{p}_i^{\alpha_i}$ zugeordnet werden und seine weitere Zerlegung beim Übergang zu Erweiterungskörpern untersucht werden. Jedoch kann man nicht jedem Divisor unbedingt wieder ein Körperel. zuordnen. Die Divisoren, bei denen dies möglich ist, heißen *Hauptdivisoren*. Sie entsprechen den Hauptidealen. In der multiplikativen Gruppe D aller Divisoren von L bilden die Hauptdivisoren eine Untergruppe H. Die Faktorgruppe D/H stellt eine wichtige Invariante des Körpers L dar. Bei algebraischen Zahl- und Funktionenkörpern ist $h := \operatorname{ord}(D/H)$ stets endlich und heißt *Klassenzahl* des Körpers. Ihre Bestimmung ist eine wichtige Aufgabe der Zahlentheorie (Abb. C).

Zu jedem algebraischen Zahlkörper K kann übrigens eine endlich-algebraische Erweiterung L konstruiert werden, so daß jeder Divisor von K Hauptdivisor von L ist. Ob es auch möglich ist, eine Erweiterung L von K so zu konstruieren, daß alle Divisoren von L Hauptdivisoren sind, daß also L die Klassenzahl 1 hat, ist ein bis heute offenes Problem.

Anwendung der Bewertungstheorie auf quadratische Zahlkörper

Es sei $K=\mathbb{Q}$ und $L=\mathbb{Q}(\sqrt{r})$ mit $r \in \mathbb{Q}$ ein sog. quadratischer Zahlkörper. Ist $r=\frac{a}{b}$ mit $a, b \in \mathbb{Z}$, so ist wegen $\sqrt{ab}=b\sqrt{r}$ auch $\sqrt{ab}$ ein erzeugendes El. von L. Man kann sich also auf die Untersuchung von Körpern $\mathbb{Q}(\sqrt{m})$ mit $m \in \mathbb{Z}$ beschränken, wobei m keine quadratischen Teiler besitzt. Das Minimalpolynom von $\sqrt{m}$ ist X^2-m. Aus der Theorie der quadratischen Reste (S. 121) ergibt sich dann der folgende Zerlegungssatz (vgl. auch Abb. B).

Satz 6: *Für die Zerlegung der Primzahlen $p \in \mathbb{Q}$ in quadratischen Zahlkörpern $\mathbb{Q}(\sqrt{m})$ gilt:*

$p=2 \wedge m \equiv 1(8) \Rightarrow \mathfrak{p}=\overline{\mathfrak{p}}_1\overline{\mathfrak{p}}_2$ *(2 ist zerlegt).*

$p=2 \wedge m \equiv 5(8) \Rightarrow \mathfrak{p}=\overline{\mathfrak{p}}$ *(2 ist träge).*

$p=2 \wedge (m \equiv 2(4) \vee m \equiv 3(4)) \Rightarrow \mathfrak{p}=\overline{\mathfrak{p}}^2$ *(2 ist verzweigt).*

$p \neq 2 \wedge p \nmid m \wedge \left(\dfrac{m}{p}\right)=1 \Rightarrow \mathfrak{p}=\overline{\mathfrak{p}}_1\overline{\mathfrak{p}}_2$ *(p ist zerlegt).*

$p \neq 2 \wedge p \nmid m \wedge \left(\dfrac{m}{p}\right)=-1 \Rightarrow \mathfrak{p}=\overline{\mathfrak{p}}$ *(p ist träge).*

$p \neq 2 \wedge p \mid m \Rightarrow \mathfrak{p}=\overline{\mathfrak{p}}^2$ *(p ist verzweigt).*

Bem. 1: Die Begriffsbildungen lassen sich, wie hier nicht näher ausgeführt werden soll, sinngemäß auf die archimedische Betragsbewertung übertragen. Man kann dann die Formulierung von Satz 6 fortführen:

$p=\infty \wedge m>0 \Rightarrow \infty$ ist zerlegt.

$p=\infty \wedge m<0 \Rightarrow \infty$ ist verzweigt.

Bem. 2: Bei einer endlich-algebraischen Erweiterung sind höchstens endlich viele Primdivisoren verzweigt.

	2 3	5	7	9	11	13	15	17	19	21	23	25	27	29
31	33	35	37	39	41	43	45	47	49	51	53	55	57	59
61	63	65	67	69	71	73	75	77	79	81	83	85	87	89
91	93	95	97	99	101	103	105	107	109	111	113	115	117	119
121	123	125	127	129	131	133	135	137	139	141	143	145	147	149
151	153	155	157	159	161	163	165	167	169	171	173	175	177	179
181	183	185	187	189	191	193	195	197	199	201	203	205	207	209
211	213	215	217	219	221	223	225	227	229	231	233	235	237	239
241	243	245	247	249	251	253	255	257	259	261	263	265	267	269
271	273	275	277	279	281	283	285	287	289	291	293	295	297	299
301	303	305	307	309	311	313	315	317	319	321	323	325	327	329
331	333	335	337	339	341	343	345	347	349	351	353	355	357	359
361	363	365	367	369	371	373	375	377	379	381	383	385	387	389
391	393	395	397	399	401	403	405	407	409	411	413	415	417	419
421	423	425	427	429	431	433	435	437	439	441	443	445	447	449

Man streicht der Reihe nach die Vielfachen der Primzahlen $p=2, 3, 5 \ldots$, jeweils beginnend mit dem Produkt $p \cdot p$. Die erste nicht gestrichene Zahl ist dann die nächste Primzahl. Um alle Primzahlen bis zu einem beliebigen N zu erhalten, genügt es, dieses Verfahren für die Primzahlen $p \leqq \sqrt{N}$ durchzuführen. Im obigen Beispiel ist $N=450$. Das Verfahren ist bis $p=19$ durchgeführt. Alle nicht gestrichenen Zahlen sind Primzahlen. Zur Vereinfachung sind die Vielfachen von 2 weggelassen worden, desgl. Mehrfachstreichungen.

A

Das Sieb des Eratosthenes

x	$\pi(x)$	$x/\ln x$	$\frac{\pi(x)}{x/\ln x}$
2	1	2,885	0,347
10	4	4,343	0,921
10^2	25	$2{,}171 \cdot 10$	1,151
10^3	168	$1{,}448 \cdot 10^2$	1,161
10^4	1229	$1{,}086 \cdot 10^3$	1,132
10^5	9592	$8{,}686 \cdot 10^3$	1,104
10^6	78498	$7{,}238 \cdot 10^4$	1,084
10^7	664579	$6{,}204 \cdot 10^5$	1,071
10^8	5761455	$5{,}429 \cdot 10^6$	1,061
10^9	50847534	$4{,}825 \cdot 10^7$	1,054
10^{10}	455052512	$4{,}343 \cdot 10^8$	1,048

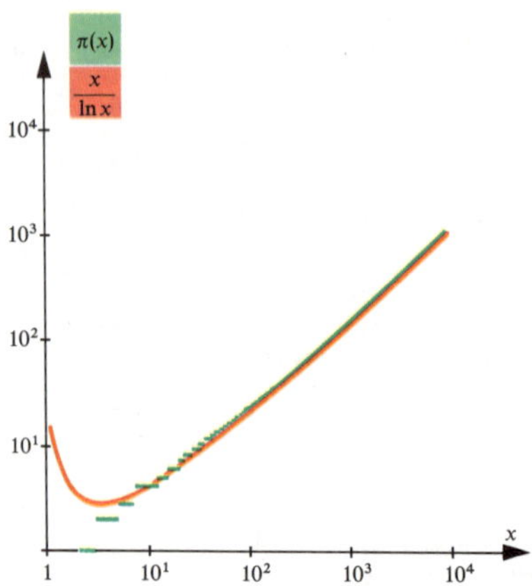

$\pi(x)$ gibt die Anzahl der Primzahlen $\leqq x$ an. $\pi(x)$ und $x/\ln x$ sind asymptotisch gleich, d. h. es gilt

$$\lim_{x \to \infty} \frac{\pi(x)}{x/\ln x} = 1 .$$

In der graphischen Darstellung sind die Achsen logarithmisch unterteilt.

B

Primzahlverteilung

Unendlichkeit der Menge der Primzahlen

Die folgende Darstellung ist den Eigenschaften der Primzahlen in der Menge $\mathbb{N}$ der nat. Zahlen gewidmet. Die Menge der Primzahlen werde mit P bezeichnet. Schon EUKLID bewies folgenden Satz:

Satz 1: *Die Menge P ist unendlich.*

Beweis: Angenommen, P sei endlich, so bilde man die Zahl $q = 1 + \prod_{p \in P} p$. Es gilt $q \equiv 1(p)$ für alle $p \in P$. q kann also nicht als Produkt von Primzahlen aus P geschrieben werden (Widerspruch).

EULER fand einen anderen Beweis. Er ging aus von $\sum_{n=0}^{\infty} p^{-n} = (1-p^{-1})^{-1}$ (geom. Reihe, Bd. II).

Läßt man p die Menge P durchlaufen, so wird formal $\prod_{p \in P} (1-p^{-1})^{-1} = \sum_{n=1}^{\infty} \frac{1}{n}$.

Da die rechts stehende Reihe divergent ist, kann P nicht endlich sein. Aus der Divergenz des Produktes folgt sogar die Divergenz von $\sum_{p \in P} \frac{1}{p}$.

Während $\sum_{n=1}^{\infty} \frac{1}{n}$ divergiert, ist $\sum_{n=1}^{\infty} \frac{1}{n^z} = \prod_{p \in P} (1-p^{-z})^{-1}$ konvergent für alle $z \in \mathbb{C}$ mit $\operatorname{Re} z > 1$. Die hierdurch def. Funktion heißt RIEMANN*sche ζ-Funktion.* Sie läßt sich in die gesamte komplexe Ebene meromorph fortsetzen (Bd. II) und hat ihren einzigen Pol, der übrigens die Ordnung 1 hat, bei $z = 1$. Ferner hat sie Nullstellen bei allen negativen geraden Zahlen und für unendlich viele komplexe Zahlen z mit $0 \leqq \operatorname{Re} z \leqq 1$. Dabei haben unendlich viele Nullstellen den Realteil $\frac{1}{2}$. RIEMANNS Vermutung, daß für alle Nullstellen mit $0 \leqq \operatorname{Re} z \leqq 1$ auch $\operatorname{Re} z = \frac{1}{2}$ gilt, ist bis heute weder bewiesen noch widerlegt worden. Aus dieser Vermutung und anderen Eigenschaften der ζ-Funktion und verwandter Funktionen lassen sich wesentliche Aussagen über die Verteilung der Primzahlen herleiten *(analytische Zahlentheorie)*.

Primzahltafeln

Um Primzahltafeln aufzustellen, wendet man *Siebverfahren* an, durch die die zusammengesetzten Zahlen von den Primzahlen getrennt werden. Das älteste Verfahren dieser Art ist das *Sieb des* ERATOSTHENES (Abb. A). Das Verfahren ist für große N recht mühsam und läßt verschiedene Vereinfachungen zu. Es gibt heute Primzahltafeln bis $N = 5 \cdot 10^8$. Für weitere Bereiche ist wenigstens die Anzahl der Primzahlen noch bekannt. Man bezeichnet mit $\pi(x)$ für $x \geqq 2$ die Anzahl aller Primzahlen p mit $2 \leqq p \leqq x$.

Primzahlsätze

Die Primzahlen werden mit wachsendem N immer seltener. Ihre Verteilung ist recht unregelmäßig. GAUSS und LEGENDRE vermuteten schon den folgenden von HADAMARD und DE LA VALLÉE-POUSSIN mit analytischen Hilfsmitteln bewiesenen Satz:

Satz 2 (erster Primzahlsatz): *$\pi(x)$ kann asymptotisch durch $x/\ln x$ dargestellt werden, d.h. es ist*

$$\lim_{x \to \infty} \frac{\pi(x)}{x/\ln x} = 1 \text{ (Abb. B).}$$

Um die Güte der Annäherung beurteilen zu können, braucht man Eigenschaften der ζ-Funktion.

Auf ähnliche Weise wie Satz 2 läßt sich auch beweisen:

Satz 3 (zweiter Primzahlsatz): *$\pi(x)$ kann asymptotisch dargestellt werden durch $\int_2^x \frac{dt}{\ln t}$.*

Die beiden letzten Sätze geben über die Primzahlverteilung im großen Auskunft. Es gibt weitere Sätze, die die Existenz von Primzahlen in bestimmten Intervallen sichern. Z.B. gibt es für jedes $N \geqq 2$ eine Primzahl zwischen N und $2N$ (BERTRAND, ČEBYŠEV). Von weittragender Bedeutung ist auch folgendes Ergebnis von DIRICHLET:

Satz 4: *Sind a, b nat. Zahlen mit $\operatorname{ggT}(a,b) = 1$, so enthält die arithmetische Folge (c_n) mit $c_n = a + nb$, $n \in \mathbb{N}$ unendlich viele Primzahlen.*

FERMATsche Zahlen

Die Zahlen $F_k := 2^{2^k} + 1 \, (k \in \mathbb{N})$ heißen FERMAT*sche Zahlen.* Die Primzahlen unter den F_k spielen bei der Behandlung von Kreisteilungsproblemen eine Rolle (S. 115). FERMAT vermutete, alle F_k seien Primzahlen. $F_0 = 3$, $F_1 = 5$, $F_2 = 17$, $F_3 = 257$ und $F_4 = 65537$ sind tatsächlich Primzahlen, nicht dagegen die folgenden F_k bis $k = 16$ und viele mit noch größerem k. Ob es überhaupt weitere FERMATsche Primzahlen gibt, ist bis heute unbekannt.

MERSENNEsche Zahlen

Die Zahlen $M_k := 2^k - 1$ heißen MERSENNE*sche Zahlen.* Man stößt auf sie bei der Suche nach sog. *vollkommenen Zahlen,* das sind nat. Zahlen n, die gleich der Summe ihrer von n verschiedenen Teiler sind, z.B. $6 = 1 + 2 + 3$. Ungerade vollkommene Zahlen gibt es unterhalb 10^{20} sicher nicht, vermutlich überhaupt nicht. Gerade Zahlen sind genau dann vollkommen, wenn sie die Form $n = M_k \cdot 2^{k-1}$ mit $M_k \in P$ haben.

M_k kann nun nur Primzahl sein, wenn $k \in P$, denn aus $k \mid l$ folgt $M_k \mid M_l$. Durch Einsatz elektronischer Rechenmaschinen weiß man, daß es für Indizes $k < 20000$ genau 24 MERSENNEsche Primzahlen gibt, nämlich für $k = 2, 3, 5, 7, 13, 17, 19, 31, 61, 89, 107, 127, 521, 607, 1279, 2203, 2281, 3217, 4253, 4423, 9689, 9941, 11213, 19937$.

$2^{19937} - 1$ ist übrigens eine 6002ziffrige Zahl. Es sind weitere MERSENNEsche Primzahlen bekannt.

Ungelöste Probleme der Primzahltheorie

Ist mit einer Primzahl p auch $p + 2$ Primzahl, so spricht man von *Primzahlzwillingen.* Da der durchschnittliche Abstand zweier Primzahlen immer größer wird, werden auch Primzahlzwillinge immer seltener. $\Sigma \frac{1}{p}$ ist zwar divergent, wenn p alle Primzahlen durchläuft, dagegen konvergent, wenn man die Summation auf die Primzahlzwillinge beschränkt (BRUN). Ob es unendlich viele Primzahlzwillinge gibt, ist unbekannt. Von den vielen weiteren ungelösten Problemen sei noch die GOLDBACH*sche Vermutung* erwähnt, nach der jede gerade Zahl > 2 als Summe zweier Primzahlen darstellbar ist.

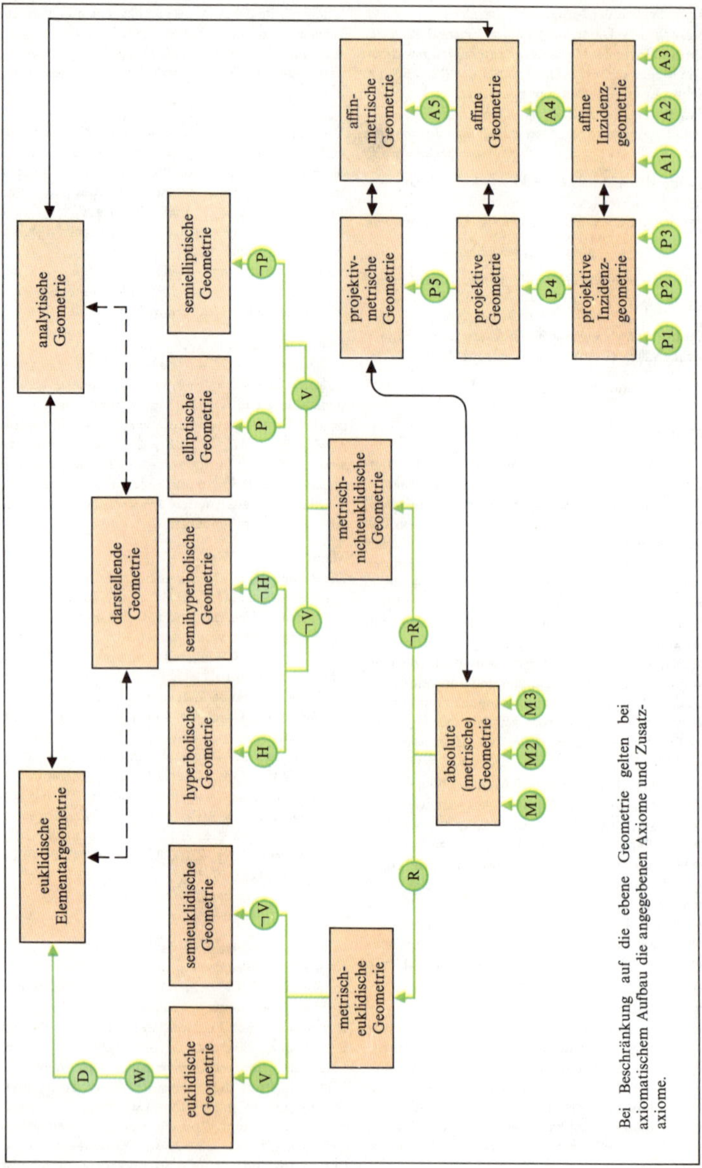

Aufbau der Geometrie

Axiomatische Methode

Den Anstoß zur Entwicklung der Geometrie haben Formen und Eigenschaften von Körpern aus der menschlichen Umwelt gegeben. Zu einer typisch math. Disziplin wurde die Geometrie allerdings erst mit der Einführung der *axiomatischen Methode*. EUKLID versuchte hierbei noch, die *Grundbegriffe* wie *Punkt* und *Gerade* explizit zu def., z. B. »Ein Punkt ist, was keinen Teil hat«. In den Axiomen formulierte er dann ihre einfachsten der Anschauung entnommenen Eigenschaften, um dann durch rein logische Deduktionen neue Aussagen zu erhalten. Seit HILBERT verzichtet man auf solche expliziten Def. In modernen Axiomensystemen werden Eigenschaften gewisser Relationen (Senkrechtstehen, Inzidenz, Parallelität etc.) zwischen den nicht weiter def. Grundbegriffen postuliert, und es bleibt einer Interpretation des Axiomensystems (Modell, S. 17) überlassen, was man sich darunter vorstellt.

Parallelenaxiom

Der Anstoß zu dieser Entwicklung war der jahrhundertelange vergebliche Versuch, das *Parallelenaxiom* von EUKLID, nach dem es zu jeder Geraden durch jeden Punkt genau eine Parallele gibt, auf einfachere Axiome zurückzuführen. Durch die Angabe eines Modells, das alle Axiome außer dem Parallelenaxiom erfüllt (KLEINsches Modell, S. 133), konnte schließlich dessen Unabhängigkeit sichergestellt werden. Damit war der Weg frei zur Entwicklung neuer, in sich widerspruchsfreier sog. *nichteuklidischer Geometrien*.

Absolute Geometrie

Unter *absoluter Geometrie im engeren Sinne* versteht man das System derjenigen geom. Sätze, die unabhängig vom Parallelenaxiom und seiner Negation beweisbar sind.

Schränkt man das Axiomensystem noch weiter ein, so erhält man ein System von Sätzen, die nicht nur in der euklidischen und der klassischen nichteuklidischen Geometrie, sondern in weiteren für die Anwendungen wichtigen Geometrien gelten (*absolute Geometrie im weiteren Sinne*, im folgenden kurz absolute Geometrie genannt, S. 133). Durch Hinzunahme weiterer Axiome erhält man die *metrisch-euklidischen* und *metrisch-nichteuklidischen* Geometrien (S. 137) und schließlich neben der euklidischen eine größere Anzahl nichteuklidischer Geometrien (S. 180ff.).

Projektive Geometrie, Abbildungsgruppen

Durch Erweiterung der El. eines metrischen Raumes um sog. *ideale* El., die durch Klassen gewöhnlicher El. def. werden, oder durch besondere Axiome gelangt man zu *projektiven Räumen* (S. 139). Es zeigt sich, daß jeder metrische Raum in einen projektiven eingebettet werden kann. In solchen Räumen betrachtet man nun bestimmte Abb., die *projektiven Kollineationen*, die Punkte in Punkte, Geraden in Geraden, Ebenen in Ebenen überführen und die Inzidenz erhalten (S. 141). Diese Abb. bilden eine Gruppe. Zu einer Gliederung innerhalb des Systems der geometrischen Sätze kann man durch Untersuchung dieser Gruppe und ihrer Untergruppen kommen. Eine wichtige Untergruppe, die der *affinen Abb.*, erhält man durch die Forderung, daß die gewöhnlichen El. durch die Abb. wieder in gewöhnliche El. überführt werden sollen (S. 158ff.). Verlangt man zusätzlich, daß die Relation »senkrecht« zwischen Geraden bzw. Ebenen erhalten bleiben soll, kommt man zur Untergruppe der *Ähnlichkeitsabb.* und von dort zur Gruppe der durch Spiegelungen erzeugbaren *Kongruenzabb.*, die auch die Streckenlänge erhalten. Der Aufbau der Geometrie mittels des Abbildungsbegriffs kann aber auch umgekehrt erfolgen und mit der Gruppe der Kongruenzabb. beginnen (S. 150 bis 169). Nach KLEIN besteht eine wesentliche Aufgabe der Geometrie darin, alle Invarianten dieser Gruppen und Untergruppen zu bestimmen.

Analytische Geometrie

Neben den synthetischen Aufbau der Geometrie durch Deduktion der Sätze aus entsprechenden Axiomensystemen tritt als unabhängiger Weg die *analytische Geometrie* (S. 190ff.), die mittels Zahlenmengen und Gleichungen die geom. Gebilde def. und untersucht. Wesentliches Hilfsmittel sind hier die *Koordinaten*. Daß auf beiden Wegen das gleiche erreicht wird, folgt einerseits aus der Tatsache, daß jeder projektive Raum als Koordinatenraum über einem geeigneten Körper aufgefaßt werden kann, wobei es verschiedene Wege zur Einführung von Koordinaten gibt. Andererseits läßt sich für jeden Koordinatenraum leicht nachprüfen, inwieweit die Axiome einer bestimmten Geometrie erfüllt sind. Nach KLEIN sind jedoch nur solche Aussagen typisch für die Geometrie, die invariant gegen geeignete Koordinatentransformationen sind.

Eine besondere algebraische Darstellung der Geometrie, die die metrischen Eigenschaften verwendet, aber auf Koordinaten weitgehend verzichten kann, erhält man mittels des *Vektor*begriffs (S. 190).

Einen breiten Raum nimmt in der analytischen Geometrie die Behandlung algebraischer Kurven und Flächen zweiter Ordnung (*Quadriken*) ein, bei denen die Invarianz gegenüber projektiven Abb. von besonderem Interesse ist (S. 196 u. S. 200ff.).

Bem.: Diese Untersuchungen lassen sich auf algebraische Kurven und Flächen höherer Ordnung und ihre Invarianz gegenüber birationalen Transformationen ausdehnen (sog. *algebraische Geometrie*).

Darstellende Geometrie

Um die zeichnerische Darstellung geometrischer Gebilde aus Räumen mit drei und mehr Dimensionen in der Ebene geht es in der *darstellenden Geometrie* (S. 174ff.). Ihre Bedeutung liegt in der Förderung des räumlichen Anschauungsvermögens und in der Anwendbarkeit auf Probleme der Technik und Kunst.

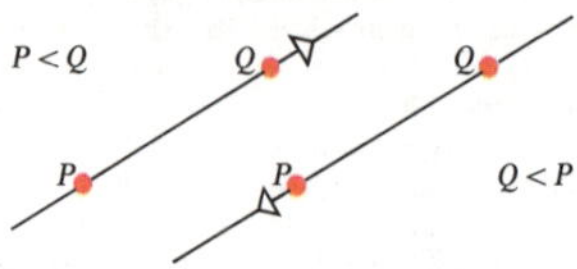

Die Gerade g kann auf zwei Arten durchlaufen und damit orientiert werden.

A

Orientierung einer Geraden

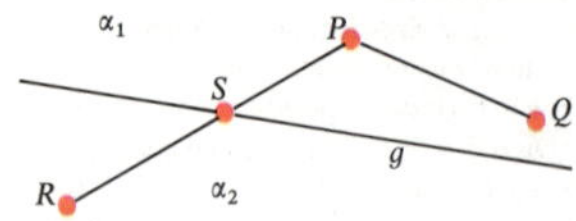

PQ hat keinen Punkt mit g gemeinsam, da $P \in \alpha_1 \wedge Q \in \alpha_1$. PR hat mit g einen gemeinsamen Punkt S, da $P \in \alpha_1 \wedge R \in \alpha_2$.

B

Zerlegung einer Ebene in Halbebenen

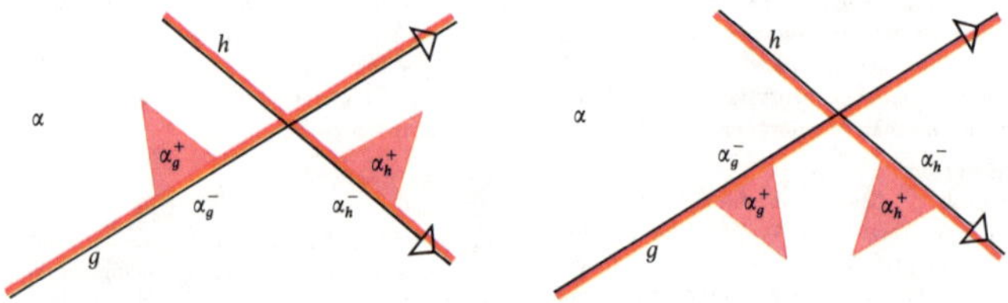

Die Ebene α läßt sich nach Vorgabe des Speeres g auf zwei Arten orientieren. α_g^+ bezeichnet die positive, α_g^- die negative durch g erzeugte Halbebene. Für einen beliebigen Speer h steht dann fest, welches die durch ihn erzeugte positive bzw. negative Halbebene ist. In der ersten Zeichnung liegt die positive Halbebene stets links, die negative rechts, in der zweiten Zeichnung ist es umgekehrt. Die Verhältnisse der zweiten Figur entsprechen denen der ersten, wenn man die Ebene von der Rückseite betrachtet. Die positive Seite ist rot gekennzeichnet und durch einen Wimpel besonders hervorgehoben.

C

Orientierung einer Ebene

Vorgegeben seien die Fahnen (A, a, α_1) und (B, b, α_2). Mit α_1 und α_2 soll ausgedrückt werden, daß α auf irgendeine Weise orientiert ist.

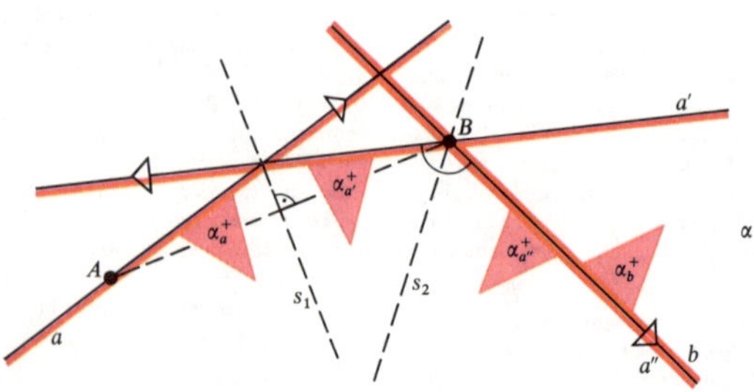

Um A in B zu überführen, spiegelt man an der Mittelsenkrechten s_1 der Strecke AB. Der Speer a durch A geht dabei in den Speer a' durch B über. Durch Spiegelung an der Winkelhalbierenden s_2 geht dann a' in $a'' = b$ über. Da die positiven Seiten von a'' und b noch nicht übereinstimmen, ist eine dritte Spiegelung an a'' erforderlich. Bei anderer Lage und Orientierung genügen evtl. weniger Spiegelungen.

D

Überführung von Fahnen in einer Ebene durch Spiegelungen

Anschauliche Analyse geometrischer Begriffe

Bei der *axiomatischen Methode* werden die Grundbegriffe der Geometrie implizit durch die zwischen ihnen bestehenden Relationen def. Während das Axiomensystem von HILBERT für die euklidische Geometrie kategorisch ist – alle Modelle sind isomorph – versucht man heute zunächst einfachere Axiomensysteme an die Spitze zu stellen, die noch viele nichtisomorphe Modelle besitzen, entsprechend den Axiomensystemen für Gruppen, Körper etc. Daß die Geometrie trotzdem bisher nicht in der allgemeinen Strukturtheorie aufgegangen ist, liegt an der besonderen Terminologie und Motivation ihrer Axiome. Die geometrischen Begriffe sind nämlich ursprünglich der Anschauung entnommen, und die Ergebnisse der Theorie sollen, wenigstens zu einem Teil, auch wieder auf den Erfahrungsbereich angewandt werden können.

Eine Motivation der Axiome setzt eine anschauliche Analyse ebener und räumlicher Figuren voraus. Hier treten *Punkte*, *Geraden*, *Ebenen* als einfachste Gebilde auf, wobei Geraden und Ebenen als Punktmengen aufgefaßt werden können. Als wichtige Relation zwischen ihnen ergibt sich die *Inzidenz*. Ein Punkt P inzidiert mit einer Geraden g, wenn $P \in g$ (P liegt auf g). Eine Gerade g inzidiert mit einer Ebene α, wenn $g \subset \alpha$ (g liegt in α).

Aus der Anschauung ergibt sich die Möglichkeit, einer Geraden einen Durchlaufsinn zu geben, und zwar gelingt dies auf genau zwei Arten. Wenn P beim Durchlaufen vor Q liegt, schreibt man $P < Q$ (P vor Q), bei der entgegengesetzten Orientierung ist dann $Q < P$ (Abb. A). Eine orientierte Gerade wird *Speer* genannt.

Jeder Punkt $P \in g$ zerlegt g in zwei *Halbgeraden*, wobei P beiden Halbgeraden angehören möge. Sind P und Q zwei verschiedene Punkte von g, so besitzen zwei der erzeugten vier Halbgeraden einen aus mehr als zwei Punkten bestehenden Durchschnitt, die *Strecke* PQ. Die von P und Q verschiedenen Punkte von PQ liegen zwischen P und Q. Eine orientierte Strecke wird *Pfeil* genannt, eine orientierte Halbgerade *Strahl*.

Eine Ebene α wird durch eine in ihr gelegene Gerade g in zwei Halbebenen zerlegt. Jede Strecke PQ der Ebene, für die P und Q derselben Halbebene angehören, hat keinen Punkt mit g gemeinsam, im Unterschied zu den Strecken, deren Endpunkte in verschiedenen Halbebenen liegen (Abb. B). Bezeichnet man die beim Durchlaufen eines Speeres links liegende Halbebene willkürlich als positiv oder negativ, die rechts liegende umgekehrt als negativ bzw. positiv, so erhält man eine *orientierte Ebene*. Für einen Betrachter steht jetzt für jeden Speer fest, welche der durch ihn erzeugten Halbebenen positiv bzw. negativ ist (Abb. C). Eine Orientierung kann auch durch ein Tripel (A, B, C) von Punkten, die nicht auf einer Geraden liegen, erzeugt werden. Man wählt den durch A und B bestimmten Speer mit $A < B$ und nennt die Halbebene, in der C liegt, willkürlich positiv oder negativ. Die Orientierung einer Ebene kann jeweils auf zwei Arten vorgenommen werden.

Entsprechend läßt sich der *Raum* durch eine Ebene in *Halbräume* zerlegen und, falls die Ebene orientiert ist, durch eine Festsetzung über positiv und negativ zu einem *orientierten Raum* machen.

Ein Tripel (A, a, α) aus einem Punkt A, einem Speer a durch diesen Punkt und einer diesen Speer enthaltenden orientierten Ebene α heißt *Fahne*. Durch besondere, *Spiegelungen* genannte Abbildungen, die die Ebene auf sich abbilden, wobei Punkte in Punkte und Geraden in Geraden überführt werden, kann erreicht werden, daß ein Speer punktweise unter Beibehaltung der Orientierung festbleibt, aber die Orientierung der Ebene umgekehrt wird. Durch Verknüpfung mehrerer Spiegelungen entstehen sog. *Bewegungen*. Man stellt anschaulich fest, daß sich in der Ebene je zwei Fahnen durch eine Bewegung ineinander überführen lassen (Beisp. in Abb. D). Diese Tatsache nennt man *freie Beweglichkeit*.

Bem.: Die Begriffe Fahne und Spiegelung lassen sich auf den Raum erweitern. Eine Spiegelung im Raum läßt eine orientierte Ebene punktweise fest. Jede Bewegung kann in der Ebene durch höchstens drei, im Raum durch höchstens vier Spiegelungen erzeugt werden.

Ein weiterer wichtiger geometrischer Begriff ist der des Winkels. Ein *Winkel* in einer orientierten Ebene kann als geordnetes Paar zweier von einem Punkt (Scheitel) ausgehenden Halbgeraden (Schenkel) def. werden. Zur Winkelmessung läßt sich der Kreisbogen mit dem Radius 1 um den Scheitel verwenden, der auf der positiven Seite des ersten Schenkels beginnt und auf der negativen des zweiten endet. In vielen Fällen verwendet man auch ungeordnete Paare von Halbgeraden als Winkel.

Der Teil der Ebene, in der der zur Messung verwendete Bogen liegt, heißt *Winkelfeld* des Winkels. Wenn man Winkel vergleichen oder addieren soll, sind i. a. Äquivalenzklassen von Winkeln gemeint, und zwar gehören Winkel zu derselben Klasse, wenn sie durch eine gerade Anzahl von Spiegelungen (gerade Bewegung) ineinander überführt werden können. Sollen Winkelklassen addiert werden, so legt man solche Repräsentanten aneinander, bei denen der zweite Schenkel des ersten auf den ersten Schenkel des zweiten fällt.

Die Ordnung der Winkel ihrer Größe nach ist mit dieser Addition nicht verträglich. Dagegen ist die durch Restklassenbildung mod 2π erzeugte sog. *zyklische Ordnung* (S. 149) der Winkelklassen mit der Addition verträglich.

Zwei verschiedene Geraden einer Ebene heißen *senkrecht* zueinander, wenn die eine bei Spiegelung an der anderen in sich übergeht, sie heißen *parallel*, wenn sie keinen Punkt gemeinsam haben. Zu einer Geraden gibt es von der Anschauung her durch einen außerhalb gelegenen Punkt genau eine senkrechte und eine parallele Gerade.

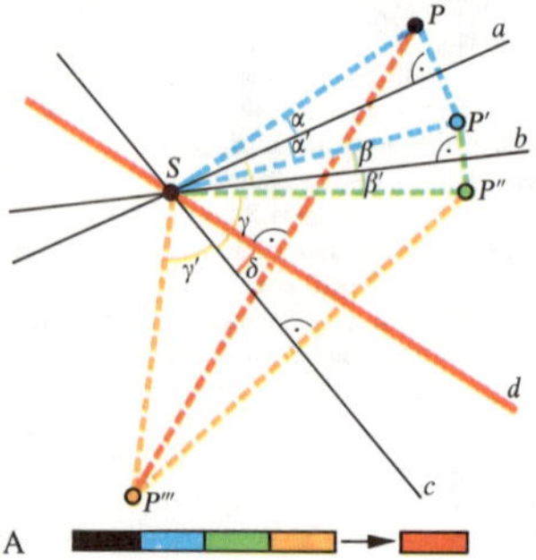

Zu drei gegebenen Geraden a, b, c mit dem gemeinsamen Punkt S betrachtet man die Komposition der Spiegelungen $\sigma_a, \sigma_b, \sigma_c$, angewandt auf einen beliebigen Punkt P. Wählt man d so, daß $\delta = \alpha + \beta$ ist, so wird $\sphericalangle PSP''' = 2(\alpha + \beta + \gamma)$ durch d halbiert. δ stimmt mit dem festen Winkel zwischen a und b überein und ist daher von der speziellen Wahl von P unabhängig. Es ist also

$$\sigma_c \circ \sigma_b \circ \sigma_a = \sigma_d$$

Anschauliche Begründung für Axiom (**M 3**)

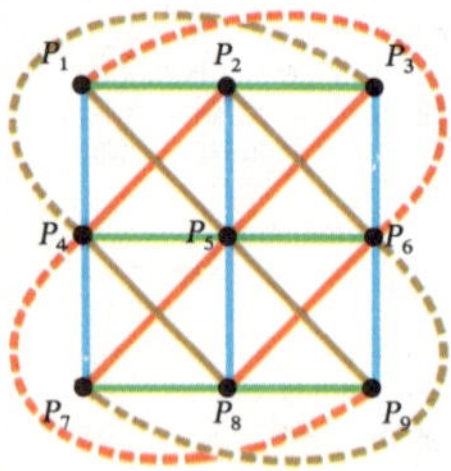

Die Ebene besteht aus den 9 Punkten $P_1, P_2, P_3, \dots, P_9$. Folgende Punktmengen, in der Zeichnung durch Linien verbunden, bilden die Geraden der Ebene:

$$g_1 = \{P_1, P_2, P_3\}, \quad g_2 = \{P_4, P_5, P_6\}, \quad g_3 = \{P_7, P_8, P_9\},$$
$$g_4 = \{P_1, P_4, P_7\}, \quad g_5 = \{P_2, P_5, P_8\}, \quad g_6 = \{P_3, P_6, P_9\},$$
$$g_7 = \{P_1, P_5, P_9\}, \quad g_8 = \{P_2, P_6, P_7\}, \quad g_9 = \{P_3, P_4, P_8\},$$
$$g_{10} = \{P_1, P_6, P_8\}, \quad g_{11} = \{P_2, P_4, P_9\}, \quad g_{12} = \{P_3, P_5, P_7\}.$$

Das Senkrechtstehen von Geraden ist durch die Zeichnung angedeutet. Die Spiegelung an einer Geraden g_i bildet die Punkte von g_i auf sich ab und vertauscht die nicht auf g_i liegenden beiden Punkte einer jeden Senkrechten zu g_i.

Modell einer metrischen Ebene mit neun Punkten und zwölf Geraden

Spiegelung eines »Punktes« P an einer »Geraden« g.

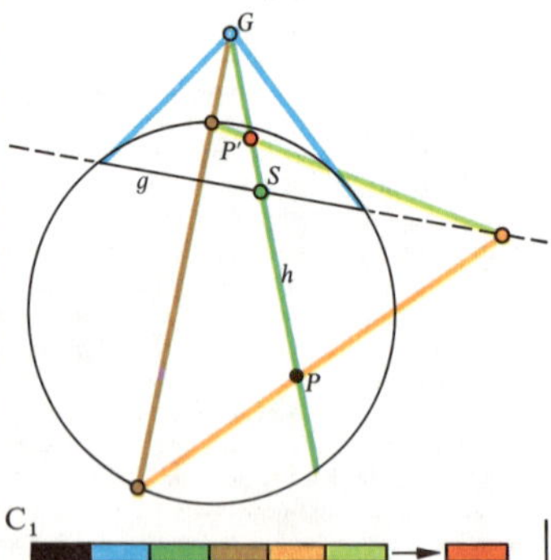

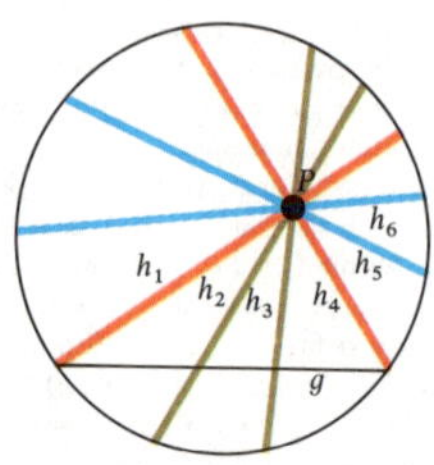

Die »Geraden« h_2 und h_3 des Büschels durch P haben mit g gemeinsame »Punkte«, die »Geraden« h_5 und h_6 mit g gemeinsame »Senkrechten«, die »Geraden« h_1 und h_4 mit g weder gemeinsame »Punkte« noch »Senkrechten«.

C2

Hyperbolisches Modell

Metrische Ebene

Als geometrische Grundbegriffe, die in den Axiomen auftreten und implizit durch diese def. werden, treten im folgenden *Punkt* und *Gerade* auf. Π sei die Menge der Punkte, Γ die der Geraden. Punkte sollen mit großen, Geraden mit kleinen lateinischen Buchstaben bezeichnet werden.

Zu Π und Γ wählt man eine Rel. $\mathrm{I} \subseteq \Pi \times \Gamma$ *(inzident mit)* und eine symmetrische Rel. $\perp \subseteq \Gamma \times \Gamma$ *(senkrecht zu)*. $P \mathrm{I} g$ liest man auch: P liegt auf g oder g geht durch P.

Def. 1: Eine bijektive Abb. σ von $\Pi \cup \Gamma$ auf sich mit $\sigma[\Pi] = \Pi$ und $\sigma[\Gamma] = \Gamma$ heißt *orthogonale Kollineation*, wenn sie mit den Rel. I und $\perp$ verträglich ist, d. h. wenn gilt: $P \mathrm{I} g \Rightarrow \sigma(P) \mathrm{I} \sigma(g)$ und $a \perp b \Rightarrow \sigma(a) \perp \sigma(b)$.

Def. 2: Unter einer *Spiegelung σ_g an einer Geraden g* (Geradenspiegelung) versteht man eine von der identischen Abb. $1_{\Pi \cup \Gamma}$ (kurz 1) verschiedene orthogonale Kollineation mit $\sigma_g^2 = \sigma_g \circ \sigma_g = 1$ *(involutorische Abb.)*, die g punktweise festläßt.

Def. 3: Eine durch Komposition von Spiegelungen entstehende Abb. heißt *Bewegung*.

Nicht alle Bewegungen sind Spiegelungen. Jedoch bilden die Bewegungen eine Gruppe, die sog. Bewegungsgruppe.

Def. 4: Eine Menge von Punkten und Geraden heißt *metrische Ebene*, wenn gilt:

(M 1) Es gibt mindestens eine Gerade. Mit jeder Geraden inzidieren mindestens drei Punkte. Zu je zwei versch. Punkten A und B gibt es genau eine Gerade $g(A, B)$, die mit beiden inzidiert.

(M 2) Ist a senkrecht zu b, so gibt es einen Punkt, der mit beiden Geraden inzidiert. Durch jeden Punkt gibt es zu jeder Geraden eine Senkrechte (Lot), und wenn der Punkt mit der Geraden inzidiert, nur eine.

(M 3) An jeder Geraden gibt es mindestens eine Spiegelung. Die Komposition dreier Spiegelungen an drei Geraden, die einen Punkt oder ein Lot gemeinsam haben, ist eine Spiegelung an einer Geraden (Abb. A).

Das System der aus (M 1) bis (M 3) ableitbaren Sätze soll nach BACHMANN *absolute Geometrie* heißen.

Bem. 1: An die Stelle der zentralen Begriffe Spiegelung und Bewegung tritt bei anderem Aufbau der Geometrie der Begriff der Kongruenz. Die Bewegungsgeometrie hat den Vorteil, daß mittels der Bewegungsgruppe geometrische Eigenschaften besonders einfach algebraisch formuliert werden können.

Bem. 2: Durch Erweiterung obiger Definitionen lassen sich statt metrischer Ebenen auch metrische Räume höherer Dimension def.

Modelle

a) Die Axiome sind so formuliert, daß sie mit den üblichen anschaulichen Vorstellungen von Punkten und Geraden verträglich sind. Man erhält ein Modell, wenn man $\Pi = \mathbb{R} \times \mathbb{R}$ wählt, die Lösungsmengen linearer Gleichungen in zwei Variablen mit reellen Koeffizienten als Geraden bezeichnet und zwei durch $a_1x + b_1y = c_1$ und $a_2x + b_2y = c_2$ bestimmte Geraden senkrecht nennt, wenn $a_1a_2 + b_1b_2 = 0$ ist.

b) In Abb. B ist ein anderes Modell angegeben, das nur neun Punkte und zwölf Geraden enthält.

c) Ein drittes wichtiges Modell (KLEIN*sches Modell, hyperbolische Ebene*, S. 182ff.) erhält man, wenn man in der üblichen Geometrie der Ebene nur die Punkte im Inneren eines fest gewählten Kreises als »Punkte« und die Sekantenabschnitte im Inneren dieses Kreises als »Geraden« verwendet. Betrachtet man die Tangenten in den Schnittpunkten einer Sekante mit dem Kreis, so bezeichnet man deren eigentlichen oder uneigentlichen Schnittpunkt als Pol der Sekante. Zwei »Geraden« sollen »senkrecht« heißen, wenn die zur einen gehörende Sekante durch den Pol der anderen geht. Den »Bildpunkt« P eines »Punktes« P bei Spiegelung an einer »Geraden« g mit dem Pol G konstruiert man (Abb. C_1), indem man durch P die »Senkrechte« zu g legt. Der Schnittpunkt sei S. P und P' sollen dann bez. G und S harmonisch liegen (vgl. harmonische Homologie, S. 141). In dieser metrischen Ebene gibt es zu jeder »Geraden« g durch einen nicht auf ihr liegenden »Punkt« unendlich viele sie nicht schneidende »Geraden«. Genau zwei »Geraden« haben mit g weder einen »Punkt« noch eine »Senkrechte« gemeinsam (Abb. C_2).

d) Ein völlig anderes Modell ist die *elliptische Ebene* (S. 136), in der sich zwei Geraden stets schneiden und der Fall eintreten kann, daß zwei verschiedene Geraden sowohl einen Punkt P als auch eine Senkrechte g gemeinsam haben. P heißt in diesem Fall Pol zu g und g Polare zu P. In einer metrischen Ebene hat eine Gerade höchstens einen Pol, ein Punkt höchstens eine Polare.

Diese Begriffe Pol und Polare sind nicht zu verwechseln mit den bez. Kegelschnitten def. Polen und Polaren, die oben im hyperbolischen Modell auftraten. Ein Zusammenhang ergibt sich über den Begriff der projektiven Polarität (S. 143).

Einfache Sätze der absoluten Geometrie

Als Verschärfung der in Axiom (M 3) geforderten Eigenschaften von Spiegelungen gilt:

Satz 1: *An jeder Geraden g gibt es genau eine Spiegelung σ_g.*

Satz 2: *Die einzigen Geraden, die durch σ_g auf sich abgebildet werden (Fixgeraden), sind g und die Senkrechten zu g.*

Def. 5: Die Komposition der Spiegelungen an zwei senkrechten Geraden durch einen Punkt P heißt *Spiegelung σ_P an P* (Punktspiegelung).

Satz 3: *An jedem Punkt P gibt es genau eine Spiegelung σ_P.*

Über die Existenz »rechtwinkliger« Konfigurationen aus 3 Geraden macht der folgende Satz eine Aussage.

Satz 4: *Es gibt zwei senkrechte Geraden g und h und eine Gerade k, die weder zu g noch zu h senkrecht ist und nicht durch den gemeinsamen Punkt von g und h geht.*

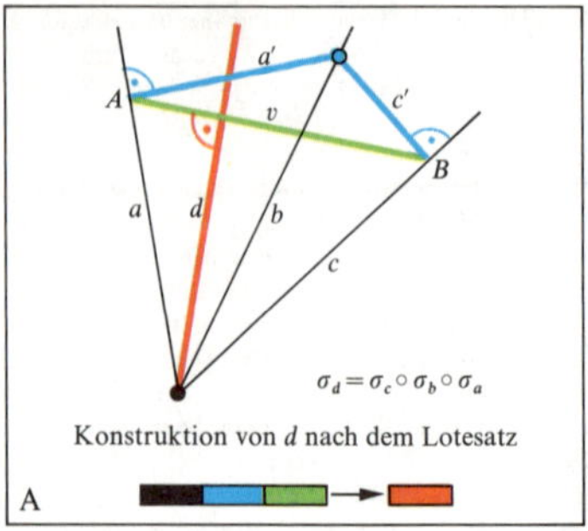

Komposition von Spiegelungen

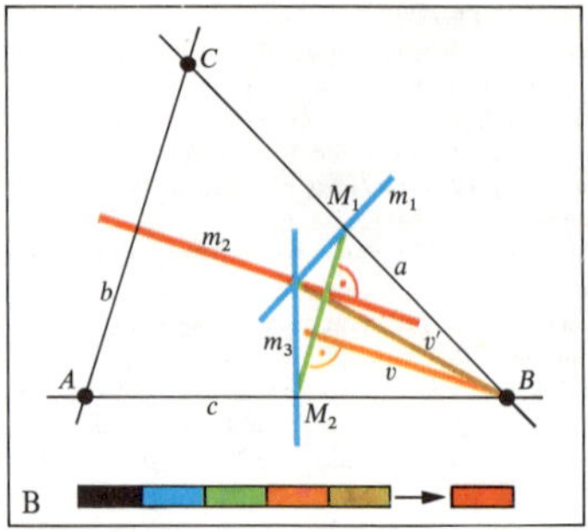

Mittelsenkrechtensatz

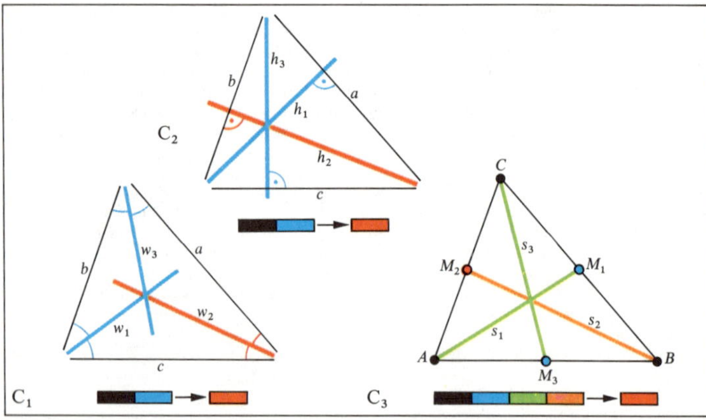

Winkelhalbierendensatz (C_1), Höhensatz (C_2), Seitenhalbierendensatz (C_3)

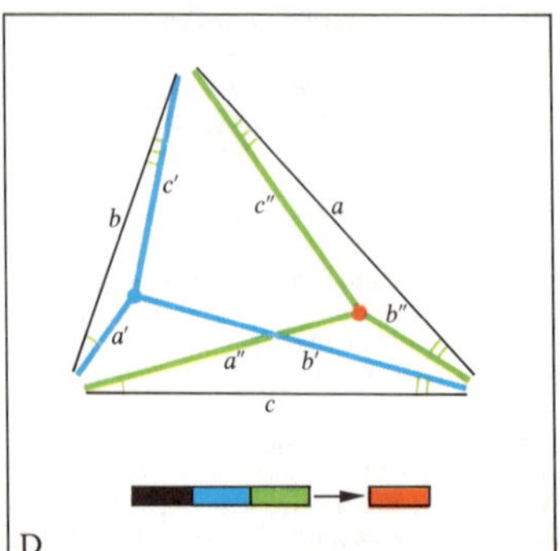

Satz 10

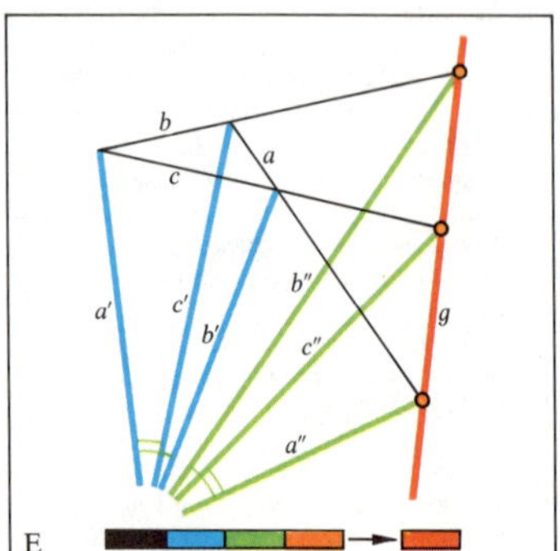

Gegenpaarungssatz

Geradenbüschel

Die Komposition von Spiegelungen an drei Geraden, die einen Punkt oder ein Lot gemeinsam haben, ist nach (M 3) wieder eine Geradenspiegelung. Es gibt allerdings metrische Ebenen, in denen die Komposition dreier Geradenspiegelungen eine Geradenspiegelung sein kann, ohne daß die Geraden einen Punkt oder ein Lot gemeinsam haben. Man definiert:

Def. 6: Drei Geraden a, b, c *liegen im Büschel*, wenn es eine Gerade d gibt, so daß $\sigma_d = \sigma_c \circ \sigma_b \circ \sigma_a$ ist.

Def. 7: Sind a, b zwei verschiedene Geraden, so nennt man die Menge aller Geraden, die mit a und b im Büschel liegen, das *Geradenbüschel* $G(a, b)$.

Haben a und b einen gemeinsamen Punkt P, so ist $G(a, b)$ die Menge aller Geraden, die mit P inzidieren, und P heißt *Zentrum des Büschels.* Haben a und b ein gemeinsames Lot g, so ist $G(a, b)$ die Menge aller Lote zu g, und g heißt *Achse des Büschels.* Geradenbüschel ohne Zentrum und Achse heißen *trägerlos.* Auf jedem Geradenbüschel $G(a, b)$ gibt es eine involutorische Abb. in sich, def. durch $x \mapsto y$ mit $\sigma_y = \sigma_b \circ \sigma_x \circ \sigma_a$, die man *Gegenpaarung* bez. a, b nennt. y heißt zu x bez. a, b *gegengepaart.* Es gilt dann auch, daß x zu y bez. a, b gegengepaart ist. Besitzt das Geradenpaar (a, b) eine Winkelhalbierende w, d. h. eine Gerade w mit $\sigma_w(a) = b$, was für metrische Ebenen nicht allgemein gilt, so liegen x und y spiegelbildlich bez. w.

Für die Feststellung, ob drei Geraden im Büschel liegen, liefert der folgende Satz ein wichtiges Kriterium.

Satz 5 (Lotesatz von HJELMSLEV): *Liegen a, b, c im Büschel, wobei $\sigma_c \circ \sigma_b \circ \sigma_a = \sigma_d$ ist, und sind a und a' Senkrechten mit dem gemeinsamen Punkt A, c und c' Senkrechten mit dem gemeinsamen Punkt C mit $C \neq A$, so liegen a', b, c' genau dann im Büschel, wenn die Gerade v durch A und C senkrecht zu d ist.*

Der Lotesatz liefert darüber hinaus ein Verfahren, wie zu drei durch einen Punkt gehenden Geraden a, b, c die Spiegelgerade d für die Komposition $\sigma_d = \sigma_c \circ \sigma_b \circ \sigma_a$ konstruiert werden kann (Abb. A).

Sätze über Dreiecke und Dreiseite

Unter einem *Dreieck* wird im folgenden eine Figur aus drei nicht auf einer Geraden liegenden Punkten und deren Verbindungsgeraden verstanden, unter einem *Dreiseit* eine Figur aus drei nicht im Büschel liegenden Geraden.

Die bisherigen Mittel reichen bereits aus, um eine Reihe bekannter Sätze über Dreiecke und Dreiseite zu beweisen. In der Schulmathematik verwendet man dazu weit stärkere Hilfsmittel (Eigenschaften von Streckenlängen, Parallelenaxiom etc.).

Satz 6 (Mittelsenkrechtensatz): *Im Dreieck mit den Ecken A, B, C seien m_1, m_3 Geraden mit $\sigma_{m_1}(C) = B$, $\sigma_{m_3}(B) = A$. Dann gibt es eine Gerade m_2 mit $\sigma_{m_2}(C) = A$, so daß m_1, m_2, m_3 im Büschel liegen.*

Beweis: Die Dreiecksseiten seien a, b, c (Abb. B), der Schnittpunkt von a und m_1 sei M_1, der von c und m_3 sei M_3. Zieht man von B ein Lot v zur Verbindungsgeraden von M_1 und M_3, so liegt nach dem Lotesatz die zu v gegengepaarte Gerade v' mit m_1 und m_3 im Büschel. Ist m_2 zu v' bez. m_1, m_3 gegengepaart, also $\sigma_{m_2} = \sigma_{m_3} \circ \sigma_{v'} \circ \sigma_{m_1}$, so gilt

$\sigma_{m_2}(C) = \sigma_{m_3} \circ \sigma_{v'} \circ \sigma_{m_1}(C) = \sigma_{m_3} \circ \sigma_{v'}(B) = \sigma_{m_3}(B) = A.$

Mit entsprechenden Hilfsmitteln lassen sich folgende Sätze beweisen:

Satz 7 (Winkelhalbierendensatz): *Im Dreiseit mit den Seiten a, b, c seien w_1 und w_3 zwei Geraden, für die gilt $\sigma_{w_1}(c) = b$, $\sigma_{w_3}(b) = a$. Liegt dann w_2 mit w_1, w_3 und mit a, c im Büschel, so ist $\sigma_{w_2}(c) = a$* (Abb. C_1).

Satz 8 (Höhensatz): *Gilt im Dreiseit mit a, b, c als Seiten $h_1 \perp a$, $h_2 \perp b$, $h_3 \perp c$ und liegen a, b, h_3 und a, h_2, c und h_1, b, c je im Büschel, so auch h_1, h_2, h_3* (Abb. C_2).

Satz 9 (Seitenhalbierendensatz): *Im Dreieck mit den Ecken A, B, C sei $\sigma_{M_1}(C) = B$, $\sigma_{M_3}(B) = A$. Ferner sei s_1 die Gerade durch A und M_1, s_3 die durch C und M_3. Ist dann s_2 eine Gerade durch B, die mit s_1 und s_3 im Büschel liegt, so gibt es einen Punkt M_2, der mit s_2 inzidiert, für den $\sigma_{M_2}(C) = A$ ist* (Abb. C_3).

Der folgende Satz macht eine Aussage über gegengepaarte Geraden im Dreiseit.

Satz 10: *$a, b, c, a', b', c', a'', b'', c''$ seien Geraden, von denen a' zu a'' bez. b, c gegengepaart liegt, desgl. b' zu b'' bez. a, c und c' zu c'' bez. a, b. Liegen dann a', b', c' im Büschel, so auch a'', b'', c''* (Abb. D).

Bei vielen Beweisen der absoluten Geometrie ist ferner der folgende Satz von HESSENBERG nützlich:

Satz 11 (Gegenpaarungssatz): *Gegeben seien ein Dreiseit mit den Seiten a, b, c und drei im Büschel liegende Geraden a', b', c' derart, daß auch a', b, c und a, b', c und a, b, c' je im Büschel liegen. Entsprechen dann die Geraden a'', b'', c'' den Geraden a', b', c' bei einer Gegenpaarung, so liegt eine Gerade g, die mit a, a'' und mit b, b'' im Büschel liegt, auch mit c, c'' im Büschel* (Abb. E).

Bem.: Man kann die Punktspiegelungen eines metrischen Raumes als Punkte, die Geradenspiegelungen als Geraden eines neuen metrischen Raumes auffassen, wenn man setzt: $\sigma_P \mathrm{I} \sigma_g :\Leftrightarrow (\sigma_P \circ \sigma_g)^2 = 1$ (d. h. $\sigma_P \circ \sigma_g$ ist involutorisch), $\sigma_g \perp \sigma_h :\Leftrightarrow (\sigma_g \circ \sigma_h)^2 = 1$ (d. h. $\sigma_g \circ \sigma_h$ ist involutorisch), und nach Vorgabe eines σ_g die durch $\sigma_P \mapsto \sigma_g \circ \sigma_P \circ \sigma_g$ und $\sigma_h \mapsto \sigma_g \circ \sigma_h \circ \sigma_g$ def. Abb. als Spiegelung an σ_g bezeichnet. Die bijektive Abb., die P auf σ_P und g auf σ_g abbildet, stellt einen Isomorphismus dar, der es gestattet, die Punkt- bzw. Geradenspiegelungen mit den Punkten bzw. Geraden zu identifizieren. Die Kompositionen von Spiegelungen lassen sich daher auch als Produkte der Elemente des metrischen Raumes schreiben. Man erhält dann einen sehr eleganten Formalismus, der eine sehr kompakte Schreibweise der Sätze und Beweise erlaubt.

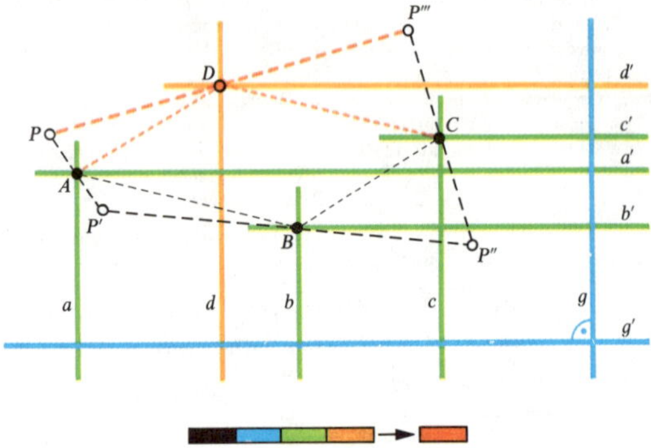

A

Komposition dreier Punktspiegelungen

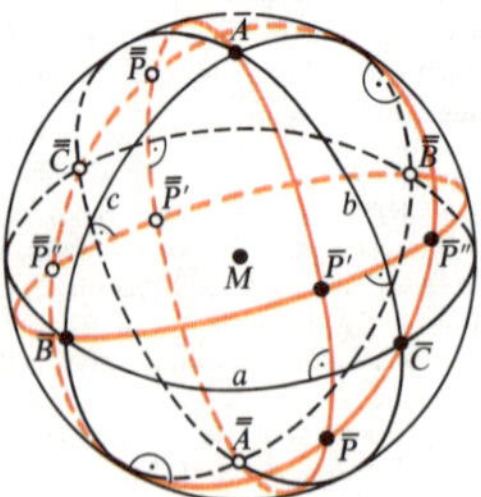

Man bezeichne die Mengen aus je zwei Gegenpunkten auf einer Kugel als »Punkte«, die Großkreise als »Geraden«. Durch elementargeometrische Interpretation der Begriffe Senkrechtstehen und Spiegelung erhält man ein Modell einer metrischen Ebene, in der es Polardreiseite gibt, d. h. Figuren aus drei »Geraden« a, b, c, die paarweise senkrecht zueinander sind. In nebenstehender Zeichnung trifft dies zu für die Figur mit den »Ecken« $A = \{\bar{A}, \bar{\bar{A}}\}, B = \{\bar{B}, \bar{\bar{B}}\}, C = \{\bar{C}, \bar{\bar{C}}\}$.

Für die Spiegelungen an den »Geraden« a, b, c gilt offensichtlich $\sigma_c \circ \sigma_b \circ \sigma_a = 1$. Als Beispiel ist die Spiegelung von $P = \{\bar{P}, \bar{\bar{P}}\}$ angedeutet.

B

Modell einer elliptischen Ebene mit Polardreiseit

Gültige Axiome								
R	¬ R	V	¬ V	P	¬ P	H	¬ H	Bezeichnung der Ebene
o								metrisch-euklidisch
	o							metrisch-nichteuklidisch
o		o						euklidisch
o			o					semi-euklidisch
	o	o		o				elliptisch
	o	o			o			semi-elliptisch
	o		o			o		hyperbolisch
	o		o				o	semi-hyperbolisch

Bemerkungen:

Aus P folgen ¬ R und V. Aus ¬ V und H folgt ¬ R. Aus ¬ H folgt ¬ V.

C

Klassifizierung metrischer Ebenen

Rechtseitaxiom

Zu einer weiteren Einteilung der metrischen Ebenen gelangt man durch Hinzunahme neuer Axiome.

Rechtseitaxiom (**R**): Es gibt zwei verschiedene Geraden mit zwei verschiedenen gemeinsamen Loten.

Bem.: Eine von solchen Geraden gebildete Figur heißt *Rechtseit*.

Die Verneinung $\neg$ R von R besagt, daß je zwei verschiedene Geraden höchstens ein gemeinsames Lot haben.

Def. 1: Eine metrische Ebene, für die R gilt, heißt *metrisch-euklidisch*. Gilt $\neg$ R, so heißt sie *metrisch-nichteuklidisch*.

Es läßt sich nun folgender Satz beweisen:

Satz 1: *In einer metrisch-euklidischen Ebene haben zwei Geraden mit einem gemeinsamen Lot alle Lote gemeinsam.*

In einem Viereck mit drei »rechten Winkeln« ist also auch der vierte Winkel ein rechter.

Def. 2: Zwei Geraden einer metrisch-euklidischen Ebene mit gemeinsamen Loten heißen *parallel* (in Zeichen $a \parallel b$).

Mittels des Begriffs der Parallelität läßt sich nun die Translation als besondere Bewegung definieren.

Def. 3: Ist $a \parallel b$, so heißt die Komposition $\sigma_b \circ \sigma_a$ *Translation*.

Die Translationen bilden eine Untergruppe der Bewegungsgruppe, und zwar einen kommutativen Normalteiler.

Bemerkenswert ist noch der folgende Satz über Punktspiegelungen.

Satz 2: *In einer metrisch-euklidischen Ebene ist die Komposition dreier Punktspiegelungen wieder eine Punktspiegelung, d. h. zu A, B, C gibt es ein D, so daß $\sigma_C \circ \sigma_B \circ \sigma_A = \sigma_D$ ist* (Abb. A).

Beweis: g und g' seien zwei beliebige senkrechte Geraden, a, b, c bzw. a', b', c' die Lote zu g' bzw. g durch A, B, C. Nach Satz 1 ist jede Gerade des Lotbüschels, zu dem a, b, c, g gehören, senkrecht zu jeder Geraden des Lotbüschels, in dem a', b', c', g' liegen. Also gilt $\sigma_a \circ \sigma_{a'} = \sigma_A$, $\sigma_b \circ \sigma_{b'} = \sigma_B$, $\sigma_c \circ \sigma_{c'} = \sigma_C$. Ferner gibt es in den Lotbüscheln Geraden d und d' mit $\sigma_c \circ \sigma_b \circ \sigma_a = \sigma_d$ und $\sigma_{c'} \circ \sigma_{b'} \circ \sigma_{a'} = \sigma_{d'}$. Daraus folgt, da Spiegelungen an senkrechten Geraden vertauschbar sind,

$$\begin{aligned}\sigma_C \circ \sigma_B \circ \sigma_A &= \sigma_c \circ \sigma_{c'} \circ \sigma_b \circ \sigma_{b'} \circ \sigma_a \circ \sigma_{a'} \\ &= \sigma_c \circ \sigma_b \circ \sigma_a \circ \sigma_{c'} \circ \sigma_{b'} \circ \sigma_{a'} \\ &= \sigma_d \circ \sigma_{d'} = \sigma_D,\end{aligned}$$

wobei D der Schnittpunkt von d und d' ist.

In Abb. A ist als Beispiel die Komposition $\sigma_C \circ \sigma_B \circ \sigma_A$ auf einen beliebigen Punkt P angewandt worden. Liegen wie in der Zeichnung A, B, C nicht auf einer Geraden, so ist D stets der vierte Eckpunkt des durch A, B, C bestimmten Parallelogramms.

Verbindbarkeitsaxiom

Der Begriff der Parallelität nach Def. 2 deckt sich noch nicht unbedingt mit der geläufigen Vorstellung, daß nichtschneidende und parallele Geraden einer Ebene dasselbe seien. Es gibt metrisch-euklidische Ebenen, in denen es zu einer Geraden g durch einen außerhalb gelegenen Punkt mehrere Geraden gibt, die g nicht schneiden. Allerdings gibt es unter ihnen nur genau eine, die im Sinne von Def. 2 zu g parallel ist. Man nennt solche Geraden, die weder einen Punkt noch ein Lot gemeinsam haben, *unverbindbar*. Will man derartige Fälle ausschließen, muß man die Gültigkeit eines weiteren Axioms fordern.

Verbindbarkeitsaxiom (**V**): Zwei Geraden haben stets einen Punkt oder ein Lot gemeinsam.

Def. 4: Eine metrisch-euklidische Ebene, in der V gilt, heißt *euklidisch*. Gilt $\neg$ V, so heißt sie *semi-euklidisch*.

Auch nach dieser Einschränkung gibt es noch unendlich-viele nichtisomorphe euklidische Ebenen, u. a. die verschiedenen metrischen Ebenen mit endlich vielen Punkten.

Polardreiseitaxiom

Mit Hilfe des Axioms V gelingt auch eine weitere Aufgliederung der metrisch-nichteuklidischen Ebenen. Gilt V, so kann der Fall eintreten, daß ein Dreieck drei rechte Winkel hat (Abb. B).

Polardreiseitaxiom (**P**): Es gibt drei Geraden a, b, c, die paarweise senkrecht zueinander sind.

Bem.: a, b, c sind genau dann paarweise zueinander senkrecht, wenn $\sigma_c \circ \sigma_b \circ \sigma_a = 1$ ist. Dann ist $\sigma_b \circ \sigma_a = \sigma_c$, die Punktspiegelung $\sigma_b \circ \sigma_a$ also gleichzeitig eine Geradenspiegelung. Für metrische Ebenen, in denen P gilt, ist sogar jede Punktspiegelung eine Geradenspiegelung. Aus P folgt daher die Gültigkeit von V und $\neg$ R.

Def. 5: Eine metrische Ebene, in der P gilt, heißt *elliptisch*. Gelten $\neg$ R, V und $\neg$ P so heißt die Ebene *semi-elliptisch*.

Bem.: In einer semi-elliptischen Ebene kann die Menge der Geraden stets so erweitert werden, daß eine elliptische Ebene entsteht.

(Weitere Eigenschaften elliptischer Ebenen s. S. 187.)

Hyperbolisches Axiom

Es bleibt der Fall zu untersuchen, daß in einer metrisch-nichteuklidischen Ebene $\neg$ V gilt, es also unverbindbare Geraden gibt.

Gibt es zu einer Geraden g durch einen Punkt P eine mit g unverbindbare Gerade a und ist h das Lot von P auf g, so ist $\sigma_h(a)$ von a verschieden und ebenfalls mit g unverbindbar. Aus den bisherigen Axiomen läßt sich noch nicht folgern, daß es nicht noch mehr mit g unverbindbare Geraden durch P gibt. Man kann nun fordern:

Hyperbolisches Axiom (**H**): Durch einen Punkt gibt es höchstens zwei Geraden, die mit einer gegebenen Geraden unverbindbar sind.

Def. 6: Eine metrische Ebene, in der $\neg$ V und H gelten, heißt *hyperbolisch*.

Bem.: Aus $\neg$ V und H folgt $\neg$ R.

(Weitere Eigenschaften hyperbolischer Ebenen s. S. 183.)

Klassifizierung metrischer Ebenen

Durch die Zusatzaxiome R, V, P, H bzw. ihre Verneinungen ergibt sich eine Klassifizierung der metrischen Ebenen (Abb. C).

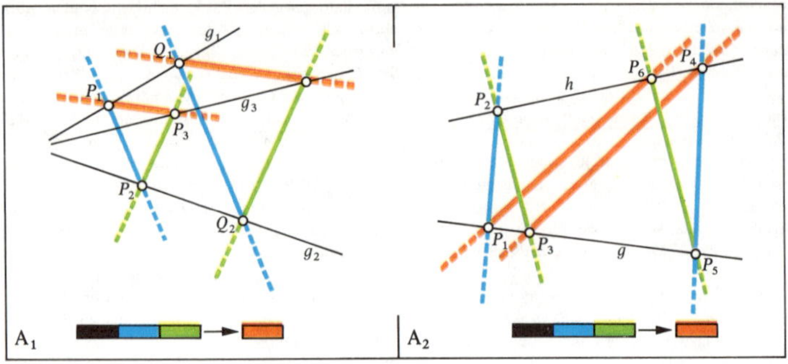

Die Sätze von Desargues und Pappos-Pascal (affine Form)

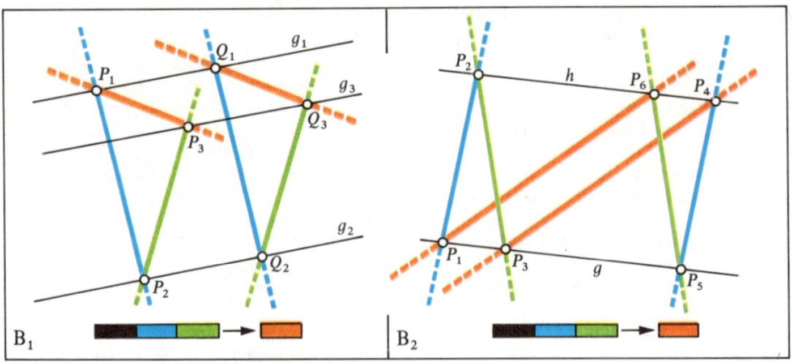

Die kleinen Sätze von Desargues und Pappos-Pascal

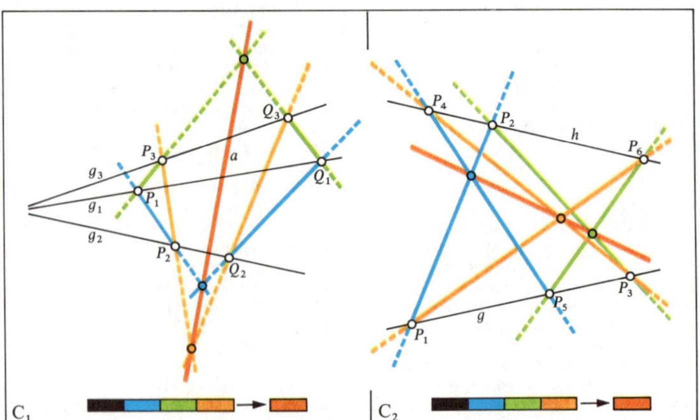

Die Sätze von Desargues und Pappos-Pascal (projektive Form)

Affine Ebenen

Bei vielen geometrischen Sätzen, insbesondere in der euklidischen Geometrie, geht es ausschließlich um die Inzidenz von Punkten und Geraden, wobei von gewissen Inzidenzen auf weitere geschlossen wird. Um diese Sätze formulieren zu können, kann man auf die Begriffe Orthogonalität und Spiegelung verzichten. Paßt man das Axiomensystem diesem Tatbestand an, so ist der Begriff der metrischen Ebene durch einen neuen Ebenenbegriff zu ersetzen. Man def.:

Def. 1: Eine Menge von Punkten und Geraden heißt *affine Inzidenzebene*, wenn gilt:

(**A 1**) Zu je zwei verschiedenen Punkten A und B gibt es genau eine Gerade g, die mit beiden inzidiert.

(**A 2**) Zu jeder Geraden g gibt es einen Punkt, der nicht mit ihr inzidiert.

(**A 3**) Zu jeder Geraden g und jedem Punkt P gibt es genau eine Gerade h, die mit P inzidiert und die mit g keinen Punkt gemeinsam hat (Parallele zu g durch P).

Für die Einführung von Koordinaten sind die folgenden als *Schließungssätze* bezeichneten Axiome wichtig, die in affinen Inzidenzebenen nicht unbedingt gelten müssen.

(A 4′) Satz von Desargues (affine Form): *Liegen die entsprechenden Ecken zweier Dreiecke auf kopunktalen Geraden, d. h. auf Geraden, die mit einem Punkt inzidieren, und sind zwei Paare entsprechender Dreiecksseiten parallel, so auch das dritte Paar* (Abb. A_1).

(A 4) Satz von Pappos-Pascal (affine Form): *Liegen die Ecken eines Sechsecks abwechselnd auf zwei Geraden und sind zwei Paare von Gegenseiten parallel, so auch das dritte Paar* (Abb. A_2).

Sind in den Konfigurationen von Desargues bzw. Pappos-Pascal die genannten Geraden parallel, so erhält man die sog. *kleinen Sätze von* Desargues bzw. Pappos-Pascal (Abb. B).

Hessenberg hat gezeigt, daß aus dem Satz von Pappos-Pascal der Satz von Desargues folgt. Das Umgekehrte gilt nicht; es gibt affine Inzidenzebenen, in denen nur der Satz von Desargues gilt.

Def. 2: Eine affine Inzidenzebene, in der (A 4) gilt, heißt *affine Ebene*.

Bem.: Gilt der Satz von Desargues, so spricht man von *desarguesschen Inzidenzebenen*.

Projektive Ebenen

In der affinen Geometrie stört die Unterscheidung zwischen sich schneidenden und parallelen Geraden. Durch eine geeignete Erweiterung der Menge der Punkte und Geraden kann man erreichen, daß irgend zwei Geraden einen gemeinsamen Punkt haben. Jedes Büschel paralleler Geraden heiße *uneigentlicher Punkt*. Dieser inzidiere mit allen Geraden des Büschels. Die Menge aller uneigentlichen Punkte heiße *uneigentliche Gerade*. Zwei Parallelen, aber auch jede Gerade und die uneigentliche Gerade haben dann einen uneigentlichen Punkt gemeinsam.

Eine so erweiterte Ebene heißt projektiv im Sinne der folgenden Definition.

Def. 3: Eine Menge von Punkten und Geraden heißt *projektive Inzidenzebene*, wenn gilt:

(**P 1**) Zu je zwei versch. Punkten A und B gibt es genau eine Gerade, die mit beiden inzidiert.

(**P 2**) Zu je zwei versch. Geraden g und h gibt es genau einen Punkt P, der mit beiden inzidiert.

(**P 3**) Es gibt vier Punkte, von denen keine drei mit einer Geraden inzidieren.

Zu den affinen Schließungssätzen lassen sich projektive Analoga formulieren, indem man die drei Parallelenpaare durch Paare ersetzt, deren Schnittpunkte *kollinear* sind, d. h. auf einer Geraden liegen.

(P 4′) Satz von Desargues (projektive Form): *Liegen die entsprechenden Ecken zweier Dreiecke auf kopunktalen Geraden, so sind die Schnittpunkte entsprechender Dreiecksseiten kollinear* (Abb. C_1).

(P 4) Satz von Pappos-Pascal (projektive Form): *Liegen die Ecken eines Sechsecks abwechselnd auf zwei Geraden, so sind die Schnittpunkte der Gegenseiten kollinear* (Abb. C_2).

Def. 4: Eine projektive Inzidenzebene, in der (P 4) gilt, heißt *projektive Ebene*.

Bem.: Axiome (A 5) und (P 5) s. S. 145.

Oben wurde bereits angegeben, wie man von einer affinen Inzidenzebene (affinen Ebene) zu einer projektiven Inzidenzebene (projektiven Ebene) durch Hinzufügung einer weiteren Geraden und je eines neuen Punktes auf jeder Geraden gelangen kann. Dieser Weg ist auch umgekehrt durchführbar. Läßt man in einer projektiven Inzidenzebene (projektiven Ebene) eine beliebige Gerade und die mit ihr inzidierenden Punkte weg, so entsteht eine affine Inzidenzebene (affine Ebene).

Beide Axiomensysteme führen also im wesentlichen auf gleiche geometrische Strukturen. Der Vorteil der projektiven Geometrie liegt nicht zuletzt in der *Dualität* der Axiome. Vertauscht man die Begriffe Punkt und Gerade, so geht das Axiomensystem in ein äquivalentes über, so daß mit jedem Satz der projektiven ebenen Geometrie auch derjenige Satz gilt, in dessen Formulierung die Begriffe Punkt und Gerade vertauscht sind.

Zusammenhang mit metrischen Ebenen

Zwischen den wichtigsten Typen metrischer Ebenen (S. 137) und den hier def. affinen und projektiven Ebenen besteht ein einfacher Zusammenhang.

(1) Eine euklidische Ebene ist stets eine affine Ebene. Sie kann nach dem obigen Verfahren zu einer projektiven Ebene erweitert werden.

(2) Eine elliptische Ebene ist stets eine projektive Ebene.

(3) Eine hyperbolische Ebene ist weder affin noch projektiv.

Im letzteren Fall bleibt die Frage, ob eine Einbettung in eine projektive Ebene möglich ist. Daß dies der Fall ist, wird auf S. 143 gezeigt.

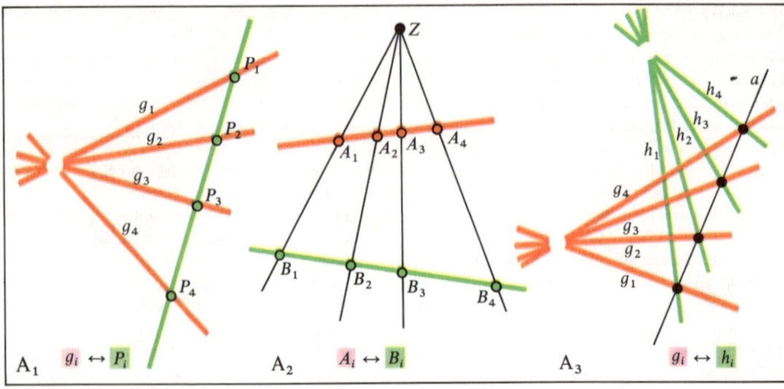

Perspektivität eindimensionaler Grundgebilde

Gegeben: Gerade a mit drei verschiedenen Punkten A_1, A_2, A_3 und Gerade b mit drei verschiedenen Punkten B_1, B_2, B_3.

Gesucht: Projektive Abb. π mit $\pi(A_i) = B_i$, $i \in \{1, 2, 3\}$.

Hinweis zur Lösung: π ergibt sich als Komposition zweier Perspektivitäten mit den Zentren Z_1 bzw. Z_2.

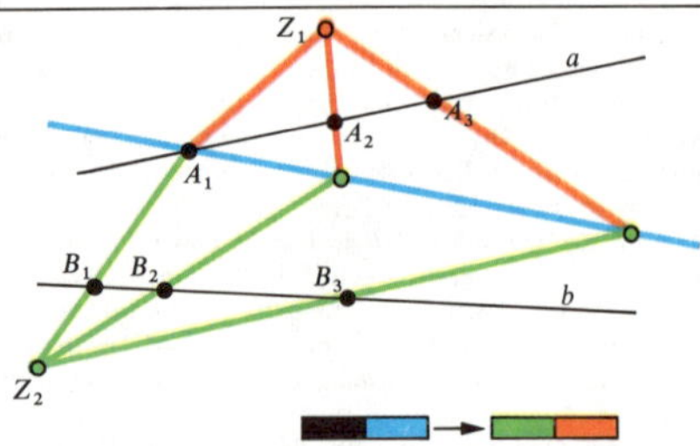

B

Zum Fundamentalsatz der projektiven Geometrie

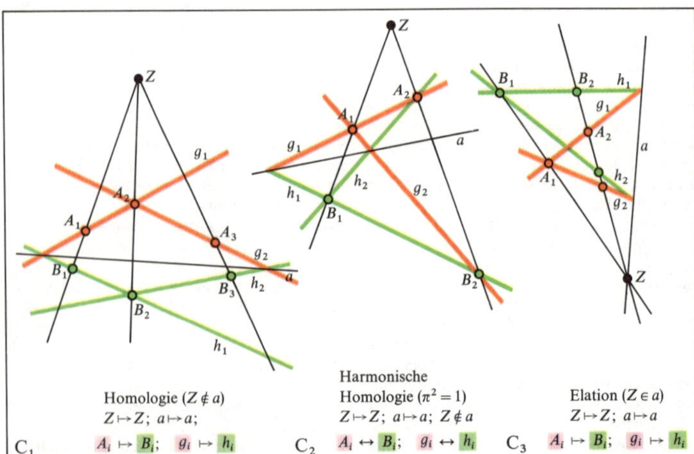

Perspektive Kollineationen

Projektive Abb. eindimensionaler Grundgebilde

In projektiven Ebenen gibt es besonders wichtige Abbildungstypen. Hierbei spielen als sog. *eindimensionale Grundgebilde* die Mengen von Punkten, die mit einer Geraden inzidieren *(Punktreihen)*, und die Mengen von Geraden, die mit einem Punkt inzidieren *(Geradenbüschel)*, eine besondere Rolle. Man betrachtet zunächst Abb. eindimensionaler Grundgebilde aufeinander.

Def. 1: Unter einer *Perspektivität* versteht man eine bijektive Abb. einer Punktreihe auf ein Geradenbüschel oder umgekehrt, bei der zugeordnete Punkte und Geraden inzidieren, bzw. eine Komposition zweier derartiger Abb., durch die zwei Punktreihen oder zwei Geradenbüschel aufeinander abgebildet werden (Abb. A).

Bei der Perspektivität einer Punktreihe auf eine andere gehen die Verbindungsgeraden entsprechender Punkte durch einen Punkt *(Zentrum der Perspektivität)*, bei der Perspektivität eines Geradenbüschels auf ein anderes liegen die Schnittpunkte entsprechender Geraden auf einer Geraden *(Achse der Perspektivität)*.

Def. 2: Eine Komposition von Perspektivitäten heißt *projektive Abb.*

Ihre Bedeutung läßt der folgende, auch als *Fundamentalsatz der projektiven Geometrie* bezeichnete Satz erkennen.

Satz 1: *Es gibt genau eine projektive Abb. einer Punktreihe auf sich oder auf eine andere Punktreihe, bei der drei gegebene paarweise verschiedene Punkte auf drei gegebene paarweise verschiedene Punkte abgebildet werden* (Abb. B).

Kollineationen

Neben der Abb. eindimensionaler Grundgebilde einer projektiven Ebene betrachtet man Abb. der gesamten projektiven Ebene auf sich.

Def. 3: Eine bijektive Abb. der Menge aller Punkte und Geraden einer projektiven Ebene je auf sich heißt *Kollineation*, wenn die Inzidenz erhalten bleibt.

Def. 4: Eine Kollineation heißt *perspektiv*, wenn es eine Gerade gibt, deren sämtliche Punkte festbleiben, und ein Geradenbüschel gibt, dessen sämtliche Geraden festbleiben. Die Gerade, die punktweise festbleibt, heißt *Achse*, der Punkt, der geradenweise festbleibt, *Zentrum der perspektiven Kollineation.*

Satz 2: *Die perspektiven Kollineationen einer projektiven Ebene mit dem Zentrum Z und der Achse a bilden bez. der Komposition eine komm. Gruppe.*

Beim Beweis benutzt man entscheidend den Satz von PAPPOS-PASCAL. Satz 2 gilt nicht für beliebige projektive Inzidenzebenen.

Def. 5: Eine perspektive Kollineation heißt *Homologie*, wenn Achse und Zentrum nicht inzidieren, andernfalls *Elation.*

Ist π eine perspektive Kollineation mit dem Zentrum Z und der Achse a, so gilt für jeden Punkt P und jede Gerade g: Z, P, $\pi(P)$ sind kollinear und $a, g, \pi(g)$ kopunktal. Sind P und Q zwei Punkte, die mit Z kollinear sind und nicht mit a inzidieren, so gibt es genau eine perspektive Kollineation mit dem Zentrum Z und der Achse a, die P auf Q abbildet. Ist diese Abb. insbesondere involutorisch und A der Schnittpunkt von $g(Z, P)$ mit a, so handelt es sich um eine Homologie, und man nennt das Punktepaar (P, Q) *harmonisch* zu dem Punktepaar (Z, A) und die Abb. *harmonische Homologie.*

Def. 6: Eine Komposition perspektiver Kollineationen heißt *projektive Kollineation.*

Eine projektive Kollineation bildet jedes eindimensionale Grundgebilde projektiv ab.

Eine Kollineation, die wenigstens eine Punktreihe projektiv abbildet, ist bereits projektiv, bildet also alle Punktreihen projektiv ab.

Zu je zwei Vierecken gibt es eine projektive Kollineation, die das eine auf das andere abbildet.

Korrelationen

Def. 7: Eine bijektive Abb. der Menge Π der Punkte einer projektiven Ebene auf die Menge Γ der Geraden und der Menge der Geraden auf die Menge der Punkte heißt *Korrelation*, wenn dabei kollineare Punkte in kopunktale Geraden übergehen und umgekehrt.

Def. 8: Eine Korrelation heißt *projektiv*, wenn jedes eindimensionale Grundgebilde projektiv abgebildet wird.

Eine Korrelation, die wenigstens eine Punktreihe projektiv abbildet, ist projektiv. Wichtig für das Studium des Zusammenhangs zwischen projektiven und metrischen Ebenen sind die involutorischen Korrelationen, *Polaritäten* genannt. Zugeordnete Punkte und Geraden heißen hier *Pol* und *Polare.*

Zwei Punkte heißen *konjugiert*, wenn jeder auf der Polaren des anderen liegt. Zwei Geraden heißen konjugiert, wenn jede durch den Pol der anderen geht. Ein Punkt ist *selbstkonjugiert*, wenn er mit seiner Polaren inzidiert, eine Gerade *selbstkonjugiert*, wenn sie mit ihrem Pol inzidiert. Besitzt eine Polarität selbstkonjugierte Punkte, so heißt sie *hyperbolisch*, besitzt sie keine selbstkonjugierten Punkte, so heißt sie *elliptisch.*

Beispiele für hyperbolische Polaritäten liefern die bez. eines Kegelschnittes def. Pole und Polaren (S. 197), ein Beispiel für eine elliptische Polarität die im elliptischen Modell (S. 133) betrachteten Pole und Polaren.

Nach Vorgabe einer festen Polarität kann man in projektiven Ebenen einen Orthogonalitätsbegriff einführen, indem man zwei konjugierte Geraden orthogonal nennt. Damit ist nach Einführung von Koordinaten (S. 143) eine Metrik definierbar (S. 145).

Bem.: Die Untersuchung von Kollineationen und Korrelationen läßt sich auf dreidimensionale Räume übertragen, in denen Punkte und Ebenen dual, Geraden selbstdual sind. In jeder projektiven Inzidenzebene, die sich in einen projektiven Inzidenzraum einbetten läßt, gilt zudem (P 4). Hiervon gilt auch die Umkehrung.

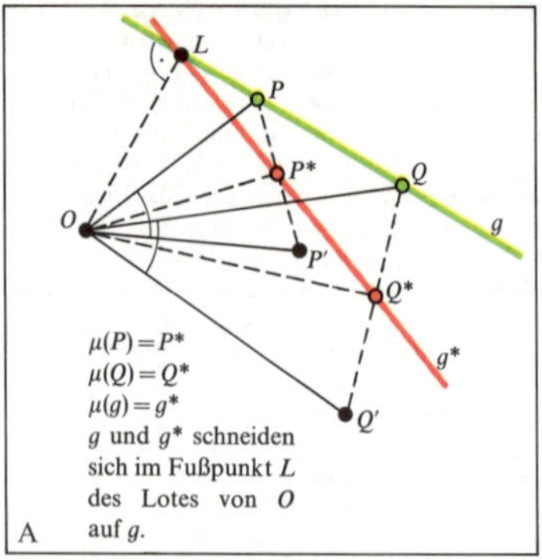

Halbdrehung in metrischer Ebene

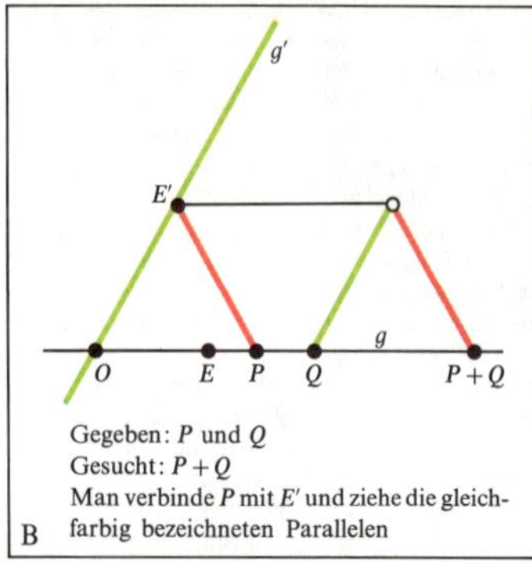

Addition von Punkten in affiner Ebene

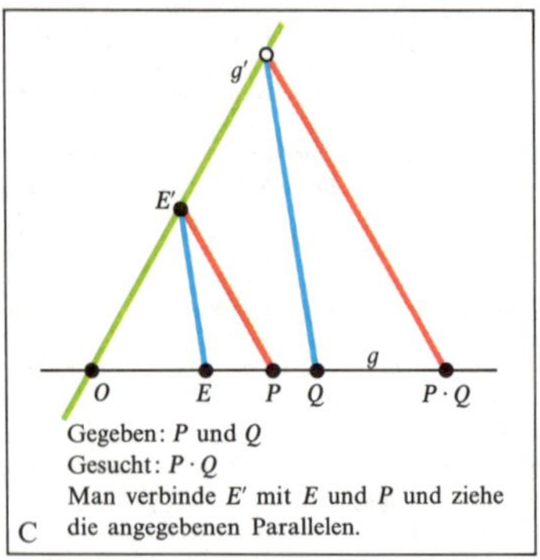

Multiplikation von Punkten in affiner Ebene

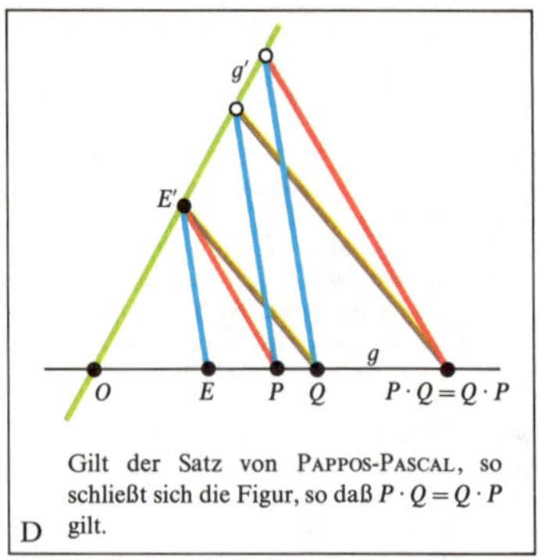

Kommutativität der Multiplikation und Satz von Pappos-Pascal

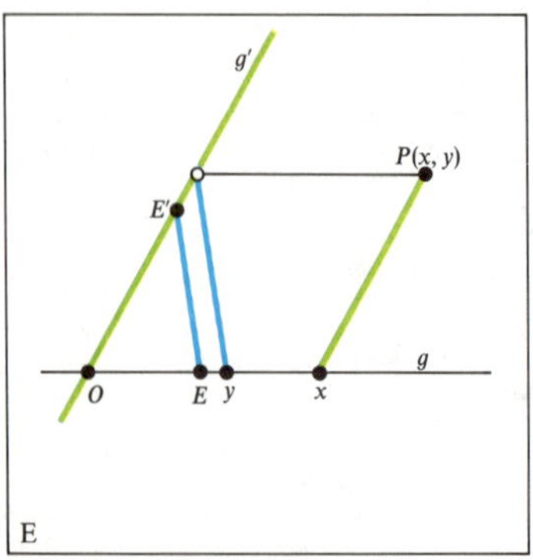

Koordinaten in affiner Ebene

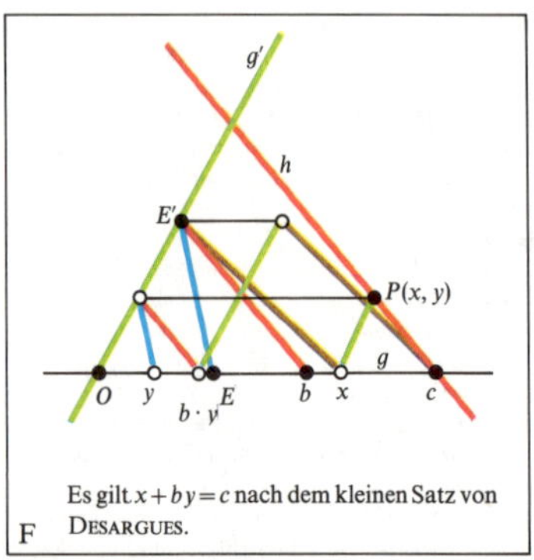

Gleichung einer Geraden

Drehungen und Halbdrehungen

Zwischen affinen und projektiven Ebenen besteht ein enger Zusammenhang. Jede affine Ebene läßt sich durch einen Erweiterungsprozeß (S. 139) in eine projektive Ebene einbetten. Darüber hinaus läßt sich auch jede metrische Ebene in eine projektive Ebene einbetten. Hierzu gebraucht man die von HJELMSLEV untersuchten Halbdrehungen, besondere nicht zu den Bewegungen gehörende Abbildungen.

Def. 1: Die Komposition zweier Spiegelungen an zwei mit einem Punkt O inzidierenden Geraden heißt *Drehung* um O.

Def. 2: Ist eine nichtinvolutorische Drehung δ um einen Punkt O vorgegeben und ist $\delta(P)=P'$ und P^* der Mittelpunkt von PP' (der als Lotfußpunkt stets existiert), so heißt die injektive Abb. μ von $\Pi\cup\Gamma$ in sich mit $\mu[\Pi]\subseteq\Pi$ und $\mu[\Gamma]\subseteq\Gamma$, def. durch $P\mapsto P^*$ und $g(P,Q)\mapsto g^*(P^*,Q^*)$ die zu δ gehörende *Halbdrehung* um O (Abb. A).

Bem.: Die Def. für die Abb. von Geraden ist sinnvoll, da man zeigen kann, daß μ kollineare Punkte in kollineare Punkte abbildet.

Idealebene einer metrischen Ebene

Eine metrische Ebene soll jetzt durch ideale El. zu einer projektiven Ebene erweitert werden.

Als *Idealpunkt* bezeichnet man jedes Geradenbüschel der metrischen Ebene. Die Geradenbüschel, die ein Zentrum (S. 135) besitzen, heißen eigentliche Idealpunkte und können mit dem Zentrum identifiziert werden. Unter einer eigentlichen *Idealgeraden* versteht man die Menge aller Idealpunkte, die mit einer Geraden inzidieren. Nun wählt man einen festen Punkt O. Die Lotbüschel zu den Geraden durch O bilden Idealpunkte, deren Gesamtheit die *Ferngerade* o von O heißt.

Diese soll ebenfalls Idealgerade sein. Schließlich rechnet man zu den Idealgeraden noch diejenigen Mengen von Idealpunkten, die durch eine Halbdrehung um O in eine eigentliche Idealgerade überführt werden können. Hierzu gehören insbesondere die eigentlichen Idealgeraden, aber in hyperbolischen Ebenen nicht nur diese. Man kann zeigen, daß die Def. der idealen El. von der Wahl des Halbdrehungszentrums O unabhängig ist.

Die Menge der Idealpunkte und -geraden einer metrischen Ebene heißt ihre *Idealebene.* Es gilt:

Satz 1: *Die Idealebene einer metrischen Ebene ist eine projektive Ebene.*

Koordinaten in affinen Ebenen

Zu bel. Körpern K lassen sich affine Ebenen, sog. Koordinatenebenen, konstruieren, deren Punkte die El. von $K\times K$ und deren Geraden die Lösungsmengen lin. Gleichungen in zwei Variablen sind. Interessant ist, daß man umgekehrt jede affine Ebene als Koordinatenebene über einem geeigneten Körper auffassen kann. Die Einführung von Koordinaten kann darüberhinaus auch auf projektive Ebenen fortgesetzt werden. Wegen der oben gezeigten Einbettbarkeit metrischer Ebenen in projektive ist dann auch in metrischen Ebenen die Einführung von Koordinaten und damit eine Metrisierung möglich, was die Bezeichnung metrische Ebene erklärt.

Zur Koordinateneinführung in einer affinen Ebene wählt man drei beliebige nichtkollineare Punkte O, E und E', die die Geraden $g(O,E)$ bzw. $g'(O,E')$ bestimmen. Es sei $K:=\{P\,|\,P\,\mathrm{I}\,g\}$. Für die El. von K lassen sich nun zwei Verkn. »+« und »·« einführen (Abb. B, C), so daß $(K;+,\cdot)$ ein Körper ist.

Zum Nachweis der Körpereigenschaften braucht man wesentlich die Schließungssätze von S. 139. Der Satz von DESARGUES reicht aus, um zu zeigen, daß $(K;+,\cdot)$ ein Schiefkörper ist. Um die Kommutativität der Multiplikation zu zeigen, benötigt man auch den Satz von PAPPOS-PASCAL (Abb. D). O entspricht dem Nullel., E dem Einsel. des Körpers. Die Zuordnung von Paaren von Körperel. zu Punkten der affinen Ebene zeigt Abb. E.

Die Koordinaten der Punkte einer Geraden h erfüllen eine lineare Gleichung. Dies ist für $h\parallel g$ trivial. Für alle anderen Fälle ergibt sich nach Abb. F eine Gleichung $x+by=c$, wobei c der Schnittpunkt von g und h, b der Schnittpunkt von g mit der Parallelen zu h durch E' ist.

Koordinaten in projektiven Ebenen

Modelle projektiver Ebenen als Koordinatenebenen über einem Körper K erhält man, wenn man die Tripel $(a_0,a_1,a_2)\neq(0,0,0)$ von El. aus K betrachtet, eine Einteilung in Klassen proportionaler Tripel

$$[\![(a_0,a_1,a_2)]\!]=\{(x_0,x_1,x_2)\,|\,(x_0,x_1,x_2)=(\lambda a_0,\lambda a_1,\lambda a_2)\wedge\lambda\in\mathbb{R}\setminus\{0\}\}$$

vornimmt und diese wahlweise als Punkte oder Geraden bezeichnet. Die Tripel, die Punkte repräsentieren, sollen im folgenden allg. als (x_0,x_1,x_2) geschrieben werden, die Tripel, die Geraden repräsentieren, als (u_0,u_1,u_2). $[\![(x_0,x_1,x_2)]\!]$ soll inzident heißen mit $[\![(u_0,u_1,u_2)]\!]$ genau dann, wenn $x_0u_0+x_1u_1+x_2u_2=0$ gilt.

Die Axiome einer projektiven Ebene lassen sich leicht bestätigen. Die El. x_0,x_1,x_2 bzw. u_0,u_1,u_2 heißen homogene Punkt- bzw. Geradenkoordinaten.

Ist umgekehrt eine projektive Ebene vorgegeben, so kann man von ihr zunächst durch Weglassen einer beliebigen Geraden, sie sei mit g_∞ bezeichnet, und der mit ihr inzidierenden Punkte zu einer affinen Ebene übergehen (S. 139), in der man Koordinaten wie oben einführt. Ordnet man einem Punkt (x,y) ein Tripel (x_0,x_1,x_2) zu mit $x=x_1:x_0$, $y=x_2:x_0$, $x_0\neq0$, so erhält man *homogene Punktkoordinaten.* Die Gleichung einer Geraden h läßt sich dann schreiben als $u_0x_0+u_1x_1+u_2x_2=0$ mit $(u_1,u_2)\neq(0,0)$, wobei u_0,u_1,u_2 *homogene Geradenkoordinaten* darstellen.

Der Schnittpunkt von h und g_∞ kann durch die Klasse der Tripel $(0,x_1,x_2)\neq(0,0,0)$ charakterisiert werden, die der Gleichung von h genügen. Solche Tripel existieren wegen $(u_1,u_2)\neq(0,0)$ stets und sind proportional. g_∞ selbst wird durch $[\![(1,0,0)]\!]$ dargestellt. Auf diese Weise sind alle Punkte und Geraden der projektiven Ebene durch homogene Koordinaten über einem geeigneten Körper erfaßbar.

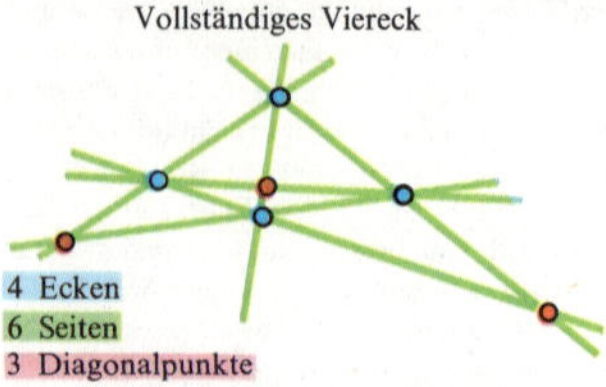

A_1 Die Diagonalpunkte sind nicht kollinear.

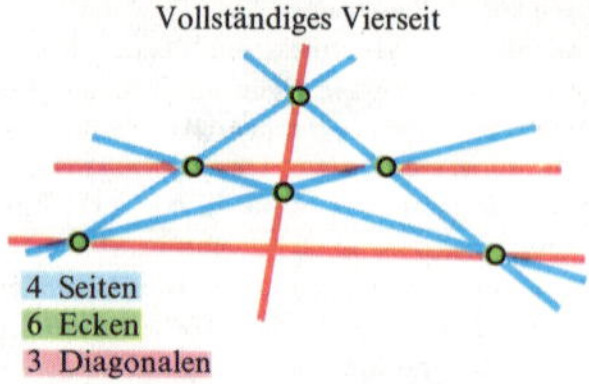

A_2 Die Diagonalen sind nicht kopunktal.

Vollständiges Viereck und Vierseit, Axiom von FANO

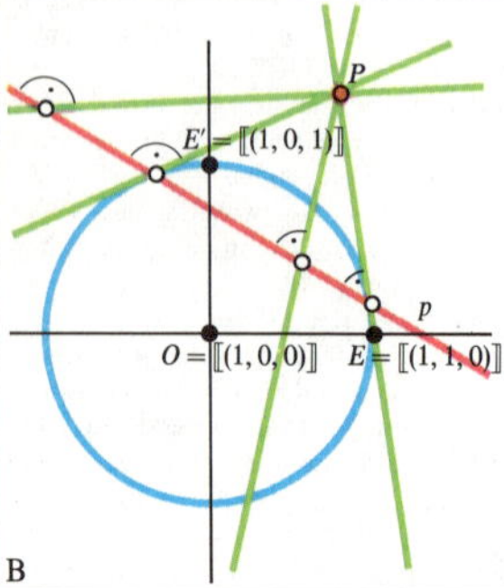

Vorgegeben sei in der projektiven Koordinatenebene über dem Körper ℝ die Polarität

$$x = A\,u \text{ bzw. } u = A\,x \text{ mit } A = \begin{pmatrix} -1 & 0 & 0 \\ 0 & 1 & 0 \\ 0 & 0 & 1 \end{pmatrix}$$

Die selbstpolaren Punkte liegen auf der Kurve mit der Gleichung $x_1^2 + x_2^2 = x_0^2$ (Einheitskreis).

Jede Gerade durch einen Punkt P ist zur Polaren p dieser Geraden orthogonal. Allgemein wird die Orthogonalität zweier Geraden durch das Verschwinden der symmetrischen Bilinearform

$$f(\boldsymbol{u}, \boldsymbol{v}) = -u_0 v_0 + u_1 v_1 + u_2 v_2 \quad \text{angezeigt.}$$

Der Formwert eines Vektors $\boldsymbol{u} = \begin{pmatrix} u_0 \\ u_1 \\ u_2 \end{pmatrix}$ ist

$$f(\boldsymbol{u}, \boldsymbol{u}) = -u_0^2 + u_1^2 + u_2^2 .$$

B

Ordinäre projektiv-metrische Ebene

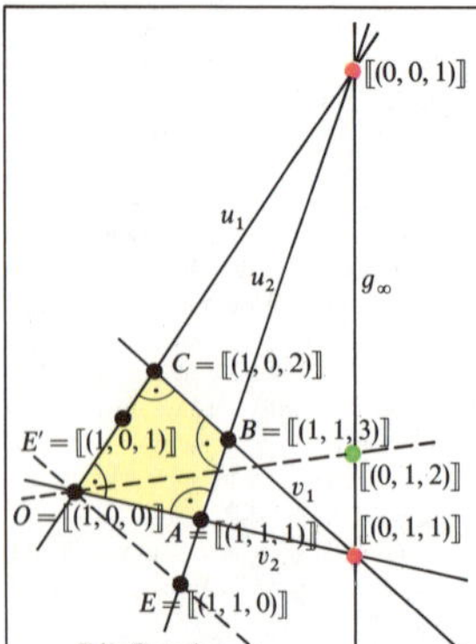

Die Geraden
$u_1 = [\![(0, 1, 0)]\!]$
$u_2 = [\![(1, -1, 0)]\!]$
$v_1 = [\![(2, 1, -1)]\!]$
$v_2 = [\![(0, 1, -1)]\!]$

C bilden ein Rechtseit (Axiom (**R**), S. 137)

Vorgegeben sei auf der Geraden $g_\infty = [\![(1, 0, 0)]\!]$ der projektiven Koordinatenebene über dem Körper ℝ die fixpunktfreie involutorische projektive Abb., def. durch

$$y_1 = -x_1 + x_2, \qquad y_2 = -2x_1 + x_2 .$$

Zwei Punkte $[\![(0, x_1, x_2)]\!]$, $[\![(0, y_1, y_2)]\!]$ sind genau dann polar, wenn $2x_1 y_1 - x_1 y_2 - x_2 y_1 + x_2 y_2 = 0$ ist.

Zwei Geraden $u = [\![(u_0, u_1, u_2)]\!]$ und $v = [\![(v_0, v_1, v_2)]\!]$, die g_∞ in (farbgleich bezeichneten) polaren Punkten $U = [\![(0, u_2, -u_1)]\!]$ und $V = [\![(0, v_2, -v_1)]\!]$ schneiden, heißen orthogonal. Dies gilt genau dann, wenn die symmetrische Bilinearform

$$f(\boldsymbol{u}, \boldsymbol{v}) = u_1 v_1 + u_1 v_2 + u_2 v_1 + 2u_2 v_2$$

den Wert 0 annimmt. g_∞ ist zu allen Geraden, einschließlich sich selbst, orthogonal. Der Formwert von

$$\boldsymbol{u} = \begin{pmatrix} u_0 \\ u_1 \\ u_2 \end{pmatrix} \quad \text{ist} \quad f(\boldsymbol{u}, \boldsymbol{u}) = u_1^2 + 2u_1 u_2 + 2u_2^2 .$$

Setzt man $\bar{u}_1 = u_1 + u_2$, $\bar{u}_2 = u_2$, so wird $f(\bar{\boldsymbol{u}}, \bar{\boldsymbol{u}}) = \bar{u}_1^2 + \bar{u}_2^2$.

Singuläre projektiv-metrische Ebene

Das Axiom von FANO

Die Idealebene einer metrischen Ebene ist eine projektive Ebene (S. 143). Sie hat folgende nicht auf alle projektiven Ebenen zutreffende Eigenschaft:

(P 5) Axiom von FANO: Die Diagonalpunkte eines vollständigen Vierecks sind nicht kollinear.

Def.: Eine projektive Ebene, in der (P 5) gilt, heißt *projektiv-metrische Ebene.*

Unter einem vollständigen Viereck versteht man dabei vier Punkte (Ecken), von denen keine drei kollinear sind, mit ihren sechs Verbindungsgeraden (Seiten). Zwei Seiten, die keine Ecke gemeinsam haben, heißen Gegenseiten, ihr Schnittpunkt Diagonalpunkt (Abb. A_1). Ein entsprechender Satz gilt für das duale vollständige Vierseit (Abb. A_2).

Bem.: Mit der folgenden affinen Spezialisierung von (P 5) lassen sich *affin-metrische Ebenen* def.

(A 5): Die Diagonalen eines Parallelogramms schneiden sich.

Die Gültigkeit von (P 5) in einer projektiven Ebene ist äquivalent damit, daß die Charakteristik (S. 105) des zugehörigen Koordinatenkörpers von 2 verschieden ist. Eine metrische Ebene kann daher stets als Teilebene einer projektiven Koordinatenebene über einem Körper K mit von 2 verschiedener Charakteristik aufgefaßt werden.

Ordinäre projektiv-metrische Ebenen

Ist in einer projektiv-metrischen Ebene eine projektive Polarität π (S. 141) vorgegeben, so läßt sich ein nichteuklidischer Orthogonalitätsbegriff einführen durch $a \perp b :\Leftrightarrow \pi(b)\, \mathrm{I}\, a$. Die Ebene heißt dann *ordinäre projektiv-metrische Ebene.*

Jede harmonische Homologie mit einem nichtinzidenten Paar Pol-Polare als Zentrum bzw. Achse führt senkrechte Geraden wieder in senkrechte Geraden über. Die Kompositionen dieser Abbildungen bilden eine Gruppe, deren El. auch als Bewegungen in der ordinären projektiv-metrischen Ebene bezeichnet werden.

Projektive Korrelationen und Kollineationen lassen sich als lineare Abb. mittels Matrizen (S. 89f.) einfach schreiben. Einspaltige Matrizen $\boldsymbol{x} = \begin{pmatrix} x_0 \\ x_1 \\ x_2 \end{pmatrix}$ bzw. $\boldsymbol{u} = \begin{pmatrix} u_0 \\ u_1 \\ u_2 \end{pmatrix}$ mögen als *Vektoren* bezeichnet werden. Durch Vertauschen von Zeilen und Spalten entstehen die sog. transponierten Matrizen $\boldsymbol{x}^{\mathrm{T}} := (x_0 x_1 x_2)$ und $\boldsymbol{u}^{\mathrm{T}} := (u_0 u_1 u_2)$. Die Klasse $[\![\boldsymbol{x}]\!]$ der Vektoren $r\boldsymbol{x}$ mit $r \neq 0$, $r \in K$ und $\boldsymbol{x} \neq \boldsymbol{o}$, wobei $\boldsymbol{o} := \begin{pmatrix} 0 \\ 0 \\ 0 \end{pmatrix}$ ist, bildet dann einen Punkt, die Klasse $[\![\boldsymbol{u}]\!]$ der Vektoren $r\boldsymbol{u}$ mit $r \neq 0$, $r \in K$ und $\boldsymbol{u} \neq \boldsymbol{o}$ eine Gerade. $\boldsymbol{u}^{\mathrm{T}}\boldsymbol{x} = 0$ bedeutet, daß $[\![\boldsymbol{u}]\!]$ und $[\![\boldsymbol{x}]\!]$ inzidieren.

Die projektiven Korrelationen bzw. Kollineationen gestatten Darstellungen $\boldsymbol{x} = F\boldsymbol{u}$ bzw. $\boldsymbol{x}' = A\boldsymbol{x}$. Für die Matrizen $F = (f_{ik})$, $A = (a_{ik})$ gilt $\det(F) \neq 0$, $\det(A) \neq 0$. Bei einer Polarität π ist $f_{ik} = f_{ki}$, d. h. F symmetrisch. Zu ihr gehört eine Bilinearform

$$f(\boldsymbol{u}, \boldsymbol{v}) = \boldsymbol{u}^{\mathrm{T}} F \boldsymbol{v} = \boldsymbol{v}^{\mathrm{T}} F \boldsymbol{u} = \sum_{i,k=0}^{2} f_{ik} u_i v_k$$

mit $\det(F) \neq 0$.

Die oben angegebenen bez. π def. Bewegungen lassen die Pol-Polaren-Beziehung und damit die Orthogonalität invariant. $f(\boldsymbol{u}, \boldsymbol{v})$ ist ein verallgemeinertes Skalarprodukt (S. 193). $f(\boldsymbol{u}, \boldsymbol{v}) = 0$ bedeutet Orthogonalität von $\boldsymbol{u}$ und $\boldsymbol{v}$. $f(\boldsymbol{u}, \boldsymbol{u}) = \sum_{i,k=0}^{2} f_{ik} u_i u_k$ wird als *Formwert* des Vektors $\boldsymbol{u}$ bezeichnet und kann in einem sehr allgemeinen Sinne als Quadrat der »Länge« des Vektors $\boldsymbol{u}$ aufgefaßt werden. Auf diese Weise erhält man einen verallgemeinerten Abstandsbegriff, eine sog. *projektive Metrik*, die von dem Begriff der Metrik in der Topologie u. U. noch erheblich abweicht.

Bem.: Die Bilinearform kann durch geeignete Wahl des Koordinatensystems auf die Form $f(\boldsymbol{u}, \boldsymbol{v}) = c_0 u_0 v_0 + c_1 u_1 v_1 + c_0 c_1 u_2 v_2$ mit $c_0, c_1 \neq 0$ aus K gebracht werden.

Ist π hyperbolisch, so gibt es vom Nullvektor verschiedene Vektoren $\boldsymbol{u}$ mit $f(\boldsymbol{u}, \boldsymbol{u}) = 0$, sog. *isotrope* Vektoren, nämlich die zu selbstpolaren Punkten (S. 141) gehörenden. Ist π elliptisch, so folgt allerdings aus $f(\boldsymbol{u}, \boldsymbol{u}) = 0$ stets $\boldsymbol{u} = \boldsymbol{o}$.

Ein *Beispiel* für den hyperbolischen Fall ist in Abb. B dargestellt. Es handelt sich hier um die Idealebene der hyperbolischen Ebene (KLEINsches Modell, S. 132, Abb. C).

Singuläre projektiv-metrische Ebenen

Zu einem euklidischen Orthogonalitätsbegriff gelangt man, wenn in einer projektiv-metrischen Ebene eine involutorische fixpunktfreie projektive Abb. π auf einer beliebigen Geraden, sie sei mit g_∞ bezeichnet, vorgegeben ist. Man nennt einander zugeordnete Punkte *polar* und zwei Geraden *orthogonal*, wenn ihre Schnittpunkte mit g_∞ polare Punkte sind (Abb. C). Die Ebene nennt man in diesem Falle eine *singuläre projektiv-metrische Ebene.*

Harmonische Homologien, deren Zentrum Z auf g_∞ liegt und deren Achse die Gerade g_∞ im zu Z polaren Punkt schneidet, überführen auch hier senkrechte Geraden wieder in senkrechte. Die Kompositionen dieser Abb. bilden wieder die sog. Bewegungsgruppe. Die projektive Ebene kann in diesem Falle als affine Koordinatenebene über einem Körper mit von 2 verschiedener Charakteristik aufgefaßt werden, zu der g_∞ als uneigentliche Gerade hinzugefügt wurde. Zur vorgegebenen Abb. π gehört dann für die zweikomponentigen Vektoren $\boldsymbol{u} = \begin{pmatrix} u_1 \\ u_2 \end{pmatrix}$, $\boldsymbol{v} = \begin{pmatrix} v_1 \\ v_2 \end{pmatrix}$ eine symmetrische Bilinearform $f(\boldsymbol{u}, \boldsymbol{v}) = \sum_{i,k=1}^{2} f_{ik} u_i v_k$ als verallgemeinertes Skalarprodukt und $f(\boldsymbol{u}, \boldsymbol{u}) = \sum_{i,k=1}^{2} f_{ik} u_i u_k$ als Formwert von $\boldsymbol{u}$. $f(\boldsymbol{u}, \boldsymbol{v})$ kann hier auf die Form $f(\boldsymbol{u}, \boldsymbol{v}) = u_1 v_1 + c u_2 v_2$ gebracht werden, wobei $-c$ nicht Quadrat in K ist.

$f(\boldsymbol{u}, \boldsymbol{u}) = 0$ gilt genau dann, wenn $\boldsymbol{u} = \boldsymbol{o} = \begin{pmatrix} 0 \\ 0 \end{pmatrix}$ ist.

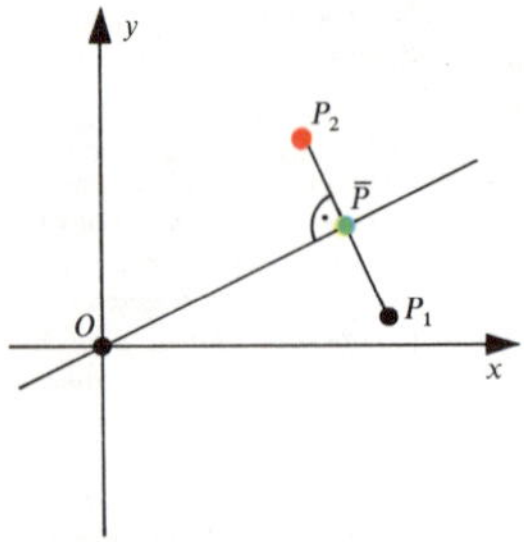

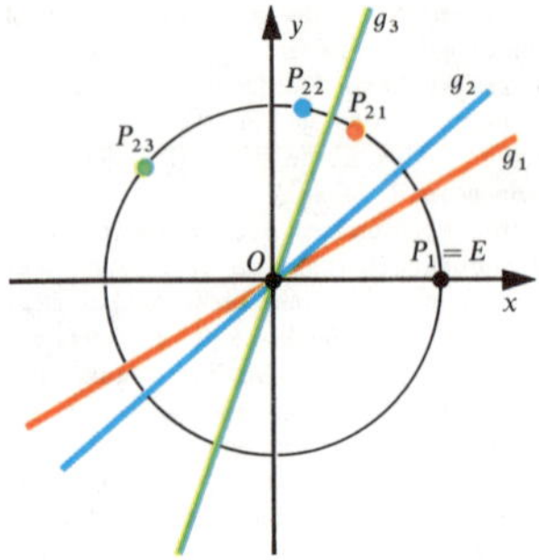

Mit der Orthogonalitätsbedingung $u_1 v_1 + c u_2 v_2 = 0$ für Vektoren $\boldsymbol{u}$ und $\boldsymbol{v}$ erhält man für den Lotfußpunkt $\overline{P} = (\overline{x}|\overline{y})$ des Lotes von $P_1 = (x_1|y_1)$ auf die Ursprungsgerade g mit der Gleichung $y = mx$

$$\overline{x} = \frac{x_1 + cmy_1}{1 + cm^2}, \qquad \overline{y} = \frac{mx_1 + cm^2 y_1}{1 + cm^2}.$$

Durch Spiegelung von P_1 an $\overline{P}$ erhält man $P_2 = (x_2|y_2)$ mit

$$x_2 = \frac{(1 - cm^2)\,x_1 + 2cmy_1}{1 + cm^2},$$

$$y_2 = \frac{2mx_1 - (1 - cm^2)\,y_1}{1 + cm^2}.$$

P_2 ist auch das Bild von P_1 bei Spiegelung an g.

Wählt man speziell $P_1 = E = (1|0)$, so wird

$$P_2 = \left(\frac{1 - cm^2}{1 + cm^2}\,\middle|\,\frac{2m}{1 + cm^2}\right).$$

Die Koordinaten von P_2 erfüllen die Gleichung $x^2 + cy^2 = 1$.
Die Menge

$$\left\{\left(\frac{1 - cm^2}{1 + cm^2}\,\middle|\,\frac{2m}{1 + cm^2}\right)\,\middle|\, m \in K\right\}$$

heißt *Einheitskreis*.

A

Spiegelung an Ursprungsgeraden, Einheitskreis

Wenn B zwischen A und C liegt, so sind A, B, C drei verschiedene Punkte einer Geraden, und B liegt auch zwischen C und A.
Zu zwei verschiedenen Punkten A und B gibt es stets wenigstens einen Punkt C, so daß B zwischen A und C liegt.
Unter irgend drei Punkten einer Geraden gibt es höchstens einen, der zwischen den beiden anderen liegt.
A, B, C seien drei nicht auf einer Geraden liegende Punkte und g eine Gerade, die mit keinem dieser Punkte inzidiert. Wenn g dann einen Punkt zwischen A und B enthält, so auch einen Punkt zwischen A und C oder einen Punkt zwischen B und C (*Satz von* PASCH).

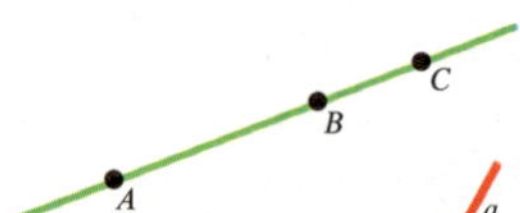

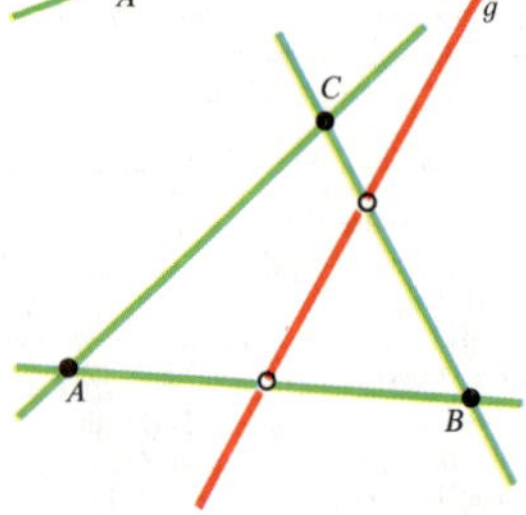

B

Eigenschaften der Zwischenrelation bei HILBERT

Winkelhalbierendenaxiome

In euklidischen Ebenen, wie sie auf S. 137 def. wurden, läßt sich nach S. 145 eine Metrik einführen. Die Orthogonalitätsbedingung für Vektoren $\boldsymbol{u} = \begin{pmatrix} u_1 \\ u_2 \end{pmatrix}$ und $\boldsymbol{v} = \begin{pmatrix} v_1 \\ v_2 \end{pmatrix}$ ist das Verschwinden einer symmetrischen Bilinearform $u_1 v_1 + c u_2 v_2$, wobei $-c$ nicht Quadrat im Koordinatenkörper K ist. c heißt *Orthogonalitätskonstante*. Ebenen dieser Art brauchen viele der geläufigen Eigenschaften noch nicht zu besitzen. So sind z. B. Winkel nicht unbedingt halbierbar, nicht einmal rechte Winkel. Es erhebt sich die Frage, welche speziellen Eigenschaften der Koordinatenkörper K einer euklidischen Ebene haben muß, damit das folgende Winkelhalbierendenaxiom (W*) für rechte Winkel, bzw. das weitergehende (W) für beliebige Winkel gilt.

(W*): Zu je zwei orthogonalen Geraden g und g' gibt es eine Gerade h, so daß g bei Spiegelung an h in g' übergeht.

(W): Zu je zwei Geraden g und g', die mit einem Punkt P inzidieren, gibt es eine Gerade h, so daß g bei Spiegelung an h in g' übergeht.

Nach Wahl eines rechtwinkligen Koordinatensystems betrachtet man die Menge der Punkte, die aus dem Einheitspunkt $(1,0)$ durch Spiegelung an allen Geraden durch den Ursprung hervorgehen. Sie besteht aus den Punkten (x, y) mit $x^2 + cy^2 = 1$ und wird *Einheitskreis* genannt (Abb. A).

(W*) ist nun äquivalent mit der Forderung, daß der Einheitskreis die y-Achse trifft. Das bedeutet aber, daß c Quadrat in K ist. In diesem Fall kann durch Übergang zu einem neuen Koordinatensystem, bei dem der Schnittpunkt von Einheitskreis und y-Achse als Einheitspunkt $(0, 1)$ gewählt wird, erreicht werden, daß $c = 1$ wird. (W*) gilt mit den Ergebnissen von S. 145 damit genau dann, wenn -1 nicht Quadrat in K ist. (W) bedeutet die stärkere Forderung, daß der Einheitskreis jede Gerade durch den Ursprung trifft. Die Lösungsmenge von $x^2 + y^2 = 1 \wedge y = mx$ darf also für kein $m \in K$ leer sein, d. h. $1 + m^2$ ist Quadrat in K für jedes $m \in K$. Dann aber ist jede Summe von Quadraten in K selbst ein Quadrat. Körper mit dieser Eigenschaft heißen *pythagoreisch*. (W) gilt also genau dann, wenn der Koordinatenkörper K pythagoreisch ist. In der Algebra läßt sich zeigen, daß jeder pythagoreische Körper geordnet werden kann, wenn auch nicht unbedingt auf nur eine Weise. Für euklidische Ebenen, in denen (W) gilt, ergeben sich damit weitere interessante Eigenschaften.

Orientierung

Ist ein geordneter Koordinatenkörper K vorgegeben, so kann für die Punkte einer jeden Geraden g auf genau zwei Arten eine Ordnungsrel. $<$ eingeführt werden. Die Gerade wird dadurch zu einer orientierten Geraden, einem sog. *Speer* $(g, <)$ (S. 131). Es ist jetzt auch sinnvoll zu sagen, daß ein Punkt eine Gerade in zwei Halbgeraden zerlegt. Ist $P < Q$ und $Q < R$, so sagt man, Q liege zwischen P und R. Daß Q zwischen P und R liegt, ist unabhängig davon, welche der beiden möglichen Anordnungen man auf g wählt.

Bem.: Diese dreistellige Zwischenrel. ist beim HILBERTschen Aufbau der Geometrie ein implizit def. Grundbegriff (Abb. B).

Aus der Orientierbarkeit der Geraden ergibt sich die Möglichkeit einer Orientierung der Ebene. Nach Vorgabe eines Speeres $(g, <)$ lassen sich die nicht mit g inzidierenden Punkte der Ebene in zwei Klassen *(offene Halbebenen)* einteilen. Zwei Punkte gehören zu derselben Klasse, wenn zwischen ihnen kein Punkt von g liegt. Die Vereinigung einer offenen Halbebene mit den Punkten von g heißt *Halbebene*. Zeichnet man von den durch g erzeugten Halbebenen eine – üblicherweise die linke – willkürlich als positiv, die andere als negativ aus, und führt man $(g, <)$ durch eine gerade Bewegung, d. h. durch eine gerade Anzahl von Spiegelungen, in einen Speer $(h, <)$ über, so nennt man das Bild der positiven bzw. negativen Halbebene von $(g, <)$ die positive bzw. negative Halbebene von $(h, <)$. Auf diese Weise erhalten alle Speere eindeutig eine positive und eine negative »Seite«. Die Ebene heißt dann orientiert. Eine Ebene kann auf zwei Arten orientiert werden. Ein Tripel von Punkt, Speer durch diesen Punkt und orientierter Ebene heißt *Fahne*. In euklidischen Ebenen mit (W) lassen sich zwei Fahnen stets durch eine Bewegung ineinander überführen *(freie Beweglichkeit*, S. 131).

Bem.: Das dreidimensionale Analogon zur Fahne heißt *Flagge*. Zwei Flaggen lassen sich durch eine Bewegung im Raum ineinander überführen.

Orientierte Ebene als topologischer Raum

Die Menge der Durchschnitte endlich vieler offener Halbebenen bildet eine Subbasis im Sinne der Topologie (S. 217). Jeder orientierten Ebene kann damit eine topologische Struktur gegeben werden, die sog. *natürliche Topologie*. In ihr gilt das HAUSDORFFsche Trennungsaxiom (S. 227).

Vollständigkeit

In der üblichen euklidischen Elementargeometrie ist der Koordinatenkörper der Körper $\mathbb{R}$ der reellen Zahlen. $\mathbb{R}$ wird durch die Rel. $<$ sogar archimedisch geordnet (S. 57) und ist bez. der Ordnungsrel. vollständig (S. 59). Die Vollständigkeit kann in geometrischer Formulierung durch folgendes Axiom (DEDEKIND) gefordert werden:

(D): Hat eine Punktmenge M eines Speeres $(g, <)$ eine obere Schranke, so auch eine obere Grenze (vgl. S. 59).

Es läßt sich zeigen, daß der Koordinatenkörper einer euklidischen Ebene, in der (W) und (D) gelten, stets archimedisch geordnet u. sogar zu $\mathbb{R}$ isomorph ist. Man erhält so die spezielle Ebene $\mathbb{R}^2$ der euklidischen Elementargeometrie. In ihr läßt sich jeder Strecke AB eine reelle Zahl $\overline{AB}$ als Streckenlänge von AB (S. 50, Abb. B), ferner auch jedem Polygon eine reelle Zahl als Flächeninhalt (S. 161) zuordnen.

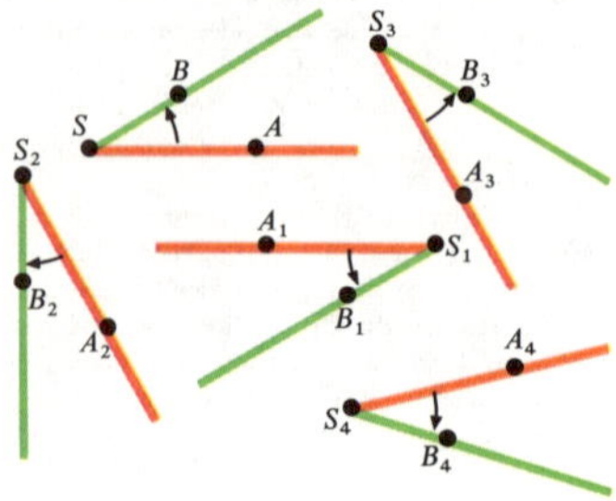

Die Winkel $\sphericalangle ASB$, $\sphericalangle A_1S_1B_1$ und $\sphericalangle A_3S_3B_3$ gehören derselben Klasse $\measuredangle ASB$ bez. gleichsinniger Kongruenz an, während $\sphericalangle A_2S_2B_2$ und $\sphericalangle A_4S_4B_4$ der inversen Klasse angehören. Alle fünf Winkel der Figur repräsentieren aber dieselbe Klasse $|\measuredangle ASB|$ bez. Kongruenz.

A

Winkel und Winkelklassen

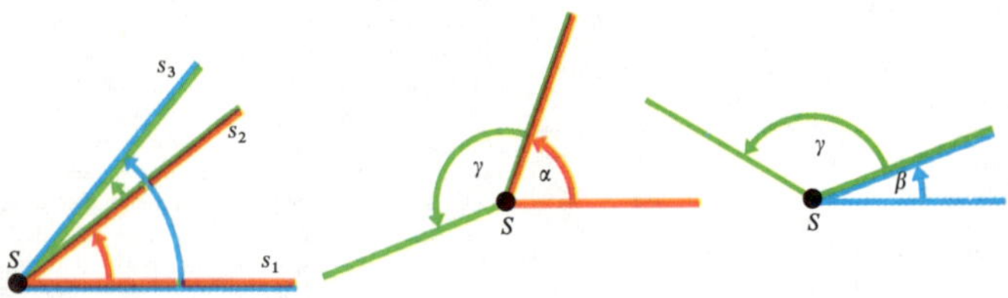

$\measuredangle(s_1, s_2) + \measuredangle(s_2, s_3) = \measuredangle(s_1, s_3)$

Für die dargestellten Winkel ist nach Def. 3 und 4 $\alpha > \beta$ und $\beta + \gamma$ positiv. Da $\alpha + \gamma$ negativ ist, gilt nicht mehr $\alpha + \gamma > \beta + \gamma$.

B

Addition und Ordnung der Winkelklassen

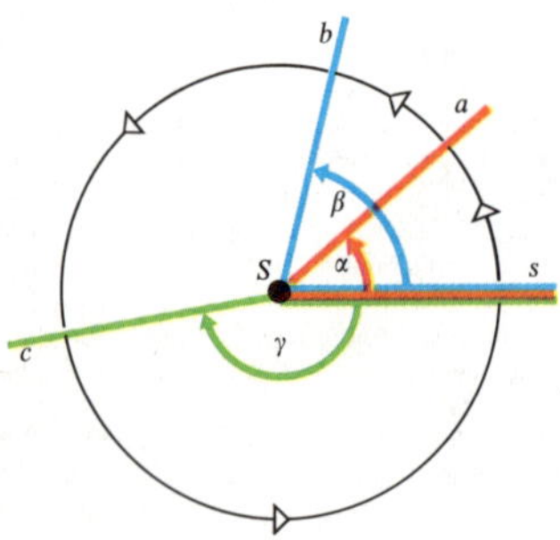

Die von S ausgehenden Halbgeraden a, b, c werden durch die dreistellige Relation

$$Z_1 = \{(a, b, c), (b, c, a), (c, a, b)\}$$

zyklisch geordnet. Durchläuft man von einer beliebigen Stelle aus den Kreis im Gegenuhrzeigersinn, so trifft man die Halbgeraden in einer der angegebenen Reihenfolgen.

Entsprechend werden die Winkelklassen $\alpha = \measuredangle(s, a)$, $\beta = \measuredangle(s, b)$, $\gamma = \measuredangle(s, c)$ zyklisch geordnet durch

$$Z_2 = \{(\alpha, \beta, \gamma), (\beta, \gamma, \alpha), (\gamma, \alpha, \beta)\}\,.$$

$\beta - \alpha$ und $\gamma - \beta$ sind positiv, $\alpha - \gamma$ negativ im Sinne von Def. 3.

Die Rel. lassen sich auf die Menge aller Halbgeraden von S aus bzw. auf die Menge aller Winkelklassen fortsetzen.

C

Zyklische Ordnung

Winkel und Winkelklassen

Für orientierte euklidische Ebenen soll jetzt der Begriff des Winkels def. werden.

Def. 1: Unter einem *Winkel* $\sphericalangle(s_1, s_2)$ versteht man das geordnete Paar zweier (nicht notwendig verschiedener) Halbgeraden s_1 und s_2 mit gleichem Anfangspunkt S. s_1 und s_2 heißen *Schenkel*, S *Scheitel* des Winkels.

Ist A ein Punkt auf s_1, B ein Punkt auf s_2, wobei A und B von S verschieden sind, so schreibt man den Winkel auch als $\sphericalangle ASB$. Ein Winkel mit gleichen Schenkeln heißt *Nullwinkel*. Ergänzen sich die Schenkel zu einer Geraden, so spricht man von einem *gestreckten Winkel*.

Um Winkel in gewohnter Weise vergleichen und addieren zu können, ist es notwendig, geeignete Äquivalenzklassen von Winkeln zu betrachten.

Def. 2: Zwei Punktmengen M_1 und M_2 heißen *gleichsinnig kongruent*, in Zeichen $M_1 \cong M_2$, wenn M_1 durch eine gerade Bewegung auf M_2 abgebildet werden kann, sie heißen *kongruent*, in Zeichen $M_1 \equiv M_2$, wenn M_1 durch eine Bewegung auf M_2 abgebildet werden kann.

Durch diese beiden Rel. werden in der Menge der Winkel Äquivalenzklassen erzeugt. Ist $\sphericalangle ASB$ ein vorgegebener Winkel, so wird mit $\lessdot ASB$ die zugehörige Klasse bez. der Rel. $\cong$, mit $|\lessdot ASB|$ diejenige bez. der Rel. $\equiv$ bezeichnet (Abb. A).

Alle Nullwinkel gehören jeweils derselben Klasse, genannt 0, an, desgl. alle gestreckten Winkel.

Bem.: Man spricht in der Geometrie häufig von Winkeln, wenn eigentlich Winkelklassen gemeint sind. In der Schulgeometrie handelt es sich i. a. um Klassen $|\lessdot ASB|$, im folgenden auch um die Klassen $\lessdot ASB$, für die als Variablen griechische Buchstaben gesetzt werden.

Addition von Winkelklassen

Um Winkelklassen α und β zu addieren, wählt man Repräsentanten $\sphericalangle(s_1, s_2)$ bzw. $\sphericalangle(s_2, s_3)$ für α bzw. β mit gleichem Scheitelpunkt, für die der zweite Schenkel des ersten Winkels mit dem ersten des zweiten zusammenfällt. Man def.: $\alpha + \beta = [\![\sphericalangle(s_1,s_2)]\!] + [\![\sphericalangle(s_2, s_3)]\!] := [\![\sphericalangle(s_1, s_3)]\!]$. Die Winkelklassen bilden bez. dieser Add. eine komm. Gruppe, die isomorph ist zur Gruppe der Drehungen um einen Punkt.

Anordnung von Winkelklassen

Ein Schenkel s eines Winkels kann als Halbgerade zu einer Geraden ergänzt werden, die so orientiert werde, daß $S \leqq A$ für alle $A \in s$ gilt. Bei vorgegebener Orientierung der Ebene steht dann fest, welches die positive bzw. negative Seite von s ist.

Def. 3: Ein Winkel, der weder Nullwinkel noch gestreckter Winkel ist, heißt *positiv (negativ)*, wenn der zweite Schenkel auf der positiven (negativen) Seite des ersten liegt. Ein gestreckter Winkel heißt positiv.

Die Def. läßt sich von Winkeln auf Winkelklassen α durch ihre Repräsentanten übertragen.

Def. 4: Sind α und β positiv, so heißt α *größer als* β ($\alpha > \beta$), wenn $\alpha - \beta$ positiv ist.

Def. 5: Ein Winkel $\sphericalangle(s_1, s_2) \in \alpha$ heißt *rechter Winkel*, wenn α pos. ist und $\alpha + \alpha$ durch einen gestreckten Winkel repräsentiert wird. Er heißt *spitz (stumpf)*, wenn α kleiner (größer) als die Klasse eines rechten Winkels ist.

Die Rel. $<$ stellt für die positiven Winkelklassen eine strenge Ordnungsrel. dar. Leider ist sie mit der vorher eingeführten Addition nicht verträglich. Aus $\alpha > \beta$ folgt nicht unbedingt $\alpha + \gamma > \beta + \gamma$ (Abb. B). Dagegen wird sich zeigen, daß die Winkelklassen zyklisch angeordnet werden können und diese zyklische Ordnung mit der Addition verträglich ist.

Zyklische Ordnung

Def. 6: Eine Menge M heißt *zyklisch geordnet* durch die dreistellige Rel. Z, wenn folgende Axiome erfüllt sind:

(Z 1) Wenn $(a, b, c) \in Z$ ist, so sind a, b und c paarweise verschieden.

(Z 2) Wenn a, b, c paarweise verschieden sind und $(a, b, c) \notin Z$ gilt, so ist $(c, b, a) \in Z$.

(Z 3) Wenn $(a, b, c) \in Z$ und $(a, c, d) \in Z$ gilt, so auch $(a, b, d) \in Z$.

Für drei paarweise verschiedene El. a, b, c aus M gehören dann stets entweder genau die Tripel (a, b, c), (b, c, a), (c, a, b) oder genau die Tripel (a, c, b), (c, b, a), (b, a, c) zu Z (Abb. C).

Def. man in der Menge der Winkelklassen eine Rel. Z so, daß $(\alpha, \beta, \gamma) \in Z$ genau dann gilt, wenn mindestens zwei der Klassen $\beta - \alpha$, $\gamma - \beta$, $\alpha - \gamma$ positiv sind, so erhält man eine zyklische Ordnung. Sie ist mit der Addition verträglich in dem Sinne, daß aus $(\alpha, \beta, \gamma) \in Z$ stets folgt $(\alpha + \delta, \beta + \delta, \gamma + \delta) \in Z$.

Einen Zusammenhang mit der vorher def. Ordnung für positive Winkelklassen liefert die Äquivalenz $\alpha < \beta \Leftrightarrow (0, \alpha, \beta) \in Z$.

Winkelmessung

In der euklidischen Elementargeometrie lassen sich Winkelgrößen durch reelle Zahlen angeben.

Zur Begründung führt man zunächst für zyklisch geordnete Mengen eine natürliche Topologie ein. Dann läßt sich eine stetige Abb. $f := \mathbb{R} \to W$ der additiven Gruppe der reellen Zahlen auf die Menge W der Winkelklassen angeben, die einen Homomorphismus darstellt, dessen Kern isomorph zur additiven Gruppe der ganzen Zahlen ist. Kern f besteht aus den ganzzahligen Vielfachen einer willkürlich zu wählenden positiven reellen Zahl k.

Eine anschauliche Deutung der Winkelgröße als Bogenlänge im Einheitskreis erhält man durch die Festsetzung $k = 2\pi$. Man nennt $f^{-1}[\alpha]$ dann Bogenmaß von α. Es ist nur mod 2π festgelegt und wird i. a. im Intervall $)-\pi, \pi)$ oder in $(0, 2\pi($ angegeben.

Zur Winkelmessung in *Grad* bzw. *Gon* kommt man durch die Festsetzung $1° := \frac{\pi}{180}$ bzw. $1\,\text{gon} := \frac{\pi}{200}$.

Es gilt $90° = 100\,\text{gon} = \frac{\pi}{2}$.

Die Größe von α wird mit $\overline{\alpha}$ bezeichnet.

Bem.: In der Physik wird bei Winkelgrößen im Bogenmaß die Einheit *Radiant* (rad) geschrieben.

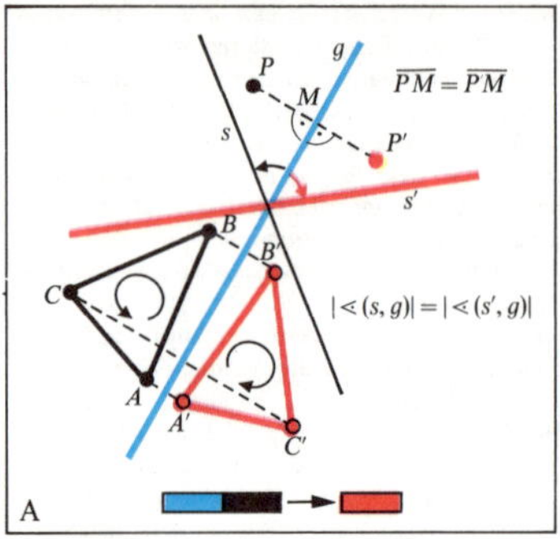

Spiegelung

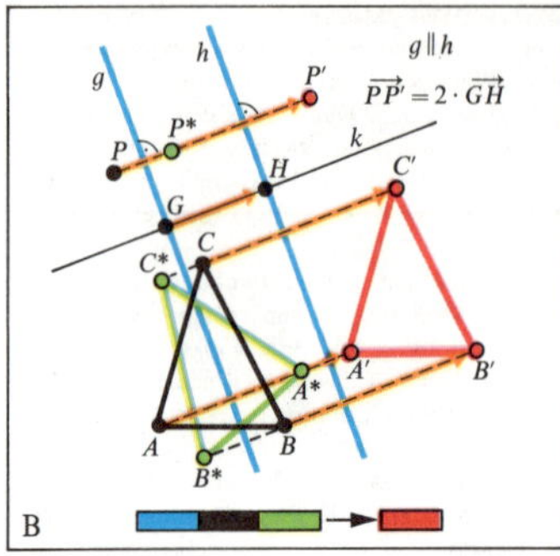

Translation

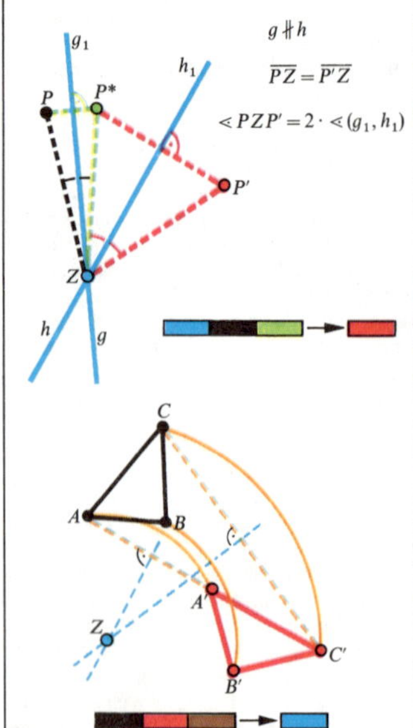

Um zwei gleichsinnig-kongruente Figuren durch Drehung aufeinander abzubilden, konstruiert man den Drehpunkt als Schnittpunkt der Mittelsenkrechten der Verbindungsstrecken zugeordneter Punkte. (Bei Parallelität aller Mittelsenkrechten ist eine Translation nötig!)

C

Drehung

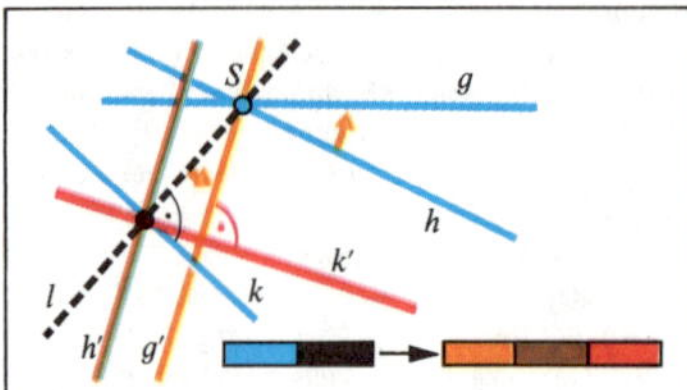

Ist $\sigma_k \circ \sigma_h \circ \sigma_g$ zu bilden und sind g und h nicht parallel, so ziehe man vom Schnittpunkt S das Lot l zur Geraden k. g' sei die nach (**M 3**) existierende Gerade mit $\sigma_l \circ \sigma_h \circ \sigma_g = \sigma_{g'}$. Dann ist $\sigma_k \circ \sigma_h \circ \sigma_g = \sigma_k \circ \sigma_l \circ \sigma_{g'}$. $\sigma_k \circ \sigma_l$ kann als Punktspiegelung durch $\sigma_{k'} \circ \sigma_{h'}$ ersetzt werden mit $k' \perp g'$ und $h' \perp k'$, so daß $\sigma_k \circ \sigma_h \circ \sigma_g = \sigma_{k'} \circ (\sigma_{h'} \circ \sigma_{g'})$ eine Komposition von Translation und Spiegelung ist. Der Translationsvektor ist zu k' parallel.

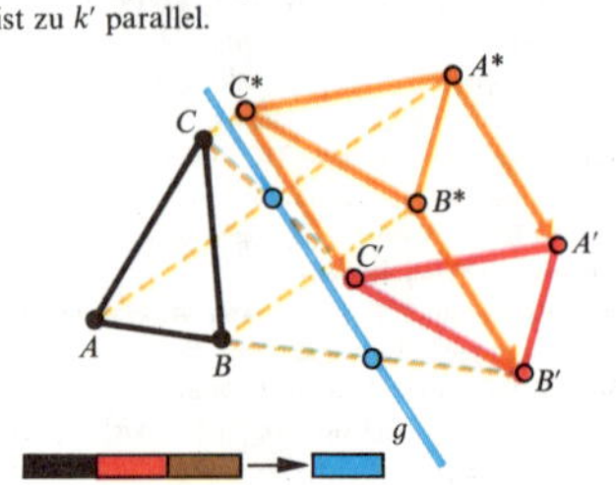

Um zwei gegensinnig-kongruente Figuren durch Gleitspiegelung aufeinander abzubilden, konstruiert man die Gleitspiegelachse als Verbindungsgerade der Mittelpunkte der Verbindungsstrecken zugeordneter Punkte.

D

Gleitspiegelung

Im folgenden soll in kurzen Zügen der weitere Aufbau der Geometrie in der Ebene $\mathbb{R}^2$ der euklidischen Elementargeometrie nach abbildungsgeometrischen Gesichtspunkten entwickelt werden. Eine systematische Untersuchung aller Typen von Kollineationen wird eine übersichtliche Gliederung des geometrischen Stoffes liefern. Die andere Möglichkeit, die Eigenschaften einer Figur auf diejenigen der reellen Zahlen zurückzuführen, soll durch Angabe der Abbildungsgleichungen ebenfalls gestreift werden.

Bewegungen und ihre Invarianten

In der absoluten Geometrie wurden als spezielle orthogonale Kollineationen die Spiegelungen eingeführt (S. 133, Def. 2). Ihre Kompositionen, die Bewegungen, sind ebenfalls orthogonale Kollineationen, obwohl nicht umgekehrt jede orthogonale Kollineation eine Bewegung ist (vgl. S. 157).

Nach S. 149, Def. 2 heißen Figuren *kongruent*, wenn sie durch eine Bewegung aufeinander abgebildet werden können. Die Bewegungen heißen daher auch *Kongruenzabb.* Bei ihrer Anwendung bleiben wichtige Eigenschaften von Figuren invariant.

Satz 1: *Kongruente Strecken sind gleich lang, kongruente Winkel sind gleich groß, kongruente Flächen sind gleich groß (zur Def. des Flächeninhaltes vgl. S. 161 und Bd. II), parallele Geraden gehen durch eine Bewegung in parallele Geraden über.*

Spiegelungen

Die elementarsten Bewegungen sind die Spiegelungen an einer Geraden g. Sie haben als *Fixelemente* (Punkte bzw. Geraden, die bei der Abb. auf sich abgebildet werden) die aus lauter Fixpunkten bestehende Gerade g (Fixpunktgerade) und alle dazu senkrechten Geraden.

Ist P' der Bildpunkt eines Punktes P und $P' \neq P$, so ist g Mittelsenkrechte zu PP' (Abb. A). Ist s' die Bildgerade einer zu g nicht parallelen Geraden s, so werden zwei der durch s und s' erzeugten Winkel durch g halbiert (Abb. A).

Ist in $\mathbb{R}^2$ eine Orientierung gegeben und spiegelt man einen Speer und einen auf seiner positiven Seite gelegenen Punkt P an g, so liegt der Bildpunkt P' auf der negativen Seite des Bildspeeres und umgekehrt. Daraus folgt die Änderung des Umlaufssinnes einer Figur (Abb. A).

Translationen

Die Komposition $\sigma_h \circ \sigma_g$ zweier Spiegelungen an parallelen Geraden g und h (Abb. B) heißt Translation (S. 137, Def. 3). Zu ihrer Beschreibung lassen sich mit Vorteil Vektoren verwenden.

Def. 1: Ein geordnetes Punktepaar (P, P') heißt *Pfeil, P Angriffspunkt, P' Zielpunkt* des Pfeiles.

Def. 2: Zwei Pfeile (P, P') und (Q, Q') heißen *parallelgleich*, wenn $PP' \parallel QQ'$, $\overline{PP'} = \overline{QQ'}$ und $PQ \parallel P'Q'$. Liegen P, P', Q und Q' auf einer Geraden, so sollen beide Pfeile auf dieser dieselbe Anordnung erzeugen.

Die Rel. der Parallelgleichheit ist eine Äquivalenzrel.

Def. 3: Eine Klasse parallelgleicher Pfeile heißt *Vektor*. Man schreibt $\overrightarrow{PP'} := [\![(P, P')]\!]$.

Vektoren können anschaulich durch Pfeile als Repräsentanten dargestellt werden. $\overrightarrow{P'P}$ heißt Gegenvektor zu $\overrightarrow{PP'}$. Er ist von $\overrightarrow{PP'}$ verschieden, wenn $P \neq P'$ ist. Die Klasse $[\![(P, P')]\!]$ mit $P = P'$ heißt *Nullvektor* $\vec{0}$. Ein Zusammenhang mit den auf S. 145 eingeführten Vektoren ergibt sich über den Koordinatenbegriff.

Satz 2: *Bei einer Translation stellt die Menge aller geordneten Paare (P, P') von Punkt und Bildpunkt einen Vektor dar.*

Die Menge aller Translationen bildet im Unterschied zur Menge aller Spiegelungen eine komm. Gruppe. Die Komposition von Translationen induziert in der Menge aller Vektoren von $\mathbb{R}^2$ eine als Addition bezeichnete Verknüpfung, bez. der die Vektoren eine zur Gruppe der Translationen isomorphe Gruppe mit dem Nullvektor als neutralem El. bilden.

Ist $\sigma_h \circ \sigma_g$ eine Translation, k ein gemeinsames Lot von g und h und sind G bzw. H die Schnittpunkte von k mit g bzw. h, so gilt für den Translationsvektor $\vec{t} = \overrightarrow{PP'} = 2\overrightarrow{GH}$ (Abb. B).

Satz 3: *Translationen, die von der identischen Abb. verschieden sind, haben keine Fixpunkte. Fixgeraden sind alle zum Translationsvektor parallelen Geraden. Der Umlaufssinn einer Figur bleibt bei einer Translation erhalten.*

Drehungen

Nach S. 143, Def. 1 heißt die Komposition zweier Spiegelungen an nichtparallelen Geraden g und h Drehung (Abb. C).

Punkt und Bildpunkt sind vom *Drehpunkt* Z stets gleichweit entfernt. Alle Winkel $\measuredangle PZP'$ gehören derselben Winkelklasse bez. gleichsinniger Kongruenz an *(Drehwinkel)*. Eine Drehung ist durch Drehpunkt und Drehwinkel eindeutig bestimmt. Es gilt $\sphericalangle PZP' = 2 \cdot \sphericalangle(g_1, h_1)$, wobei g_1 bzw. h_1 eine der beiden durch Z auf g bzw. h erzeugten Halbgeraden sei (Abb. C). Die Drehungen um einen Punkt Z bilden einschließlich der identischen Abb. eine komm. Gruppe. Drehungen, die von der identischen Abb. verschieden sind, haben außer Z keinen Fixpunkt und i. a. keine Fixgeraden. Ist der Drehwinkel ein gestreckter Winkel (Punktspiegelung, S. 133), sind alle Geraden durch Z Fixgeraden. Bei Drehungen bleibt der Umlaufssinn erhalten. Die Menge aller Translationen und Drehungen bildet die Gruppe der geraden Bewegungen.

Gleitspiegelungen

Alle ungeraden Bewegungen (einschl. der Spiegelungen) lassen sich als Komposition dreier Spiegelungen $\sigma_k \circ \sigma_h \circ \sigma_g$ auffassen. Dabei ist stets erreichbar, daß k und h zu g senkrecht sind. g ist dann eindeutig bestimmt, und die Abb. ist die Komposition einer Spiegelung an g und einer Translation mit zu g parallelem Vektor. Wegen dieser Beschreibungsmöglichkeit heißen die ungeraden Bewegungen auch Gleitspiegelungen (Abb. D). Sie besitzen, sofern sie keine Spiegelungen sind, keine Fixpunkte und außer der Achse g keine Fixgeraden.

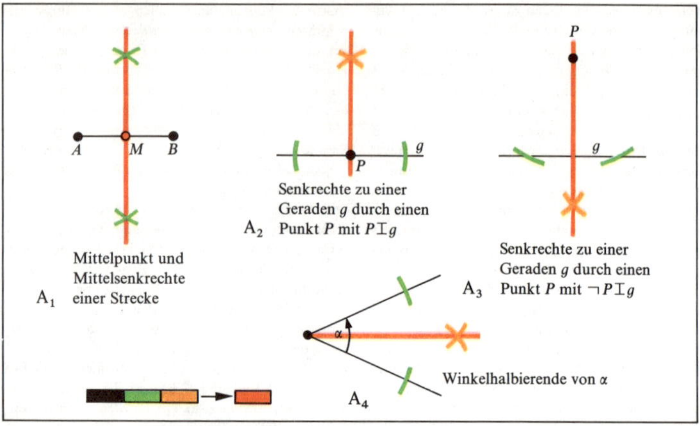

Grundkonstruktionen mit Zirkel und Lineal

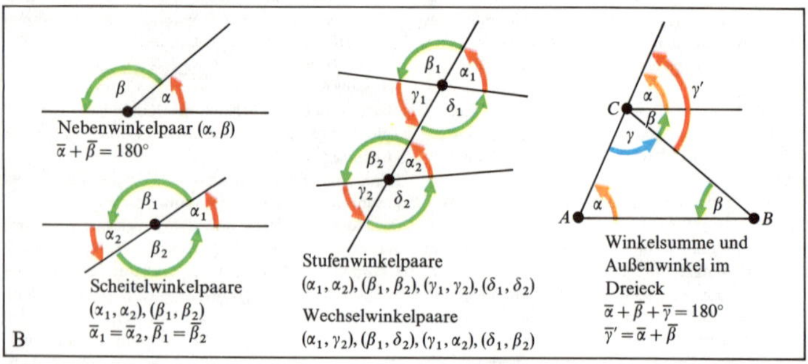

Winkelsätze

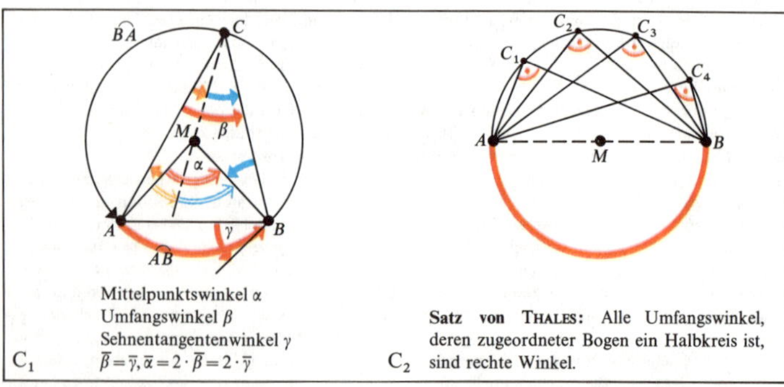

Winkel am Kreis

Symmetrie

Kongruenzabb. dienen der Untersuchung geometr. Figuren und zur Lösung von Konstruktionsaufgaben. Wichtig ist dabei der Symmetriebegriff.

Def. 5: Eine Figur heißt *symmetrisch*, wenn sie durch eine nichtidentische Kongruenzabb. auf sich abgebildet werden kann. Handelt es sich dabei speziell um eine Geradenspiegelung, Punktspiegelung bzw. Drehung, spricht man von *Achsen-*, *Punkt-* bzw. *Drehsymmetrie*.

Die Lösung vieler Probleme läuft darauf hinaus, eine Figur zu einer symmetrischen zu ergänzen. Die sog. *Grundkonstruktionen* führen auf achsensymmetrische Figuren (Abb. A).

Winkelsätze

Zwei Winkel, die den Scheitel und einen Schenkel gemeinsam haben und deren andere Schenkel sich zu einer Geraden ergänzen, heißen *Nebenwinkel*. Sie ergänzen sich zu 180°. Zwei Winkel, deren Schenkel paarweise Geraden bilden, heißen *Scheitelwinkel*. Sie haben gleiche Größe (Punktsymmetrie!).

Wichtig sind Eigenschaften von Schnittwinkeln bei drei Geraden.

Def. 6: Werden zwei Geraden von einer dritten in den Punkten A und B geschnitten, so heißen die Winkel mit den Scheiteln A bzw. B, auf deren einem Schenkel der Punkt B bzw. A liegt, *innere Winkel*, die anderen Winkel *äußere Winkel*. Ein innerer und ein äußerer Winkel mit verschiedenen Scheiteln, die auf derselben Seite der schneidenden Geraden liegen, heißen *Stufenwinkel*. Zwei innere oder zwei äußere Winkel mit verschiedenen Scheiteln, die auf verschiedenen Seiten der schneidenden Geraden liegen, heißen *Wechselwinkel* (Abb. B).

Satz 4: *Stufenwinkel und Wechselwinkel an geschnittenen Parallelen sind gleich groß* (Anwendung einer Translation bzw. Punktspiegelung!). *Wenn Stufen- oder Wechselwinkel gleich groß sind, so sind die geschnittenen Geraden parallel.*

Bei einem Dreieck unterscheidet man zwischen *Innenwinkeln*, auf deren beiden Schenkeln außer dem Scheitel noch je ein Eckpunkt liegt, und *Außenwinkeln*, die die Nebenwinkel der Innenwinkel sind. Aus Satz 4 folgen der Winkelsummen- und der Außenwinkelsatz (Abb. B):

Satz 5: *Im Dreieck beträgt die Summe der Innenwinkel* 180°.

Satz 6: *Im Dreieck ist jeder Außenwinkel so groß wie die Summe der nichtanliegenden Innenwinkel.*

Geraden und Winkel am Kreis

Def. 7: Die Menge aller Punkte von $\mathbb{R}^2$, die von einem Punkt M denselben Abstand haben, heißt *Kreis*. M heißt *Mittelpunkt* des Kreises.

Aus der Achsensymmetrie einer aus Kreis und Geraden bestehenden Figur folgt, daß eine Gerade mit einem Kreis 0, 1 oder 2 Punkte gemeinsam hat.

Def. 8: Eine Gerade heißt *Passante*, *Tangente* bzw. *Sekante* eines Kreises, wenn sie mit ihm 0, 1 bzw. 2 Punkte gemeinsam hat.

Def. 9: Ein Winkel heißt *Mittelpunktswinkel* eines Kreises, wenn der Kreismittelpunkt Scheitel ist.

Ein Mittelpunktswinkel $\sphericalangle AMB$ zerlegt den Kreis in zwei Bogen $\widehat{AB}$ und $\widehat{BA}$, die man den Winkeln $\sphericalangle AMB$ bzw. $\sphericalangle BMA$ zuordnen kann (Abb. C_1).

Def. 10: Ein Winkel heißt *Umfangswinkel* eines Kreises, wenn sein Scheitel auf dem Kreis liegt und seine Schenkel den Kreis schneiden.

Einem Umfangswinkel $\sphericalangle ACB$ ordnet man $\widehat{AB}$ als Bogen zu (Abb. C_1).

Def. 11: Ein Winkel heißt *Sehnentangentenwinkel* eines Kreises, wenn sein Scheitel auf dem Kreis liegt, ein Schenkel den Kreis noch in einem zweiten Punkt schneidet und der andere eine Halbgerade auf der Tangente im Scheitel ist.

Auch einem Sehnentangentenwinkel läßt sich ein Bogen zuordnen, der auf derselben Seite der Sehne wie der andere Schenkel liegt (Abb. C_1).

Satz 7: *Alle Umfangswinkel und die beiden Sehnentangentenwinkel mit demselben zugeordneten Bogen sind gleich groß und halb so groß wie der zugehörige Mittelpunktswinkel* (Abb. C_1).

Ist der Mittelpunktswinkel ein gestreckter Winkel, so ist der zugeordnete Bogen ein Halbkreis, und alle Umfangswinkel sind rechte Winkel (Satz von THALES, Abb. C_2).

Kongruenzsätze

Obwohl eine Kongruenzabb. die gesamte Ebene auf sich abbildet, kann man sich bei der Veranschaulichung auf einfache Figuren beschränken.

Satz 8: *Eine Kongruenzabb. mit drei nicht auf einer Geraden liegenden Fixpunkten ist die identische Abb.*

Hieraus folgt, daß eine Kongruenzabb. durch Angabe dreier nicht auf einer Geraden liegenden Punkte und ihrer Bildpunkte eindeutig bestimmt ist. Denn hat man zwei derartige Abb. f_1 und f_2, so hat $f_2 \circ f_1^{-1}$ drei Fixpunkte. Aus $f_2 \circ f_1^{-1} = 1$ folgt aber $f_1 = f_2$. Dreiecke sind daher für die Elementargeometrie besonders wichtig. Sind zwei Dreiecke kongruent, so stimmen sie in der Größe aller zugeordneten Seiten und Winkel überein, doch braucht für die Feststellung der Kongruenz nicht der Vergleich aller Seiten und Winkel durchgeführt zu werden. Es gelten die folgenden *Kongruenzsätze*:

Satz 9: *Zwei Dreiecke sind kongruent, wenn die drei Seiten des einen paarweise die gleiche Größe wie die des anderen Dreiecks haben (SSS).*

Satz 10: *Zwei Dreiecke sind kongruent, wenn zwei Seiten und der eingeschlossene Winkel des einen die gleiche Größe wie die entsprechenden Stücke des anderen haben (SWS).*

Satz 11: *Zwei Dreiecke sind kongruent, wenn eine Seite und zwei Winkel des einen die gleiche Größe wie die entsprechenden Stücke des anderen haben (WSW oder SWW).*

Satz 12: *Zwei Dreiecke sind kongruent, wenn zwei Seiten und der Gegenwinkel der größeren Seite des einen die gleiche Größe wie die entsprechenden Stücke des anderen haben (SSW).*

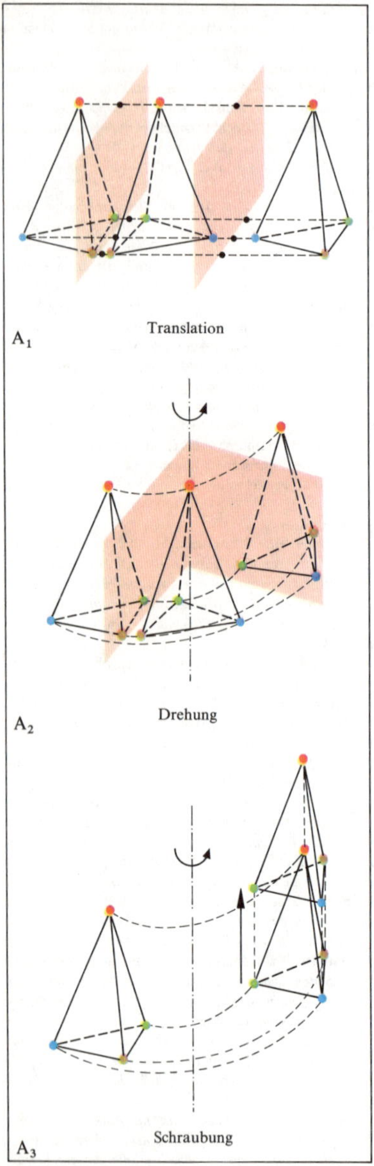

Gerade Bewegungen im Raum

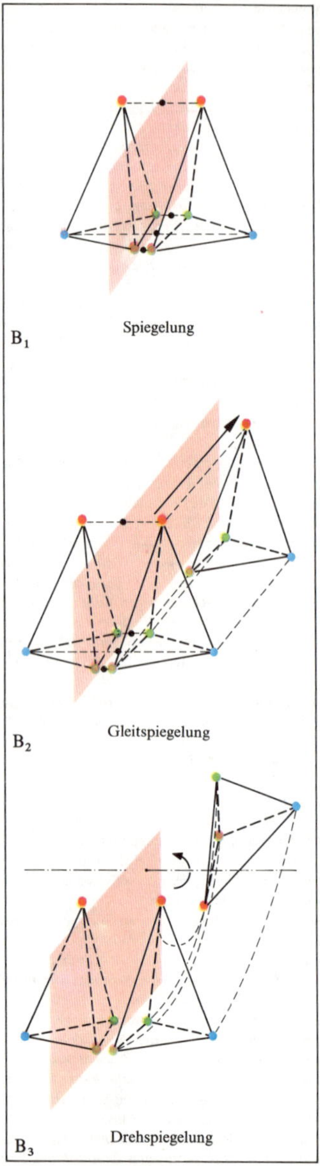

Ungerade Bewegungen im Raum

Bei der Def. der metrischen Ebenen (S. 133) wurde darauf hingewiesen, daß sich in entsprechender Weise metrische Räume def. lassen. Der Aufbau der dreidimensionalen räumlichen Geometrie läßt sich analog bis zum Raum $\mathbb{R}^3$ der euklidischen Elementargeometrie fortführen.

Orthogonalität und Parallelität im Raum

Verläuft eine Gerade k senkrecht zu zwei versch. in einer Ebene ε liegenden Geraden g und h, die sich in S schneiden, so heißt sie *senkrecht* zur Ebene ε und verläuft senkrecht zu allen in ε durch S gehenden Geraden. Zwei Ebenen oder eine Ebene und eine Gerade mit gemeinsamer Senkrechten heißen *parallel*. Sie haben, falls sie nicht inzidieren, keinen Punkt gemeinsam. Nichtparallele Ebenen haben genau eine Gerade gemeinsam. Alle zu einer Ebene parallelen Ebenen bilden ein Ebenenbüschel, desgl. alle Ebenen, die eine gemeinsame Gerade besitzen. Zwei Geraden heißen *windschief*, wenn es keine Ebene gibt, der beide angehören.

Enthält eine Ebene ε_1 eine zur Ebene ε_2 senkrechte Gerade, so heißt die Ebene ε_1 senkrecht zur Ebene ε_2.

Ebenenspiegelungen

Zu jeder Ebene ε gibt es eine von der identischen Abb. verschiedene involutorische Abb., die die Mengen der Punkte, Geraden und Ebenen je auf sich abbildet und Inzidenz und Orthogonalität erhält, genannt *Ebenenspiegelung* σ_ε (Abb. B_1). Zugeordnete Punkte P und $P' = \sigma_\varepsilon(P)$ liegen auf verschiedenen Seiten von ε, PP' steht senkrecht auf ε und wird durch ε halbiert. Fixpunkte sind alle Punkte von ε, Fixgeraden alle in ε verlaufenden und alle zu ε senkrechten Geraden, Fixebenen außer ε alle zu ε senkrechten Ebenen.

Die positive Seite einer orientierten Ebene im Raum geht bei einer Ebenenspiegelung in die negative Seite der Bildebene über. Hieraus folgt die Änderung des sog. *Schraubungssinnes* einer Figur. So geht eine Rechtsschraube in eine Linksschraube über.

Durch Komposition von Ebenenspiegelungen erzeugte Abb. heißen *Bewegungen*. Wieder lassen sich gerade und ungerade Bewegungen unterscheiden.

Bem.: Ungerade Bewegungen einer Figur sind keine eigentlichen Bewegungen, die man anschaulich experimentell ausführen könnte.

Durch eine zu S. 130, Abb. D analoge Überlegung ergibt sich, daß je zwei Flaggen (S. 147) des Raumes durch höchstens vier Ebenenspiegelungen ineinander überführt werden können und damit jede Bewegung als Komposition von höchstens vier Ebenenspiegelungen darstellbar ist.

Translationen

Die Komposition zweier Spiegelungen an parallelen Ebenen heißt auch im Raum *Translation* (Abb. A_1) und kann wie bei ebenen Abb. durch einen Vektor beschrieben werden. Eine von der identischen Abb. verschiedene Translation hat keine Fixpunkte. Fixgeraden bzw. Fixebenen sind alle zum Translationsvektor parallelen Geraden bzw. Ebenen.

Drehungen

Ist ε_1 nicht zu ε_2 parallel, so heißt $\sigma_{\varepsilon_2} \circ \sigma_{\varepsilon_1}$ *Drehung* (Abb. A_2). Diese erfolgt um die den beiden Ebenen gemeinsame Gerade als Achse. Eine Drehung ist durch Angabe von Drehachse und Drehwinkel bestimmt. Die Achse ist Fixgerade, ihre Punkte sind Fixpunkte, alle Ebenen senkrecht zur Drehachse sind Fixebenen.

Gleitspiegelungen

Bei der Komposition dreier Ebenenspiegelungen $\sigma_{\varepsilon_3} \circ \sigma_{\varepsilon_2} \circ \sigma_{\varepsilon_1}$ sind zwei Fälle zu unterscheiden. Der erste liegt vor, wenn es eine Ebene ε_4 gibt, auf der alle drei Ebenen ε_1, ε_2, ε_3 senkrecht stehen. In ε_4 und allen dazu parallelen Ebenen bewirkt die Abb. dann eine Gleitspiegelung, so daß auch die Abb. des Raumes damit als Komposition einer Ebenenspiegelung und einer Translation parallel dazu beschrieben werden kann und ebenfalls *Gleitspiegelung* heißt (Abb. B_2). Fixelemente sind die Gleitspiegelebene, die dazu senkrechten zum Translationsvektor $\vec{t}$ parallelen Ebenen, sowie die zu $\vec{t}$ parallelen Geraden in der Gleitspiegelebene.

Liegen insbesondere ε_1, ε_2, ε_3 im Büschel, so ist $\sigma_{\varepsilon_3} \circ \sigma_{\varepsilon_2} \circ \sigma_{\varepsilon_1}$ eine einfache Ebenenspiegelung. Die Konstruktion der Spiegelebene kann in diesem Fall nach Satz 5, S. 135 durchgeführt werden.

Drehspiegelungen

Der zweite Fall liegt vor, wenn es keine allen drei Ebenen gemeinsame senkrechte Ebene gibt. Die drei Ebenen haben dann drei verschiedene durch einen Punkt gehende Schnittgeraden. Dieser Punkt ist der einzige Fixpunkt, denn die Abb. ist die Komposition einer Drehung $\sigma_{\varepsilon_3} \circ \sigma_{\varepsilon_2}$ und einer Ebenenspiegelung σ_{ε_1}. Es läßt sich zeigen, daß Drehung und Spiegelung stets so durchgeführt werden können, daß die Drehachse zur Spiegelebene senkrecht verläuft. Abb. dieser Art heißen *Drehspiegelungen* (Abb. B_3). Drehachse und Spiegelebene sind Fixelemente. Einen interessanten Sonderfall der Drehspiegelungen stellen die Punktspiegelungen dar, bei denen die drei Spiegelebenen paarweise senkrecht aufeinander stehen. Eine Punktspiegelung im Raum ist im Gegensatz zur entsprechenden ebenen Abb. keine Drehung.

Schraubungen

Kompositionen von vier Ebenenspiegelungen heißen *Schraubungen* (Abb. A_3). Sie lassen sich immer auffassen als Komposition einer Drehung und einer Translation in Richtung der Drehachse. Drehungen und Translationen sind damit nur Sonderfälle von Schraubungen. Schraubungen, die nicht Drehungen oder Translationen sind, haben keine Fixpunkte und i. a. keine Fixebenen, die Drehachse ist Fixgerade.

Analog den ebenen Abb. (S. 153) gilt für Kongruenzabb. im Raum, daß eine Abb. die identische Abb. ist, wenn sie vier nicht in einer Ebene liegende Fixpunkte hat. Eine Kongruenzabb. ist daher durch Angabe von vier nicht in einer Ebene liegenden Punkten und ihrer Bildpunkte eindeutig bestimmt.

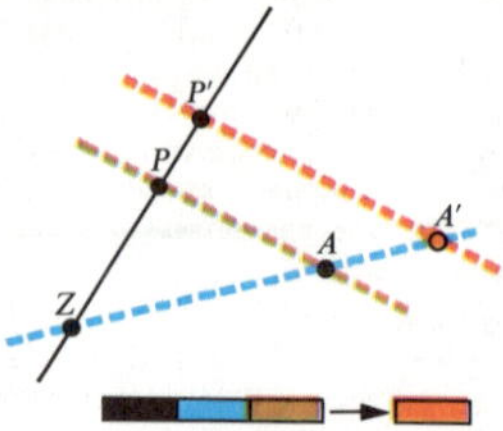

Sind Z, P, P' vorgegeben, so findet man das Bild A' eines nicht auf $g(Z, P)$ gelegenen Punktes A als Schnittpunkt der Geraden $g(Z, A)$ mit der Parallelen zu PA durch P'.

A

Zentrische Streckung

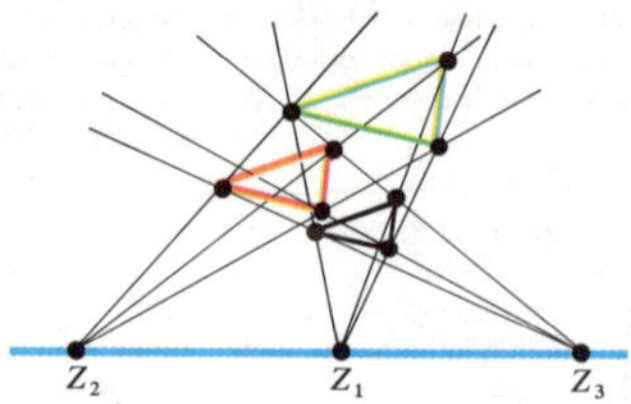

Sind Z_1, Z_2 bzw. Z_3 die Streckungszentren, k_1, k_2 bzw. k_3 die Streckungsfaktoren von π_1, π_2 bzw. $\pi_3 := \pi_2 \circ \pi_1$, so sind Z_1, Z_2 und Z_3 kollinear, und es gilt $k_3 = k_2 \cdot k_1$.

B

Komposition zentrischer Streckungen

$\triangle ABC \sim \triangle A'B'C'$
Die Kreise sind bestimmt durch S, A, A' bzw. S, B, B'.

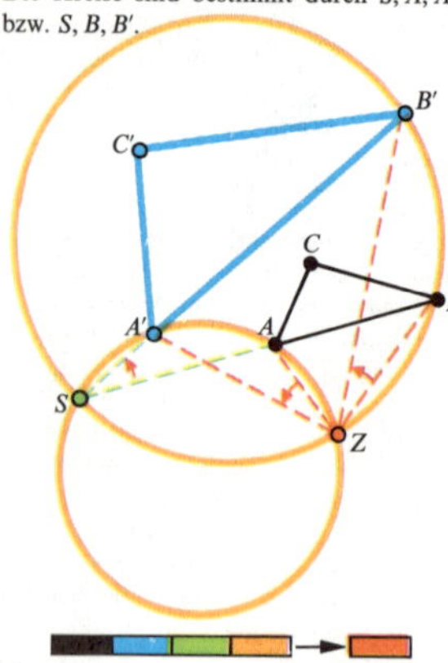

C

Drehstreckung

Ist $k := \overline{A'B'} : \overline{AB}$, so sind T_1 und T_2 bestimmt durch
$\overline{A'T_1} : \overline{T_1A} = k$,
$\overline{B'T_2} : \overline{T_2B} = k$.

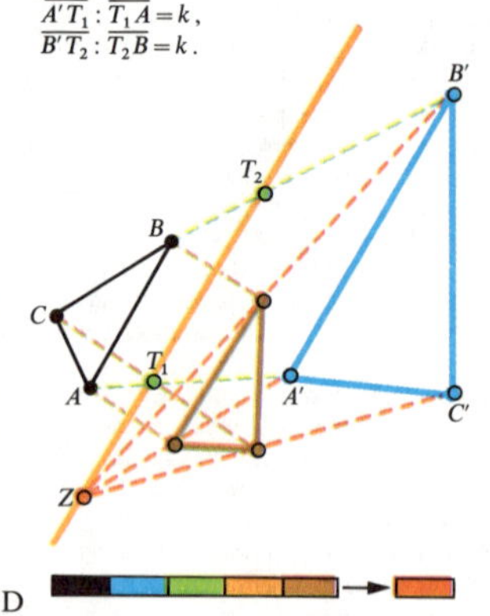

D

Spiegelstreckung

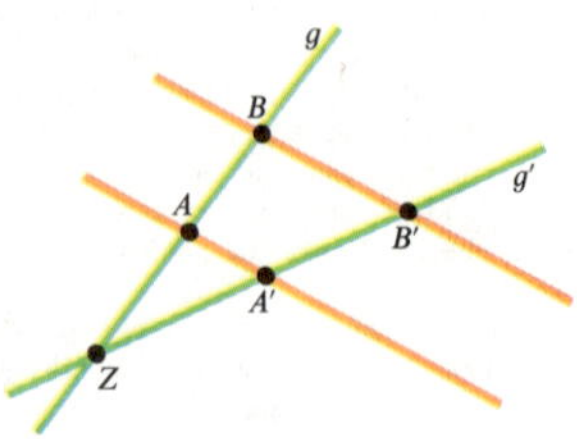

E₁

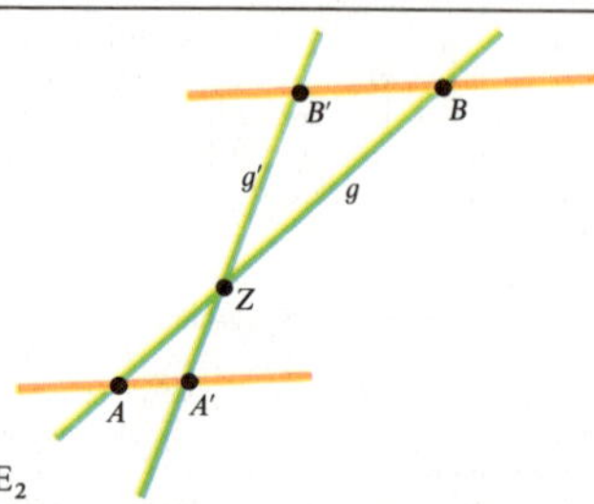

E₂

Strahlensätze

Zentrische Streckungen

Nicht jede orthogonale Kollineation ist eine Kongruenzabb. Um das einzusehen, genügt es, Abbildungen π zu betrachten, für die $\pi(g) \parallel g$ für alle Geraden g ist. Eine solche Abb. ist eine Translation, wenn sie keinen Fixpunkt hat. Hat sie mehr als einen Fixpunkt, so ist sie die identische Abb., da alle Geraden durch einen Fixpunkt Fixgeraden sein müssen. Dagegen ist eine Abb. der betrachteten Art mit genau einem Fixpunkt keine Kongruenzabb. Eine solche Abb. ist nach Vorgabe des Fixpunktes Z und eines Paares (P, P') von Punkt und Bildpunkt eindeutig bestimmt (Abb. A). Man def. mit Einschluß der identischen Abb.:

Def. 1: Eine Kollineation π mit $\pi(g) \parallel g$ für alle g und mindestens einem Fixpunkt Z heißt *zentrische Streckung. Z* heißt *Streckungszentrum.*

Aus $\pi(g) \parallel g$ folgt, daß eine solche Kollineation stets orthogonal ist. Punkt und Bildpunkt müssen mit Z kollinear sein.

Ist in einem Koordinatensystem $(k|0)$ das Bild des Einheitspunktes $(1|0)$ bei einer zentrischen Streckung mit dem Streckungszentrum $O=(0|0)$, so geht nach S. 142, Abb. C der Punkt $P(a|0)$ in $P'(ak|0)$ über. Für die Strecken OP und OP' ist dann $\overline{OP'} = |k| \cdot \overline{OP}$. Es läßt sich zeigen, daß dann auch $\overline{P'Q'} = |k| \cdot \overline{PQ}$ für alle Strecken PQ gilt. $k \in \mathbb{R} \setminus \{0\}$ heißt *Streckungsfaktor.* Eine zentrische Streckung ist durch Z und k eindeutig bestimmt. Für $|k| > 1$ werden Figuren vergrößert, für $|k| < 1$ verkleinert, für $k = 1$ ergibt sich die identische Abb., für $k = -1$ eine Punktspiegelung.

Alle zentrischen Streckungen mit gemeinsamem Zentrum bilden bez. der Komposition eine Gruppe. Dagegen bildet die Menge aller zentrischen Streckungen keine Gruppe, da die Komposition einer Streckung mit dem Faktor $k \neq 1$ und einer Streckung mit dem Faktor k^{-1} bei verschiedenen Streckungszentren eine Translation liefert. Erst die Vereinigungsmenge aus allen zentrischen Streckungen und Translationen ist wieder eine Gruppe.

Ist die Komposition $\pi_3 := \pi_2 \circ \pi_1$ zweier zentrischer Streckungen selbst eine zentrische Streckung, so liegen die Zentren Z_1, Z_2 und Z_3 auf einer Geraden. Denn Z_1 muß sowohl durch π_2 als auch durch π_3 in denselben Punkt abgebildet werden (Abb. B).

Ähnlichkeitsabbildungen

Bei einer zentrischen Streckung besteht zwischen einer Figur und ihrem Bild eine enge Verwandtschaft, da viele Eigenschaften erhalten bleiben, z. B. Winkelgrößen und Umlaufssinn. Streckenlängen sind mit $|k|$, Flächeninhalte mit k^2 multipliziert.

Def. 2: Zwei Figuren heißen *perspektiv-ähnlich*, wenn sie durch eine zentrische Streckung aufeinander abgebildet werden können. Das Streckungszentrum heißt *Ähnlichkeitspunkt.*

Die eben genannten Eigenschaften mit Ausnahme der Erhaltung des Umlaufssinnes liegen auch noch vor bei Kompositionen von zentrischen Streckungen mit Kongruenzabb.

Def. 3: Die Komposition einer zentrischen Streckung mit einer Kongruenzabb. heißt *Ähnlichkeitsabb.*, und zwar gleichsinnige oder gegensinnige, je nachdem, ob der Umlaufssinn erhalten bleibt oder nicht.

Def. 4: Zwei Figuren heißen *ähnlich* (in Zeichen: $\sim$), wenn sie durch eine Ähnlichkeitsabb. aufeinander abgebildet werden können.

Bem.: Jede Ähnlichkeitsabb. ist eine orthogonale Kollineation und umgekehrt.
Jede gleichsinnige Ähnlichkeitsabb. ist entweder eine Translation oder die Komposition einer zentrischen Streckung und einer Drehung. Abb. C zeigt, daß es in letzterem Fall stets möglich ist, das Streckungszentrum so zu wählen, daß es mit dem Drehpunkt zusammenfällt. Eine solche Abb. heißt *Drehstreckung.*
Jede gegensinnige Ähnlichkeitsabb. ist die Komposition einer zentrischen Streckung und einer Spiegelung und wird *Spiegelstreckung* genannt. Das Streckungszentrum kann so gewählt werden, daß es auf der Spiegelachse liegt (Abb. D).

Die Menge aller Ähnlichkeitsabb. bildet bez. der Komposition die sog. *äquiforme Gruppe*, die die Gruppe der Kongruenzabb. als Untergruppe umfaßt.

Strahlensätze

Mittels zentrischer Streckungen lassen sich einige wichtige Sätze über Streckenverhältnisse begründen.

Satz 1: *Gehen zwei Geraden $g(A, B)$ und $g'(A', B')$ durch einen Punkt Z und gilt $AA' \parallel BB'$, so ist*
(1) $\overline{ZA} : \overline{ZB} = \overline{ZA'} : \overline{ZB'}$ *und*
(2) $\overline{AA'} : \overline{BB'} = \overline{ZA} : \overline{ZB}$ (Abb. E_1, E_2).

Dieser Satz wird häufig nur für Halbgeraden formuliert. Der erste Teil wird daher auch als *erster Strahlensatz*, der zweite Teil als *zweiter Strahlensatz* bezeichnet (Abb. E_1). Die Aussagen sind mit Einschränkungen umkehrbar:

Satz 2: *Gehen zwei Geraden $g(A, B)$ und $g'(A', B')$ durch einen Punkt Z und folgen die Punkte Z, A, B auf g in der gleichen Reihenfolge wie die entsprechenden Punkte Z, A', B' auf g', so folgt aus $\overline{ZA} : \overline{ZB} = \overline{ZA'} : \overline{ZB'}$, daß $AA' \parallel BB'$ gilt.*

Satz 3: *Ist $AA' \parallel BB'$ und liegt auf der Geraden $g(A, B)$ ein Punkt Z mit der Eigenschaft $\overline{AA'} : \overline{BB'} = \overline{ZA} : \overline{ZB}$, so liegt Z auch auf der Geraden $g'(A', B')$.*

Teilung einer Strecke

Die Strahlensätze liefern eine Lösung für das Problem der Teilung einer Strecke AB in einem vorgegebenen Verhältnis.

Liegt T auf $g(A, B)$ und ist $T \neq B$, so versteht man unter dem *Teilverhältnis*, in dem AB durch T geteilt wird, diejenige reelle Zahl λ, für die $\overrightarrow{AT} = \lambda \cdot \overrightarrow{TB}$ gilt. Es folgt $|\lambda| = \overline{AT} : \overline{TB}$. λ ist positiv *(innere Teilung)*, wenn T zwischen A und B liegt, sonst negativ *(äußere Teilung)*. Ist eine Strecke innen im Verhältnis λ und außen im Verhältnis $-\lambda$ geteilt, so sagt man, sie sei *harmonisch* im Verhältnis λ geteilt (vgl. S. 141, harmonische Punktepaare und S. 158, Abb. D, Teilpunkte T_i und T_a).

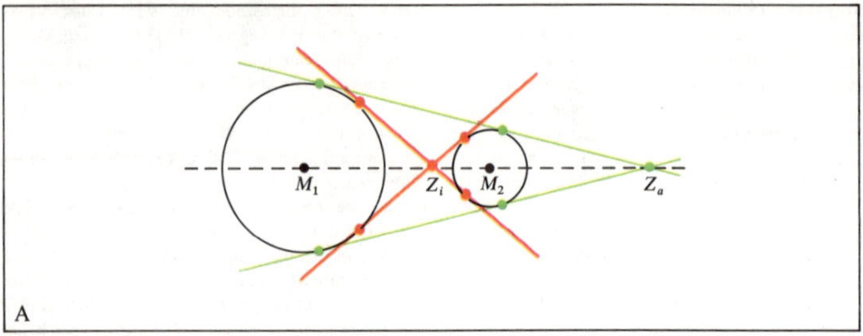

Ähnliche Kreise

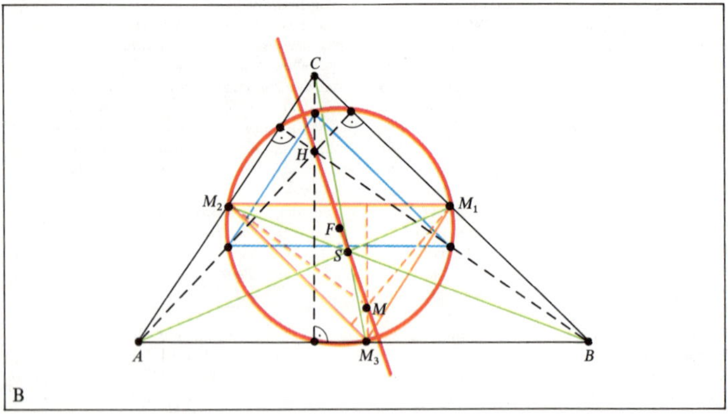

Euler-Gerade und Feuerbach-Kreis

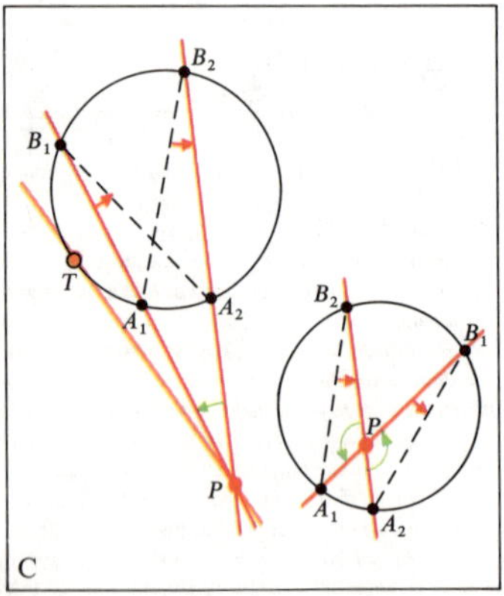

Potenzsatz

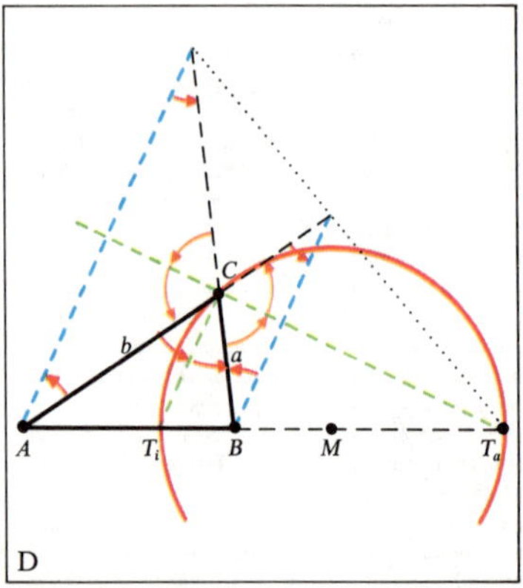

Apollonius-Kreis

Ähnlichkeit bei Dreiecken und Kreisen

Die Ähnlichkeitsrelation ist eine Äquivalenzrelation und erzeugt in der Menge aller Figuren der Ebene $\mathbb{R}^2$ eine Klasseneinteilung, die eine die Kongruenz verallgemeinernde geometrische Verwandtschaft zum Ausdruck bringt.

Zentrisch-ähnliche Dreiecke lagen schon bei der Konfiguration der affinen Form des Satzes von DESARGUES vor (S. 138, Abb. A_1). Als Umkehrung dieses Satzes gilt:

Satz 4: *Haben zwei nichtkongruente Dreiecke paarweise parallele Seiten, so sind sie perspektiv-ähnlich.*

Allgemein gilt für ähnliche Dreiecke, daß sie in den Verhältnissen entsprechender Seiten und den Größen entsprechender Winkel übereinstimmen. Um die Ähnlichkeit zweier Dreiecke behaupten zu können, braucht allerdings nicht die Übereinstimmung aller Seitenverhältnisse und Winkelgrößen nachgeprüft zu werden. Entsprechend den Kongruenzsätzen (S. 153) gelten folgende *Ähnlichkeitssätze*:

Satz 5: *Zwei Dreiecke sind ähnlich, wenn die drei Seiten des einen im gleichen Verhältnis stehen wie die des anderen.*

Satz 6: *Zwei Dreiecke sind ähnlich, wenn sie im Verhältnis zweier Seiten und der Größe des eingeschlossenen Winkels übereinstimmen.*

Satz 7: *Zwei Dreiecke sind ähnlich, wenn sie in der Größe zweier Winkel übereinstimmen.*

Satz 8: *Zwei Dreiecke sind ähnlich, wenn sie im Verhältnis zweier Seiten und der Größe des Gegenwinkels der größeren Seite übereinstimmen.*

Zum Beweis braucht jeweils das erste Dreieck nur so zentrisch gestreckt zu werden, daß ein Paar entsprechender Seiten gleiche Längen erhält.

Im Unterschied zu den Dreiecken gehören alle Kreise in dieselbe Äquivalenzklasse ähnlicher Figuren. Darüber hinaus gilt:

Satz 9: *Alle Kreise sind perspektiv-ähnlich.*

Sind die Radien zweier Kreise verschieden, so gibt es zwei Ähnlichkeitspunkte. Die zugehörigen Streckungsfaktoren sind bei dem einen positiv (äußerer Ähnlichkeitspunkt), bei dem anderen negativ (innerer Ähnlichkeitspunkt). Die Ähnlichkeitspunkte sind die Schnittpunkte der gemeinsamen äußeren bzw. inneren Tangenten beider Kreise (Abb. A).

EULER-Gerade und FEUERBACH-Kreis

Verbindet man die Seitenmittelpunkte M_1, M_2, M_3 eines Dreiecks ABC, so entsteht ein neues Dreieck mit halb so langen Seiten. Die beiden Dreiecke sind perspektiv-ähnlich. Der Ähnlichkeitspunkt ist der Schnittpunkt S der Seitenhalbierenden (Abb. C). Daraus folgt:

Satz 10: *Die Seitenhalbierenden eines Dreiecks schneiden sich im Verhältnis* $2:1$.

Die Höhen von $\triangle ABC$ gehen bei der zentrischen Streckung in diejenigen von $\triangle M_1 M_2 M_3$ über. Da diese gleichzeitig die Mittelsenkrechten von $\triangle ABC$ sind, geht der Höhenschnittpunkt H in den Schnittpunkt M der Mittelsenkrechten über. Damit ist der folgende Satz von EULER bewiesen:

Satz 11: *In jedem Dreieck sind der Schnittpunkt H der Höhen, der Schnittpunkt S der Seitenhalbierenden und der Schnittpunkt M der Mittelsenkrechten kollinear, und es gilt* $\overline{HS}:\overline{SM}=2:1$.

Die Gerade durch H, S und M heißt EULER-*Gerade* (Abb. C).

Wählt man H als Streckungszentrum und streckt $\triangle ABC$ mit $k=\frac{1}{2}$, so erhält man ein Dreieck, dessen Ecken H_1, H_2, H_3 die Mitten der oberen Höhenabschnitte sind. Dieses ist punktsymmetrisch zu $\triangle M_1 M_2 M_3$. Das Symmetriezentrum F liegt auf der EULER-Geraden und ist Mittelpunkt von HM. F ist gemeinsamer Umkreismittelpunkt von $\triangle H_1 H_2 H_3$ und $\triangle M_1 M_2 M_3$. Auf diesem Umkreis liegen nach dem Satz von THALES auch die Höhenfußpunkte von $\triangle ABC$. Der Kreis heißt FEUERBACH-*Kreis* oder *Neunpunktekreis* (Abb. B).

Potenzsatz

Zeichnet man durch einen Punkt P zwei Sekanten eines Kreises mit den Schnittpunkten A_1, B_1 bzw. A_2, B_2 (Abb. C), so sind die Dreiecke $\triangle PA_1B_2$ und $\triangle PA_2B_1$ ähnlich (Satz 7, S. 153 und Satz 7, S. 159). Daraus folgt $\overline{PA_1}:\overline{PB_2}=\overline{PA_2}:\overline{PB_1}$ oder $\overline{PA_1}\cdot\overline{PB_1}=\overline{PA_2}\cdot\overline{PB_2}$.

Satz 12: *Für jede Gerade durch einen Punkt P, die einen festen Kreis schneidet, ist das Produkt der Längen der von P aus gemessenen Sekantenabschnitte gleich groß. Liegt P außerhalb des Kreises, so hat auch das Quadrat des Tangentenabschnitts denselben Wert.*

Durch $p:=\langle\overrightarrow{PA},\overrightarrow{PB}\rangle$ (S. 193) kann man dem Produkt ein Vorzeichen geben. Es ist $p>0$ für Punkte im Äußeren des Kreises, $p<0$ für Punkte im Inneren des Kreises und $p=0$ für die Kreispunkte selbst. p heißt *Potenz* des Punktes P bez. des Kreises. Satz 12 wird daher auch *Potenzsatz* genannt. Punkte gleicher Potenz bez. zweier Kreise liegen auf einer Geraden, die senkrecht zur Verbindungsgeraden der Kreismittelpunkte verläuft. Sie heißt *Potenzlinie* der beiden Kreise. Schneiden sich die Kreise, so ist die Potenzlinie die Verbindungsgerade der Kreisschnittpunkte.

Der gemeinsame Schnittpunkt der Potenzlinien dreier Kreise heißt *Potenzzentrum* der drei Kreise.

APOLLONIUS-Kreis

Satz 13: *In jedem Dreieck teilen die Halbierungslinien eines Innen- und des zugehörigen Außenwinkels die gegenüberliegende Seite harmonisch im Verhältnis der anliegenden Seiten* (Abb. D).

Beachtet man noch, daß die beiden Winkelhalbierenden senkrecht aufeinander stehen, so ergibt sich:

Satz 14: *Die Menge aller Punkte, für die das Abstandsverhältnis von zwei festen Punkten A und B den konstanten Wert λ hat, ist der Kreis* (APOLLONIUS-*Kreis*), *der die Strecke T_iT_a zum Durchmesser hat, wobei T_i und T_a die Strecke AB harmonisch im Verhältnis λ teilen* (Abb. D).

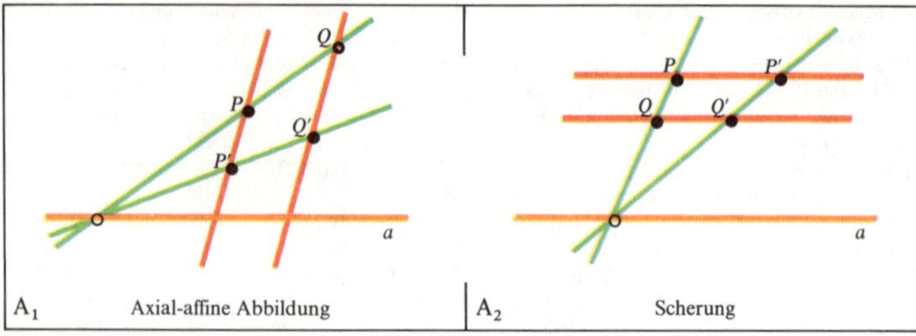

Perspektiv-affine Abbildungen

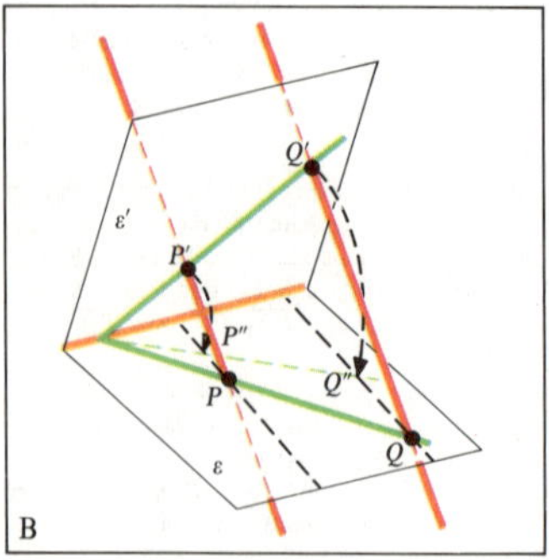

Parallelprojektion im Raum

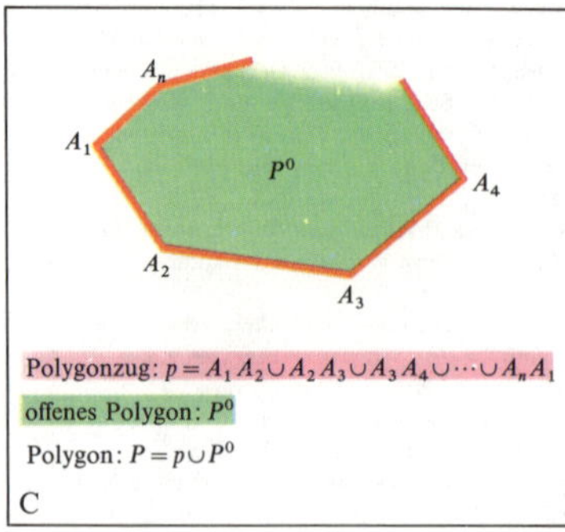

Polygon

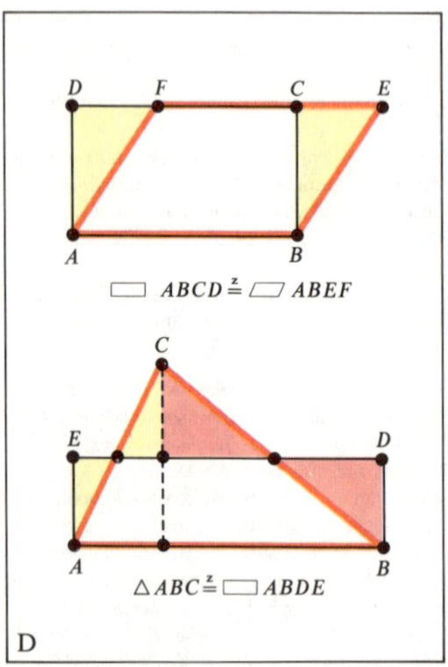

Zerlegungsgleichheit

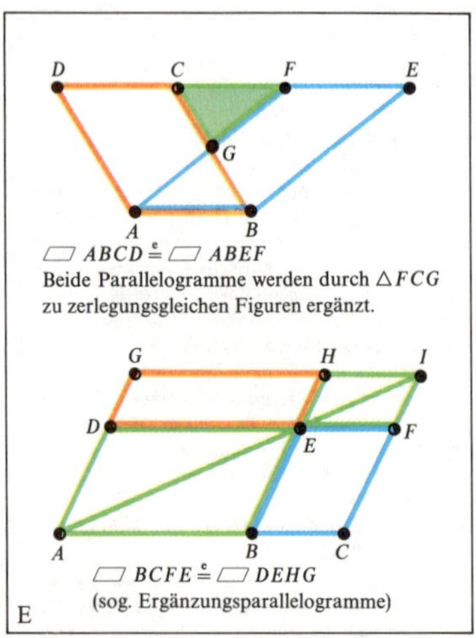

Ergänzungsgleichheit

Perspektiv-affine Abbildungen

Mit den Ähnlichkeitsabb. sind sämtliche orthogonalen Kollineationen erfaßt worden. Zu allgemeineren Kollineationen gelangt man von der Achsenspiegelung her, indem man die Eigenschaften, daß die Strecke PP' zur Achse senkrecht verläuft und durch sie halbiert wird, abschwächt.

Def. 1: Eine Kollineation, die eine Gerade a punktweise auf sich abbildet, und für die alle Geraden $g(P, P')$ durch Paare zugeordneter Punkte P und $P' \neq P$ parallel sind, heißt *perspektiv-affine Abb.* a heißt *Affinitätsachse*, die Geraden $g(P, P')$ *Affinitätsgeraden*. Sie legen die sog. *Affinitätsrichtung* fest.

Wird a von den Affinitätsgeraden geschnitten, so heißt die Abb. *axial-affine Abb.* (Abb. A_1), andernfalls *Scherung* (Abb. A_2).

Figuren, die durch eine perspektiv-affine Abb. aufeinander abgebildet werden können, heißen *perspektiv-affin.*

An Fixelementen existieren neben der Affinitätsachse als Fixpunktgerade alle Affinitätsgeraden als Fixgeraden. Parallelität bleibt erhalten, desgl. das Teilverhältnis einer Strecke.

Als Folgerung gilt, daß das Verhältnis der Abstände eines Punktes P und seines Bildpunktes P' von der Achse a für alle nicht auf a liegenden Punkte konstant ist. Dieses Verhältnis oder seine Gegenzahl heißt *Affinitätsverhältnis*, je nachdem, ob P und P' auf derselben oder verschiedenen Seiten von a liegen. Bei einer Scherung ist das Affinitätsverhältnis $k=1$. Bei $k=-1$ spricht man von einer *Affinspiegelung*. Verlaufen die Affinitätsgeraden senkrecht zu a, liegt eine sog. *senkrecht-affine Abb.* vor. Eine senkrechte Affinspiegelung ist eine Achsenspiegelung. Ein anderer Zugang zu den perspektiv-affinen Abb. ergibt sich, indem man zwei sich schneidende Ebenen des Raumes durch Parallelprojektion aufeinander abbildet (Abb. B) und die Ebenen um ihre gemeinsame Gerade a dreht, bis sie zusammenfallen. Man überzeugt sich leicht, daß man eine perspektiv-affine Abb. mit a als Affinitätsachse erhält.

Flächeninhalt von Polygonen

Weitere wichtige Eigenschaften perspektiv-affiner Abb. betreffen den *Flächeninhalt* von Figuren.

Hierzu betrachtet man zunächst zusammenhängende geschlossene Streckenzüge in der Ebene, bei denen jeder innere Punkt einer Strecke zu genau einer, jeder Eckpunkt einer Strecke zu genau zwei Strecken gehört. Solche Streckenzüge *(einfach-geschlossene Polygonzüge)* zerlegen die Ebene in zwei Gebiete (S. 235). Eines von ihnen ist jeweils beschränkt und wird *offenes Polygon*, seine abgeschlossene Hülle *Polygon* genannt (Abb. C). Der Flächeninhalt eines Polygons kann nun implizit def. werden:

Def. 2: Ist $\mathfrak{P}$ die Menge aller Polygone P der Ebene, so heißt die Abb. $I: \mathfrak{P} \to \mathbb{R}_0^+$ *Inhaltsfunktion*, wenn sie folgende Eigenschaften hat:

(I 1) $P_1 \equiv P_2 \Rightarrow I(P_1) = I(P_2)$,

(I 2) $P = P_1 \cup P_2 \wedge P_1^0 \cap P_2^0 = \emptyset$
$\Rightarrow I(P) = I(P_1) + I(P_2)$
(P_i^0 bedeutet den offenen Kern von P_i, S. 214).

(I 3) $I(E) = 1$ für ein Quadrat E der Seitenlänge 1.

Bem. 1: Entsprechend lassen sich Rauminhalte auf der Menge aller Polyeder im Raum def. (S. 173), wenn man nur in (I 3) Einheitswürfel statt Einheitsquadrat setzt.

Bem. 2: Verallgemeinerte Inhaltsfunktionen mit der Eigenschaft (I 2) der Additivität lassen sich statt auf $\mathfrak{P}$ auch auf anderen Mengensystemen $\mathfrak{M}$ def., solange $\mathfrak{M}$ mit zwei Mengen A und B stets auch $A \cup B$ und $A \setminus B$ enthält. Ein solches Mengensystem heißt *Mengenring* (vgl. auch Bd. II, Maßtheorie).

Aus Def. 2 lassen sich die bekannten Flächenformeln für Parallelogramm (Produkt der Streckenlängen einer Seite und der zugehörigen Höhe) und Dreieck (Hälfte des vorigen Produktes) herleiten. Dabei spielen zwei Begriffe eine wichtige Rolle:

Def. 3: Zwei Polygone heißen *zerlegungsgleich* (in Zeichen $\stackrel{z}{=}$), wenn sie in endlich viele paarweise kongruente Polygone zerlegt werden können, die keine inneren Punkte gemeinsam haben (Abb. D).

Def. 4: Zwei Polygone heißen *ergänzungsgleich* (in Zeichen $\stackrel{e}{=}$), wenn sie durch endlich viele paarweise kongruente Dreiecke zu zerlegungsgleichen Polygonen ergänzt werden können (Abb. E).

Zerlegungsgleiche Polygone haben wegen (I 2) gleichen Flächeninhalt.

Ergänzungsgleiche Polygone sind nach einem Satz von BOLYAI stets auch zerlegungsgleich. Der Flächeninhalt eines Polygons läßt sich als Summe von Flächeninhalten von Dreiecken ermitteln. Man kann zeigen, daß das Ergebnis unabhängig ist von der Art der Zerlegung in Dreiecke (Triangulierung). Für perspektiv-affine Abb. gilt

Satz 1: *Das Verhältnis der Flächeninhalte perspektiv-affiner Dreiecke ist gleich dem Betrag des Affinitätsverhältnisses. Bei positivem k haben die Dreiecke gleichen, bei negativem k verschiedenen Umlaufssinn.*

Der Beweis wird zunächst für Dreiecke mit einer zur Affinitätsachse parallelen Seite, dann für beliebige Dreiecke geführt. Der Satz läßt sich auf Polygone und durch Polygone approximierbare Flächen verallgemeinern.

Aus Satz 1 folgt, daß das Verhältnis der Flächeninhalte zweier Figuren bei perspektiv-affinen Abb. erhalten bleibt.

Gruppen perspektiv-affiner Abbildungen

Bez. der Komposition bildet die Menge aller Scherungen mit gemeinsamer Achse eine Gruppe, desgl. die Menge aller perspektiv-affinen Abb. mit gemeinsamer Achse. Die erste der genannten Gruppen ist komm., die zweite nicht.

Im Unterschied hierzu ist die Komposition zweier beliebiger perspektiv-affiner Abb. zwar eine Kollineation, aber i. a. keine perspektiv-affine Abb. mehr.

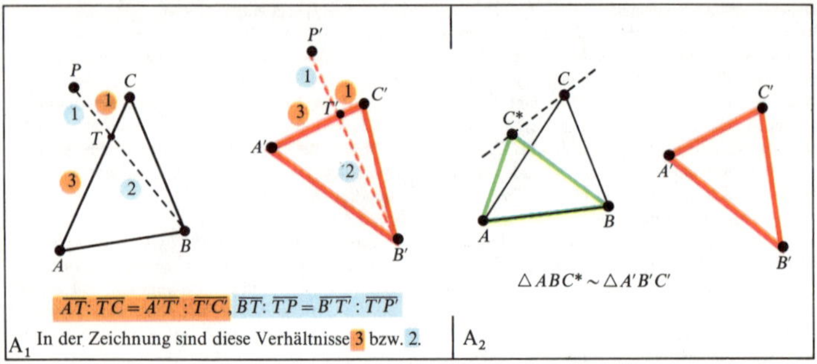

Affine Abbildungen

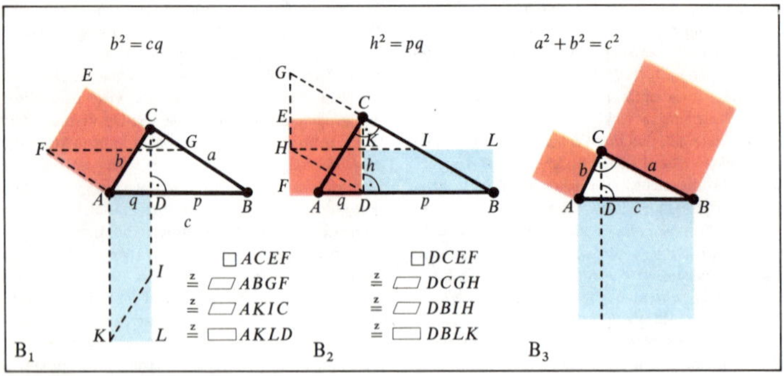

Satzgruppe des PYTHAGORAS

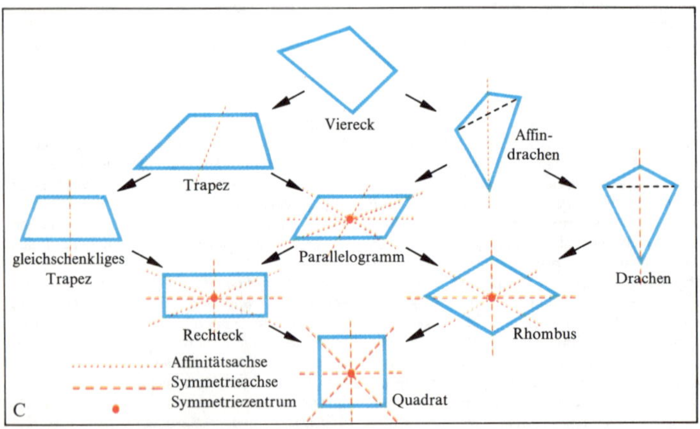

Klassifizierung der Vierecke

Allgemeine affine Abbildungen

Def. 5: Die Komposition einer perspektiv-affinen Abb. und einer Ähnlichkeitsabb. heißt *affine Abb.* Figuren, die durch eine affine Abb. aufeinander abgebildet werden können, heißen *affin.*

Das Teilverhältnis einer Strecke, das Verhältnis der Flächeninhalte zweier Figuren und die Parallelität von Geraden bleiben auch bei affinen Abb. erhalten.

Es läßt sich zeigen, daß jede affine Abb. auch als Komposition von höchstens drei perspektiv-affinen Abb. aufgefaßt werden kann. Die affinen Abb. stellen darüber hinaus bereits die allgemeinsten Kollineationen der Ebene der euklidischen Elementargeometrie dar. Es gilt:

Satz 2: *Jede Kollineation des* $\mathbb{R}^2$ *ist eine affine Abb. Sie kann eindeutig festgelegt werden durch Vorgabe dreier nicht-kollinearer Punkte und ihrer Bildpunkte.*

Beweis: Aus der Bijektivität der Abb. folgt, daß Parallelität erhalten bleibt, damit bleibt aber auch der Mittelpunkt einer Strecke erhalten, da jede Strecke mit ihrem Mittelpunkt als Diagonale eines Parallelogramms mit dem Diagonalenschnittpunkt aufgefaßt werden kann. Hieraus kann auf die Erhaltung des Teilverhältnisses einer Strecke geschlossen werden. Sind nun drei nichtkollineare Punkte A, B, C mit ihren Bildpunkten A', B', C' vorgegeben, so läßt sich wegen der Erhaltung des Teilverhältnisses der Bildpunkt jedes beliebigen Punktes eindeutig konstruieren (Abb. A_1). Wählt man nun C^* so, daß $\triangle ABC^* \sim \triangle A'B'C'$ gilt, so sieht man, daß $\triangle ABC$ durch eine perspektiv-affine Abb. mit der Achse $g(A, B)$ in $\triangle ABC^*$ und dieses durch eine anschließende Ähnlichkeitsabb. in $\triangle A'B'C'$ überführt werden kann (Abb. A_2). Die Abb. ist also affin im Sinne von Def. 5.

Als Folgerung aus Satz 2 ergibt sich, daß je zwei Dreiecke affin sind.

Die Menge aller affinen Abb. bildet bez. der Komposition eine Gruppe, die *affine Gruppe.* Eine Klassifizierung innerhalb der affinen Abb. ist möglich nach der Art und Anzahl der Fixelemente. Eine affine Abb., die nicht perspektiv ist, hat keinen oder genau einen Fixpunkt. Bei einem Fixpunkt kann es keine, eine, zwei oder unendlich viele durch diesen Punkt gehende Fixgeraden geben. Im letzten Fall handelt es sich um eine zentrische Streckung. Eine affine Abb. mit mindestens zwei sich schneidenden Fixgeraden heißt EULER*affinität.* Eine solche Abb. ist die Komposition zweier axial-affiner Abb., bei denen jeweils die Achse der einen die Affinitätsrichtung der anderen bestimmt.

Satzgruppe des PYTHAGORAS

Nach den Ergebnissen von S. 161 bleibt bei einer Scherung der Flächeninhalt einer Figur erhalten, da das Affinitätsverhältnis den Wert 1 hat.

Mittels Scherungen lassen sich einige wichtige Flächensätze über rechtwinklige Dreiecke beweisen.

Satz 3 (Kathetensatz von EUKLID): *In jedem rechtwinkligen Dreieck ist das Quadrat über einer Kathete flächengleich dem Rechteck aus der Hypotenuse und der senkrechten Projektion der Kathete auf die Hypotenuse (in Formeln:* $a^2 = cp$ *bzw.* $b^2 = cq$*).*

Zum Beweis führt man nacheinander eine Scherung, eine Drehung um 90° und eine zweite Scherung durch (Abb. B_1).

Der Beweis läßt sich auch führen, indem man die Zerlegungsgleichheit der betreffenden Flächen zeigt.

Satz 4 (Höhensatz von EUKLID): *In jedem rechtwinkligen Dreieck ist das Quadrat über der Hypotenusenhöhe flächengleich dem Rechteck aus den senkrechten Projektionen der Katheten auf die Hypotenuse (Formel:* $h^2 = pq$*).*

Abb. B_2 zeigt einen auf Scherungen beruhenden Beweis.

Kathetensatz und Höhensatz gestatten Lösungen der Aufgaben, ein Rechteck in ein flächengleiches Quadrat zu verwandeln und Quadratwurzeln geometrisch zu konstruieren.

Bem.: Die angegebenen Formeln lassen sich statt als Produktgleichungen auch als Proportionen schreiben, die sich bereits allein mittels Ähnlichkeitsabb. herleiten lassen, da jedes rechtwinklige Dreieck zu seinen durch die Hypotenusenhöhe erzeugten Teildreiecken ähnlich ist.

Zweimalige Anwendung von Satz 3 führt zu

Satz 5 (Satz von PYTHAGORAS): *In jedem rechtwinkligen Dreieck ist die Summe der Flächeninhalte der Kathetenquadrate gleich dem Flächeninhalt des Hypotenusenquadrates (Formel:* $a^2 + b^2 = c^2$, Abb. B_3).

Dieser Satz ist umkehrbar. Gilt für die Seitenlängen a, b, c eines Dreiecks die Beziehung $a^2 + b^2 = c^2$, so ist das Dreieck rechtwinklig.

Klassifizierung von Dreiecken und Vierecken

Jede involutorische affine Abb. ist entweder eine Affinspiegelung (Sonderfall: Achsenspiegelung) oder eine Punktspiegelung. Diese Abbildungen können zur Klassifizierung geometrischer Figuren herangezogen werden, indem man fragt, welche Eigenschaften eine Figur haben muß, damit sie durch solche Abbildungen auf sich abgebildet werden kann. Bei Dreiecken sind nur Achsenspiegelungen für eine Klassifizierung brauchbar, da jedes Dreieck durch Affinspiegelung an einer Seitenhalbierenden auf sich abgebildet werden kann und punktsymmetrische Dreiecke nicht existieren. Man erhält unsymmetrische (0), gleichschenklige (1) und gleichseitige (3) Dreiecke. In Klammern ist die Anzahl der Symmetrieachsen angegeben. Ein Viereck, das durch Affinspiegelung auf sich abgebildet werden soll, hat entweder zwei parallele Seiten *(Trapez)* oder eine Diagonale, die durch den Diagonalenschnittpunkt halbiert wird *(Affindrachen).* Berücksichtigt man zusätzlich Achsen- und Punktsymmetrie, so ergibt sich die in Abb. C dargestellte Klassifizierung. Die Pfeile deuten den Übergang zu Spezialfällen an.

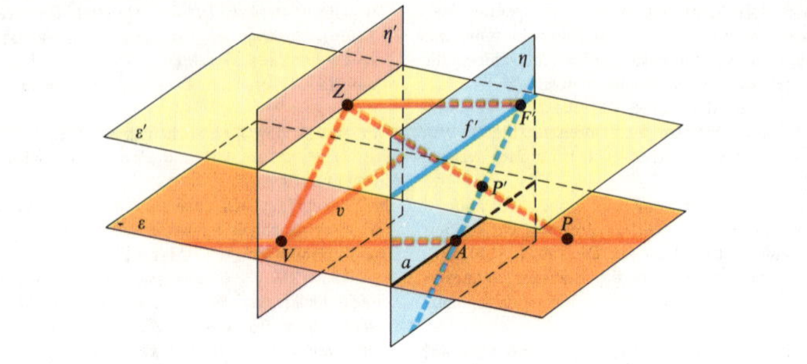

A

Zentralprojektion im Raum

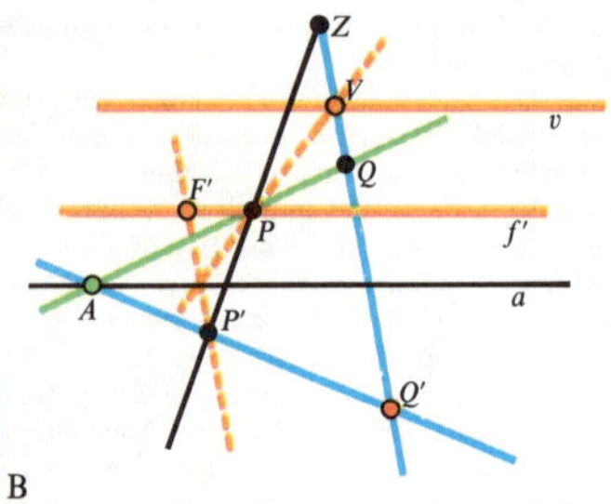

Gegeben: Z, a, P, P', wobei Z, P, P' kollinear sind.

Gesucht: Bildpunkt Q' eines beliebigen Punktes Q.

Man ermittelt den Schnittpunkt A von $g(P, Q)$ mit a und bringt $g(A, P')$ mit der Kollineationsgeraden $g(Z, Q)$ zum Schnitt.

Die Zeichnung zeigt weiter die Konstruktion des Verschwindungspunktes V von $g(Z, Q)$, sowie eines Fluchtpunktes F'.

B

Perspektive Kollineation

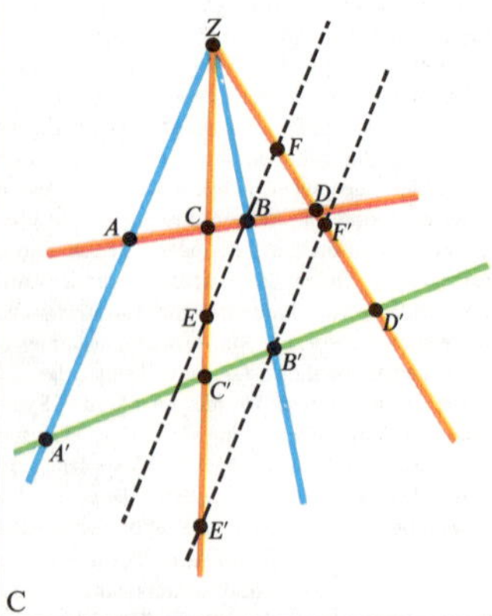

Man zieht durch B und B' die Parallelen zu $g(Z, A)$ und erhält auf $g(Z, C)$ bzw. $g(Z, D)$ die Schnittpunkte E, E' bzw. F, F'.

Die Beträge der Doppelverhältnisse

$$|\mathrm{DV}(A, B, C, D)| = \frac{\overline{AC}}{\overline{CB}} : \frac{\overline{AD}}{\overline{DB}} \quad \text{und}$$

$$|\mathrm{DV}(A, B, C, D)| = \frac{\overline{A'C'}}{\overline{C'B'}} : \frac{\overline{A'D'}}{\overline{D'B'}}$$

lassen sich dann mittels des zweiten Strahlensatzes umformen zu

$$|\mathrm{DV}(A, B, C, D)| = \frac{\overline{AZ}}{\overline{BE}} : \frac{\overline{AZ}}{\overline{BF}} = \frac{\overline{BF}}{\overline{BE}}$$

$$|\mathrm{DV}(A, B, C, D)| = \frac{\overline{A'Z}}{\overline{B'E'}} : \frac{\overline{A'Z}}{\overline{B'F'}} = \frac{\overline{B'F'}}{\overline{B'E'}}$$

Die Gleichheit der rechts stehenden Verhältnisse ergibt sich durch zentrische Streckung von Z aus. Aus der Lage der Punkte folgt weiter, daß beide Doppelverhältnisse gleiche Vorzeichen haben.

C

Invarianz des Doppelverhältnisses

Zentralprojektionen im Raum $\mathbb{R}^3$

Die affinen Abbildungen stellen die allgemeinsten Kollineationen im $\mathbb{R}^2$ dar. Auf S. 161 wurde angedeutet, wie man die perspektiv-affinen Abbildungen durch Parallelprojektion im Raum gewinnen kann. Dieses Verfahren scheint zunächst verallgemeinerungsfähig zu sein, indem man als projizierende Geraden, die die beiden Ebenen ε und ε' aufeinander abbilden sollen, nicht Parallelen, sondern Geraden durch einen festen Punkt Z außerhalb von ε und ε' wählt (Zentralprojektion). Sind ε und ε' parallel, so ergibt sich eine zentrische Streckung im Raum. Haben dagegen ε und ε' eine gemeinsame Gerade a, so ist die Zentralprojektion keine bijektive Abb. zwischen ε und ε' mehr. Sind nämlich η bzw. η' die zu ε bzw. ε' parallelen Ebenen durch Z, und ist v die Schnittgerade von ε und η', f' diejenige von ε' und η, so stellt man fest (Abb. A), daß v kein Bild in ε' und f' kein Urbild in ε hat. Man nennt v *Verschwindungsgerade* und f' *Fluchtgerade.*

Zentralprojektionen im Raum $P^3(\mathbb{R})$

Diese Ausnahmen lassen sich beseitigen, indem man die Ebenen ε und ε' nach dem auf S. 139 entwickelten Verfahren je durch uneigentliche Punkte und eine uneigentliche Gerade zu projektiven Ebenen erweitert. Dann läßt sich der Geraden v die uneigentliche Gerade von ε' punktweise zuordnen, andererseits geht die uneigentliche Gerade von ε punktweise in die Gerade f' über. Erweitert man im euklidischen Raum $\mathbb{R}^3$ alle Ebenen durch uneigentliche Elemente, wobei parallele Ebenen gleiche uneigentliche Geraden erhalten, und faßt man alle uneigentlichen Elemente zur uneigentlichen Ebene des Raumes zusammen, so erhält man den projektiven Raum $P^3(\mathbb{R})$. In ihm stellt eine Zentralprojektion zwischen je zwei projektiven Ebenen, auch wenn diese parallel sind oder wenn eine Ebene die uneigentliche ist, eine bijektive Abb. dar.

Perspektive Kollineationen

Eine bijektive Abb. der projektiven Ebene $P^2(\mathbb{R})$, die durch Erweiterung der euklidischen Ebene $\mathbb{R}^2$ entstanden ist, auf sich erhält man, indem man bei der Zentralprojektion im Raum die Ebenen ε und ε' um die gemeinsame Gerade a dreht, bis sie zusammenfallen. Ist a die uneigentliche Gerade, so überführt man ε durch eine Translation in ε'.

Die Verbindungsgeraden entsprechender Punkte gehen auch jetzt noch durch einen Punkt Z, der Fixpunkt der Abb. ist, während a punktweise festbleibt. Es liegt eine perspektive Kollineation im Sinne von Def. 4, S. 141, auch *perspektiv-projektive Abb.* genannt, vor (Abb. B).

Man def. weiter:

Def. 1: Bei einer perspektiven Kollineation heißt der Fixpunkt Z *Kollineationszentrum*, die Fixgerade a *Kollineationsachse*, die Geraden durch Z *Kollineationsgeraden.*

Verschwindungsgerade v und Fluchtgerade f' sind zu a parallel. Eine Einteilung der Abb. in Homologien und Elationen ist gemäß Def. 5, S. 141 möglich.

Def. 2: Zwei Figuren heißen *perspektiv-projektiv*, wenn sie durch eine perspektive Kollineation aufeinander abgebildet werden können.

Die perspektiv-affinen Abb., zentrischen Streckungen und Translationen sind Sonderfälle perspektiver Kollineationen, wenn Z oder a oder beide uneigentlich sind und man sich auf die Abb. eigentlicher Elemente beschränkt.

Da Parallelen denselben uneigentlichen Punkt haben, schneiden sich ihre Bilder auf der Fluchtgeraden f'. Im Gegensatz zu affinen Abb. bleibt also Parallelität bei perspektiven Kollinationen nicht erhalten. Da ein Parallelogramm i. a. nicht wieder in ein Parallelogramm übergeht, bleiben der Mittelpunkt einer Strecke und allgemeiner das Teilverhältnis einer Strecke nicht erhalten, wohl dagegen der Quotient der Teilverhältnisse, in denen zwei Punkte eine Strecke teilen. Um dieses sog. Doppelverhältnis genau zu def., setzt man zunächst noch -1 als dasjenige Teilverhältnis fest, in dem der uneigentliche Punkt einer Geraden jede auf ihr liegende Strecke teilt.

Def. 3: Unter dem *Doppelverhältnis* $\mathrm{DV}(A, B, C, D)$ von vier paarweise verschiedenen kollinearen Punkten A, B, C, D versteht man, falls A und B eigentliche Punkte sind, den Quotienten der Teilverhältnisse, in denen C bzw. D die Strecke AB teilen. Ist A oder B uneigentlicher Punkt, so setzt man $\mathrm{DV}(A, B, C, D) := \mathrm{DV}(C, D, A, B)$.

Für eigentliche Punkte A, B, C, D gilt also $|\mathrm{DV}(A, B, C, D)| = \frac{\overline{AC}}{\overline{CB}} : \frac{\overline{AD}}{\overline{DB}}$. Man bestätigt ferner leicht, daß hier stets $\mathrm{DV}(A, B, C, D) = \mathrm{DV}(C, D, A, B)$ gilt.

Satz 1: *Das Doppelverhältnis von vier Punkten bleibt bei perspektiven Kollineationen erhalten* (Abb. C).

Satz 2: *Jede von der Identität verschiedene perspektive Kollineation hat außer dem Kollineationszentrum und den Punkten der Kollineationsachse keine weiteren Fixpunkte und außer der Kollineationsachse und den Kollineationsgeraden keine weiteren Fixgeraden.*

Satz 3: *Die Menge aller perspektiven Kollineationen mit demselben Zentrum Z bildet bez. der Komposition eine Gruppe, desgl. die Menge aller perspektiven Kollineationen mit derselben Achse a.*

Projektive Kollineationen

Die Komposition beliebiger perspektiver Kollineationen ist i. a. nicht wieder eine Abb. dieser Art, sondern eine noch allgemeinere Abb., eine projektive Kollineation (Def. 6, S. 141), auch *projektive Abb.* genannt.

Es läßt sich zeigen, daß jede projektive Kollineation in $P^2(\mathbb{R})$ Komposition von höchstens fünf perspektiven Kollineationen ist. Übrigens ist jede projektive Kollineation auch als Komposition einer perspektiven Kollineation mit einer affinen Abb. darstellbar, wobei unter affiner Abb. in $P^2(\mathbb{R})$ eine Kollineation zu verstehen ist, die eigentliche Elemente auf eigentliche abbildet.

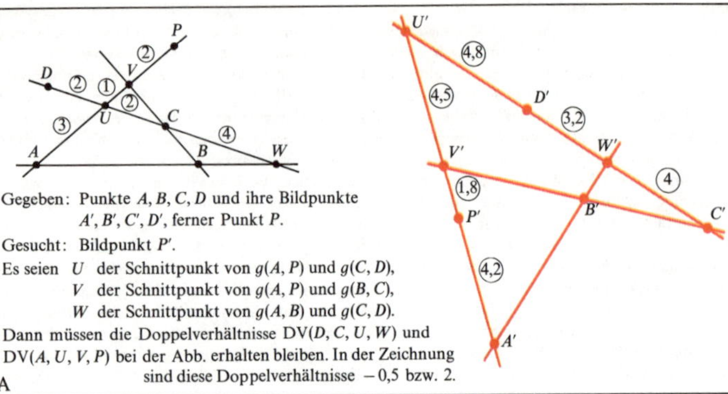

Gegeben: Punkte A, B, C, D und ihre Bildpunkte A', B', C', D', ferner Punkt P.

Gesucht: Bildpunkt P'.

Es seien U der Schnittpunkt von $g(A, P)$ und $g(C, D)$,
V der Schnittpunkt von $g(A, P)$ und $g(B, C)$,
W der Schnittpunkt von $g(A, B)$ und $g(C, D)$.

Dann müssen die Doppelverhältnisse $DV(D, C, U, W)$ und $DV(A, U, V, P)$ bei der Abb. erhalten bleiben. In der Zeichnung sind diese Doppelverhältnisse $-0{,}5$ bzw. 2.

A

Festlegung einer projektiven Kollineation

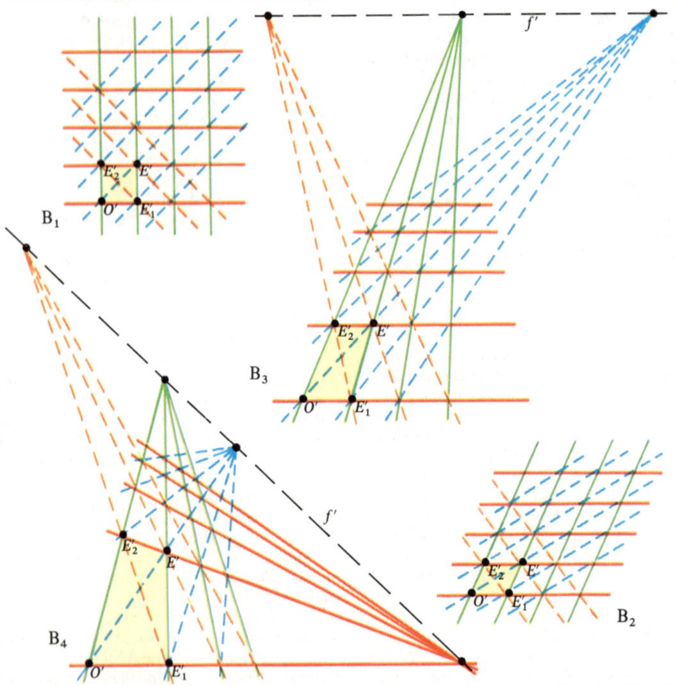

In Abb. B_1 liegt ein kartesisches, in B_2 ein beliebiges affines Koordinatennetz vor. In B_3 ist das Viereck $O'E'_1E'E'_2$ ein Trapez, in B_4 ein Viereck ohne parallele Seiten.

Möbius-Netze

Festlegung von Kollineationen

Satz 4: *Die Menge aller projektiven Kollineationen bildet bez. der Komposition eine Gruppe, die projektive Gruppe.*

Für $P^2(\mathbb{R})$ sind mit den projektiven Kollineationen alle Kollineationen überhaupt erfaßt worden. Es gilt:

Satz 5: *In* $P^2(\mathbb{R})$ *ist jede Kollineation projektiv.*

Dieser Satz gilt für allgemeinere projektive Räume, z. B. $P^2(\mathbb{C})$ nicht mehr.

Entsprechend zu Satz 2, S. 163, gilt:

Satz 6: *Jede projektive Kollineation kann eindeutig festgelegt werden durch Vorgabe von vier Punkten, von denen je drei nicht kollinear sind, und ihrer Bildpunkte.*

Abb. A zeigt das auf der Erhaltung des Doppelverhältnisses bei projektiven Kollineationen beruhende Konstruktionsverfahren zur Bestimmung des Bildpunktes P' eines beliebigen Punktes P.

An Fixelementen besitzt jede projektive Kollineation mindestens einen Fixpunkt und mindestens eine Fixgerade. Bleibt eine Gerade punktweise fest, so ist die Abb. eine perspektive Kollineation.

Diese Fixpunkteigenschaften widersprechen nicht denen bei affinen Abb. (S. 163), da die Abb. dort in $\mathbb{R}^2$ betrachtet wurden. Jede affine Abb. in $P^2(\mathbb{R})$ hat aber zusätzlich die uneigentliche Gerade als Fixgerade. Als Verallgemeinerung der affinen Verwandtschaft von Figuren ergibt sich jetzt die projektive Verwandtschaft:

Def. 4: Zwei Figuren heißen *projektiv*, wenn sie durch eine projektive Kollineation aufeinander abgebildet werden können.

Während alle Dreiecke affin waren, folgt aus Satz 6, daß alle Vierecke projektiv sind.

Bem.: Eine wichtige Anwendung von Satz 6 ist die Entzerrung von photographischen Luftaufnahmen in der sog. *Photogrammetrie.* Jede Photographie eines ebenen Geländes stellt nämlich eine Zentralprojektion dar. Die Lage eines jeden in einer solchen Photographie enthaltenen Geländepunktes kann daher maßstabsgetreu in einer Landkarte konstruiert werden, wenn die Lage von vier Geländepunkten auf der Karte festliegt. In der Praxis überzieht man, wenn diese Voraussetzung erfüllt ist, Luftaufnahme und Karte mit hinreichend engmaschigen sog. MÖBIUS-Netzen.

MÖBIUS-Netze

Def. 5: Das projektive Bild eines affinen Koordinatennetzes (Netz aus zwei Büscheln von abstandsgleichen Parallelen) heißt MÖBIUS-*Netz.*

Das affine Koordinatennetz selbst ist ebenfalls ein MÖBIUS-Netz.

Ein MÖBIUS-Netz läßt sich sofort konstruieren, wenn die Bildpunkte O', E_1', E_2', E' der Punkte $(0|0)$, $(1|0)$, $(0|1)$, $(1|1)$ vorliegen (Beispiele in Abb. B). Denn die affinen Parallelenbüschel gehen über in Büschel durch diejenigen Punkte der Fluchtgeraden, die man als Schnittpunkte gegenüberliegender Seiten im Vierseit $O'E_1'E'E_2'$ erhält. Auf der Fluchtgeraden schneiden sich aber auch die Bilder der Diagonalenbüschel des affinen Netzes. Mittels der Diagonalenschnittpunkte läßt sich ein MÖBIUS-Netz beliebig verfeinern. Damit kann jeder Punkt aus dem einen in das andere Netz mit beliebiger Genauigkeit übertragen werden.

Harmonische Punktepaare und Geradenpaare

Schon auf S. 141 wurden involutorische perspektive Kollineationen untersucht, die harmonischen Homologien. Man nennt sie auch *projektive Spiegelungen,* da sie sowohl die Affinspiegelungen, als auch die Punktspiegelungen umfassen. Bei ersteren ist das Kollineationszentrum, bei letzteren die Kollineationsachse uneigentlich. Bei einer harmonischen Homologie fallen Verschwindungsgerade und Fluchtgerade zusammen.

Sind P und P' zugeordnete Punkte, und schneidet die Kollineationsgerade $g(P, P')$ die Achse a in A, so heißen nach S. 141 die Punktepaare (P, P') und (Z, A) harmonisch. Aus der Invarianz des Doppelverhältnisses folgt

$$\mathrm{DV}(Z, A, P, P') = \mathrm{DV}(Z, A, P', P).$$

Andererseits läßt sich aus Def. 3 folgern, daß das zweite Doppelverhältnis die Kehrzahl des ersten ist. Das ist nur möglich, falls $\mathrm{DV}(Z, A, P, P') = -1$ ist. Der Wert $+1$ scheidet aus. Das Doppelverhältnis kann aufgrund der Def. nie 0 oder 1 sein.

Bei harmonischen Punktepaaren teilen also die Punkte des einen Paares die von den anderen Punkten begrenzte Strecke so, daß die Teilverhältnisse gleichen Betrag, aber verschiedene Vorzeichen haben (sog. *harmonische Teilung einer Strecke*).

Gilt umgekehrt für vier Punkte $\mathrm{DV}(Z, A, P, P') = -1$, so ist jede Homologie mit dem Zentrum Z, deren Achse durch A läuft und die P in P' überführt, harmonisch.

Wegen der Invarianz des Doppelverhältnisses gehen harmonische Punktepaare bei projektiven Kollineationen wieder in harmonische Punktepaare über. Entsprechendes gilt für harmonische Geradenpaare (g_1, g_2) und (g_3, g_4), das sind Paare, die durch einen Punkt S laufen und eine nicht durch S gehende Gerade in harmonischen Punktepaaren schneiden. Sie schneiden jede solche Gerade in harmonischen Punktepaaren.

Kegelschnitte

Die projektiven Koordinaten der Punkte einer Geraden erfüllen eine lineare Gleichung. Daneben untersucht man in $P^2(\mathbb{R})$ auch Punktmengen mit ihren projektiven Bildern, für deren Koordinaten eine symmetrische quadratische Form den Wert 0 hat (S. 199). Hierzu gehört insbesondere der Kreis. Seine Bilder können durch Zentralprojektion im Raum als ebene Schnittfiguren eines Kreiskegels erhalten werden. Es handelt sich um eine Ellipse, Parabel oder Hyperbel, je nachdem ob die Kurve keinen, einen oder zwei uneigentliche Punkte hat. Gibt man in $P^2(\mathbb{R})$ die Unterscheidung in eigentliche und uneigentliche Punkte auf, so erhält man einen einheitlichen Kurventyp, der bei allen projektiven Kollineationen erhalten bleibt.

Abbildung der Basisvektoren eines kartesischen Koordinatensystems:

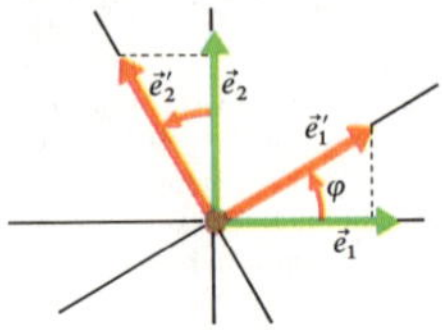

$$\vec{e}_1' = \cos\varphi\,\vec{e}_1 + \sin\varphi\,\vec{e}_2\,,$$
$$\vec{e}_2' = -\sin\varphi\,\vec{e}_1 + \cos\varphi\,\vec{e}_2\,.$$

Abbildung beliebiger Vektoren:

$$\vec{v} = x_1\vec{e}_1 + x_2\vec{e}_2\,,$$
$$\vec{v}' = x_1\vec{e}_1' + x_2\vec{e}_2'\,,$$
$$= (x_1\cos\varphi - x_2\sin\varphi)\,\vec{e}_1 + (x_1\sin\varphi + x_2\cos\varphi)\,\vec{e}_2\,,$$
$$\vec{v}' = \begin{pmatrix}\cos\varphi & -\sin\varphi\\ \sin\varphi & \cos\varphi\end{pmatrix}\cdot\vec{v} = A\,\vec{v}\,.$$

Die Matrix $A = \begin{pmatrix}\cos\varphi & -\sin\varphi\\ \sin\varphi & \cos\varphi\end{pmatrix}$ ist orthogonal, und es gilt $\det A = 1$.

A

Drehung

Abbildung der Basisvektoren eines kartesischen Koordinatensystems:

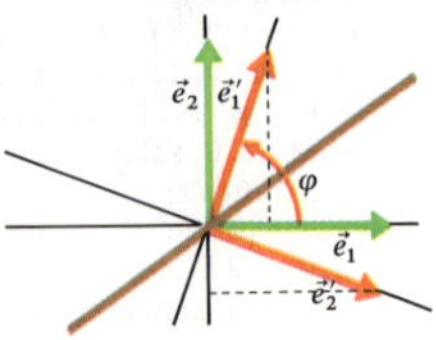

$$\vec{e}_1' = \cos\varphi\,\vec{e}_1 + \sin\varphi\,\vec{e}_2\,,$$
$$\vec{e}_2' = \sin\varphi\,\vec{e}_1 - \cos\varphi\,\vec{e}_2\,.$$

Abbildung beliebiger Vektoren:

$$\vec{v} = x_1\vec{e}_1 + x_2\vec{e}_2\,,$$
$$\vec{v}' = x_1\vec{e}_1' + x_2\vec{e}_2'\,,$$
$$= (x_1\cos\varphi + x_2\sin\varphi)\,\vec{e}_1 + (x_1\sin\varphi - x_2\cos\varphi)\,\vec{e}_2\,,$$
$$\vec{v}' = \begin{pmatrix}\cos\varphi & \sin\varphi\\ \sin\varphi & -\cos\varphi\end{pmatrix}\cdot\vec{v} = A\,\vec{v}\,.$$

Die Matrix $A = \begin{pmatrix}\cos\varphi & \sin\varphi\\ \sin\varphi & -\cos\varphi\end{pmatrix}$ ist orthogonal, und es gilt $\det A = -1$.

B

Geradenspiegelung

Durch $\vec{x}' = A\,\vec{x} + \vec{t}$ mit $\det A \neq 0$ wird eine affine Abb. beschrieben. Sie ist gleichsinnig, falls $\det A > 0$, gegensinnig, falls $\det A < 0$ ist. Flächeninhalte werden bei der Abbildung mit $|\det A|$ multipliziert. Gilt $|\det A| = 1$, so ist die Abbildung flächentreu. Bei $\det A = 1$ liegt eine Scherung, bei $\det A = -1$ eine Affinspiegelung vor.

Die Untersuchung der charakteristischen Gleichung $\det(A - \lambda E) = 0$ gestattet die Ermittlung der Eigenwerte und Eigenvektoren.

Eine Gerade durch einen Fixpunkt, die parallel zu einem Eigenvektor mit dem Eigenwert $\lambda = 1$ ist, bleibt punktweise fest. Existiert eine solche Gerade, so liegt eine perspektiv-affine Abbildung vor, und die Fixgerade ist Affinitätsachse.

Beispiel:

Abbildungsgleichung: $\vec{x}' = \begin{pmatrix}-1 & 1\\ 2 & 0\end{pmatrix}\cdot\vec{x} + \begin{pmatrix}-3\\ 3\end{pmatrix}$.

$$A - \lambda E = \begin{pmatrix}-1 & 1\\ 2 & 0\end{pmatrix} - \lambda\begin{pmatrix}1 & 0\\ 0 & 1\end{pmatrix} = \begin{pmatrix}-1-\lambda & 1\\ 2 & -\lambda\end{pmatrix},\quad \det(A - \lambda E) = \lambda^2 + \lambda - 2\,.$$

Charakteristische Gleichung: $\lambda^2 + \lambda - 2 = 0$.

Eigenwerte: $\lambda_1 = 1$, $\lambda_2 = -2$. Eigenvektoren: $\vec{v}_1 = \begin{pmatrix}1\\ 2\end{pmatrix}$, $\vec{v}_2 = \begin{pmatrix}1\\ -1\end{pmatrix}$.

Für Fixpunkte ergibt sich die Bedingung $x_2 = 2x_1 + 3$. Die hierdurch dargestellte Gerade ist zu $\vec{v}_1$ parallel, bleibt daher punktweise fest und ist Achse der perspektiv-affinen Abbildung. Der Eigenvektor $\vec{v}_2$ bestimmt die Affinitätsrichtung.

C

Affine Abbildungen

Abbildungen im Punktraum und im Vektorraum

Die verschiedenen Typen von Abb., die auf den vorhergehenden Seiten dargestellt wurden, lassen sich nach Einführung von Koordinaten durch Systeme von Abbildungsgleichungen $x_i' = f_i(x_1, x_2)$, $i \in \{1, 2\}$ beschreiben, die es gestatten, aus den Koordinaten eines vorgegebenen Punktes $P(x_1 \mid x_2)$ die Koordinaten des Bildpunktes $P'(x_1' \mid x_2')$ zu berechnen. Die Beschreibung wird für Kongruenz-, Ähnlichkeits- und affine Abb. besonders einfach, wenn man die euklidische Ebene $\mathbb{R}^2$ als Vektorraum über $\mathbb{R}$ auffaßt (vgl. S. 191, $\mathbb{R}^3$) und die Systeme der Abbildungsgleichungen als Vektorgleichungen $\vec{x}' = f(\vec{x})$ schreibt, wobei $\vec{x} = \overrightarrow{OP}$ den sog. *Ortsvektor* von P bezeichnet, der auf den Koordinatenursprung O bezogen ist. Da alle genannten Abb. Geraden in Geraden überführen und Parallelität und Teilverhältnisse erhalten, besitzt nicht nur jeder Punkt einen eindeutigen Bildpunkt, sondern auch jeder Vektor $\vec{v}$ als Klasse parallelgleicher Pfeile (S. 151) einen eindeutigen Bildvektor $\vec{v}'$. Da durch eine Translation jeder Vektor auf sich abgebildet wird, sind die Abbildungen $\hat{f}: V^2 \to V^2$ in der Menge V^2 aller Vektoren von $\mathbb{R}^2$ noch einfacher als die sie erzeugenden Punktabbildungen $f: \mathbb{R}^2 \to \mathbb{R}^2$.

Bei den Abbildungen $\hat{f}$ handelt es sich zunächst um lineare Abbildungen (S. 89), so daß die Abbildungsgleichungen in der Form $\vec{v}' = A\vec{v}$ geschrieben werden können, wobei A eine reguläre (2, 2)-Matrix (S. 89/91) mit reellen Koeffizienten ist. Es gilt also $\det A \neq 0$.

Kongruenzabbildungen

Die Vektorabbildungen $\hat{f}$ sind eindeutig bestimmt, wenn die Bilder $\vec{e}_1'$ und $\vec{e}_2'$ der Basisvektoren $\vec{e}_1$ und $\vec{e}_2$ bekannt sind. Liegt ein kartesisches Koordinatensystem vor (Basisvektoren senkrecht zueinander und gleich lang), so ergeben sich besonders einfache Verhältnisse. In Abb. A sind die Abbildungsgleichungen für eine Drehung um den Winkel φ hergeleitet, in Abb. B diejenigen für eine Geradenspiegelung. Auch hier ist der Winkel zwischen $\vec{e}_1$ und $\vec{e}_1'$ mit φ bezeichnet worden. Für die Matrizen A gilt $|\det A| = 1$. Bei einer Drehung ist $\det A = 1$, bei einer Spiegelung $\det A = -1$. Bildet man die transponierte Matrix $A^\top$ (S. 145) zu A, so gilt $A^\top = A^{-1}$, d.h. $A A^\top = E$, wobei E die Einheitsmatrix $\begin{pmatrix} 1 & 0 \\ 0 & 1 \end{pmatrix}$ bedeutet.

Man nennt solche Matrizen *orthogonal*. Für die Punktabbildungen f ist zu beachten, daß jede gleichsinnige Kongruenzabb. als Komposition einer Translation mit einer Drehung um den Ursprung, jede gegensinnige Kongruenzabb. als Komposition einer Translation mit einer Spiegelung an einer Geraden durch den Ursprung aufgefaßt werden kann. Man erhält dann mit dem Translationsvektor $\vec{t} = \overrightarrow{OO'}$ als Abbildungsgleichung $\vec{x}' = A\vec{x} + \vec{t}$. A hat die gleichen Eigenschaften wie vorher. Bei einer Translation ist $\varphi = 0$ und damit $A = E$.

Ähnlichkeitsabbildungen

Hier tritt bei der Abb. der Vektoren einfach der Streckungsfaktor k hinzu: $\vec{v}' = kA\vec{v}$, $k \neq 0$, $|\det A| = 1$, A orthogonal. Für die Punktabb. gilt entsprechend: $\vec{x}' = kA\vec{x} + \vec{t}$.

Für $\det A = 1$ sind die Abb. gleichsinnig, für $\det A = -1$ gegensinnig.

Mit $A^* = kA$ erhält man die Abbildungsgleichungen auch in der Form $\vec{v}' = A^*\vec{v}$ bzw. $\vec{x}' = A^*\vec{x} + \vec{t}$. Jetzt ist $|\det A^*| = k^2$ der Faktor, mit dem bei den Abb. die Flächeninhalte multipliziert werden.

Affine Abbildungen

Affine Abb. (reguläre aff. Abb. im Sinne der analytischen Geometrie, S. 199) sind lineare Abb., bei denen die Bilder dreier nichtkollinearer Punkte nach Satz 2, S. 163, vorgegeben werden können. Dann aber können auch die Bilder der Einheitsvektoren beliebig vorgegeben werden, sofern sie nur wieder linear unabhängig sind. Für die Matrix der Abb. bleibt damit allein die Bedingung, daß sie regulär ist. Die affinen Abb. in V^2 bzw. $\mathbb{R}^2$ können daher durch Gleichungen der Form $\vec{v}' = A\vec{v}$ bzw. $\vec{x}' = A\vec{x} + \vec{t}$ mit $\det A \neq 0$ beschrieben werden. Diese liefern auch umgekehrt stets affine Abb.

Ein Vektor $\vec{v}$, der durch eine affine Abb. $\hat{f}$ in einen kollinearen Vektor $\vec{v}'$ übergeht, heißt *Eigenvektor* von $\hat{f}$. Für Eigenvektoren gilt $A\vec{v} = \lambda\vec{v}$, d. h. $(A - \lambda E)\vec{v} = \vec{0}$. Diese Gleichung besitzt von $\vec{0}$ verschiedene Lösungen für $\vec{v}$ genau dann, wenn die quadratische Gleichung $\det(A - \lambda E) = 0$ *(charakteristische Gleichung)* für λ reelle Lösungen *(Eigenwerte)* besitzt. Damit ergibt sich die Möglichkeit, die Fixelemente der zu $\hat{f}$ gehörenden affinen Abb. f in $\mathbb{R}^2$ zu ermitteln. Eine Gerade g, die zu einem Eigenvektor parallel ist, geht durch f in eine Parallele über. Wird außerdem ein Punkt $P \in g$ auf einen Punkt $P' \in g$ abgebildet, so ist g Fixgerade. Insbesondere sind also diejenigen Geraden Fixgeraden, die zu einem Eigenvektor parallel sind und durch einen Fixpunkt laufen (Abb. C).

Kollineare Abbildungen in $P^2(\mathbb{R})$

Auch die projektiven Kollineationen in projektiven Räumen sind lineare Abb., wenn man homogene Punkt- bzw. Geradenkoordinaten (S. 143) verwendet. Die Kollineationen in $P^2(\mathbb{R})$ sind projektiv und führen als Punktabb. unter Verwendung der Vektorschreibweise auf Gleichungen der Form $\vec{x}' = A\vec{x}$ (S. 145). Hierbei sind jetzt $\vec{x} = \begin{pmatrix} x_0 \\ x_1 \\ x_2 \end{pmatrix}$ und $\vec{x}' = \begin{pmatrix} x_0' \\ x_1' \\ x_2' \end{pmatrix}$ dreikomponentige Vektoren und A eine reguläre (3,3)-Matrix mit reellen Koeffizienten.

Geht man mittels $x = \frac{x_1}{x_0}$, $y = \frac{x_2}{x_0}$ für die eigentlichen Punkte der Ebene zu affinen Koordinaten über, so kann man die Abbildungsgleichungen als sog. rationale Transformationen in der Form

$$x' = \frac{a_{11}x + a_{12}y + a_{13}}{a_{31}x + a_{32}y + a_{33}}, \quad y' = \frac{a_{21}x + a_{22}y + a_{23}}{a_{31}x + a_{32}y + a_{33}}$$

schreiben. Die a_{ik} sind die Elemente der obigen Matrix A. $a_{31}x + a_{32}y + a_{33} = 0$ ist die Gleichung der Verschwindungsgeraden.

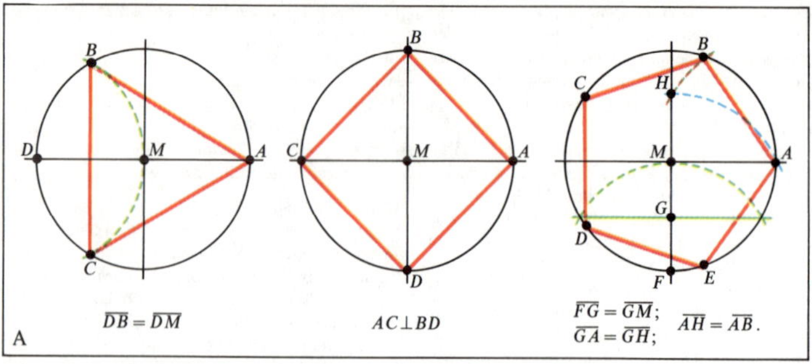

Konstruktion des regulären Dreiecks, Vierecks und Fünfecks

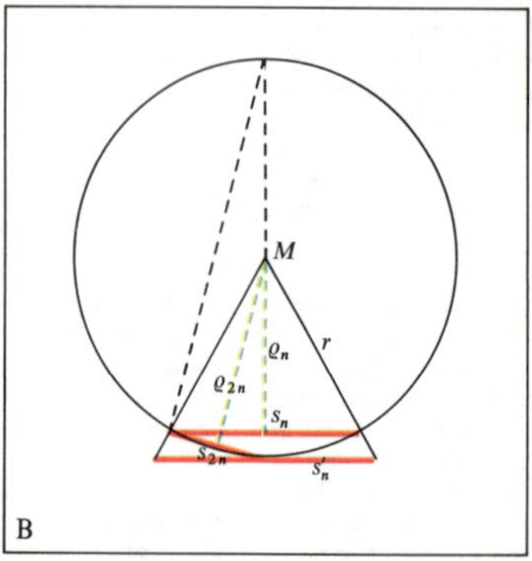

Einbeschriebene und umbeschriebene Vielecke

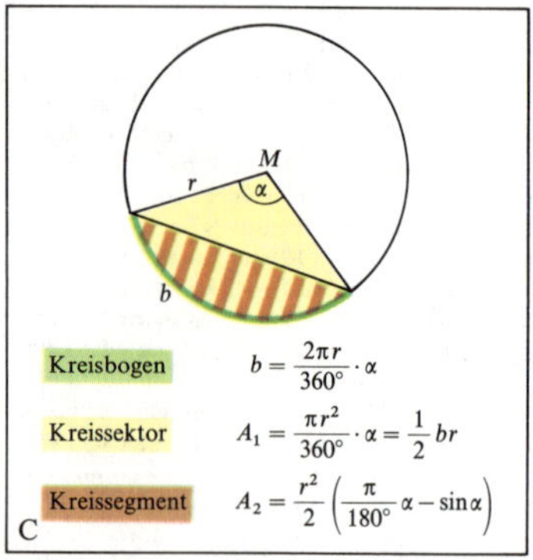

Kreisteile

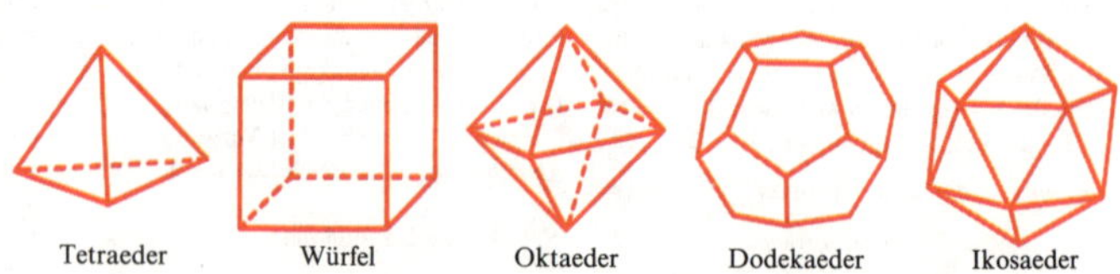

Name des Polyeders	Anzahl (und Art) der begrenzenden Flächen	Kanten	Ecken
reg. Tetraeder	4 (reg. Dreiecke)	6	4
Würfel (reg. Hexaeder)	6 (Quadrate)	12	8
reg. Oktaeder	8 (reg. Dreiecke)	12	6
reg. Dodekaeder	12 (reg. Fünfecke)	30	20
reg. Ikosaeder	20 (reg. Dreiecke)	30	12

D

Die regulären Polyeder

Reguläre *n*-Ecke

In der Ebene $\mathbb{R}^2$ kann man jeder Strecke eine reelle Zahl als Streckenlänge zuordnen (S. 50). Diese Zuordnung läßt sich nicht ohne weiteres auf Kurven übertragen. Am Beispiel des Kreisumfangs soll gezeigt werden, wie eine Def. der Kurvenlänge in gewissen Fällen möglich ist. Das Verfahren läßt sich mit den Mitteln der Analysis (Bd. II) erheblich verallgemeinern.

Ein *reguläres n-Eck* ($n \geqq 3$) ist ein geschlossener Polygonzug (S. 161) mit n Eckpunkten, bei dem alle Seiten gleiche Länge haben und alle Innenwinkel gleich groß sind. Jedes reg. n-Eck besitzt einen Umkreis, der durch alle Ecken läuft, und einen Inkreis, der alle Seiten berührt. Die Mittelpunkte von Umkreis und Inkreis fallen zusammen. Ist ein Kreis mit dem Mittelpunkt M und dem Radius r gegeben, so lassen sich ihm beliebige reg. n-Ecke einbeschreiben. In gewissen Fällen gelingt die Konstruktion mit Zirkel und Lineal (Abb. A, vgl. auch S. 115), so daß eine Berechnung der Seitenlänge s_n und des Umfangs $u_n = n s_n$ möglich ist.

Für den Inkreisradius ϱ_n gilt nach dem Satz von PYTHAGORAS:

$$\varrho_n^2 = r^2 - \left(\frac{s_n}{2}\right)^2, \quad \varrho_n = r\sqrt{1-\left(\frac{s_n}{2r}\right)^2} \text{ (Abb. B)}.$$

Eine zentrische Streckung von M aus mit dem Streckungsfaktor $k_n = \frac{r}{\varrho_n}$ führt zu einem dem gegebenen Kreis umbeschriebenen n-Eck. Für dessen Seitenlänge s'_n bzw. Umfang u'_n ergibt sich

$$s'_n = \frac{r}{\varrho_n} s_n, \quad u'_n = \frac{r}{\varrho_n} u_n \quad \text{(Abb. B)}.$$

Sind A und B zwei aufeinander folgende Ecken des einbeschriebenen n-Ecks, so liefert die Winkelhalbierende von $\sphericalangle AMB$ auf dem Kreis einen Schnittpunkt, der mit A und B zusammen drei Ecken des einbeschriebenen $2n$-Ecks liefert. Auch dessen Seite s_{2n} ist aus s_n nach dem Kathetensatz von EUKLID berechenbar: $s_{2n}^2 = 2r(r-\varrho_n)$, $s_{2n} = r\sqrt{2\left(1-\frac{\varrho_n}{r}\right)}$ (Abb. B).

Wie vorher gelingt dann auch die Berechnung des umbeschriebenen $2n$-Ecks.

Umfang des Kreises

Man geht nun von einem bestimmten Vieleck mit der Eckenzahl n_0 (etwa $n_0 = 6$, wobei $s_6 = r$ ist) aus und bildet eine Vielecksfolge durch fortgesetzte Verdopplung der Eckenzahl. Die Intervallfolge $((u_n, u'_n))$ mit $n = n_0 2^k$, $k \in \mathbb{N}$ stellt dann eine Intervallschachtelung (S. 63) dar. Es läßt sich leicht begründen, daß $u_{2n} > u_n$ und $u'_{2n} < u'_n$ gilt und die Differenzen $u'_n - u_n$ eine Nullfolge bilden. Die Intervallschachtelung repräsentiert eine reelle Zahl (S. 63). Diese ist unabhängig von der Wahl von n_0. Denn beginnt man eine zweite Vielecksfolge mit der Eckenzahl m_0 und eine dritte mit $n_0 m_0$, so führen einerseits die erste und die dritte, andererseits die zweite und die dritte sicher auf äquivalente Intervallschachtelungen im Sinne der Def. auf S. 63.

Die durch die Intervallschachtelung repräsentierte reelle Zahl ist größer als die Umfänge aller dem Kreis einbeschriebenen und kleiner als die Umfänge aller umbeschriebenen Vielecke und wird als *Kreisumfang* bezeichnet. Ist $r = 1$, so nennt man die Hälfte des Kreisumfangs π. Für beliebige Kreise gilt dann $u = 2\pi r$.

Das Verfahren ist für eine Def. des Kreisumfangs und den Existenznachweis sehr bequem, die praktische Durchführung dagegen ist sehr mühsam. Es geht auf ARCHIMEDES zurück, der es bis zum 96-Eck durchführte. Er fand $3\frac{10}{71} < \pi < 3\frac{10}{70}$.

Die Analysis liefert weit besser konvergierende Verfahren. Mittels unendlicher Reihen hat man π auf elektronischen Rechenanlagen auf mehr als 100000 Stellen berechnet, $\pi = 3.141592653589793\ldots$ LINDEMANN hat bewiesen, daß π eine transzendente Zahl ist. Daraus folgt, daß bei vorgegebenem Radius r die Konstruktion einer Strecke von der Länge des Kreisumfangs mit Zirkel und Lineal (*Rektifikation des Kreises*) nicht möglich ist (S. 115).

Flächeninhalt des Kreises

Bildet man statt der Umfänge die Flächeninhalte A_n und A'_n der einem Kreis ein- und umbeschriebenen reg. Polygone, so findet man $A_{2n} = \frac{r}{2} u_n$, $A'_n = \frac{r}{2} u'_n$.

Damit bilden auch die Intervalle (A_n, A'_n) mit $n = n_0 2^k$, $k \in \mathbb{N}$ eine Intervallschachtelung. Die repräsentierte reelle Zahl $A = \frac{r}{2} u = \pi r^2$ heißt *Flächeninhalt des Kreises*. Man kann die Kreisberechnung selbstverständlich auch mit der Flächenberechnung beginnen und mittels der Beziehung $A = \frac{r}{2} u$ anschließend den Umfang bestimmen. Formeln für häufig vorkommende Teile von Umfang und Flächeninhalt des Kreises finden sich in Abb. C.

Reguläre Polyeder

Eine Übertragung der Begriffsbildungen auf den Raum $\mathbb{R}^3$ führt zunächst zu den Analoga der reg. Polygone. Man nennt diese Körper *reguläre Polyeder*. Sie werden von kongruenten reg. n-Ecken begrenzt. Die in einer Ecke zusammenlaufenden Kanten bilden kongruente Eckenfiguren. Da ein n-Eck in $n-2$ Dreiecke zerlegt werden kann, beträgt die Größe eines Innenwinkels im reg. n-Eck $\frac{n-2}{n} 180°$. An jeder Ecke stoßen mindestens drei Flächen zusammen. Da die Summe der an einer Ecke liegenden Winkel aber kleiner als 360° sein muß, gibt es nur die Möglichkeiten, daß an jeder Ecke 3, 4 oder 5 gleichseitige Dreiecke, 3 Quadrate oder 3 reg. Fünfecke zusammenstoßen. Es sind damit fünf reg. Polyeder möglich (Abb. D).

Eine Übertragung des Verfahrens der Kreisberechnung auf die Kugel ist jetzt natürlich nicht ohne weiteres durchführbar. Um eine beliebig genaue Approximation der Kugel durch Polyeder zu erhalten, reichen die reg. Polyeder sicher nicht aus.

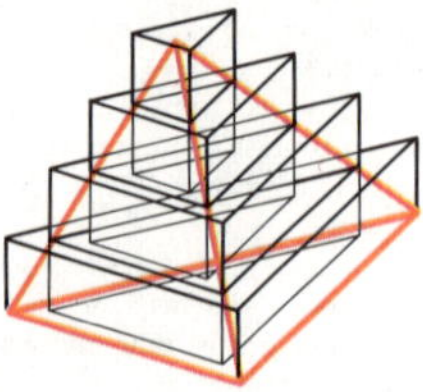

Unter Verwendung der Formel $\sum_{k=1}^{n} k^2 = \frac{n(n+1)(2n+1)}{6}$ erhält man für die Volumina von ein- und umbeschriebenen Treppenkörpern bei n Schichten:

$$V_n = \frac{h}{n} \cdot \sum_{k=1}^{n-1} G \frac{k^2}{n^2} = \frac{Gh}{n^3} \sum_{k=1}^{n-1} k^2 = \frac{1}{3} Gh\left(1 - \frac{1}{n}\right)\left(1 - \frac{1}{2n}\right),$$

$$V_n' = \frac{h}{n} \cdot \sum_{k=1}^{n} G \frac{k^2}{n^2} = \frac{1}{3} Gh\left(1 + \frac{1}{n}\right)\left(1 + \frac{1}{2n}\right).$$

Daraus folgt für die Pyramide $V = \frac{1}{3} Gh$.

A

Volumen der Pyramide

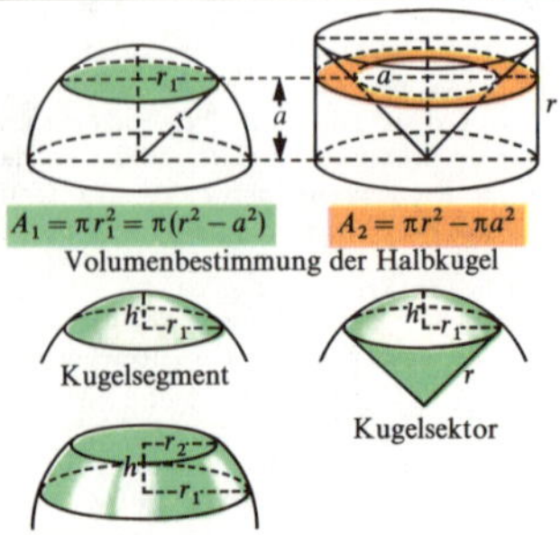

B

Kugel und Kugelteile

Prisma	$V = Gh$
Zylinder	$V = \pi r^2 h$
gerader Zylinder	$M = 2\pi rh$
Pyramide	$V = \frac{1}{3} Gh$
Pyramidenstumpf	$V = \frac{1}{3} h (G_1 + \sqrt{G_1 G_2} + G_2)$
Kegel	$V = \frac{1}{3} \pi r^2 h$
gerader Kegel	$M = \pi rs$
Kegelstumpf	$V = \frac{1}{3} \pi h (r_1^2 + r_1 r_2 + r_2^2)$
gerader Kegelstumpf	$M = \pi (r_1 + r_2) s$
Kugel	$V = \frac{4}{3} \pi r^3,\ A = 4\pi r^2$
Kugelsegment	$V = \frac{1}{3} \pi h^2 (3r - h)$
	$= \frac{1}{6} \pi h (3r_1^2 + h^2)$
	$M = 2\pi rh = \pi (r_1^2 + h^2)$
Kugelsektor	$V = \frac{2}{3} \pi r^2 h$
Kugelschicht	$V = \frac{1}{6} \pi h (3r_1^2 + 3r_2^2 + h^2)$
	$M = 2\pi rh$

C

Formeln zur Körperberechnung

Name des Polytops $\mathbb{R}^4$	Anzahl (und Art) der begrenzenden Körper	Flächen	Kanten	Ecken
reg. 5 – Zell	5 Tetraeder	10	10	5
reg. 8 – Zell	8 Würfel	24	32	16
reg. 16 – Zell	16 Tetraeder	32	24	8
reg. 24 – Zell	24 Oktaeder	96	96	24
reg. 120 – Zell	120 Dodekaeder	720	1200	600
reg. 600 – Zell	600 Tetraeder	1200	720	120

Name des Polytops $\mathbb{R}^n$ $(n \geqq 5)$	Anzahl und Art der begrenzenden $(n-1)$-dim. Polytope	k-dim. Polytope $(0 \leqq k \leqq n-1)$
reg. n-dim. Simplex	$n+1$ $(n-1)$-dim. Simplexe	$\binom{n+1}{k+1}$ k-dim. Simplexe
n-dim. Würfel	$2n$ $(n-1)$-dim. Würfel	$\binom{n}{k} 2^{n-k}$ k-dim. Würfel
reg. n-dim. 2^n-Zell	2^n $(n-1)$-dim. Simplexe	$\binom{n}{k+1} 2^{k+1}$ k-dim. Simplexe

n-dim. Volumen V_n		$(n-1)$-dim. Oberfläche A_n
$\frac{2\pi^{\frac{n}{2}}}{n \cdot \left(\frac{n}{2} - 1\right)!} r^n$, falls n gerade	$\frac{2^n \pi^{\frac{n-1}{2}} \left(\frac{n-1}{2}\right)!}{n!} r^n$, falls n ungerade	$\frac{n V_n}{r}$

D

Reguläre Polytope, Volumen und Oberfläche n-dimensionaler Kugeln

Prisma und Zylinder

Führt man mit einem Polygon P eine Translation im Raum durch, für die der Translationsvektor nicht parallel zur Ebene des Polygons ist, so überstreichen die Punkte des Polygons eine Punktmenge im Raum, die man als *Prisma* bezeichnet. Der Rand von P erzeugt dabei den *Mantel* des Prismas. P und sein Bild P' heißen *Grundflächen*, ihr Abstand heißt *Höhe* des Prismas. Ist der Translationsvektor senkrecht zur Ebene von P, so nennt man das Prisma *gerade*.

Überträgt man den Begriff der Zerlegungsgleichheit von Polygonen auf Polyeder, zu denen auch die Prismen gehören, so findet man, daß gerade Prismen mit zerlegungsgleichen Grundflächen und gleichen Höhen zerlegungsgleich sind. Die Bestimmung des Prismenvolumens ist damit in diesem Fall auf die eines *Quaders* (Prisma mit paarweise senkrechten Kanten) zurückführbar, dem man gemäß Def. 2 und Bem. 1, S. 161, durch Vergleich mit dem Einheitswürfel das Volumen $V = Gh$ zuordnen kann, wobei G den Flächeninhalt der Grundfläche und h die Höhe bedeutet.

Daß die gleiche Formel für beliebige Prismen gilt, kann in drei Schritten bewiesen werden:

(1) Jedes Prisma mit einem Parallelogramm als Grundfläche (*Spat*) ist zerlegungsgleich einem Quader mit flächengleicher Grundfläche und gleicher Höhe.

(2) Jedes dreiseitige Prisma ist zerlegungsgleich einem Spat mit flächengleicher Grundfläche und gleicher Höhe.

(3) Jedes Prisma läßt sich in endlich viele dreiseitige Prismen gleicher Höhe zerlegen, deren Grundflächen zusammen die Grundfläche des gegebenen Prismas bilden.

Wählt man statt des Polygons eine Kreisfläche (Radius r), mit der eine Translation durchgeführt wird, so erhält man statt eines Prismas einen *Zylinder*. Durch Grenzbetrachtungen wie bei der Kreisberechnung erhält man für das Volumen eines Zylinders $V = \pi r^2 h$ und, falls der Zylinder gerade ist, für den Flächeninhalt des Mantels $M = 2\pi r h$.

Pyramide und Kegel

Denkt man sich alle Punkte eines Polygons durch Strecken mit einem nicht in seiner Ebene liegenden Punkt S verbunden, so heißt die von allen Punkten dieser Strecken gebildete Punktmenge *Pyramide*. Die zu den Randpunkten von P gehörigen Strecken bilden den *Mantel* der Pyramide. Der Abstand des Punktes S von der Ebene des Polygons heißt *Höhe* der Pyramide. Die Volumenbestimmung bei Pyramiden ist schwieriger als bei Prismen. Insbesondere ist mit dem Begriff der Zerlegungsgleichheit hier nicht viel auszurichten. DEHN hat gezeigt, daß es Pyramiden mit gleicher Grundfläche und Höhe gibt, die nicht zerlegungsgleich sind. Man approximiert daher Pyramiden durch berechenbare Körper und def. ihr Volumen durch Intervallschachtelungen. Da jede Pyramide in dreiseitige zerlegt werden kann, genügt die Untersuchung dreiseitiger Pyramiden. Zur Volumenberechnung zerlegt man eine solche Pyramide – der Höhenfußpunkt liege im Innern der Grundfläche, auf diesen Fall läßt sich die Berechnung stets zurückführen – durch abstandsgleiche, zur Grundfläche parallele Ebenen in n Schichten ($n \in \mathbb{N}\setminus\{0\}$). Die Schnittflächen gehen aus der Grundfläche durch zentrische Streckung von S aus hervor. Die k. Schnittfläche hat daher den Flächeninhalt $G_k = \frac{k^2}{n^2} G$ (S. 157). Mit diesen Flächen als Grundflächen bildet man jetzt je einen aus Prismen aufgebauten ein- und umbeschriebenen Körper mit den Volumina V_n bzw. V_n'. $((V_n, V_n'))$ mit $n \in \mathbb{N}\setminus\{0\}$ ist dann eine Intervallschachtelung, die das Volumen der Pyramide repräsentiert. Einfache Grenzwertsätze der Analysis liefern $V = \frac{1}{3} G h$ (Abb. A).

Als Grenzfall der Pyramide erhält man den *Kegel* auf entsprechende Weise wie den Zylinder als Grenzfall des Prismas. Für das Kegelvolumen gilt deshalb $V = \frac{1}{3}\pi r^2 h$. Liegt ein gerader Kegel vor und ist s die Länge einer Seitenlinie, so ergibt sich die Größe der Mantelfläche zu $M = \pi r s$. Sie stimmt mit dem Flächeninhalt eines Kreissektors mit dem Radius s und der Bogenlänge $2\pi r$ überein, zu dem man den Kegelmantel durch Aufschneiden und Ausbreiten in die Ebene verformt denken kann.

Bem.: Die Begriffe Zylinder und Kegel lassen sich verallgemeinern, indem man statt der Kreisfläche andere krummlinig begrenzte Flächen als Grundflächen verwendet.

Kugel

Die Definition und Berechnung des Volumens einer Kugel gelingt entsprechend der Berechnung des Pyramidenvolumens mittels zylinderförmiger Scheiben durch Intervallschachtelung. Schon ARCHIMEDES hat nach einem verwandten Verfahren das Kugelvolumen bestimmt. Er stellte fest, daß eine Halbkugel und ein kegelförmig von der oberen zur Mitte der unteren Grundfläche ausgebohrter Zylinder bei gleicher Grundfläche und Höhe in jeder Höhe auf flächengleiche Schnittfiguren führen (Abb. B). Er schloß daraus auf Volumengleichheit.

Die Oberfläche der Kugel läßt sich approximieren entweder durch die Mäntel von Kegelstümpfen oder durch die Grundflächen von im Kugelmittelpunkt zusammenlaufenden Pyramiden. Formeln für die Kugel, Kugelteile und weitere Körper finden sich in Abb. C.

Bem. 1: In der Integralrechnung (Bd. II) werden die hier entwickelten Approximationsverfahren für Kurvenlängen, Flächen- und Rauminhalte weiter ausgebaut und kalkülmäßig entwickelt.

Bem. 2: Die Untersuchung von Polyedern und durch sie approximierbarer Körper läßt sich auf höherdimensionale Räume übertragen. Die Analoga der Polyeder heißen *Polytope*. Abb. D enthält Angaben über sämtliche regulären Polytope im $\mathbb{R}^n$ ($n \geqq 4$) und Inhaltsformeln für n-dimensionale Kugeln (*Hyperkugeln*).

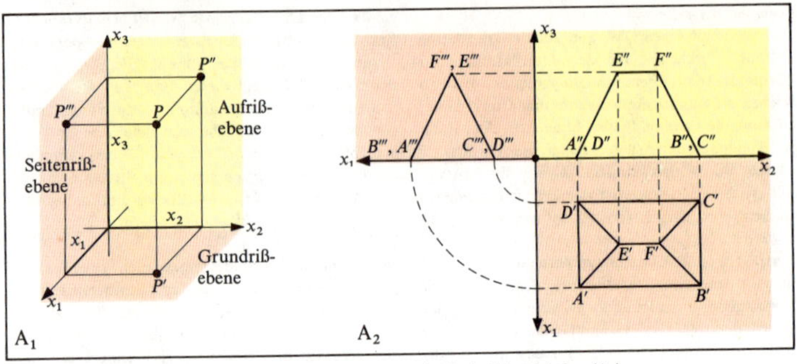

Räumliche Koordinaten und Normalrisse (A_1), Körper in Dreitafelprojektion (A_2)

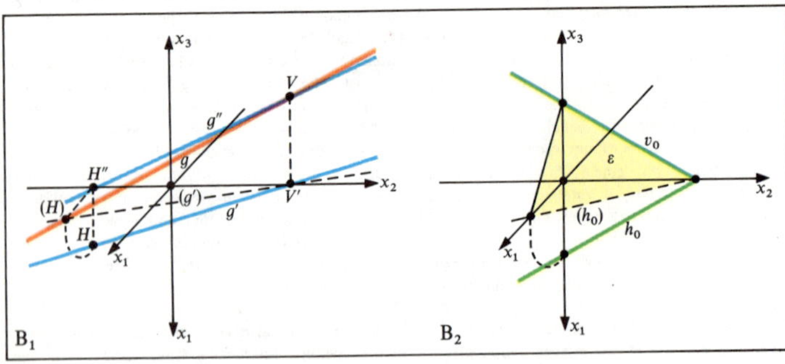

Spurpunkte einer Geraden (B_1) und Spurgeraden einer Ebene (B_2)

Gegeben: Ebene ε durch ihre Spuren h_0 und v_0, Gerade g durch ihre Risse g' und g''.
Gesucht: Schnittpunkt S von ε und g.

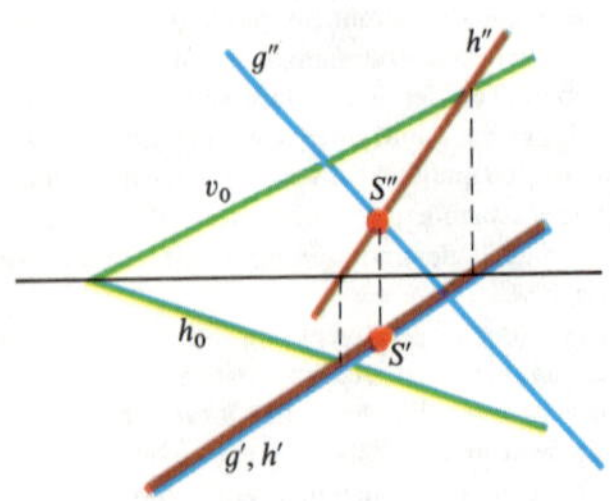

Als Hilfsgerade verwendet man diejenige Gerade h, die in ε liegt und denselben Grundriß wie g hat.

C

Schnittpunkt von Gerade und Ebene

Gegeben: Ebene ε durch ihre Spuren h_0 und v_0, Punkt P durch seine Risse P' und P''.
Gesucht: Fußpunkt S des Lotes l von P auf ε und Länge $\overline{PS}$.

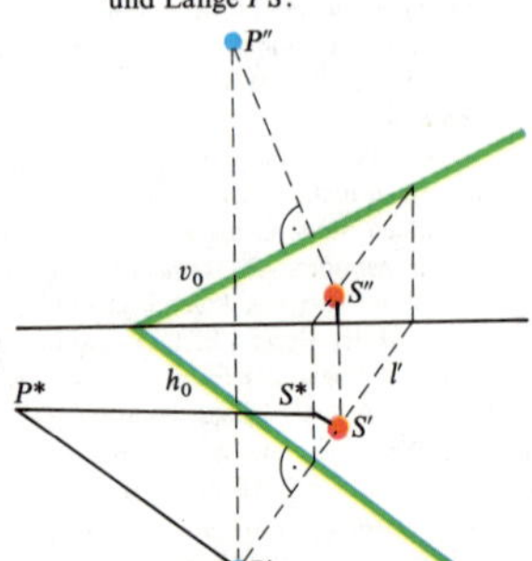

D $l' \perp h_0$, $l'' \perp v_0$, Konstruktion von S entsprechend Abb. C. $\overline{PS} = P^*S^*$.

Lot von einem Punkt auf eine Ebene

Aufgabe der darstellenden Geometrie

Die darstellende Geometrie stellt sich die Aufgabe, räumliche Gebilde so auf die Ebene $\mathbb{R}^2$ abzubilden, daß aus den Bildern wieder auf die Eigenschaften der Urbilder zurückgeschlossen werden kann. Die wichtigste Anforderung an solche Abb., daß Punkte in Punkte und Geraden in Geraden abgebildet werden, werden durch Projektionen erfüllt.

Bei Abb. in der Malerei und bei Photographien handelt es sich vorwiegend um Zentralprojektionen. Vergleichbar hiermit ist auch die Abb. im menschlichen Auge, wenn auch die Netzhaut keine ebene Fläche darstellt. Für technische Zeichnungen und Körperdarstellungen in der Mathematik bevorzugt man Parallelprojektionen. Obwohl diese Abb. meist einen guten räumlichen Eindruck vermitteln, haben sie den Nachteil, daß es sich nicht um bijektive Abb. handelt. Gerade an diesen ist aber die darstellende Geometrie ebenfalls interessiert.

Räumliche Koordinaten und Normalrisse

Legt man ein rechtwinkliges kartesisches Koordinatensystem im Raum zugrunde, so kann jedem Punkt P der abzubildenden Figur ein geordnetes Tripel $(x_1|x_2|x_3)$ reeller Zahlen zugeordnet werden und umgekehrt (Abb. A_1). Diese nennt man der Reihe nach *Abszisse*, *Ordinate* und *Kote*.

Für die Festlegung eines Polyeders (S. 241) genügt die Kenntnis der Koordinaten der Eckpunkte und die Angabe der Kanten. Auch bei vielen komplizierteren Gebilden reichen noch endlich viele derartige Koordinatenangaben aus.

Das Koordinatensystem stellt man sich üblicherweise so vor, daß die x_1-Achse nach vorn, die x_2-Achse nach rechts und die x_3-Achse nach oben weist.

Def. 1: Durch senkrechte Projektion des Punktes $P(x_1|x_2|x_3)$ in die Koordinatenebenen erhält man die *Normalrisse* von P, und zwar den *Grundriß* $P'(x_1|x_2|0)$, den *Aufriß* P'' $(0|x_2|x_3)$ und den *Seitenriß* P''' $(x_1|0|x_3)$ (Abb. A_1).

Im Aufriß einer Figur werden die von vorn sichtbaren Kanten ausgezogen, die nicht sichtbaren gestrichelt gezeichnet. Entsprechendes gilt für den Grundriß bei Blickrichtung von oben.

Der Grundriß werde nun um die x_2-Achse in die Aufrißebene nach unten umgeklappt, desgl. der Seitenriß um die x_3-Achse, und zwar nach rechts, wenn es sich um die Ansicht von links, nach links, wenn es sich um die Ansicht von rechts handelt. Die Senkrechten zur x_2-Achse heißen dann Grundrißordner (kurz: *Ordner*), diejenigen zur x_3-Achse Seitenrißordner. P' und P'' liegen dann auf einem Ordner, P'' und P''' auf einem Seitenrißordner.

Gepaarte Normalrisse

Sind die Bildpunkte eines Punktes in den drei in eine Ebene geklappten Rissen wie oben bezeichnet, so läßt sich offenbar aus dem Punktetripel (P', P'', P''') eindeutig wieder auf die räumliche Lage von P schließen. Doch genügen dazu bereits zwei der Risse. I.a. wählt man Grund- und Aufriß und nennt diese Darstellungsart *Zweitafelprojektion*. Die Abb. $\pi: \mathbb{R}^3 \to \mathbb{R}^2 \times \mathbb{R}^2$ def. durch $P \mapsto (P', P'')$ ist bijektiv. Je nach Form und Lage der abzubildenden Figur kann u.U. die Verwendung von Auf- und Seitenriß anschaulicher sein. Auch so erhält man eine bijektive Abb. Nimmt man alle drei Risse (*Dreitafelprojektion*, Abb. A_2), so gewinnt man ein solches Maß an Anschaulichkeit, daß man weitgehend auf die Kennzeichnung der Punkte verzichten kann.

Grund- und Aufriß von $P(x_1|x_2|x_3)$ fallen zusammen, falls $x_1 = -x_3$ ist. Alle Punkte mit dieser Eigenschaft bilden eine Ebene, die *Inzidenzebene*. Ist $x_1 = x_3$, so liegen die Bildpunkte im gleichen Abstand auf verschiedenen Seiten der x_2-Achse. Die Urbilder bilden die sog. *Koinzidenzebene*.

Jede Gerade im Raum wird bei Zweitafelprojektion auf ein Geradenpaar (g', g''), in besonderen Fällen auf einen Punkt und eine Gerade abgebildet.

Satz 1: *Zwei Geraden schneiden sich genau dann, wenn die Schnittpunkte ihrer Risse auf einem Ordner liegen.*

Def. 2: Der Durchstoßpunkt einer Geraden g mit der Grund- bzw. Aufrißebene heißt *Horizontalspurpunkt H* bzw. *Vertikalspurpunkt V* (Abb. B_1).

Def. 3: Die Schnittgerade einer Ebene ε mit der Grund- bzw. Aufrißebene heißt *Horizontalspur* h_0 bzw. *Vertikalspur* v_0 (Abb. B_2).

Satz 2: *Horizontal- und Vertikalspur einer Ebene schneiden sich auf der x_2-Achse oder sind zu ihr parallel.*

Satz 3: *Liegt eine Gerade g in einer Ebene ε, so liegen die Spurpunkte von g auf den entsprechenden Spurgeraden der Ebene.*

Def. 4: Geraden parallel zur Grundrißebene heißen *Höhenlinien*, parallel zur Aufrißebene *Frontlinien*.

Satz 4: *Steht eine Gerade g senkrecht zu einer Ebene ε, so ist ihr Grundriß senkrecht zu dem der Höhenlinien von ε, ihr Aufriß senkrecht zu dem der Frontlinien von ε.*

Satz 5: *Grund- und Aufriß einer ebenen Figur sind axial-affin* (S. 161). *Die Affinitätsachse ist dabei zugleich Grund- und Aufriß der Geraden, in der die Ebene der Figur die Inzidenzebene schneidet.*

Satz 6: *Die Spurpunkte einer Geraden und ihre Schnittpunkte mit Inzidenz- und Koinzidenzebene bilden harmonische Punktepaare.*

In der darstellenden Geometrie gibt es eine Vielzahl von Konstruktionsverfahren für Schnittpunkte, für Senkrechten und Parallelen, zur Bestimmung der wahren Größe von Strecken, Winkeln und Flächen, für *Schattenkonstruktionen* und *Durchdringungsfiguren*. Abb. C zeigt als Beispiel die Konstruktion des Schnittpunktes einer Geraden und einer Ebene, die durch ihre Spuren gegeben sind. In Abb. D sind eine Ebene und ein Punkt P vorgegeben. Der Fußpunkt des Lotes von P auf die Ebene ist zu konstruieren. Zur Bestimmung des Abstandes von Punkt und Ebene ist schließlich ein sog. *Stütztrapez* in die Bildebene umgeklappt worden.

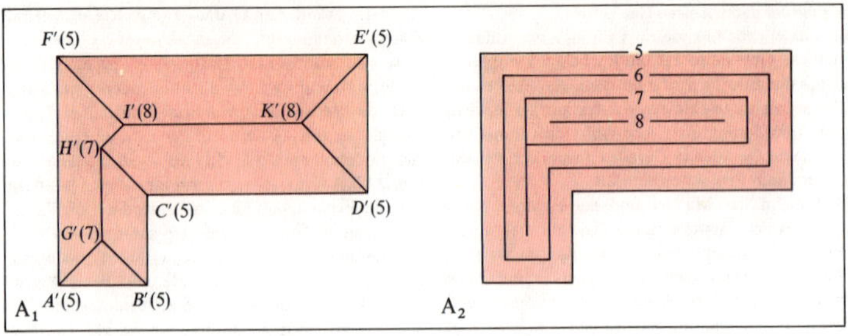

Kotierte Projektion (A_1) und Schichtenplan eines Daches (A_2)

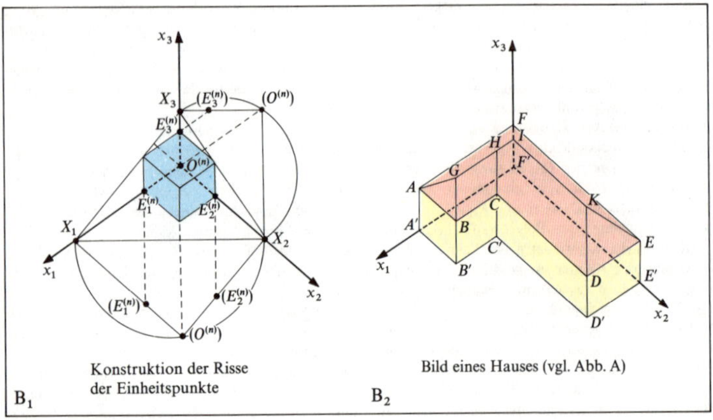

Normalaxonometrische Abbildung

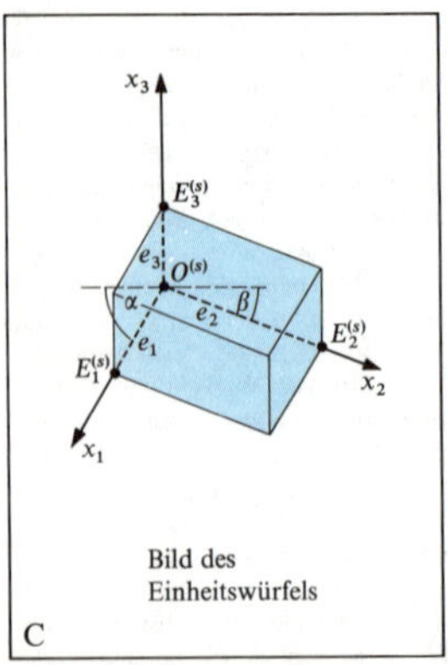

Schiefaxonometrische Abbildung

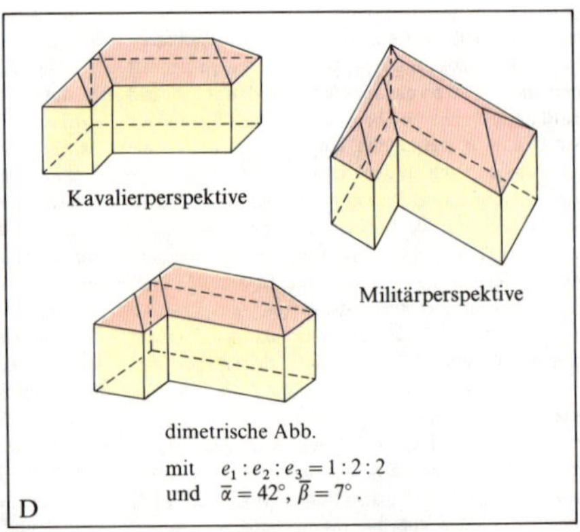

Gebräuchliche axonometrische Darstellungen

Kotierte Projektion

Eine andere Möglichkeit, eine senkrechte Parallelprojektion zu einer bijektiven Abb. zu erweitern, ist die, zum Grundriß P' eines Punktes P die *Kote* x_3 in Klammern hinzuzufügen. $P'(x_3)$ heißt *kotierter Grundriß* von P. Die Zuordnung $P \mapsto P'(x_3)$ def. eine bijektive Abb., die sog. *kotierte Projektion.*

Diese Projektionsart empfiehlt sich besonders für die Darstellung von Flächen im Raum, deren Grundrisse keine Überlagerungen aufweisen, z. B. Dächer (Abb. A_1), Böschungen, Geländeformen. Einige Landkartentypen enthalten sog. Schichtenpläne, in denen alle Punkte mit bestimmten ganzzahligen Koten miteinander zu einer *Höhenlinie* (*Isohypse*) verbunden sind (in Abb. A_2 für die Dachfläche der Abb. A_1 durchgeführt). Verwendet man Koten, die in gleichen Abständen aufeinander folgen, so gewinnt man eine anschauliche Vorstellung der dargestellten Fläche, da diese um so steiler verläuft, je dichter die Höhenlinien liegen. Eine Kurve, die alle Höhenlinien senkrecht schneidet *(Orthogonaltrajektorie)*, entspricht einer sog. *Fallinie*, auf der eine Kugel auf der Fläche herabrollen würde.

Normalaxonometrische Abbildung

Def. 5: Wird ein Körper zusammen mit einem kartesischen Achsenkreuz durch Parallelprojektion auf eine Ebene abgebildet, so spricht man von einer *parallelaxonometrischen Abb.*, das Bild heißt *parallelaxonometrischer Riß.*

Wichtig ist hier der Fall der *normalaxonometrischen Abb.*, bei der senkrecht zur Bildebene projiziert wird ($P^{(n)}$ Bildpunkt von P). Schneiden die Koordinatenachsen die Bildebene in X_1, X_2 und X_3 und ist $O^{(n)}$ das Bild des Ursprungs, so folgt aus Satz 4, daß $O^{(n)}$ Höhenschnittpunkt des Dreiecks $X_1X_2X_3$ ist. Dieses ist stets spitzwinklig, so daß $O^{(n)}$ im Innern des Dreiecks liegt. Man legt den Riß so, daß $O^{(n)}X_3$ nach oben weist. Abb. B_1 zeigt die Konstruktion der Bilder $E_1^{(n)}$, $E_2^{(n)}$, $E_3^{(n)}$ der Einheitspunkte, wobei die Dreiecke $O^{(n)}X_1X_2$ und $O^{(n)}X_3X_1$ in die Bildebene umgeklappt wurden. Weiter ist auch das Bild des Einheitswürfels eingetragen. Man erkennt leicht, daß nun die Bilder von Punkten mit beliebig vorgegebenen Koordinaten konstruierbar sind (Abb. B_2). Eine bijektive Abb. erhält man, indem man einem Punkt P das Punktepaar $(P^{(n)}, P'^{(n)})$ aus seinem normalaxonometrischen Riß und seinem sog. normalaxonometrischen Grundriß zuordnet. Letzterer stellt den normalaxonometrischen Riß des in der x_1x_2-Ebene gelegenen Grundrisses P' von P dar. Entsprechend könnte man den normalaxonometrischen Aufriß oder Seitenriß von P verwenden.

Schiefaxonometrische Abbildung

Auch bei allgemeinen parallelaxonometrischen, sog. *schiefaxonometrischen Abb.* legt man die Bilder von Ursprung und Einheitspunkten des Koordinatensystems fest ($P^{(s)}$ Bildpunkt von P). Diese Bilder liegen nicht alle auf einer Geraden, unterliegen aber sonst keinen Einschränkungen. Es gilt folgender Satz von POHLKE:

Satz 7: *Sind in einer Ebene vier nicht auf einer Geraden gelegene Punkte $O^{(s)}, E_1^{(s)}, E_2^{(s)}, E_3^{(s)}$ vorgegeben, so können sie stets als Bilder von Ursprung und Einheitspunkten eines kartesischen Koordinatensystems unter einer Parallelprojektion aufgefaßt werden.*

Man läßt $O^{(s)}E_3^{(s)}$ in der Zeichnung wieder nach oben weisen. Die Winkel zwischen $O^{(s)}E_1^{(s)}$ bzw. $O^{(s)}E_2^{(s)}$ und der Horizontale mögen mit α bzw. β bezeichnet werden, die Längen der Risse $O^{(s)}E_1^{(s)}$, $O^{(s)}E_2^{(s)}$, $O^{(s)}E_3^{(s)}$ mit e_1, e_2, e_3 (Abb. C). Neben der Größe von α und β sind im wesentlichen nur die Verhältnisse dieser Längen von Interesse. Winkelgrößen und Verhältnisse lassen sich zwar beliebig wählen, doch werden bestimmte Werte bevorzugt. Gilt $e_1 = e_2 = e_3$, so heißt die Abb. *isometrisch*, sind genau zwei der drei Längen gleich, so heißt sie *dimetrisch*, sind alle drei paarweise verschieden, so heißt sie *trimetrisch*.

Eine Abb. mit $e_2 = e_3$ und $\bar{\beta} = 0°$ heißt *Kavalierperspektive.* Ist $e_1 = e_2$ und gilt $\bar{\alpha} + \bar{\beta} = 90°$, so spricht man von *Militärperspektive.* Weitere beliebte Abb. sind die isometrischen mit $\bar{\alpha} = \bar{\beta} = 30°$ und die dimetrischen mit $e_1 : e_2 : e_3 = 1:2:2$, $\bar{\alpha} = 42°$, $\bar{\beta} = 7°$ (Abb. D). Im vorletzten Fall handelt es sich um normalaxonometrische Abb., im letzten mit großer Annäherung ebenfalls. Dies führt u. U. zu Vereinfachungen bei Konstruktionsaufgaben. So ist z. B. das schiefaxonometrische Bild einer Kugel eine Ellipse, das normalaxonometrische dagegen immer ein Kreis. Im übrigen kann man jedes schiefaxonometrische Bild einer Figur erhalten, indem man ein geeignetes affines Bild der Figur normalaxonometrisch abbildet. Auch schiefaxonometrische Abb. lassen sich durch Hinzunahme eines axonometrischen Grundrisses zu bijektiven Abb. erweitern.

Bem. 1: Die oberen Indices (n) und (s) werden mit Rücksicht auf die leichtere Lesbarkeit meistens weggelassen.

Bem. 2: Geht man von Parallel- zu Zentralprojektion über, lassen sich in entsprechender Weise auch zentralaxonometrische Risse konstruieren.

Kartenentwürfe

Besondere Probleme ergeben sich bei der ebenen Abb. der als Kugeloberfläche gedachten Erdoberfläche. Eine solche Abb. ist ohne Verzerrung nicht möglich. Es können nicht alle Entfernungen maßstabsgerecht abgebildet werden (*Längentreue*). Doch kann man erreichen, daß entweder Winkelgrößen erhalten bleiben (*Winkeltreue*) oder alle Flächen maßstabsgerecht abgebildet werden (*Flächentreue*) oder andere Eigenschaften erhalten bleiben.

Für einen Kartenentwurf kann man Projektionen verwenden, und zwar unmittelbar in die Ebene (*Azimutalentwurf*: Beisp. S. 66, C) oder auf eine Kegel- oder Zylinderfläche, die dann anschließend in die Ebene abgewickelt werden (*Kegel-* oder *Zylinderentwurf*). Neben den Projektionen werden modifizierte Abbildungsverfahren (*unechte Projektionen*) verwendet.

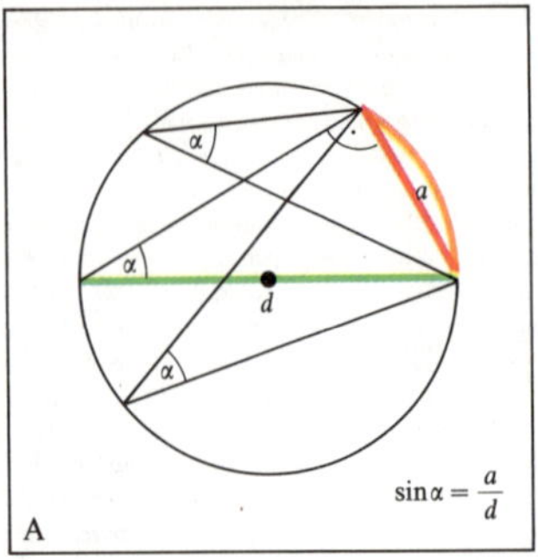

Sinus eines Winkels

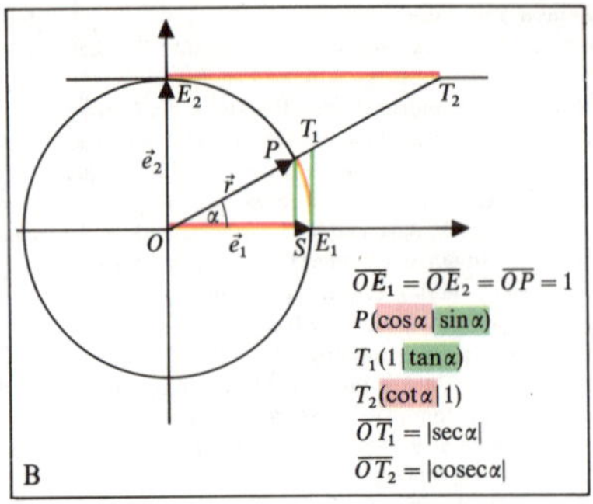

Deutung der Winkelfunktionen am Einheitskreis

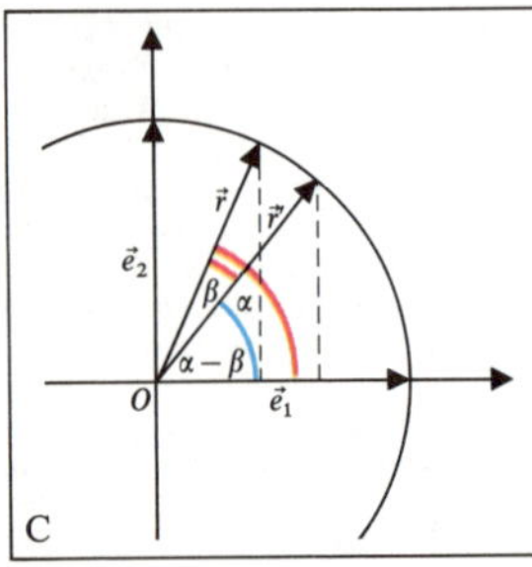

Die Transformationsgleichung

$$\vec{r}' = \begin{pmatrix} \cos\beta & \sin\beta \\ -\sin\beta & \cos\beta \end{pmatrix} \vec{r}$$

für Vektoren bei einer Drehung um $-\beta$ folgt für spitze Winkel β leicht aus der Def. der Winkelfunktionen (vgl. S. 168, A). Man betrachtet nun den Vektor

$$\vec{r} = \begin{pmatrix} \cos\alpha \\ \sin\alpha \end{pmatrix}$$

und erhält als Koordinaten des Bildvektors

$$\cos(\alpha-\beta) = \cos\alpha\cos\beta + \sin\alpha\sin\beta\,,$$
$$\sin(\alpha-\beta) = -\cos\alpha\sin\beta + \sin\alpha\cos\beta\,.$$

Herleitung der Formeln für $\sin(\alpha-\beta)$ und $\cos(\alpha-\beta)$

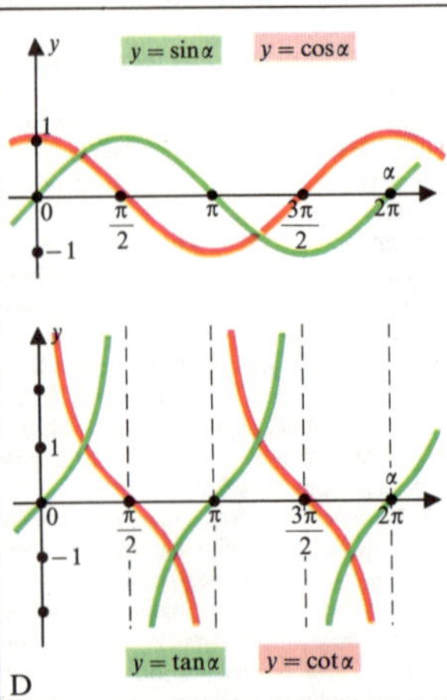

α	$\sin\alpha$	$\cos\alpha$	$\tan\alpha$	$\cot\alpha$
$0°$	0	1	0	—
$30° = \frac{\pi}{6}$	$\frac{1}{2}$	$\frac{1}{2}\sqrt{3}$	$\frac{1}{3}\sqrt{3}$	$\sqrt{3}$
$45° = \frac{\pi}{4}$	$\frac{1}{2}\sqrt{2}$	$\frac{1}{2}\sqrt{2}$	1	1
$60° = \frac{\pi}{3}$	$\frac{1}{2}\sqrt{3}$	$\frac{1}{2}$	$\sqrt{3}$	$\frac{1}{3}\sqrt{3}$
$90° = \frac{\pi}{2}$	1	0	—	0

$$\sin\alpha = \sqrt{1-\cos^2\alpha} = \frac{\tan\alpha}{\sqrt{1+\tan^2\alpha}} = \frac{1}{\sqrt{1+\cot^2\alpha}}$$

$$\sqrt{1-\sin^2\alpha} = \cos\alpha = \frac{1}{\sqrt{1+\tan^2\alpha}} = \frac{\cot\alpha}{\sqrt{1+\cot^2\alpha}}$$

$$\frac{\sin\alpha}{\sqrt{1-\sin^2\alpha}} = \frac{\sqrt{1-\cos^2\alpha}}{\cos\alpha} = \tan\alpha = \frac{1}{\cot\alpha}$$

$$\frac{\sqrt{1-\sin^2\alpha}}{\sin\alpha} = \frac{\cos\alpha}{\sqrt{1-\cos^2\alpha}} = \frac{1}{\tan\alpha} = \cot\alpha$$

Graphen der Winkelfunktionen und Umrechnungsformeln

Winkelfunktionen

Durch die Sätze von PYTHAGORAS und EUKLID sind bestimmte geometrische Probleme, die auf rechtwinklige Dreiecke führen, einer rechnerischen Behandlung zugänglich. Andere Aufgabentypen erfordern Zusammenhänge zwischen Streckenlängen und Winkelgrößen, die durch die sog. *Winkelfunktionen* hergestellt werden.

Für ihre Einführung eignen sich am besten Winkel am Kreis. Aus Satz 7, S. 153, kann man folgern, daß zu gleich großen Umfangswinkeln eines Kreises gleich lange zugeordnete Sehnen gehören. Da Winkelgrößen und Streckenverhältnisse gegen zentrische Streckungen invariant sind, ist das Verhältnis $a:d$ der Streckenlängen von Sehne und Durchmesser allein von der Größe des Umfangswinkels abhängig (Abb. A). Die so für $0 \leqq \bar{\alpha} < \pi$ durch $\bar{\alpha} \mapsto a:d$ def. Funktion heißt *Sinusfunktion* (Bezeichnung Sinus aus dem indischen Wort für Sehne durch Übersetzungsfehler entstanden). Man schreibt $a:d = \sin\alpha$.

Für spitze Winkel kann man den Umfangswinkel so legen, daß ein Schenkel Durchmesser ist. Das durch die Schenkel und die Sehne gebildete Dreieck ist nach dem Satz von THALES rechtwinklig, und es ergibt sich, daß $\sin\alpha$ das Verhältnis der Streckenlängen von Gegenkathete (bez. α) und Hypotenuse des Dreiecks ist (Abb. A). Durch dieses Verhältnis kann für spitze Winkel $\sin\alpha$ auch unabhängig vom Kreis eingeführt werden. Entsprechend kann man zu α das Verhältnis der Streckenlängen von Ankathete und Hypotenuse bilden. Es stellt den Sinus des Komplementwinkels (Ergänzungswinkel zu 90°) von α dar und wird mit $\cos\alpha$ (*Kosinus*, d.h. complementi sinus) bezeichnet. Eine Verallg. der Def. von $\sin\alpha$ und $\cos\alpha$ auf beliebige Winkel, mit Berechnungsverfahren, ergibt sich über die Formeln

(1) $\sin(\alpha - \beta) = \sin\alpha\cos\beta - \cos\alpha\sin\beta$,

(2) $\cos(\alpha - \beta) = \cos\alpha\cos\beta + \sin\alpha\sin\beta$,

die für spitze Winkel leicht elementar zu gewinnen sind (Abb. C), und über die Formel

(3) $\lim\limits_{\alpha\to 0} \dfrac{\sin\alpha}{\alpha} = 1$,

die bei Verwendung des Bogenmaßes zur Winkelmessung gilt und besagt, daß Sehnenlänge und Bogenlänge für kleine positive Winkel asymptotisch gleich sind. Formuliert man (1), (2), (3) für Paare (f, g) stetiger reeller Funktionen, so kann in der Analysis gezeigt werden, daß nur (sin, cos) alle Gleichungen erfüllt. Man erhält die Potenzreihenentwicklungen

$$\sin\alpha = \sum_{n=0}^{\infty} \frac{(-1)^n \alpha^{2n+1}}{(2n+1)!}, \quad \cos\alpha = \sum_{n=0}^{\infty} \frac{(-1)^n \alpha^{2n}}{(2n)!}.$$

Diese Reihen sind für beliebige reelle α konvergent und können für die Aufstellung von Funktionentafeln benutzt werden. Die Funktionen sind periodisch mit der Periode 2π, dem Bogenmaß des Vollwinkels. Es gilt $\sin\alpha = \sin(\alpha + k \cdot 2\pi)$ und $\cos\alpha = \cos(\alpha + k \cdot 2\pi)$, $k \in \mathbb{Z}$. Ferner gilt:

$\sin(\alpha + \pi) = -\sin\alpha$, $\cos(\alpha + \pi) = -\cos\alpha$.

Für beliebige Winkel ergibt sich damit eine neue Deutung von $\sin\alpha$ und $\cos\alpha$ als Koordinaten des um α gedrehten Einheitsvektors $\vec{e}_1$ in einem kartesischen Koordinatensystem (Abb. B). Man def. weiter die *Tangens-* und die *Kotangensfunktion* durch $\tan\alpha := \dfrac{\sin\alpha}{\cos\alpha}$, $\cot\alpha := \dfrac{\cos\alpha}{\sin\alpha}$. Diese Funktionen haben die Periode π und Definitionslücken bei $\alpha = (2k+1)\dfrac{\pi}{2}$ bzw. $\alpha = k\pi$ mit $k \in \mathbb{Z}$. Es gilt $\cot\alpha = \tan\left(\dfrac{\pi}{2} - \alpha\right)$ (complementi tangens).

Bem.: Gelegentlich werden noch benutzt

$\sec\alpha := 1 : \cos\alpha$, $\quad \operatorname{cosec}\alpha := 1 : \sin\alpha$.

Für spitze Winkel lassen sich alle genannten Funktionen durch Seitenverhältnisse im rechtwinkligen Dreieck einführen. Eine geometrische Deutung am Einheitskreis, die gleichzeitig die Namen Tangens und Sekans erklärt, enthält Abb. B. Abb. D zeigt die Funktionsgraphen und wichtige Funktionswerte.

Mit $\alpha = \beta$ folgt aus (2)

$\sin^2\alpha + \cos^2\alpha = 1$ für alle Winkel α.

Damit ergibt sich die Möglichkeit, für einen bestimmten Winkel α aus dem Funktionswert einer Winkelfunktion diejenigen aller anderen zu bestimmen (Umrechnungsformeln in Abb. D).

Zu (2) und (3) lassen sich analoge Formeln für Winkelsummen und -differenzen für alle Winkelfunktionen herleiten (sog. *Additionstheoreme*):

$$\sin(\alpha \pm \beta) = \sin\alpha\cos\beta \pm \cos\alpha\sin\beta,$$
$$\cos(\alpha \pm \beta) = \cos\alpha\cos\beta \mp \sin\alpha\sin\beta,$$
$$\tan(\alpha \pm \beta) = \frac{\tan\alpha \pm \tan\beta}{1 \mp \tan\alpha\tan\beta},$$
$$\cot(\alpha + \beta) = \frac{\cot\alpha\cot\beta \mp 1}{\cot\beta \pm \cot\alpha}.$$

Aus diesen Formeln ergeben sich weitere für Winkelvielfache und Winkelteile, z. B.

$$\sin 2\alpha = 2\sin\alpha\cos\alpha,$$
$$\cos 2\alpha = \cos^2\alpha - \sin^2\alpha = 2\cos^2\alpha - 1 = 1 - 2\sin^2\alpha,$$
$$\tan 2\alpha = \frac{2\tan\alpha}{1 - \tan^2\alpha}, \qquad \cot 2\alpha = \frac{\cot^2\alpha - 1}{2\cot\alpha},$$
$$\sin\frac{\alpha}{2} = \pm\sqrt{\frac{1 - \cos\alpha}{2}}, \qquad \cos\frac{\alpha}{2} = \pm\sqrt{\frac{1 + \cos\alpha}{2}}.$$

Auch diese Formeln sind neben den Potenzreihenentwicklungen zur Aufstellung von Funktionentafeln geeignet. So kann man, von $\sin 30° = 0{,}5$ ausgehend, durch fortgesetzte Winkelhalbierung zum Sinus beliebig kleiner Winkel übergehen und mittels der Formel für $\sin(\alpha + \beta)$ Tabellen mit beliebig kleiner Schrittlänge aufstellen.

Der Umwandlung von Summen in Produkte und umgekehrt dienen die Summenformeln:

$$\sin\alpha + \sin\beta = 2\sin\frac{\alpha+\beta}{2}\cos\frac{\alpha-\beta}{2},$$
$$\sin\alpha - \sin\beta = 2\cos\frac{\alpha+\beta}{2}\sin\frac{\alpha-\beta}{2},$$
$$\cos\alpha + \cos\beta = 2\cos\frac{\alpha+\beta}{2}\cos\frac{\alpha-\beta}{2},$$
$$\cos\alpha - \cos\beta = -2\sin\frac{\alpha+\beta}{2}\sin\frac{\alpha-\beta}{2}.$$

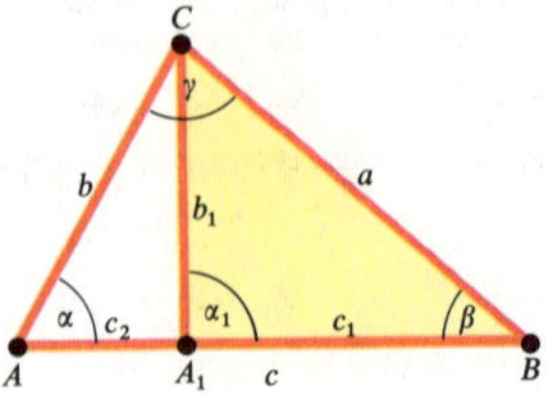

Beweis ohne vektorielle Hilfsmittel:

Man betrachtet neben dem Dreieck ABC das rechtwinklige Dreieck A_1BC. Nach PYTHAGORAS gilt hierin

$a_2^2 = b_1^2 + c_1^2$, wobei
$b_1^2 = b^2 - c_2^2$ und
$c_1^2 = (c \mp c_2)^2$ ist (Minuszeichen, falls α spitz, Pluszeichen, falls α stumpf).

Durch Einsetzen erhält man

$$a^2 = b^2 - c_2^2 + c^2 \mp 2cc_2 + c_2^2,$$
$$a^2 = b^2 + c^2 \mp 2cc_2.$$

Nun ist aber $c_2 = \pm b\cos\alpha$ (Pluszeichen, falls α spitz, Minuszeichen, falls α stumpf). Daher gilt

$$a^2 = b^2 + c^2 - 2bc\cos\alpha.$$

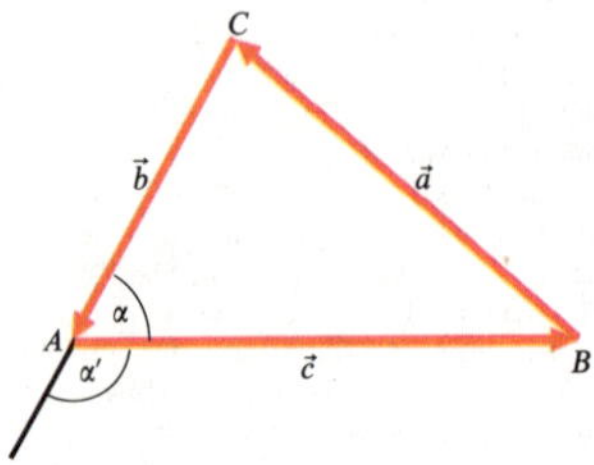

Vektorieller Beweis:

In der Vektorgleichung $\vec{a} = \vec{b} + \vec{c}$ bildet man die inneren Produkte der Vektoren mit sich selbst und erhält

$$\langle\vec{a},\vec{a}\rangle = \langle\vec{b}+\vec{c},\vec{b}+\vec{c}\rangle$$
$$= \langle\vec{b},\vec{b}\rangle + 2\langle\vec{b},\vec{c}\rangle + \langle\vec{c},\vec{c}\rangle$$
$$a^2 = b^2 + c^2 + 2bc\cos\alpha'$$
$$\text{mit}\quad \alpha' = \sphericalangle(\vec{b},\vec{c}) = \pi - \alpha,$$

so daß sich ergibt

$$a^2 = b^2 + c^2 - 2bc\cos\alpha.$$

A

Kosinussatz

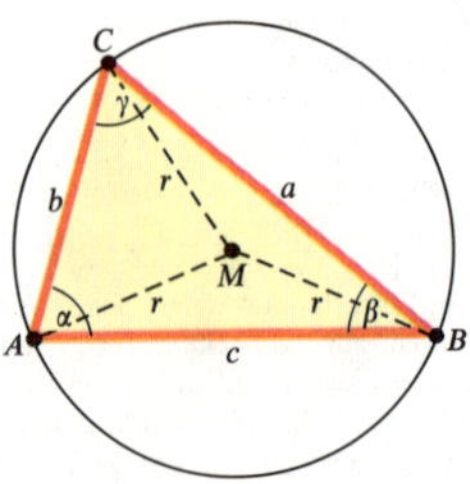

Die Dreieckswinkel sind Umfangswinkel im Umkreis des Dreiecks. Ist r der Umkreisradius, so folgt aus der Def. des Sinus:

$$\frac{a}{2r} = \sin\alpha, \quad \frac{b}{2r} = \sin\beta, \quad \frac{c}{2r} = \sin\gamma.$$

B

Sinussatz

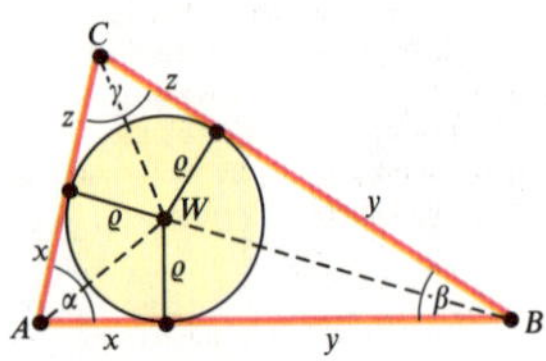

Die Dreiecksseiten sind Tangenten des Inkreises (Radius ϱ). Die Tangentenabschnitte sind paarweise gleich lang. Bezeichnet man ihre Längen mit x, y, z, so gilt

$$x + y + z = s,$$
$$x + y = c,$$
$$y + z = a,$$
$$x + z = b.$$

Daraus folgt:

C $x = s - a, \quad y = s - b, \quad z = s - c.$

Dreieck mit Inkreis

Berechnung rechtwinkliger Dreiecke

Die Berechnung rechtwinkliger Dreiecke aus der Länge zweier Seiten oder der Länge einer Seite und der Größe eines der spitzen Winkel gelingt mit Winkelsummensatz, Satz von PYTHAGORAS und Winkelfunktionen. Eine solche rechnerische Bestimmung übertrifft bei den zur Verfügung stehenden Tabellen bei weitem die Genauigkeit einer zeichnerischen Bestimmung.

Berechnung beliebiger Dreiecke

Die eigentliche Aufgabe der Trigonometrie ist die Berechnung beliebiger Dreiecke, wobei i.a. drei der Seiten- und Winkelgrößen gegeben sind und der Rest zu berechnen ist, was drei unabhängige Gleichungen mit sechs Variablen erfordert.

Eine Möglichkeit, ein solches Gleichungssystem zu erhalten, ist folgende Verallgemeinerung des Satzes von PYTHAGORAS:

Kosinussatz (Bezeichnungen s. Abb. A):

$$a^2 = b^2 + c^2 - 2bc\cos\alpha\,,$$
$$b^2 = c^2 + a^2 - 2ca\cos\beta\,,$$
$$c^2 = a^2 + b^2 - 2ab\cos\gamma\,.$$

Der Beweis der ersten Gleichung ist in Abb. A dargestellt, die beiden anderen ergeben sich durch zyklische Vertauschung.

Die Anwendung des Kosinussatzes ist einfach, wenn die drei Seiten (SSS) oder zwei Seiten und der eingeschlossene Winkel (SWS) vorgegeben sind. In allen anderen Fällen ist die Durchführung der Rechnung sehr mühsam, so daß man besser einen anderen Weg beschreitet.

Aus der Def. des Sinus über die Umfangswinkel im Kreis folgt der

Sinussatz (Abb. B):

$$\frac{a}{2r} = \sin\alpha\,, \quad \frac{b}{2r} = \sin\beta\,, \quad \frac{c}{2r} = \sin\gamma\,,$$

wobei r den Umkreisradius des Dreiecks bezeichnet. Dieses Gleichungssystem enthält sieben Variablen, so daß eine weitere Gleichung erforderlich ist, etwa $\alpha + \beta + \gamma = 2\pi$.

Der Sinussatz läßt sich nach Elimination von r auch schreiben als $a:b:c = \sin\alpha : \sin\beta : \sin\gamma$ (in Worten: Die Seitenlängen eines Dreiecks verhalten sich wie die Sinus ihrer Gegenwinkel.).

Der Sinussatz ist in Verbindung mit dem Winkelsummensatz zwar ebenfalls zur Lösung aller Dreiecksaufgaben verwendbar, führt auf einfache Rechnungen aber nur in genau den Fällen (SWW, WSW, SSW), in denen die Anwendung des Kosinussatzes kompliziert ist, so daß sich beide Sätze gut ergänzen.

Für logarithmische Rechnungen ist der Kosinussatz wegen der auftretenden Summen recht unbequem, so daß man weitere Beziehungen zwischen Seiten und Winkeln aufgestellt hat, um insbesondere die Aufgabentypen SSS und SWS rechnerisch einfacher zu bewältigen. Durch den Einsatz von Computern treten logarithmische Rechnungen allerdings heute stärker zurück, so daß auch die folgenden Formeln an Bedeutung verloren haben.

Tangenssatz:

$$\frac{\tan\frac{\alpha+\beta}{2}}{\tan\frac{\alpha-\beta}{2}} = \frac{a+b}{a-b}$$

Tangensquadratsatz:

$$\tan^2\frac{\alpha}{2} = \frac{(s-b)(s-c)}{s(s-a)}$$

Hierbei bedeutet s den halben Umfang des Dreiecks, d.h. $2s = a + b + c$.

Weitere entsprechende Gleichungen ergeben sich durch zyklische Vertauschung.

Der Tangenssatz wird angewandt beim Aufgabentyp SWS. Aus a, b, γ läßt sich z.B. zunächst $\frac{\alpha+\beta}{2} = 90° - \frac{\gamma}{2}$ und dann mittels des Tangenssatzes $\frac{\alpha-\beta}{2}$ bestimmen. Es ist dann $\alpha = \frac{\alpha+\beta}{2} + \frac{\alpha-\beta}{2}$ und $\beta = \frac{\alpha+\beta}{2} - \frac{\alpha-\beta}{2}$.

Der Tangensquadratsatz, auch Halbwinkelsatz genannt, kann mit Vorteil beim Aufgabentyp SSS angewandt werden.

Der Tangenssatz ergibt sich aus dem Sinussatz durch geeignete Umformungen und anschließende Anwendung der Summenformeln von S. 179.

Zum Beweis des Tangensquadratsatzes verwendet man den Kosinussatz in der Form

$$\cos\alpha = \frac{b^2 + c^2 - a^2}{2bc}$$

und setzt ihn in die Formeln für $\sin\frac{\alpha}{2}$ und $\cos\frac{\alpha}{2}$ von S. 179 ein. Durch Quadrieren, Anwendung der binomischen Formeln und Division erhält man die Behauptung.

Weitere Formeln für Dreiecksberechnungen

Die Abschnitte, in die die Berührpunkte des Inkreises die Dreiecksseiten zerlegen, haben paarweise gleiche Längen, und zwar $s-a$, $s-b$, $s-c$ (Abb. C).

Aus $\tan\frac{\alpha}{2} = \frac{\varrho}{s-a}$ und dem Tangensquadratsatz folgt dann

$$\varrho = \sqrt{\frac{(s-a)(s-b)(s-c)}{s}}\,.$$

Der Flächeninhalt A_Δ des Dreiecks kann aus dem der Teildreiecke ABW, BCW und CAW zusammengesetzt werden. Da diese alle die Höhe ϱ haben, ist

$$A_\Delta = \varrho\, s = \sqrt{s(s-a)(s-b)(s-c)} \quad \text{(HERON)}.$$

Weitere Flächenformeln erhält man, wenn man die Dreieckshöhen trigonometrisch berechnet:

$$A_\Delta = \frac{1}{2}ab\sin\gamma = \frac{1}{2}bc\sin\alpha = \frac{1}{2}ca\sin\beta\,.$$

Da z.B. $\sin\gamma = \frac{c}{2r}$ ist, ergibt sich auch $A_\Delta = \frac{abc}{4r}$ und daraus $r = \frac{abc}{4A_\Delta}$, so daß auch der Umkreisradius aus den Dreiecksseiten berechnet werden kann.

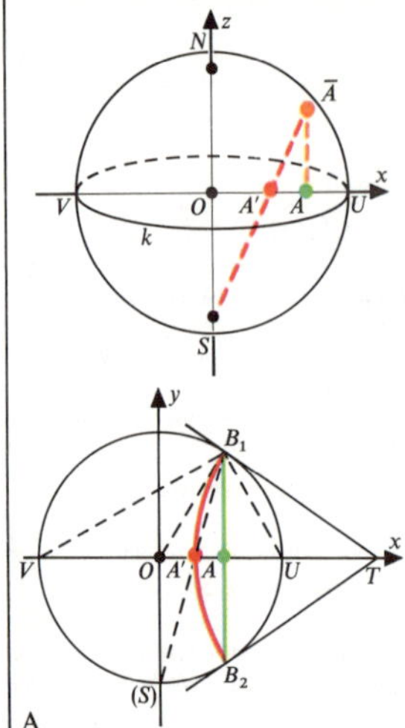

Abbildung eines Punktes $A(x|0|0)$:

$$\pi_1(A) = \bar{A}(x|0|\sqrt{1-x^2}),$$

$$\pi_2 \circ \pi_1(A) = A'(x'|0|0) \quad \text{mit} \quad x' = \frac{x}{1+\sqrt{1-x^2}}.$$

$$l_K(OA) = \frac{1}{2}\ln \mathrm{DV}(O, A, U, V) = \frac{1}{2}\ln\frac{1+x}{1-x},$$

$$l_P(OA') = \ln \mathrm{DV}(O, A', U, V) = \ln\frac{1+x'}{1-x'}.$$

Man bestätigt durch Einsetzen

$$\left(\frac{1+x'}{1-x'}\right)^2 = \frac{1+x}{1-x}, \text{ so daß } l_K(OA) = l_P(OA') \text{ ist.}$$

Weiter lassen sich auch die Koordinaten x und x' aus den zugehörigen Streckenlängen $l_K(OA)$ bzw. $l_P(OA')$ berechnen:

$$x = \frac{e^{l_K(OA)} - e^{-l_K(OA)}}{e^{l_K(OA)} + e^{-l_K(OA)}},$$

$$x' = \frac{e^{l_P(OA')} - 1}{e^{l_P(OA')} + 1}.$$

Abbildung einer Geraden:

Die Gerade durch A und die beiden uneigentlichen Punkte B_1 und B_2 geht über in den Kreisbogen durch A, B_1 und B_2. Dieser trifft den Kreis k senkrecht. Sein Mittelpunkt ist der Schnittpunkt der Tangenten durch B_1 und B_2.

A

Übergang vom Kleinschen Modell zum Poincaréschen Kreismodell

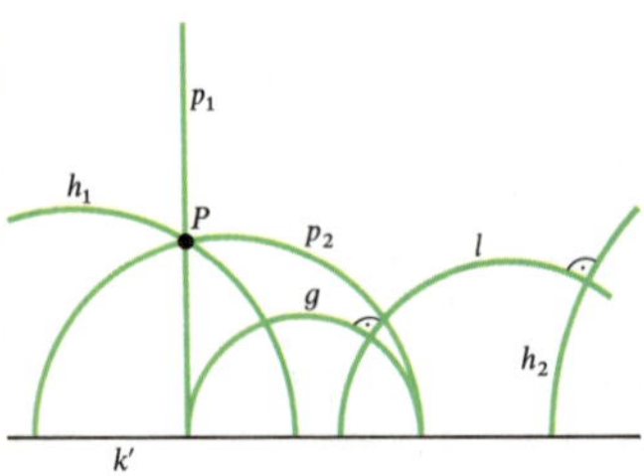

Punkte der hyperbolischen Ebene sind die Punkte der oberen Halbebene, »Geraden« die zu k senkrechten Halbgeraden und Halbkreise der oberen Halbebene. Zwei »Geraden« haben entweder einen gemeinsamen Punkt, ein gemeinsames Lot oder einen gemeinsamen uneigentlichen Punkt auf k'. Im letzten Fall spricht man auch von hyperbolischen Parallelen.

Zu einer »Geraden« g gibt es durch einen nicht auf ihr liegenden Punkt genau zwei hyperbolische Parallelen.

B

Poincarésches Halbebenenmodell

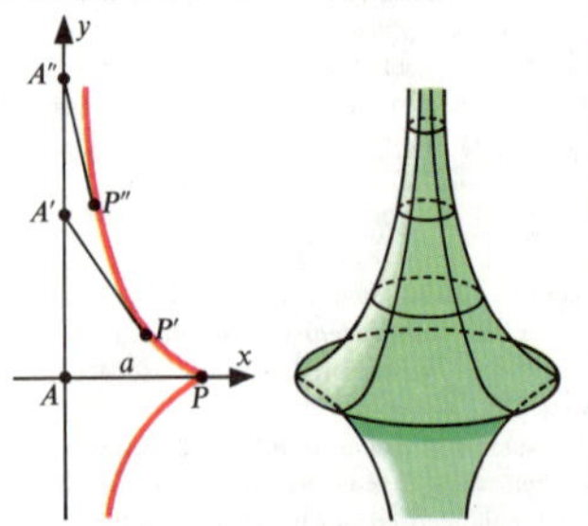

Eine *Traktrix* entsteht als Bahn eines Punktes P, der in konstantem Abstand a hinter einem Punkt A hergezogen wird, der auf einer Geraden g verschoben wird. Ist $a = 1$ und g die y-Achse, so lautet die Bedingung

$$y' = \mp\frac{\sqrt{1-x^2}}{x}.$$

Diese Differentialgleichung hat die Lösung

$$y = \ln\frac{1 \pm \sqrt{1-x^2}}{x} \mp \sqrt{1-x^2}.$$

Durch Rotation dieser Kurve um die y-Achse entsteht eine Fläche konstanter negativer Gaussscher Krümmung (spezielle Pseudosphäre).

C

Traktrix und Pseudosphäre

KLEINsches Modell, hyperbolische Streckenlänge

Eine hyperbolische Ebene ist nach S. 137 eine metrische Ebene, in der es unverbindbare Geraden gibt ($\neg$ V), wobei aber durch einen Punkt höchstens zwei mit einer gegebenen Geraden unverbindbare Geraden gehen (H). Bereits auf S. 133 wurde ein Modell einer metrischen Ebene angegeben, das diese Eigenschaften hat (KLEINsches Modell).

Unter den verschiedenen Modellen euklidischer Ebenen war die Ebene $\mathbb{R}^2$ der euklidischen Elementargeometrie durch die weiteren Zusatzaxiome (W) und (D) gekennzeichnet. Auch im KLEINschen Modell gelten diese Axiome, und es läßt sich zeigen, daß es sich hierbei bis auf Isomorphie um die einzige hyperbolische Ebene dieser Art handelt. Ihre Idealebene (S. 143) ist die projektive Ebene $P^2(\mathbb{R})$. Im folgenden sollen die Axiome (W) und (D) als gültig angenommen werden.

Die Menge aller Bewegungen (Kompositionen von Spiegelungen) im KLEINschen Modell ist die Menge aller projektiven Kollineationen der Idealebene, die den Kreis der uneigentlichen Punkte auf sich abbilden. Hat die Verbindungsgerade zweier eigentlicher Punkte A und B die uneigentlichen Punkte U und V, so bleibt bei jeder projektiven Kollineation das Doppelverhältnis $\mathrm{DV}(A, B, U, V)$ erhalten. Da $\mathrm{DV}(A, B, U, V) = \mathrm{DV}(B, A, U, V)^{-1}$, erhält man in $|\ln \mathrm{DV}(A, B, U, V)|$ einen positiven reellen Zahlenwert, der von der Orientierung der Strecke unabhängig ist und bei allen Bewegungen von AB seinen Wert behält. Es läßt sich zeigen, daß $l_K(AB) = \frac{1}{2}|\ln \mathrm{DV}(A, B, U, V)|$ alle Eigenschaften einer Metrik hat (*hyperbolische Streckenlänge*). Insbesondere gilt für drei Punkte A, B, C einer Geraden $\mathrm{DV}(A, B, U, V) \cdot \mathrm{DV}(B, C, U, V) = \mathrm{DV}(A, C, U, V)$, so daß aus den Logarithmengesetzen folgt $l_K(AB) + l_K(BC) = l_K(AC)$.

Der Faktor $\frac{1}{2}$ ist bei der Def. der Streckenlänge hinzugefügt worden, um in der Trigonometrie eine weitgehende Analogie zum euklidischen Fall zu erhalten (s.u.).

POINCARÉsches Kreismodell, Winkelmessung

Eine Winkelmessung läßt sich im KLEINschen Modell ebenfalls mittels geeigneter Doppelverhältnisse einführen, doch ist hier ein anderes Modell vorteilhafter. Man erhält es aus dem KLEINschen, indem man den Kreis k der uneigentlichen Punkte als Äquator einer Kugel wählt (Abb. A) und die Punkte der hyperbolischen Ebene durch eine erste Abb. π_1 senkrecht auf die obere Halbkugel projiziert und dann diese durch eine Zentralprojektion π_2 vom Südpol aus wieder auf das Innere von k abbildet. Durch π_1 gehen die hyperbolischen Geraden des KLEINschen Modells in vertikale Halbkreise auf der Kugel und diese durch π_2 (stereographische Projektion) in Kreisbogen über, die k senkrecht treffen. In diesem sog. POINCARÉschen Kreismodell sind die Punkte im Inneren von k die eigentlichen Punkte und die zu k orthogonalen Kreisbögen und Durchmesser im Inneren von k die eigentlichen Geraden der hyperbolischen Ebene. Bei einer Bewegung bleiben jetzt die euklidisch gemessenen Winkel zwischen den hyperbolischen Geraden invariant. Die hyperbolischen Bewegungen entsprechen gerade den konformen (winkeltreuen) Abb., die das Innere von k auf sich abbilden. Die Gruppe dieser Abb. wird in der Funktionentheorie (Bd. II) näher untersucht. k wird dabei als Einheitskreis in die komplexe Ebene eingebettet.

Es liegt nahe, als Winkelgröße in der hyperbolischen Geometrie die euklidische Größe der Winkel im POINCARÉschen Modell zu nehmen.

Auch die Streckenlänge läßt sich in diesem Modell leicht berechnen. U und V seien die Punkte, in denen die »Gerade« durch A' und B' den Kreis k erreicht, a, b, u, v die komplexen Zahlen, die diesen Punkten in der komplexen Ebene entsprechen, dann bildet man das funktionentheoretische Doppelverhältnis $\mathrm{DV}(a, b, u, v) = \frac{a-u}{u-b} : \frac{a-v}{v-b}$, das entsprechend dem projektiven gebildet ist und mit ihm übereinstimmt, falls die vier Punkte auf einer euklidischen Geraden liegen. Sind A', B' die Bildpunkte der Punkte A, B beim Übergang vom KLEINschen zum POINCARÉschen Modell, so ist $\mathrm{DV}(A, B, U, V) = [\mathrm{DV}(A', B', U, V)]^2$. Setzt man $l_P(A'B') := \ln \mathrm{DV}(a, b, u, v)$, so gilt also $l_P(A'B') = l_K(AB)$. Im POINCARÉschen Modell entfällt also der Faktor $\frac{1}{2}$ bei der Bestimmung der Streckenlänge.

Für den Abstand eines Punktes $A(x|0)$ bzw. $A'(x'|0)$ der reellen Achse vom Ursprung ergeben sich einfache Formeln (Abb. A), die auch nach x bzw. x' aufgelöst werden können.

POINCARÉsches Halbebenenmodell

Das Innere des Einheitskreises in der komplexen Ebene kann durch die Transformation $z = \frac{z+\mathrm{i}}{\mathrm{i}z+1}$ in die obere Halbebene abgebildet werden. Diese lineare, winkeltreue Abb. überführt die Geraden des POINCARÉschen Kreismodells in Halbkreise der oberen Halbebene mit dem Mittelpunkt auf der reellen Achse oder in Halbgeraden senkrecht zur reellen Achse (*POINCARÉsches Halbebenenmodell*, Abb. B). Die Bestimmung von Streckenlängen und Winkelgrößen erfolgt wie im Kreismodell.

Pseudosphäre

Unter einer *Pseudosphäre* versteht man eine Fläche konstanter negativer GAUSSscher Krümmung (vgl. Differentialgeometrie, Bd. II). BELTRAMI hat gezeigt, daß jede solche Fläche als Teil einer hyperbolischen Ebene aufgefaßt werden kann, wenn man diejenigen Linien als Geraden bezeichnet, die je zwei ihrer Punkte auf dem kürzesten Weg verbinden (geodätische Linien). Streckenlängen und Winkelgrößen sollen im euklidischen Sinne gemessen werden. Ein Beispiel einer solchen Fläche ist die Rotationsfläche der Traktrix (Abb. C), doch weisen alle Beispiele im $\mathbb{R}^3$ singuläre Linien auf, in denen keine eindeutige Tangentialabene existiert.

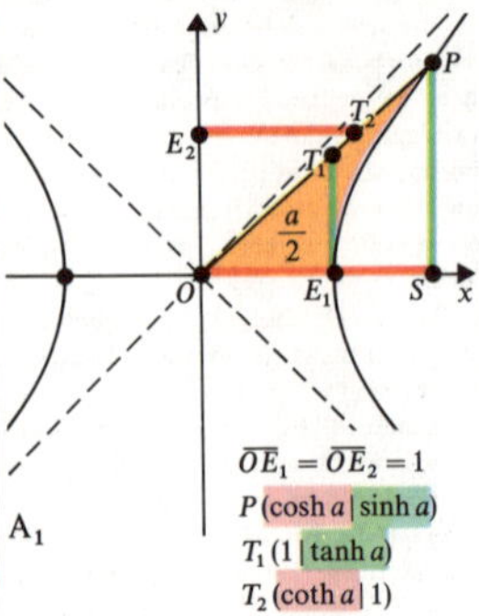

A_1

Deutung an der gleichseitigen Hyperbel

$$\sinh x = \sqrt{\cosh^2 x - 1} = \frac{\tanh x}{\sqrt{1-\tanh^2 x}} = \frac{1}{\sqrt{\coth^2 x - 1}}$$

$$\sqrt{\sinh^2 x + 1} = \cosh x = \frac{1}{\sqrt{1-\tanh^2 x}} = \frac{\coth x}{\sqrt{\coth^2 x - 1}}$$

$$\frac{\sinh x}{\sqrt{\sinh^2 x + 1}} = \frac{\sqrt{\cosh^2 x - 1}}{\cosh x} = \tanh x = \frac{1}{\coth x}$$

$$\frac{\sqrt{\sinh^2 x + 1}}{\sinh x} = \frac{\cosh x}{\sqrt{\cosh^2 x - 1}} = \frac{1}{\tanh x} = \coth x$$

A_2

Umrechnungsformeln

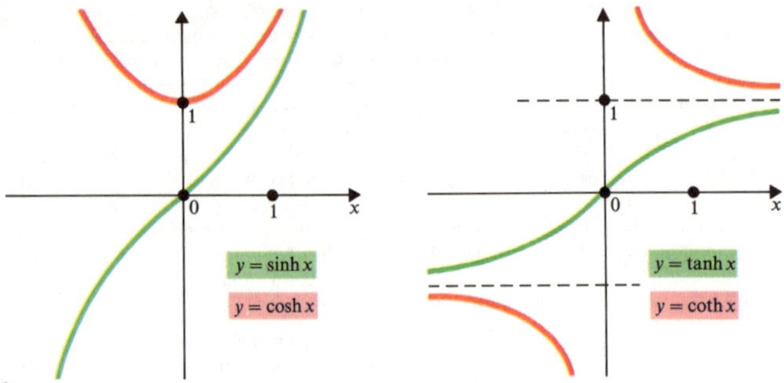

A_3

Hyperbelfunktionen

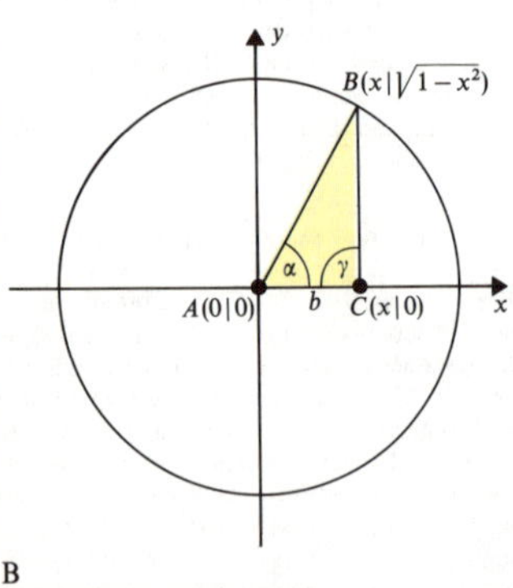

B

Asymptotisches rechtwinkliges Dreieck

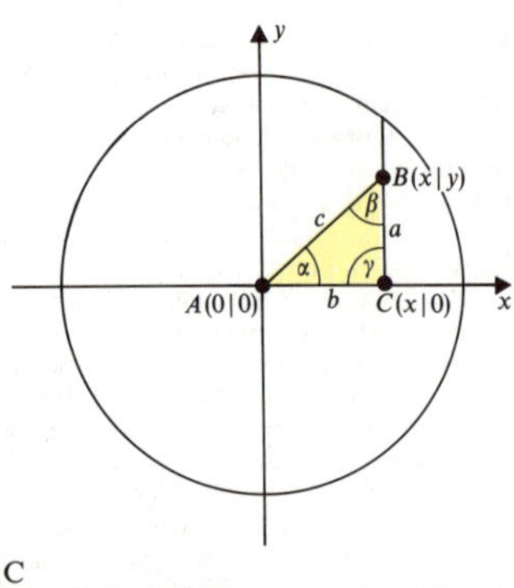

C

Rechtwinkliges Dreieck

Hyperbelfunktionen

In der euklidischen Geometrie wurden für die Dreiecksberechnung die Winkelfunktionen eingeführt. In der hyperbolischen Geometrie def. man stattdessen auf $\mathbb{R}$ bzw. $\mathbb{R}\setminus\{0\}$ die sog. *Hyperbelfunktionen* sinus hyperbolicus etc. durch

$$\sinh a := \frac{e^a - e^{-a}}{2}, \quad \cosh a := \frac{e^a + e^{-a}}{2},$$
$$\tanh a := \frac{\sinh a}{\cosh a}, \quad \coth a := \frac{\cosh a}{\sinh a}, \ a \neq 0.$$

Man bestätigt leicht den Winkelfunktionen entsprechende Additionstheoreme, z.B.

$$\sinh(a \pm b) = \sinh a \cosh b \pm \cosh a \sinh b,$$
$$\cosh(a \pm b) = \cosh a \cosh b \pm \sinh a \sinh b,$$

ferner die wichtige Beziehung

$$\cosh^2 a - \sinh^2 a = 1.$$

Geometrisch ergibt sich daraus eine Deutung an der gleichseitigen Hyperbel mit der Gleichung $x^2 - y^2 = 1$ (Abb. A_1). Dabei ist a das Doppelte des Flächeninhalts des Hyperbelsektors OE_1P, während die Funktionswerte entsprechend den Winkelfunktionswerten abgelesen werden. Abb. A_2 enthält Umrechnungsformeln, Abb. A_3 zeigt die Funktionsgraphen. Die Hyperbelfunktionen sind wie die Winkelfunktionen tabelliert.

Asymptotische rechtwinklige Dreiecke

Unter einem *asymptotischen rechtwinkligen Dreieck* versteht man ein rechtwinkliges Dreieck mit einem uneigentlichen Eckpunkt. Legt man im KLEINschen Modell den Eckpunkt A in den Ursprung, den Scheitel C des rechten Winkels als $(x|0)$ auf die reelle Achse, so ergibt sich die Beziehung

$$\tan\frac{\alpha}{2} = e^{-b} \text{ (LOBATSCHEWSKI).}$$

Es gilt nämlich nach S. 183

$$x = \frac{e^b - e^{-b}}{e^b + e^{-b}} = \tanh b.$$

Abb. B liefert $\cos\alpha = \tanh b$, $\sin\alpha = \sqrt{1 - \tanh^2 b} = \frac{1}{\cosh b}$. Übergang zum halben Winkel ergibt $2\cos^2\frac{\alpha}{2} = 1 + \tanh b$, $2\sin\frac{\alpha}{2}\cos\frac{\alpha}{2} = \frac{1}{\cosh b}$ und schließlich durch Division obige Formel.

Berechnung rechtwinkliger Dreiecke

Auch für die Berechnung eigentlicher rechtwinkliger Dreiecke eignet sich das KLEINsche Modell. Ist $\gamma = \frac{\pi}{2}$, so gibt es zehn mögliche Aufgabentypen, aus zwei der Stücke a, b, c, α, β die restlichen drei zu bestimmen. Aus Abb. C lassen sich zehn Formeln ableiten, die je drei der genannten Stücke enthalten und die Lösung sämtlicher Aufgabentypen gestatten.

Satz 1: *Im rechtwinkligen hyperbolischen Dreieck gilt:*

$$\tanh a = \tan\alpha \sinh b, \quad \tanh b = \tan\beta \sinh a,$$
$$\tanh a = \cos\beta \tanh c, \quad \tanh b = \cos\alpha \tanh c,$$
$$\sinh a = \sin\alpha \sinh c, \quad \sinh b = \sin\beta \sinh c,$$
$$\cosh c = \cosh a \cosh b, \quad \cosh c = \cot\alpha \cot\beta,$$
$$\cos\alpha = \cosh a \sin\beta, \quad \cos\beta = \cosh b \sin\alpha.$$

Der *Beweis* sei für die erste Formel angegeben:

Hat B die Koordinaten x und y, so gilt

$$b = \frac{1}{2}\ln\frac{1+x}{1-x},$$
$$a = \frac{1}{2}\ln\frac{\sqrt{1-x^2}+y}{\sqrt{1-x^2}-y}.$$

Durch Auflösung nach x und y erhält man

$$x = \tanh b \quad \text{(S. 183)},$$
$$y = \sqrt{1-x^2}\cdot\frac{e^a - e^{-a}}{e^a + e^{-a}} = \frac{\tanh a}{\cosh b}.$$

Nun ist aber $\tan\alpha = \frac{y}{x}$. Durch Einsetzung erhält man daraus nach Umformung die erste Formel.

Berechnung beliebiger Dreiecke

Satz 2: *Die Winkelsumme im hyperbolischen Dreieck ist kleiner als π.*

Beweis: Für rechtwinklige Dreiecke folgt aus $\cosh c = \cot\alpha \cot\beta$ wegen $\cosh c > 1$ für $c \neq 0$:

$$\cot\alpha \cdot \cot\beta > 1.$$

Daher ist $\cot\alpha > \tan\beta$, d.h. $\frac{\pi}{2} - \alpha > \beta$, $\alpha + \beta < \frac{\pi}{2}$.

Die Winkelsumme im rechtwinkligen Dreieck ist also sicher kleiner als π. Daraus folgt die Behauptung, da man jedes Dreieck in zwei rechtwinklige zerlegen kann.

Die Berechnung von Dreiecken ist in der hyperbolischen Geometrie insofern komplizierter als in der euklidischen, als wegen der variablen Winkelsumme sechs Aufgabentypen (SSS, SSW, SWS, SWW, WSW, WWW) zu unterscheiden sind. Die zur Lösung erforderlichen Sätze entsprechen allerdings denen der euklidischen Geometrie.

Sinussatz:

$$\sinh a : \sinh b : \sinh c = \sin\alpha : \sin\beta : \sin\gamma$$

Seitenkosinussatz:

$$\cosh a = \cosh b \cosh c - \sinh b \sinh c \cos\alpha,$$
$$\cosh b = \cosh c \cosh a - \sinh c \sinh a \cos\beta,$$
$$\cosh c = \cosh a \cosh b - \sinh a \sinh b \cos\gamma.$$

Winkelkosinussatz:

$$\cos\alpha = -\cos\beta\cos\gamma + \sin\beta\sin\gamma\cosh a,$$
$$\cos\beta = -\cos\gamma\cos\alpha + \sin\gamma\sin\alpha\cosh b,$$
$$\cos\gamma = -\cos\alpha\cos\beta + \sin\alpha\sin\beta\cosh c.$$

Die Beweise ergeben sich durch Zerlegung der Dreiecke in rechtwinklige Teildreiecke.

Der Seitenkosinussatz wird angewandt in den Fällen SSS und SWS, der Winkelkosinussatz in den Fällen WWW und WSW. In den übrigen Fällen läßt sich zunächst ein viertes Stück nach dem Sinussatz bestimmen. Dann zerlegt man das Dreieck durch die Höhe auf die noch unbekannte Seite in zwei rechtwinklige Dreiecke und berechnet diese.

Flächeninhalt eines Dreiecks

Entsprechend der Trigonometrie in der euklidischen Geometrie lassen sich auch für die hyperbolische Geometrie weitere Formeln für die Dreiecksberechnung aufstellen. Ein überraschendes Ergebnis liefert die Flächenberechnung, die sich auf der Pseudosphäre mittels Integralrechnung durchführen läßt.

Satz 3: *Der Flächeninhalt eines hyperbolischen Dreiecks beträgt $A_\Delta = \pi - (\alpha + \beta + \gamma)$ (hyperbolischer Defekt).*

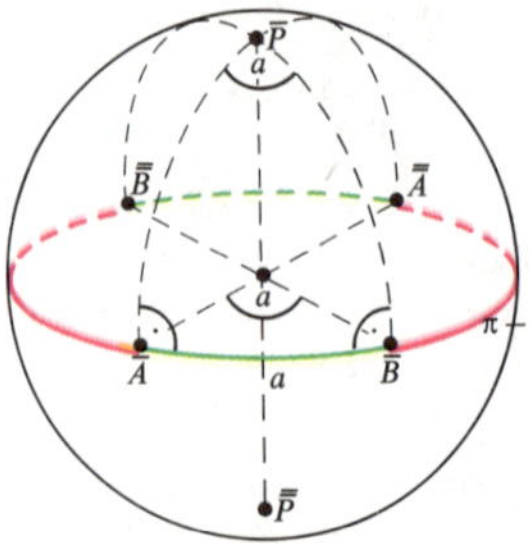

Die Punkte $A = \{\overline{A}, \overline{\overline{A}}\}$ und $B = \{\overline{B}, \overline{\overline{B}}\}$ bestimmen eine Gerade $g(A, B)$ und zerlegen diese in genau zwei »Strecken«. Die Streckenlängen sind a bzw. $\pi - a$. Sie stimmen überein mit der Größe der Winkel, die die Lote zu g durch A und B im Pol $P = \{\overline{P}, \overline{\overline{P}}\}$ miteinander bilden.

A

Streckenlänge

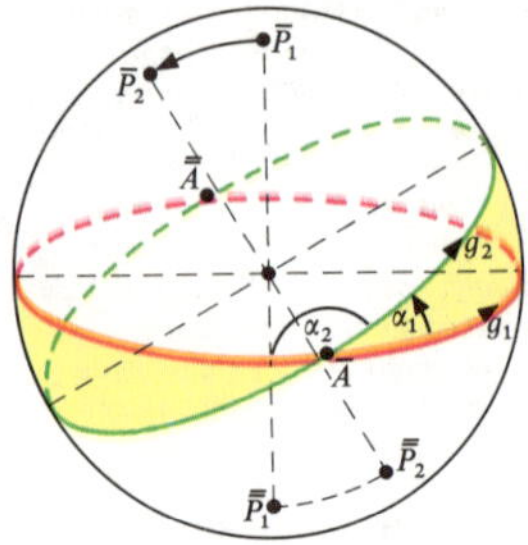

Während eine Gerade die elliptische Ebene wegen der Identifizierung von Gegenpunkten nicht zerlegt, wird sie durch zwei Geraden g_1 und g_2 in zwei Zweiecke zerlegt. Sie lassen sich durch die Winkel α_1 und α_2 im Schnittpunkt A kennzeichnen. Orientiert man die Geraden, so wird durch das geordnete Paar $(\vec{g}_1, \vec{g}_2)$ der Speere dasjenige Zweieck ausgezeichnet, das bei Drehung von $\vec{g}_1$ in $\vec{g}_2$ überstrichen wird. Man erhält dasselbe Zweieck, wenn man beide Geraden entgegengesetzt orientiert.

Der Flächeninhalt der elliptischen Ebene ist 2π (Einheitshalbkugel). Daraus folgt für die Zweiecke $2\alpha_1$ bzw. $2\alpha_2$ als Flächeninhalt.

B

Zweieck

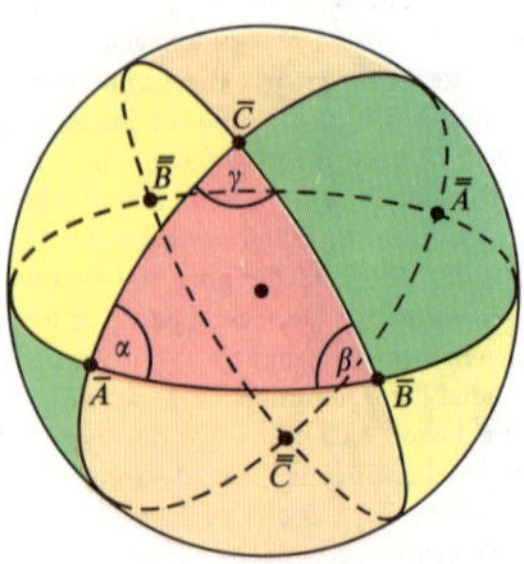

C

Dreieck

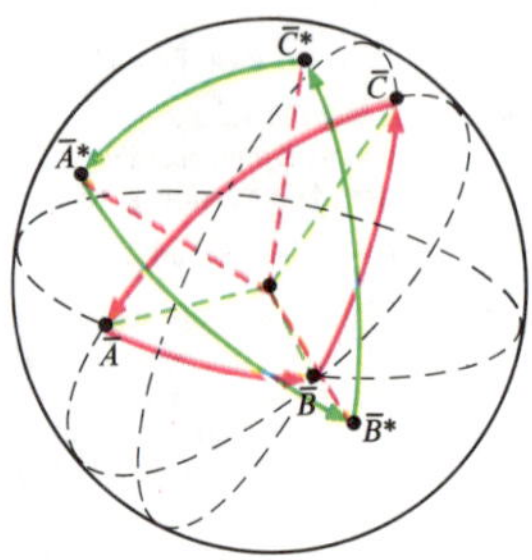

D

Polardreieck

Kugelmodell

Auf S. 137 wurde eine elliptische Ebene als metrische Ebene def., in der es Polardreiseite gibt, d.h. Dreiecke mit drei rechten Winkeln (P). Aus der Gültigkeit des Axioms (P) kann man auf (¬R) und (V) schließen. Dieses Ergebnis läßt sich verschärfen:

Satz 1: *In einer elliptischen Ebene haben zwei verschiedene Geraden g_1 und g_2 stets genau einen gemeinsamen Schnittpunkt P und genau ein gemeinsames Lot g.*

Man nennt P Pol zu g und g Polare zu P (S. 133). Von den verschiedenen möglichen Modellen war ein besonderes in Abb. B, S. 136 angegeben (*Kugelmodell*). Durch stereographische Projektion der Kugel kann man auch zu einem isomorphen Modell in der Ebene $\mathbb{R}^2$ übergehen. Beide Modelle sind durch zusätzliche Eigenschaften vor anderen elliptischen Ebenen ausgezeichnet. Es gilt das Axiom (W) (S. 147), außerdem ein Vollständigkeitsaxiom, das allerdings etwas anders als (D) auf S. 147 zu formulieren ist, da die »Punkte« einer »Geraden« hier zwar zyklisch geordnet (S. 149), aber nicht geordnet werden können. Die folgenden Untersuchungen beziehen sich auf das Kugelmodell und dazu isomorphe Modelle. Man beachte, daß als »Punkte« die Paare diametral gegenüberliegender Punkte der Kugel bezeichnet werden (Abb. A).

Das ist notwendig, damit zwei verschiedene »Punkte« eindeutig eine »Gerade« bestimmen. Dies wäre bei Gegenpunkten der Kugel sonst nicht der Fall. Die »Geraden« des Kugelmodells sind die Großkreise, d.h. Kreise, deren Mittelpunkt der Kugelmittelpunkt ist. Mit den Mitteln der Differentialgeometrie (Bd. II) kann gezeigt werden, daß die Großkreise die geodätischen Linien auf der Kugel sind. Zwei Punkte, die nicht Gegenpunkte sind, zerlegen den durch sie bestimmten Großkreis in zwei Bogen, von denen der kürzere die kürzest mögliche Verbindung der Punkte in der Kugeloberfläche darstellt. Identifiziert man Gegenpunkte, so bestimmen zwei »Punkte« zwei »Strecken« (Abb. A). Eine von ihnen stellt wieder die kürzeste Verbindung dar.

Winkel werden im Kugelmodell euklidisch gemessen. Zur Streckenmessung verwendet man die Bogenlänge auf der Einheitskugel. Die Längen der »Strecken«, in die zwei »Punkte« A und B die durch sie bestimmte »Gerade« g zerlegen, erscheinen auch als Größen der Winkel, die die Lote zu g durch A und B im Pol P von g miteinander bilden (Abb. A). Streckenlängen liegen stets zwischen 0 und π. Die Längen der beiden durch A und B bestimmten »Strecken« ergänzen sich zu π.

Die Ergebnisse der Untersuchung des Kugelmodells der elliptischen Geometrie sind ohne weiteres auf die Geometrie der Kugel mit nicht identifizierten Gegenpunkten anwendbar, solange die Figuren auf eine Halbkugel beschränkt bleiben. Dies trifft für sog. EULER-Dreiecke zu, deren Seiten und Winkel kleiner als π sind und deren Untersuchung die Hauptaufgabe der Kugelgeometrie ist.

Zweieck, Dreieck, Flächeninhalt

Zwei verschiedene »Geraden« schneiden sich stets und bilden zwei sog. *Zweiecke* (Abb. B). Sie lassen sich charakterisieren durch die Winkel α_1 und α_2 im Schnittpunkt, die sich zu π ergänzen. Die Flächeninhalte der Zweiecke auf der Einheitskugel lassen sich durch Integration bestimmen und betragen $A_1 = 2\alpha_1$ bzw. $A_2 = 2\alpha_2$.

Da zwei »Punkte« zwei »Strecken« festlegen, bestimmen drei »Punkte« vier elliptische Dreiecke (Abb. C). Sind a, b, c die Seitenlängen und α, β, γ die Winkelgrößen eines dieser Dreiecke, so haben die übrigen sog. Nebendreiecke folgende Maße:

$a, \pi - b, \pi - c, \alpha, \pi - \beta, \pi - \gamma$ bzw.

$\pi - a, b, \pi - c, \pi - \alpha, \beta, \pi - \gamma$ bzw.

$\pi - a, \pi - b, c, \pi - \alpha, \pi - \beta, \gamma$.

Jedes Nebendreieck bildet mit dem ursprünglichen ein Zweieck, alle vier bilden eine Halbkugel. Sind die Flächeninhalte A bzw. A_1, A_2, A_3, so folgt aus

$A + A_1 = 2\alpha$, $A + A_2 = 2\beta$, $A + A_3 = 2\gamma$ und

$A + A_1 + A_2 + A_3 = 2\pi$:

Satz 2: *Der Flächeninhalt eines elliptischen Dreiecks beträgt $A_\Delta = (\alpha + \beta + \gamma) - \pi$ (sphärischer Exzeß).*

Die Winkelsumme im Dreieck ist also stets größer als π.

Bem.: Die Flächenlehre kann hier und in der hyperbolischen Geometrie auch ohne Hilfsmittel der Analysis aufgebaut werden, indem man den Flächeninhalt eines Dreiecks unmittelbar durch seinen sphärischen Exzeß bzw. hyperbolischen Defekt def. und nachweist, daß diese Werte stets in $\mathbb{R}^+$ liegen, gegen Bewegungen invariant sind und die Eigenschaft der Additivität (S. 161, Def. 2, I 2) besitzen.

Polardreieck

»Geraden« lassen sich auch in der elliptischen Geometrie orientieren. Betrachtet man nun zwei orientierte »Geraden« (Speere) $\vec{g}_1$ und $\vec{g}_2$, und überführt man $\vec{g}_1$ durch Drehung um den Winkel α in $\vec{g}_2$, so beschreibt der Pol P_1 von $\vec{g}_1$ bei dieser Drehung eine »Strecke« von der Länge α (Abb. D). Liegt nun ein Dreieck mit Umlaufsinn vor (Winkel α, β, γ), so ist der durch eine Dreiecksseite festgelegte Speer jeweils um einen Außenwinkel zu drehen, um ihn in den folgenden zu überführen. Auf diese Weise entsteht ein durch die Pole bestimmtes Dreieck (*Polardreieck*), dessen Seiten durch die entsprechenden Winkel des ursprünglichen Dreiecks zu π ergänzt werden. Es gilt:

$a' + \alpha = \pi, b' + \beta = \pi, c' + \gamma = \pi.$

Das Polardreieck des Polardreiecks ist wieder das ursprüngliche Dreieck, so daß auch gilt:

$a + \alpha' = \pi, b + \beta' = \pi, c + \gamma' = \pi.$

Jeder Satz über Winkel und Seiten im Dreieck führt über das Polardreieck damit zu einem dualen Satz über Seiten und Winkel.

Bem.: Ein Dreieck stimmt mit seinem Polardreieck überein, wenn alle Seiten und Winkel die Größe $\frac{\pi}{2}$ haben (Polardreiseit, S. 137).

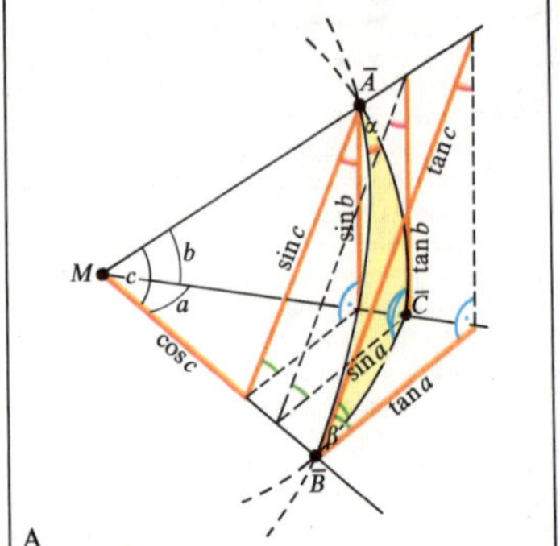

A

Rechtwinkliges Dreieck

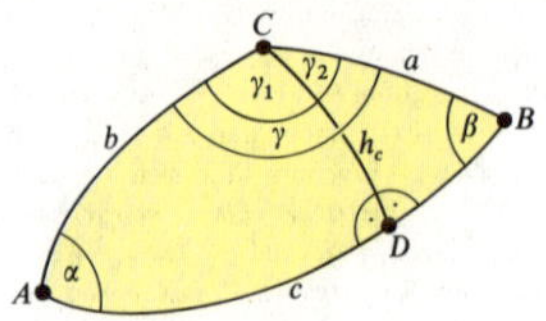

$$\left.\begin{array}{l}\sin h_c = \sin b \cdot \sin \alpha \\ \sin h_c = \sin a \cdot \sin \beta\end{array}\right\}\text{nach Satz 5.}$$

$$\sin a \quad \sin \beta = \sin b \quad \sin \alpha$$

$$\sin a : \sin b = \sin \alpha : \sin \beta$$

B

Sinussatz

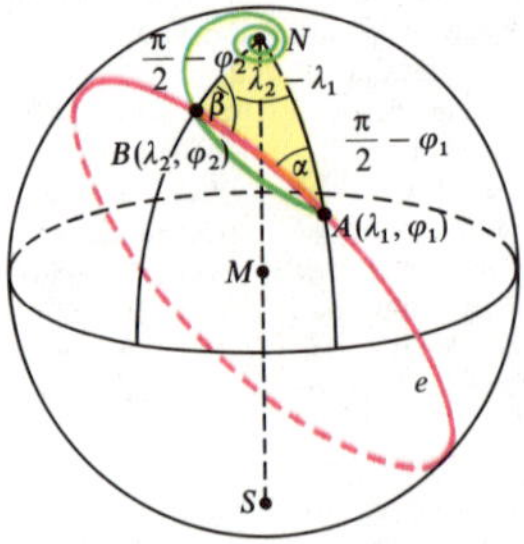

Ein Punkt auf der Erdkugel kann durch seine geographische Länge λ und seine geographische Breite φ als Koordinaten festgelegt werden. Um den sphärischen Abstand zweier Punkte $A(\lambda_1, \varphi_1)$ und $B(\lambda_2, \varphi_2)$ zu ermitteln, bildet man das Dreieck aus A, B und dem Nordpol N. Der Seitenkosinussatz liefert:

$$\cos e = \sin \varphi_1 \sin \varphi_2 + \cos \varphi_1 \cos \varphi_2 \cos(\lambda_2 - \lambda_1).$$

Die Streckenlänge auf dem Großkreisbogen (Orthodrome) beträgt dann:

$$s_1 = r \cdot e\,.$$

Auf der Loxodrome mit dem Kurswinkel α besteht zwischen λ und φ der Zusammenhang

$$\frac{\mathrm{d}\lambda}{\mathrm{d}\varphi} = \frac{\tan \alpha}{\cos \varphi}\,.$$

Diese Differentialgleichung hat die Lösung

$$\lambda = \tan \alpha \cdot \ln \tan\left(\frac{\pi}{4} + \frac{\varphi}{2}\right) + C\,.$$

Die Streckenlänge auf der Loxodrome zwischen A und B beträgt

$$s_2 = \frac{r(\varphi_2 - \varphi_1)}{\cos \alpha}\,.$$

C

Orthodrome und Loxodrome

Sätze über Seiten und Winkel im elliptischen Dreieck

In elliptischen Dreiecken gilt wie im euklidischen und hyperbolischen Fall, daß die Summe der Längen zweier Seiten größer als die Länge der dritten Seite ist. Wendet man dies auf das Nebendreieck mit den Seitenlängen a, $\pi-b$, $\pi-c$ an, so folgt $(\pi-b)+(\pi-c)>a$, also $a+b+c<2\pi$.

Satz 3: *Die Summe der Seitenlängen eines elliptischen Dreiecks ist kleiner als* 2π.

Für das Polardreieck ergibt sich damit $0<(\pi-\alpha)+(\pi-\beta)+(\pi-\gamma)<2\pi$, so daß die Folgerung aus Satz 2 (S. 187) verschärft werden kann:

Satz 4: *Die Winkelsumme im elliptischen Dreieck liegt zwischen* π *und* 3π.

Berechnung rechtwinkliger Dreiecke

Bei der Berechnung elliptischer Dreiecke sind wie im hyperbolischen Fall sechs Aufgabentypen zu unterscheiden, die alle auf die Berechnung rechtwinkliger Dreiecke zurückführbar sind.

Es sei $\gamma=\frac{\pi}{2}$, wobei nicht ausgeschlossen ist, daß außerdem noch $\alpha=\frac{\pi}{2}$ oder $\beta=\frac{\pi}{2}$ ist. Legt man (Abb. A) durch $\bar{B}$ die Tangentialebene an die Kugel und hierzu parallele Ebenen durch $\bar{A}$ und $\bar{C}$, und bildet man das Dreieck durch Zentralprojektion in diese Ebenen ab, so entnimmt man der Figur:

Satz 5: *Im rechtwinkligen elliptischen Dreieck gilt:*

$$\tan a=\tan\alpha\sin b, \quad \tan b=\tan\beta\sin a,$$
$$\tan a=\cos\beta\tan c, \quad \tan b=\cos\alpha\tan c,$$
$$\sin a=\sin\alpha\sin c, \quad \sin b=\sin\beta\sin c,$$
$$\cos c=\cos a\cos b, \quad \cos c=\cot\alpha\cot\beta,$$
$$\cos\alpha=\cos a\sin\beta, \quad \cos\beta=\cos b\sin\alpha.$$

Die Formeln sind als Sonderfälle in den folgenden Sätzen enthalten. Sie entsprechen genau denjenigen von S. 185. Bei den Seiten sind lediglich die Hyperbelfunktionen durch Winkelfunktionen (Kreisfunktionen) ersetzt. Sind zwei oder drei Winkel rechte, so sind als Folgerung aus Satz 5 alle Winkel ebenso groß wie ihre Gegenseiten.

Berechnung beliebiger Dreiecke

Durch Berechnung der Teildreiecke, die durch das Lot von einer Ecke auf die gegenüberliegende Seite entstehen, erhält man für elliptische Dreiecke Sätze, die denen der hyperbolischen Geometrie weitgehend entsprechen:

Sinussatz:

$$\sin a:\sin b:\sin c=\sin\alpha:\sin\beta:\sin\gamma.$$

Seitenkosinussatz:

$$\cos a=\cos b\cos c+\sin b\sin c\cos\alpha,$$
$$\cos b=\cos c\cos a+\sin c\sin a\cos\beta,$$
$$\cos c=\cos a\cos b+\sin a\sin b\cos\gamma.$$

Winkelkosinussatz:

$$\cos\alpha=-\cos\beta\cos\gamma+\sin\beta\sin\gamma\cos a,$$
$$\cos\beta=-\cos\gamma\cos\alpha+\sin\gamma\sin\alpha\cos b,$$
$$\cos\gamma=-\cos\alpha\cos\beta+\sin\alpha\sin\beta\cos c.$$

Obwohl die drei Formeln des Seitenkosinussatzes allein zur Lösung aller Aufgabentypen ausreichen, erfolgt die Lösung i.a. entsprechend dem in der hyperbolischen Geometrie auf S. 185 angegebenen Verfahren. In den Fällen SSW und SWW, in denen auch der Sinussatz anzuwenden ist, können sich zwei Lösungen ergeben.

Zur Vereinfachung der Rechnungen gibt es wie in der euklidischen Geometrie weitere Sätze, z. B.:

Halbwinkelsatz: (für Aufgabentyp SSS)

$$\tan^2\frac{\alpha}{2}=\frac{\sin(s-b)\sin(s-c)}{\sin s\sin(s-a)}.$$

Halbseitensatz: (für Aufgabentyp WWW)

$$\tan^2\frac{a}{2}=-\frac{\cos\sigma\cos(\sigma-\alpha)}{\cos(\sigma-\beta)\cos(\sigma-\gamma)}.$$

s bezeichnet dabei den halben Umfang, σ die halbe Winkelsumme.

NEPERsche Gleichungen: (für Aufgabentypen SWS und WSW)

$$\tan\frac{a}{2}:\tan\frac{b+c}{2}=\cos\frac{\beta+\gamma}{2}:\cos\frac{\beta-\gamma}{2},$$
$$\tan\frac{a}{2}:\tan\frac{b-c}{2}=\sin\frac{\beta+\gamma}{2}:\sin\frac{\beta-\gamma}{2},$$
$$\cot\frac{\alpha}{2}:\tan\frac{\beta+\gamma}{2}=\cos\frac{b+c}{2}:\cos\frac{b-c}{2},$$
$$\cot\frac{\alpha}{2}:\tan\frac{\beta-\gamma}{2}=\sin\frac{b+c}{2}:\sin\frac{b-c}{2}.$$

Zu jeder der angegebenen Gleichungen gehören zwei weitere, die durch zyklische Vertauschung entstehen.

Für die Berechnung des sphärischen Exzesses ε, der auch den Flächeninhalt darstellt, gilt die folgende Formel von L'HUILIER, die derjenigen von HERON (S. 181) entspricht:

$$\tan\frac{\varepsilon}{4}=\sqrt{\tan\frac{s}{2}\tan\frac{s-a}{2}\tan\frac{s-b}{2}\tan\frac{s-c}{2}}.$$

Grenzbetrachtungen

Läßt man in elliptischen Dreiecken die Seitenlängen immer kleiner werden, so kann man in den angegebenen Sätzen die Sinus- und Tangenswerte der Seiten annähernd durch die Seitenlängen selbst ersetzen, während der Kosinus fast 1 wird. Im Grenzfall gehen dann die Sätze in die der euklidischen Geometrie über. Entsprechendes gilt übrigens auch für hyperbolische Dreiecke.

Anwendungen

Die Sätze der elliptischen Geometrie sind ohne wesentliche Änderungen auf Probleme auf der Kugel anwendbar, auch wenn auf die Identifizierung von Gegenpunkten verzichtet wird. Solche Aufgaben treten auf bei Entfernungs-, Standort- und Kursbestimmungen in der Schiffahrt und Luftfahrt (math. Erdkunde). Großkreisbogen auf der Erdoberfläche (*Orthodromen*, Abb. C) spielen als kürzeste Verbindungen dabei eine besondere Rolle, haben allerdings den Nachteil, daß sich auf ihnen i.a. der Kurswinkel ständig ändert. Linien, die alle Meridiane unter gleichem Kurswinkel schneiden (*Loxodromen*, Abb. C), sind dagegen im Sinne der elliptischen Geometrie nicht mehr »geradlinig«.

Weitere Anwendungen betreffen die math. Himmelskunde, in der die Bewegung der Himmelskörper verfolgt wird, was für Orts- und Zeitbestimmungen wichtig ist.

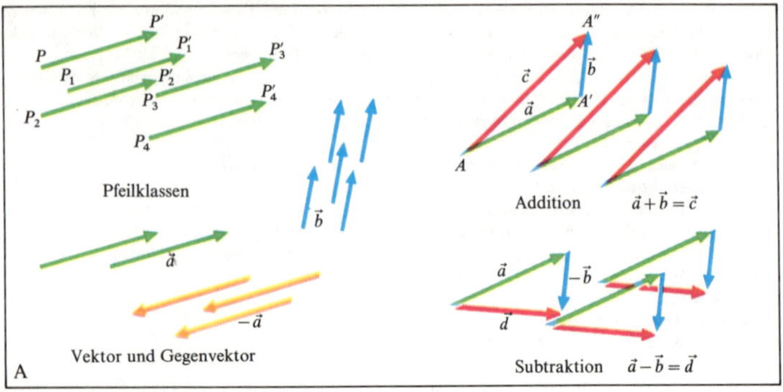

Vektoren, Addition und Subtraktion von Vektoren

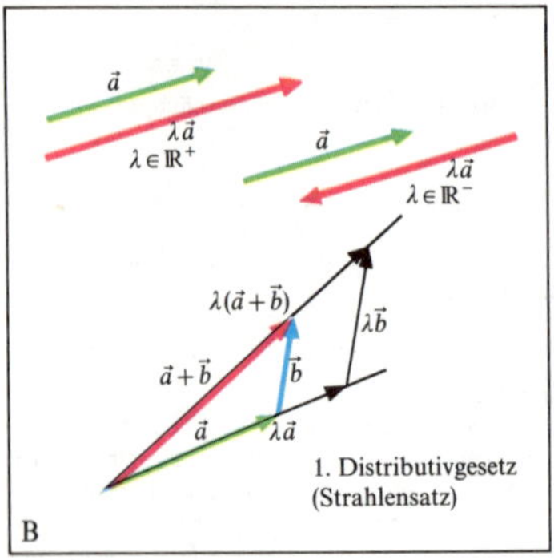

Multiplikation mit Skalaren

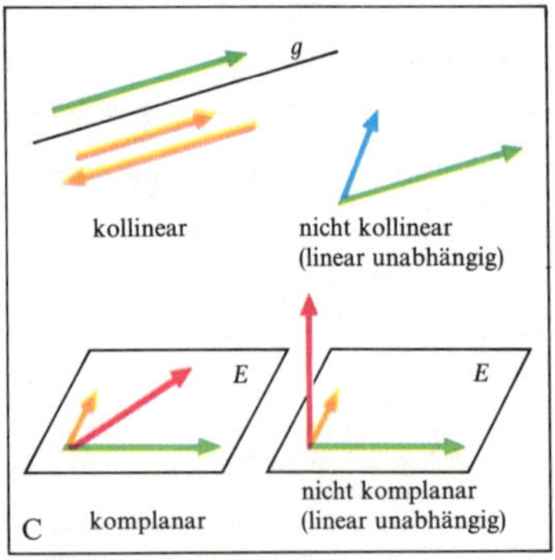

Kollinearität und Komplanarität

Besitzt ein Vektor $\vec{x}$ bez. der Basis $B=\{\vec{b}_1, \vec{b}_2, \vec{b}_3\}$ die Darstellung $\vec{a} = a_1\vec{b}_1 + a_2\vec{b}_2 + a_3\vec{b}_3$, so schreibt man auch

$$\vec{a} = \begin{pmatrix} a_1 \\ a_2 \\ a_3 \end{pmatrix}.$$

Bei dieser Schreibweise lassen sich die Verknüpfungsoperationen besonders einfach ausführen:

$$\begin{pmatrix} a_1' \\ a_2' \\ a_3' \end{pmatrix} \pm \begin{pmatrix} a_1'' \\ a_2'' \\ a_3'' \end{pmatrix} = \begin{pmatrix} a_1' + a_1'' \\ a_2' + a_2'' \\ a_3' + a_3'' \end{pmatrix},$$

$$\lambda \begin{pmatrix} a_1 \\ a_2 \\ a_3 \end{pmatrix} = \begin{pmatrix} \lambda a_1 \\ \lambda a_2 \\ \lambda a_3 \end{pmatrix}.$$

D

Spaltenschreibweise

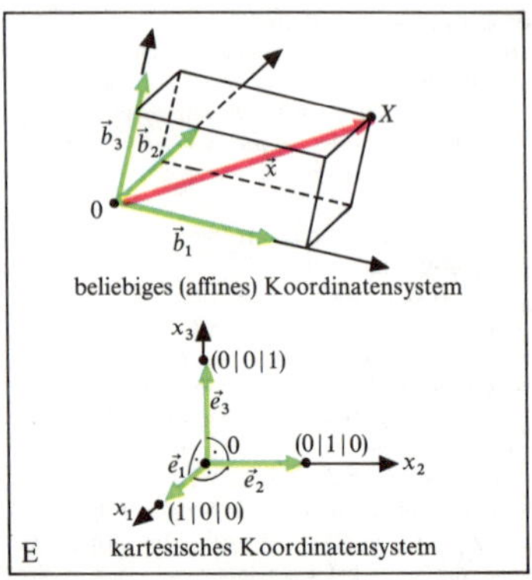

Koordinatensystem, Ortsvektor

Die analytische Geometrie erfaßt und untersucht geometrische Gebilde mit algebraischen Hilfsmitteln. Um Punkte festzulegen, verwendet sie dabei reelle Zahlen oder Elemente eines anderen Körpers als Koordinaten. Der Beschreibung der gegenseitigen Lage von Punkten dient der Begriff des *Vektors*.

Definition des Vektors

Den folgenden Überlegungen sei der euklidische dreidimensionale Raum zugrunde gelegt. Unter einem Vektor versteht man, wie auf S. 151 näher ausgeführt, eine Äquivalenzklasse parallelgleicher Pfeile. Dabei ist ein Pfeil ein geordnetes Punktepaar (P, P'). P heißt Angriffspunkt, P' Zielpunkt des Pfeiles. Ein einzelner Pfeil einer Klasse heißt Repräsentant des Vektors. Für die Klasse $[\![(P, P')]\!]$ schreibt man auch $\overrightarrow{PP'}$ (Abb. A). Als Variablen für Vektoren sollen kleine lateinische Buchstaben mit Pfeilen dienen (früher wurden meist Frakturbuchstaben gebraucht). Die Klasse aller Pfeile, für die Angriffs- und Zielpunkt zusammenfallen, heißt Nullvektor $\vec{0}$. Der Betrag eines Vektors $\vec{a}$ ist die Streckenlänge seiner Repräsentanten. Man schreibt ihn als $|\vec{a}|$ oder a.

Addition und Subtraktion

Auf der Menge aller Vektoren läßt sich eine innere Verknüpfung, *Addition* genannt, einführen. Um $\vec{a}+\vec{b}$ zu def., wählt man einen beliebigen Repräsentanten (A, A') von $\vec{a}$, sodann denjenigen von $\vec{b}$, dessen Angriffspunkt A' ist. Ist sein Zielpunkt A'', so setzt man $\vec{a}+\vec{b} := \overrightarrow{AA''}$ (Abb. A). Man überzeugt sich leicht, daß die Menge aller Vektoren bez. dieser Verkn. eine kommutative Gruppe bildet. Neutrales El. ist der Nullvektor. Das inverse El. eines Vektors $\overrightarrow{PP'}$, *Gegenvektor* genannt, ist der Vektor $\overrightarrow{P'P}$.

Der Gegenvektor von $\vec{a}$ wird mit $-\vec{a}$ bezeichnet. Eine *Subtraktion* läßt sich jetzt mittels $\vec{a}-\vec{b} := \vec{a}+(-\vec{b})$ einführen (Abb. A).

Multiplikation mit Skalaren

Auf der additiven Gruppe der Vektoren läßt sich eine äußere Verkn. im Sinne von Def. 14, S. 41, mit $\Omega = \mathbb{R}$ als Operatorenbereich def.

$\lambda\vec{a}$ mit $\lambda \in \mathbb{R}$ soll ein Vektor sein mit $|\lambda\vec{a}| = |\lambda| \cdot |\vec{a}|$, dessen Repräsentanten parallel zu denen von $\vec{a}$ sind, und zwar gleichsinnig parallel, falls $\lambda > 0$, gegensinnig parallel, falls $\lambda < 0$ (Abb. B). Ist $\lambda = 0$, so soll $\lambda\vec{a} = \vec{0}$ sein. Es gelten die in Def. 15, S. 41 für einen Ω-Modul geforderten Eigenschaften. Insbesondere gilt für alle Vektoren $\vec{a}$ und $\vec{b}$ und alle λ und μ aus $\mathbb{R}$:

$\lambda(\vec{a}+\vec{b}) = \lambda\vec{a}+\lambda\vec{b}$ 1. Distributivgesetz (Abb. B),
$(\lambda+\mu)\vec{a} = \lambda\vec{a}+\mu\vec{a}$ 2. Distributivgesetz,
$(\lambda\mu)\vec{a} = \lambda(\mu\vec{a})$ »Assoziativgesetz«.

Da $\mathbb{R}$ ein Körper ist, bildet die Menge aller Vektoren mit den genannten Verkn. einen *Vektorraum* (Def. 16, S. 41). Man bezeichnet ihn mit V^3. In der Ebene erhält man entsprechend den Vektorraum V^2.

Den *Einheitsvektor* $\frac{1}{a} \cdot \vec{a}$ in Richtung eines Vektors $\vec{a}$ bezeichnet man auch mit $\vec{a}^\circ$.

Lineare Abhängigkeit und Unabhängigkeit

Vektoren heißen *kollinear*, wenn es eine Gerade gibt, zu der die durch ihre Repräsentanten bestimmten Strecken parallel sind (Abb. C). Der Nullvektor soll zu jedem Vektor kollinear heißen.

Von zwei kollinearen Vektoren $\vec{a}_1$ und $\vec{a}_2$ ist mindestens einer ein Vielfaches des anderen. Diese Eigenschaft ist äquivalent dazu, daß es reelle Zahlen λ_1, λ_2 mit $(\lambda_1, \lambda_2) \neq (0, 0)$ gibt, mit denen eine Darstellung des Nullvektors als Linearkombination von $\vec{a}_1$ und $\vec{a}_2$ in der Form $\lambda_1\vec{a}_1 + \lambda_2\vec{a}_2 = \vec{0}$ möglich ist. Für nichtkollineare Vektoren ist eine solche Darstellung nur mit $\lambda_1 = \lambda_2 = 0$ möglich. Eine Verallgemeinerung der Kollinearität stellt die Komplanarität dar. Vektoren heißen *komplanar*, wenn es eine Ebene gibt, zu der die durch ihre Repräsentanten bestimmten Strecken parallel sind (Abb. C). Zwei Vektoren sind stets komplanar. Der Nullvektor ist komplanar zu irgend zwei Vektoren.

Von drei komplanaren Vektoren $\vec{a}_1, \vec{a}_2, \vec{a}_3$ läßt sich mindestens einer als Linearkombination der beiden anderen mit nicht sämtlich verschwindenden Koeffizienten schreiben. Die Komplanarität ist dann auch äquivalent mit der Existenz dreier reeller Zahlen $\lambda_1, \lambda_2, \lambda_3$ mit $(\lambda_1, \lambda_2, \lambda_3) \neq (0, 0, 0)$, so daß gilt: $\lambda_1\vec{a}_1 + \lambda_2\vec{a}_2 + \lambda_3\vec{a}_3 = \vec{0}$. Für nichtkomplanare Vektoren gilt diese Gleichung nur, falls $\lambda_1 = \lambda_2 = \lambda_3 = 0$ ist.

Kollinearität und Komplanarität sind Sonderfälle von linearer Abhängigkeit (S. 87). n Vektoren $\vec{a}_1, \ldots, \vec{a}_n$ heißen *linear abhängig*, wenn es n reelle Zahlen $\lambda_1, \ldots, \lambda_n$ gibt, die nicht sämtlich 0 sind, so daß gilt $\sum_{i=1}^{n} \lambda_i\vec{a}_i = \vec{0}$; andernfalls heißen sie *linear unabhängig*.

In V^3 sind je vier Vektoren stets linear abhängig.

Ist $\{\vec{b}_1, \vec{b}_2, \vec{b}_3\}$ eine Basis (Def. 8, S. 87) von V^3, so läßt sich jeder Vektor $\vec{a}$ eindeutig als Linearkombination $\vec{a} = a_1\vec{b}_1 + a_2\vec{b}_2 + a_3\vec{b}_3$ schreiben.

Die Summanden $a_i\vec{b}_i$ heißen Komponenten, die Koeffizienten a_i Koordinaten des Vektors bez. der Basis. Gebräuchlich ist die Spaltenschreibweise $\vec{a} = \begin{pmatrix} a_1 \\ a_2 \\ a_3 \end{pmatrix}$. Zum Rechnen mit Spalten s. Abb. D.

Punktraum $\mathbb{R}^3$

Ein Paar (O, B) aus einem festen Punkt O des Raumes (Ursprung) und einer Basis B heißt *Koordinatensystem* (Abb. E). Durch die bijektive Abb. $f : \{O\} \times \mathbb{R}^3 \to V^3$ def. durch $(O, X(x_1|x_2|x_3)) \mapsto \overrightarrow{OX} = \begin{pmatrix} x_1 \\ x_2 \\ x_3 \end{pmatrix}$ wird jedem Punkt $X \in \mathbb{R}^3$ bez. O ein sog. *Ortsvektor* $\vec{x} = \overrightarrow{OX}$ zugeordnet.

Spezielle Koordinatensysteme sind die *kartesischen* (Abb. E). Für ihre Basisvektoren $\vec{e}_1, \vec{e}_2, \vec{e}_3$ gilt:

(1) $|\vec{e}_1| = |\vec{e}_2| = |\vec{e}_3|$, (2) $\vec{e}_i \perp \vec{e}_j$ für $i \neq j$,

(3) Das Tripel $(\vec{e}_1, \vec{e}_2, \vec{e}_3)$ bildet ein *Rechtssystem*, d. h. zeigen Daumen und Zeigefinger der gespreizten rechten Hand in die Richtungen von $\vec{e}_1$ und $\vec{e}_2$, so der aufgerichtete Mittelfinger in die von $\vec{e}_3$.

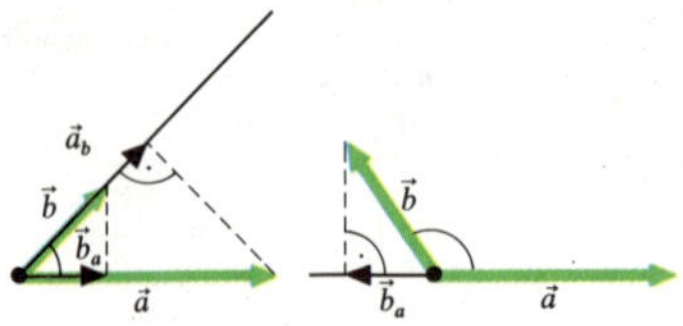

$$\langle \vec{a}, \vec{b} \rangle = \langle \vec{a}_b, \vec{b} \rangle = \langle \vec{a}, \vec{b}_a \rangle$$
$$= ab \cos \sphericalangle (\vec{a}, \vec{b})$$
$$= \begin{cases} ab_a & \text{für } 0 \leqq \sphericalangle(\vec{a}, \vec{b}) \leqq \frac{\pi}{2} \\ -ab_a & \text{für } \frac{\pi}{2} \leqq \sphericalangle(\vec{a}, \vec{b}) \leqq \pi \end{cases}$$

A

Skalarprodukt bei Spalten mit kartesischen Koordinaten:

$$\left\langle \begin{pmatrix} a_1 \\ a_2 \\ a_3 \end{pmatrix}, \begin{pmatrix} b_1 \\ b_2 \\ b_3 \end{pmatrix} \right\rangle = a_1 b_1 + a_2 b_2 + a_3 b_3$$

Beispiel:

$$\vec{a} = \begin{pmatrix} -8 \\ 1 \\ 4 \end{pmatrix}, \vec{b} = \begin{pmatrix} 3 \\ 4 \\ 12 \end{pmatrix}$$
$$\langle \vec{a}, \vec{b} \rangle = -24 + 4 + 48 = 28$$
$$a = \sqrt{\langle \vec{a}, \vec{a} \rangle} = 9$$
$$b = \sqrt{\langle \vec{b}, \vec{b} \rangle} = 13$$
$$\cos \sphericalangle (\vec{a}, \vec{b}) = \frac{\langle \vec{a}, \vec{b} \rangle}{ab} = \frac{28}{117},$$
$$\sphericalangle (\vec{a}, \vec{b}) = 76{,}15° .$$

Skalarprodukt

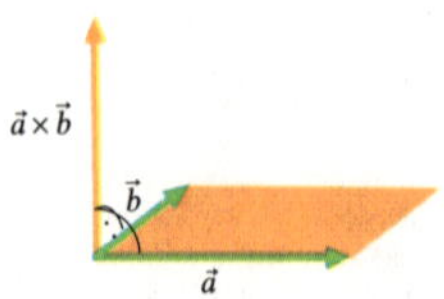

$\vec{a} \times \vec{b} \perp \vec{a} \wedge \vec{a} \times \vec{b} \perp \vec{b}$,

$\vec{a}$, $\vec{b}$, $\vec{a} \times \vec{b}$ bilden ein Rechtssystem, $|\vec{a} \times \vec{b}|$ ist der Flächeninhalt des von $\vec{a}$ und $\vec{b}$ aufgespannten Parallelogramms.

B

Vektorprodukt bei Spalten mit kartesischen Koordinaten:

$$\begin{pmatrix} a_1 \\ a_2 \\ a_3 \end{pmatrix} \times \begin{pmatrix} b_1 \\ b_2 \\ b_3 \end{pmatrix} = \begin{pmatrix} \begin{vmatrix} a_2 & b_2 \\ a_3 & b_3 \end{vmatrix} \\ \begin{vmatrix} a_3 & b_3 \\ a_1 & b_1 \end{vmatrix} \\ \begin{vmatrix} a_1 & b_1 \\ a_2 & b_2 \end{vmatrix} \end{pmatrix}$$

Das Ergebnis läßt sich formal als »Determinante« schreiben in der Form

$$\begin{vmatrix} \vec{e}_1 & a_1 & b_1 \\ \vec{e}_2 & a_2 & b_2 \\ \vec{e}_3 & a_3 & b_3 \end{vmatrix}.$$

Für das Beispiel aus Abb. A ergibt sich

$$\vec{a} \times \vec{b} = \begin{pmatrix} -4 \\ 108 \\ -35 \end{pmatrix}, \quad |\vec{a} \times \vec{b}| = \sqrt{12905} \approx 113{,}6 .$$

Vektorprodukt

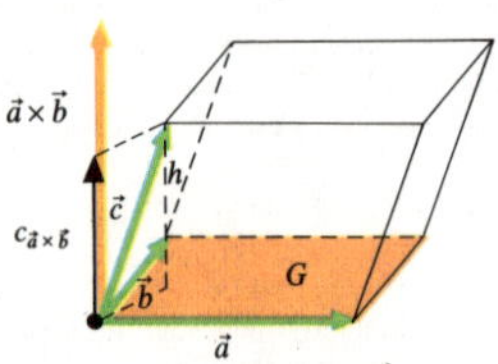

Das Volumen des Spates beträgt

$$|\langle \vec{a} \times \vec{b}, \vec{c} \rangle| = |\vec{a} \times \vec{b}| \cdot c_{\vec{a} \times \vec{b}} = G \cdot h$$

C

Spatprodukt bei Spalten mit kartesischen Koordinaten:

$$\langle \vec{a} \times \vec{b}, \vec{c} \rangle = \begin{vmatrix} a_1 & b_1 & c_1 \\ a_2 & b_2 & c_2 \\ a_3 & b_3 & c_3 \end{vmatrix}$$

Beispiel:

$$\vec{a} = \begin{pmatrix} -8 \\ 1 \\ 4 \end{pmatrix}, \quad \vec{b} = \begin{pmatrix} 3 \\ 4 \\ 12 \end{pmatrix}, \quad \vec{c} = \begin{pmatrix} -1 \\ 2 \\ 3 \end{pmatrix},$$

$$\langle \vec{a} \times \vec{b}, \vec{c} \rangle = \begin{vmatrix} -8 & 3 & -1 \\ 1 & 4 & 2 \\ 4 & 12 & 3 \end{vmatrix} = 115 .$$

Spatprodukt

Neben der Multiplikation mit Skalaren gibt es in der Vektorrechnung weitere Produktbildungen.

Skalarprodukt

Definition: Die Abb. $\langle\,,\,\rangle: V^3 \times V^3 \to \mathbb{R}$, def. durch

$$(\vec{a},\vec{b}) \mapsto \langle \vec{a},\vec{b}\rangle := \begin{cases} 0 \text{ für } \vec{a}=\vec{0} \vee \vec{b}=\vec{0}, \\ ab \cos \sphericalangle(\vec{a},\vec{b}) \text{ für } \vec{a}\neq\vec{0} \wedge \vec{b}\neq\vec{0}, \end{cases}$$

ordnet jedem Paar $(\vec{a},\vec{b})$ von Vektoren eine reelle Zahl zu, die man *Skalarprodukt* von $\vec{a}$ und $\vec{b}$ nennt. Eine Einschränkung der Def. auf den Vektorraum V^2 ist ohne weiteres möglich und oft nützlich.

Der Winkelgröße $\sphericalangle(\vec{a},\vec{b})$ liegt hier der elementargeometrische Winkelbegriff als Winkelklasse bez. gewöhnlicher Kongruenz (S. 149) zugrunde, so daß $0 \leqq \sphericalangle(\vec{a},\vec{b}) \leqq \pi$ gilt. Statt $\langle\vec{a},\vec{b}\rangle$ schreibt man auch $\vec{a}\cdot\vec{b}$.

Die Teilprodukte $a\cos\sphericalangle(\vec{a},\vec{b})$ bzw. $b\cos\sphericalangle(\vec{a},\vec{b})$ lassen sich geometrisch deuten als Länge des durch Projektion von $\vec{b}$ auf $\vec{a}$ gewonnenen Vektors $\vec{b}_a$ bzw. des entsprechend gebildeten Vektors $\vec{a}_b$ (Abb. A). Es gilt daher

$$\langle\vec{a},\vec{b}\rangle = \langle\vec{a},\vec{b}_a\rangle = \pm ab_a,$$
$$= \langle\vec{a}_b,\vec{b}\rangle = \pm a_b b.$$

Eigenschaften (für alle $\vec{a},\vec{b},\vec{c}\in V^3$ und $\lambda\in\mathbb{R}$):

$\langle\vec{a},\vec{b}\rangle = \langle\vec{b},\vec{a}\rangle$ Kommutativgesetz,

$\langle\vec{a},\vec{b}+\vec{c}\rangle = \langle\vec{a},\vec{b}\rangle + \langle\vec{a},\vec{c}\rangle$ Distributivgesetz,

$\lambda\langle\vec{a},\vec{b}\rangle = \langle\lambda\vec{a},\vec{b}\rangle$ gemischt-assoziatives Gesetz.

Anwendungen: $\langle\vec{a},\vec{b}\rangle = 0$ gilt genau dann, wenn $\vec{a}$ zu $\vec{b}$ orthogonal ist oder mindestens einer der Vektoren der Nullvektor ist. Man nennt daher den Nullvektor auch orthogonal zu jedem Vektor.

Für die Einheitsvektoren eines kartesischen Koordinatensystems gilt

$$\langle\vec{e}_i,\vec{e}_j\rangle = \begin{cases} 0, \text{ falls } i\neq j, \\ 1, \text{ falls } i=j. \end{cases}$$

Damit sind in solchen Koordinatensystemen die Skalarprodukte bei Spaltenschreibweise der Vektoren besonders einfach zu berechnen:

$$\langle\vec{a},\vec{b}\rangle = \left\langle \begin{pmatrix} a_1 \\ a_2 \\ a_3 \end{pmatrix}, \begin{pmatrix} b_1 \\ b_2 \\ b_3 \end{pmatrix} \right\rangle = a_1b_1 + a_2b_2 + a_3b_3.$$

Eine Entscheidung darüber, ob zwei Vektoren orthogonal sind, ist dann ohne weiteres möglich. Aus der Def. des Skalarproduktes folgt $\langle\vec{a},\vec{a}\rangle = a^2$. Für den Betrag des Vektors $\vec{a}$ gilt also

$$a = \sqrt{\langle\vec{a},\vec{a}\rangle} = \sqrt{a_1^2+a_2^2+a_3^2}.$$

Für $P(x_1|x_2|x_3)$ und $Q(y_1|y_2|y_3)$ ergibt sich dann $\overline{PQ} = \sqrt{(y_1-x_1)^2+(y_2-x_2)^2+(y_3-x_3)^2}$. Auch der Winkel zwischen zwei vom Nullvektor verschiedenen Vektoren $\vec{a}$ und $\vec{b}$ ist berechenbar. Die Def. liefert

$$\cos\sphericalangle(\vec{a},\vec{b}) = \frac{\langle\vec{a},\vec{b}\rangle}{ab} \text{ (Beisp. s. Abb. A)}.$$

Vektorprodukt

Definition: Die Abb. $\times: V^3\times V^3 \to V^3$, def. durch

$$(\vec{a},\vec{b}) \mapsto \vec{a}\times\vec{b} := \begin{cases} \vec{0} \text{ für } \vec{a}=\vec{0} \vee \vec{b}=\vec{0}, \\ \vec{c} \text{ für } \vec{a}\neq\vec{0}\wedge\vec{b}\neq\vec{0} \text{ mit} \end{cases}$$

$c = ab\sin\sphericalangle(\vec{a},\vec{b})$, wobei $\vec{c}\perp\vec{a}$, $\vec{c}\perp\vec{b}$ und $\vec{a},\vec{b},\vec{c}$ in dieser Reihenfolge ein Rechtssystem bilden,

ordnet jedem Paar $(\vec{a},\vec{b})$ von Vektoren einen Vektor zu, den man *Vektorprodukt* von $\vec{a}$ und $\vec{b}$ nennt. Das Vektorprodukt ist eine innere Verkn. auf V^3 im Sinne von Def. 1, S. 39. Daher sind im Gegensatz zum Skalarprodukt auch Produkte mit mehr als zwei Faktoren möglich. Der Betrag des Vektorproduktes $\vec{a}\times\vec{b}$ stellt den Flächeninhalt eines von den Repräsentanten von $\vec{a}$ und $\vec{b}$ aufgespannten Parallelogramms dar (Abb. B).

Eigenschaften (für alle $\vec{a},\vec{b},\vec{c}\in V^3$ und $\lambda\in\mathbb{R}$):

$\vec{a}\times\vec{b} = -\vec{b}\times\vec{a}$ Antikommutativgesetz,

$\vec{a}\times(\vec{b}+\vec{c}) = \vec{a}\times\vec{b}+\vec{a}\times\vec{c}$ Distributivgesetz,

$\lambda(\vec{a}\times\vec{b}) = (\lambda\vec{a})\times\vec{b}$ gemischt-assoziatives Gesetz.

Ein Assoziativgesetz für Vektorprodukte mit drei Vektoren als Faktoren gilt nicht!

Anwendungen: Das Vektorprodukt kann zur Berechnung von Flächeninhalten und Winkelgrößen dienen. Während das Verschwinden des Skalarproduktes auf Orthogonalität schließen läßt, gilt $\vec{a}\times\vec{b}=\vec{0}$ genau dann, wenn $\vec{a}$ und $\vec{b}$ kollinear sind. Insbesondere ist $\vec{a}\times\vec{a}=\vec{0}$ für alle Vektoren $\vec{a}$.

Für die Einheitsvektoren eines kartesischen Koordinatensystems gilt $\vec{e}_1\times\vec{e}_2=\vec{e}_3$, $\vec{e}_2\times\vec{e}_3=\vec{e}_1$, $\vec{e}_3\times\vec{e}_1=\vec{e}_2$. Damit ergibt sich auch für Vektorprodukte eine einfache Berechnungsmöglichkeit, falls die Faktoren in Spaltenschreibweise vorliegen:

$$\vec{a}\times\vec{b} = \begin{pmatrix} a_1 \\ a_2 \\ a_3 \end{pmatrix} \times \begin{pmatrix} b_1 \\ b_2 \\ b_3 \end{pmatrix} = \begin{vmatrix} a_2 & b_2 \\ a_3 & b_3 \end{vmatrix}\vec{e}_1 + \begin{vmatrix} a_3 & b_3 \\ a_1 & b_1 \end{vmatrix}\vec{e}_2 + \begin{vmatrix} a_1 & b_1 \\ a_2 & b_2 \end{vmatrix}\vec{e}_3.$$

Abb. B zeigt $\vec{a}\times\vec{b}$ auch in Spaltenschreibweise.

Spatprodukt

Definition: Das Skalarprodukt $\langle\vec{a}\times\vec{b},\vec{c}\rangle$ heißt *Spatprodukt* der Vektoren $\vec{a}$, $\vec{b}$ und $\vec{c}$.

Der Betrag des Spatproduktes ist das Volumen des von den Vektoren aufgespannten Spates (Abb. C).

Eigenschaften (für alle $\vec{a},\vec{b},\vec{c}\in V^3$):

Das Spatprodukt wechselt das Vorzeichen bei Vertauschung zweier Vektoren.

$\langle\vec{a}\times\vec{b},\vec{c}\rangle = \langle\vec{a},\vec{b}\times\vec{c}\rangle$ Vertauschbarkeit der Operationen,

$\langle\vec{a}\times\vec{b},\vec{c}\rangle = \langle\vec{b}\times\vec{c},\vec{a}\rangle = \langle\vec{c}\times\vec{a},\vec{b}\rangle$ zyklische Vertauschbarkeit.

Anwendungen: $\langle\vec{a}\times\vec{b},\vec{c}\rangle = 0$ gilt genau dann, wenn $\vec{a},\vec{b},\vec{c}$ komplanar sind.

Bei Spaltenschreibweise läßt sich das Spatprodukt als Determinante schreiben:

$$\langle\vec{a}\times\vec{b},\vec{c}\rangle = \begin{vmatrix} a_1 & b_1 & c_1 \\ a_2 & b_2 & c_2 \\ a_3 & b_3 & c_3 \end{vmatrix} = \det(\vec{a}\vec{b}\vec{c}).$$

Weitere Produktverbindungen

In den Anwendungen treten bisweilen mehrfache und weitere gemischte Produkte auf, die sich auf einfachere Produkte zurückführen lassen, z. B.

$\vec{a}\times(\vec{b}\times\vec{c}) = \langle\vec{a},\vec{c}\rangle\,\vec{b} - \langle\vec{a},\vec{b}\rangle\,\vec{c}$

$(\vec{a}\times\vec{b})\times\vec{c} = \langle\vec{a},\vec{c}\rangle b - \langle b,\vec{c}\rangle\vec{a}$

(Entwicklungssatz von GRASSMANN),

$(\vec{a}\times\vec{b})\times(\vec{c}\times\vec{d}) = \langle\vec{a}\times\vec{b},\vec{d}\rangle\vec{c} - \langle\vec{a}\times\vec{b},\vec{c}\rangle\vec{d}$,

$\langle\vec{a}\times\vec{b},\vec{c}\times\vec{d}\rangle = \langle\vec{a},\vec{c}\rangle\langle\vec{b},\vec{d}\rangle - \langle\vec{a},\vec{d}\rangle\langle\vec{b},\vec{c}\rangle$

(Formel von LAGRANGE)

und als Sonderfall der letzten Formel:

$$\langle\vec{a}\times\vec{b},\vec{a}\times\vec{b}\rangle = a^2b^2 - \langle\vec{a},\vec{b}\rangle^2.$$

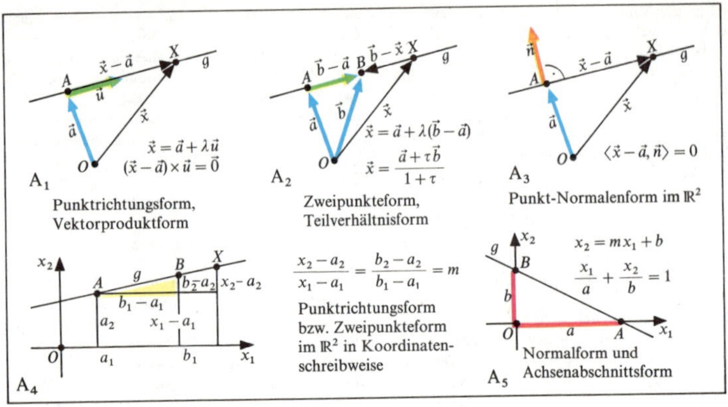

Geradengleichungen

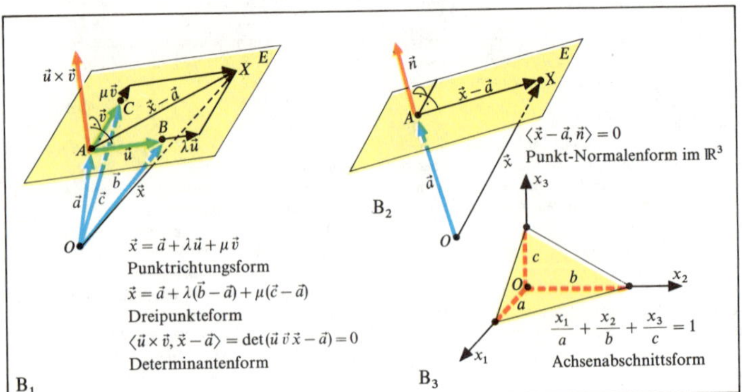

Ebenengleichungen

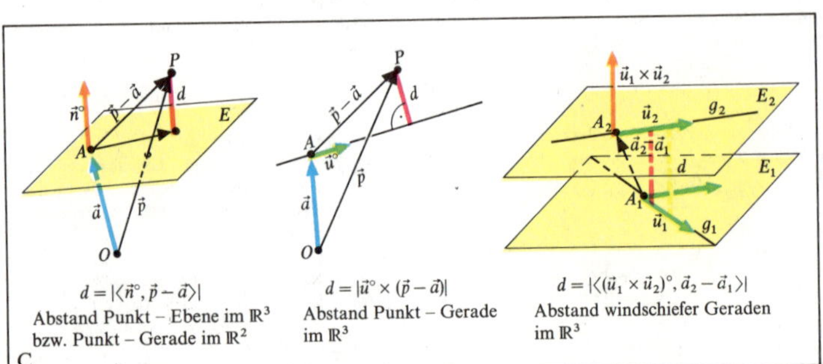

Abstandsberechnungen im $\mathbb{R}^3$

Geradengleichungen

Die Aufgabe, die Gleichung einer Kurve oder Fläche anzugeben, besteht darin, nach Vorgabe eines Bezugspunktes O eine rechnerische Beziehung zwischen den Ortsvektoren der Punkte dieser Punktmenge zu finden oder nach Vorgabe eines Koordinatensystems eine Beziehung zwischen den Koordinaten ihrer Punkte aufzustellen.

Für die Gerade ergeben sich verschiedene Möglichkeiten hierzu. Ist sie durch einen Punkt A mit dem Ortsvektor $\vec{a}$ und einen Richtungsvektor $\vec{u}$ festgelegt, so lautet ihre Gleichung (Abb. A_1):

$\vec{x} = \vec{a} + \lambda\vec{u}$ (*Punktrichtungsform*).

Der Parameter λ durchläuft alle reellen Zahlen. Ist die Gerade durch zwei Punkte A und B mit den Ortsvektoren $\vec{a}$ und $\vec{b}$ festgelegt, so stellt $\vec{b} - \vec{a}$ einen Richtungsvektor dar, so daß gilt (Abb. A_2):

$\vec{x} = \vec{a} + \lambda(\vec{b} - \vec{a})$ (*Zweipunkteform*).

Beide Gleichungsformen gelten für Geraden im $\mathbb{R}^2$ oder $\mathbb{R}^3$.

Man kann als Parameter auch das Teilverhältnis τ wählen, in dem die Strecke AB durch den Punkt X geteilt wird. Aus $\vec{x} - \vec{a} = \tau(\vec{b} - \vec{x})$ folgt (Abb. A_2):

$\vec{x} = \dfrac{\vec{a} + \tau\vec{b}}{1 + \tau}$ (*Teilverhältnisform*).

Für $\tau \in \mathbb{R}\setminus\{-1\}$ erhält man die Ortsvektoren aller Punkte der Geraden ohne B.

Da $\vec{u}$ und $\vec{x} - \vec{a}$ genau für die Ortsvektoren $\vec{x}$ der Punkte der Geraden kollinear sind, kann man im $\mathbb{R}^3$ eine Gerade auch durch folgende Gleichung beschreiben (Abb. A_1):

$\vec{u} \times (\vec{x} - \vec{a}) = \vec{0}$ (*Vektorproduktform*).

Geraden im $\mathbb{R}^2$ können durch einen Punkt A und einen zur Geraden senkrechten Vektor $\vec{n}$ (*Normalenvektor*) festgelegt werden. Es gilt dann (Abb. A_3):

$\langle \vec{n}, \vec{x} - \vec{a} \rangle = 0$ (*Punkt-Normalenform*).

Die Vektorgleichungen lassen sich in Systeme von Gleichungen mit Koordinaten auflösen. In den Parameterformen für den $\mathbb{R}^2$ läßt sich der Parameter eliminieren. Wichtige parameterfreie Koordinatengleichungen im $\mathbb{R}^2$ sind (Abb. A_4, A_5):

$\dfrac{x_2 - a_2}{x_1 - a_1} = m$ (*Punktrichtungsform*),

$\dfrac{x_2 - a_2}{x_1 - a_1} = \dfrac{b_2 - a_2}{b_1 - a_1}$ (*Zweipunkteform*),

$x_2 = mx_1 + b$ (*Normalform*),

$\dfrac{x_1}{a} + \dfrac{x_2}{b} = 1$ (*Achsenabschnittsform*).

m bezeichnet die Steigung der Geraden, a bzw. b die Abschnitte auf der x_1- bzw. x_2-Achse.

Ebenengleichungen

Eine Ebene im Raum läßt sich festlegen durch einen Punkt A und zwei linear unabhängige Richtungsvektoren $\vec{u}$ und $\vec{v}$. Es gilt (Abb. B_1):

$\vec{x} = \vec{a} + \lambda\vec{u} + \mu\vec{v}$ (*Punktrichtungsform*).

Die Parameter λ und μ durchlaufen unabhängig voneinander alle reellen Zahlen.

Sind drei nicht auf einer Geraden gelegene Punkte A, B, C vorgegeben, so kann die Gleichung der durch sie bestimmten Ebene geschrieben werden als (Abb. B_1):

$\vec{x} = \vec{a} + \lambda(\vec{c} - \vec{a}) + \mu(\vec{b} - \vec{a})$ (*Dreipunkteform*).

Mit $\vec{n}$ als Normalenvektor gilt weiter (Abb. B_2):

$\langle \vec{n}, \vec{x} - \vec{a} \rangle = 0$ (*Punkt-Normalenform*).

Nimmt man als Normalenvektor den aus den Richtungsvektoren $\vec{u}$ und $\vec{v}$ gebildeten Vektor $\vec{u} \times \vec{v}$, so erhält man (Abb. B_1):

$\langle \vec{u} \times \vec{v}, \vec{x} - \vec{a} \rangle = 0$ (*Determinantenform*).

Durch Ausrechnen der Determinante ergibt sich eine lineare Gleichung mit den Variablen x_1, x_2, x_3. Jede Gleichung dieser Art stellt eine Ebene im Raum dar. Als spezielle Koordinatenform gilt mit den Achsenabschnitten a, b, c (Abb. B_3):

$\dfrac{x_1}{a} + \dfrac{x_2}{b} + \dfrac{x_3}{c} = 1$ (*Achsenabschnittsform*).

Schnittgebilde

Zwei Geraden mit den Gleichungen

$\vec{x} = \vec{a}_1 + \lambda_1\vec{u}_2$ und $\vec{x} = \vec{a}_2 + \lambda_2\vec{u}_2$

sind *parallel*, falls $\vec{u}_1$ und $\vec{u}_2$ kollinear sind. Sie sind *gleich*, falls $\vec{u}_1, \vec{u}_2$ und $\vec{a}_2 - \vec{a}_1$ kollinear sind.

Nichtparallele Geraden schneiden sich, wenn das durch $\vec{a}_1 + \lambda_1\vec{u}_1 = \vec{a}_2 + \lambda_2\vec{u}_2$ bestimmte System von Koordinatengleichungen ein Lösungspaar (λ_1, λ_2) besitzt, andernfalls sind die Geraden *windschief*.

Zwei Ebenen mit den Gleichungen

$\vec{x} = \vec{a}_1 + \lambda_1\vec{u}_1 + \mu_1\vec{v}_1$ und $\vec{x} = \vec{a}_2 + \lambda_2\vec{u}_2 + \mu_2\vec{v}_2$

sind *parallel*, falls $\vec{u}_1, \vec{u}_2, \vec{v}_1, \vec{v}_2$ komplanar sind. Sie sind *gleich*, falls $\vec{u}_1, \vec{u}_2, \vec{v}_1, \vec{v}_2, \vec{a}_2 - \vec{a}_1$ komplanar sind.

Nichtparallele Ebenen besitzen stets eine gemeinsame *Schnittgerade*. Um ihre Gleichung zu finden, kann man zunächst ihre Schnittpunkte mit zwei Koordinatenebenen ermitteln.

Entsprechend läßt sich von einer Geraden und einer Ebene feststellen, ob sie parallel sind oder welchen Schnittpunkt sie besitzen.

Abstandsberechnungen

Für die Berechnung des Abstandes eines Punktes von einer Geraden oder Ebene eignen sich die Punkt-Normalenform und Vektorproduktform, wenn man in ihnen den Normaleneinheitsvektor bzw. Richtungseinheitsvektor verwendet.

Setzt man in diese spezielle Punkt-Normalenform der Ebene im $\mathbb{R}^3$ bzw. Geraden im $\mathbb{R}^2$

$\langle \vec{n}^\circ, \vec{x} - \vec{a} \rangle = 0$ (HESSE*form*)

den Ortsvektor $\vec{p}$ eines bel. Punktes P ein, so ist

$d = |\langle \vec{n}^\circ, \vec{p} - \vec{a} \rangle|$

der *Abstand des Punktes P von der Ebene bzw. Geraden*.

Als Abstand eines Punktes P von einer Geraden im $\mathbb{R}^3$ erhält man aus der speziellen Vektorproduktform

$\vec{u}^\circ \times (\vec{x} - \vec{a}) = \vec{0}$ durch entsprechende Einsetzung

$d = |\vec{u}^\circ \times (\vec{p} - \vec{a})|$.

Für den *Abstand zweier windschiefer Geraden* im Raum mit den Gleichungen

$\vec{x} = \vec{a}_1 + \lambda_1\vec{u}_1$ und $\vec{x} = \vec{a}_2 + \lambda_2\vec{u}_2$

gilt die Formel

$d = |\langle (\vec{u}_1 \times \vec{u}_2)^\circ, \vec{a}_2 - \vec{a}_1 \rangle|$.

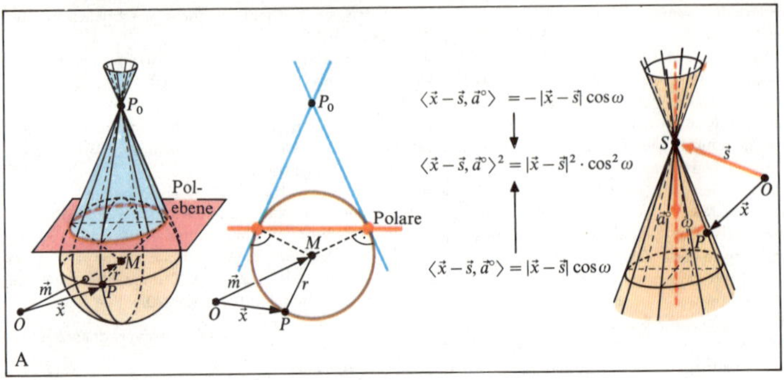

Kugel, Kreis im $\mathbb{R}^2$, Kegel, Doppelkegel

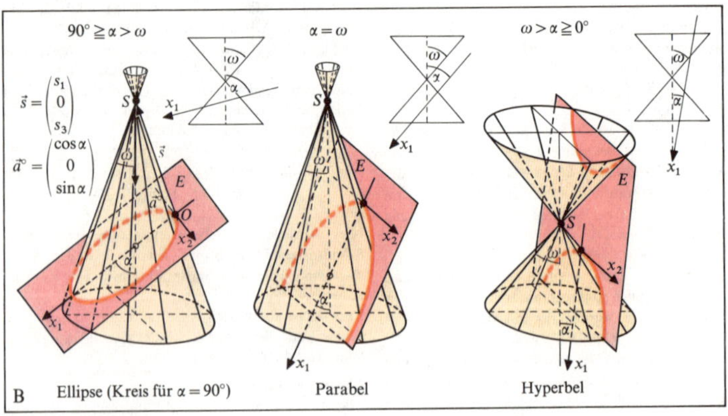

Schnitt von Doppelkegel und Ebene

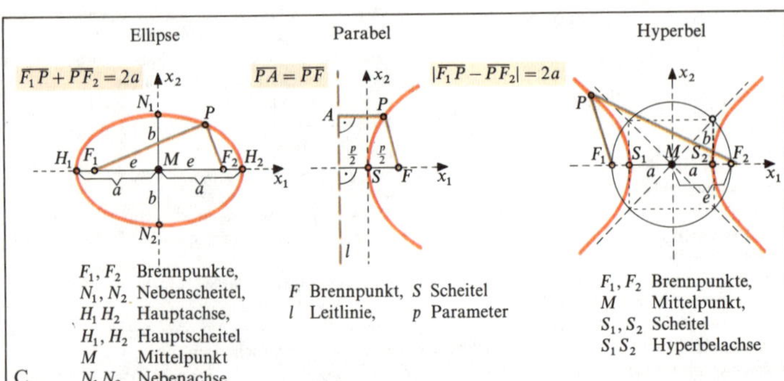

Ellipse, Parabel, Hyperbel

Kugel und Kreis

Die Menge der Punkte des $\mathbb{R}^3$ (des $\mathbb{R}^2$), die von einem Mittelpunkt M den Abstand r ($r \in \mathbb{R}^+$) besitzen, ist eine Kugeloberfläche (ein Kreis im $\mathbb{R}^2$). Als Vektorgleichung ergibt sich (Abb. A): $|\vec{x} - \vec{m}| = r$, d. h.

$$\langle \vec{x} - \vec{m}, \vec{x} - \vec{m} \rangle = r^2 .$$

In einem kart. Koordinatensystem erhält man dann für die Kugel die Koordinatengleichung $(x_1 - m_1)^2 + (x_2 - m_2)^2 + (x_3 - m_3)^2 = r^2$, für den Kreis im $\mathbb{R}^2$ $(x_1 - m_1)^2 + (x_2 - m_2)^2 = r^2$.

Tangenten an Kugel und Kreis, Tangentialebene

Eine Gerade, die mit einer Kugel (einem Kreis im $\mathbb{R}^2$) genau einen Punkt gemeinsam hat, heißt *Tangente*, der Punkt *Berührungspunkt*. Im Fall der Kugel bilden die Punkte aller Tangenten durch einen Berührungspunkt eine Ebene, die *Tangentialebene*. Jede Tangente an eine Kugel oder an einen Kreis im $\mathbb{R}^2$ steht senkrecht zum sog. Berührungsradius, so daß sich folgende Vektorgleichung der Tangentialebene (Tangente im $\mathbb{R}^2$) ergibt:

$$\langle \vec{x} - \vec{m}, \vec{b} - \vec{m} \rangle = r^2 ,$$

wobei $\vec{b}$ der Ortsvektor des Berührungspunktes ist.

Polebene, Polare

Die Menge der Tangenten, die man durch einen außerhalb einer Kugel gelegenen Punkt P_0 (Pol) an die Kugel legen kann, bildet einen Doppelkegel (Abb. A). Die Menge der sich ergebenden Berührungspunkte ist ein Kreis, der die sog. *Polebene* festlegt (Abb. A). Im Falle des Kreises im $\mathbb{R}^2$ ergeben sich genau zwei Berührungspunkte, die die sog. *Polare* festlegen (Abb. A). Als Vektorgleichung für die Polebene bzw. die Polare erhält man:

$$\langle \vec{x} - \vec{m}, \vec{p}_0 - \vec{m} \rangle = r^2 .$$

Kegel, Doppelkegel

Die Punkte eines Kegels, der durch seine Spitze S, einen Achseneinheitsvektor $\vec{a}^\circ$ und den Öffnungswinkel 2ω festgelegt ist, lassen sich durch folgende Vektorgleichung beschreiben (Abb. A):

$$\langle \vec{x} - \vec{s}, \vec{a}^\circ \rangle = |\vec{x} - \vec{s}| \cdot \cos\omega .$$

Ergänzt man zum Doppelkegel (Abb. A), so ergibt sich: $\langle \vec{x} - \vec{s}, \vec{a}^\circ \rangle^2 = |\vec{x} - \vec{s}|^2 \cdot \cos^2\omega$, d. h.

$$\langle \vec{x} - \vec{s}, \vec{a}^\circ \rangle^2 = \langle \vec{x} - \vec{s}, \vec{x} - \vec{s} \rangle \cdot \cos^2\omega .$$

Schnitt von Doppelkegel und Ebene

Das Schnittgebilde eines Doppelkegels und einer Ebene ist neben einigen Sonderfällen (Punkt, Gerade oder sich schneidendes Geradenpaar) entweder eine Ellipse (spez. ein Kreis), eine Parabel oder eine Hyperbel (Abb. B). Zur rechnerischen Überprüfung wählt man zweckmäßig ein spez. gelegenes kart. Koordinatensystem (Abb. B).

Die Gleichung der Ebene ist dann $x_3 = 0$. Als Koordinatengleichung des Schnittgebildes in der $x_1 x_2$-Ebene erhält man:

$$(1 - \varepsilon^2)\, x_1^2 - 2p\, x_1 + x_2^2 = 0 \quad \text{mit}$$

$$\varepsilon = \frac{\cos\alpha}{\cos\omega}, \quad p = s(\varepsilon - \cos(\alpha + \omega)).$$

ε heißt numerische Exzentrizität, p Parameter. Die Schnittgebilde sind symmetrisch zur x_1-Achse und enthalten den Ursprung. Die Form $x_2^2 = 2p\,x_1 - (1 - \varepsilon^2)\, x_1^2$ nennt man *Scheitelform* der Kegelschnittgleichung. Für $s = 0$ erhält man die oben angegebenen Sonderfälle. Im folgenden sei $s \neq 0$.

I. $90^\circ \geqq \alpha > \omega$ oder $\omega > \alpha \geqq 0^\circ$

In diesem Fall schneidet die x_1-Achse den Doppelkegel außer im Ursprung noch im Punkt $A\left(\frac{2p}{1 - \varepsilon^2} \,|\, 0 \,|\, 0\right)$, denn es ist $\varepsilon \neq 1$. Verschiebt man das Koordinatensystem, so daß der Mittelpunkt $M\left(\frac{p}{1 - \varepsilon^2} \,|\, 0 \,|\, 0\right)$ der Strecke OA zum Ursprung wird, ergibt sich die Koordinatengleichung

$$\frac{x_1^2}{a^2} + \frac{x_2^2}{a^2(1 - \varepsilon^2)} = 1 \quad \text{mit} \quad a := \left|\frac{p}{1 - \varepsilon^2}\right| .$$

Für $90^\circ \geqq \alpha > \omega$ ist $1 - \varepsilon^2 > 0$, für $\omega > \alpha \geqq 0^\circ$ dagegen $1 - \varepsilon^2 < 0$. Mit $b := a\sqrt{|1 - \varepsilon^2|}$ ergibt sich:

(1) $\dfrac{x_1^2}{a^2} + \dfrac{x_2^2}{b^2} = 1$, $\quad$ (2) $\dfrac{x_1^2}{a^2} - \dfrac{x_2^2}{b^2} = 1$.

$(90^\circ \geqq \alpha > \omega)$ $\qquad$ $(\omega > \alpha \geqq 0^\circ)$

Die zu (1) gehörige Punktmenge heißt *Ellipse*, die zu (2) gehörige heißt *Hyperbel*. Ist im Fall (1) $a = b$ ($\Leftrightarrow \alpha = 90^\circ$), so liegt ein Kreis vor.

II. $\alpha = \omega$

Wegen $\varepsilon = 1$ erhält man die Gleichung

(3) $x_2^2 = 2p\,x_1$.

Die zugehörige Punktmenge wird *Parabel* genannt.

Ellipse, Parabel, Hyperbel

lassen sich auch als Ortslinien kennzeichnen:

(a) Sind F_1 und F_2 Punkte im Abstand $2e$, so ist die Menge aller Punkte P mit $\overline{F_1 P} + \overline{P F_2} = 2a$ ($a \in \mathbb{R}^+$) eine *Ellipse*, die Menge aller Punkte P mit $|\overline{F_1 P} - \overline{P F_2}| = 2a$ eine *Hyperbel* (Abb. C).

(b) Ist l eine Gerade und F ein fester Punkt im Abstand p, so ist die Menge aller Punkte, die von l und F den gleichen Abstand haben, eine *Parabel* (Abb. C).

Führt man Koordinatensysteme wie in Abb. C ein, so erhält man die obigen Koordinatengleichungen (1) bis (3). Als Tangentengleichungen durch einen Kurvenpunkt $A(a_1 \,|\, a_2)$ erhält man:

(1T) $\dfrac{x_1 a_1}{a^2} + \dfrac{x_2 a_2}{b^2} = 1$, $\quad$ (2T) $\dfrac{x_1 a_1}{a^2} - \dfrac{x_2 a_2}{b^2} = 1$,

(Ellipsentangente) $\qquad$ (Hyperbeltangente)

(3T) $x_2 a_2 = p(x_1 + a_2)$ (Parabeltangente).

Allg. Gleichung 2. Grades mit zwei Variablen

So bezeichnet man die Gleichung der Form $A x_1^2 + B x_2^2 + C x_1 x_2 + D x_1 + E x_2 + F = 0$ $(A, \ldots, F \in \mathbb{R})$. Die Kegelschnittgleichungen sind spez. Formen dieser Gleichung. Umgekehrt beschreibt diese Gleichung bis auf einige Sonderfälle nur Kegelschnitte, u. U. in gedrehter bzw. verschobener Lage. Man verwendet zweckmäßig die Form $a_{11} x_1^2 + 2a_{12} x_1 x_2 + a_{22} x_2^2 + a_{01} x_1 + a_{02} x_2 + a_{00} = 0$ mit $a_{ik} \in \mathbb{R}$, so daß sich folgende Matrizengleichung ergibt:

$$(x_1\; x_2)\begin{pmatrix} a_{11} & a_{12} \\ a_{12} & a_{22} \end{pmatrix}\begin{pmatrix} x_1 \\ x_2 \end{pmatrix} + 2(a_{01}\; a_{02})\begin{pmatrix} x_1 \\ x_2 \end{pmatrix} + a_{00} = 0 .$$

Man behandelt sie analog zur Quadrikgleichung (S. 201); die durch sie beschriebenen Gebilde erhält man auch als Schnittgebilde der auf S. 202 dargestellten Flächen mit den Koordinatenebenen.

Vorgegeben sei eine eigentliche Bewegung durch (1) $\vec{x}^* = B\vec{x} + \vec{c}$ mit $\det(B) = 1$.

Die zugehörige affine Vektorabb. $\vec{v}^* = B\vec{v}$ besitzt Fixvektoren. Man bestimmt einen Einheitsfixvektor $\vec{u}^\circ$ mit $B\vec{u}^\circ = \vec{u}^\circ$. Mit Hilfe des Skalarprodukts und des Vektorprodukts ermittelt man dann zwei weitere Einheitsvektoren $\vec{v}^\circ$ und $\vec{w}^\circ$, so daß $\vec{u}^\circ$, $\vec{v}^\circ$ und $\vec{w}^\circ$ paarweise senkrecht aufeinander stehen und in dieser Reihenfolge ein Rechtssystem bilden. Die Matrix $S := (\vec{u}^\circ\, \vec{v}^\circ\, \vec{w}^\circ)$ ist dann orthogonal.

Durch $\vec{x} = S\vec{x}'$ wird ein Wechsel des Koordinatensystems vollzogen, bei dem der Ursprung erhalten bleibt und die neuen Achsen durch $\vec{u}^\circ$, $\vec{v}^\circ$ und $\vec{w}^\circ$ festgelegt sind. Bez. des neuen Koordinatensystems erhalten $\vec{u}^\circ$, $\vec{v}^\circ$ und $\vec{w}^\circ$ die Spaltendarstellungen $\begin{pmatrix}1\\0\\0\end{pmatrix}$, $\begin{pmatrix}0\\1\\0\end{pmatrix}$ und $\begin{pmatrix}0\\0\\1\end{pmatrix}$. Die Abbildungsgleichung (1) geht über in

(2) $\vec{x}'^* = (S^\top BS)\vec{x}' + S^\top\vec{c}$.

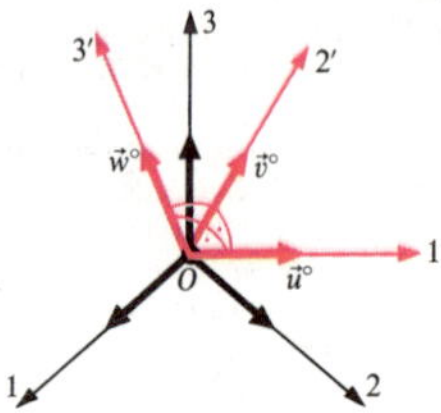

Bei der Berechnung der Matrix $S^\top BS$ zeigt man, daß es einen Winkel φ mit $0 \leqq \varphi < 2\pi$ gibt, so daß gilt:

$$S^\top BS = \begin{pmatrix}1 & 0 & 0\\ 0 & \cos\varphi & -\sin\varphi\\ 0 & \sin\varphi & \cos\varphi\end{pmatrix}. \text{ Also ergibt sich: (2a) } \vec{x}'^* = \begin{pmatrix}1 & 0 & 0\\ 0 & \cos\varphi & -\sin\varphi\\ 0 & \sin\varphi & \cos\varphi\end{pmatrix}\vec{x}' + \begin{pmatrix}\langle\vec{u}^\circ, \vec{c}\rangle\\ \langle\vec{v}^\circ, \vec{c}\rangle\\ \langle\vec{w}^\circ, \vec{c}\rangle\end{pmatrix}.$$

I) $\varphi = 0$. Dann ist $S^\top BS = E$, d. h. $B = E$, so daß eine **Parallelverschiebung** vorliegt.

II) $0 < \varphi < 2\pi$. Die Abbildungsgleichung (2a) liefert genau dann Fixpunkte, wenn $\langle\vec{u}^\circ, \vec{c}\rangle = 0$ ist. Man unterscheidet daher zwei Fälle:

IIa) $\langle\vec{u}^\circ, \vec{c}\rangle = 0$. Dies ist genau dann der Fall, wenn $\vec{c} = \vec{0}$ oder $\vec{c} \perp \vec{u}$ ist.

Ein Fixpunkt von (2a) ist der in der von $\vec{v}^\circ$ und $\vec{w}^\circ$ aufgespannten Koordinatenebene gelegene Punkt F mit der Spalte

$$\vec{f}' = \tfrac{1}{2}\begin{pmatrix}1 & 0 & 0\\ 0 & 1 & \cot\frac{\varphi}{2}\\ 0 & \cot\frac{\varphi}{2} & 1\end{pmatrix}\begin{pmatrix}0\\ \langle\vec{v}^\circ, \vec{c}\rangle\\ \langle\vec{w}^\circ, \vec{c}\rangle\end{pmatrix}.$$

Führt man eine Parallelverschiebung des Koordinatensystems durch $\vec{x}' = \vec{x}'' + \vec{f}'$ aus, so daß also der Fixpunkt F der Ursprung des neuen Koordinatensystems ist, ergibt sich (2a):

$$\text{(3) } \vec{x}''^* = \begin{pmatrix}1 & 0 & 0\\ 0 & \cos\varphi & -\sin\varphi\\ 0 & \sin\varphi & \cos\varphi\end{pmatrix}\vec{x}''.$$

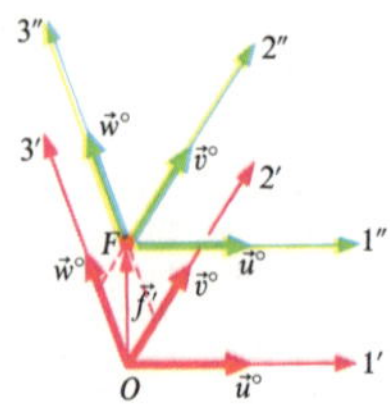

Es liegt also eine **Drehung** um die durch $\vec{u}^\circ$ bestimmte Koordinatenachse vor. Die durch (1) vorgegebene Abbildung ist damit eine Drehung um die durch $\vec{x} = S\vec{f}' + \lambda\vec{u}^\circ$ festgelegte Drehachse. Im Falle $\vec{c} = \vec{0}$ verläuft die Drehachse durch den Ursprung.

IIb) $\langle\vec{u}^\circ, \vec{c}\rangle \neq 0$. In diesem Fall kann man eine Aufspaltung von (2a) vornehmen,

$$\text{(4) } \vec{x}'^* = \begin{pmatrix}1 & 0 & 0\\ 0 & \cos\varphi & -\sin\varphi\\ 0 & \sin\varphi & \cos\varphi\end{pmatrix}\vec{x}' + \begin{pmatrix}0\\ \langle\vec{v}^\circ, \vec{c}\rangle\\ \langle\vec{w}^\circ, \vec{c}\rangle\end{pmatrix} + \begin{pmatrix}\langle\vec{u}^\circ, \vec{c}\rangle\\ 0\\ 0\end{pmatrix},$$

und die Abbildung als Komposition zweier Abbildungen auffassen:

$$\text{(4a) } \vec{y} = \begin{pmatrix}1 & 0 & 0\\ 0 & \cos\varphi & -\sin\varphi\\ 0 & \sin\varphi & \cos\varphi\end{pmatrix}\vec{x}' + \begin{pmatrix}0\\ \langle\vec{v}^\circ, \vec{c}\rangle\\ \langle\vec{w}^\circ, \vec{c}\rangle\end{pmatrix} \text{ und (4b) } \vec{x}'^* = \vec{y} + \begin{pmatrix}\langle\vec{u}^\circ, \vec{c}\rangle\\ 0\\ 0\end{pmatrix}.$$

Die Abbildung zu (4a) ist die unter IIa behandelte Drehung. Die Abbildung zu (4b) ist eine Parallelverschiebung längs der Drehachse.

Die Komposition ist eine **Schraubung**.

Eigentliche Bewegungen

Affine Vektorabbildungen

Jede lineare Abb. $f: V^3 \to V^3$ def. durch $\vec{v} \mapsto \vec{v}^*$, d. h. jede Abb. f von V^3 in sich mit der Eigenschaft $f(\alpha\vec{v}_1 + \beta\vec{v}_2) = \alpha f(\vec{v}_1) + \beta f(\vec{v}_2) = \alpha\vec{v}_1^* + \beta\vec{v}_2^*$ für alle $\vec{v}_1, \vec{v}_2 \in V^3$, $\alpha, \beta \in \mathbb{R}$, heißt *affine Vektorabbildung*.

Gibt man eine Basis $B = \{\vec{b}_1, \vec{b}_2, \vec{b}_3\}$ von V^3 vor, so ist eine affine Vektorabbildung bereits eindeutig bestimmt, wenn man die Bildvektoren $\vec{b}_1^*, \vec{b}_2^*$ und $\vec{b}_3^*$ der Basisvektoren kennt. Sind $\vec{b}_1^*, \vec{b}_2^*$ und $\vec{b}_3^*$ bez. B durch die Spalten $\begin{pmatrix} a_{11} \\ a_{21} \\ a_{31} \end{pmatrix}, \begin{pmatrix} a_{12} \\ a_{22} \\ a_{32} \end{pmatrix}$ und $\begin{pmatrix} a_{13} \\ a_{23} \\ a_{33} \end{pmatrix}$ festgelegt, so gilt: $\vec{v}^* = A\vec{v}$ mit der (3, 3)-Matrix $A = (\vec{b}_1^* \vec{b}_2^* \vec{b}_3^*)$. Umgekehrt gehört zu jeder (3,3)-Matrix A eine affine Vektorabb. def. durch $\vec{v} \mapsto \vec{v}^* = A\vec{v}$.

Die affinen Vektorabb. werden also durch die *Matrizengleichungen* $\vec{v}^* = A\vec{v}$ vollst. beschrieben.

Affine Punktabbildungen

Als *affine Punktabbildung* bezeichnet man jede Abb. $f: \mathbb{R}^3 \to \mathbb{R}^3$ def. durch $\vec{x} \mapsto \vec{x}^* = A\vec{x} + \vec{c}$, wobei A eine (3,3)-Matrix und $\vec{c}$ ein fest gewählter Vektor ist. Eine affine Punktabb. induziert eine affine Vektorabb. $\vec{v}^* = A\vec{v}$ mit derselben Matrix A und umgekehrt, wenn man für alle $\vec{v} = \overrightarrow{P_2P_1} = \vec{x}_1 - \vec{x}_2$ fordert: $\vec{v}^* = (\vec{x}_1 - \vec{x}_2)^* := \vec{x}_1^* - \vec{x}_2^*$. Ist durch $\vec{v}^* = A\vec{v}$ eine affine Vektorabb. definiert, so ist die zugehörige affine Punktabb. $\vec{x}^* = A\vec{x} + \vec{c}$ bereits eindeutig bestimmt, wenn man einen Punkt P_1 und seinen Bildpunkt P_1^* vorgibt. Es ist dann nämlich $\vec{c} = \vec{x}_1^* - A\vec{x}_1$.

Eigenschaften affiner Punktabbildungen

Durch affine Punktabb. werden Geraden in Geraden, Ebenen in Ebenen überführt. Die Eigenschaft »parallel« und das Teilverhältnis sind Invarianten.

Jede affine Punktabb. $\vec{x}^* = A\vec{x} + \vec{c}$ ist bereits eindeutig bestimmt, wenn man vier nicht in einer Ebene liegende Punkte P_1, P_2, P_3 und P_4 und ihre Bildpunkte P_1^*, P_2^*, P_3^* und P_4^* vorgibt. Man kann A und $\vec{c}$ folgendermaßen wählen:

$$A = (\vec{x}_2^* - \vec{x}_1^* \; \vec{x}_3^* - \vec{x}_1^* \; \vec{x}_4^* - \vec{x}_1^*) \cdot (\vec{x}_2 - \vec{x}_1 \; \vec{x}_3 - \vec{x}_1 \; \vec{x}_4 - \vec{x}_1)^{-1}, \quad \vec{c} = \vec{x}_1^* - A\vec{x}_1 .$$

Affine Punktabb. mit $\det(A) = 0$ heißen *ausgeartet* oder *singulär*. Durch sie werden je vier nicht in einer Ebene liegende Punkte stets so abgebildet, daß die Bildpunkte in einer Ebene liegen.

Für $|\det(A)| = 1$ bleibt das Volumen jedes Spates (S. 193) invariant. Derartige inhaltstreue affine Punktabb. heißen *Scherungsaffinitäten*. Bei Scherungsaffinitäten mit $\det(A) = 1$ bleibt sogar das Spatprodukt (S. 193) invariant.

Die *nichtsingulären (regulären)* affinen Punktabb., d. h. diejenigen mit $\det(A) \neq 0$, bilden hinsichtlich der Komposition von Abbildungen eine Gruppe, die Scherungsaffinitäten eine Untergruppe; desgleichen die Scherungsaffinitäten mit $\det(A) = 1$.

Bewegungen

Affine Punktabb. sind im Rahmen der eukl. Geometrie noch zu allgemein, denn sie lassen den Abstand zweier Punkte i. a. nicht invariant. Aff. Punktabb., die den Abstand und damit das Skalarprodukt (S. 193) invariant lassen, heißen *Bewegungen*. Eine affine Punktabb. $\vec{x}^* = B\vec{x} + \vec{c}$ ist genau dann eine Bewegung, wenn für die transponierte Matrix $B^\top = B^{-1}$, d. h. $B^\top B = E$ gilt (vgl. S. 169). Matrizen B mit der Eigenschaft $B^\top = B^{-1}$ nennt man *orthogonal*. Für sie folgt aus $B^\top B = E$ und dem Determinantenproduktsatz (S. 91): $|\det(B)| = 1$. Bewegungen sind also spez. Scherungsaffinitäten. Ist $\det(B) = 1$, so spricht man von *eigentlichen*, im Fall $\det(B) = -1$ von *uneigentlichen Bewegungen*.

Ist B eine orthogonale Matrix, so ergibt sich aus $B^\top B = E$, daß die Spaltenvektoren paarweise orthogonale Einheitsvektoren sind. Sind umgekehrt $\vec{e}_1, \vec{e}_2$ und $\vec{e}_3$ paarweise orthogonale Einheitsvektoren, so ist die Matrix $B := (\vec{e}_1 \vec{e}_2 \vec{e}_3)$ orthogonal, d. h. $\vec{x}^* = B\vec{x} + \vec{c}$ def. eine Bewegung. Bilden $\vec{e}_1, \vec{e}_2$ und $\vec{e}_3$ in dieser Reihenfolge ein Rechtssystem, so ist die Bewegung eigentlich. Die Bewegungen bilden bez. der Komposition von Abb. eine Gruppe, die eigentlichen Bewegungen eine Untergruppe.

Wechsel des Koordinatensystems

Ein Koordinatensystem ist durch ein Paar (O, B) festgelegt, wobei O der Ursprung und $B = \{\vec{b}_1, \vec{b}_2, \vec{b}_3\}$ eine Basis von V^3 ist (S. 191). $\vec{x}$ sei der Ortsvektor des Punktes P bez. (O, B). Wird nun durch (O^*, B^*) mit $B^* = \{\vec{b}_1^*, \vec{b}_2^*, \vec{b}_3^*\}$ ein neues Koordinatensystem eingeführt, so erhält der Ortsvektor $\vec{x}^*$ zu P bez. (O^*, B^*) i. a. eine andere Spaltendarstellung. Handelt es sich um kart. Koordinatensysteme (S. 191), so ergibt sich: $\vec{x}^* = B^\top(\vec{x} - \vec{o}^*)$ bzw.

$$\vec{x} = B\vec{x}^* + \vec{o}^* \quad \text{mit} \quad B = (\vec{b}_1^* \vec{b}_2^* \vec{b}_3^*).$$

Da B eine orth. Matrix ist, wird der Wechsel des Koordinatensystems durch eine Bewegung beschrieben. Umgekehrt kann jede Bewegung als Wechsel des kart. Koordinatensystems angesehen werden. Die Zeilen von B bestimmen die Achsenvektoren.

Bewegungstypen (vgl. S. 154)

a) Parallelverschiebung: Die sich für $B = E$ ergebende Bewegungsgleichung $\vec{x}^* = \vec{x} + \vec{c}$ beschreibt eine Parallelverschiebung.

b) Drehung: Ist $\det(B) = 1$ und $\vec{c} = \vec{0}$, so liegt eine Drehung um eine durch den Ursprung verlaufende Gerade vor (Abb.). Es sind aber auch Drehungen mit $\vec{c} \neq \vec{0}$ möglich (Abb.).

c) Schraubung: Der allgemeine Fall einer eigentlichen Bewegung ist die Schraubung. So bezeichnet man die Komposition einer Drehung um eine Achse und einer Parallelverschiebung längs der Drehachse (Abb.).

d) Drehspiegelung: Ist $\det(B) = -1$ und besitzt die Matrix $B + E$ genau zwei lin. unabh. Spaltenvektoren, so erhält man als uneigentl. Bewegungstyp die Drehspiegelung. Es handelt sich um die Komp. einer Ebenenspiegelung und einer Drehung um eine Achse, die senkrecht zur Ebene steht.

e) Gleitspiegelung: Ist $\det(B) = -1$ und sind je zwei Spaltenvektoren der Matrix $B - E$ linear abhängig, so liegt als uneigentlicher Bewegungstyp die Gleitspiegelung vor. Es handelt sich um die Komposition einer Ebenenspiegelung und einer Parallelverschiebung parallel zu dieser Ebene.

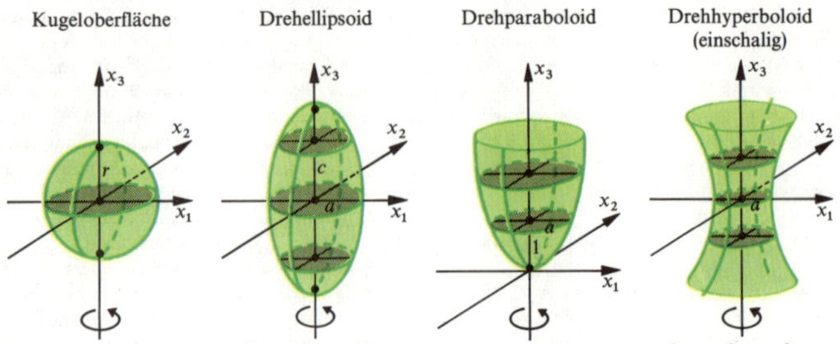

$x_1^2+x_2^2+x_3^2=r^2$ $\qquad$ $\frac{x_1^2}{a^2}+\frac{x_2^2}{a^2}+\frac{x_3^2}{c^2}=1$ $\qquad$ $x_1^2+x_2^2=a^2x_3$ $\qquad$ $\frac{x_1^2}{a^2}+\frac{x_2^2}{a^2}-\frac{x_3^2}{c^2}=1$

A

Rotationsflächen

Quadrikgleichung: $7x_1^2+6x_2^2+5x_3^2-4x_1x_2-4x_2x_3+14x_1-8x_2+10x_3+6=0$

Matrizenform:
$$(x_1\,x_2\,x_3)\underbrace{\begin{pmatrix}7&-2&0\\-2&6&-2\\0&-2&5\end{pmatrix}}_{A}\begin{pmatrix}x_1\\x_2\\x_3\end{pmatrix}+2\underbrace{(7\ \ -4\ \ 5)}_{\vec a^{\top}}\begin{pmatrix}x_1\\x_2\\x_3\end{pmatrix}+6=0$$

Charakteristische Gleichung:
$$\det(A-xE)=\begin{vmatrix}7-x&-2&0\\-2&6-x&-2\\0&-2&5-x\end{vmatrix}=0\Leftrightarrow(x-3)(x-6)(x-9)=0$$

Eigenwerte: $\lambda_1=3,\ \lambda_2=6,\ \lambda_3=9$

Einheitseigenvektoren: $(A-\lambda_1E)\vec e=\vec o$ $\qquad$ $(A-\lambda_2E)\vec e=\vec o$ $\qquad$ $(A-\lambda_3E)\vec e=\vec o$

$$\begin{pmatrix}4&-2&0\\-2&3&-2\\0&-2&2\end{pmatrix}\vec e=\vec o\qquad\begin{pmatrix}1&-2&0\\-2&0&-2\\0&-2&-1\end{pmatrix}\vec e=\vec o\qquad\begin{pmatrix}-2&-2&0\\-2&-3&-2\\0&-2&-4\end{pmatrix}\vec e=\vec o$$

$$\vec e_1^{\,\circ}=\frac{1}{3}\begin{pmatrix}1\\2\\2\end{pmatrix}\qquad\vec e_2^{\,\circ}=\frac{1}{3}\begin{pmatrix}2\\1\\-2\end{pmatrix}\qquad\vec e_3^{\,\circ}=\frac{1}{3}\begin{pmatrix}2\\-2\\1\end{pmatrix}$$

Bewegungsmatrix: $B=(\vec e_2^{\,\circ}\,\vec e_1^{\,\circ}\,\vec e_3^{\,\circ})=\frac{1}{3}\begin{pmatrix}2&1&2\\1&2&-2\\-2&2&1\end{pmatrix}$

Die Einheitseigenvektoren bilden in der hier gegebenen Reihenfolge ein Rechtssystem.

Hauptachsenform:
$$B^{\top}AB=\begin{pmatrix}6&0&0\\0&3&0\\0&0&9\end{pmatrix},\ \vec a^{\top}B=(0\ \ 3\ \ 9)\qquad(x_1^*\,x_2^*\,x_3^*)\begin{pmatrix}6&0&0\\0&3&0\\0&0&9\end{pmatrix}\begin{pmatrix}x_1^*\\x_2^*\\x_3^*\end{pmatrix}+2(0\ \ 3\ \ 9)\begin{pmatrix}x_1^*\\x_2^*\\x_3^*\end{pmatrix}+6=0$$

$$\Leftrightarrow 2x_1^{*2}+x_2^{*2}+3x_3^{*2}+2x_2^*+6x_3^*+2=0$$

Verschiebung $\vec x^*=\hat{\vec x}+\vec c$ mit $\vec c^{\top}=(0\ \ -1\ \ -1)$: $2\hat x_1^2+\hat x_2^2+3\hat x_3^2-2=0\Leftrightarrow\frac{\hat x_1^2}{1}+\frac{\hat x_2^2}{2}+\frac{\hat x_3^2}{\frac{2}{3}}=1$

Drehellipsoid (s. S. 203)

B

Beispiel für eine Hauptachsentransformation

Allgemeine Quadrikgleichung

Durch Drehung der Kegelschnitte Kreis, Ellipse, Parabel und Hyperbel läßt sich eine Reihe von *Rotationsflächen* im $\mathbb{R}^3$ erzeugen: Kugeloberfläche, Drehellipsoid, Drehparaboloid und Drehhyperboloid (Abb. A). Durch Einführung geeigneter Koordinatensysteme lassen sich für diese Flächen einfache Koordinatengleichungen angeben (Abb. A). Unterwirft man diese Flächen einer Bewegung, so entstehen weitaus kompliziertere Koordinatengleichungen, obwohl sich nur die Lage der Flächen geändert hat. Die durch eine Bewegung geänderten Koordinatengleichungen sind stets von der Form

$$Ax_1^2+Bx_2^2+Cx_3^2+Dx_1x_2+Ex_1x_3+Fx_2x_3$$
$$+Gx_1+Hx_2+Ix_3+K=0 \qquad (A,\ldots,K\in\mathbb{R}).$$

Man stellt nun umgekehrt die Frage nach der Gesamtheit der geom. Gebilde, die durch eine Gleichung obiger Form beschrieben werden. Man spricht von **Flächen 2. Ordnung** (quadratischen Flächen) oder kurz **Quadriken**.

Es hat sich als zweckmäßig erwiesen, die **allgemeine Quadrikgleichung** in folgender Form anzugeben:

(I) $a_{11}x_1^2+2a_{12}x_1x_2+a_{22}x_2^2+2a_{13}x_1x_3$
$+2a_{23}x_2x_3+a_{33}x_3^2+2a_{01}x_1$
$+2a_{02}x_2+2a_{03}x_3+a_{00}=0 \quad (a_{ik}\in\mathbb{R}).$

Es ergibt sich die *Matrizenform:*

(II) $\vec{x}^{\top}A\vec{x}+2\vec{a}^{\top}\vec{x}+a_{00}=0$ mit

$$A=\begin{pmatrix}a_{11}&a_{12}&a_{13}\\a_{12}&a_{22}&a_{23}\\a_{13}&a_{23}&a_{33}\end{pmatrix},\quad \vec{a}=\begin{pmatrix}a_{01}\\a_{02}\\a_{03}\end{pmatrix}\quad\text{und}\quad \vec{x}=\begin{pmatrix}x_1\\x_2\\x_3\end{pmatrix},$$

wobei $\vec{x}^{\top}$ und $\vec{a}^{\top}$ transponierte Spalten sind.

Bem.: A ist eine sym. Matrix, d. h. es gilt: $A^{\top}=A$.

Hauptachsentransformation

Die durch (I) beschriebenen Quadriken kann man beliebigen Bewegungen unterwerfen, ohne die geom. Form zu verändern. Zunächst wird eine Drehung der Quadrik vorgenommen (gleichwertig dazu ist die Einführung eines neuen Koordinatensystems, S. 199), die die Lage der Quadrik so verändert, daß sie einer Gleichung genügt, in der die gemischten Glieder fehlen. Es ist also eine Drehung mit $\vec{x}=B\vec{x}^*$ gesucht, so daß (I) übergeht in

(I*) $a_{11}^*x_1^{*2}+a_{22}^*x_2^{*2}+a_{33}^*x_3^{*2}+a_{01}^*x_1^*$
$+a_{02}^*x_2^*+a_{03}^*x_3^*+a_{00}^*=0$ (*Hauptachsenform*).

Mit $\vec{x}=B\vec{x}^*$ und $\det(B)=1$ erhält man aus (II) die Matrizengleichung (*Hauptachsenform*).

(II*) $\vec{x}^{*\top}(B^{\top}AB)\vec{x}^*+2(\vec{a}^{\top}B)\vec{x}^*+a_{00}=0.$

Aus einem Vergleich von (I*) und (II*) ergibt sich, daß B so zu bestimmen ist, daß die außerhalb der Diagonalen liegenden Matrixelemente von $B^{\top}AB$ Null sind (Diagonalmatrix). Mit Hilfe sog. Eigenwerte und Eigenvektoren (s. u.) gelingt es, für jede sym. Matrix A ein derartiges B zu bestimmen. Diesen Konstruktionsvorgang bezeichnet man als *Hauptachsentransformation* (geom. Deutung, s. u.).

Eigenwerte, Eigenvektoren

Als *Eigenwert* der Matrix A bezeichnet man Lösungen der Gleichung $\det(A-xE)=0$ (vgl. S. 169), in der x eine Variable ist. Die Gleichung heißt auch *charakteristische Gleichung* von A. Es handelt sich um eine Gleichung 3. Grades, die im Falle einer symmetrischen Matrix A drei reelle Lösungen besitzt. Diese sind nicht notwendig verschieden; man spricht von einfachen, zweifachen bzw. dreifachen Eigenwerten. Ist λ ein Eigenwert der Matrix A, d. h. $\det(A-\lambda E)=0$, so hat die Gleichung $(A-\lambda E)\vec{x}=\vec{0}$ stets von $\vec{0}$ verschiedene Lösungen (vgl. hom. Gleichungssysteme, S. 93). Lösungen dieser Gleichung heißen *Eigenvektoren* zum Eigenwert λ von A. Ist $\vec{e}$ ein Eigenvektor zum Eigenwert λ, so gilt also $A\vec{e}=\lambda\vec{e}$. Jeder zu $\vec{e}$ kollineare Vektor ist daher ebenfalls ein Eigenvektor zu λ, so daß man stets einen Eigenvektor angeben kann, der Einheitsvektor ist (Einheitseigenvektor $\vec{e}^{\circ}$). Die folgenden Sätze über Eigenvektoren sind für die Hauptachsentransformation wesentlich:

(1) Eigenvektoren zu verschiedenen Eigenwerten von A sind paarweise orthogonal.

(2) Ist λ ein zweifacher (dreifacher) Eigenwert von A, so gibt es genau zwei (drei) linear unabhängige Eigenvektoren zu λ. Mit den lin.unabh. Vektoren ist jede Linearkombination dieser Vektoren Eigenvektor zu λ.

Folgerung: *Es lassen sich stets drei paarweise orthogonale Einheitseigenvektoren angeben.*

a) Sind λ_1, λ_2 und λ_3 einfache Eigenwerte von A, so ermittelt man aus den Gleichungen $A\vec{e}=\lambda_i\vec{e}$ Einheitseigenvektoren $\vec{e}_1^{\circ}$, $\vec{e}_2^{\circ}$ und $\vec{e}_3^{\circ}$ zu λ_1, λ_2 bzw. λ_3, die nach (1) paarweise orthogonal sind.

b) Ist λ_1 einfacher Eigenwert und λ_2 zweifacher Eigenwert von A, so gewinnt man wie in a) zunächst Einheitseigenvektoren $\vec{e}_1^{\circ}$ und $\vec{e}_2^{\circ}$ zu λ_1 bzw. λ_2, die nach (1) orthogonal sind. Nach (2) gibt es einen Einheitseigenvektor $\vec{e}_3^{\circ}$ zu λ_2, so daß $\vec{e}_2^{\circ}$ und $\vec{e}_3^{\circ}$ linear unabhängig sind. $\vec{e}_3^{\circ}$ kann orthogonal zu $\vec{e}_2^{\circ}$ gewählt werden und ist dann nach (1) auch orthogonal zu $\vec{e}_1^{\circ}$. Einen derartigen Einheitseigenvektor kann man offensichtlich einfacher mit Hilfe des Vektorproduktes $\vec{e}_1^{\circ}\times\vec{e}_2^{\circ}$ bestimmen.

c) Ist λ dreifacher Eigenwert von A, so gibt es nach (2) drei lin.unabh. Einheitsvektoren $\vec{e}_1^{\circ}, \vec{e}_2^{\circ}$ und $\vec{e}_3^{\circ}$ zu λ, die man paarweise orthogonal wählen kann.

Bem.: Die drei paarweise orthogonalen Einheitseigenvektoren bestimmen die Achsen des bei der Hauptachsentransformation einzuführenden neuen Koordinatensystems.

Ausführung der Hauptachsentransformation

a) λ_1, λ_2 und λ_3 sind einfache Eigenwerte von A.

Man bestimmt Einheitseigenvektoren $\vec{e}_1^{\circ}, \vec{e}_2^{\circ}$ und $\vec{e}_3^{\circ}$ zu λ_1, λ_2 bzw. λ_3 (Bsp: Abb. B). Bilden sie in dieser Reihenfolge ein Rechtssystem, so ist $B:=(\vec{e}_1^{\circ}\,\vec{e}_2^{\circ}\,\vec{e}_3^{\circ})$ wegen $\det(B)=1$ eine Bewegungsmatrix, für die gilt:

$$B^{\top}AB=\begin{pmatrix}\vec{e}_1^{\circ\top}\\\vec{e}_2^{\circ\top}\\\vec{e}_3^{\circ\top}\end{pmatrix}A(\vec{e}_1^{\circ}\,\vec{e}_2^{\circ}\,\vec{e}_3^{\circ})=\begin{pmatrix}\vec{e}_1^{\circ\top}\\\vec{e}_2^{\circ\top}\\\vec{e}_3^{\circ\top}\end{pmatrix}(A\vec{e}_1^{\circ}\;A\vec{e}_2^{\circ}\;A\vec{e}_3^{\circ})$$

$$=\begin{pmatrix}\vec{e}_1^{\circ\top}\\\vec{e}_2^{\circ\top}\\\vec{e}_3^{\circ\top}\end{pmatrix}(\lambda_1\vec{e}_1^{\circ}\;\lambda_2\vec{e}_2^{\circ}\;\lambda_3\vec{e}_3^{\circ}=\begin{pmatrix}\lambda_1&0&0\\0&\lambda_2&0\\0&0&\lambda_3\end{pmatrix}.$$

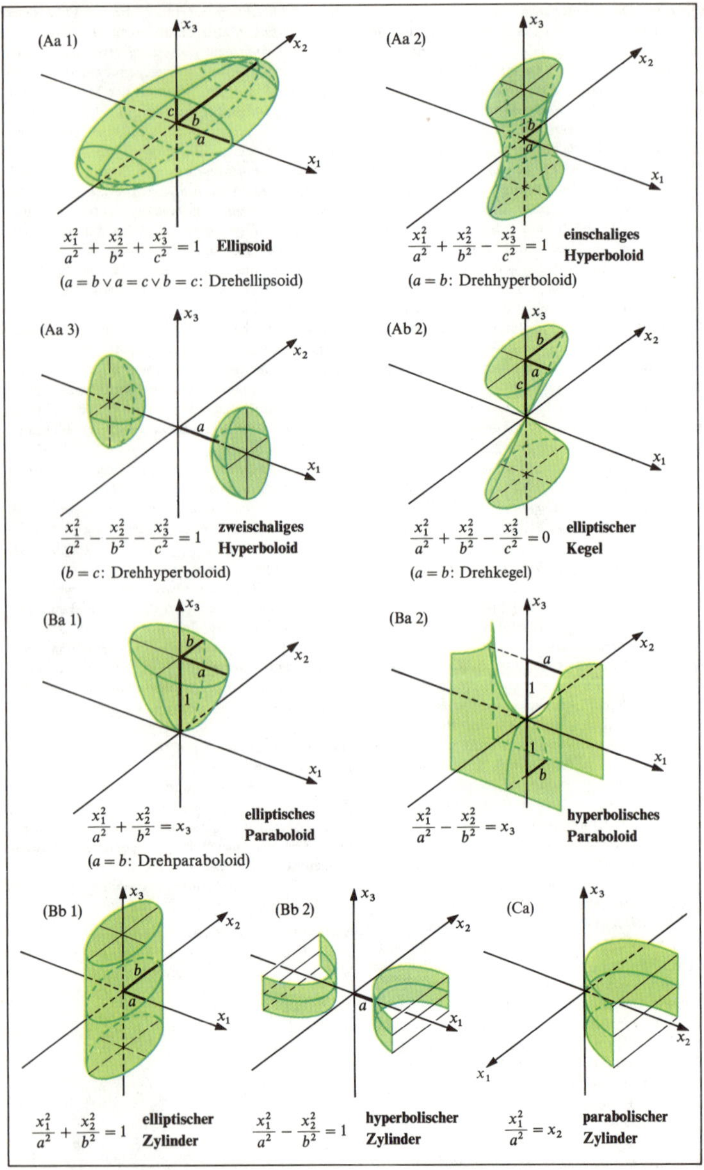
(Aa 1)
$\frac{x_1^2}{a^2} + \frac{x_2^2}{b^2} + \frac{x_3^2}{c^2} = 1$ **Ellipsoid**
($a = b \vee a = c \vee b = c$: Drehellipsoid)
(Aa 2)
$\frac{x_1^2}{a^2} + \frac{x_2^2}{b^2} - \frac{x_3^2}{c^2} = 1$ **einschaliges Hyperboloid**
($a = b$: Drehhyperboloid)
(Aa 3)
$\frac{x_1^2}{a^2} - \frac{x_2^2}{b^2} - \frac{x_3^2}{c^2} = 1$ **zweischaliges Hyperboloid**
($b = c$: Drehhyperboloid)
(Ab 2)
$\frac{x_1^2}{a^2} + \frac{x_2^2}{b^2} - \frac{x_3^2}{c^2} = 0$ **elliptischer Kegel**
($a = b$: Drehkegel)
(Ba 1)
$\frac{x_1^2}{a^2} + \frac{x_2^2}{b^2} = x_3$ **elliptisches Paraboloid**
($a = b$: Drehparaboloid)
(Ba 2)
$\frac{x_1^2}{a^2} - \frac{x_2^2}{b^2} = x_3$ **hyperbolisches Paraboloid**
(Bb 1)
$\frac{x_1^2}{a^2} + \frac{x_2^2}{b^2} = 1$ **elliptischer Zylinder**
(Bb 2)
$\frac{x_1^2}{a^2} - \frac{x_2^2}{b^2} = 1$ **hyperbolischer Zylinder**
(Ca)
$\frac{x_1^2}{a^2} = x_2$ **parabolischer Zylinder**

Quadriken

b) λ_1 ist einfacher, λ_2 zweifacher Eigenwert von A. Man bestimmt je einen Einheitseigenvektor $\vec{e}_1^\circ$ und $\vec{e}_2^\circ$ zu λ_1 bzw. λ_2. Dann ist $\vec{e}_1^\circ \times \vec{e}_2^\circ$ ebenfalls ein Einheitseigenvektor zu λ_2 (vgl. b), S. 201), und $\vec{e}_1^\circ$, $\vec{e}_2^\circ$ und $\vec{e}_1^\circ \times \vec{e}_2^\circ$ bilden in dieser Reihenfolge ein Rechtssystem. Mit $B := (\vec{e}_1^\circ\, \vec{e}_2^\circ\, \vec{e}_1^\circ \times \vec{e}_2^\circ)$ erhält man

$$B^\top A B = \begin{pmatrix} \lambda_1 & 0 & 0 \\ 0 & \lambda_2 & 0 \\ 0 & 0 & \lambda_2 \end{pmatrix}.$$

c) λ ist dreifacher Eigenwert von A.
Man bestimmt drei paarweise orthogonale Einheitseigenvektoren $\vec{e}_1^\circ$, $\vec{e}_2^\circ$ und $\vec{e}_3^\circ$ zu λ, wobei $\vec{e}_3^\circ$ durch $\vec{e}_1^\circ \times \vec{e}_2^\circ$ bestimmt werden kann. $\vec{e}_1^\circ$, $\vec{e}_2^\circ$ und $\vec{e}_3^\circ$ bilden dann ein Rechtssystem. Mit $B := (\vec{e}_1^\circ \vec{e}_2^\circ \vec{e}_1^\circ \times \vec{e}_2^\circ)$ ergibt sich: $B^\top A B = \lambda E$.

Klassifizierung der Quadriken
Da die Hauptachsentransformation stets ausführbar ist, kann man sich bei der Klassifikation der Quadriken auf die Untersuchung der Hauptachsenform

$$\text{(I*)}\quad a_{11}^* x_1^{*2} + a_{22}^* x_2^{*2} + a_{33}^* x_3^{*2} + a_{01}^* x_1^* + a_{02}^* x_2^* + a_{03}^* x_3^* + a_{00}^* = 0 \quad \text{(S. 201)}$$

beschränken. Man führt eine Fallunterscheidung durch. Die wichtigsten sich ergebenden Quadriken sind der Abbildungsseite zu entnehmen.

(A) $a_{11}^* \neq 0$, $a_{22}^* \neq 0$, $a_{33}^* \neq 0$
Es gibt eine Verschiebung mit $\vec{x}^* = \vec{\hat{x}} - \vec{c}$ und $\vec{c}^\top = \begin{pmatrix} \frac{a_{01}^*}{a_{11}^*} & \frac{a_{02}^*}{a_{22}^*} & \frac{a_{03}^*}{a_{33}^*} \end{pmatrix}$, so daß die lin. Glieder mit x_1^*, x_2^* und x_3^* fortfallen. Man erhält die Gleichung

$$a_{11}^* \hat{x}_1^2 + a_{22}^* \hat{x}_2^2 + a_{33}^* \hat{x}_3^2 + \hat{a}_{00} = 0.$$

(Aa) $\hat{a}_{00} \neq 0$. In diesem Fall ergibt sich

$$\frac{\hat{x}_1^2}{-\frac{\hat{a}_{00}}{a_{11}^*}} + \frac{\hat{x}_2^2}{-\frac{\hat{a}_{00}}{a_{22}^*}} + \frac{\hat{x}_3^2}{-\frac{\hat{a}_{00}}{a_{33}^*}} = 1.$$

(Aa 1) Sind alle Nenner positiv, so erhält man ein **Ellipsoid** (speziell: Drehellipsoid, Kugel).

(Aa 2) Sind genau zwei Nenner positiv, ergibt sich ein **einschaliges Hyperboloid** (speziell: Drehhyp.).

(Aa 3) im Fall genau zweier negativer Nenner ein **zweischaliges Hyperboloid** (speziell: Drehhyp.).

(Aa 4) Sind alle Nenner negativ, so liegt keine reelle Fläche vor.

(Ab) $\hat{a}_{00} = 0$. Es ergibt sich $a_{11}^* \hat{x}_1^2 + a_{22}^* \hat{x}_2^2 + a_{33}^* \hat{x}_3^2 = 0$.

(Ab 1) Sind alle Koeffizienten positiv, so erfüllt nur $(0|0|0)$ die Gleichung; keine reelle Fläche.

(Ab 2) Ist genau ein Koeffizient negativ, so liegt ein **elliptischer Kegel** vor.

(B) $a_{11}^* \neq 0$, $a_{22}^* \neq 0$, $a_{33}^* = 0$. Es ist die Gleichung

$$a_{11}^* x_1^{*2} + a_{22}^* x_2^{*2} + a_{01}^* x_1^* + a_{02}^* x_2^* + a_{03}^* x_3^* + a_{00}^* = 0$$

zu untersuchen. Eine Verschiebung mit $\vec{x}^* = \vec{\hat{x}} - \vec{c}$ und $\vec{c}^\top = \begin{pmatrix} \frac{a_{01}^*}{a_{11}^*} & \frac{a_{02}^*}{a_{22}^*} & 0 \end{pmatrix}$ liefert die Gleichung

$$a_{11}^* \hat{x}_1^2 + a_{22}^* \hat{x}_2^2 + 2a_{03}^* \hat{x}_3 + \hat{a}_{00} = 0.$$

(Ba) $a_{03}^* \neq 0$. Durch die Verschiebung mit $\vec{\hat{x}} = \vec{\bar{x}} - c$ und $\vec{c}^\top = \begin{pmatrix} 0 & 0 & \frac{\hat{a}_{00}}{2a_{03}^*} \end{pmatrix}$ ergibt sich:

$$a_{11}^* \bar{x}_1^2 + a_{22}^* \bar{x}_2^2 + 2a_{03}^* \bar{x}_3 = 0.$$

(Ba 1) Sind a_{11}^* und a_{22}^* von gleichem Vorzeichen, so spricht man von einem **elliptischen Paraboloid** (speziell: Drehparaboloid),

(Ba 2) im Falle verschiedener Vorzeichen von einem **hyperbolischen Paraboloid**.

(Bb) $a_{03}^* = 0$. Die Gleichung $a_{11}^* \hat{x}_1^2 + a_{22}^* \hat{x}_2^2 + \hat{a}_{00} = 0$ läßt sich für $\hat{a}_{00} \neq 0$ umformen in

$$\frac{\hat{x}_1^2}{-\frac{\hat{a}_{00}}{a_{11}^*}} + \frac{\hat{x}_2^2}{-\frac{\hat{a}_{00}}{a_{22}^*}} = 1.$$

(Bb 1) Sind alle Nenner positiv, so liegt ein **elliptischer Zylinder** vor,

(Bb 2) ist genau ein Nenner negativ, spricht man von einem **hyperbolischen Zylinder**.

(Bb 3) Sind alle Nenner negativ, so ist die Fläche nicht reell.

Für $\hat{a}_{00} = 0$ ist die Gleichung $a_{11}^* \hat{x}_1^2 + a_{22}^* \hat{x}_2^2 = 0$ zu untersuchen.

(Bb 4) Bei gleichem Vorzeichen von a_{11}^* und a_{22}^* erfüllen lediglich die Punkte $(0|0|x_3)$ die Gleichung. Es liegt keine reelle Fläche vor.

(Bb 5) Bei verschiedenem Vorzeichen von a_{11}^* und a_{22}^* ergeben sich **zwei sich schneidende Ebenen**.

(C) $a_{11}^* \neq 0$, $a_{22}^* = 0$, $a_{33}^* = 0$
Aus der Gleichung $a_{11}^* x_1^{*2} + a_{01}^* x_1^* + a_{02}^* x_2^* + a_{03}^* x_3^* + a_{00}^* = 0$ ergibt sich nach einer Verschiebung mit $\vec{x}^* = \vec{\hat{x}} - \vec{c}$ und $\vec{c}^\top = \begin{pmatrix} \frac{a_{01}^*}{a_{11}^*} & 0 & 0 \end{pmatrix}$ die Gleichung

$$a_{11}^* \hat{x}_1^2 + a_{02}^* \hat{x}_2 + a_{03}^* \hat{x}_3 + \hat{a}_{00} = 0.$$

Nach Ausführung einer Drehung mit $\vec{\hat{x}} = D_\varphi \vec{\bar{x}}$ und $D_\varphi = \begin{pmatrix} 1 & 0 & 0 \\ 0 & \cos\varphi & -\sin\varphi \\ 0 & \sin\varphi & \cos\varphi \end{pmatrix}$, wobei $\varphi = \frac{\pi}{2}$ für $a_{02}^* = 0$ und $\varphi = \arctan \frac{a_{03}^*}{a_{02}^*}$ für $a_{02}^* \neq 0$ gewählt wird, erhält man die Gleichung

$$a_{11}^* \bar{x}_1^2 + \bar{a}_{02} \bar{x}_2 + \hat{a}_{00} = 0.$$

(Ca) $\bar{a}_{02} \neq 0$. Man kann eine Verschiebung mit $\vec{\bar{x}} = \vec{x}' - \vec{c}$ und $\vec{c}^\top = \begin{pmatrix} 0 & \frac{\hat{a}_{00}}{\bar{a}_{02}} & 0 \end{pmatrix}$ ausführen und erhält die Gleichung $a_{11}^* x_1'^2 + \bar{a}_{02} x_2' = 0$. Durch diese Gleichung wird ein **parabolischer Zylinder** beschrieben.

(Cb) $\bar{a}_{02} = 0$
Die Gleichung lautet dann: $a_{11}^* \bar{x}_1^2 + \hat{a}_{00} = 0$.

(Cb 1) Sind a_{11}^* und $\hat{a}_{00}$ von unterschiedlichem Vorzeichen, so ergeben sich **zwei parallele Ebenen** ($\hat{a}_{00} = 0$: Doppelebene),

(Cb 2) im anderen Fall liegt keine reelle Fläche vor.

Mittelpunktsquadriken
Ein Punkt M heißt *Mittelpunkt* einer Quadrik, wenn die Quadrik durch eine Spiegelung an diesem Punkt mit $\vec{x}^* = 2\vec{m} - \vec{x}$ in sich übergeht.

M ist genau dann Mittelpunkt einer Quadrik, wenn $\vec{m}$ eine Lösung von $A\vec{x} + \vec{a} = \vec{0}$ ist. Existiert ein Mittelpunkt, so kann man für die Quadrik die sog. *Mittelpunktsform* angeben:

$$(\vec{x} - \vec{m})^\top A (\vec{x} - \vec{m}) + \vec{a}^\top \vec{m} + a_{00} = 0.$$

Quadriken, die genau einen Mittelpunkt besitzen, wie das Ellipsoid, das einschalige und zweischalige Hyperboloid und der elliptische Kegel, heißen auch *Mittelpunktsquadriken.* Während die Paraboloide keine Mittelpunkte besitzen, gibt es z. B. bei einem Zylinder mehr als einen Mittelpunkt.

Eine Verallgemeinerung der Punkträume $\mathbb{R}^1, \mathbb{R}^2$ und $\mathbb{R}^3$ ist der n-dim. Punktraum $\mathbb{R}^n$, d. h. die Menge aller n-Tupel $(x_1, \ldots, x_n)$ mit $x_i \in \mathbb{R}$ und $n \in \mathbb{N} \setminus \{0\}$. Analog zum $\mathbb{R}^3$ def. man Begriffe wie »Gerade«, »Ebene«, »Strecke« usw. Für $n \geqq 4$ entbehren sie jedoch der anschaulichen Grundlage; es handelt sich um rein algebr., mit dem Vektorbegriff gefaßte Begriffe, die geometrisch interpretiert werden.

Vektorraum V^n

In der Theorie der endlichdim. Vektorräume (S. 87) zeigt man, daß es bis auf Isomorphie genau einen n-dim. Vektorraum über $\mathbb{R}$ gibt. Er werde mit V^n bezeichnet. Bez. einer Basis $B := \{\vec{b}_1, \ldots, \vec{b}_n\}$ von V^n ist jeder Vektor $\vec{a} \in V^n$ eindeutig darstellbar als $\vec{a} = a_1 \vec{b}_1 + \cdots + a_n \vec{b}_n (a_i \in \mathbb{R})$. Jeder Vektor ist also bez. einer Basis durch n reelle Zahlen eindeutig bestimmt. Das legt die Spaltenschreibweise der Vektoren nahe: $\vec{a} = \begin{pmatrix} a_1 \\ \vdots \\ a_n \end{pmatrix}$. Man identifiziert die Menge aller Spalten mit V^n. Die Spaltendarstellung eines Vektors hängt von der gewählten Basis ab, d. h. bez. einer anderen Basis von V^n wird der Vektor i. a. durch eine andere Spalte dargestellt.

Die innere Verkn. von Vektoren (Addition) und die äußere Verkn. von reellen Zahlen und Vektoren (Multiplikation mit Skalaren) lassen sich mit den Spalten besonders einfach ausführen:

$$\vec{x} = \begin{pmatrix} x_1 \\ \vdots \\ x_n \end{pmatrix}, \ \vec{y} = \begin{pmatrix} y_1 \\ \vdots \\ y_n \end{pmatrix} \Rightarrow \vec{x} \pm \vec{y} = \begin{pmatrix} x_1 \pm y_1 \\ \vdots \\ x_n \pm y_n \end{pmatrix},$$

$$\vec{x} = \begin{pmatrix} x_1 \\ \vdots \\ x_n \end{pmatrix}, \quad \lambda \in \mathbb{R} \Rightarrow \lambda \vec{x} = \lambda \begin{pmatrix} x_1 \\ \vdots \\ x_n \end{pmatrix} = \begin{pmatrix} \lambda x_1 \\ \vdots \\ \lambda x_n \end{pmatrix}.$$

Eine häufig verwendete Basis des V^n ist durch folgende Vektoren gegeben:

$$\vec{e}_1 = \begin{pmatrix} 1 \\ 0 \\ \vdots \\ 0 \end{pmatrix}, \ \vec{e}_2 = \begin{pmatrix} 0 \\ 1 \\ 0 \\ \vdots \\ 0 \end{pmatrix}, \ldots, \vec{e}_n = \begin{pmatrix} 0 \\ \vdots \\ 0 \\ 1 \end{pmatrix}.$$

Ortsvektoren

Jedem geordneten Paar (P, Q) von Punkten des Punktraumes $\mathbb{R}^n$ kann man genau einen Vektor aus V^n zuordnen, indem man für alle $P = (x_1, \ldots, x_n)$ und $Q = (y_1, \ldots, y_n)$ def.:

$$(P, Q) \mapsto \overrightarrow{PQ} := \begin{pmatrix} y_1 \\ \vdots \\ y_n \end{pmatrix} - \begin{pmatrix} x_1 \\ \vdots \\ x_n \end{pmatrix} = \begin{pmatrix} y_1 - x_1 \\ \vdots \\ y_n - x_n \end{pmatrix} \in V^n.$$

Die Abb. ist surjektiv, aber nicht injektiv. Die Mengen $[\![(P, Q)]\!] = \{(X, Y) \mid \overrightarrow{XY} = \overrightarrow{PQ}\}$ entsprechen den Pfeilklassen im $\mathbb{R}^3$.

Aus der Def. der Abb. ergibt sich ohne weiteres:

(1) Zu jedem $P \in \mathbb{R}^n$ und jedem $\vec{a} \in V^n$ gibt es genau ein $Q \in \mathbb{R}^n$ mit $\overrightarrow{PQ} = \vec{a}$.

(2) $\overrightarrow{AB} + \overrightarrow{BC} = \overrightarrow{AC}$ für alle $A, B, C \in \mathbb{R}^n$.

Schränkt man die oben def. Abb. $\mathbb{R}^n \times \mathbb{R}^n \to V^n$ auf $\{P_0\} \times \mathbb{R}^n$ ein, wobei P_0 ein fester Punkt aus $\mathbb{R}^n$ ist, so erhält man eine bijektive Abb. auf V^n. Ist nun speziell $P_0 = O = (0, \ldots, 0)$, so ergibt sich die bijektive Abb. $\{O\} \times \mathbb{R}^n \to V^n$ def. durch $(O, P) \mapsto \overrightarrow{OP} = \begin{pmatrix} x_1 \\ \vdots \\ x_n \end{pmatrix}$, wobei $P = (x_1, \ldots, x_n)$ ist. Die Abb. wird so gedeutet, daß jedem Punkt aus $\mathbb{R}^n$ bez. O genau ein Vektor zugeordnet wird. $\overrightarrow{OP}$ heißt *Ortsvektor* zum Punkt $P \in \mathbb{R}^n$; man schreibt auch $\vec{p}$. Aus (1) und (2) ergibt sich, daß $\overrightarrow{OP} + \lambda \vec{a}$ für alle $P \in \mathbb{R}^n$, $\vec{a} \in V^n$ und $\lambda \in \mathbb{R}$ wieder ein Ortsvektor zu einem Punkt des $\mathbb{R}^n$ ist. Mit dem Vektorbegriff und den vekt. Verkn. kann man daher Punktmengen des $\mathbb{R}^n$ beschreiben.

Ein Paar (O, B) aus dem festen Punkt O (Ursprung) und einer Basis B von V^n heißt *Koordinatensystem*. Wählt man die Basis $\{\vec{e}_1, \ldots, \vec{e}_n\}$ (s. o.), so wird das Koordinatensystem durch die sog. *Grundpunkte* O, $(1, 0, \ldots, 0), \ldots, (0, \ldots, 0, 1)$ festgelegt (Verallgemeinerung eines kartesischen Koordinatensystems).

Lineare Unabhängigkeit, Punkte-Unabhängigkeit

Die Vektoren $\vec{a}_1, \ldots, \vec{a}_s \in V^n (s \in \mathbb{N} \setminus \{0\})$ heißen *linear unabhängig*, wenn aus $\lambda_1 \vec{a}_1 + \cdots + \lambda_s \vec{a}_s = \vec{0} \, (\lambda_i \in \mathbb{R})$ stets folgt, daß $(\lambda_1, \ldots, \lambda_s) = (0, \ldots, 0)$. Andernfalls spricht man von *linear abhängigen* Vektoren (vgl. S. 87). Die Maximalzahl lin. unabh. Vektoren aus V^n ist n, d. h. mehr als n Vektoren des V^n sind lin. abhängig. Die Vektoren jeder Teilmenge einer Menge lin. unabh. Vektoren sind lin. unabhängig.

Eine entsprechende Begriffsbildung für Punkte des $\mathbb{R}^n$ ist die *Punkte-Unabhängigkeit*. Sind $P_0, \ldots, P_s \in \mathbb{R}^n (s \in \mathbb{N} \setminus \{0\})$ vorgegeben, so kann man die Vektoren $\vec{p}_1 - \vec{p}_0, \ldots; \vec{p}_s - \vec{p}_0$ bilden. Sind diese Vektoren linear unabhängig, so sagt man, die Punkte $P_0, \ldots, P_s$ seien *unabhängig*. Ein Punkt heißt stets unabhängig. Liegen unabhängige Punkte vor, so sind auch die Vektoren $\vec{p}_0 - \vec{p}_i, \ldots, \vec{p}_{i-1} - \vec{p}_i, \vec{p}_{i+1} - \vec{p}_i, \ldots, \vec{p}_s - \vec{p}_i$ für jedes $i \in \{1, \ldots, s-1\}$ lin. unabhängig. Die Punkte jeder Teilmenge einer Menge von unabh. Punkten sind unabhängig.

Unterräume des $\mathbb{R}^n$

Im $\mathbb{R}^3$ werden die Unterräume Gerade und Ebene durch zwei bzw. drei unabhängige Punkte festgelegt (vgl. Zweipunkteform der Geradengleichung bzw. Dreipunkteform der Ebenengleichung, S. 195). Man verallgemeinert: sind $P_0, \ldots, P_s$ Punkte des $\mathbb{R}^n$, so heißt $H := \{P \mid \vec{p} = \vec{p}_0 + \lambda_1(\vec{p}_1 - \vec{p}_0) + \cdots + \lambda_s(\vec{p}_s - \vec{p}_0) \wedge \lambda_i \in \mathbb{R}\}$ *Unterraum* des $\mathbb{R}^n$. Sind die Punkte unabhängig, d. h. die »aufspannenden« Vektoren $\vec{p}_1 - \vec{p}_0, \ldots, \vec{p}_s - \vec{p}_0$ lin. unabh., so spricht man von einem *s-dimensionalen Unterraum*.

Ein 1-dimensionaler Unterraum heißt *Gerade*, ein 2-dimensionaler *Ebene* und ein $(n-1)$-dimensionaler *Hyperebene*. Die Teilmenge $\{P \mid \vec{p} = \vec{p}_0 + \lambda(\vec{p}_1 - \vec{p}_0) \wedge 0 \leqq \lambda \leqq 1\}$ einer Geraden heißt *Strecke* $P_0 P_1$.

Für die rechnerische Behandlung ist wichtig, daß jeder s-dim. Unterraum als Lösungsmenge eines linearen Gleichungssystems (S. 93) aus $n-s$ Gleichungen mit n Variablen gewonnen werden kann. Für eine Hyperebene kann man daher eine Gleichung der Form $a_0 + a_1 x_1 + \cdots + a_n x_n = 0 \, (a_i \in \mathbb{R})$ angeben (Geradengleichung im $\mathbb{R}^2$, Ebenengleichung im $\mathbb{R}^3$).

Längenmessung, Skalarprodukt

Im $\mathbb{R}^3$ kann man wie in der eukl. Elementargeometrie des $\mathbb{R}^2$ Streckenlängen definieren. Legt man z. B. ein kart. Koordinatensystem zugrunde, so ergibt sich für je zwei Punkte $P(x_1|x_2|x_3)$ und $Q(y_1|y_2|y_3)$ als Abstand (Länge der Strecke PQ):

$$\overline{PQ} = \sqrt{(y_1-x_1)^2+(y_2-x_2)^2+(y_3-x_3)^2}$$
$$= \sqrt{\langle \vec{y}-\vec{x}, \vec{y}-\vec{x}\rangle} \quad \text{(S. 193).}$$

Entsprechend def. man nun im $\mathbb{R}^n$ für je zwei Punkte $P=(x_1,\ldots,x_n)$ und $Q=(y_1,\ldots,y_n)$ als *Abstand von P und Q (Länge der Strecke PQ)*:

$$\overline{PQ} = \sqrt{(y_1-x_1)^2+\cdots+(y_n-x_n)^2}\,.$$

Man spricht dann vom *euklidischen Raum* $\mathbb{R}^n$. Die Abstandsdef. erfüllt alle Eigenschaften einer Metrik (S. 51), d. h. es liegt eine Abb. von $\mathbb{R}^n \times \mathbb{R}^n$ in $\mathbb{R}_0^+$ vor mit den Eigenschaften (1) $\overline{PQ}=0 \Leftrightarrow P=Q$, (2) $\overline{PQ}=\overline{QP}$, (3) $\overline{PQ}+\overline{QR} \geqq \overline{PR}$ (Dreiecksungleichung). Die Gleichheit in (3) gilt genau dann, wenn Q zur Strecke PR gehört. Def. man nun weiter ein *Skalarprodukt* $\langle\ ,\ \rangle: V^n \times V^n \to \mathbb{R}$ durch $\langle \vec{a}, \vec{b}\rangle := a_1 b_1 + \cdots + a_n b_n$, wobei die Basis $\{\vec{e}_1,\ldots,\vec{e}_n\}$ zugrundegelegt wird, so erhält man $\overline{PQ}=\sqrt{\langle \vec{y}-\vec{x}, \vec{y}-\vec{x}\rangle}$. Das Skalarprodukt erfüllt die auf S. 193 aufgeführten Eigenschaften. Durch das Skalarprodukt kann jedem Vektor $\vec{a} \in V^n$, bezogen auf die Basis $\{\vec{e}_1,\ldots,\vec{e}_n\}$, eine *Länge (Betrag)* zugeordnet werden:

$$|\vec{a}| := \sqrt{\langle \vec{a}, \vec{a}\rangle} = \sqrt{a_1^2+\cdots+a_n^2}\,.$$

Es gilt dann für alle $\lambda \in \mathbb{R}$ und $\vec{a} \in V^n$: $|\lambda \vec{a}| = |\lambda| \cdot |\vec{a}|$, so daß der Vektor $\frac{1}{|\vec{a}|}\vec{a}$ die Länge 1 besitzt *(Einheitsvektor)*. Für je zwei Einheitsvektoren ist der Betrag des Skalarprodukts stets $\leqq 1$. Daraus gewinnt man die sog. CAUCHY-SCHWARZ*sche Ungleichung*:

$$\langle \vec{a}, \vec{b}\rangle^2 \leqq \langle \vec{a}, \vec{a}\rangle^2 \cdot \langle \vec{b}, \vec{b}\rangle^2 \quad \text{für alle } \vec{a}, \vec{b} \in V^n.$$

Bem.: Die Gleichheit gilt genau dann, wenn $\vec{a}$ und $\vec{b}$ lin. abhängig sind.

Hyperkugel, Sphäre $\mathbb{S}^{n-1}$

Eine Verallgemeinerung des Kreises im $\mathbb{R}^2$ und der Kugel im $\mathbb{R}^3$ ist die *Hyperkugel* im $\mathbb{R}^n$. Damit meint man die Menge der Punkte des $\mathbb{R}^n$, die von einem Punkt $M=(m_1,\ldots,m_n)$ den Abstand $r (r \in \mathbb{R}^+)$ haben. Die zugehörige Gleichung ist $\langle \vec{x}-\vec{m}, \vec{x}-\vec{m}\rangle = r^2$ bzw. $(x_1-m_1)^2+\cdots+(x_n-m_n)^2=r^2$.

Die Hyperkugel mit $r=1$ und $M=(0,\ldots,0)$ heißt *Sphäre* $\mathbb{S}^{n-1}$. Ihre Gleichung ist

$$\langle \vec{x}, \vec{x}\rangle = 1 \quad \text{bzw.} \quad x_1^2+\cdots+x_n^2=1\,.$$

Bem.: Der Exponent bei $\mathbb{S}^{n-1}$ gibt die top. Dimension der Punktmenge an.

Winkelmessung, orthogonale Vektoren

Im V^3 gilt mit $0 \leqq \sphericalangle(\vec{a}, \vec{b}) \leqq \pi$ und $\vec{a} \neq \vec{0}$, $\vec{b} \neq \vec{0}$:

$$\cos \sphericalangle(\vec{a}, \vec{b}) = \frac{\langle \vec{a}, \vec{b}\rangle}{|\vec{a}| \cdot |\vec{b}|}\,.$$

Im V^n benutzt man diese Beziehung zur *Def.* des *Winkelmaßes* eines Winkels zwischen zwei Vektoren $\vec{a}$ und $\vec{b}$. Aufgrund der CAUCHY-SCHWARZschen Ungleichung ist für alle $\vec{a} \neq \vec{0}$ und $\vec{b} \neq \vec{0}$

$$\left|\frac{\langle \vec{a}, \vec{b}\rangle}{|\vec{a}| \cdot |\vec{b}|}\right| = \left|\left\langle \frac{1}{|\vec{a}|}\vec{a}, \frac{1}{|\vec{b}|}\vec{b}\right\rangle\right| \leqq 1\,,$$

so daß man jedem Paar $(\vec{a}, \vec{b})$ solcher Vektoren eindeutig ein Winkelmaß zwischen 0 und π zuordnen kann.

Als *orthogonal* werden zwei Vektoren $\vec{a}$ und $\vec{b}$ bezeichnet, wenn $\sphericalangle(\vec{a}, \vec{b}) = \frac{\pi}{2}$ ist. Aus der Def. des Winkels ergibt sich unmittelbar, daß zwei von $\vec{0}$ verschiedene Vektoren $\vec{a}, \vec{b} \in V^n$ genau dann orthogonal sind, wenn $\langle \vec{a}, \vec{b}\rangle = 0$ ist.

Orthogonalsysteme

Eine Menge von Vektoren $\{\vec{a}_1,\ldots,\vec{a}_s\} \subseteq V^n$ heißt *Orthogonalsystem*, wenn die Vektoren paarweise orth. sind. Ein Orthogonalsystem heißt *normiert*, wenn es sich um Einheitsvektoren handelt.

Die Basis $\{\vec{e}_1,\ldots,\vec{e}_n\}$ von V^n ist ein normiertes Orthogonalsystem. Ein Orthogonalsystem des V^n enthält, da seine Vektoren lin. unabh. sind, höchstens n Vektoren. Jedes Orthogonalsystem mit n Vektoren ist daher eine Basis von V^n. Zu einem Einheitsvektor oder einem normierten Orthogonalsystem kann man weitere Einheitsvektoren konstruieren, so daß sich normierte Orthogonalsysteme für jedes $s \leqq n$ ergeben *(Orthogonalisierungsverfahren)*.

***n*-dimensionaler Spat, Volumen des Spates**

Unter einem Spat versteht man im $\mathbb{R}^3$ eine Punktmenge $\{P \mid \vec{p}=\vec{p}_0+\lambda_1\vec{b}_1+\lambda_2\vec{b}_2+\lambda_3\vec{b}_3 \wedge 0 \leqq \lambda_i \leqq 1\}$, wobei P_0 ein fester Punkt ist und $\vec{b}_1$, $\vec{b}_2$ und $\vec{b}_3$ lin. unabhängig sind (Basis von V^3). Ist $\{\vec{b}_1, \vec{b}_2, \vec{b}_3\}$ ein normiertes Orthogonalsystem, so liegt ein Einheitswürfel vor. Man verallgemeinert nun: Wenn P_0 ein fester Punkt des $\mathbb{R}^n$ und $\{\vec{b}_1,\ldots,\vec{b}_n\}$ eine Basis von V^n ist, heißt die Punktmenge

$$\{P \mid \vec{p}=\vec{p}_0+\lambda_1\vec{b}_1+\cdots+\lambda_n\vec{b}_n \wedge 0 \leqq \lambda_i \leqq 1\}$$

n-dim. Spat. Man spricht von dem in P_0 durch die Kantenvektoren $\vec{b}_1,\ldots,\vec{b}_n$ aufgespannten Spat.

Ist $\{\vec{b}_1,\ldots,\vec{b}_n\}$ ein normiertes Orthogonalsystem, so heißt der Spat *n-dim. Einheitswürfel*. Um das Volumen eines Spates def. zu können, bedarf es zunächst einer Volumeneinheit. Dazu dient im $\mathbb{R}^n$ analog zum $\mathbb{R}^3$ der von $\vec{e}_1,\ldots,\vec{e}_n$ aufgespannte Einheitswürfel. Fordert man nun für das Spatvolumen im $\mathbb{R}^n$ gewisse Eigenschaften des Spatvolumens im $\mathbb{R}^3$, so ergibt sich mit Hilfe der Theorie der Determinantenfunktionen, daß nur eine Def. für das Volumen eines n-dim. Spates möglich ist:

> Ein von den Kantenvektoren $\vec{b}_1,\ldots,\vec{b}_n$ aufgespannter Spat besitzt das Volumen $\det(\vec{b}_1 \ldots \vec{b}_n)$.

Affine Abbildungen im $\mathbb{R}^n$, Bewegungen

Eine Abb. $f: \mathbb{R}^n \to \mathbb{R}^n$ def. durch $\vec{x} \mapsto \vec{x}^* = A\vec{x}+\vec{c}$, wobei A eine (n,n)-Matrix und $\vec{c} \in V^n$ ist, heißt *affine Punktabbildung* des $\mathbb{R}^n$ (vgl. S. 199). Ist $\det(A) \neq 0$, so spricht man von *nichtsingulären* affinen Abb. Sie sind bijektiv und bilden bez. der Komp. von Abbildungen eine Gruppe *(affine Gruppe)*. Affine Abb., die den Abstand je zweier Punkte invariant lassen, heißen *Bewegungen*. Die Matrix einer Bewegung ist *orthogonal*, d. h. es gilt $A^{\top}=A^{-1}$. Es ist also $|\det(A)|=1$; die Spaltenvektoren von A bilden ein normiertes Orthogonalsystem. Außer dem Abstand lassen Bewegungen auch die Winkelgröße und das Spatvolumen invariant.

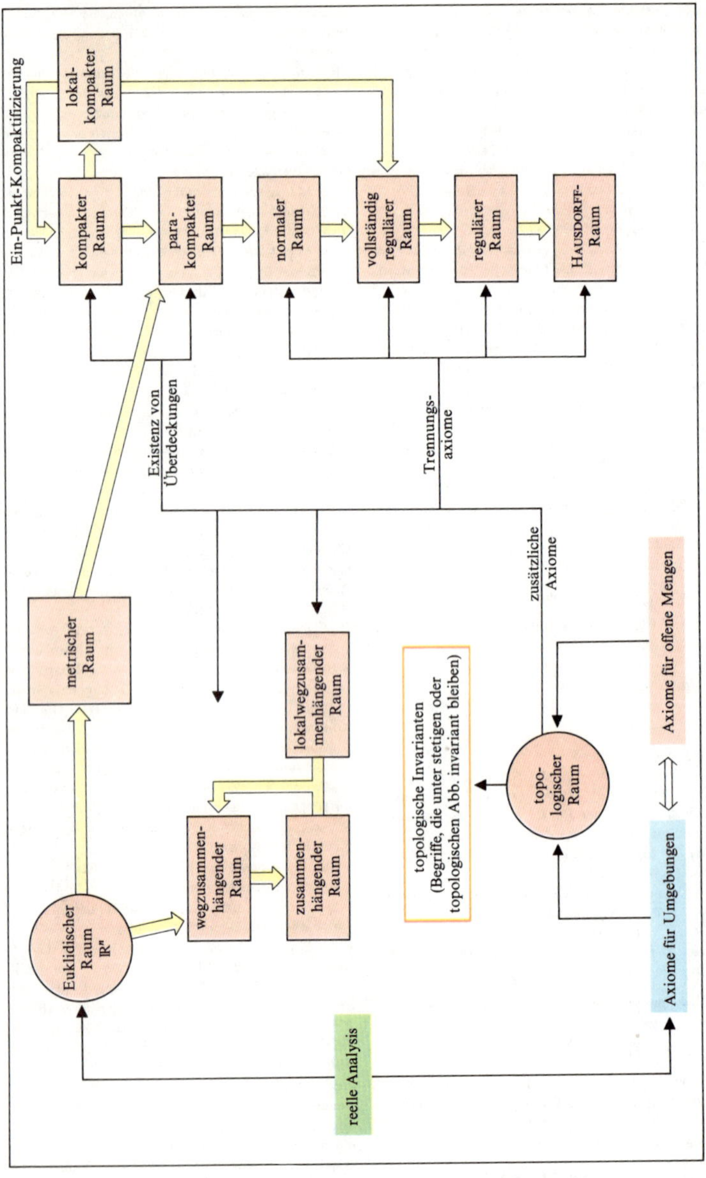

Ein-Punkt-Kompaktifizierung
lokal-kompakter Raum
kompakter Raum
para-kompakter Raum
normaler Raum
vollständig regulärer Raum
regulärer Raum
HAUSDORFF-Raum
Existenz von Überdeckungen
Trennungs-axiome
zusätzliche Axiome
metrischer Raum
lokalwegzusammenhängender Raum
wegzusammenhängender Raum
zusammenhängender Raum
Euklidischer Raum $\mathbb{R}^n$
topologische Invarianten (Begriffe, die unter stetigen oder topologischen Abb. invariant bleiben)
topologischer Raum
Axiome für offene Mengen
Axiome für Umgebungen
reelle Analysis

Die Topologie ist als selbständige math. Disziplin noch verhältnismäßig jung. Man unterscheidet heute die *mengentheoretische Topologie* (S. 209—235) und die *algebraische Topologie* (S. 237—249). In der algebraischen Topologie werden top. Probleme mit algebraischen Hilfsmitteln gelöst.

Die **mengentheoretische Topologie** (kurz: Topologie) hat ihre Wurzel in der reellen Analysis. Es zeigte sich nämlich, daß man z. B. die Konvergenztheorie allein durch Eigenschaften von Punktmengen entwickeln kann, ohne sich der algebr. Struktur oder der Ordnungsstruktur zu bedienen. Es kristallisierte sich eine dritte Struktur heraus, die *topologische Struktur*. In ihr werden Begriffe wie Umgebung, offene Menge, abgeschlossene Menge, Berührungspunkt, Häufungspunkt, Konvergenz, Zusammenhang und Kompaktheit formuliert und Punktmengen mit Hilfe dieser Begriffe untersucht und klassifiziert.

Wesentlich für die Entwicklung der top. Strukturen über die Analysis hinaus ist die **axiomatische Festlegung** der Struktur. Wie in der Geometrie zeichnet man gewisse Punktmengen durch geeignet gewählte Axiome aus.

Das kann z. B. dadurch geschehen, daß man durch die **Umgebungsaxiome** (S. 215) jedem Punkt eines Raumes ein System von Teilmengen, das Umgebungssystem, zuordnet. Diese Def. des top. Raumes geht auf HAUSDORFF u. a. zurück. Mit Hilfe des Grundbegriffes »Umgebung« wird dann der zentrale Begriff »offene Menge« gefaßt. Der Bedeutung dieses Begriffes für die Topologie wird eine andere, äquivalente Def. des top. Raumes gerechter. Dabei werden Teilmengen durch Axiome als »**offene Mengen**« ausgezeichnet und dann »Umgebungen« mit Hilfe der offenen Mengen definiert (S. 215). Diese Def. des top. Raumes über offene Mengen ist vor allen Dingen der Beweisführung zugänglicher. Das Mengensystem aller offenen Mengen bezeichnet man als *Topologie*, die zugrundeliegende Menge als *Trägermenge* der Topologie.

Der **Vergleich von top. Räumen** geschieht mit Hilfe von Abb. zwischen den Trägermengen, die die offenen Mengen beider Topologien in Beziehung setzen. Gibt es eine bijektive Abb. zwischen den Trägermengen, die eine bijektive Abb. der offenen Mengen vermittelt, so spricht man von *homöomorphen Räumen*; sie sind mit top. Mitteln nicht zu unterscheiden. Die Abb. selbst heißt **topologische Abbildung** oder *Homöomorphismus* (S. 219).

Analog zur Geometrie sind diejenigen Eigenschaften topologischer Räume wichtig, die bei Anwendung top. Abb. invariant bleiben. Man spricht von **top. Invarianten** (S. 209, 213).

Eine Reihe von top. Begriffen bleibt jedoch auch invariant, wenn man eine »größere« Klasse von Abb. heranzieht, die der **stetigen Abbildungen** (S. 219). Zu ihr gehören auch alle top. Abb., jedoch ist nicht jede stetige Abb. topologisch. Durch die bijektiven stetigen Abbildungen, deren Umkehrabb. ebenfalls stetig ist, ist die Klasse der top. Abb. vollständig beschrieben. Da jede Invariante unter stetigen Abb. auch eine top. Invariante ist, sind in der Topologie — wie auch in der reellen Analysis — stetige Abbildungen von großer Bedeutung. Man bezeichnet daher die Topologie im euklidischen Raum auch als »Stetigkeitsgeometrie« (S. 209–213).

Jede Trägermenge mit mindestens zwei El. läßt sich auf sehr verschiedene Weise topologisieren (S. 215). Die Auswahl unter den möglichen Topologien erfolgt im Hinblick auf die zu entwickelnde Theorie. So wird z. B. der euklidische Raum i. a. mit der sog. **natürlichen Topologie** versehen (S. 215, 217). Die Auszeichnung dieser Topologie geschieht im Hinblick auf die Analysis. Bei der Def. der offenen Mengen dieser Topologie verwendet man die Eigenschaft, daß man die Entfernung zweier Punkte »messen« kann, also die Eigenschaft, daß der euklidische Raum *metrisch* ist (S. 217). Dabei wird das »Messen« durch die Eigenschaften einer Abb., *euklidische Metrik* genannt, beschrieben.

Eine Verallgemeinerung des euklidischen Raumes sind die **metrischen Räume** (S. 217), die sich vermöge der Metrik analog zum euklidischen Raum topologisieren lassen. Die Klasse der metr. Räume läßt sich durch rein top. Eigenschaften, d. h. ohne Verwendung der Metrik, kennzeichnen (**Metrisierbarkeit**, S. 231).

Häufig geschieht die Topologisierung einer Menge, indem man sich an vorgegebenen top. Räumen orientiert, die mit der Menge z. B. durch spez. Abb. in Beziehung stehen; man überträgt sozusagen die Topologien (S. 219). Das ist z. B. bei der **Topologisierung von Teilmengen, Quotientenmengen, kart. Produkten und Vereinigungsmengen** der Fall (S. 219, 221).

Ziel der Topologie ist es u. a., die Konvergenztheorie der Analysis auf möglichst allgemeine top. Räume zu übertragen. Dazu verallgemeinert man den Begriff der Folge und betrachtet **Filterbasen** *(Filter)* (S. 225). Befriedigend ist diese Theorie jedoch erst in spez. top. Räumen, z. B. in HAUSDORFF-Räumen (S. 227).

Die **HAUSDORFF-Räume** gehören zu den durch **Trennungsaxiome** def. Räumen (S. 227). Ihre wichtigsten Typen sind — besonders im Hinblick auf das Metrisationsproblem — *reguläre, vollständig reguläre* und *normale Räume*. Metrische Räume sind Beispiele derartiger Räume.

Durch Eigenschaften von **Überdeckungen** def. man die *quasikompakten* und *kompakten Räume* (S. 229). Die kompakten Räume erfüllen wie alle metr. Räume die Trennungsaxiome, jedoch ist nicht jeder metr. Raum kompakt. Dagegen ist jeder metr. Raum *parakompakt* (S. 231), ein zwischen Kompaktheit und Normalität def. Begriff, der für die Metrisierbarkeit von Bedeutung ist.

Die Topologie liefert Grundlagen für viele math. Disziplinen, z. B. für die Analysis, Funktionentheorie, Funktionalanalysis, Differentialgeometrie.

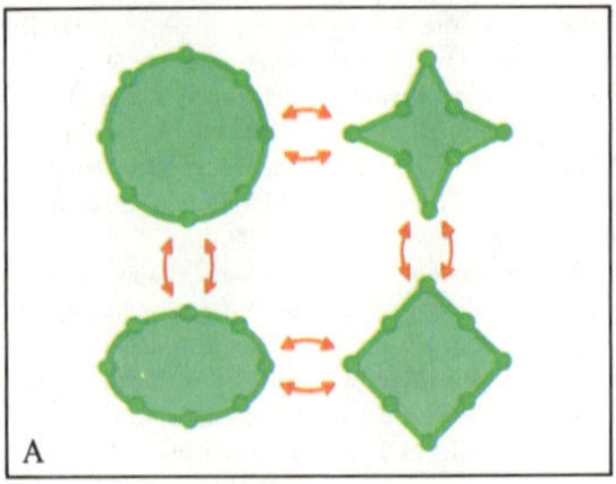

Topologisch äquivalente Punktmengen

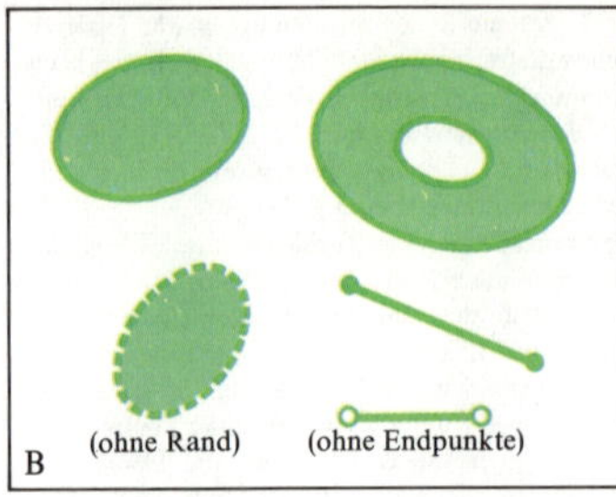

Topologisch nichtäquivalente Punktmengen

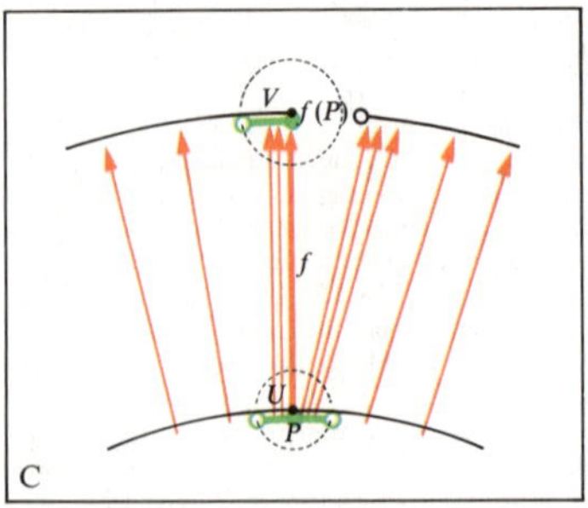

Unstetigkeit

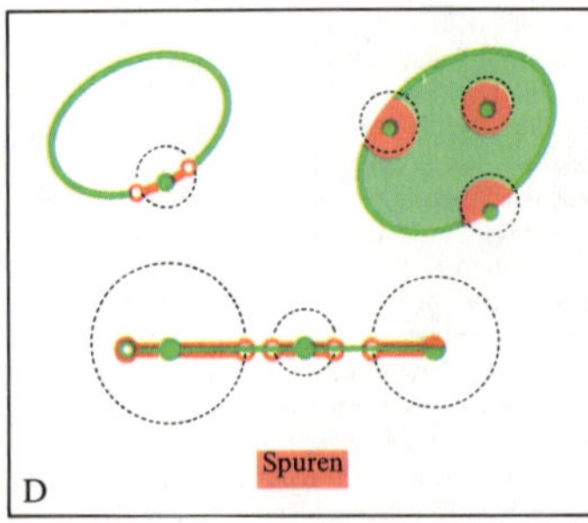

Relativierung

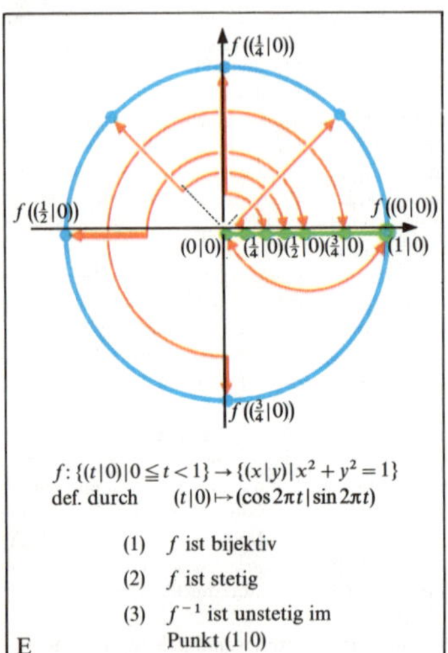

Nichttopologische Abbildung

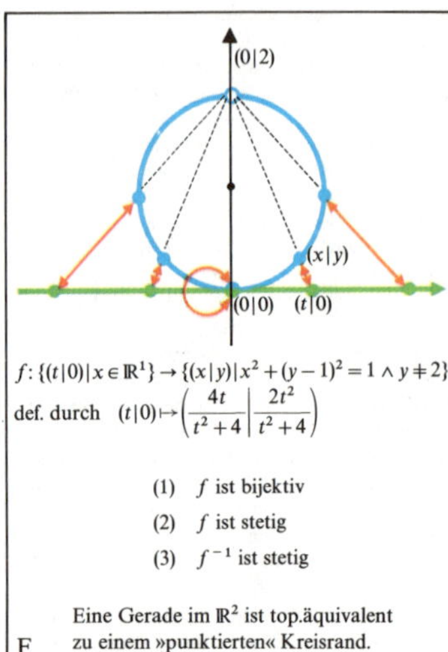

Topologische Abbildung

Elastische Verformung

In der euklidischen Geometrie, etwa des $\mathbb{R}^2$, beschreibt man Punktmengen mit Hilfe von Eigenschaften, die bei der Anwendung von Kongruenz- oder Ähnlichkeitsabbildungen invariant bleiben.

Nun gibt es bereits sehr einfache Punktmengen der Ebene, die nicht durch Anwendung dieser Abbildungen ineinander überführt werden können. Dies gilt z. B. für die in Abb. A dargestellten Punktmengen; sie sind weder kongruent noch ähnlich. Denkt man sich jedoch diese Punktmengen aus elastischem Material hergestellt, so lassen sie sich durch eine umkehrbare Verformung *(elastische Verformung)* auseinander erzeugen. Dies kann man als eine bij. Abb. mit speziellen Eigenschaften deuten (s. u.).

Bei der Anwendung elastischer Verformungen bleiben gewisse Eigenschaften der Punktmengen erhalten. Z. B. gehen »Randpunkte« in »Randpunkte« über, wobei »benachbarte« Punkte »benachbart« bleiben und die Randkurve geschlossen bleibt. Entsprechendes gilt für die Punkte im »Inneren«.

Dagegen ist bei einer elast. Verformung i. a. die Eigenschaft, daß das Bild einer Strecke wieder eine Strecke ist, nicht erfüllt (Abb. A). In einer »Geometrie der elast. Verformungen« spielen also die Begriffe Strecke, Gerade, Winkel und die mit ihnen verbundenen Begriffe eine untergeordnete Rolle.

Analog zu den Klassen kongruenter bzw. ähnlicher Punktmengen kann man die Klassen derjenigen Punktmengen bilden, die sich durch elast. Verformungen auseinander erzeugen lassen. Man spricht von Klassen *topologisch äquivalenter* Punktmengen. Damit gehören die Punktmengen der Abb. A derselben Klasse an; sie sind topologisch äquivalent. Dagegen sind die in Abb. B dargestellten Punktmengen paarweise nicht topologisch äquivalent. Anschaulich ist dies leicht einsehbar, da keine elast. Verformung vorstellbar ist, mit der man eine der Figuren in eine der anderen überführen könnte. Exakte Aussagen sind aber erst möglich, wenn der Vorgang der elast. Verformung durch eine Abbildung mit spez. Eigenschaften (topologische Abbildung, s. u.) mathematisiert worden ist.

Beispiel einer nichtelastischen Verformung

Das besondere Merkmal einer elast. Verformung ist die Eigenschaft, daß bei der Verformung in der »Nähe« eines Punktes nur »unwesentliche« Veränderungen festzustellen sind. Die in Abb. C dargestellte Verformung weist dagegen »wesentliche« Veränderungen in der »Nähe« von $f(P)$ auf. Bei $f(P)$ ist eine »Rißstelle« entstanden. Eine derartige Abb. wird man *nichttopologisch* nennen.

Umgebungen

Der Begriff »Nähe« muß präzisiert werden. Betrachtet man den ganzen Raum $\mathbb{R}^2$, so kann man durch die offenen Kreisscheiben (ohne Rand) um P beschreiben, wie »nah« ein Punkt Q dem Punkt P kommt. Man nennt die offenen Kreisscheiben um P mit beliebigem Radius und jede ihrer Obermengen *Umgebungen von P in $\mathbb{R}^2$*.

Beschränkt man sich jedoch auf Teilmengen M des $\mathbb{R}^2$, wie in den vorangegangenen Beispielen, so verwendet man als Umgebungen von P in M die »Spuren«, die die Umgebungen von P in $\mathbb{R}^2$ in der Teilmenge erzeugen (Abb. D). Genauer: Eine *Umgebung von P in M* ist der Durchschnitt von M mit einer Umgebung von P in $\mathbb{R}^2$. Man nennt diesen Vorgang *Relativierung.*

Bem.: Im folgenden wird nur die Bezeichnung »Umgebung« verwendet. Ob es sich dabei um relativierte Umgebungen handelt, ist dem Zusammenhang zu entnehmen.

Stetige Abbildung

Mit Hilfe des Umgebungsbegriffs gelingt es, die »Rißstelle« in Abb. C genauer zu beschreiben. Offensichtlich besitzt $f(P)$ eine Umgebung V, so daß das Bild keiner Umgebung U von P – wie »klein« sie auch gewählt sein möge – nach der Verformung ganz in V liegt. Es liegen stets Bildpunkte außerhalb von V. Man spricht von einer *Unstetigkeit* der Abb. f im Punkte P und nennt f *unstetig* (nichtstetig) *im Punkte P.*

Negiert man die Aussage über eine Unstetigkeit, so ergibt sich: Zu *jeder* Umgebung V von $f(P)$ existiert mindestens eine Umgebung von P, die ganz in V abgebildet wird. In diesem Fall heißt die Abb. f *stetig im Punkt P.* Ist die Abb. in jedem Punkt stetig, so spricht man von einer *stetigen Abbildung.*

Topologische Abbildung

Zunächst verlangt man von einer top. Abb., daß sie bijektiv ist, denn auch elast. Verformungen sind umkehrbar. Dann fordert man zusätzlich, daß f und f^{-1} keine Unstetigkeiten aufweisen. Eine Abb. f heißt also *topologisch (homöomorph, Homöomorphismus)*, wenn f bij. ist und f und f^{-1} stetig sind. Punktmengen, die durch eine top. Abb. aufeinander abgebildet werden können, nennt man *topologisch äquivalent* (auch homöomorph).

Bem.: Abb. E und F veranschaulichen je eine nichttop. und eine top. Abb.; bei der nichttop. Abb. ist f^{-1} in einem Punkt unstetig. Die Angabe einer spez. nichttop. Abb. reicht allerdings nicht aus, um zu zeigen, daß die beiden Punktmengen nicht top. äquivalent sind.

Bem.: Der Begriff der top. Abb. ist allgemeiner als der anschauliche Vorgang der elast. Verformung, d. h. nicht jede top. Abb. ist als elast. Verformung deutbar.

Aufgabe der Topologie

Aus der Sicht der Geometrie besteht die Aufgabe der Topologie darin, Klassen top. äquivalenter Punktmengen zu finden und deren Repräsentanten mit Hilfe von Eigenschaften *(top. Invarianten)* zu beschreiben, die bei der Anwendung top. Abbildungen invariant bleiben. Eine hervorragende Bedeutung haben diejenigen top. Invarianten, die auch bei der Anwendung stetiger Abbildungen invariant bleiben *(stetige Invarianten).*

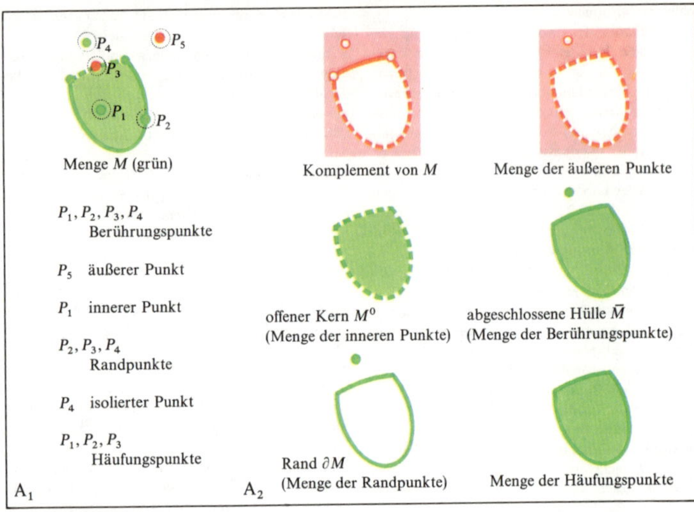

Spezielle Punkte, spezielle Punktmengen

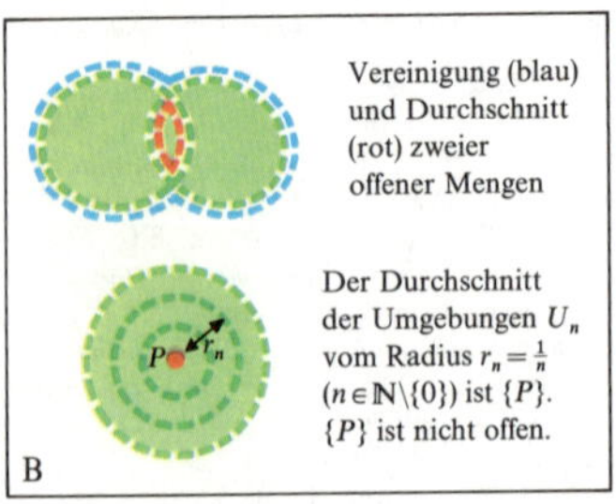

Vereinigung und Durchschnitt offener Mengen

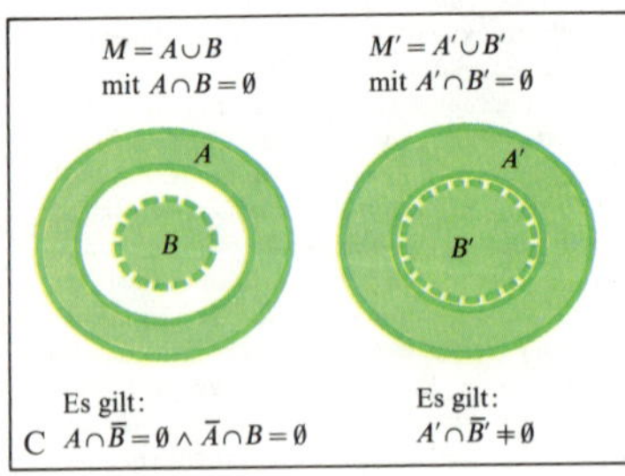

Zusammenhang

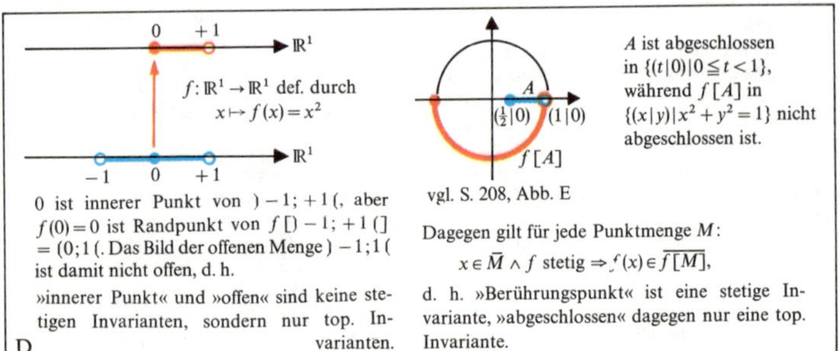

Invarianten

Topologische Abbildung im $\mathbb{R}^1$, $\mathbb{R}^2$, $\mathbb{R}^3$

Die Def. der top. Abb. im $\mathbb{R}^2$ mit Hilfe des Umgebungsbegriffs (S. 209) läßt sich auf den $\mathbb{R}^1$ und $\mathbb{R}^3$ übertragen, wenn man zur Def. der stetigen Abb. des ganzen Raumes die offenen Intervalle bzw. die offenen Kugeln als Umgebungen wählt (vgl. S. 50, Abb. C) und bei stetigen Abb. von Teilmengen den Umgebungsbegriff durch Durchschnittsbildung relativiert.

Bem.: Für den $\mathbb{R}^1$ ergibt sich die in der Analysis übliche Def. (Bd. II).

Entsprechend der Aufgabe der Topologie (S. 209) werden zur Untersuchung von Punktmengen top. Grundbegriffe ermittelt, die bei top. Abb. invariant bleiben. Die im folgenden angeführten top. Grundbegriffe lassen sich mit dem entsprechenden Umgebungsbegriff auf den $\mathbb{R}^1$ bzw. $\mathbb{R}^3$ und deren Teilmengen übertragen.

Berührungspunkt, äußerer Punkt, innerer Punkt, Randpunkt, isolierter Punkt, Häufungspunkt

Zur Untersuchung von Punktmengen ist es zunächst wichtig, diejenigen Punkte des Raumes zu kennzeichnen, die im weitesten Sinne mit einer Punktmenge M in »Berührung« stehen. Man spricht von sog. *Berührungspunkten* von M und meint damit diejenigen Punkte des Raumes, bei denen jede Umgebung mindestens einen Punkt mit M gemeinsam hat, z. B. P_1, P_2, P_3 (nicht zu M gehörig), P_4 in Abb. A_1. Alle übrigen Punkte des Raumes heißen *äußere Punkte* von M, z. B. P_5.

Bei den Berührungspunkten unterscheidet man zwischen sog. *inneren Punkten* von M (mit dem Punkt gehört eine ganze Umgebung zu M), z. B. P_1, und sog. *Randpunkten* von M, z. B. P_2, P_3, P_4. Unter den Randpunkten, die zu M gehören, gibt es solche (z. B. P_4), für die sich eine Umgebung angeben läßt, die keinen weiteren Punkt von M enthält. Man spricht von *isolierten Punkten.*

Die nicht isolierten Berührungspunkte werden auch *Häufungspunkte* von M genannt. Sie besitzen die Eigenschaft, daß in jeder Umgebung mindestens ein vom Berührungspunkt verschiedener Punkt aus M enthalten ist.

Offene Menge, offener Kern, abgeschlossene Menge, abgeschlossene Hülle, Rand

Eine Menge, die nur innere Punkte enthält, heißt *offene Menge* (z. B. eine Kreisscheibe ohne Randpunkte bzw. ihr top. Bild).

Der ganze Raum ist stets offen; die leere Menge wird als offen definiert. Die Vereinigung *beliebig vieler* offener Mengen bzw. der Durchschnitt *endlich vieler* offener Mengen ist wieder eine offene Menge (Abb. B). Der Durchschnitt beliebig vieler offener Mengen ist i. a. keine offene Menge (Abb. B).

Die in Abb. A_1 dargestellte Menge M ist nicht offen. Sie enthält jedoch eine maximale offene Teilmenge, den sog. *offenen Kern* M^0 von M (Abb. A_2).

Man nennt eine Menge *abgeschlossen*, wenn das Komplement der Menge eine offene Menge ist. Dabei ist »abgeschlossen« nicht gleichwertig mit »nicht offen«, denn die Menge der Abb. A_1 ist weder offen noch abgeschlossen.

Zu jeder Punktmenge M läßt sich eine abgeschlossene Obermenge angeben. Man kann z. B. die Menge aller Berührungspunkte von M wählen, die sog. *abgeschlossene Hülle* $\bar{M}$ von M (Abb. A_2). Die Abgeschlossenheit dieser Menge ist anschaulich klar, weil ihr Komplement, die Menge der äußeren Punkte, offen ist. $\bar{M}$ entsteht aus M durch Vereinigung mit der Menge aller Häufungspunkte von M und ist die kleinste M umfassende abgeschlossene Menge.

Die Menge der Randpunkte von M, der sog. *Rand* ∂M von M (Abb. A_2), umfaßt genau diejenigen Punkte des Raumes, die weder innere noch äußere Punkte sind.

Beispiel: Die Menge $\mathbb{Q}$ der rationalen Zahlen ist als Teilmenge des $\mathbb{R}^1$ weder offen noch abgeschlossen; es ist $\mathbb{Q}^0 = \emptyset$, $\bar{\mathbb{Q}} = \mathbb{R}^1$ und $\partial\mathbb{Q} = \mathbb{R}^1$.

Bem.: Mit Hilfe der Relativierung ist es möglich, offene und abgeschlossene Punktmengen auch in Teilmengen M des Raumes zu erklären. Es sind genau diejenigen Punktmengen, die man als Durchschnitt von M mit offenen bzw. abgeschlossenen Punktmengen des ganzen Raumes erhält.

Die Eigenschaften »abgeschlossen«, »offen« und »innerer Punkt« sind im Gegensatz zur Eigenschaft »Berührungspunkt« keine stetigen, sondern nur top. Invarianten (Abb. D).

Zusammenhängende Mengen

Die in Abb. C dargestellten Punktmengen M und M' sind beide die Vereinigung disjunkter Punktmengen, wobei A und A' bzw. B und B' sogar top. äquivalent sind. Dennoch weisen M und M' wesentliche top. Unterschiede auf.

Bei M steht keine der beiden Mengen A und B mit der anderen Menge durch einen ihrer Punkte in »Berührung«, oder genauer: A enthält keinen Berührungspunkt von B ($A \cap \bar{B} = \emptyset$) und B keinen Berührungspunkt von A ($\bar{A} \cap B = \emptyset$). Man sagt: M ist die Vereinigung zweier nichtleerer *separierter* Mengen.

Dagegen ist M' niemals als Vereinigung zweier nichtleerer separierter Mengen darstellbar; stets ist $A' \cap \bar{B}' \neq \emptyset$ oder $\bar{A}' \cap B' \neq \emptyset$. Man sagt: M' ist *zusammenhängend.*

Zusammenhängende Punktmengen spielen eine besondere Rolle in der Topologie, zumal der Zusammenhang nicht nur eine top. Invariante ist, sondern auch bei Anwendung *stetiger* Abb. erhalten bleibt. Der Zusammenhang einer Punktmenge ist also bereits bewiesen, wenn eine bekannte zusammenhängende Punktmenge (z. B. aus dem $\mathbb{R}^1$) durch eine stetige Abb. *auf* die zu untersuchende Punktmenge abgebildet werden kann.

Sehr nützlich sind außerdem die Sätze:

(Z_1) Sind A und B zusammenhängend mit $A \cap B \neq \emptyset$, so ist auch $A \cup B$ zusammenhängend.

(Z_2) Ist A zusammenhängend, so auch $\bar{A}$ und jede Menge B mit $A \subseteq B \subseteq \bar{A}$.

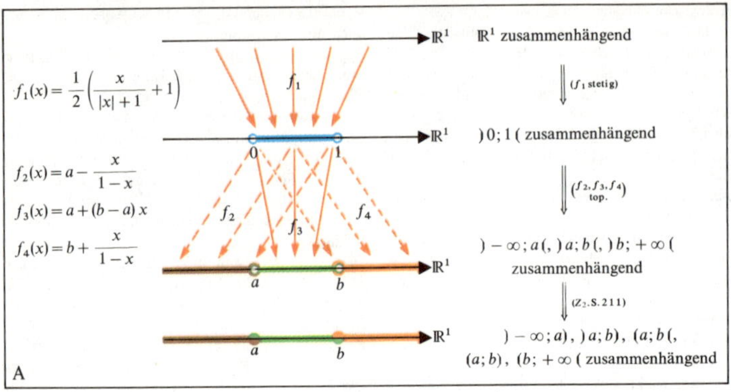

Zusammenhang im $\mathbb{R}^1$

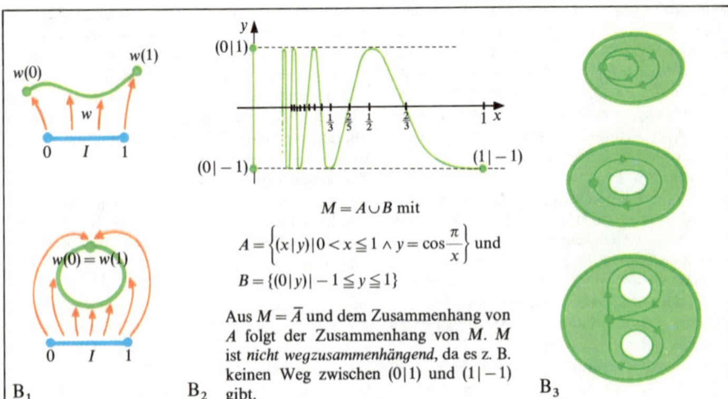

Wege und Wegzusammenhang

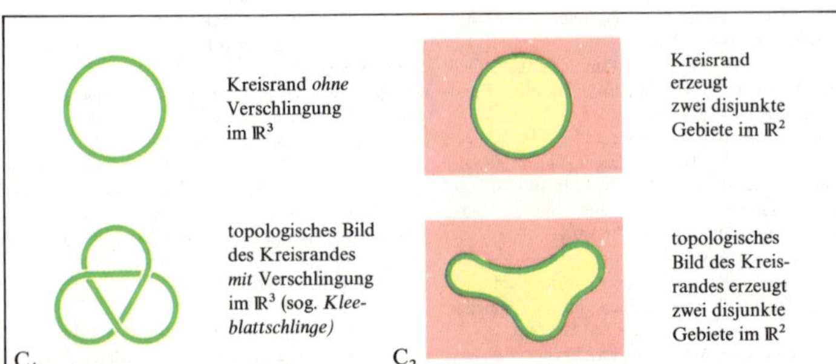

Eigenschaften der Lage

Zusammenhängende Punktmengen des $\mathbb{R}^1$

Die einzigen zusammenhängenden Punktmengen des $\mathbb{R}^1$ sind der ganze Raum und die Intervalle (einschließlich $\{a\}$), vgl. Abb. A.

Zusammenhängende Punktmengen des $\mathbb{R}^2$ und $\mathbb{R}^3$

Die zusammenhängenden Punktmengen des $\mathbb{R}^1$ sind auch als Teilmengen des $\mathbb{R}^2$ bzw. $\mathbb{R}^3$ zusammenhängend. Wendet man auf sie stetige Abb. an, so erhält man zusammenhängende Bildmengen.

Von besonderem Interesse sind die Bildmengen bei stetigen Abb. w des Intervalls $I := (0; 1)$. Die Bildmenge $w[I]$ stellt dabei eine zusammenhängende Verbindung zwischen dem Punkt $w(0)$ und dem Punkt $w(1)$ her. Man spricht von einem *Weg* zwischen den Punkten $w(0)$ und $w(1)$, im Falle $w(0) = w(1)$ von einem *geschlossenen Weg* (Abb. B_1).

Die Klassifizierung zusammenhängender Punktmengen im $\mathbb{R}^2$ bzw. $\mathbb{R}^3$ ist weitaus schwieriger als im $\mathbb{R}^1$. Der *Zusammenhang offener Mengen* läßt sich noch recht anschaulich kennzeichnen: Eine offene Punktmenge ist genau dann zusammenhängend, wenn sich je zwei Punkte durch einen ganz in der Punktmenge liegenden Streckenzug (Polygonzug) verbinden lassen.

Bem.: Zusammenhängende offene Punktmengen *(Gebiete)* sind in der Analysis wichtig.

Eine weitere Klasse von zusammenhängenden Punktmengen erfaßt man mit dem folgenden Kriterium: Wenn sich je zwei Punkte einer Punktmenge durch einen ganz in der Punktmenge liegenden Weg verbinden lassen *(Wegzusammenhang)*, dann ist die Punktmenge zusammenhängend. Es gibt jedoch zusammenhängende Punktmengen, die nicht wegzusammenhängend sind (Abb. B_2).

Auch wegzusammenhängende Punktmengen lassen sich weiter klassifizieren. Die Abb. B_3 enthält wegzusammenhängende Punktmengen, die paarweise nicht top. äquivalent sind. Anschaulich läßt sich dies durch die Existenz geschlossener Wege begründen, die nicht zur Punktmenge gehörige Punkte »umschließen«. Für die erste Menge der Abb. B_3 sind derartige Wege nicht möglich; jeder geschlossene Weg läßt sich zu einem Punkt »zusammenziehen«. Mengen mit dieser Eigenschaft nennt man *einfach-zusammenhängend*.

Bem.: Eine exakte Behandlung ermöglicht der Begriff der Homotopie (S. 237f.).

Kompakte Punktmengen

Bei einer stetigen Abb. w des abgeschlossenen, zusammenhängenden Intervalls I fällt auf, daß die Bildmenge nicht nur zusammenhängend, sondern auch abgeschlossen ist. Nun ist zwar die Eigenschaft »zusammenhängend« eine stetige Invariante, »abgeschlossen« und auch »abgeschlossen, zusammenhängend« sind jedoch keine stetigen Invarianten, so daß die Abgeschlossenheit von $w[I]$ auf eine zusätzliche Eigenschaft von I zurückzuführen sein muß. Diese Eigenschaft ist die Beschränktheit von I. Man nennt eine Menge des $\mathbb{R}^1(\mathbb{R}^2, \mathbb{R}^3)$ *beschränkt*, wenn sich ein offenes Intervall (eine offene Kreisscheibe, eine offene Kugel) angeben läßt, das (die) die ganze Menge umfaßt.

Die Eigenschaft »abgeschlossen, beschränkt« ist eine stetige Invariante, so daß $w[I]$ abgeschlossen und beschränkt ist. Punktmengen, die zugleich abgeschlossen und beschränkt sind, nennt man auch *kompakt*. Anschaulich ist dieser Begriff verknüpft mit der Aussage, daß jede unendliche Teilmenge einer kompakten Punktmenge einen Häufungspunkt in der Punktmenge besitzt.

Kompakte Punktmengen müssen nicht unbedingt zusammenhängend sein, z. B. $(0; 1) \cup (2; 3)$; ist dies jedoch der Fall und enthält die Menge mehr als einen Punkt, so spricht man von einem *Kontinuum*. Der Begriff des Kontinuums ist eine Invariante nichtkonstanter stetiger Abb.

Bem.: Kontinua sind für den Begriff der »Kurve« von Bedeutung (S. 235). Im $\mathbb{R}^1$ sind Kontinua abgeschl. Intervalle.

Eigenschaften der Gestalt und der Lage

Die bisher ermittelten top. Eigenschaften von Punktmengen sind top. Invarianten (z. T. sogar stetige Invarianten), d. h. besitzt irgendeine Punktmenge eine dieser Eigenschaften, so besitzt sie auch jede Punktmenge, die top. äquivalent zu ihr ist. Eigenschaften, die einer ganzen Klasse top. äquivalenter Punktmengen zukommen, also einer Klasse »gestaltgleicher« Punktmengen, heißen *Eigenschaften der Gestalt* (auch *innere Eigenschaften*). Gestalteigenschaften sind also diejenigen Invarianten, die sich bei top. Abb. der Teilmengen des Raumes ergeben, ohne dabei den umgebenden Raum abzubilden.

Bei diesem Vorgehen verzichtet man darauf, die besondere »Lage« top. äquivalenter Punktmengen in bezug auf den ganzen Raum zu beurteilen. Der in Abb. C_1 dargestellte »Knoten« ist zwar top. äquivalent zum Kreisrand K, er läßt sich jedoch nicht durch eine top. Abb. des ganzen Raumes $\mathbb{R}^3$ in K überführen.

Man sagt: der Kreisrand und der Knoten besitzen unterschiedliche *Eigenschaften der Lage* (auch *äußere Eigenschaften*).

Derartige Lageeigenschaften sind also auf den umgebenden Raum bezogene Eigenschaften von Punktmengen, die bei top. Abb. des umgebenden Raumes erhalten bleiben. Sie sind jedoch von der Wahl des umgebenden Raumes abhängig, denn bettet man den Knoten in den $\mathbb{R}^4$ ein, so läßt er sich »lösen«, d. h. durch eine top. Abb. des $\mathbb{R}^4$ in den Kreisrand K überführen. Hinsichtlich des $\mathbb{R}^4$ sind also nicht nur die Gestalteigenschaften, sondern auch die Lageeigenschaften der beiden Punktmengen gleich.

In Abb. C_2 ist eine andere Lageeigenschaft einer Punktmenge des $\mathbb{R}^2$ dargestellt: der Kreisrand bzw. sein top. Bild erzeugen im $\mathbb{R}^2$ genau zwei disjunkte Gebiete. Diese Eigenschaft ist offensichtlich bei einer Einbettung der Punktmengen in den $\mathbb{R}^3$ nicht mehr vorhanden.

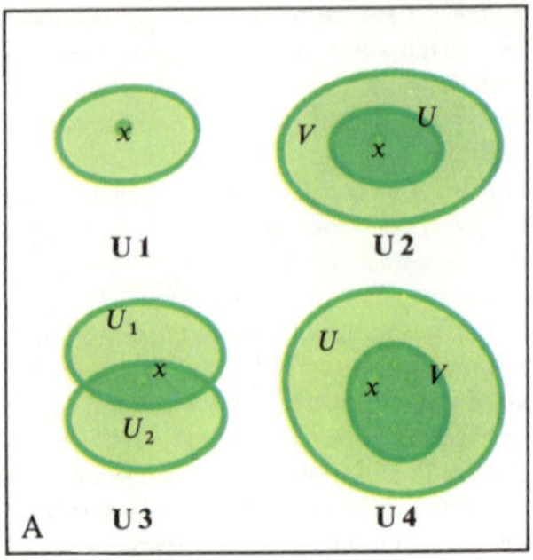

Umgebungsaxiome

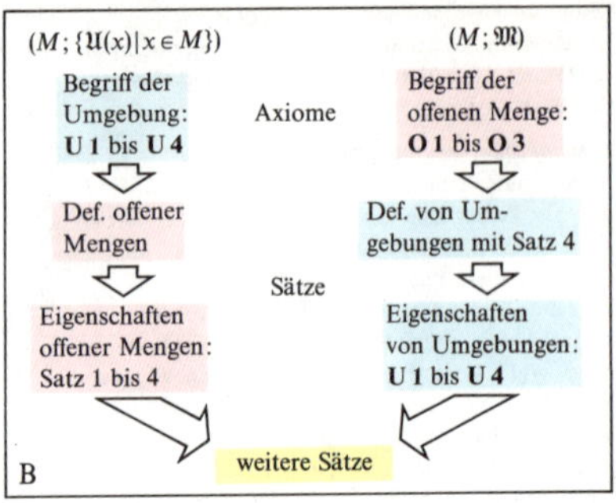

Axiomatische Festlegung des top. Raumes

Definitionen

$x \in M$ **Berührungspunkt** von A	$:\Leftrightarrow \bigwedge_U (U \in \mathfrak{U}(x) \Rightarrow U \cap A \neq \emptyset)$	gehört nicht unbedingt zu A
$x \in M$ **äußerer Punkt** von A	$:\Leftrightarrow \bigvee_U (U \in \mathfrak{U}(x) \wedge U \cap A = \emptyset)$	gehört nicht zu A
$x \in M$ **innerer Punkt** von A	$:\Leftrightarrow \bigvee_U (U \in \mathfrak{U}(x) \wedge U \subseteq A)$	gehört zu A
$x \in M$ **Randpunkt** von A	$:\Leftrightarrow \bigwedge_U (U \in \mathfrak{U}(x) \Rightarrow U \cap A \neq \emptyset \wedge U \cap (M \backslash A) \neq \emptyset)$	gehört nicht unbedingt zu A
$x \in M$ **isolierter Punkt** von A	$:\Leftrightarrow \bigvee_U (U \in \mathfrak{U}(x) \wedge (U \backslash \{x\}) \cap A = \emptyset)$	gehört zu A
$x \in M$ **Häufungspunkt** von A	$:\Leftrightarrow x$ Berührungspunkt von $A \backslash \{x\}$	gehört nicht unbedingt zu A
A **offene Menge**	$:\Leftrightarrow \bigwedge_x (x \in A \Rightarrow x$ innerer Punkt von $A)$*	
A **abgeschlossene Menge**	$:\Leftrightarrow M \backslash A$ offene Menge	
A **dichte Menge**	$:\Leftrightarrow \bigwedge_x (x \in M \Rightarrow x$ Berührungspunkt von $A)$	

* In der Top. der offenen Mengen ist die Aussage der Def. ein Satz.

Bezeichnungen

$\bar{A}$ Menge der Berührungspunkte von A (**abgeschlossene Hülle** von A)

A^0 Menge der inneren Punkte von A (**offener Kern** von A)

∂A Menge der Randpunkte von A (**Rand** von A)

Eigenschaften

$A^0 \subseteq A, A^{00} = A^0$	$A \subseteq \bar{A}, \bar{\bar{A}} = \bar{A}$	$\partial A = \bar{A} \backslash A^0$
$A \subseteq B \Rightarrow A^0 \subseteq B^0$	$A \subseteq B \Rightarrow \bar{A} \subseteq \bar{B}$	$= \bar{A} \cap (M \backslash A^0)$
$(A \cap B)^0 = A^0 \cap B^0$	$\overline{A \cup B} = \bar{A} \cup \bar{B}$	$= \bar{A} \cap \overline{M \backslash A}$
$\left(\bigcup_{i \in I} A_i\right)^0 \supseteq \bigcup_{i \in I} A_i^0$	$\overline{\bigcup_{i \in I} A_i} \supseteq \bigcup_{i \in I} \bar{A}_i$	$= M \backslash (A^0 \cup (M \backslash A)^0)$
$\left(\bigcap_{i \in I} A_i\right)^0 \subseteq \bigcap_{i \in I} A_i^0$	$\overline{\bigcap_{i \in I} A_i} \subseteq \bigcap_{i \in I} \bar{A}_i$	$= \partial(M \backslash A)$

$M \backslash A^0 = \overline{M \backslash A}$, $M \backslash \bar{A} = (M \backslash A)^0$, $M = A^0 \cup \partial A \cup (M \backslash A)^0$, $M = A^0 \cup \overline{M \backslash A}$, $M = \bar{A} \cup (M \backslash A)^0$

A offene Menge $\Leftrightarrow A \subseteq A^0 \Leftrightarrow A = A^0 \Leftrightarrow \partial A \subseteq M \backslash A$ $\quad$ A^0 ist offen

A abgeschlossene Menge $\Leftrightarrow \bar{A} \subseteq A \Leftrightarrow \bar{A} = A \Leftrightarrow \partial A \subseteq A$ $\quad$ $\bar{A}$ ist abgeschlossen

A offene Menge $\wedge$ B abgeschlossene Menge $\Rightarrow A \backslash B$ offene Menge $\wedge$ $B \backslash A$ abgeschlossene Menge

A offene Menge $\wedge$ $A \cap B = \emptyset \Rightarrow A \cap \bar{B} = \emptyset$, A abgeschlossene Menge $\wedge$ $A \cup B = M \Rightarrow A \cup B^0 = M$

A dicht $\Leftrightarrow \bar{A} = M$

(A 1) $\emptyset$ und M sind abgeschlossen.

(A 2) Der Durchschnitt beliebig vieler abgeschlossener Mengen ist abgeschlossen.

(A 3) Die Vereinigung zweier (endl. vieler) abgeschlossener Mengen ist abgeschlossen.

C

Topologische Grundbegriffe und Eigenschaften

Def. des top. Raumes über Umgebungsaxiome

Der grundlegende Begriff für die Untersuchung von Punktmengen des $\mathbb{R}^1$, $\mathbb{R}^2$ und $\mathbb{R}^3$ unter top. Gesichtspunkten (S. 209–213) ist der *Umgebungsbegriff*. Für eine Verallgemeinerung auf beliebige Räume ist die dort gegebene Fassung jedoch zu speziell, denn sie enthält den Begriff des »Abstandes«, d. h. sie setzt die Existenz einer Metrik (S. 51) voraus. Diesen »metrischen« Umgebungsbegriff kann man zwar noch auf jeden »metrischen Raum« (S. 217) übertragen, wählt man jedoch einen beliebigen Raum, so müssen bei der Verallgemeinerung charakteristische Eigenschaften der »metrischen« Umgebungen zugrunde gelegt werden, die sich ohne Benutzung der Metrik formulieren lassen.

Es hat sich gezeigt (HAUSDORFF u. a.), daß man von den Umgebungen eines Punktes $x \in M$ mindestens folgende Eigenschaften **(Umgebungsaxiome)** fordern muß, wenn man zu einer weitreichenden Theorie gelangen will (vgl. Abb. A):

(U 1) *x gehört zu jeder seiner Umgebungen.*

(U 2) *Jede Obermenge V einer Umgebung U von x ist eine Umgebung von x. M ist eine Umgebung von x.*

(U 3) *Der Durchschnitt zweier Umgebungen von x ist eine Umgebung von x.*

(U 4) *Jede Umgebung U von x enthält eine Umgebung V von x, so daß U auch Umgebung jedes Punktes von V ist.*

Man definiert:

Def. 1: Existiert zu jedem x einer Menge M eine Teilmenge $\mathfrak{U}(x)$ aus $\mathfrak{P}(M)$, die Menge der sog. *Umgebungen* von x *(Umgebungssystem von x)*, die den Axiomen U 1 bis U 4 genügt, so heißt $(M; \{\mathfrak{U}(x) | x \in M\})$ *topologischer Raum.*

Im weiteren Gang der Theorie def. man analog zu S. 211 die top. Grundbegriffe »Berührungspunkt«, »innerer Punkt«, »offene Menge« usw. (Abb. C) und beweist u. a. die folgenden Sätze:

Satz 1: *$\emptyset$ und M sind offen.*

Satz 2: *Der Durchschnitt zweier (endlich vieler) offener Mengen ist offen.*

Satz 3: *Die Vereinigung beliebig vieler offener Mengen ist offen.*

Satz 4: *Eine Teilmenge U ist genau dann eine Umgebung von x, wenn es eine offene Menge O gibt mit $x \in O \subseteq U$.*

Def. des top. Raumes über offene Mengen

Verwendet man die Aussagen der Sätze 1 bis 3 als Axiome, so erhält man die im weiteren Verlauf verwendete, gleichwertige Def. des top. Raumes:

Def. 2: $(M; \mathfrak{M})$ heißt *topologischer Raum*, wenn $\mathfrak{M}$ eine Teilmenge aus $\mathfrak{P}(M)$ mit folgenden Eigenschaften ist:

(O 1) $\emptyset \in \mathfrak{M}$, $M \in \mathfrak{M}$,

(O 2) $O_1, O_2 \in \mathfrak{M} \Rightarrow O_1 \cap O_2 \in \mathfrak{M}$.

(O 3) $\mathfrak{N} \subseteq \mathfrak{M} \Rightarrow \bigcup_{O \in \mathfrak{N}} O \in \mathfrak{M}$.

$\mathfrak{M}$ heißt *Topologie* auf der *Trägermenge M*. Die El. von $\mathfrak{M}$ heißen *offene Mengen*, die von *M Punkte.*

Bem.: $(M; \mathfrak{M})$ kann gelesen werden als: »M versehen mit der Top. $\mathfrak{M}$«.

Im nächsten Schritt erklärt man in dem so def. top. Raum den Begriff der Umgebung durch die Aussage des Satzes 4:

Def. 3: U heißt eine *Umgebung* von x, wenn $U \subseteq M$ ist und ein $O_{\mathfrak{M}} \in \mathfrak{M}$ mit $x \in O_{\mathfrak{M}} \subseteq U$ existiert. $\mathfrak{U}(x)$ sei die *Menge aller Umgebungen* von x *(Umgebungssystem* von x*)*.

Schließlich beweist man die Aussagen der Axiome U 1 bis U 4 als Sätze (vgl. Abb. B). Man kann zeigen, daß es zu jedem top. Raum, der durch die Umgebungsaxiome def. ist, genau einen über offene Mengen def. top. Raum mit derselben Trägermenge gibt, so daß die Umgebungssysteme bzw. die Systeme offener Mengen übereinstimmen (und umgekehrt). Daraus ergibt sich die Gleichwertigkeit der Def. Der Vorteil der Def. über offene Mengen liegt in der häufig einfacheren Beweistechnik, während die Def. über Umgebungsaxiome der Anschauung näher ist.

Bem.: Die top. Grundbegriffe und ihre Eigenschaften (ohne Def. der »offenen Menge«) gemäß Abb. C können also vollständig übernommen werden.

Beispiele topologischer Räume

(1) Wird im $\mathbb{R}^1$ eine Teilmenge als offen def., wenn sie leer ist oder mit jedem ihrer Punkte ein offenes Intervall um den Punkt enthält, so ist das Mengensystem $\mathfrak{R}^1$ aller offenen Mengen eine Topologie auf $\mathbb{R}^1$, die sog. *natürliche Topologie.* Der top. Raum $(\mathbb{R}^1; \mathfrak{R}^1)$ liegt der reellen Analysis zugrunde.

Entsprechend kann man auf dem $\mathbb{R}^2(\mathbb{R}^3)$ eine Top. $\mathfrak{R}^2(\mathfrak{R}^3)$ erklären, indem man die offenen Intervalle durch offene Kreisscheiben (offene Kugeln) ersetzt. Allg. läßt sich jeder metrische Raum (S. 217) auf diese Weise topologisieren; die Top. hängt jedoch von der Wahl der Metrik ab.

(2) Eine ganz anders geartete Topologie auf $\mathbb{R}^1$ ergibt sich, wenn man def.:

$\mathfrak{E} := \{O | O = \emptyset \vee (O = \mathbb{R}^1 \setminus E \wedge E \text{ endl.})\}$.

(3) Auf $\mathbb{N}$ läßt sich eine Topologie $\mathfrak{R}^1_{\mathbb{N}}$ def., die eng mit der nat. Top. auf $\mathbb{R}^1$ zusammenhängt (s. Relativtop., S. 219): man wählt $\mathfrak{R}^1_{\mathbb{N}} = \mathfrak{P}(\mathbb{N})$, d. h. def. jede Teilmenge von $\mathbb{N}$ als offen.

Auf jeder Trägermenge M ist $\mathfrak{P}(M)$ eine Topologie, die sog. *diskrete Topologie.*

(4) Gemäß Def. 2 müssen $\emptyset$ und M zu jeder Topologie auf M gehören. Diese Mindestforderung führt auf jeder Trägermenge M zu einer Topologie $\mathfrak{M} = \{\emptyset, M\}$, der sog. *indiskreten Topologie.*

Vergleich von Topologien einer Trägermenge

Auf einer Trägermenge kann man verschiedene Topologien def., z. B. $(\mathbb{R}^1; \mathfrak{R}^1)$, $(\mathbb{R}^1; \mathfrak{E})$, $(\mathbb{R}^1; \mathfrak{P}(\mathbb{R}^1))$, $(\mathbb{R}^1; \{\emptyset, \mathbb{R}^1\})$. Es liegen dann allerdings sehr unterschiedliche Eigenschaften vor.

Die Topologien einer Trägermenge können vergleichbar sein bez. »$\subseteq$«, müssen es aber nicht (z. B. sind $\mathfrak{R}^1$ und $\mathfrak{E}$ auf $\mathbb{R}^1$ nicht vergleichbar). Ist $\mathfrak{M}_1 \subseteq \mathfrak{M}_2$, so sagt man: $\mathfrak{M}_1$ ist *gröber* als $\mathfrak{M}_2$ bzw. $\mathfrak{M}_2$ ist *feiner* als $\mathfrak{M}_1$, $\{\emptyset, M\}$ ist damit die »gröbste«, $\mathfrak{P}(M)$ die »feinste« Topologie auf jeder Trägermenge.

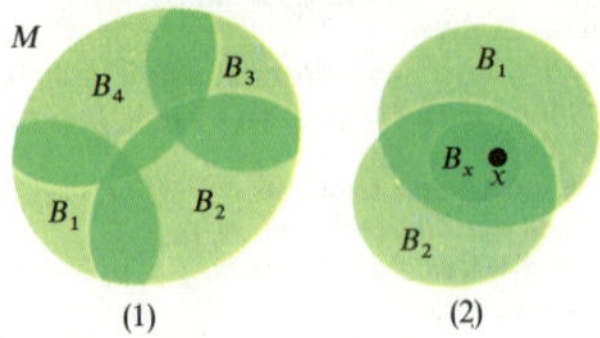

A_1 Basiseigenschaften

Beispiel

$M = \{1, 2, 3\}$ $\mathfrak{M} = \{\emptyset, M, \{2\}, \{1, 2\}, \{2, 3\}\}$

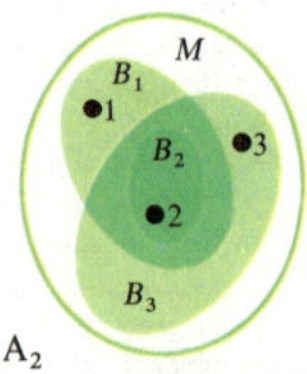

$\{B_1, B_2\}$ und $\{B_2, B_3\}$ sind keine Basen, da (1) nicht gilt.

$\{B_1, B_3\}$ ist keine Basis, da (2) nicht gilt.

$\{B_1, B_2, B_3\}$ erfüllt beide Basiseigenschaften.

A_2

Basiseigenschaften

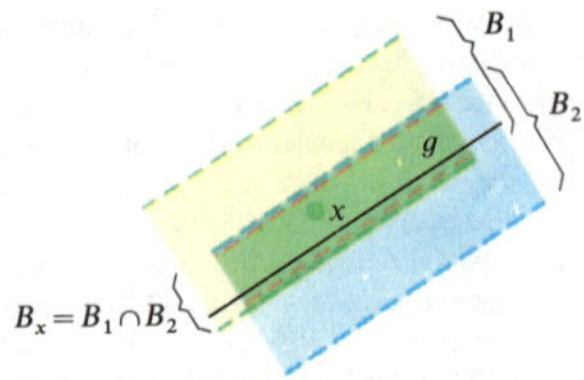

Die Menge aller zu einer vorgegebenen Geraden parallelen offenen Streifen ist eine Teilmenge von $\mathfrak{R}^2$. Sie erfüllt zwar die Basiseigenschaften (1) und (2), ist aber keine Basis von $\mathfrak{R}^2$, da keine offene Kreisscheibe als Vereinigung von Streifen darstellbar ist.

Sie stellt ein Erz.system einer Top. auf $\mathbb{R}^2$ dar, in der die offenen Mengen beliebige Vereinigungsmengen offener Streifen sind. Die von den Streifen erzeugte Top. wird auch kurz *Streifentopologie* auf $\mathbb{R}^2$ genannt.

B

Streifentopologie auf $\mathbb{R}^2$

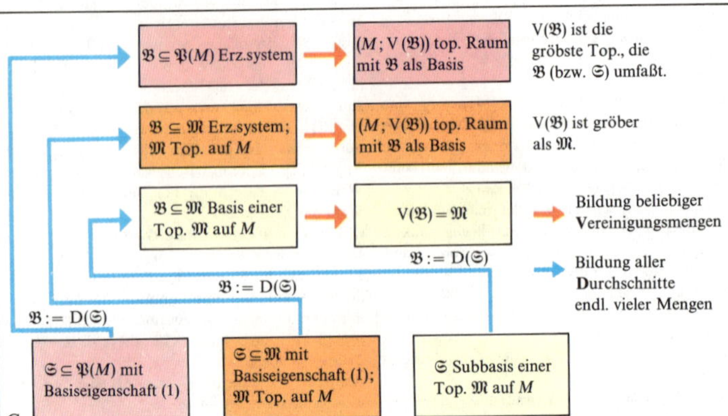

C

Erzeugte Topologie

Die Menge aller offenen Kreisscheiben und die Menge aller offenen Rechteckflächen (parallele Kanten) sind Erzeugendensysteme auf $\mathbb{R}^2$.

Die beiden Erzeugendensysteme sind äquivalent, d. h. erzeugen dieselbe Top. auf $\mathbb{R}^2$. Beide sind daher äquivalente Basen von $\mathfrak{R}^2$.

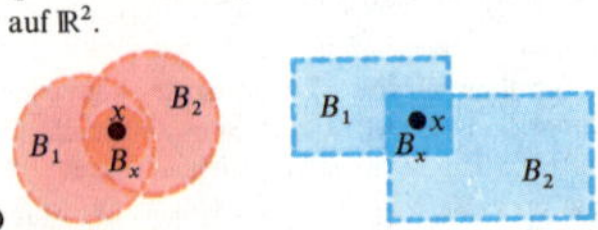

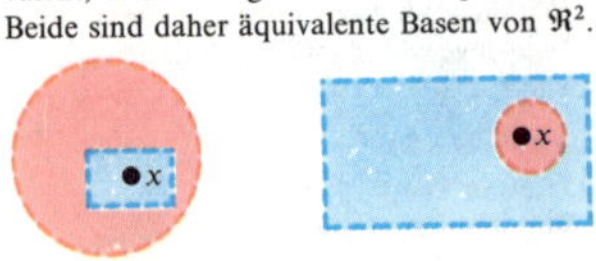

D

Äquivalente Erzeugendensysteme

Metrische Räume

Eine wichtige Klasse von top. Räumen bilden die sog. metrischen Räume (s. auch S. 51).

Def. 1: $(M; d)$ heißt *metrischer Raum*, wenn es eine Abb. $d: M \times M \to \mathbb{R}_0^+$ (sog. *Metrik* auf M) mit den Eigenschaften (1) $d(x, y) = 0 \Leftrightarrow x = y$, (2) $d(x, y) = d(y, x)$ und (3) $d(x, y) + d(y, z) \geqq d(x, z)$ gibt. $d(x, y)$ heißt *Entfernung* von x und y.

Beispiele: Im euklidischen Raum $\mathbb{R}^n$ läßt sich durch $d_E(x, y) := \sqrt{\sum_{\nu=1}^{n} (x_\nu - y_\nu)^2}$, d. h. durch den »Abstand« zweier Punkte $x = (x_1, \ldots, x_n)$ und $y = (y_1, \ldots, y_n)$, die sog. *euklidische Metrik* d_E einführen; im $\mathbb{R}^1$ ist $d_E(x, y) = |x - y|$.

Analog zur nat. Top. $\mathfrak{R}^1$, $\mathfrak{R}^2$, $\mathfrak{R}^3$ auf $\mathbb{R}^1$, $\mathbb{R}^2$, $\mathbb{R}^3$ (S. 215) läßt sich jeder metrische Raum topologisieren. Man führt den Begriff der ε-Umgebung ein und def. durch sie die offenen Mengen des metr. Raumes.

Def. 2: $(M; d)$ sei ein metr. Raum. Dann heißt $U(x, \varepsilon) := \{y \mid y \in M \wedge d(x, y) < \varepsilon\}$ *ε-Umgebung* (auch *Kugelumgebung*) von x mit dem Radius ε. Eine Teilmenge O aus M heißt *offen*, wenn mit jedem $x \in O$ eine ε-Umgebung von x zu O gehört.

Bem.: Die ε-Umgebungen sind offene Mengen. Die offenen Mengen gemäß Def. 2 genügen den Axiomen des top. Raumes (S. 215, Def. 2) und bilden die sog. *metrische Topologie* $\mathfrak{M}_d$ auf M (man sagt auch: $\mathfrak{M}_d$ sei die von d *erzeugte Top.*).

Beispiele: Die nat. Top. $\mathfrak{R}^1$, $\mathfrak{R}^2$, $\mathfrak{R}^3$ sind die von der eukl. Metrik d_E erzeugten Top. Die auf $\mathbb{R}^n$ durch d_E erzeugte Top. wird mit $\mathfrak{R}^n$ bezeichnet. Ein besonders wichtiger metr. Raum ist der HILBERT-Raum (S. 231).

Der wesentliche Grundbegriff der metr. Top. ist der der ε-Umgebung. Das wird deutlich durch

Satz 1: *Eine Teilmenge eines metr. Raumes ist genau dann offen, wenn sie sich als Vereinigung von ε-Umgebungen darstellen läßt.*

I. a. benötigt man jedoch nicht alle ε-Umgebungen zur Darstellung; es genügt, das System $\left\{U(x, \varepsilon) \mid x \in M \wedge \varepsilon = \frac{1}{n} \wedge n \in \mathbb{N} \setminus \{0\}\right\}$ heranzuziehen. Bei spez. metr. Top. kann man sogar ein abzählbares System angeben, im $\mathfrak{R}^n$ z. B. $\left\{U(x, \varepsilon) \mid x \in \mathbb{Q}^n \wedge \varepsilon = \frac{1}{n} \wedge n \in \mathbb{N} \setminus \{0\}\right\}$. Jede offene Menge aus $\mathfrak{R}^1$ läßt sich also als Vereinigung von offenen Intervallen mit rationalen Endpunkten und einer Intervallänge $\frac{1}{n}$ $(n \in \mathbb{N} \setminus \{0\})$ darstellen.

Basis einer Topologie

Die Aussage von Satz 1 motiviert die folgende

Def. 3: $(M; \mathfrak{M})$ sei ein top. Raum. Dann heißt $\mathfrak{B} \subseteq \mathfrak{M}$ *Basis* von $\mathfrak{M}$, wenn sich jede offene Menge als Vereinigung von El. aus $\mathfrak{B}$ darstellen läßt. $\mathfrak{B}$ heißt *abzählbare Basis*, wenn $\mathfrak{B}$ abzählbar ist.

Von besonderem Interesse sind Basen, die wesentlich »weniger« El. als $\mathfrak{M}$ enthalten. Das ist z. B. für die metr. Top. der Fall (s. o.); $\mathfrak{R}^n$ besitzt sogar eine abzählbare Basis (s. o.). $\{)a; b(\mid a, b \in \mathbb{R}^1\}$ und $\{)a; b(\mid a, b \in \mathbb{Q} \wedge b - a = \frac{1}{n} \wedge n \in \mathbb{N} \setminus \{0\}\}$ sind Basen von $\mathfrak{R}^1$. Notwendige Bedingungen für eine Basis **(Basiseigenschaften)** enthält

Satz 2: *$(M; \mathfrak{M})$ sei ein top. Raum und $\mathfrak{B} \subseteq \mathfrak{M}$. Wenn $\mathfrak{B}$ eine Basis von $\mathfrak{M}$ ist, dann gilt:* (1) $M = \bigcup_{B \in \mathfrak{B}} B$, (2) *für alle $B_1, B_2 \in \mathfrak{B}$ und alle $x \in B_1 \cap B_2$ existiert ein $B_x \in \mathfrak{B}$ mit $x \in B_x \subseteq B_1 \cap B_2$* (Abb. A_1).

Ist also die Basiseigenschaft (1) oder (2) für eine Teilmenge von $\mathfrak{M}$ nicht erfüllt, so ist sie keine Basis von $\mathfrak{M}$ (vgl. Abb. A_2). Es kann jedoch Teilmengen der Top. geben, die (1) und (2) erfüllen, ohne eine Basis der vorgegebenen Top. zu sein (Abb. B). Derartige Teilmengen dienen der Konstruktion neuer Top.

Satz 3: *M sei eine Menge und $\mathfrak{B} \subseteq \mathfrak{P}(M)$. Wenn $\mathfrak{B}$ den Basiseigenschaften* (1) *und* (2) *von* Satz 2 *genügt, so ist die Menge* $V(\mathfrak{B}) := \left\{\bigcup_{B \in \mathfrak{B}'} B \mid \mathfrak{B}' \subseteq \mathfrak{B}\right\}$ *aller Vereinigungsmengen von El. aus $\mathfrak{B}$ eine Top. auf M mit $\mathfrak{B}$ als Basis.*

Def. 4: Eine Teilmenge $\mathfrak{B} \subseteq \mathfrak{P}(M)$ mit den Basiseigenschaften (1) und (2) heißt *Erzeugendensystem*. Man sagt: $V(\mathfrak{B})$ ist die von $\mathfrak{B}$ *erzeugte Top.*

$V(\mathfrak{B})$ ist die gröbste Top., die $\mathfrak{B}$ umfaßt. Wenn $\mathfrak{B}$ Basis einer Top. $\mathfrak{M}$ ist, gilt: $V(\mathfrak{B}) = \mathfrak{M}$ (Abb. C). Verschiedene Basen von $\mathfrak{M}$ erzeugen dieselbe Top.

Beispiele: Das Erz.system der Abb. B erzeugt eine von $\mathfrak{R}^2$ verschiedene Top. auf $\mathbb{R}^2$, die *Streifentop.*

Äquivalente Erzeugendensysteme

Zwei Erz.systeme $\mathfrak{B}_1$ und $\mathfrak{B}_2$ heißen *äquivalent*, wenn sie dieselbe Top. erzeugen. Das ist genau dann der Fall, wenn für jedes $B \in \mathfrak{B}_1$ $(B \in \mathfrak{B}_2)$ und für jedes $x \in B$ ein $B_x \in \mathfrak{B}_2$ $(B_x \in \mathfrak{B}_1)$ mit $x \in B_x \subseteq B$ existiert (Beisp. Abb. D).

Subbasis einer Topologie

Erfüllt eine Teilmenge $\mathfrak{S} \subseteq \mathfrak{P}(M)$ nur die Basiseigenschaft (1) von Satz 2, so ist $V(\mathfrak{S})$ i. a. keine Top. Es gilt jedoch (vgl. Abb. C)

Satz 4: *M sei eine Menge und $\mathfrak{S} \subseteq \mathfrak{P}(M)$. Wenn $\mathfrak{S}$ der Basiseigenschaft* (1) *von* Satz 2 *genügt, so ist die Menge* $D(\mathfrak{S}) := \left\{\bigcap_{i=0}^{n} S_i \mid S_i \in \mathfrak{S} \wedge n \in N\right\}$ *aller Durchschnittsmengen von endl. vielen El. aus $\mathfrak{S}$ ein Erzeugendensystem.*

Def. 5: $(M; \mathfrak{M})$ sei ein top. Raum und $\mathfrak{S} \subseteq \mathfrak{P}(M)$. Dann heißt $\mathfrak{S}$ *Subbasis* von $\mathfrak{M}$, wenn $D(\mathfrak{S})$ eine Basis von $\mathfrak{M}$ ist.

Ein System $\mathfrak{S}$ mit der Basiseigenschaft (1) ist also Subbasis der von $D(\mathfrak{S})$ erzeugten Top. $V(D(\mathfrak{S}))$. Diese Top. ist die gröbste, die $\mathfrak{S}$ umfaßt. Wenn $\mathfrak{S}$ oder $D(\mathfrak{S})$ Basis einer Top. $\mathfrak{M}$ ist, gilt: $V(D(\mathfrak{S})) = \mathfrak{M}$.

Umgebungsbasis

Def. 6: Eine Teilmenge $\mathfrak{B}(x)$ des Umgebungssystems $\mathfrak{U}(x)$ heißt *Umgebungsbasis* von x, wenn es zu jedem $U \in \mathfrak{U}(x)$ ein $V \in \mathfrak{B}(x)$ mit $V \subseteq U$ gibt.

Beispiele: Die Menge der offenen Umgeb. von x ist stets eine Umgebungsbasis von x. In der metr. Top. ist die Menge der ε-Umgebungen von x eine Umgebungsbasis von x; man kann sogar eine abzählbare Teilmenge als Umgebungsbasis angeben.

Bem.: In top. Räumen mit abzählbarer Basis besitzt jedes x eine abzählbare Umgebungsbasis.

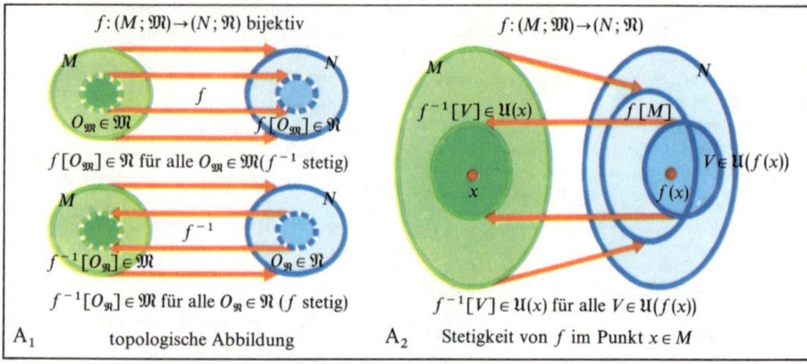

Topologische Abbildung, Stetigkeit im Punkt

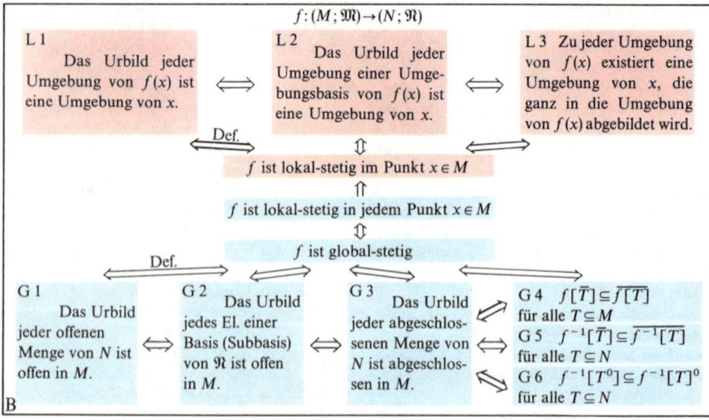

Kennzeichnung global-stetiger und lokal-stetiger Abbildungen

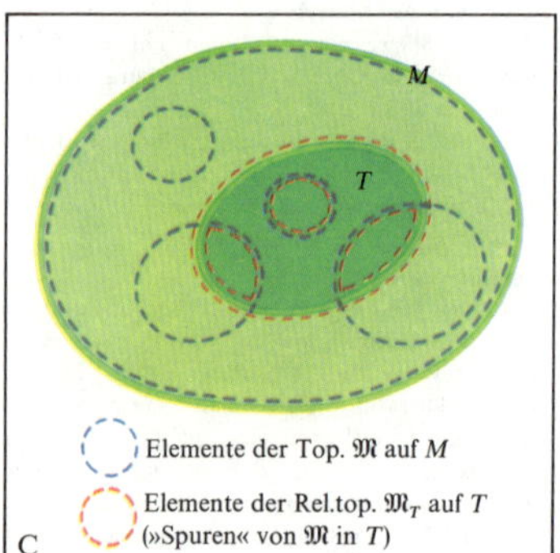

Relativtopologie

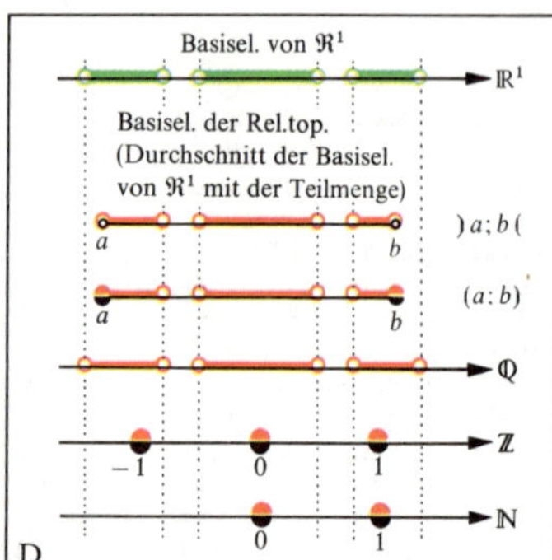

Relativtopologien auf Teilmengen des $\mathbb{R}^1$

Abbildungen zwischen top. Räumen

Der Vergleich top. Räume geschieht mit Hilfe von Abb. Geeignet sind diejenigen Abb., die die top. Struktur, d. h. die Topologien beider Trägermengen, in Beziehung setzen. Zunächst def. man, wann zwei top. Räume als topologisch nicht unterscheidbar (homöomorph) anzusehen sind.

a) **Topologische Abbildung (Homöomorphismus)**

Def. 1: $(M;\mathfrak{M})$ und $(N;\mathfrak{N})$ heißen *homöomorph*, wenn es eine sog. *topologische Abbildung (Homöomorphismus)* $f:(M;\mathfrak{M})\to(N;\mathfrak{N})$ gibt, für die gilt: (1) f ist bijektiv, (2) für alle $O_{\mathfrak{M}}\in\mathfrak{M}$, $O_{\mathfrak{N}}\in\mathfrak{N}$ ist $f[O_{\mathfrak{M}}]\in\mathfrak{N}$, $f^{-1}[O_{\mathfrak{N}}]\in\mathfrak{M}$ (Abb. A_1).

Die Homöomorphie ist auf einer Menge von top. Räumen eine Äquivalenzrel. Die Klassen bestehen aus homöomorphen *(top. äquivalenten)* top. Räumen. Eigenschaften, die unter top. Abb. invariant bleiben, heißen *top. Invarianten.*

b) **Stetige Abbildung**

Eng verknüpft mit der top. Abb. ist der Begriff der stetigen Abb. Man def.

Def. 2: $(M;\mathfrak{M})$ und $(N;\mathfrak{N})$ seien top. Räume. $f:(M;\mathfrak{M})\to(N;\mathfrak{N})$ heißt *stetig auf M* (kurz: *stetig* oder *global-stetig*), wenn für alle $O_{\mathfrak{N}}\in\mathfrak{N}$ gilt: $f^{-1}[O_{\mathfrak{N}}]\in\mathfrak{M}$ (Abb. A_1). $f:(M;\mathfrak{M})\to(N;\mathfrak{N})$ heißt *stetig im Punkt* $x\in M$ (*lokal-stetig* in x), wenn für alle $V\in\mathfrak{U}(f(x))$ gilt: $f^{-1}[V]\in\mathfrak{U}(x)$(Abb. A_2).

Der Zusammenhang von top. Abb. und stetiger Abb. wird deutlich durch

Satz 1: $f:(M;\mathfrak{M})\to(N;\mathfrak{N})$ *ist eine top. Abb. genau dann, wenn f bij. ist und f und* f^{-1} *stetig sind, bzw. wenn f stetig ist und es eine stetige Abb.* $g:(N;\mathfrak{N})\to(M,\mathfrak{M})$ *gibt mit* $g\circ f=1_M$ *und* $f\circ g=1_N$.

Die stetige Abb. ist daher ein wesentlicher Grundbegriff der Topologie. Im Sinne der Strukturtheorie, S. 39, handelt es sich um die strukturverträglichen Abb. Invarianten unter stetigen Abb. *(stetige Invarianten)* sind auch top. Invarianten.

Der Begriff der lokalen Stetigkeit ist eine Verallgemeinerung des Stetigkeitsbegriffs der Analysis (vgl. Abb. B, L 3). Bedeutsam ist, daß man sich auf eine Umgebungsbasis beschränken kann (L 2). Für metr. Räume bedeutet dies z. B., daß man die Stetigkeit in einem Punkt allein mit Hilfe der ε-Umgebungen aussprechen kann (vgl. S. 51).

Die globale Stetigkeit läßt sich auf die lokale zurückführen (Abb. B). Sie läßt sich auf verschiedene Weise äquivalent kennzeichnen (G 2 bis G 6, Abb. B). Besonders wichtig ist die Kennzeichnung hinsichtlich einer Basis (Subbasis) einer Topologie (G 2).

Die Komposition $g\circ f$ zweier stetiger Abb. $f:(M;\mathfrak{M})\to(N;\mathfrak{N})$ und $g:(N;\mathfrak{N})\to(O;\mathfrak{O})$ ist eine stetige Abb. Entsprechend gilt: wenn f in $x\in M$ und g in $f(x)\in N$ stetig ist, so ist $g\circ f$ in $x\in M$ stetig.

Bem.: Ist das Bild jeder offenen (abgeschlossenen) Menge unter einer Abb. f offen (abgeschlossen), so heißt f *offene (abgeschlossene) Abbildung.* Eine bij., stetige und offene Abb. ist topologisch.

Erzeugung von Topologien durch Abbildungen

Wenn N eine Menge und $(M;\mathfrak{M})$ ein top. Raum ist, kann man die top. Struktur von M durch eine Abb. auf N »übertragen«. Dabei ergeben sich zwei Möglichkeiten, je nachdem, ob N der Wertebereich oder der Definitionsbereich der Abb. ist.

a) **Finale Topologie**

Es sei $f:M\to N$ eine Abb. und $(M;\mathfrak{M})$ ein top. Raum. Dann ist $\mathfrak{N}_{\text{fin}}:=\{T\,|\,T\subseteq N\wedge f^{-1}[T]\in\mathfrak{M}\}$ eine Top. auf N, die sog. von f und $\mathfrak{M}$ erzeugte *finale Topologie.* Nach Konstruktion von $\mathfrak{N}_{\text{fin}}$ ist die Abb. $f:(M;\mathfrak{M})\to(N;\mathfrak{N}_{\text{fin}})$ stetig. Trägt N eine andere Top. $\mathfrak{N}$, so ist $f:(M;\mathfrak{M})\to(N;\mathfrak{N})$ genau dann stetig, wenn $\mathfrak{N}_{\text{fin}}\supseteq\mathfrak{N}$ ist. $\mathfrak{N}_{\text{fin}}$ ist also die *feinste* Top. des Wertebereiches, für die die erzeugende Abb. stetig ist.

Für eine bijektive Abb. f gilt: $\mathfrak{N}_{\text{fin}}=\{f[O_{\mathfrak{M}}]\,|\,O_{\mathfrak{M}}\in\mathfrak{M}\}$, so daß auch $f^{-1}:(N;\mathfrak{N}_{\text{fin}})\to(M;\mathfrak{M})$ stetig ist. Im Falle einer bijektiven Abb. sind also $(M;\mathfrak{M})$ und $(N;\mathfrak{N}_{\text{fin}})$ homöomorph. Ist $f:(M;\mathfrak{M})\to(N;\mathfrak{N})$ eine surj., stetige und offene Abb., so ist $\mathfrak{N}=\mathfrak{N}_{\text{fin}}$.

b) **Initiale Topologie**

Es sei $g:N\to M$ eine Abb. und $(M;\mathfrak{M})$ ein top. Raum. Dann ist $\mathfrak{N}_{\text{ini}}:=\{g^{-1}[O_{\mathfrak{M}}]\,|\,O_{\mathfrak{M}}\in\mathfrak{M}\}$ eine Top. auf N, die sog. von f und $\mathfrak{M}$ erzeugte *initiale Topologie.*

Nach Konstruktion von $\mathfrak{N}_{\text{ini}}$ ist die Abb. $g:(N;\mathfrak{N}_{\text{ini}})\to(M;\mathfrak{M})$ stetig. Trägt N eine andere Top. $\mathfrak{N}$, so ist $g:(N;\mathfrak{N})\to(M;\mathfrak{M})$ genau dann stetig, wenn $\mathfrak{N}_{\text{ini}}\subseteq\mathfrak{N}$ ist. Die initiale Top. ist also die *gröbste* Top. des Definitionsbereiches, für die die erzeugende Abb. stetig ist. Falls g bijektiv ist, sind $(M;\mathfrak{M})$ und $(N;\mathfrak{N}_{\text{ini}})$ homöomorph.

Relativtopologie, Unterraum

Topologien auf einer Teilmenge T in einem top. Raum $(M;\mathfrak{M})$ können unterschiedlich gewählt werden. Bevorzugt ist jedoch eine Top., die aus $\mathfrak{M}$ hervorgeht. Eine derartige Top. erhält man, wenn man die »Spuren« von $\mathfrak{M}$ in T auszeichnet (Abb. C).

Def. 3: $(M;\mathfrak{M})$ sei ein top. Raum und $T\subseteq M$. Dann heißt $\mathfrak{M}_T:=\{O_{\mathfrak{M}}\cap T\,|\,O_{\mathfrak{M}}\in\mathfrak{M}\}$ *Relativ-* oder *Spurtopologie* auf T bez. $(M;\mathfrak{M})$. $(T;\mathfrak{M}_T)$ heißt *Unterraum* von $(M;\mathfrak{M})$.

Die Rel.top. auf T bez. $(M;\mathfrak{M})$ ist die von $\mathfrak{M}$ und der Einbettung $i:T\to M$ erzeugte initiale Top., denn wegen der Injektivität von i gilt: $i^{-1}[O_{\mathfrak{M}}]=O_{\mathfrak{M}}\cap T$. Die Einbettung ist also stetig. Daraus ergibt sich u. a., daß die Einschränkung einer stetigen Abb. auf einen Unterraum ebenfalls stetig ist.

Die abgeschlossenen Mengen bzw. Umgebungen eines Unterraumes T erhält man durch Bildung der Durchschnitte von T mit den abgeschlossenen Mengen bzw. Umgebungen des Oberraumes. Ist $\mathfrak{B}$ eine Basis von $\mathfrak{M}$, so ist $\mathfrak{B}_T:=\{B\cap T\,|\,B\in\mathfrak{B}\}$ eine Basis von $\mathfrak{M}_T$.

Beispiele für Unterräume: $(\mathbb{R}^1;\mathfrak{R}^1)$ und $(\mathbb{R}^2;\mathfrak{R}^2)$ können als Unterräume von $(\mathbb{R}^3;\mathfrak{R}^3)$ angesehen werden, $(\mathbb{R}^1;\mathfrak{R}^1)$ auch als Unterraum des Unterraumes $(\mathbb{R}^2;\mathfrak{R}^2)$.

Die in der Analysis verwendete Rel.top. auf $)a;b($ und $(a;b)$ und die Rel.top. auf $\mathbb{Q}$, $\mathbb{Z}$ und $\mathbb{N}$ verdeutlicht Abb. D.

Ein häufig verwendeter Unterraum des $(\mathbb{R}^n;\mathfrak{R}^n)$ ist die Sphäre $\mathbb{S}^{n-1}$ (S. 205).

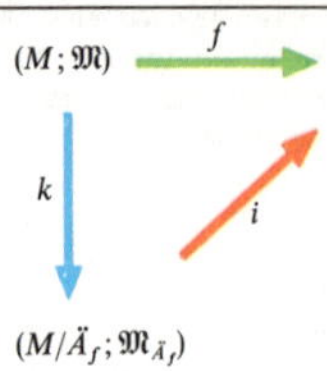

f sei eine surjektive, stetige Abb. von $(M;\mathfrak{M})$ auf $(N;\mathfrak{N})$ und

k die kan. Abb. auf den Quotientenraum $(M/\ddot{A}_f;\mathfrak{M}_{\ddot{A}_f})$, wobei $\ddot{A}_f$ die durch $x\ddot{A}_f y \Leftrightarrow f(x)=f(y)$ def. Äquivalenzrelation ist (»Identifizierung von El. mit gleichem Bildelement«).

Dann gibt es eine bijektive, stetige Abb. $i:(M/\ddot{A}_f;\mathfrak{M}_{\ddot{A}_f}) \to (N;\mathfrak{N})$ mit $i \circ k = f$.

i ist topologisch, d. h. $(N;\mathfrak{N})$ homöomorph zum Quotientenraum $(M/\ddot{A}_f;\mathfrak{M}_{\ddot{A}_f})$, wenn zusätzlich eine der folgenden Bedingungen erfüllt ist:

a) f ist offen (abgeschlossen), b) $\mathfrak{N}$ ist die von $\mathfrak{M}$ und f erzeugte finale Top.,

c) $(M;\mathfrak{M})$ ist quasikompakt und $(N;\mathfrak{N})$ ein T_2-Raum (S. 229, Satz 5).

Beispiele

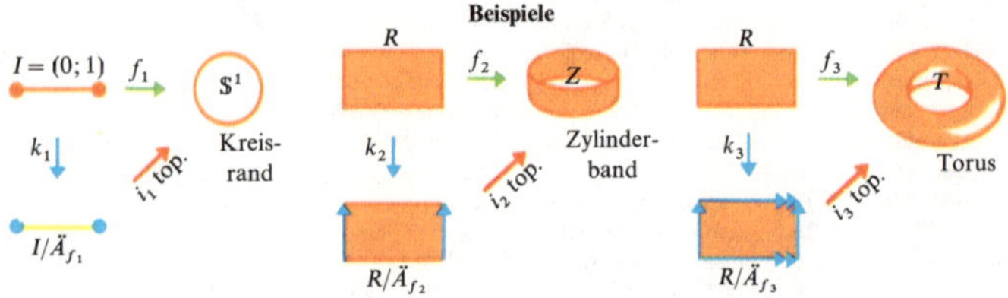

Identifizierung der Endpunkte

Identifizierung zweier gegenüberliegender Seiten

Identifizierung je zweier gegenüberliegender Seiten

A f_1, f_2 und f_3 sind surjektive, abgeschlossene, stetige Abb. (Abb. D).

Quotientenraum und Homöomorphie

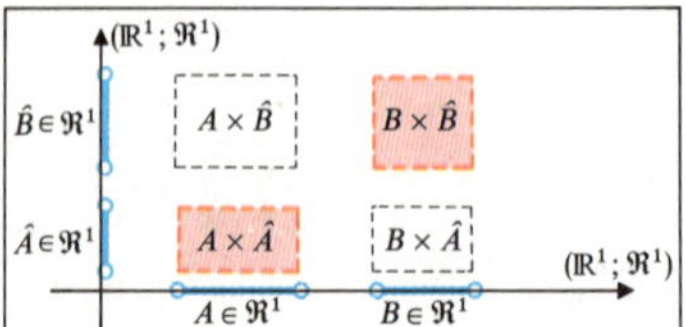

$(A\times\hat{A})\cup(B\times\hat{B})=C\times\hat{C}$ ist bei der angegebenen Lage von $A, \hat{A}, B$ und $\hat{B}$ für keine $C, \hat{C}\in\mathfrak{R}^1$ erfüllbar, denn jedes $C\times\hat{C}$, das $(A\times\hat{A})\cup(B\times\hat{B})$ umfaßt, enthält auch die

B El. von $A\times\hat{B}$ und $B\times\hat{A}$.

Produkttopologie

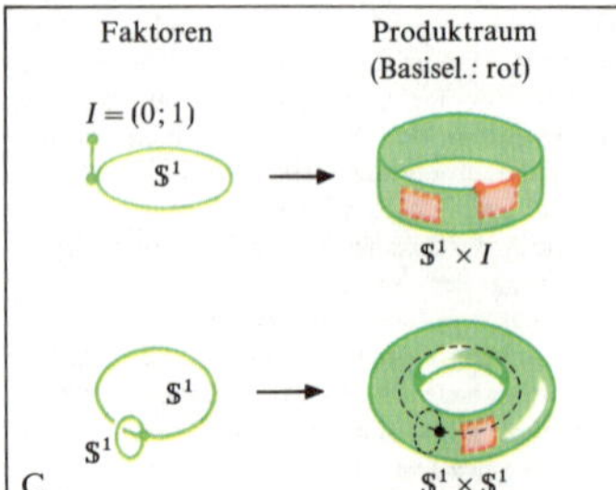

C

Zylinderband und Torus als Produktraum

$f_1:(0;1)\to\mathbb{S}^1$ def. durch $x\mapsto(\cos 2\pi x|\sin 2\pi x)$ und $1_{(0;1)}:(0;1)\to(0;1)$ surjektiv, stetig und abgeschlossen

$\Leftarrow$Satz 2$=$ $=$Satz 2$\Rightarrow$

$f_1\times 1_{(0;1)}:(0;1)\times(0;1)\to\mathbb{S}^1\times(0;1)$ surjektiv, stetig, abgeschlossen

$f_1\times f_1:(0;1)\times(0;1)\to\mathbb{S}^1\times\mathbb{S}^1$ surjektiv, stetig, abgeschlossen

D kann für f_2 in Abb. A gewählt werden

kann für f_3 in Abb. A gewählt werden

Anwendung von Satz 2

Identifizierungstopologie, Quotientenraum

Die Topologisierung einer Quotientenmenge $M/\ddot{A}$, die sich durch eine Äquivalenzrel. $\ddot{A}$ aus M ergibt, geschieht bevorzugt durch eine Top., die aus der von M hervorgeht. Man überträgt diese durch die kanonische Abb. $k: M \to M/\ddot{A}$ def. durch $x \mapsto [\![x]\!]$

Def. 1: $(M;\mathfrak{M})$ sei ein top. Raum, $M/\ddot{A}$ die durch die Äquivalenzrel. $\ddot{A}$ erzeugte Quotientenmenge und $k: M \to M/\ddot{A}$ die kan. Abbildung. Dann heißt die durch $\mathfrak{M}$ und k erzeugte finale Top. $\mathfrak{M}_{\ddot{A}} := \{T \mid T \subseteq M/\ddot{A} \wedge k^{-1}[T] \in \mathfrak{M}\}$ (S. 219) *Identifizierungs-* oder *Quotiententopologie* auf $M/\ddot{A}$ bez. $(M;\mathfrak{M})$. $(M/\ddot{A};\mathfrak{M}_{\ddot{A}})$ heißt *Quotientenraum* von $(M;\mathfrak{M})$.

Nach Def. ist die kan. Abb. auf den Quotientenraum also stetig. Die Quotiententop. ist die *feinste* Top., für die k stetig ist. Man sagt »Identifizierungstop.«, da man sich $M/\ddot{A}$ aus M durch Identifizierung äquivalenter Punkte entstanden denken kann.

Die Bedeutung von Quotientenräumen ist darin zu suchen, daß man in vielen Fällen anstelle eines zu untersuchenden top. Raumes $(N;\mathfrak{N})$ einen homöomorphen Quotientenraum bez. eines bekannten top. Raumes $(M;\mathfrak{M})$ betrachten kann (Abb. A).

Produkttopologie, Produktraum

Die Konstruktion neuer Räume aus bekannten geschieht häufig mit Hilfe des kartesischen Produktes. Sind $(M;\mathfrak{M})$ und $(\hat{M};\hat{\mathfrak{M}})$ top. Räume, so kann das kart. Produkt $M \times \hat{M}$ der Trägermengen mit einer Top. versehen werden, die aus $\mathfrak{M}$ und $\hat{\mathfrak{M}}$ hervorgeht. Die Menge $\mathfrak{B}_P := \{O_{\mathfrak{M}} \times O_{\hat{\mathfrak{M}}} \mid O_{\mathfrak{M}} \in \mathfrak{M} \wedge O_{\hat{\mathfrak{M}}} \in \hat{\mathfrak{M}}\}$ ist keine Top. auf $M \times \hat{M}$, da (O 3) von Def. 2, S. 215, i. a. nicht gilt (Abb. B). Sie ist jedoch ein Erz.system einer Top. auf $M \times \hat{M}$ (S. 217).

Def. 2: $(M;\mathfrak{M})$ und $(\hat{M};\hat{\mathfrak{M}})$ seien top. Räume. Dann heißt die von $\mathfrak{B}_P := \{O_{\mathfrak{M}} \times O_{\hat{\mathfrak{M}}} \mid O_{\mathfrak{M}} \in \mathfrak{M} \wedge O_{\hat{\mathfrak{M}}} \in \hat{\mathfrak{M}}\}$ auf $M \times \hat{M}$ erzeugte Top. $V(\mathfrak{B}_P)$ *Produkttopologie*. $(M \times \hat{M}; V(\mathfrak{B}_P))$ heißt *Produktraum.*

Eine offene Teilmenge von $M \times \hat{M}$ läßt sich also als Vereinigung von El. aus $\mathfrak{B}_P$ darstellen. Dies ist auch schon bez. einer Teilmenge von $\mathfrak{B}_P$ möglich. Sind $\mathfrak{B}$ und $\hat{\mathfrak{B}}$ Basen von $\mathfrak{M}$ bzw. $\hat{\mathfrak{M}}$, so ist auch $\{B \times \hat{B} \mid B \in \mathfrak{B} \wedge \hat{B} \in \hat{\mathfrak{B}}\}$ eine Basis der Produkttop.

Beispiele: Die Menge $\{]a;b[\times]c;d[\mid a,b,c,d \in \mathbb{R}^1\}$ (offene Rechtecke) ist eine Basis der Produkttop. auf $\mathbb{R}^2 := \mathbb{R}^1 \times \mathbb{R}^1$. Die Prod.top. auf $\mathbb{R}^2$ ist allerdings äquivalent zur natürlichen Top. $\mathfrak{R}^2$ (S. 216, Abb. D). Die Abb. C enthält die Topologisierung des Zylindermantels und des Torus.

Die Umgebungen von $x = (a;\hat{a}) \in M \times \hat{M}$ sind diejenigen Teilmengen von $M \times \hat{M}$, die eine Teilmenge $U \times \hat{U}$ mit $U \in \mathfrak{U}(a)$ und $\hat{U} \in \mathfrak{U}(\hat{a})$ umfassen. Die Verbindung zwischen dem Produktraum und den einzelnen Faktoren stellen die surjektiven Projektionen $p: M \times \hat{M} \to M$ def. durch $(a,\hat{a}) \mapsto a$ und $\hat{p}: M \times \hat{M} \to \hat{M}$ def. durch $(a,\hat{a}) \mapsto \hat{a}$ her. Sie sind stetig und offen. Die Produkttop. ist die *gröbste* Top. auf $M \times \hat{M}$, für die beide Projektionen stetig sind; man sagt auch: die Produkttop. ist die von $p, \hat{p}$, $\mathfrak{M}$ und $\hat{\mathfrak{M}}$ auf $M \times \hat{M}$ *erzeugte initiale Topologie.*

Die Faktoren eines Produktraumes lassen sich homöomorph in den Produktraum einbetten. Versieht man $M \times \{\hat{a}\}$ und $\{a\} \times \hat{M}$ ($a \in M$, $\hat{a} \in \hat{M}$ beliebig) mit der Rel.top. bez. des Produktraumes, so sind die Abb. $e: M \to M \times \{\hat{a}\}$ def. durch $x \mapsto (x,\hat{a})$ und $\hat{e}: \hat{M} \to \{a\} \times \hat{M}$ def. durch $\hat{x} \mapsto (a,\hat{x})$ topologisch.

Sehr nützlich sind die folgenden beiden Sätze über Abbildungen:

Satz 1: *Eine Abb. f von einem top. Raum in einen Produktraum ist genau dann stetig, wenn $p \circ f$ und $\hat{p} \circ f$ stetig sind.*

Bem.: Für eine stetige Abb. in den $\mathbb{R}^2$ bedeutet dies, daß man sie durch zwei stetige Abb. in den $\mathbb{R}^1$ ersetzen kann (»komponentenweise stetig«).

Satz 2: *Sind $f: (M;\mathfrak{M}) \to (N;\mathfrak{N})$ und $g: (\hat{M};\hat{\mathfrak{M}}) \to (\hat{N};\hat{\mathfrak{N}})$ stetige (offene, abgeschlossene, topologische) Abbildungen, so ist auch $(f \times g): M \times \hat{M} \to N \times \hat{N}$ def. durch $(a,\hat{a}) \mapsto (f(a), g(\hat{a}))$ eine stetige (offene, abgeschl. topologische) Abb., wenn man $M \times \hat{M}$ und $N \times \hat{N}$ mit der Produkttop. versieht.*

Anwendung: Da $(\mathbb{R}^1;\mathfrak{R}^1)$ und $(]a;b[;\mathfrak{R}^1_{]a;b[})$ bzw. $(]c;d[;\mathfrak{R}^1_{]c;d[})$ homöomorph sind, gilt dies auch für $(\mathbb{R}^2;\mathfrak{R}^2)$ und $(]a;b[\times]c;d[;\mathfrak{R}^2_{]a;b[\times]c;d[})$. Vgl. auch Abb. D.

Analog zum kart. Produkt aus zwei Faktoren läßt sich das *n-fache kart. Produkt* $M_1 \times \cdots \times M_n$ topologisieren. Sind $(M_1;\mathfrak{M}_1), \ldots, (M_n;\mathfrak{M}_n)$ top. Räume, so ist $\{O_{\mathfrak{M}_1} \times \cdots \times O_{\mathfrak{M}_n} \mid O_{\mathfrak{M}_i} \in \mathfrak{M}_i \wedge i \in \{1,\ldots,n\}\}$ ein Erzeugendensystem der *Produkttop.* auf $M_1 \times \cdots \times M_n$. Die Projektionen $p_i: M_1 \times \cdots \times M_n \to M_i$ $(i \in \{1,\ldots,n\})$ sind stetig, und auch die übrigen oben angeführten Eigenschaften behalten in der entsprechenden Formulierung ihre Gültigkeit.

Bem.: Die Produkttop. auf $\mathbb{R}^n$ stimmt mit der nat. Top. $\mathfrak{R}^n$ überein. Eine Abb. in den $\mathbb{R}^n$ ist genau dann stetig, wenn sie »komponentenweise stetig« ist.

Vereinigungsraum (Summenraum)

Sind $(M;\mathfrak{M})$ und $(\hat{M};\hat{\mathfrak{M}})$ top. Räume mit *disjunkten* Trägermengen, so kann man $M \cup \hat{M}$ *(disjunkte Vereinigung)* topologisieren. Dabei wird man fordern, daß sich $\mathfrak{M}$ und $\hat{\mathfrak{M}}$ als Rel.top. auf M bzw. $\hat{M}$ ergeben, d. h. eine Teilmenge von $M \cup \hat{M}$ sei offen, wenn ihr Durchschnitt mit M *und* $\hat{M}$ zu $\mathfrak{M}$ bzw. $\hat{\mathfrak{M}}$ gehört. Diese Mengen bilden eine Top. auf $M \cup \hat{M}$.

Def. 3: $(M;\mathfrak{M})$ und $(\hat{M};\hat{\mathfrak{M}})$ seien top. Räume mit disjunkten Trägermengen. Dann heißt $\mathfrak{M}_V := \{T \mid T \subseteq M \cup \hat{M} \wedge T \cap M \in \mathfrak{M} \wedge T \cap \hat{M} \in \hat{\mathfrak{M}}\}$ *Vereinigungstopologie* oder *Summentop.* auf $M \cup \hat{M}$. $(M \cup \hat{M};\mathfrak{M}_V)$ heißt *Vereinigungsraum* oder *Summenraum.*

Die Einbettungen $i: (M;\mathfrak{M}) \to (M \cup \hat{M};\mathfrak{M}_V)$ und $\hat{i}: (\hat{M};\hat{\mathfrak{M}}) \to (M \cup \hat{M};\mathfrak{M}_V)$ sind stetig und offen. $\mathfrak{M}_V$ ist die *feinste* Top. auf $M \cup \hat{M}$, für die i und $\hat{i}$ stetig sind; man spricht daher von der durch i, $\hat{i}$, $\mathfrak{M}$ und $\hat{\mathfrak{M}}$ *erzeugten finalen Topologie* auf $M \cup \hat{M}$.

Eine Abb. f aus dem Vereinigungsraum ist genau dann stetig, wenn die Einschränkungen f/M und $f/\hat{M}$, d. h. $f \circ i$ und $f \circ \hat{i}$ stetig sind.

Bem.: Der Vereinigungsraum läßt sich völlig analog für eine beliebige Anzahl disjunkter Mengen bilden.

Der Unterraum $(\mathbb{Q};\mathfrak{R}^1_{\mathbb{Q}})$ von $(\mathbb{R}^1;\mathfrak{R}^1)$ ist nichtzusammenhängend.

Es gibt in $(\mathbb{Q};\mathfrak{R}^1_{\mathbb{Q}})$ von $\emptyset$ und $\mathbb{Q}$ verschiedene offene Mengen, die zugleich abgeschlossen sind. Beispiel: $T := \{x \mid x \in \mathbb{Q} \wedge x > \sqrt{2}\}$

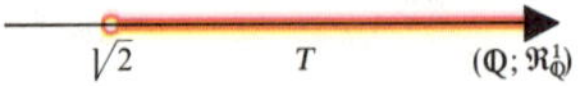

Betrachtet man in $(\mathbb{R}^1;\mathfrak{R}^1)$ die offene Menge $A := \{x \mid x \in \mathbb{R}^1 \wedge x > \sqrt{2}\}$, so ergibt sich: $T = A \cap \mathbb{Q}$ und $T = \bar{A} \cap \mathbb{Q}$. Daher ist T in $(\mathbb{Q};\mathfrak{R}^1_{\mathbb{Q}})$ offen und zugleich abgeschlossen.

A

Zusammenhang im $(\mathbb{R}^1;\mathfrak{R}^1)$

$(\mathbb{R}^2;\mathfrak{R}^2)$ ist zusammenhängend

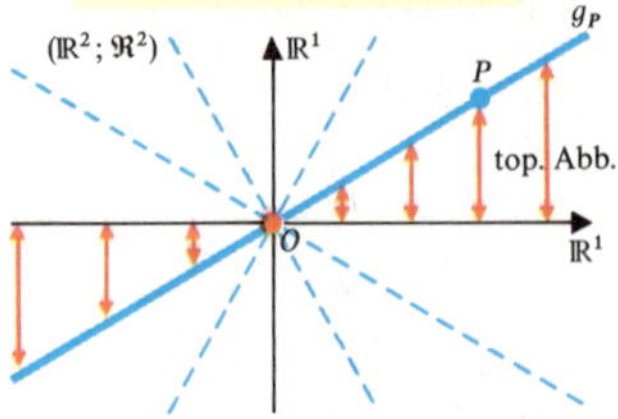

Zu jedem Punkt $P \in \mathbb{R}^2$ gibt es eine Gerade g_P durch P und O, die als Unterraum homöomorph zu $\mathbb{R}^1$ ist, also auch zusammenhängend ist.

Da O auf jeder dieser Geraden liegt und ihre Vereinigung $\mathbb{R}^2$ ergibt, ist $(\mathbb{R}^2;\mathfrak{R}^2)$ nach Satz 3 zusammenhängend.

B

Zusammenhang des $(\mathbb{R}^2;\mathfrak{R}^2)$

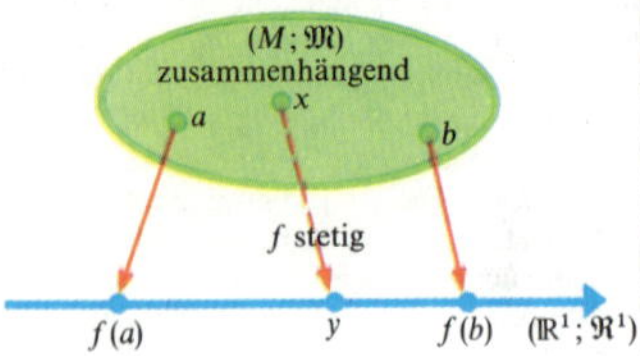

Zu jedem Zwischenwert y mit $f(a) < y < f(b)$ gibt es ein $x \in M$ mit $f(x) = y$.

C

Zwischenwertsatz

$T := \{\frac{1}{n} \mid n \in \mathbb{N} \setminus \{0\}\} \cup \{0\}$

Die Komponente, in der 0 liegt, ist die Menge $\{0\}$. Sie ist zwar abgeschlossen in $(T;\mathfrak{R}^1_T)$, aber nicht offen.

D

Komponenten

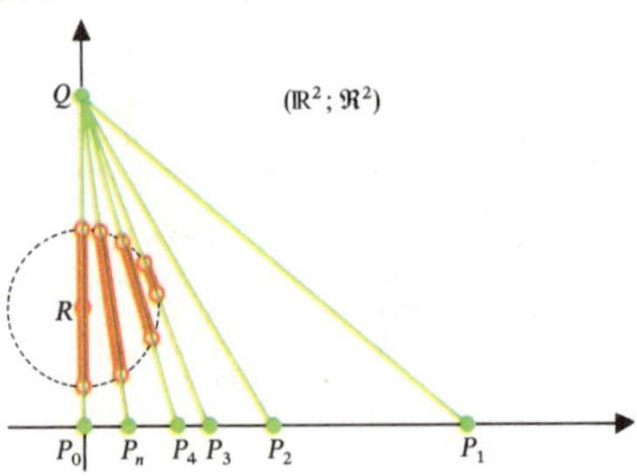

T sei die Vereinigung aller Strecken $QP_n (n \in \mathbb{N})$.

Der Unterraum $(T;\mathfrak{R}^2_T)$ von $(\mathbb{R}^2;\mathfrak{R}^2)$ ist nach Satz 3 zusammenhängend.

Er ist nichtlokalzusammenhängend, da jeder von Q verschiedene Punkt R der Strecke QP_0 Umgebungen besitzt, die keine zusammenhängende Umgebung umfassen.

$\overline{P_nP_0} := \frac{1}{n}\overline{P_1P_0} \, (n \in \mathbb{N} \setminus \{0\})$

E

Nichtlokalzusammenhängender Raum

Die anschauliche Vorstellung von einem »nichtzusammenhängenden« Raum kann beschrieben werden durch die Eigenschaft, daß er sich in zwei nichtleere Teilmengen zerlegen läßt, die miteinander keine »Berührung« haben (vgl. S. 211, 213), d. h. kein Berührungspunkt der einen Teilmenge zur anderen Teilmenge gehört. Das führt zum Begriff der separierten Mengen, durch den schließlich der Zusammenhang erklärt wird.

Zusammenhängender Raum

Def. 1: $(M; \mathfrak{M})$ sei ein top. Raum. Dann heißen die Teilmengen A und B von M *separiert*, wenn $\bar{A} \cap B = \emptyset$ und $A \cap \bar{B} = \emptyset$ ist.

Def. 2: Ein top. Raum $(M; \mathfrak{M})$ heißt *zusammenhängend* (z.h.), wenn M nicht als Vereinigung zweier nichtleerer separierter Teilmengen dargestellt werden kann.

Ein *nichtzusammenhängender* (n.z.h.) Raum ist demnach als Vereinigung nichtleerer separierter Teilmengen darstellbar.

Def. 3: Eine *Teilmenge* eines top. Raumes heißt *zusammenhängend*, wenn sie versehen mit der Rel.top. z.h. ist.

Da zwei Teilmengen eines Unterraumes genau dann separiert sind, wenn sie bez. des Oberraumes separiert sind, kann man Aussagen über z.h. Teilmengen auch ohne Relativierung machen. Daraus ergibt sich

Satz 1: *Der top. Raum $(M; \mathfrak{M})$ ist genau dann z.h., wenn er genau zwei zugleich offene und abgeschlossene Teilmengen enthält (M und $\emptyset$).*

Sehr nützlich sind folgende Sätze.

Satz 2: *Die Bildmenge eines z.h. Raumes unter einer stetigen Abb. ist z.h.*

Satz 3: *Sind $T_i (i \in I)$ z.h., paarweise disjunkte Teilmengen von $(M; \mathfrak{M})$, so ist ihre Vereinigungsmenge versehen mit der Summentop. z.h.*

Satz 4: *Die abgeschl. Hülle $\bar{T}$ einer z.h. Teilmenge T und jedes A mit $T \subseteq A \subseteq \bar{T}$ sind z.h.*

Beispiele: Die z.h. Teilmengen des z.h. top. Raumes $(\mathbb{R}^1; \mathfrak{R}^1)$ sind in Abb. A, S. 212, enthalten; die Menge $\mathbb{Q}$ der rat. Zahlen ist z. B. eine n.z.h. Teilmenge (Abb. A). Entsprechend Abb. B kann man mit Hilfe von Satz 2 und 3 beweisen, daß $(\mathbb{R}^n; \mathfrak{R}^n)$ z.h. ist. $\mathbb{R}^n \setminus \{(0, \ldots, 0)\}$ und die ε-Umgebungen sind z. B. z.h. Teilmengen des $\mathbb{R}^n$.

Bem.: Für reellwertige Abb. folgt aus Satz 2 der sog. *Zwischenwertsatz* (Analysis, Bd. II).

Zusammenhangskomponenten

In n.z.h. Räumen ist es nützlich, jedem Punkt eine möglichst »große« z.h. Teilmenge zuzuordnen. Da die Teilmenge $\{x\}$ z.h. ist, liegt jeder Punkt in einer z.h. Teilmenge. Bildet man die Vereinigung aller z.h. Teilmengen, die x enthalten, so ergibt sich die größte (bez. der Inklusion) x enthaltende, z.h. Teilmenge (Satz 3 anwenden). Man nennt diese Teilmenge *(Zusammenhangs-) Komponente* von x. Wegen Satz 4 ist sie abgeschlossen. Jeder Punkt (jede z.h. Teilmenge) liegt in genau einer Komponente. Gehört y nicht zur Komponente von x, so liegt y in einer dazu separierten(also auch dazu disjunkten) Komponente. *Jeder top. Raum läßt sich also in disjunkte Komponenten zerlegen, die abgeschl. und paarweise separiert sind.*

Ein z.h. top. Raum besitzt genau eine Komponente. Diese Eigenschaft verwendet man für

Satz 5: *Der Produktraum von z.h. Räumen ist z.h.*

Lokalzusammenhängender Raum

Die Komponenten eines top. Raumes sind abgeschlossen, aber i.a. nicht offen (Abb. D). Sie sind sicherlich offen, wenn jeder Punkt eine z.h. Umgebung besitzt, denn dann gehört mit jedem Punkt eine Umgebung zur Komp. Diese Bedingung erfüllen die sog. lokalzusammenhängenden Räume.

Def. 4: Ein top. Raum heißt *lokalzusammenhängend* (l.z.h.), wenn jede Umgebung jedes Punktes eine z.h. Umgebung umfaßt.

Beispiele: $(1; 2) \cup (3; 4)$ versehen mit der Rel.top. ist l.z.h., aber nicht z.h. Abb. E enthält einen z.h. Raum, der n.l.z.h. ist.

Satz 6: *Ein top. Raum $(M; \mathfrak{M})$ ist genau dann l.z.h., wenn z.h. Mengen aus $\mathfrak{M}$ eine Basis von $\mathfrak{M}$ bilden.*

$(\mathbb{R}^n; \mathfrak{R}^n)$ ist also auch l.z.h., da die ε-Umgebungen z.h. sind und eine Basis von $\mathfrak{R}^n$ bilden.

Bem.: Im Gegensatz zu z.h. Räumen ist die Bildmenge eines l.z.h. Raumes unter einer stetigen Abb. nicht unbedingt l.z.h. Dagegen ist der Produktraum von l.z.h. Räumen ebenfalls l.z.h.

Wegzusammenhängender Raum

Häufig lassen sich z.h. Teilmengen des $(\mathbb{R}^n; \mathfrak{R}^n)$ durch die Eigenschaft kennzeichnen, daß je zwei Punkte durch einen »Weg« verbindbar sind. Man überträgt die anschauliche Vorstellung von einem »Weg« auf beliebige top. Räume (vgl. S. 213) und def.

Def. 5: Eine stetige Abb. $w: ([0; 1]; \mathfrak{R}^1_{[0;1]}) \to (M; \mathfrak{M})$ heißt *Weg* in M, der den *Anfangspunkt* $w(0)$ mit dem *Endpunkt* $w(1)$ *verbindet*.

Def. 6: Ein top. Raum heißt *wegzusammenhängend* (w.z.h.), wenn sich je zwei Punkte durch einen Weg verbinden lassen. Eine *Teilmenge* ist *w.z.h.*, wenn der Unterraum w.z.h. ist.

Beispiele: $(\mathbb{R}^n; \mathfrak{R}^n)$ ist w.z.h.; die ε-Umgebungen und die Sphäre $\mathbb{S}^{n-1}$ sind w.z.h. Teilmengen.

Satz 7: (a) *W.z.h. Teilmengen sind auch z.h.* (b) *Die Bildmenge eines w.z.h. Raumes unter einer stetigen Abb. ist w.z.h.* (c) *Der Produktraum von w.z.h. Räumen ist w.z.h.*

Bem.: (a) ist nicht umkehrbar (S. 212, Abb. B_2).

Wegkomponenten

Jeder top. Raum läßt sich in größte w.z.h. Teilmengen, die sog. *Wegkomponenten*, zerlegen. Jede Wegkomponente ist in einer Komponente enthalten.

Lokalwegzusammenhängender Raum

Überträgt man Def. 4 auf den Wegzusammenhang, so erhält man sog. *lokalwegzusammenhängende* (l.w.z.h.) Räume. Ihre Bedeutung liegt darin, daß in ihnen Wegkomp. und Komp. übereinstimmen, so daß ein zugleich z.h. und l.w.z.h. Raum w.z.h. ist.

Bem.: Für $(\mathbb{R}^n; \mathfrak{R}^n)$ sind Zusammenhang und Wegzusammenhang also gleichwertig, da $(\mathbb{R}^n; \mathfrak{R}^n)$ auch l.w.z.h. ist.

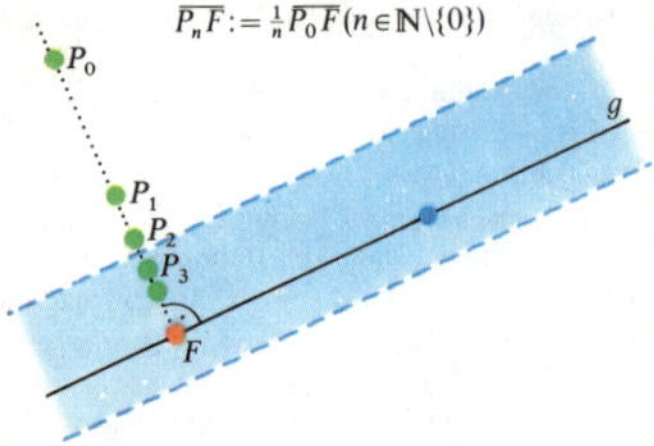

Versieht man $\mathbb{R}^2$ mit der nat.Top. $\mathfrak{R}^2$, so konvergiert die Folge (P_n) gegen den Punkt F.

Wählt man die Streifentop. (S. 216), so konvergiert (P_n) gegen jeden Punkt auf der Geraden g.

A

Eindeutigkeit der Konvergenz von Folgen

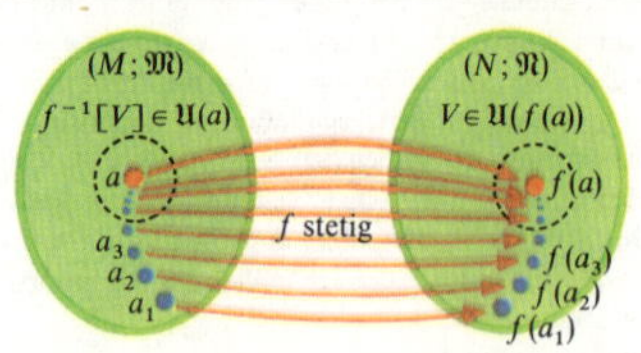

f stetig, (a_n) konvergent gegen a
$V \in \mathfrak{U}(f(a))$ beliebig

$\Downarrow$

$f^{-1}[V] \in \mathfrak{U}(a)$, $a_n \in f^{-1}[V]$ für alle $n \geqq n_0(V)$

$\Downarrow$

$f(a_n) \in V$ für alle $n \geqq n_0(V)$

$\Downarrow$

$(f(a_n))$ konvergiert gegen $f(a)$

B

Stetigkeit und Konvergenz von Folgen

$(\mathbb{R}^2;\mathfrak{R}^2)$

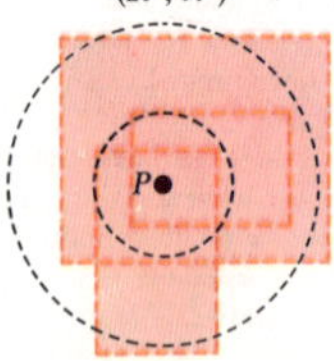

Die Filterbasis $\mathfrak{F}_1$ bestehe aus allen offenen Rechteckflächen (parallele Kanten), die P enthalten. (Umgebungsbasis von P)

$\mathfrak{F}_1$ konvergiert gegen P, da jede offene Kreisscheibe um P ein El. aus $\mathfrak{F}_1$ umfaßt.

C_1

$(\mathbb{R}^2;\mathfrak{R}^2)$

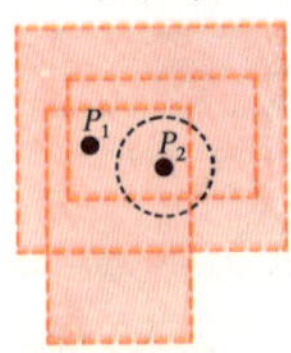

Die Filterbasis $\mathfrak{F}_2$ bestehe aus allen offenen Rechteckflächen (parallele Kanten), die P_1 und P_2 enthalten.

$\mathfrak{F}_2$ konvergiert nicht, da es zu *jedem* Punkt aus $\mathbb{R}^2$ offene Kreisscheiben gibt, die nicht P_1 *und* P_2 enthalten.

C_2

$(\mathbb{R}^2;\mathfrak{R}^2)$

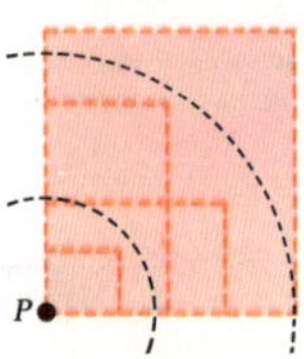

Die Filterbasis $\mathfrak{F}_3$ bestehe aus allen offenen Rechteckflächen (parallele Kanten), die P als Eckpunkt haben. (P gehört zu keinem El. von $\mathfrak{F}_3$)

$\mathfrak{F}_3$ konvergiert gegen P, da jede offene Kreisscheibe um P ein El. aus $\mathfrak{F}_3$ umfaßt.

C_3

$\mathbb{R}^2$ mit Streifentop.

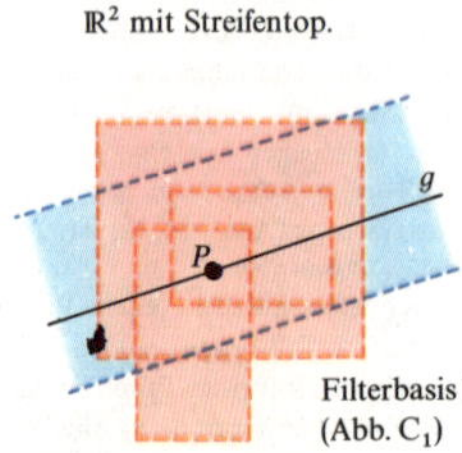

Filterbasis $\mathfrak{F}_1$ (Abb. C_1)

$\mathfrak{F}_1$ konvergiert gegen jeden Punkt auf der Geraden g, da jeder offene Streifen um einen Punkt auf g ein El. aus $\mathfrak{F}_1$ umfaßt.

C_4

Filterbasen, Konvergenz von Filterbasen

Konvergenz von Folgen

In jedem top. Raum kann man die Konvergenz von Folgen wie in der Analysis definieren.

Def. 1: $(M;\mathfrak{M})$ sei ein top. Raum und (a_n) eine Folge in M. Dann heißt (a_n) *konvergent* gegen $a \in M$, wenn es zu jeder Umgebung $U \in \mathfrak{U}(a)$ ein $n_0 \in \mathbb{N}$ gibt, so daß $a_n \in U$ für alle $n \geqq n_0$.

Im Gegensatz zur reellen Analysis ist die Konvergenz einer Folge jedoch i.a. *nicht mehr eindeutig* (Abb. A). Die Konvergenz hängt also entscheidend von der Topologie ab. Die Eindeutigkeit ist erst in spez. top. Räumen, z. B. in den sog. HAUSDORFF-Räumen (S. 227), gesichert. Dazu gehören z. B. die metrischen Räume mit der metr. Top.

Stetigkeit und Konvergenz von Folgen

Wie in der reellen Analysis gilt auch in beliebigen top. Räumen, daß stetige Abb. die Konvergenz von Folgen erhalten, d. h. wenn (a_n) eine gegen a konvergierende Folge ist, dann konvergiert die zugehörige Bildfolge $(f(a_n))$ gegen $f(a)$ (Abb. B). Umgekehrt kann man in beliebigen top. Räumen aber i.a. *nicht* die Stetigkeit von f in a folgern, wenn für jede gegen a konvergente Folge (a_n) die Bildfolge gegen $f(a)$ konvergiert. In spez. Fällen ist dies noch möglich.

Satz 1: *$(M;\mathfrak{M})$ und $(N;\mathfrak{N})$ seien top. Räume, $a \in M$ besitze eine abzählbare Umgebungsbasis. Dann gilt: $f:(M;\mathfrak{M}) \to (N;\mathfrak{N})$ ist genau dann stetig in a, wenn für jede gegen a konvergierende Folge (a_n) die zugehörige Bildfolge gegen $f(a)$ konvergiert.*

In allen metrischen Räumen ist daher die Charakterisierung stetiger Abb. durch die Konvergenz von Folgen noch möglich. Daß dies nicht in beliebigen top. Räumen geschehen kann, liegt daran, daß der Begriff der Folge nicht allgemein genug ist. Anstelle von Folgen betrachtet man sog. Filterbasen.

Filterbasen, Konvergenz von Filterbasen

Führt man für eine Folge (a_n) das Mengensystem $\mathfrak{E}$ aller Mengen $E_k := \{a_n \mid n \geqq k\}$ $(k \in \mathbb{N})$ (»Endstücke der Folge«) ein, so ergibt sich aus Def. 1:

(a_n) konvergiert gegen a genau dann, wenn jedes El. aus $\mathfrak{U}(a)$ ein El. aus $\mathfrak{E}$ umfaßt.

Entscheidend für die Konvergenz einer Folge ist also die besondere Struktur des aus den El. der Folge gebildeten Mengensystems $\mathfrak{E}$, *Elementarfilterbasis* genannt, im Vergleich zum Umgebungssystem $\mathfrak{U}(a)$. Die Stetigkeit einer Abb. f im Punkt a kann man ähnlich charakterisieren, indem man das Mengensystem $f[\mathfrak{U}(a)] := \{f[U] \mid U \in \mathfrak{U}(a)\}$ einführt und die Eigenschaft L 3, S. 218, Abb. B, benutzt:

f ist stetig in a genau dann, wenn jedes El. aus $\mathfrak{U}(f(a))$ ein El. aus $f[\mathfrak{U}(a)]$ umfaßt.

Die besondere Struktur des durch die Abb. f erzeugten Mengensystems $f[\mathfrak{U}(a)]$ im Vergleich zum Umgebungssystem $\mathfrak{U}(f(a))$ kennzeichnet also die Stetigkeit von f in a. Vergleicht man $\mathfrak{E}$ und $f[\mathfrak{U}(a)]$, so ergeben sich gemeinsame Eigenschaften, die folgende Def. nahelegen:

Def. 2: Ein nichtleeres Mengensystem $\mathfrak{F}$ aus $\mathfrak{P}(M)$ heißt *Filterbasis* auf M, wenn $\emptyset \notin \mathfrak{F}$ und der Durchschnitt je zweier El. aus $\mathfrak{F}$ ein El. aus $\mathfrak{F}$ umfaßt.

Beispiele: Die Mengensysteme $\mathfrak{E}$ und $f[\mathfrak{U}(a)]$ sind Filterbasen, aber auch $\mathfrak{U}(a)$ und jede Umgebungsbasis. Das Bild einer Filterbasis unter einer beliebigen Abb. ist wieder eine Filterbasis. Weitere Beispiele enthält Abb. C.

Man erklärt nun die Konvergenz von Filterbasen, die im spez. Fall der Elementarfilterbasis einer Folge mit Def. 1 übereinstimmt.

Def. 3: $(M;\mathfrak{M})$ sei ein top. Raum. Dann heißt eine *Filterbasis* $\mathfrak{F}$ auf M gegen $a \in M$ *konvergent*, wenn jedes El. aus $\mathfrak{U}(a)$ ein El. aus $\mathfrak{F}$ umfaßt.

Beispiele: Die Elementarfilterbasis einer gegen a konvergenten Folge konvergiert gegen a (und umgekehrt: eine Folge konvergiert gegen a, wenn ihre Elementarfilterbasis gegen a konvergiert). Jede Umgebungsbasis und das Umgebungssystem von a konvergieren gegen a. Weitere Beispiele sind der Abb. C zu entnehmen.

Bez. der Eindeutigkeit der Konvergenz gilt

Satz 2: *Die Konvergenz von Filterbasen ist genau dann eindeutig, wenn ein HAUSDORFF-Raum vorliegt.*

Mit Hilfe von Def. 3 ergibt sich bez. der Stetigkeit

Satz 3: *$f:(M;\mathfrak{M}) \to (N;\mathfrak{N})$ ist stetig in $a \in M$ genau dann, wenn $f[\mathfrak{U}(a)]$ gegen $f(a)$ konvergiert.*

Wählt man eine beliebige gegen a konvergente Filterbasis $\mathfrak{F}$ auf M, so ist die Filterbasis $f[\mathfrak{F}]$ gegen $f(a)$ konvergent. Da auch $\mathfrak{U}(a)$ gegen a konvergiert, ergibt sich

Satz 4: *$f:(M;\mathfrak{M}) \to (N;\mathfrak{N})$ ist stetig in $a \in M$ genau dann, wenn für jede gegen a konvergente Filterbasis $\mathfrak{F}$ auf M die zugehörige Filterbasis $f[\mathfrak{F}]$ gegen $f(a)$ konvergiert.*

Durch Satz 4 wird deutlich, daß für beliebige top. Räume der Begriff der konv. Filterbasis die geeignete Verallgemeinerung des Begriffes der konv. Folge ist.

Vergleich von Filterbasen

In der Analysis zeigt man, daß jede Teilfolge einer gegen a konvergenten Folge ebenfalls gegen a konvergiert. Den Begriff der Teilfolge überträgt man auf Filterbasen durch die folgende Eigenschaft: jedes El. der Elementarfilterbasis einer Folge umfaßt stets ein El. derjenigen einer Teilfolge (man sagt: die Elementarfilterbasis der Teilfolge ist »feiner« als die der Folge). Man verallgemeinert und def.

Def. 4: Die Filterbasis $\mathfrak{F}_1$ ist *feiner* als die Filterbasis $\mathfrak{F}_2$, wenn jedes El. aus $\mathfrak{F}_2$ ein El. aus $\mathfrak{F}_1$ umfaßt.

Man beweist leicht den folgenden

Satz 5: *Ist die Filterbasis $\mathfrak{F}_1$ feiner als die Filterbasis $\mathfrak{F}_2$ und konvergiert $\mathfrak{F}_2$ gegen a, so konvergiert auch $\mathfrak{F}_1$ gegen a.*

Angewendet auf konv. Folgen ergibt sich mit Satz 5 die oben angeführte Konvergenz der Teilfolgen.

Bem.: Fordert man in Def. 2 zusätzlich, daß auch jede Obermenge eines El. aus $\mathfrak{F}$ zu $\mathfrak{F}$ gehört, so liegt ein sog. *Filter* vor. Darunter versteht man ein nichtleeres Mengensystem $\mathfrak{F} \subseteq \mathfrak{P}(M)$, das nicht die leere Menge enthält, jedoch mit je zwei El. ihren Durchschnitt und zu jedem El. alle Obermengen. Jeder Filter ist auch eine Filterbasis.

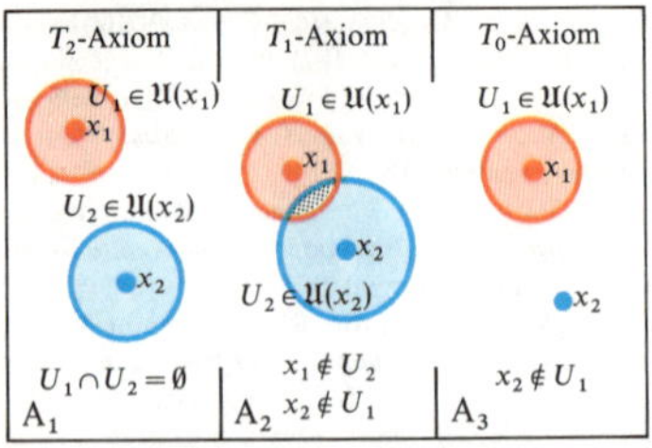

Trennungsaxiome T_2, T_1, T_0

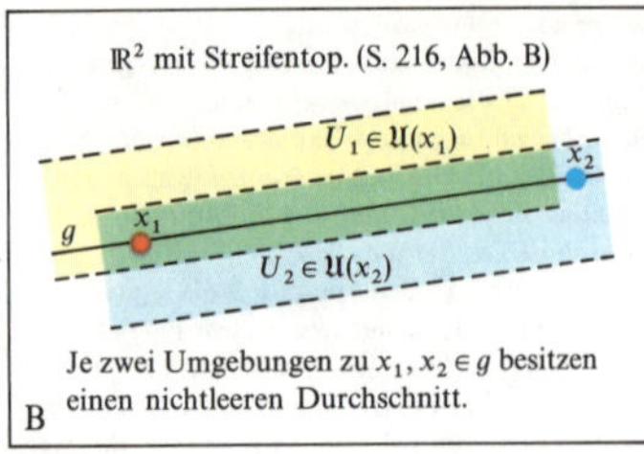

Beispiel eines nichthausdorffschen Raumes

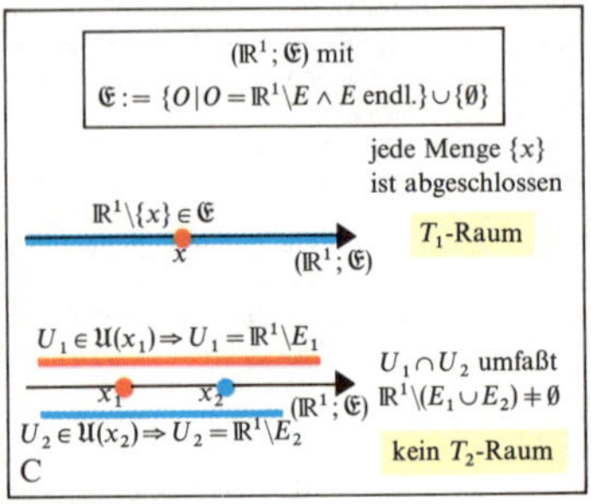

T_1-Raum ohne T_2-Axiom

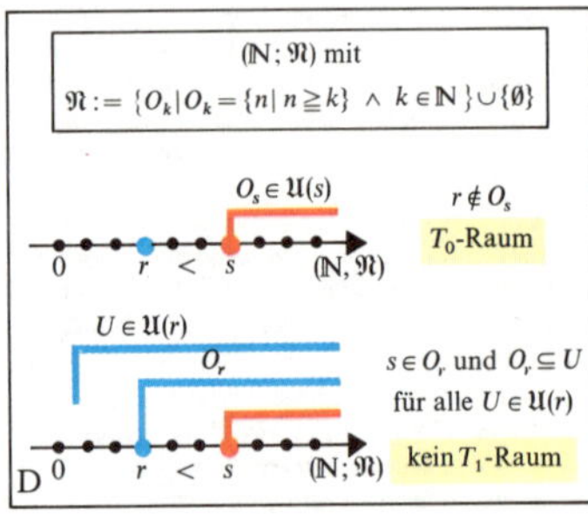

T_0-Raum ohne T_1-Axiom

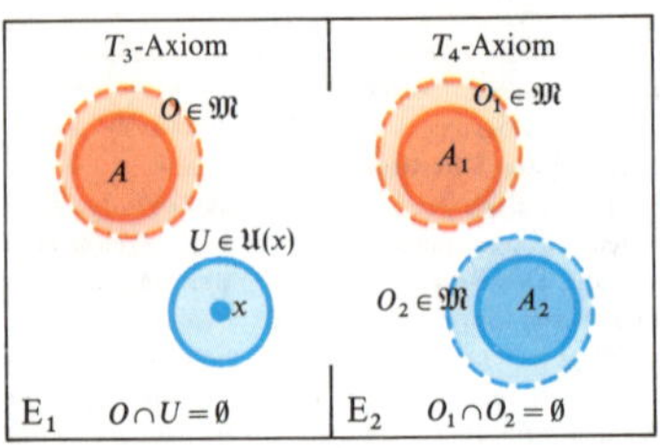

Trennungsaxiome T_3, T_4

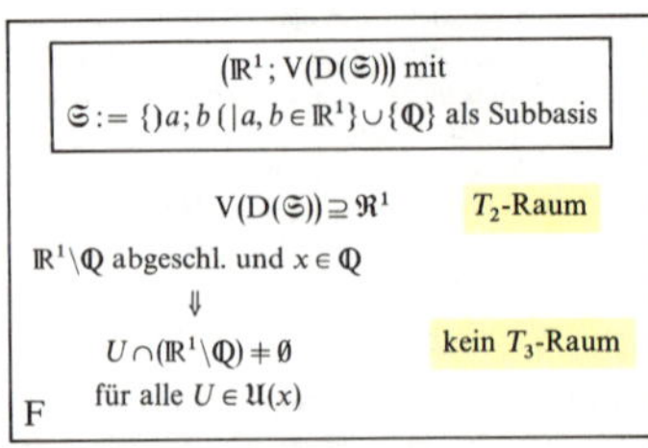

T_2-Raum ohne T_3-Axiom

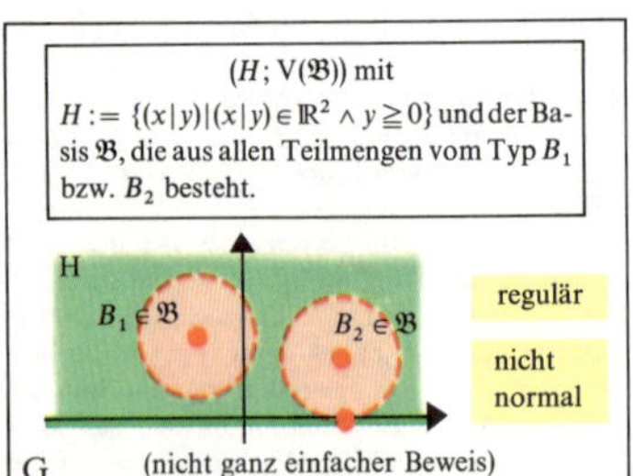

Regulärer Raum ohne T_4-Axiom

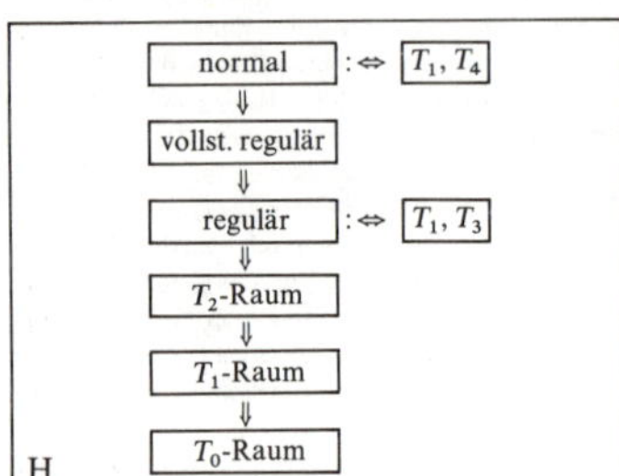

Zusammenfassung

Die Struktur top. Räume ist ohne zusätzliche Forderungen an die offenen Mengen noch so allgemein, daß keine »reichhaltige« Theorie zu erwarten ist (vgl. Eindeutigkeit der Konvergenz, S. 223). Durch weitere Axiome (Trennungsaxiome) gelangt man zu spez. top. Räumen, deren Struktur stets Verbindungen zu der metrischer Räume aufweist.

HAUSDORFF-Raum, T_0-, T_1-, T_2-Axiom

HAUSDORFF-Räume sind top. Räume, in denen die Konvergenz von Filterbasen (Folgen) eindeutig ist.

Def. 1: Ein top. Raum $(M;\mathfrak{M})$ heißt *HAUSDORFF-Raum (hausdorffsch, T_2-Raum)*, wenn es zu je zwei verschiedenen $x_1, x_2 \in M$ Umgebungen $U_1 \in \mathfrak{U}(x_1)$, $U_2 \in \mathfrak{U}(x_2)$ mit $U_1 \cap U_2 = \emptyset$ gibt.

Die definierende Eigenschaft eines HAUSDORFF-Raumes heißt auch *T_2-Axiom* (Abb. A_1) oder *HAUSDORFFsches Trennungsaxiom*.

Beispiele: Jeder metr. Raum mit der metr. Top. ist hausdorffsch, also auch $(\mathbb{R}^n; \mathfrak{R}^n)$; dagegen ist der $\mathbb{R}^2$ mit der Streifentop. nichthausdorffsch (Abb. B).

Satz 1: *$(M;\mathfrak{M})$ sei ein top. Raum. Dann sind folgende Aussagen äquivalent:*

(a) *$(M;\mathfrak{M})$ ist hausdorffsch.*

(b) *Die Konvergenz jeder Filterbasis ist eindeutig.*

(c) *Für jedes $x \in M$ ist der Durchschnitt aller abgeschlossenen Umgebungen von x die Menge $\{x\}$.*

(d) *Die sog. Diagonale $D := \{(x,x) \mid x \in M\}$ ist eine abgeschlossene Menge im Produktraum $M \times M$.*

Anwendung: Mit Hilfe von (d) folgt: Sind f und g stetige Abb. von $(M;\mathfrak{M})$ in einen HAUSDORFF-Raum und stimmen f und g auf einer dichten Teilmenge von M (S. 214, Abb. C) überein, so ist $f = g$. Eine stetige Abb. $f:(\mathbb{R}^1;\mathfrak{R}^1)\to(\mathbb{R}^1;\mathfrak{R}^1)$ ist also bereits eindeutig auf $\mathbb{Q}$ bestimmt, da $\bar{\mathbb{Q}} = \mathbb{R}$ ist.

Aus (c) ergibt sich, daß in einem HAUSDORFF-Raum alle Mengen mit einem El., und damit alle endl. Mengen abgeschlossen sind (Eigenschaften (A 2) und (A 3), S. 214, Abb. C). Umgekehrt ist aber ein top. Raum, in dem alle Mengen $\{x\}$ abgeschlossen sind, i.a. kein HAUSDORFF-Raum (Abb. C). Ein derartiger top. Raum ist durch die Eigenschaft gekennzeichnet, daß *je zwei verschiedene Punkte Umgebungen besitzen, die den anderen Punkt nicht enthalten (T_1-Axiom*, Abb. A_2); er wird *T_1-Raum* genannt. Ein T_2-Raum ist stets ein T_1-Raum, aber nicht umgekehrt (Abb. C). Aus dem T_1-Axiom folgt das sog. *T_0-Axiom: Von je zwei verschiedenen Punkten besitzt mindestens einer eine Umgebung, die den anderen Punkt nicht enthält* (Abb. A_3). Es gibt T_0-Räume, die das T_1-Axiom nicht erfüllen (Abb. D).

Bem.: $\mathbb{R}^2$ mit der Streifentop. genügt keinem der genannten Trennungsaxiome.

Regulärer Raum, T_3-Axiom

Während beim T_0-, T_1- und T_2-Axiom je zwei Punkte getrennt werden, fordert man mit dem *T_3-Axiom* die Trennung jeder abgeschl. Menge und der außerhalb liegenden Punkte (Abb. E_1):

Zu jeder abgeschl. Menge A und jedem Punkt x außerhalb von A gibt es eine A umfassende offene Menge und eine dazu disjunkte Umgebung von x.

Das T_3-Axiom allein ist noch keine Verschärfung des T_2-Axioms; nimmt man jedoch das T_1-Axiom hinzu, so folgt aus beiden das T_2-Axiom. Man def.

Def. 2: Ein top. Raum heißt *regulär* (auch *T_3-Raum*), wenn er das T_1- und das T_3-Axiom erfüllt.

Beispiele: Jeder metr. Raum mit der metr. Top. ist regulär. Jeder reguläre Raum ist hausdorffsch; die Umkehrung gilt nicht, denn es gibt nichtreguläre HAUSDORFF-Räume (Abb. F).

Satz 2: (a) *Ein T_1-Raum ist genau dann regulär, wenn die abgeschlossenen Umgebungen jedes Punktes x eine Umgebungsbasis von x bilden.*

(b) *Ein T_1-Raum ist genau dann regulär, wenn es zu jeder Umgebung U jedes Punktes x eine offene Umgebung V von x mit $\bar{V} \subseteq U$ gibt.*

Normaler Raum, T_4-Axiom

Durch das *T_4-Axiom,*

zu je zwei disjunkten abgeschlossenen Mengen A_1 und A_2 gibt es sie umfassende disjunkte offene Mengen O_1 und O_2 (Abb. E_2),

wird die Trennung abgeschl. Mengen gefordert. Aus dem T_1- und dem T_4-Axiom folgt die Regularität. Man def.

Def. 3: Ein top. Raum heißt *normal* (auch *T_4-Raum*), wenn er das T_1- und das T_4-Axiom erfüllt.

Beispiele: Jeder metr. Raum mit der metr. Top. ist normal, auch jeder kompakte Raum (S. 229). Jeder normale Raum ist regulär; die Umkehrung gilt nicht, denn es gibt nichtnormale reguläre Räume (Abb. G).

Wichtig ist die folgende Kennzeichnung normaler Räume mit Hilfe reellwertiger stetiger Abbildungen:

Satz 3 (URYSOHN): *Ein T_1-Raum $(M;\mathfrak{M})$ ist genau dann normal, wenn es zu je zwei disjunkten abgeschlossenen Mengen A_1 und A_2 eine stetige Abb. $f:(M;\mathfrak{M})\to([0;1];\mathfrak{R}^1_{[0;1]})$ gibt mit $f(x)=0$ für alle $x \in A_1$ und $f(x)=1$ für alle $x \in A_2$.*

Vollständig regulärer Raum

Wählt man in einem normalen Raum $(M;\mathfrak{M})$ ein $x \in M$ und eine Umgebung $U \in \mathfrak{U}(x)$, so gibt es ein $O_{\mathfrak{M}} \in \mathfrak{M}$ mit $x \in O_{\mathfrak{M}} \subseteq U$, und man kann Satz 3 auf die abgeschl. Mengen $\{x\}$ und $M \setminus O_{\mathfrak{M}}$ anwenden. Da $M \setminus U \subseteq M \setminus O_{\mathfrak{M}}$ ist, ergibt sich:

(VR) *Zu jedem $x \in M$ und jeder Umgebung $U \in \mathfrak{U}(x)$ gibt es eine stetige Abb. $f:(M;\mathfrak{M})\to([0;1];\mathfrak{R}^1_{[0;1]})$ mit $f(x)=0$ und $f(y)=1$ für alle $y \in M \setminus U$.*

Aus (VR) folgt die Regularität. Man def.

Def. 4: Ein top. Raum mit der Eigenschaft (VR) heißt *vollständig regulär.*

Zusammenfassung:

Abb. H verdeutlicht die Zusammenhänge zwischen den aufgeführten Begriffen. Zu erwähnen ist noch, daß die Unter- und Produkträume von T_0-, T_1-, T_2-regulären bzw. vollst. regulären Räumen von demselben Typ sind. Unterräume von normalen Räumen sind i.a. nicht normal. Ist jeder Unterraum eines normalen Raumes normal, so nennt man den Raum *vollständig normal* (z. B. jeder metr. Raum). Die Eigenschaft, ein T_i-Raum ($i = 0, 1, 2, 3, 4$) zu sein, ist eine top. Invariante.

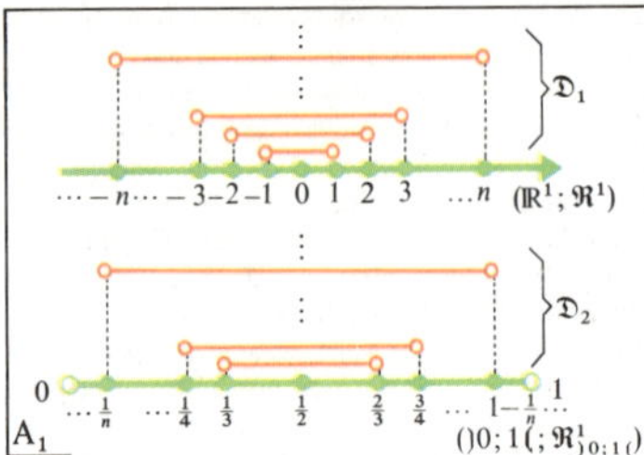

$(\mathbb{R}^1; \mathfrak{R}^1)$ nichtquasikompakt

$\mathfrak{D}_1 := \{)-n; n(\mid n \in \mathbb{N}\setminus\{0\}\}$ ist eine offene Überdeckung von $\mathbb{R}^1$.

Die Vereinigung von endl. vielen Elementen aus $\mathfrak{D}_1$ ist stets ein in $\mathbb{R}^1$ echt enthaltenes Intervall.

$()0;1(;\mathfrak{R}^1_{)0;1(})$ nichtquasikompakt

$\mathfrak{D}_2 := \{)\frac{1}{n}; 1-\frac{1}{n}(\mid n \in \mathbb{N}\setminus\{0,1,2\}\}$ ist eine offene Überdeckung von $)0;1($, die keine endl. Überdeckung von $)0;1($ umfaßt.

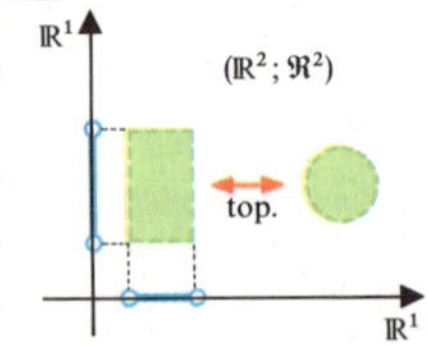

A₂ nichtquasikompakte Teilmengen (Satz 2, Satz 1)

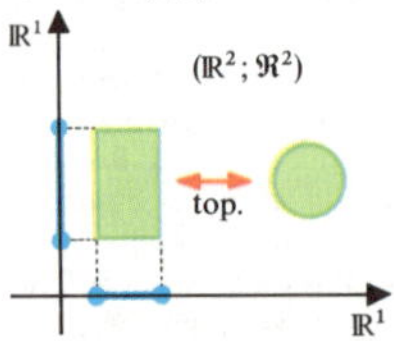

A₃ kompakte Teilmengen (Satz 2, Satz 1)

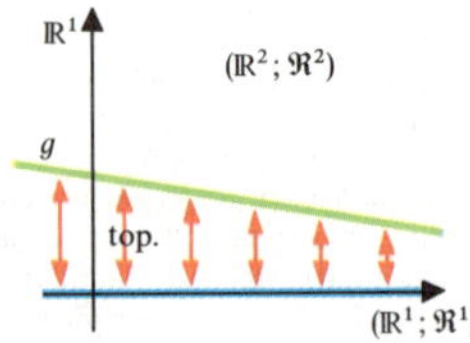

A₄ abgeschlossene, nichtquasikompakte Teilmengen (Satz 1)

Quasikompaktheit im $(\mathbb{R}^1; \mathfrak{R}^1)$ und $(\mathbb{R}^2; \mathfrak{R}^2)$

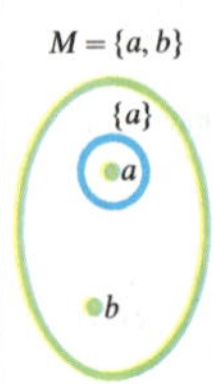

Der top. Raum $(M; \{M, \emptyset\})$ ist quasikompakt, denn jede offene Überdeckung von M ist endlich. Er ist nicht kompakt, da a und b keine disjunkten Umgebungen besitzen (M ist die einzige Umgebung).

Die Teilmenge $\{a\}$ ist nicht abgeschlossen, aber quasikompakt.

B

Nichtkompakter, quasikompakter Raum

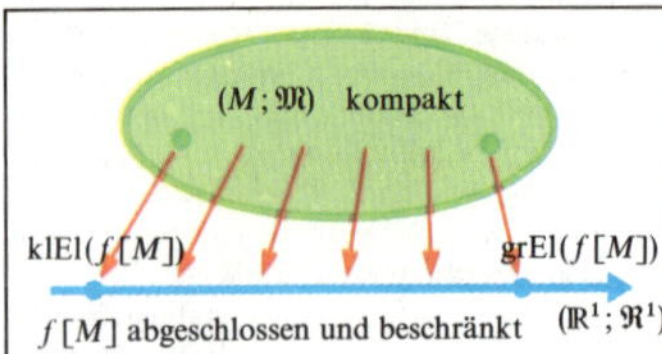

Das grEl und das klEl von $f[M]$ existieren.

C

Satz vom grEl und klEl

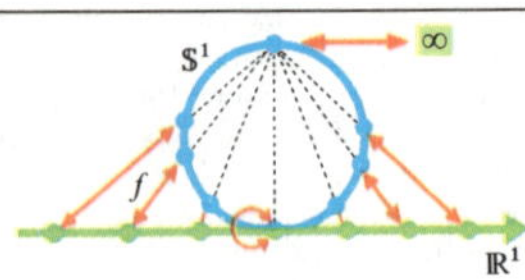

D₁

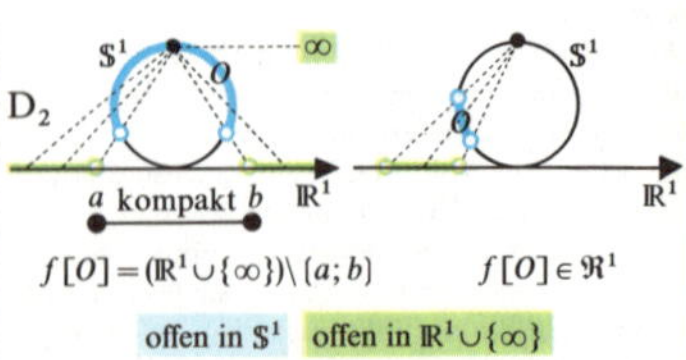

D₂

$\mathbb{S}^1$ ist als abgeschlossene und beschränkte Teilmenge kompakt (versehen mit der Rel.top. $\mathfrak{R}^2_{\mathbb{S}^1}$).

$f: \mathbb{S}^1 \to \mathbb{R}^1 \cup \{\infty\}$ ist bijektiv (Abb. D₁).

$\mathbb{R}^1 \cup \{\infty\}$ wird mit der finalen Top. bez. f und $\mathfrak{R}^2_{\mathbb{S}^1}$ versehen (S. 219). Da f bijektiv ist, ist diese das Mengensystem $\{f[O] \mid O \in \mathfrak{R}^2_{\mathbb{S}^1}\}$ und f topologisch. Der auf diese Weise topologisierte Raum $\mathbb{R}^1 \cup \{\infty\}$ ist damit kompakt.

Die Abb. D₂ und D₃ veranschaulichen an einfachen Beispielen, daß die Top. auf $\mathbb{R}^1 \cup \{\infty\}$ alle offenen Mengen von $\mathfrak{R}^1$ und die Komplemente (bez. $\mathbb{R}^1 \cup \{\infty\}$) kompakter Teilmengen von $\mathbb{R}^1$ enthält. Die Spuren von $\mathbb{R}^1$ in dieser Top. sind die El. von $\mathfrak{R}^1$, so daß $(\mathbb{R}^1; \mathfrak{R}^1)$ ein Unterraum ist.

Ein-Punkt-Kompaktifizierung des $(\mathbb{R}^1; \mathfrak{R}^1)$

Wesentlich schärfere Bedingungen als durch Trennungsaxiome werden top. Räumen durch die Eigenschaften sog. *Überdeckungen* auferlegt. Man erhält dabei spez. normale Räume, die sog. *kompakten* und *lokalkompakten Räume*. Zugrunde liegt der Def. dieser Begriffe in beliebigen top. Räumen die für die reelle Analysis wichtige top. Eigenschaft, daß man abgeschl. und beschränkte Teilmengen des $\mathbb{R}^1$ (auch des $\mathbb{R}^n$) durch Überdeckungen charakterisieren kann.

Quasikompakter Raum, kompakter Raum

Def. 1: *M* sei eine Menge und $\mathfrak{D} \subseteq \mathfrak{P}(M)$. Dann heißt $\mathfrak{D}$ eine *Überdeckung* von *M*, wenn $M = \bigcup_{D \in \mathfrak{D}} D$.
$\mathfrak{D}$ heißt *endliche* (abzählbare) Überdeckung, wenn $\mathfrak{D}$ endl. (abzählbar) viele El. enthält. $\mathfrak{D}$ heißt *offene* (abgeschl.) Überdeckung des top. Raumes $(M; \mathfrak{M})$, wenn alle El. aus $\mathfrak{D}$ offen (abgeschl.) sind.

Def. 2: Ein top. Raum $(M; \mathfrak{M})$ heißt *quasikompakt*, wenn jede offene Überdeckung von *M* eine endl. Überdeckung von *M* umfaßt. Ein quasikompakter T_2-Raum heißt *kompakt*.

$(M; \mathfrak{M})$ ist also nichtquasikompakt, wenn man eine offene Überdeckung von *M* angeben kann, die keine endl. Überdeckung von *M* umfaßt.

Beispiele: Abb. A_1

Es gibt quasikompakte, nichtkompakte Räume (Abb. B).

Def. 3: Eine *Teilmenge* eines top. Raumes heißt *quasikompakt (kompakt)*, wenn sie versehen mit der Rel.top. quasikompakt (kompakt) ist.

Eine quasikompakte Teilmenge eines T_2-Raumes ist auch kompakt, da jeder Unterraum eines T_2-Raumes ein T_2-Raum ist (S. 227); das gilt z. B. für Teilmengen des T_2-Raumes $(\mathbb{R}^n; \mathfrak{R}^n)$.

Sehr nützlich ist die Eigenschaft, daß die Quasikompaktheit eine stetige Invariante ist und sich auch auf Produkträume überträgt.

Satz 1: *Die Bildmenge eines quasikompakten Raumes unter einer stetigen Abb. ist quasikompakt.*

Satz 2 (Satz von TYCHONOFF): *Ein Produktraum ist genau dann quasikompakt (kompakt), wenn die Faktoren quasikompakt (kompakt) sind.*

Beispiele: Da $]0; 1[$ und $]a; b[$ homöomorphe Unterräume von $(\mathbb{R}^1; \mathfrak{R}^1)$ sind (S. 212, Abb. A), ist jedes offene Intervall nichtquasikompakt. Dagegen ist jedes abgeschl. Intervall $[a; b]$ eine kompakte Teilmenge, ebenso jede endl. Menge. Aus Satz 2 ergibt sich, daß $(\mathbb{R}^n; \mathfrak{R}^n)$ nichtquasikompakt ist. Aussagen über Teilmengen des $(\mathbb{R}^2; \mathfrak{R}^2)$ enthält Abb. A; sie lassen sich auf $(\mathbb{R}^n; \mathfrak{R}^n)$ übertragen.

Unter den Beispielen finden sich keine *offenen*, quasikompakten Teilmengen. Tatsächlich können im $(\mathbb{R}^n; \mathfrak{R}^n)$ lediglich abgeschl. Teilmengen kompakt sein, da $(\mathbb{R}^n; \mathfrak{R}^n)$ ein T_2-Raum ist. Das folgt aus

Satz 3: *In einem T_2-Raum ist jede kompakte Teilmenge abgeschlossen.*

In einem T_2-Raum ist allerdings nicht jede abgeschlossene Teilmenge kompakt (Abb. A_4). Das ist jedoch in kompakten Räumen der Fall, denn es gilt

Satz 4: *In einem kompakten Raum ist eine Teilmenge genau dann kompakt, wenn sie abgeschlossen ist.*

Bem.: Es gibt quasikompakte, nichtkompakte Räume mit nichtabgeschlossenen, quasikompakten Teilmengen (Abb. B).

In einem kompakten Raum sind also die Begriffe »abgeschlossen« und »kompakt« gleichwertig. Daraus ergeben sich die folgenden Sätze.

Satz 5: *Wenn eine bijektive, stetige Abb. von einem quasikompakten Raum auf einen T_2-Raum existiert, so ist sie topologisch, und beide Räume sind kompakt.*

Bem.: Satz 5 ist z. B. für Quotientenräume (S. 221) und für die Kurventheorie (S. 235) von Bedeutung.

Satz 6: *Ein kompakter Raum ist normal.*

Bem.: Nicht jeder normale Raum ist kompakt, z. B. $(\mathbb{R}^n; \mathfrak{R}^n)$.

Kompakte Teilmengen des $\mathbb{R}^n$

Die Abgeschlossenheit reicht im nichtquasikompakten Raum $(\mathbb{R}^n; \mathfrak{R}^n)$ nicht zur vollst. Kennzeichnung kompakter Teilmengen aus. Es ist eine zusätzliche Eigenschaft erforderlich, die sog. Beschränktheit.

Def. 4: Eine Teilmenge von $(\mathbb{R}^n; \mathfrak{R}^n)$ heißt *beschränkt*, wenn sie in einem *offenen Quader* $]a; b[^n := \{(x_1, \ldots, x_n) \mid x_i \in]a; b[\wedge a, b \in \mathbb{R}^1\}$ enthalten ist.

Es ergibt sich (vgl. Abb. D)

Satz 7: *Eine Teilmenge des* $(\mathbb{R}^n; \mathfrak{R}^n)$ *ist genau dann kompakt, wenn sie abgeschlossen und beschränkt ist.*

Bem.: Wendet man Satz 1 auf reellwertige stetige Abb. an und beachtet Satz 7, so erhält man (Abb. C) den sog. *Satz vom grEl und klEl* (Analysis, Bd. II).

BOLZANO-WEIERSTRASS-Eigenschaft

Die kompakten Teilmengen des $\mathbb{R}^n$ lassen sich auch durch die sog. BOLZANO-WEIERSTRASS-*Eigenschaft* kennzeichnen:

(BW) *Jede unendliche Teilmenge besitzt mindestens einen Häufungspunkt.*

Man erhält den

Satz 8: (a) *In einem quasikompakten Raum gilt* (BW).
(b) *In einem metr. Raum* (top. Raum mit abzählbarer Basis) *ist eine Teilmenge genau dann kompakt* (quasikompakt), *wenn* (BW) *gilt.*

Bem.: Es gibt nichtquasikompakte Räume, in denen (BW) gilt.

Lokalkompakter Raum

Der T_2-Raum $(\mathbb{R}^n; \mathfrak{R}^n)$ ist zwar nichtquasikompakt, aber jeder Punkt ist in einer kompakten Umgebung enthalten (z. B. in einem Quader). Man def.

Def. 5: Ein T_2-Raum heißt *lokalkompakt*, wenn jeder Punkt eine kompakte Umgebung besitzt.

Jeder kompakte Raum ist lokalkompakt, aber nicht umgekehrt, z. B. $(\mathbb{R}^n; \mathfrak{R}^n)$. Jeder lokalkompakte Raum ist vollst. regulär, aber i.a. nicht normal.

Kompaktifizierung (ALEXANDROFF)

Ein lokalkompakter, nichtkompakter Raum $(M; \mathfrak{M})$ läßt sich durch Hinzufügen eines Punktes $x_\infty \notin M$ zu einem kompakten Raum $(M \cup \{x_\infty\}; \mathfrak{M}_K)$ so erweitern, daß $(M; \mathfrak{M})$ ein Unterraum ist *(Ein-Punkt-Kompaktifizierung)*. $\mathfrak{M}_K$ enthält genau alle El. von $\mathfrak{M}$ und die Komplemente (bez. $M \cup \{x_\infty\}$) aller kompakten Teilmengen von *M*. *Beispiel:* Abb. D.

Euklidischer Raum $\mathbb{R}^n$	HILBERT-Raum $\mathbb{R}^\infty$	erweiterter HILBERT-Raum
	Elemente	
Die El. von $\mathbb{R}^n$ sind die Abb. $f:\{0,\ldots,n-1\}\to\mathbb{R}^1$ def. durch $\nu\mapsto a_\nu$. Kurzform: $(a_0,\ldots,a_{n-1})$ Spalten oder endl. Folgen der Länge n	Die El. von $\mathbb{R}^\infty$ sind die Abb. $f:\mathbb{N}\to\mathbb{R}^1$ def. durch $\nu\mapsto a_\nu$ mit der Eigenschaft: $\sum\limits_{\nu=0}^{\infty} a_\nu^2$ konvergent. Kurzform: $(a_0, a_1, \ldots)$ unendl. Folgen	Die El. sind die Abb. $f:\mathbb{N}\times I\to\mathbb{R}^1$ def. durch $(\nu, i)\mapsto a_{\nu i}$ (I Indexmenge) mit den Eigenschaften: (1) höchstens abzählbar viele $a_{\nu i}\neq 0$ (2) $\sum\limits_{\nu,i} a_{\nu i}^2$ konvergent
	Metrik	
$d_E(x,y):=\sqrt{\sum\limits_{\nu=0}^{n-1}(a_\nu-b_\nu)^2}$	$d_H(x,y):=\sqrt{\sum\limits_{\nu=0}^{\infty}(a_\nu-b_\nu)^2}$	$d_{eH}(x,y):=\sqrt{\sum\limits_{\nu,i}(a_{\nu i}-b_{\nu i})^2}$

$f(\nu)=0$ für alle $\nu\geqq n$ | I enthält genau ein El.

konvergente unendliche Reihen, s. Analysis, Bd. II

A

HILBERT-Raum

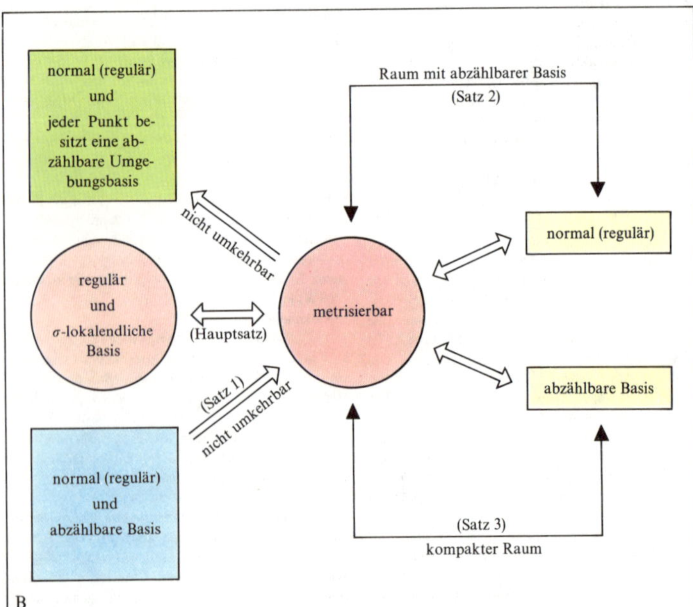

Metrisationssätze

Problemstellung

Auf einem metrischen Raum $(M; d)$ wird durch die Metrik d die metr. Top. $\mathfrak{M}_d$ erzeugt (S. 217). Jede Trägermenge läßt sich durch mindestens eine Metrik topologisieren, z. B. durch die Metrik $d(x, y) := 0$ für $x = y$ und $d(x, y) := 1$ für $x \neq y$, die die diskrete Top. (S. 215) erzeugt. Verschiedene Metriken können dieselbe Top. erzeugen.

Es ergibt sich die Frage, ob jede Top. auf einer Trägermenge durch eine Metrik erzeugt werden kann *(Metrisationsproblem)*.

Def. 1: Ein top. Raum $(M; \mathfrak{M})$ heißt *metrisierbar*, wenn es auf M eine Metrik d gibt, so daß die von d erzeugte metr. Top. $\mathfrak{M}_d$ mit $\mathfrak{M}$ übereinstimmt.

Ein metrisierbarer Raum besitzt also dieselben Eigenschaften wie ein metr. Raum, er muß z. B. ein T_2-Raum sein. Daher ist nicht jeder top. Raum metrisierbar. Der mit der Streifentop. versehene $\mathbb{R}^2$ (S. 216, Abb. B) ist z. B. nicht metrisierbar, da er kein T_2-Raum ist.

Das Metrisationsproblem läuft also darauf hinaus, Bedingungen für die Metrisierbarkeit zu finden. Durch den Hauptsatz (s. u.) wird das Problem vollständig gelöst. Daneben ergeben sich Sätze, die für spez. top. Räume Aussagen zur Metrisierbarkeit machen.

Metrisationssätze

Zu den wichtigsten Eigenschaften metr. Räume in diesem Zusammenhang zählen

(I) Normalität (S. 227),

(II) jeder Punkt besitzt eine abzählbare Umgebungsbasis (S. 217).

Ein metrisierbarer Raum muß auf jeden Fall die Bedingungen (I) und (II) erfüllen. Es gibt jedoch Räume, die (I) und (II) erfüllen, aber nicht metrisierbar sind. Die Bedingungen sind also noch nicht speziell genug.

Spezieller als (II) ist z. B. die Bedingung:

(II′) die Top. besitzt eine abzählbare Basis.

Ist (II′) erfüllt, so auch (II).

Erfüllt ein top. Raum (I) und (II′), so ist er metrisierbar, d. h. es gilt:

Satz 1 (Urysohn): *Ein normaler top. Raum mit abzählbarer Basis ist metrisierbar.*

Beim Beweis des Satzes zeigt man, daß ein normaler Raum mit abzählbarer Basis homöomorph zu einem Unterraum des Hilbert-Raumes $\mathbb{R}^\infty$ (Abb. A) ist. Der Hilbert-Raum ist metrisch und mit ihm jeder Unterraum, so daß auch jeder homöomorphe Raum metrisch ist.

Aus Satz 1 und der Eigenschaft (I) folgert man weiter

Satz 2: *Ein top. Raum mit abzählbarer Basis ist genau dann metrisierbar, wenn er normal ist.*

Bem.: Metrisierbarkeit und Normalität sind also in Räumen mit abzählbarer Basis äquivalente Begriffe. Auch Regularität und Normalität sind äquivalent, so daß man in Satz 1 und 2 »normal« durch »regulär« ersetzen kann.

Da jeder kompakte Raum normal ist (S. 229), folgt aus Satz 1, daß er, falls er eine abzählbare Basis besitzt, metrisierbar ist. Mit Hilfe von Satz 8, S. 229, zeigt man außerdem, daß ein kompakter, metrisierbarer Raum eine abzählbare Basis besitzt, so daß gilt

Satz 3 (Urysohn): *Ein kompakter top. Raum ist genau dann metrisierbar, wenn er eine abzählbare Basis besitzt.*

Bem.: Metrisierbarkeit und die Eigenschaft der ababzählbaren Basis sind in kompakten Räumen also äquivalent.

Mit Satz 1 ist das Metrisationsproblem noch nicht befriedigend gelöst, denn der Satz enthält *hinreichende* Bedingungen, die *nicht notwendig* sind (es gibt metr. Räume, die nicht (II′) erfüllen). Das Metrisationsproblem ist als gelöst anzusehen, wenn Bedingungen bekannt sind, die zugleich hinreichend und notwendig sind, also äquivalent zur Metrisierbarkeitsbedingung in Def. 1 sind. Derartige Bedingungen müssen »zwischen« denen von Satz 1 und den Eigenschaften (I) und (II) liegen. Es gilt der

Hauptsatz (Smirnow-Nagata-Bing): *Ein top. Raum ist genau dann metrisierbar, wenn er regulär ist und eine σ-lokalendliche Basis besitzt.*

Dabei ist eine σ-lokalendliche Basis folgendermaßen definiert:

Def. 2: Ein Mengensystem von Teilmengen eines top. Raumes heißt *lokalendlich*, wenn es zu jedem Punkt des top. Raumes eine Umgebung gibt, die mit höchstens endlich vielen El. des Mengensystems einen nichtleeren Durchschnitt hat.

Eine Basis eines top. Raumes heißt *σ-lokalendlich*, wenn sie die Vereinigung von höchstens abzählbar vielen lokalendlichen Mengensystemen offener Mengen ist.

Beim Beweis des Hauptsatzes zeigt man im ersten Teil, daß reguläre Räume mit σ-lokalendlicher Basis metrisierbar sind. Dazu konstruiert man den erweiterten Hilbert-Raum (Abb. A), der metrisch ist, und weist nach, daß jeder reguläre Raum mit σ-lokalendlicher Basis einem Unterraum homöomorph ist, also auch metrisch ist. Für den zweiten Teil des Beweises bleibt noch zu zeigen, daß jeder metr. Raum eine σ-lokalendliche Basis besitzt. Dabei benutzt man vorteilhaft die Eigenschaft, daß jeder metr. Raum parakompakt ist.

Def. 3: Ein T_2-Raum heißt *parakompakt*, wenn zu jeder offenen Überdeckung $\mathfrak{D}$ eine lokalendliche offene Überdeckung existiert mit der Eigenschaft, daß jedes ihrer El. eine Obermenge in $\mathfrak{D}$ besitzt.

Bem.: Der Begriff der Parakompaktheit liegt »zwischen« Kompaktheit und Normalität, denn jeder kompakte Raum ist parakompakt und jeder parakompakte Raum normal. Es gibt nichtmetrisierbare, parakompakte Räume.

Parakompaktheit und Metrisierbarkeit sind in einer bestimmten Klasse topologischer Räume äquivalente Begriffe. Es handelt sich um die *lokalmetrisierbaren Räume*, in denen jeder Punkt eine offene Umgebung besitzt, die als Unterraum metrisierbar ist.

Bem.: Abb. B enthält eine Übersicht der Metrisationssätze.

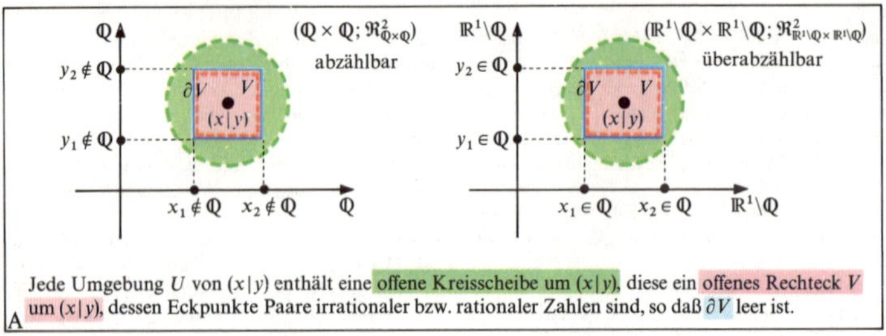

0-dimensionale Unterräume des $(\mathbb{R}^2; \mathfrak{R}^2)$

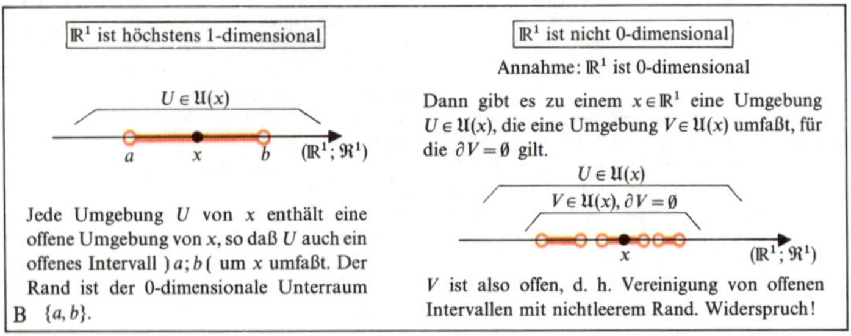

Dimension von $(\mathbb{R}^1; \mathfrak{R}^1)$

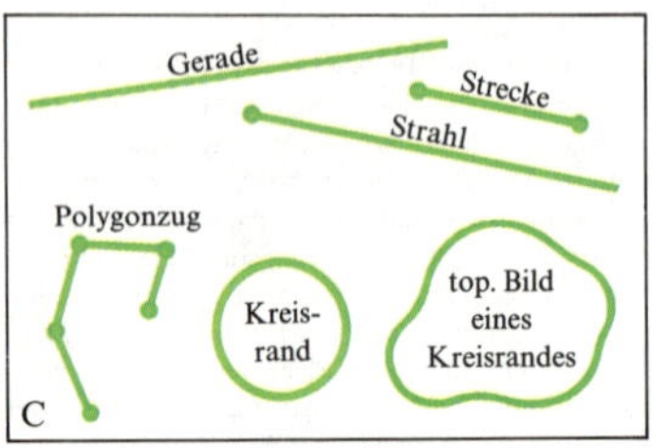

1-dimensionale Unterräume des $(\mathbb{R}^2; \mathfrak{R}^2)$

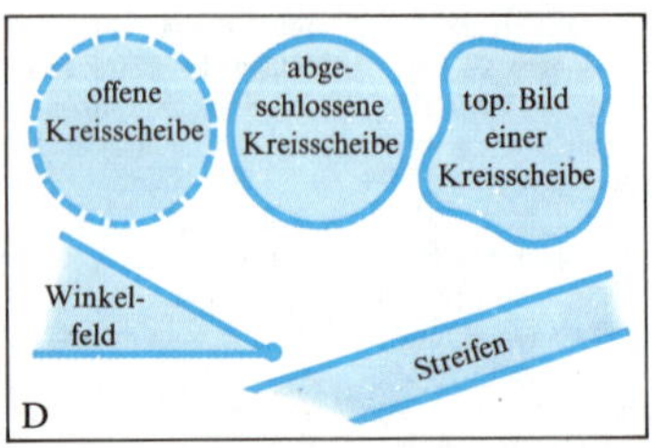

2-dimensionale Unterräume des $(\mathbb{R}^2; \mathfrak{R}^2)$

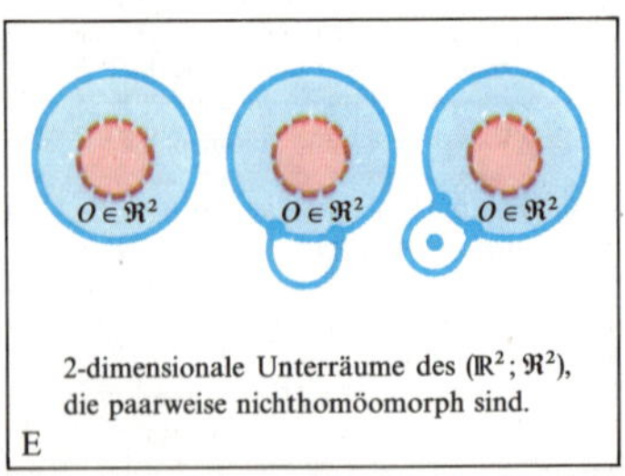

Anwendung zu Satz 5

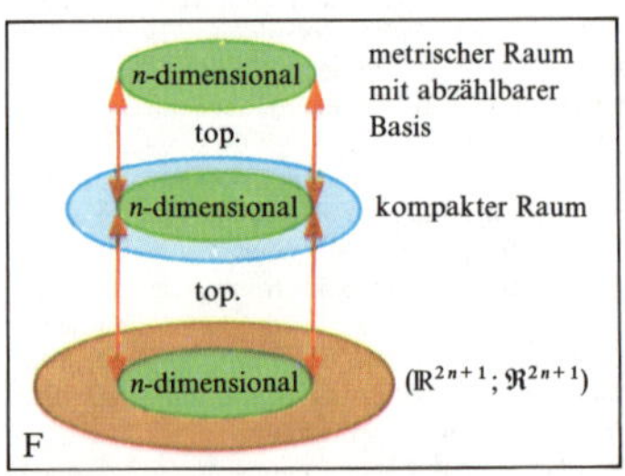

Einbettungssatz

Algebraische Dimension und Topologie

Ein sehr schwieriges Problem der Topologie ist die Frage, ob die top. Räume $(\mathbb{R}^n; \mathfrak{R}^n)$ und $(\mathbb{R}^m; \mathfrak{R}^m)$ für $n \neq m$ homöomorph sein können, also z. B. der $(\mathbb{R}^1; \mathfrak{R}^1)$ und der $(\mathbb{R}^2; \mathfrak{R}^2)$. Als erster bewies BROUWER, daß dies nicht möglich ist (vgl. S. 249).

Satz 1: $(\mathbb{R}^n; \mathfrak{R}^n)$ *und* $(\mathbb{R}^m; \mathfrak{R}^m)$ *sind genau dann homöomorph, wenn* $n = m$ *ist.*

In der Algebra ordnet man jedem Vektorraum mit endl. Basis die Anzahl der Basisel. als Dimension zu (S. 87). Vermöge dieses *algebraischen Dimensionsbegriffes* ist der $\mathbb{R}^n$ ein n-dimensionaler Raum.

Mit Satz 1 ergibt sich nun, daß die algebraische Dimension ein wesentliches Kennzeichen des topologischen Raumes $(\mathbb{R}^n; \mathfrak{R}^n)$ ist. Es stellt sich daher die Frage, ob man mit top. Hilfsmitteln jedem top. Raum (insbesondere den Unterräumen des $(\mathbb{R}^n; \mathfrak{R}^n)$) eine nat. Zahl als Dimension zuordnen kann, so daß diese im Falle des $(\mathbb{R}^n; \mathfrak{R}^n)$ mit der algebraischen Dimension übereinstimmt. Dabei ist es wegen Satz 1 sinnvoll zu fordern, daß homöomorphe Räume dieselbe Dimension haben.

Die Dimensionstheorie top. Räume setzt es sich also zum Ziel, den Dimensionsbegriff als *top. Invariante* einzuführen.

Dimension metr. Räume mit abzählbarer Basis

Es gibt verschiedene Versuche, den Dimensionsbegriff möglichst allgemein zu fassen. Der hier angegebene geht auf MENGER und URYSOHN zurück und beschränkt sich auf metr. Räume mit abzählbarer Basis, zu denen auch der $(\mathbb{R}^n; \mathfrak{R}^n)$ gehört. Die Def. erfolgt induktiv und verwendet die Eigenschaft, daß ein Unterraum eines metr. Raumes mit abzählbarer Basis ebenfalls metr. mit abzählbarer Basis ist.

Def. 1: Ein metr. Raum mit abzählbarer Basis heißt 0-*dimensional*, wenn jede Umgebung U jedes Punktes eine Umgebung V umfaßt, deren Rand ∂V leer ist,
höchstens n-dimensional $(n \geqq 1)$, wenn jede Umgebung U jedes Punktes eine Umgebung V umfaßt, deren Rand ∂V höchstens $(n-1)$-dimensional ist,
n-dimensional, wenn er höchstens n-dimensional und nicht höchstens $(n-1)$-dimensional ist,
∞-*dimensional*, wenn er für kein $n \in \mathbb{N}$ höchstens n-dimensional ist.

Durch vollst. Induktion beweist man, daß die Eigenschaft eines Raumes, n-dimensional (höchstens n-dim.) zu sein, eine top. Invariante ist, d. h. es gilt

Satz 2: *Homöomorphe top. Räume besitzen dieselbe Dimension.*

Die Umkehrung von Satz 2 gilt nicht (Abb. E). Ebenfalls durch vollst. Induktion beweist man

Satz 3: *Unterräume besitzen höchstens die Dimension des Oberraumes.*

Bem.: Die Dimension ist keine stetige Invariante (vgl. S. 234, Abb. D).

Beispiele 0-dimensionaler Räume

Jeder abzählbare, nichtleere Unterraum eines metr. Raumes mit abzählbarer Basis ist 0-dimensional, z. B. jeder endliche, nichtleere Unterraum von $(\mathbb{R}^1; \mathfrak{R}^1)$ und die Unterräume $(\mathbb{N}; \mathfrak{R}^1_{\mathbb{N}})$, $(\mathbb{Q}; \mathfrak{R}^1_{\mathbb{Q}})$. Es gibt aber auch überabzählbare 0-dimensionale Räume, z. B. der Unterraum mit der Trägermenge $\mathbb{R}^1 \setminus \mathbb{Q}$. Jeder Unterraum von $(\mathbb{R}^1; \mathfrak{R}^1)$, der kein Intervall enthält, ist 0-dimensional (vgl. Satz 5). Beisp. für 0-dimensionale Unterräume von $(\mathbb{R}^2; \mathfrak{R}^2)$ enthält Abb. A. Im $(\mathbb{R}^n; \mathfrak{R}^n)$ sind z. B. die Unterräume $\{(x_1, \ldots, x_n) | x_i \in \mathbb{Q}\}$ und $\{(x_1, \ldots, x_n) | x_i \notin \mathbb{Q}\}$ 0-dim. Jeder nichtleere Unterraum eines 0-dimensionalen Raumes ist ebenfalls 0-dimensional. Die Zusammenhangskomponenten eines 0-dimensionalen Raumes enthalten genau einen Punkt.

Bem.: $\partial V = \emptyset$ bedeutet, daß V zugleich offen und abgeschlossen ist (vgl. S. 214, Abb. C).

Beispiele n-dimensionaler Räume $(n \geqq 1)$

Der top. Raum $(\mathbb{R}^1; \mathfrak{R}^1)$ ist 1-dimensional (Abb. B). Jedes offene Intervall $]a; b[$ ist nach Satz 2 ebenfalls 1-dimensional. Ein abgeschlossenes Intervall $[a; b]$ bzw. ein halboffenes Intervall $]a; b]$ ist als Unterraum von $(\mathbb{R}^1; \mathfrak{R}^1)$ höchstens 1-dimensional (Satz 3) und nicht 0-dimensional, da sonst auch $]a; b[$ 0-dimensional sein müßte (Satz 3).

1-dimensionale Unterräume des $(\mathbb{R}^2; \mathfrak{R}^2)$ enthält Abb. C; $(\mathbb{R}^2; \mathfrak{R}^2)$ selbst ist ein 2-dimensionaler Raum. 2-dimensionale Unterräume des $(\mathbb{R}^2; \mathfrak{R}^2)$ enthält Abb. D. Der Nachweis, daß der $(\mathbb{R}^3; \mathfrak{R}^3)$ 3-dimensional ist, ist bereits schwierig. Allgemein gilt

Satz 4: *Der top. Raum* $(\mathbb{R}^n; \mathfrak{R}^n)$ *ist n-dimensional.*

Durch vollst. Induktion beweist man noch verhältnismäßig leicht, daß der $(\mathbb{R}^n; \mathfrak{R}^n)$ höchstens n-dimensional ist. Zum Beweis, daß er nicht höchstens $(n-1)$-dimensional ist, benötigt man Methoden der algebr. Topologie.

Zur Kennzeichnung n-dimensionaler Unterräume des $(\mathbb{R}^n; \mathfrak{R}^n)$ ist der folgende Satz sehr nützlich.

Satz 5: *Ein Unterraum des* $(\mathbb{R}^n; \mathfrak{R}^n)$ *ist genau dann n-dimensional, wenn er ein El. aus* $\mathfrak{R}^n$ *umfaßt.*

Anwendung: Abb. E.

Ein wichtiger $(n-1)$-dimensionaler Unterraum des $(\mathbb{R}^n; \mathfrak{R}^n)$ ist die Sphäre $\mathbb{S}^{n-1}$.

Beispiele ∞-dimensionaler Räume

Im HILBERT-Raum R^∞ (S. 230, Abb. A) bildet die Menge der Folgen, die höchstens endl. viele von Null verschiedene Glieder besitzen, einen ∞-dimensionalen Unterraum. Der HILBERT-Raum selbst ist ebenfalls ∞-dimensional.

Einbettungssatz

Ein wichtiges Ergebnis der Dimensionstheorie besteht darin, daß die höchstens n-dimensionalen metr. Räume mit abzählbarer Basis bis auf Homöomorphie durch Unterräume der euklidischen Räume bestimmt sind, denn es gilt

Satz 6 *(Einbettungssatz): Jeder höchstens n-dim. metr. Raum mit abzählbarer Basis ist homöomorph zu einem Unterraum des* $(\mathbb{R}^{2n+1}; \mathfrak{R}^{2n+1})$.

Beim *Beweis* zeigt man zunächst die Einbettung in einen kompakten Raum (Abb. F), dann die eines n-dimensionalen kompakten Raumes in den $(\mathbb{R}^{2n+1}; \mathfrak{R}^{2n+1})$.

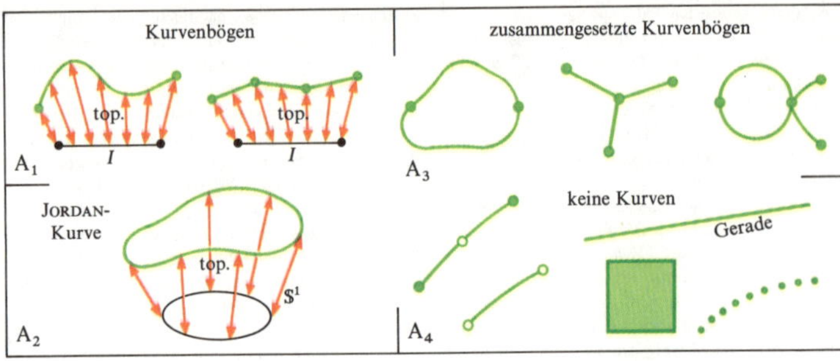

Zum Kurvenbegriff

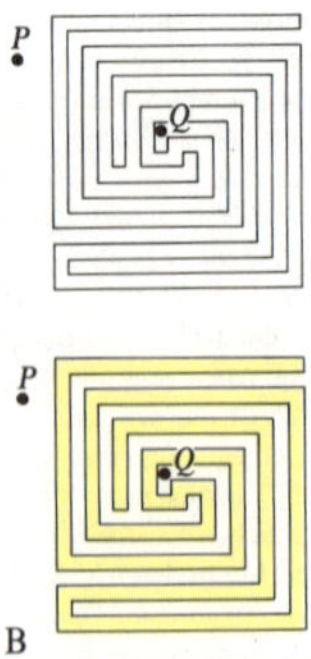

Die Entscheidung, ob P mit Q verbindbar ist, ohne die Kurve zu schneiden, ist bei komplizierteren JORDAN-Kurven recht schwierig.

Die hier durch Farbgebung bewirkte Unterscheidung zwischen dem Inneren und dem Äußeren der Kurve läßt sich auch grundsätzlich mit math. Hilfsmitteln erzielen.

Inneres und Äußeres einer JORDAN-Kurve

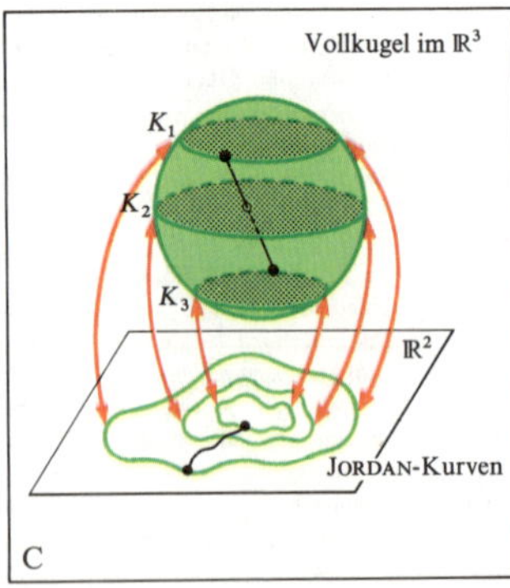

Anwendung des JORDANschen Kurvensatzes

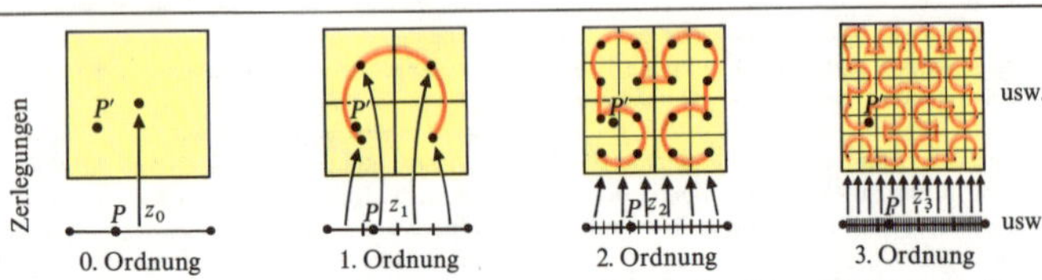

Man bildet eine Folge von Zerlegungen des Quadrates und der Strecke, so daß bei der Zerlegung n-ter Ordnung ($n \in \mathbb{N}$) 4^n Teilquadrate der Kantenlänge $\frac{1}{2^n}$ und 4^n Teilstrecken der Länge $\frac{1}{4^n}$ entstehen. Für jede Zerlegung wird eine Abbildung z_n definiert, die jeder Teilstrecke n-ter Ordnung ein Teilquadrat n-ter Ordnung zuordnet (z_0 und z_1 sind dargestellt; $z_2, z_3, \ldots$ ergeben sich analog, wenn man der rot gezeichneten Linie folgt).

Ist nun P ein Punkt der Strecke, so läßt er sich durch eine Intervallschachtelung von Teilstrecken 0., 1., 2., … Ordnung festlegen. Vermöge der Abbildungen z_n gehören zu den Teilstrecken Teilquadrate 0., 1., 2., … Ordnung, die ebenfalls eine Intervallschachtelung bilden, so daß durch sie eindeutig ein Punkt P' des Quadrates bestimmt wird. Dem Punkt P der Strecke wird nun der Punkt P' des Quadrates zugeordnet. Man erhält auf diese Weise eine Abb. der Strecke in das Quadrat. Diese Abb. ist stetig und surjektiv, aber nicht injektiv.

D

Stetige, nicht injektive Abbildung einer Strecke auf ein Quadrat

Zu den wichtigsten Kurventypen im $\mathbb{R}^2$ bzw. $\mathbb{R}^3$ gehören die Kurvenbögen, JORDAN-Kurven und zusammengesetzten Kurvenbögen.

Kurvenbögen

Als *Kurvenbogen* bezeichnet man eine Punktmenge des $\mathbb{R}^2$ oder $\mathbb{R}^3$, die top. Bild des Intervalls $I = (0; 1)$ ist (Abb. A_1). Zu den Kurvenbögen gehören auch alle Strecken und Polygonzüge. Das top. Bild eines Kurvenbogens ist ebenfalls ein Kurvenbogen.

Bem.: Wegen Satz 5, S. 229, ist ein Kurvenbogen bereits durch eine bijektive, stetige Abb. eindeutig bestimmt, da I quasikompakt ist.

JORDAN-Kurven

Eine Punktmenge des $\mathbb{R}^2$ oder $\mathbb{R}^3$, die top. Bild der Sphäre $\mathbb{S}^1$ ist, heißt JORDAN-*Kurve* (Abb. A_2). Es handelt sich um den einfachsten Fall einer geschlossenen Kurve, denn es sind keine Überschneidungen (Verzweigungspunkte) möglich. Man spricht daher auch von einer *einfach-geschlossenen Kurve.* Das top. Bild einer JORDAN-Kurve ist eine JORDAN-Kurve. Eine wichtige Eigenschaft einer JORDAN-Kurve im $\mathbb{R}^2$ besteht darin, daß sie die nicht auf der Kurve gelegenen Punkte des $\mathbb{R}^2$ in zwei disjunkte Gebiete zerlegt, in das »Innere« und das »Äußere« der Kurve, deren Rand die Kurve ist (S. 212, Abb. C_2). Dies ist der Inhalt des sog. JORDAN*schen Kurvensatzes.* Aus ihm folgt z. B., daß ein Punkt des Inneren niemals mit einem Punkt des Äußeren verbindbar ist, ohne die Kurve zu schneiden (Abb. B). Aus dieser Eigenschaft ergibt sich u. a., daß der $\mathbb{R}^2$ und der $\mathbb{R}^n$ für $n \geqq 3$ nicht homöomorph sind.

Der Beweis wird indirekt geführt. Man nimmt an, es existiere eine top. Abb. der Vollkugel in den $\mathbb{R}^2$. Dann sind die top. Bilder der in parallelen Ebenen gelegenen Randkreise der Kugel JORDAN-Kurven im $\mathbb{R}^2$ (Abb. C). Man zeigt, daß mindestens drei Randkreise existieren, deren Bilder ineinanderliegende JORDAN-Kurven sind. Da sich in der Kugel je zwei Punkte verschiedener Randkreise durch einen Weg verbinden lassen, ohne den dritten Randkreis zu schneiden, müßten wegen der top. Abb. auch je zwei Punkte der JORDAN-Kurven verbindbar sein, ohne die dritte Kurve zu schneiden. Dies ist jedoch wegen des JORDANschen Kurvensatzes nicht immer möglich, so daß es keine top. Abb. der Vollkugel in den $\mathbb{R}^2$ geben kann. Dann kann es aber auch keine top. Abb. des $\mathbb{R}^n (n \geqq 3)$ auf den $\mathbb{R}^2$ geben, denn die Vollkugel läßt sich als Unterraum des $\mathbb{R}^n$ auffassen, der bei Existenz einer top. Abb. einem Unterraum des $\mathbb{R}^2$ homöomorph sein müßte.

Bem.: Auch JORDAN-Kurven sind durch bij., stetige Abb. der Sphäre $\mathbb{S}^1$ eindeutig bestimmt.

Zusammengesetzte Kurvenbögen

Wie Abb. A_3 zeigt, läßt sich jede JORDAN-Kurve aus zwei Kurvenbögen zusammensetzen, indem man je zwei Endpunkte identifiziert. Durch das Zusammensetzen von Kurvenbögen läßt sich eine große Anzahl von Kurven beschreiben (Abb. A_3). Dabei verlangt man, daß je zwei Kurvenbögen höchstens Endpunkte gemeinsam haben (es entstehen u. U. Verzweigungspunkte) und daß mindestens ein Endpunkt jedes Kurvenbogens mit einem Endpunkt eines anderen Kurvenbogens zusammenfällt (Zusammenhang der Kurve).

Bem.: Kurven, die aus Kurvenbögen zusammengesetzt sind, lassen sich als top. Bilder von zusammenhängenden Graphen (S. 251) auffassen.

Es gibt jedoch »Kurven«, die man nicht aus Kurvenbögen zusammensetzen kann. Es stellt sich die Frage, welche Punktmengen des $\mathbb{R}^2$ bzw. $\mathbb{R}^3$ überhaupt als Kurven bezeichnet werden sollen.

Allgemeiner Kurvenbegriff (URYSOHN, MENGER)

Die Abb. A_4 enthält einfache Beispiele von Punktmengen, die nicht als Kurven anzusehen sind. Als wesentliche Kennzeichen einer Kurve ermittelt man, daß die Punktmenge (1) *zusammenhängend,* (2) *beschränkt,* (3) *abgeschlossen,* (4) *eindimensional* sein soll. Nun sind die beschränkten, abgeschl. Teilmengen des $\mathbb{R}^2$ bzw. $\mathbb{R}^3$ mit den kompakten Teilmengen identisch (S. 229), so daß es sich bei Kurven um eindim., zusammenhängende, kompakte Teilmengen, d. h. um eindim. Kontinua (S. 213) handelt.

Def.: Jedes eindimensionale Kontinuum im $\mathbb{R}^2$ bzw. $\mathbb{R}^3$ heißt *Kurve.*

Kurvenbögen, JORDAN-Kurven und zusammengesetzte Kurvenbögen sind auch nach dieser Def. Kurven. Der Begriff »Kurve« ist eine top. Invariante, d. h. das top. Bild einer Kurve ist eine Kurve. Er ist aber keine stetige Invariante (s. u.).

Beim allg. Kurvenbegriff wird die Beschränktheit der Punktmenge gefordert, so daß z. B. Geraden, Parabeln, Hyperbeln keine Kurven sind. Man spricht von einer *Kurve im weiteren Sinn,* wenn man auf die Beschränktheit verzichtet. Allerdings ist dann der Kurvenbegriff nicht mehr top. invariant.

Allgem. Kurvenbegriff und Abb. von I in den $\mathbb{R}^3$

Den allgem. Kurvenbegriff mit Hilfe von spez. Abb. des Intervalls I in den $\mathbb{R}^3$ zu fassen, scheiterte.

Fordert man von der Abb. die Bijektivität, so wird lediglich die Gleichmächtigkeit gefordert. Gleichmächtige Mengen können aber von unterschiedlicher Dimension sein. Bijektive, stetige Abb. liefern nur die oben angegebenen spez. Kurventypen. Betrachtet man die Bildräume unter stetigen Abb., so ist ein derartiger Kurvenbegriff (JORDAN) zu weit gefaßt. Es gibt nämlich Abb. (zuerst von PEANO angegeben), die das Intervall I stetig auf eine Quadratfläche abbilden (Abb. D), so daß der Bildraum zweidimensional ist, was der Forderung (4) für Kurven widerspricht.

CANTORsche Kurvendefinition

Nach CANTOR sind Kurven im $\mathbb{R}^2$ Kontinua, für deren Punkte gilt, daß jede ihrer Umgebungen außerhalbliegende Punkte enthält. Mit anderen Worten: Eine Kurve im $\mathbb{R}^2$ ist ein Kontinuum, das keine im $\mathbb{R}^2$ offene Menge umfaßt.

Für die Ebene ist dies tatsächlich eine äquivalente Beschreibung des allg. Kurvenbegriffs. Eine Übertragung auf den $\mathbb{R}^3$ ist nicht möglich, da sonst z. B. die Kugeloberfläche als Kurve anzusehen wäre.

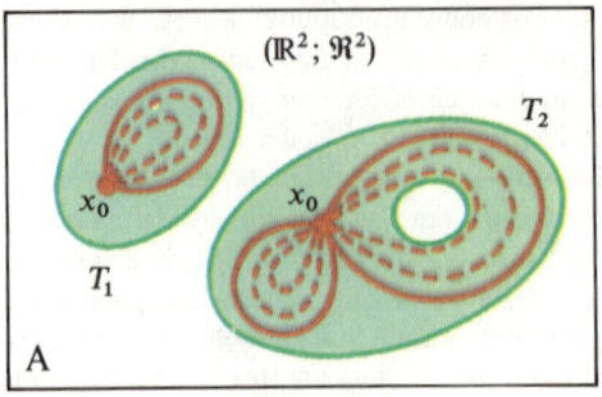

Unterräume des $(\mathbb{R}^2; \mathfrak{R}^2)$

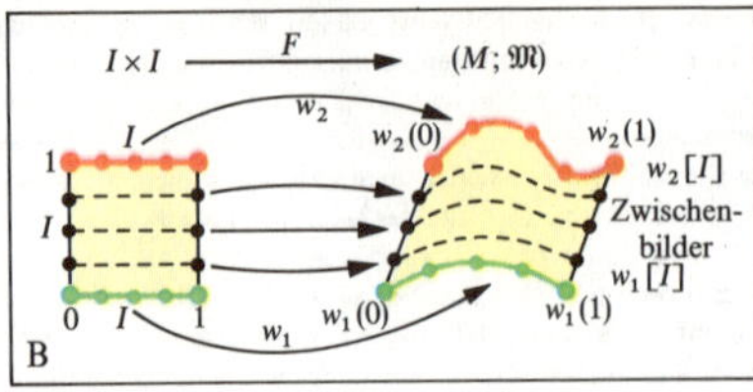

Homotopie von Wegen

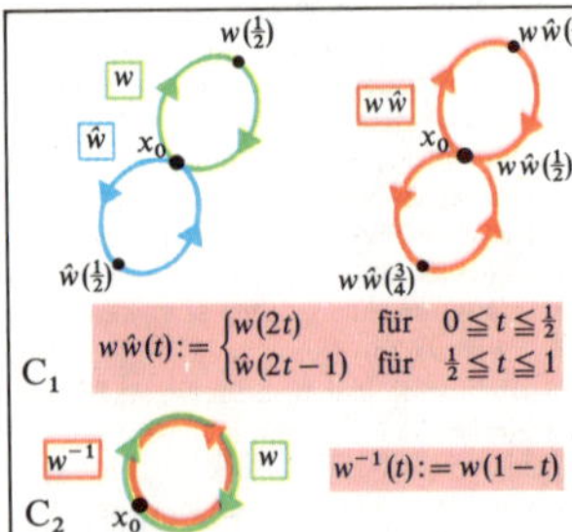

Durch das Produkt $w\hat{w}$ zweier geschlossener Wege (C_1) def. man eine innere Verkn.:

$$[\![w]\!] \cdot [\![\hat{w}]\!] := [\![w\hat{w}]\!].$$

Mit Hilfe passender Homotopien zeigt man:

a) die Verkn. ist von den Repräsentanten unabhängig,
b) das assoziative Gesetz gilt,
c) $[\![w_0]\!]$ ist neutrales Element,
d) $[\![w^{-1}]\!]$ ist inverses Element zu $[\![w]\!]$ (C_2).

Homotopiegruppe $(\Pi(M, x_0); \cdot)$

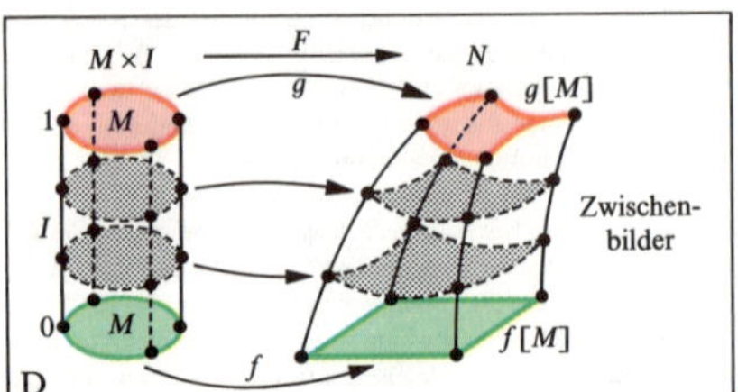

Homotopie stetiger Abbildungen

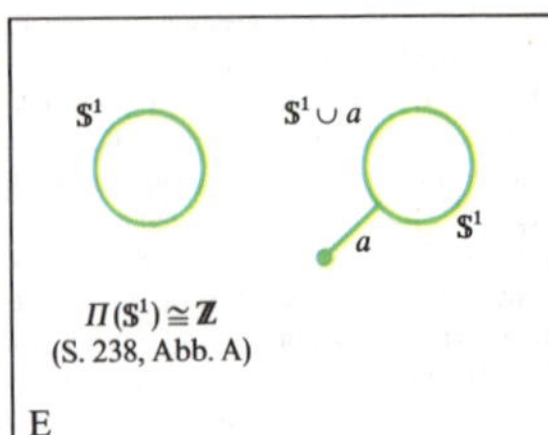

Homotop-äquivalente, nichthomöomorphe Räume

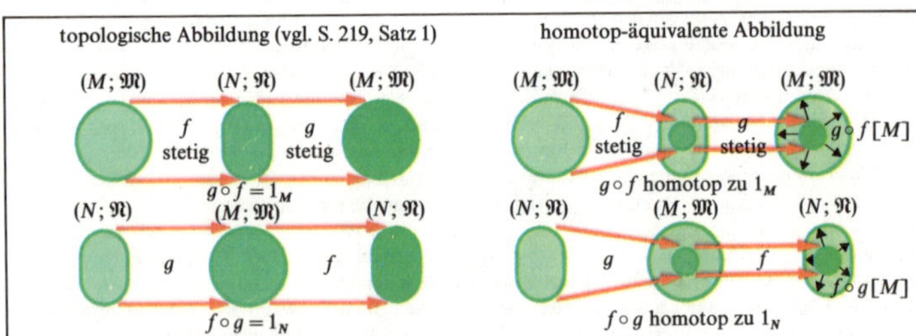

Die Bedingungen $g \circ f = 1_M$ und $f \circ g = 1_N$ der top. Abb. werden abgeschwächt in »$g \circ f$ homotop zu 1_M« und »$f \circ g$ homotop zu 1_N« bei der homotop-äquivalenten Abb.

F

Zur Definition homotop-äquivalenter Abbildungen

In der algebr. Topologie versucht man, top. Probleme mit algebr. Hilfsmitteln (z. B. Moduln, Gruppen) zu lösen. Zu den noch nicht vollständig gelösten Problemen der Topologie gehört das *Homöomorphieproblem*, d. h. die Klassifizierung top. Räume in top. äquivalente. Dabei ist zu zwei top. Räumen entweder eine top. Abb. anzugeben oder zu zeigen, daß eine derartige Abb. nicht existieren kann. Gerade im letzteren Fall bietet die algebr. Topologie Hilfsmittel an. Man sucht top. Räumen Gruppen zuzuordnen (Homotopiegruppen, Homologiegruppen), so daß homöomorphe Räume isomorphe Gruppen besitzen. Sind dann zwei Gruppen nicht isomorph, so sind die zugehörigen top. Räume nicht homöomorph. Allerdings kann man umgekehrt aus der Isomorphie der Gruppen i. a. nicht auf die Homöomorphie der top. Räume schließen, da bereits schwächere Bedingungen als die der Homöomorphie zur Isomorphie der Gruppen führen.

Homotopie von Wegen

Die in Abb. A dargestellten Unterräume des $(\mathbb{R}^2; \mathfrak{R}^2)$ sind nicht homöomorph. Anschaulich kann man dies mit der Existenz geschlossener Wege in T_2, die sich nicht »zu einem Punkt zusammenziehen« lassen, begründen (vgl. S. 213). Eine exakte Begründung fußt auf dem Homotopiebegriff für Wege (Begriff des Weges, S. 223). Wählt man zwei Wege w_1 und w_2 in $(M; \mathfrak{M})$, so versteht man anschaulich unter einer Homotopie dieser Wege eine »stetige Deformation« von $w_1[I]$ auf $w_2[I]$ durch eine Schar stetiger Abb. von der Mächtigkeit des Kontinuums (Abb. B).

Def. 1: w_1 und w_2 seien Wege in $(M; \mathfrak{M})$. Gibt es eine stetige Abb. $F: I \times I \to M\,(I = (0; 1))$ mit $F((t, 0)) = w_1(t)$ und $F((t, 1)) = w_2(t)$ für alle $t \in I$, so heißen w_1 und w_2 *homotop* (Abb. B). F heißt *Homotopie* zwischen w_1 und w_2.

Auf jeder Menge von Wegen in einem top. Raum $(M; \mathfrak{M})$ ist die Relation »homotop« eine *Äquivalenzrel.*, so daß man Klassen homotoper Wege bilden kann. Wählt man nun speziell zu einem Punkt $x_0 \in M$ die *Menge aller geschlossenen Wege* mit x_0 als Anfangs- und Endpunkt, so wird die entstehende Quotientenmenge mit $\Pi(M, x_0)$ bezeichnet. Zu ihr gehört auf jeden Fall die Klasse $[\![w_0]\!]$, wobei w_0 die konstante Abb. mit dem Bildel. x_0 ist *(konstanter Weg)*. Man sagt, die zu $[\![w_0]\!]$ gehörigen Wege seien auf x_0 »zusammenziehbar«. Für die Unterräume der Abb. A ergibt sich: $\Pi(T_1, x_0) = \{[\![w_0]\!]\} \subset \Pi(T_2, x_0)$.

Homotopiegruppe, Fundamentalgruppe

Auf der Quotientenmenge $\Pi(M, x_0)$ läßt sich eine innere Verkn. »$\bullet$« def., so daß $(\Pi(M, x_0); \bullet)$ eine Gruppe ist (Abb. C). Man nennt sie *Homotopiegruppe von M bez.* x_0. Bestimmt man die Homotopiegruppe von M bez. eines anderen Punktes $x_1 \in M$, so erhält man in beliebigen top. Räumen i. a. eine von $(\Pi(M, x_0); \bullet)$ verschiedene Gruppe. Gibt es jedoch einen Weg, der x_0 und x_1 verbindet, so sind die Homotopiegruppen isomorph. In wegzusammenhängenden Räumen (S. 223) gibt es also bis auf Isomorphie genau eine Homotopiegruppe, so daß man auf die Angabe des Bezugspunktes verzichten kann. Die Gruppe heißt *Fundamentalgruppe* $\Pi(M)$.

Topologische Invarianz

Jedem wegzusammenhängenden top. Raum $(M; \mathfrak{M})$ läßt sich also die Fundamentalgruppe $\Pi(M)$ zuordnen. Ist nun $f: (M; \mathfrak{M}) \to (N; \mathfrak{N})$ eine stetige Abb. wegzusammenhängender Räume, so induziert f einen Gruppen-Homomorphismus $f^*: \Pi(M) \to \Pi(N)$ def. durch $[\![w]\!] \mapsto f^*([\![w]\!]) = [\![f \circ w]\!]$ ($f \circ w$ ist ein Weg in N). Für top. Abb. ergibt sich

Satz 1: *Ist $f: (M; \mathfrak{M}) \to (N; \mathfrak{N})$ eine top. Abb. wegzusammenhängender Räume, so ist $f^*: \Pi(M) \to \Pi(N)$ ein Isomorphismus.*

Die Fundamentalgruppe ist also eine *top. Invariante* wegzusammenhängender Räume, d. h. homöomorphe wegzusammenhängende Räume besitzen isomorphe Fundamentalgruppen.

Für die wegzusammenhängenden Unterräume der Abb. A ergibt sich, daß sie nicht homöomorph sein können, da Gruppen verschiedener Ordnung nicht isomorph sind.

Aus der Isomorphie von Fundamentalgruppen folgt jedoch i. a. nicht die Homöomorphie der top. Räume. Es gibt nämlich Abb. mit schwächeren Bedingungen als die einer top. Abb., die die Isomorphie der Fundamentalgruppen bewirken. Es handelt sich um die homotop-äquivalenten Abb., zu deren Def. man den Begriff der Homotopie von Wegen auf stetige Abb. erweitert.

Homotopie stetiger Abbildungen

Veranschaulichen kann man die Homotopie zweier stetiger Abb. durch die »stetige Deformation« der Bildräume mittels einer Schar stetiger Abb. von der Mächtigkeit des Kontinuums (Abb. D).

Def. 2: f und g seien stetige Abb. von $(M; \mathfrak{M})$ in $(N; \mathfrak{N})$. Gibt es eine stetige Abb. $F: M \times I \to N$ $(I = (0; 1))$ mit $F((x, 0)) = f(x)$ und $F((x, 1)) = g(x)$ für alle $x \in M$, so heißen f und g *homotop*. F heißt *Homotopie* zwischen f und g.

Auf einer Menge stetiger Abb. von $(M; \mathfrak{M})$ in $(N; \mathfrak{N})$ ist die Relation »homotop« eine *Äquivalenzrelation*. Die El. der zugehörigen Quotientenmenge heißen *Homotopieklassen*

Zum Begriff der homotop-äquivalenten Abb. gelangt man, indem man die Bedingungen der top. Abb. abschwächt (Abb. F).

Def. 3: Eine stetige Abb. $f: (M; \mathfrak{M}) \to (N; \mathfrak{N})$ heißt *homotop-äquivalent*, wenn es eine stetige Abb. $g: (N; \mathfrak{N}) \to (M; \mathfrak{M})$ gibt, so daß $g \circ f$ homotop zu 1_M und $f \circ g$ homotop zu 1_N ist. Existiert eine derartige Abb., so heißen die top. Räume *homotop-äquivalent (von gleichem Homotopietypus)*.

Homöomorphe Räume sind stets homotop-äquivalent, denn jede top. Abb. f ist homotop-äquivalent $(g = f^{-1})$, aber nicht umgekehrt (Abb. E).

Es gilt der

Satz 2: *Homotop-äquivalente wegzusammenhängende Räume besitzen isomorphe Fundamentalgruppen (Homotopieinvarianz der Fundamentalgruppe).*

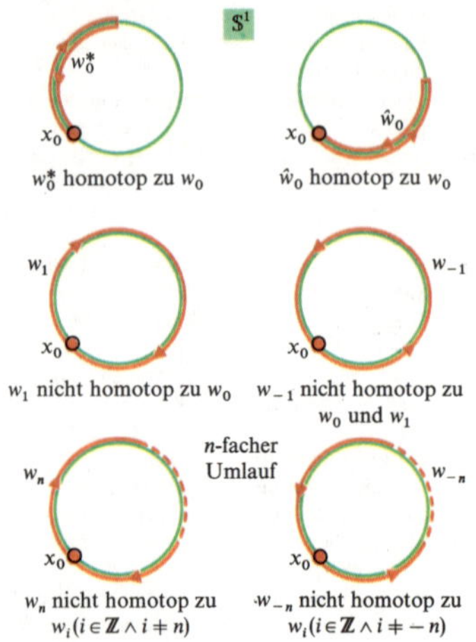

Jeder andere mögliche geschlossene Weg in $\mathbb{S}^1$ ist homotop zu einem der geschlossenen Wege $w_i (i \in \mathbb{Z})$. Die Klassen homotoper geschlossener Wege in $\mathbb{S}^1$, repräsentiert durch die $w_i (i \in \mathbb{Z})$, kann man durch die »Umlaufzahlen« i kennzeichnen, wobei der unterschiedliche Umlaufsinn durch das Vorzeichen wiedergegeben wird.

Es gibt eine bijektive Abb. $f: \Pi(\mathbb{S}^1) \to \mathbb{Z}$ def. durch $[\![w_i]\!] \to i$, die bez. der inneren Verkn. auf $\Pi(\mathbb{S}^1)$ und $\mathbb{Z}$ ein Gruppenisomorphismus ist:

$$f([\![w_i]\!] \cdot [\![w_k]\!]) = \\ = f([\![w_i w_k]\!]) = i + k\,.$$

Es gilt also:

$$\Pi(\mathbb{S}^1) \cong \mathbb{Z}.$$

A

Fundamentalgruppe von $\mathbb{S}^1$

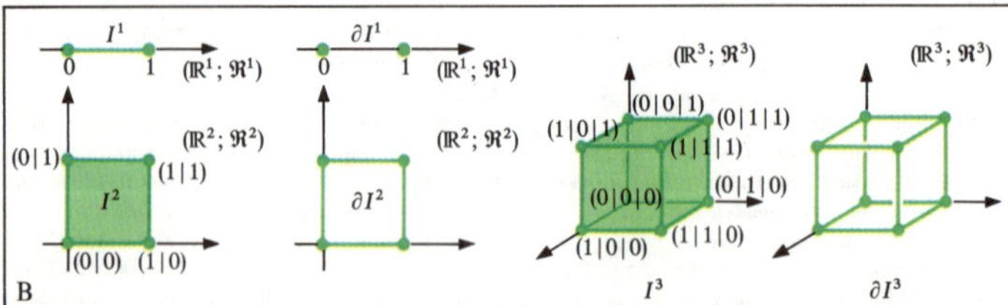

B

Einheitswürfel

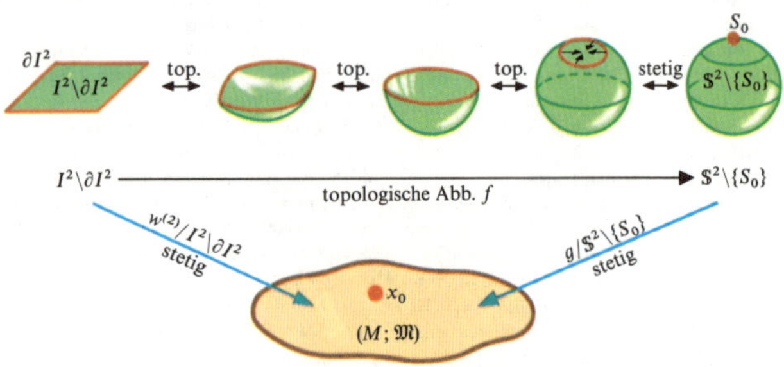

C

Zur Interpretation der 2-dim. Homotopiegruppe

Einfachzusammenhängende Räume

Ein top. Raum, dessen Trägermenge aus einem Punkt besteht (einpunktiger Raum), besitzt die aus dem neutr. El. $[\![w_0]\!]$ bestehende *triviale* Fundamentalgruppe 0 (w_0 konstanter Weg). Die Fundamentalgruppen der Sphären $\mathbb{S}^n$ sind für $n \geqq 2$ ebenfalls trivial (anschaulich: jeder geschlossene Weg ist auf einen Punkt »zusammenziehbar«). Dagegen ist $\Pi(\mathbb{S}^1)$ isomorph zu $\mathbb{Z}$ (Abb. A), so daß $\mathbb{S}^n$ nach Satz 1 für $n \geqq 2$ nicht homöomorph zu $\mathbb{S}^1$ ist. Auch $\Pi(\mathbb{R}^n)$ ist für alle $n \geqq 1$ trivial. Man def.

Def. 4: Ein wegzusammenhängender top. Raum mit trivialer Fundamentalgruppe heißt *einfachzusammenhängend.*

Zusammenziehbare Räume

Einfachzusammenhängende Räume lassen sich mit Hilfe der Homotopieäquivalenz weiter klassifizieren. Während $(\mathbb{R}^n; \mathfrak{R}^n)$ homotop-äquivalent zu einpunktigen Räumen ist, gilt dies z. B. nicht für die Sphären.

Def. 5: Ein top. Raum heißt *zusammenziehbar*, wenn er homotop-äquivalent zu einem einpunktigen Unterraum ist.

Jeder zusammenziehbare Raum ist einfachzusammenhängend, aber nicht umgekehrt (z. B. $\mathbb{S}^n$ für $n \geqq 2$).

Deformationsretrakte

Der Nachweis, daß ein top. Raum $(M; \mathfrak{M})$ zusammenziehbar ist, kann häufig so geführt werden, daß man zu einer stetigen Abb. $f: M \to \{x_0\}$ $(x_0 \in M)$ die stetige Inklusionsabb. $i: \{x_0\} \to M$ wählt und zeigt, daß $i \circ f$ homotop zu 1_M ist (vgl. Def. 3, S. 237). Dann ist f eine homotop-äquivalente Abb., da $f \circ i = 1_{\{x_0\}}$ stets gilt.

Im Zusammenhang mit diesem Verfahren steht

Def. 6: Ein Unterraum $(T; \mathfrak{M}_T)$ eines top. Raumes $(M; \mathfrak{M})$ heißt *Deformationsretrakt* von M, wenn es eine — *Retraktion* genannte — stetige Abb. $r: M \to T$ gibt mit $r/T = 1_T$, so daß $i \circ r$ homotop zu 1_M ist ($i: T \to M$ Inklusionsabb.).

Ein Deformationsretrakt T von M ist stets homotop-äquivalent zu $(M; \mathfrak{M})$, so daß seine Fundamentalgruppe mit der von M übereinstimmt.

***n*-dimensionale Homotopiegruppen**

Aus der Tatsache, daß die Fundamentalgruppen von $\mathbb{S}^n$ und $\mathbb{S}^m$ für $n, m \geqq 2$ übereinstimmen, darf man nicht auf die Homöomorphie der Räume schließen. Vielmehr sind sie für $n \neq m$ nicht homöomorph (s. u.). Die Fundamentalgruppe reicht als top. Invariante offensichtlich nicht aus. Man benötigt weitere Invarianten. Über eine Verallgemeinerung des Wegbegriffes gelangt man zu den n-dim. Homotopiegruppen, die sich wie die Fundamentalgruppe als Invarianten herausstellen.

Def. 7: Die Punktmenge $I^n := \{(x_1, \ldots, x_n) \mid x_i \in I\}$ $(I = (0; 1))$ heißt *n-dimensionaler Einheitswürfel* des $\mathbb{R}^n$ (Abb. B). Eine stetige Abb. $w^{(n)}: I^n \to (M; \mathfrak{M})$ heißt *n-Weg* in M. Man spricht von einem *geschlossenen n-Weg* bez. x_0, wenn der Rand ∂I^n von I^n (Abb. B) auf $x_0 \in M$ abgebildet wird.

Die geschl. 1-Wege bez. x_0 sind die bisher betrachteten geschl. Wege. Um die Äquivalenz geschlossener n-Wege zu def. verallgemeinert man den Begriff der Homotopie zwischen stetigen Abb.

Def. 8: f und g seien stetige Abb. von $(M; \mathfrak{M})$ in $(N; \mathfrak{N})$; T sei eine Teilmenge von M mit $f/T = g/T$. Gibt es dann eine Homotopie F zwischen f und g mit der zusätzlichen Eigenschaft $F((x, t)) = f(x) = g(x)$ für alle $x \in T$, so heißen f und g *homotop relativ zu T.*

Wählt man in Def. 8 $T = \emptyset$, so sind f und g homotop im Sinne von Def. 2.

Für zwei äquivalente geschlossene 1-Wege $w_1^{(1)}$ und $w_2^{(1)}$ ist $w_1^{(1)}(0) = w_1^{(1)}(1) = w_2^{(1)}(0) = w_2^{(1)}(1) = x_0$, d. h. sie sind homotop relativ zu $\partial I = \{0, 1\}$. Man überträgt diese Eigenschaft auf beliebige geschlossene n-Wege und nennt zwei derartige Wege *äquivalent*, wenn sie homotop relativ zum Rand ∂I^n sind. Es liegt eine Äquivalenzrelation vor, so daß sich Klassen äquivalenter geschl. n-Wege ergeben. Die Quotientenmenge wird mit $\Pi_n(M, x_0)$ bezeichnet, wobei x_0 der Punkt aus M ist, auf den ∂I^n abgebildet wird. Auf $\Pi_n(M, x_0)$ def. man eine innere Verkn. durch $[\![w^{(n)}]\!] \cdot [\![\hat{w}^{(n)}]\!] := [\![w^{(n)}\hat{w}^{(n)}]\!]$, wobei das Produkt $w^{(n)}\hat{w}^{(n)}$ erklärt ist durch $w^{(n)}\hat{w}^{(n)}((x_1, \ldots, x_n)) :=$

$$\begin{cases} w^{(n)}((2x_1, x_2, \ldots, x_n)) & \text{für } 0 \leqq x_1 \leqq \frac{1}{2} \\ \hat{w}^{(n)}((2x_1 - 1, x_2, \ldots, x_n)) & \text{für } \frac{1}{2} \leqq x_1 \leqq 1 \end{cases}.$$

$(\Pi_n(M, x_0); \cdot)$ ist eine Gruppe, die sog. *n-dim. Homotopiegruppe* von M bez. x_0. Für $n = 1$ ergibt sich die bekannte Homotopiegruppe $\Pi(M, x_0)$. Im Gegensatz zu ihr ist $\Pi_n(M, x_0)$ für $n \geqq 2$ stets komm.

Interpretation der Homotopiegruppen

Ein geschl. 2-Weg $w^{(2)}$ bildet nach Def. 7 die Quadratfläche I^2 so ab, daß der Rand ∂I^2 auf ein $x_0 \in M$ abgebildet wird. Man kann nun I^2 zunächst durch Identifizierung des Randes ∂I^2 mit einem Punkt s_0 so auf die Sphäre $\mathbb{S}^2$ abbilden, daß $I^2 \setminus \partial I^2$ und $\mathbb{S}^2 \setminus \{s_0\}$ homöomorph sind (Abb. C). Statt der geschl. 2-Wege kann man dann alle stetigen Abb. von $\mathbb{S}^2$ in $(M; \mathfrak{M})$ betrachten, die s_0 in x_0 abbilden. Ihre Homotopieklassen bilden bei geeigneter Wahl einer inn. Verkn. eine zu $\Pi_2(M, x_0)$ isomorphe Gruppe. Entsprechend deutet man $\Pi_n(M, x_0)$ für alle $n \geqq 1$ durch stetige Abb. der Sphäre $\mathbb{S}^n$.

Homotopiegruppen wegzusammenhängender Räume

Ist $(M; \mathfrak{M})$ ein wegzusammenhängender Raum, so sind n-dim. Homotopiegruppen bez. verschiedener Punkte aus M isomorph. Man kann also von der n-dim. Homotopiegruppe $\Pi_n(M)$ sprechen, ohne einen Bezugspunkt anzugeben. $\Pi_1(M)$ ist die bekannte Fundamentalgruppe. Wichtig ist nun der

Satz 3: *Sind die wegzusammenhängenden Räume $(M; \mathfrak{M})$ und $(N; \mathfrak{N})$ homotop-äquivalent, so sind $\Pi_n(M)$ und $\Pi_n(N)$ isomorph für alle $n \in \mathbb{N} \setminus \{0\}$.*

Beispiele: Für die Homotopiegruppen der Sphären $\mathbb{S}^n$ gilt: $\Pi_n(\mathbb{S}^n) \cong \mathbb{Z}$, $\Pi_n(\mathbb{S}^m) = 0$ $(n, m \in \mathbb{N} \setminus \{0\},\ n < m)$. Hinsichtlich der Gruppen $\Pi_n(\mathbb{S}^m)$ für $n > m$ liegen bisher nur Teilergebnisse vor. Die Gruppen sind jedoch nur teilweise trivial. Aus obigen Gruppen läßt sich in Verbindung mit Satz 3 folgern:

$\mathbb{S}^n$ und $\mathbb{S}^m$ sind genau dann homöomorph, wenn $n = m$ ist.

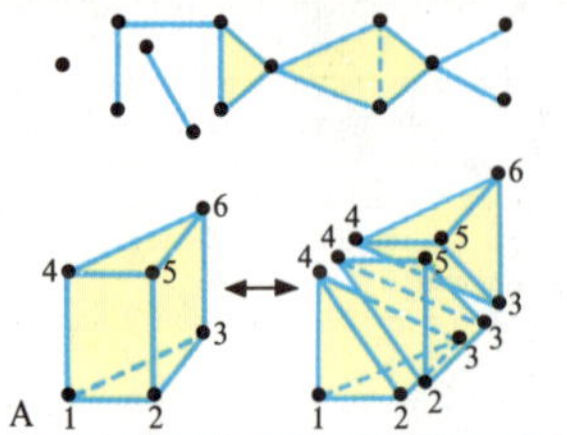

Polyeder

B

0-dim. Simplex P (Ecke)

1-dim. Simplex P_0P_1 (Kante)
(zwei 0-dim. Seitensimpl.)

2-dim. Simplex $P_0P_1P_2$ (Dreieckfläche)
(je drei 0-dim., 1-dim. Seitensimplexe)

3-dim. Simplex $P_0P_1P_2P_3$ (Tetraeder)
(vier 0-dim., sechs 1-dim., vier 2-dim. Seitensimplexe)

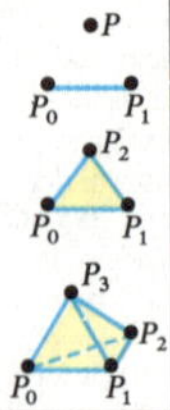

Simplexe

C

$\{P_1, P_2, P_3, P_4, P_1P_2, P_3P_4\}$

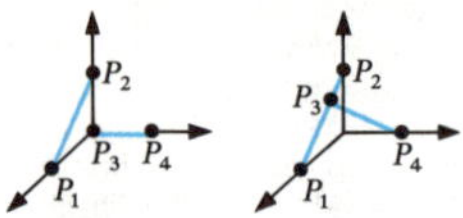

nicht zusammenhängend — zusammenhängend

Realisierungen einer Simplexmenge

D

$|K_1| = |K_2|$

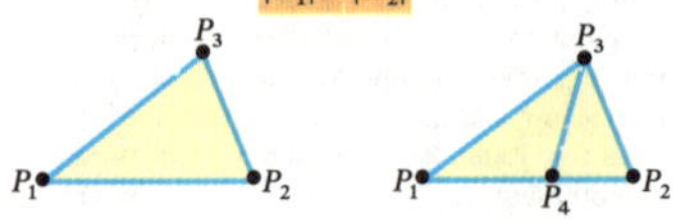

$K_1 = \{P_1, P_2, P_3, P_1P_2, P_2P_3, P_3P_1, P_1P_2P_3\}$

$K_2 = \{P_1, P_2, P_3, P_4, P_1P_4, P_4P_2, P_2P_3, P_3P_1, P_1P_4P_3, P_4P_2P_3\}$

Verschiedene Triangulationen eines Polyeders

Vorgegeben sei der durch die unabhängigen Punkte P_0, P_1, P_2 aufgespannte Teilraum E von $\mathbb{R}^3$, die Ebene durch P_0, P_1, P_2.

Baryzentrische Koordinaten

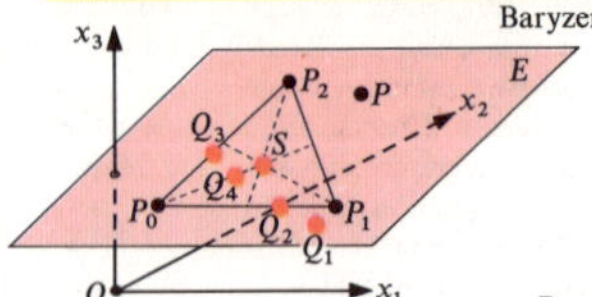

$$P \in E \Leftrightarrow \vec p = \vec p_0 + \lambda_1(\vec p_1 - \vec p_0) + \lambda_2(\vec p_2 - \vec p_0)$$
$$\Leftrightarrow \vec p = \lambda_0\vec p_0 + \lambda_1\vec p_1 + \lambda_2\vec p_1 \wedge \lambda_0 + \lambda_1 + \lambda_2 = 1$$

$$P \in E \leftrightarrow (\lambda_0|\lambda_1|\lambda_2) \quad \text{mit} \quad \lambda_0 + \lambda_1 + \lambda_2 = 1$$

Berechnungsbeispiele

	P_0	P_1	P_2	S	Q_1	Q_2	Q_3	Q_4
kartesisch	(1|1|2)	(4|1|2)	(1|3|3)	$(2\|\frac{5}{3}\|\frac{7}{3})$	(3|2|1)	(3|1|2)	$(1\|2\|\frac{5}{2})$	$(\frac{7}{4}\|\frac{3}{2}\|\frac{9}{4})$
baryzentrisch	(1|0|0)	(0|1|0)	(0|0|1)	$(\frac{1}{3}\|\frac{1}{3}\|\frac{1}{3})$	(−2|1|1)	$(\frac{1}{3}\|\frac{2}{3}\|0)$	$(\frac{1}{2}\|0\|\frac{1}{2})$	$(\frac{1}{2}\|\frac{1}{4}\|\frac{1}{4})$

E1

Baryzentrum

$$S(\tfrac{1}{3}|\tfrac{1}{3}|\tfrac{1}{3}) \text{ baryzentrisch} \Rightarrow \begin{pmatrix}x_1\\x_2\\x_3\end{pmatrix} = \tfrac{1}{3}\begin{pmatrix}1\\1\\2\end{pmatrix} + \tfrac{1}{3}\begin{pmatrix}4\\1\\2\end{pmatrix} + \tfrac{1}{3}\begin{pmatrix}1\\3\\3\end{pmatrix} = \begin{pmatrix}2\\\frac{5}{3}\\\frac{7}{3}\end{pmatrix} \Rightarrow S(2|\tfrac{5}{3}|\tfrac{7}{3}) \text{ kartesisch}$$

$$Q_1(3|2|1) \text{ kartesisch} \Rightarrow \begin{pmatrix}3\\2\\1\end{pmatrix} = \lambda_0\begin{pmatrix}1\\1\\2\end{pmatrix} + \lambda_1\begin{pmatrix}4\\1\\2\end{pmatrix} + \lambda_2\begin{pmatrix}1\\3\\3\end{pmatrix} \Rightarrow \lambda_0 = -2 \wedge \lambda_1 = 1 \wedge \lambda_2 = 1 \Rightarrow Q_1(-2|1|1) \text{ baryzentrisch}$$

Kennzeichnung des 2-dim. Simplex $P_0P_1P_2$

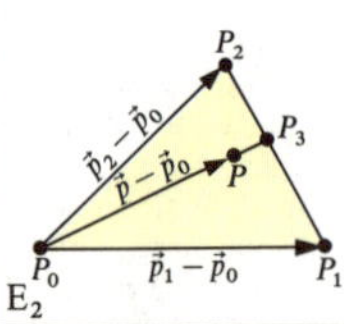

$$P \in P_0P_1P_2 \Leftrightarrow \vec p = \frac{\vec p_0 + \lambda\vec p_3}{1+\lambda} \wedge \lambda \geqq 0 \wedge \vec p_3 = \frac{\vec p_1 + \mu\vec p_2}{1+\mu} \wedge \mu \geqq 0$$

(Teilverhältnisformel, S. 195)

$$\Leftrightarrow \vec p = \frac{1}{1+\lambda}\vec p_0 + \frac{\lambda}{(1+\lambda)(1+\mu)}\vec p_1 + \frac{\lambda\cdot\mu}{(1+\lambda)(1+\mu)}\vec p_2$$
$$\Leftrightarrow \vec p = \lambda_0\vec p_0 + \lambda_1\vec p_1 + \lambda_2\vec p_2 \wedge \lambda_0 + \lambda_1 + \lambda_2 = 1 \wedge 0 \leqq \lambda_0, \lambda_1, \lambda_2 \leqq 1$$

$$P \in P_0P_1P_2 \leftrightarrow (\lambda_0|\lambda_1|\lambda_2) \quad \text{mit} \quad \lambda_0 + \lambda_1 + \lambda_2 = 1, \quad 0 \leqq \lambda_0, \lambda_1, \lambda_2 \leqq 1$$

E2

Baryzentrische Koordinaten einer Ebene

Die Polyeder sind als spez. Unterräume des $(\mathbb{R}^n; \mathfrak{R}^n)$ von Bedeutung, weil sich eine Reihe von top. Problemen im $\mathbb{R}^n$, i.a. unter Anwendung der Homöomorphie, auf Polyeder eingrenzen läßt. Hilfsmittel ist u.a. die Fundamentalgruppe, die sich für wegzusammenhängende Polyeder noch verhältnismäßig einfach ermitteln läßt. Da man sich kombinator. Hilfsmittel bedient, gehört dieser Teilbereich der algebr. Top. zur sog. *kombinatorischen Topologie.*

Beispiele für Polyeder im $(\mathbb{R}^2; \mathfrak{R}^2)$ bzw. $(\mathbb{R}^3; \mathfrak{R}^3)$

Die Abb. A enthält zwei Beispiele für Unterräume des $(\mathbb{R}^2; \mathfrak{R}^2)$ bzw. $(\mathbb{R}^3; \mathfrak{R}^3)$, die man als Polyeder bezeichnet. Man kann sie sich aus einer endlichen Anzahl von »Ecken«, »Kanten«, »Dreiecksflächen« und – im $(\mathbb{R}^3; \mathfrak{R}^3)$ – »Tetraedern« aufgebaut denken; ggf. sind noch weitere Kanten einzufügen. Diese »Bausteine« der Polyeder nennt man *Simplexe* und unterscheidet je nach ihrer Dimension 0-, 1-, 2- und 3-dimensionale Simplexe (Abb. B). An den Simplexen fällt auf, daß sie selbst aus Simplexen geringerer Dimension aufgebaut sind. Man spricht in Analogie zur Sprechweise »Seiten eines Dreiecks« und »Seiten(-flächen) eines Tetraeders« von den *Seitensimplexen* eines Simplex (Abb. B). Eine Kante besitzt also ihre Ecken als Seitensimplexe.

Definition der Polyeder im $(\mathbb{R}^2; \mathfrak{R}^2)$ bzw. $(\mathbb{R}^3; \mathfrak{R}^3)$

Bei der Def. der Polyeder geht man von einer Menge von Simplexen aus, z.B. $\{P_1, P_2, P_3, P_4, P_1P_2, P_3P_4\}$. Diese Menge ist allerdings kein top. Raum. Vereinigt man jedoch die Punkte aller in der Menge vorgegebenen Simplexe, so erhält man einen Unterraum von $(\mathbb{R}^2; \mathfrak{R}^2)$ bzw. $(\mathbb{R}^3; \mathfrak{R}^3)$. Er läßt sich in der Ebene oder im Raum auf sehr unterschiedliche Weise realisieren, denn über die Lage und Form der Simplexe wird keine nähere Auskunft gegeben. Für das obige Beispiel ergeben sich im $(\mathbb{R}^3; \mathfrak{R}^3)$ u.a. die in Abb. C dargestellten Realisierungen. Man erkennt, daß diese nicht notwendig homöomorph sein müssen. Die Ursache liegt darin, daß in der vorgegebenen Simplexmenge die »Inzidenzbeziehungen« der Simplexe nicht mitgeteilt werden. Man vereinbart folgende zusätzliche Bedingungen:

(1) *Der Durchschnitt je zweier Simplexe ist entweder leer oder ein Seitensimplex beider Simplexe.*

(2) *Mit jedem Simplex ist auch jedes seiner Seitensimplexe aufgeführt.*

Mit dieser Vereinbarung ist dann in Abb. C lediglich C_1 eine Realisierung der Simplexmenge $\{P_1, P_2, P_3, P_4, P_1P_2, P_3P_4\}$, denn in C_2 ist $P_1P_2 \cap P_3P_4 = \{P_3\}$ und P_3 kein Seitensimplex von P_1P_2. In C_2 ist dagegen eine Realisierung der Simplexmenge $\{P_1, P_2, P_3, P_4, P_1P_3, P_3P_2, P_3P_4\}$ dargestellt.

Def. 1: Eine endliche Simplexmenge K mit den Eigenschaften (1) und (2) heißt *Simplizialkomplex.*

Die in einem Simplizialkomplex erfaßte Punktmenge der Ebene oder des Raumes wird als Polyeder definiert.

Def. 2: Ist K ein Simplizialkomplex und $|K|$ die Menge der Punkte aller Simplexe aus K, so heißt $|K|$ *Polyeder*. K heißt auch *Triangulation* von $|K|$.

Bem.: $|K|$ wird stets mit der Relativtopologie versehen.

Einem Polyeder können durchaus verschiedene Triangulationen zugrunde liegen (Abb. D). Verschiedene Realisierungen eines Simplizialkomplexes sind stets homöomorph.

Bem.: Mit Polyedern, deren Triangulationen aus 0- und 1-dimensionalen Simplexen bestehen, beschäftigt sich die *Graphentheorie* (S. 251ff.).

Um Polyeder im $(\mathbb{R}^n; \mathfrak{R}^n)$ def. zu können, muß der Begriff des Simplexes verallgemeinert werden.

Simplexe im $(\mathbb{R}^n; \mathfrak{R}^n)$

Zur Def. der Simplexe im $(\mathbb{R}^n; \mathfrak{R}^n)$ benötigt man einige Eigenschaften des Raumes $\mathbb{R}^n$ (vgl. S. 204).

(1) $s+1$ Punkte $P_0, \ldots, P_s$ des $\mathbb{R}^n (s \leqq n)$ heißen *unabhängig*, wenn die s Vektoren $\vec{p}_1 - \vec{p}_0, \ldots, \vec{p}_s - \vec{p}_0$ lin. unabh. sind. Ein Punkt heißt stets unabh. Wählt man eine Teilmenge einer Menge von unabh. Punkten, so sind deren El. ebenfalls unabh.

(2) Die Punkte $P_0, \ldots, P_s$ des $\mathbb{R}^n$ »spannen« einen Unterraum H auf: $H := \{P | \vec{p} = \vec{p}_0 + \lambda_1(\vec{p}_1 - \vec{p}_0) + \cdots + \lambda_s(\vec{p}_s - \vec{p}_0) \wedge \lambda_i \in \mathbb{R}\}$.
Sind die $s+1$ Punkte unabhängig, so ist der Teilraum s-dimensional; für $s = n$ ist $H = \mathbb{R}^n$. Ein Punkt $P \in \mathbb{R}^n$ gehört genau dann zu H, wenn $\vec{p} = \lambda_0 \vec{p}_0 + \cdots + \lambda_s \vec{p}_s$ und $\lambda_0 + \cdots + \lambda_s = 1$ $(\lambda_i \in \mathbb{R})$.

(3) Die Punkte $P_0, \ldots, P_s$ aus $\mathbb{R}^n$ sind genau dann unabhängig, wenn es für jeden Punkt P des von $P_0, \ldots, P_s$ aufgespannten Teilraumes eindeutig bestimmte $\lambda_0, \ldots, \lambda_n \in \mathbb{R}$ gibt mit $\vec{p} = \lambda_0 \vec{p}_0 + \cdots + \lambda_s \vec{p}_s$ und $\lambda_0 + \cdots + \lambda_s = 1$.

(4) Sind $P_0, \ldots, P_s$ unabhängige Punkte aus $\mathbb{R}^n$, so läßt sich einerseits jeder Punkt des von $P_0, \ldots, P_s$ aufgespannten Teilraumes durch ein n-Tupel $(x_1, x_2, \ldots, x_n)$ darstellen, andererseits nach (3) durch ein $(s+1)$-Tupel $(\lambda_0, \ldots, \lambda_s)$ mit $\lambda_0 + \cdots + \lambda_s = 1$. Man nennt die λ_i *baryzentrische Koordinaten* des Teilraumes. Der Punkt mit gleichen baryzentrischen Koordinaten heißt *Baryzentrum* (Abb. E_1).

Unter diesen Gesichtspunkten sind die 0- bis 3-dim. Simplexe im $(\mathbb{R}^3; \mathfrak{R}^3)$ spez. Teilmengen der von 1 bis 4 unabh. Punkten aufgespannten Teilräume des $\mathbb{R}^3$, und zwar handelt es sich um diejenigen Punkte, bei denen die baryzentrischen Koordinaten nicht negativ sind (Abb. E_2). Man def.:

Def. 3: Sind $P_0, \ldots, P_s$ unabhängige Punkte aus $\mathbb{R}^n (s \leqq n)$, so heißt $\sigma^s := \{P | \vec{p} = \lambda_0 \vec{p}_0 + \cdots + \lambda_s \vec{p}_s \wedge \lambda_i \in \mathbb{R}_0^+ \wedge \lambda_0 + \cdots + \lambda_s = 1\}$ *s-dim. geom. Simplex.*

Die Punkte $P_0, \ldots, P_s$ heißen *Ecken* des Simplex. Wählt man $r+1$ Ecken $(r \leqq s)$ unter den $s+1$ Ecken eines Simplex σ^s, so sind diese ebenfalls unabh., und das von ihnen bestimmte r-dim. Simplex ist ein Unterraum von σ^s. Wie im $(\mathbb{R}^3; \mathfrak{R}^3)$ bezeichnet man diese Simplexe als *Seitensimplexe.* Die 0-dim. Seitensimplexe sind die Ecken. Die 1-dim. Seitensimplexe heißen *Kanten.* Ein s-dim. Seitensimplex von σ^s ist σ^s selbst. Jedes s-dim. Simplex besitzt $\binom{s+1}{r+1}$ verschiedene r-dim. Seitensimplexe.

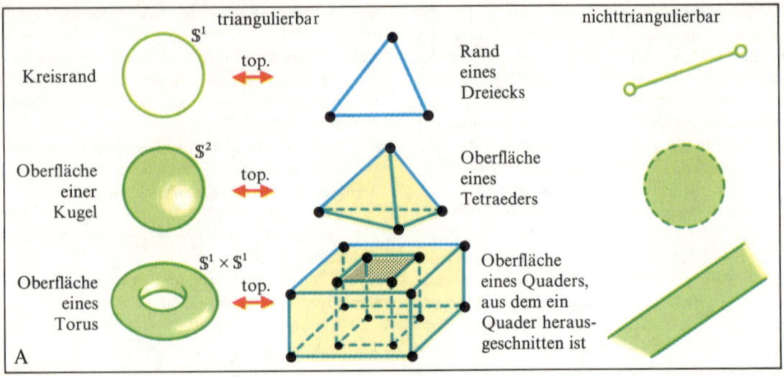

Triangulierbare und nichttriangulierbare Räume

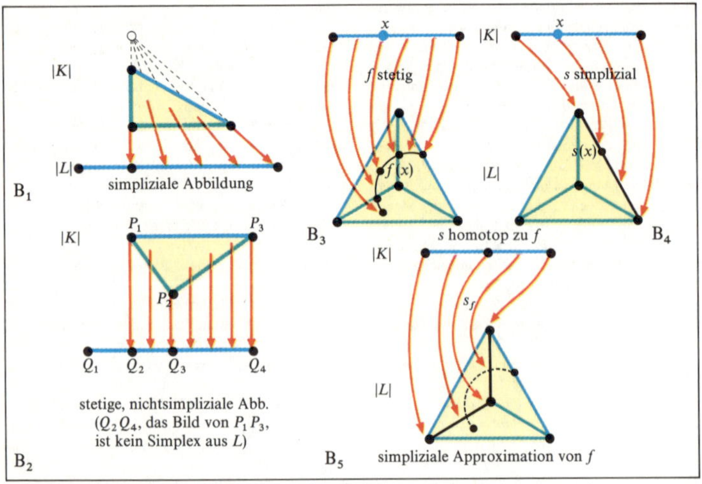

Simpliziale Abbildungen und simpliziale Approximation im $\mathbb{R}^2$

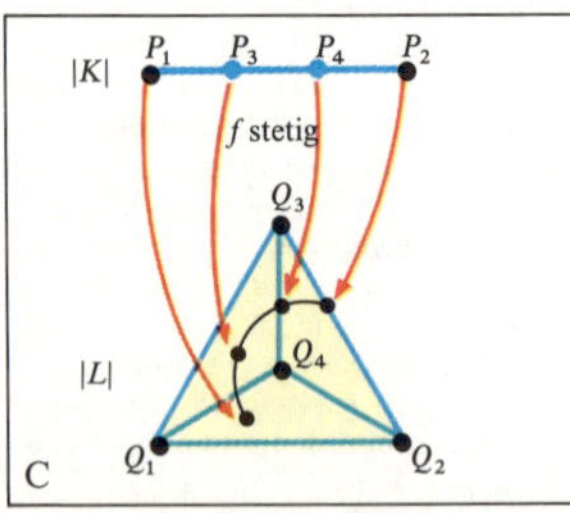

Wenn es eine simpliziale Approximation s_f von f gibt, dann muß z. B. gelten:

$s_f(P_1)$ ist eine Ecke von $Q_1Q_2Q_4$,
$s_f(P_3)$ liegt auf $Q_1Q_4Q_3$,
$s_f(P_4)$ liegt auf Q_4Q_3,
$s_f(P_2)$ ist eine Ecke von Q_2Q_3,

das Bild von P_1P_2 unter s_f ist eine Kante oder eine Ecke von L.

Bedingungen für eine simpliziale Approximation

Simplizialkomplexe im ($\mathbb{R}^n$; $\mathfrak{R}^n$)

Die Def. 1 (S. 241) wird nun verallgemeinert.

Def. 4: Eine endliche Menge K von Simplexen im $\mathbb{R}^n$ heißt *Simplizialkomplex*, wenn gilt:
(1) Der Durchschnitt je zweier Simplexe aus K ist entweder leer oder ein Seitensimplex beider Simplexe.
(2) Mit jedem Simplex gehören auch alle seine Seitensimplexe zu K.

Ist s die maximale Dimension aller Simplexe eines Simplizialkomplexes K, so heißt K *s-dimensional*. Man spricht von einem *Teilkomplex* K' eines Simplizialkomplexes K, wenn $K' \subseteq K$ und (2) aus Def. 4 erfüllt ist ((1) ist für jede Teilmenge von K erfüllt). Die Menge aller Seitensimplexe eines zu K gehörigen Simplexes ist z. B. ein Teilkomplex von K. Den Teilkomplex aller höchstens r-dimensionalen Simplexe eines s-dimensionalen Simplizialkomplexes K ($r \leqq s$) nennt man *r-dimensionales Skelett* $K^{(r)}$ von K.

Polyeder im ($\mathbb{R}^n$; $\mathfrak{R}^n$)

Analog zu Def. 2 (S. 241) def. man nun

Def. 5: Ist K ein Simplizialkomplex von Simplexen im $\mathbb{R}^n$, so heißt die Menge $|K|$ der Punkte aller Simplexe aus K *Polyeder* im ($\mathbb{R}^n$; $\mathfrak{R}^n$). K heißt auch *Triangulation* von $|K|$.

Bem.: $|K|$ erhält stets die Relativtop. bez. ($\mathbb{R}^n$; $\mathfrak{R}^n$).

Polyeder sind abgeschlossene und beschränkte, also kompakte Unterräume des ($\mathbb{R}^n$; $\mathfrak{R}^n$) (vgl. S. 229). Sie sind nicht notwendig zusammenhängend.

Triangulierbare Räume

Mit Hilfe der Polyeder kann man unter Ausnutzung der Homöomorphie auch alle diejenigen top. Räume erfassen, die zwar keine Polyeder sind, aber homöomorph zu einem solchen sind. Beisp.: Abb. A.

Def. 6: Ein top. Raum, der homöomorph zu einem Polyeder ist, heißt *triangulierbar* (auch: *krummliniges Polyeder*).

Es gibt nichttriangulierbare Räume, z. B. alle nichtkompakten Räume (Beisp.: Abb. A). Zu den triangulierbaren Räumen gehören auch die geschlossenen Flächen, die man mit Hilfe von Polyedern vollständig klassifizieren kann (S. 247).

Simpliziale Abbildungen

Für die Untersuchung von top. Räumen haben sich die stetigen Abb. als unentbehrlich erwiesen. Da es sich bei den Polyedern um spezielle top. Räume handelt, in denen die Vektorraumstruktur des $\mathbb{R}^n$ (Simplexe) und die Struktur des Simplizialkomplexes eine Rolle spielen, sind diejenigen stetigen Abb. auszuzeichnen, die die algebr. Struktur und die Komplexstruktur respektieren. Man verzichtet darauf, die Stetigkeit explizit zu fordern, da sie aus den definierenden Eigenschaften der sog. simplizialen Abb. gefolgert werden kann.

Def. 7: $|K|$ und $|L|$ seien Polyeder. Eine Abb. $s{:}|K| \to |L|$ heißt *simpliziale Abbildung*, wenn gilt:
(1) Die Bildpunkte der Ecken jedes Simplexes aus K sind Ecken von L und spannen ein Simplex aus L auf.
(2) Die Einschränkung von s auf ein Simplex aus K ist eine lineare Abbildung (vgl. S. 89).

Satz 1: *Jede simpliziale Abb. ist stetig.*

Bem.: Durch (2) in Def. 7 wird gewährleistet, daß das Innere eines Simplexes in das Innere des Bildsimplexes übergeht. Beisp.: Abb. B_1, B_2.

Der kombinatorische Charakter der simpl. Abb. zeigt sich besonders darin, daß eine simpl. Abb. bereits eindeutig bestimmt ist, wenn man den Ecken aus K Ecken aus L zuordnet. Die Komposition simpl. Abbildungen ist ebenfalls eine simpl. Abb.

Simpliziale Approximation

Untersucht man Polyeder hinsichtlich ihrer Homotopie-Äquivalenz bzw. Homöomorphie, so kann man sich auf simpl. Abb. beschränken. Der Grund ist darin zu suchen, daß man zu jeder stetigen Polyederabb. f simpliziale Abbildungen s konstruieren kann, die homotop zu f sind (Abb. B_3, B_4).

Ersetzt man nun eine stetige Polyederabb. f durch eine zu ihr homotope simpl. Abb. s, so wird man solche simpl. Abb. wählen, die hinsichtlich der Simplexstruktur des Bildraumes möglichst geringe »Abweichungen« zu f aufweisen. Diese »Abweichungen« lassen sich durch die Simplexe des Bildraumes erfassen. Eine unerwünschte »Abweichung« von f und s besteht z. B., wenn sich zu einem Punkt x aus $|K|$ kein Simplex des Bildraumes angeben läßt, dem beide Bildelemente $f(x)$ und $s(x)$ angehören, wie das in Abb. B_3 und B_4 dargestellt ist. Man zeichnet diejenigen simpl. Abb. aus, die jedes x aus $|K|$ in das Simplex abbilden, in dessen Innerem $f(x)$ liegt. Es zeigt sich, daß simpl. Abb. mit dieser Eigenschaft sogar stets homotop zu f sind.

Def. 8: $f{:}|K| \to |L|$ sei eine stetige Polyederabb. Eine simpl. Abb. $s_f{:}|K| \to |L|$ heißt *simpl. Approximation* von f, wenn durch s_f jedes $x \in |K|$ in das Simplex abgebildet wird, in dessen Innerem $f(x)$ liegt.

Satz 2: *Ist s_f eine simpl. Approximation von f, so sind s_f und f homotop. Je zwei simpl. Appr. von f sind homotop. Die simpl. Appr. von s_f ist s_f.*

Vermöge Satz 2 lassen sich die Homotopieklassen stetiger Polyederabb. durch simpl. Appr. repräsentieren, wenn gesichert ist, daß jede stetige Polyederabb. eine simpl. Appr. besitzt.

Betrachtet man die stetige Polyederabb. in Abb. B_3, so läßt sich bei der vorliegenden Triangulation von $|K|$ keine simpl. Appr. finden. Das Bild von $|K|$ unter einer simpl. Abb. ist nämlich entweder eine Kante oder eine Ecke von L, so daß die Bedingung der Def. 8 niemals für alle $x \in |K|$ erfüllt ist (Abb. C). Der Grund liegt darin, daß die Triangulation von $|K|$ nicht »fein« genug ist. Geht man durch Einfügen einer Ecke, z. B. des Mittelpunktes der Kante (Abb. B_5), zu einer »feineren« Triangulation über, so läßt sich eine simpl. Appr. angeben. Im allg. Fall zeigt man, daß zu jeder stetigen Polyederabb. $f{:}|K| \to |L|$ eine hinreichend »feine« Triangulation von $|K|$ konstruiert werden kann, bezüglich der eine simpl. Appr. s_f existiert.

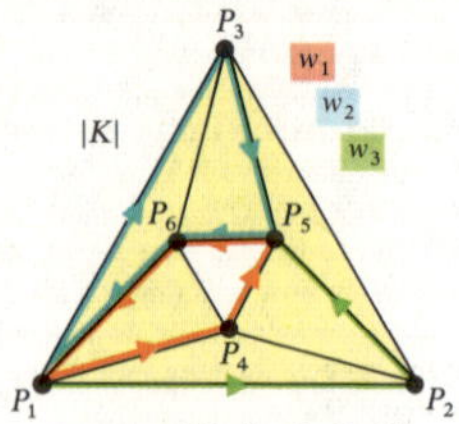

$w_1 \leftrightarrow \alpha_1 = (P_1, P_4, P_5, P_6, P_1)$
$w_2 \leftrightarrow \alpha_2 = (P_1, P_6, P_5, P_3, P_1)$
$w_3 \leftrightarrow \alpha_3 = (P_1, P_2, P_5)$

A_1

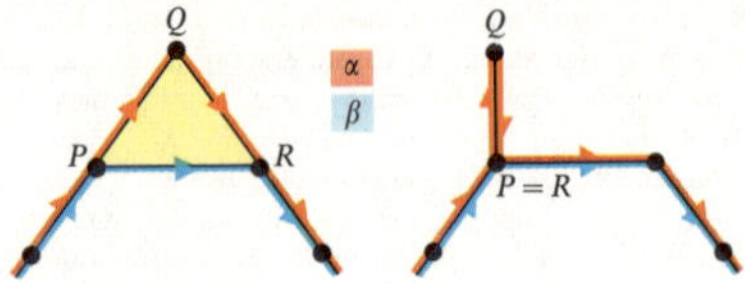

A_2

α und β sind komb.-homotop, da P, Q und R ein 3-dim. (2-dim.) Simplex aufspannen.

In Abb. A_1 sind z. B. α_1 und (P_1, P_2, P_3, P_1), α_2 und (P_1, P_6, P_3, P_1), bzw. α_2 und (P_1) komb.-homotop, α_1 und α_2 dagegen nicht.

Kantenzüge und kombinatorische Homotopie

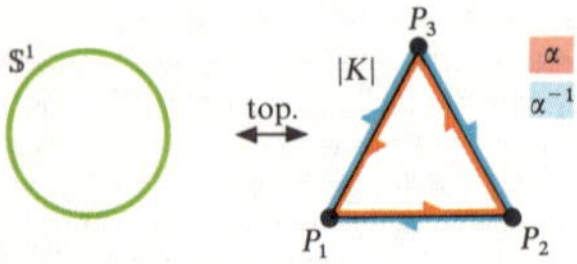

$$\Pi(K, P_1) = \{[\![\alpha_0]\!], [\![\alpha]\!], [\![\alpha^2]\!], \ldots, [\![\alpha^{-1}]\!], [\![\alpha^{-2}]\!], \ldots\}$$
$$\updownarrow \qquad \updownarrow \quad \updownarrow \quad \updownarrow \qquad \qquad \updownarrow \quad \updownarrow$$
$$\mathbb{Z} \quad = \{\ 0, \quad 1, \quad 2, \quad \ldots, \quad -1, \quad -2, \ \ldots\}$$

d. h. $\Pi(\mathbb{S}^1) \cong \mathbb{Z}$ (vgl. S. 238)

B

Kantenzuggruppe

$r < s < t$ (rot gefärbte Kanten gehören zum Gerüst;

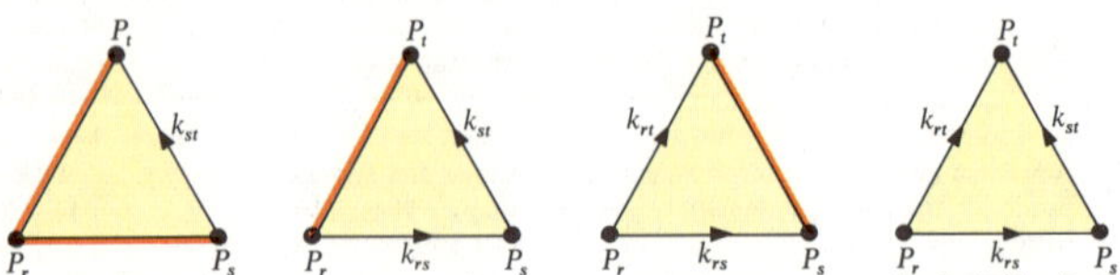

C

$[\![k_{st}]\!] = [\![\omega_0]\!]$

$[\![k_{rs}]\!] = [\![k_{st}^{-1}]\!]$

$[\![k_{rs}]\!] = [\![k_{rt}]\!]$

$[\![k_{rs} k_{st} k_{rt}^{-1}]\!] = [\![\omega_0]\!]$
$[\![k_{rs} k_{st}]\!] = [\![k_{rt}]\!]$

Identifizierung

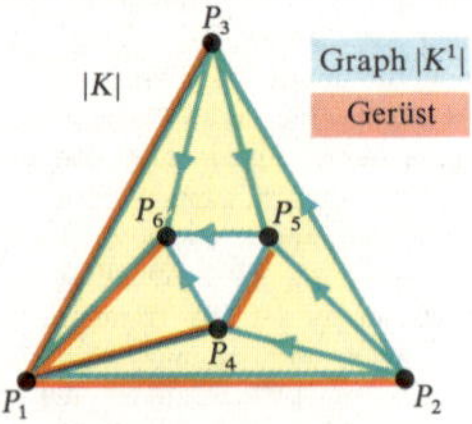

$\Pi(|K^1|)$ ist isomorph zu der von $[\![k_{24}]\!]$, $[\![k_{25}]\!]$, $[\![k_{23}]\!]$, $[\![k_{46}]\!]$, $[\![k_{56}]\!]$, $[\![k_{35}]\!]$, $[\![k_{36}]\!]$ erzeugten freien Gruppe F_7.

D_1

Zur Berechnung von $\Pi(|K|)$ berücksichtigt man die 3-dim. Simplexe und erhält gemäß Abb. C folgende Identifizierungen:

$$[\![k_{24}]\!] = [\![k_{46}]\!] = [\![k_{36}]\!] = [\![\omega_0]\!]$$
$$[\![k_{25}]\!] = [\![k_{24}]\!] = [\![\omega_0]\!]$$
$$[\![k_{23} k_{35}]\!] = [\![k_{25}]\!] = [\![\omega_0]\!], \text{ d. h. } [\![k_{23}]\!] = [\![k_{35}^{-1}]\!]$$
$$[\![k_{35} k_{56}]\!] = [\![k_{36}]\!] = [\![\omega_0]\!], \text{ d. h. } [\![k_{56}]\!] = [\![k_{35}^{-1}]\!]$$

$\Pi(|K|)$ ist also isomorph zu der von $[\![k_{35}]\!]$ erzeugten freien Gruppe F_1, d. h. isomorph zu $\mathbb{Z}$.

D_2

Berechnung der Fundamentalgruppe mit Hilfe einer freien Gruppe

Ist $|K|$ ein Polyeder im $\mathbb{R}^n$ und P_0 eine Ecke von K, so kann man die Homotopiegruppe $\Pi(|K|, P_0)$ bilden (S. 237), deren Struktur jedoch i.a. nicht ohne weiteres überschaubar ist. Man sucht daher den kombinatorischen Charakter des Simplizialkomplexes K auszunutzen und überträgt den Begriff des (geschl.) Weges in $|K|$ auf den Simplizialkomplex. Das Ziel ist eine zu $\Pi(|K|, P_0)$ isomorphe Gruppe, die mit kombinatorischen Hilfsmitteln faßbar ist.

Kantenzüge

Betrachtet man die in Abb. A_1 dargestellten spez. Wege im Polyeder $|K|$, so erkennt man, daß sie durch Folgen von Ecken aus K beschreibbar sind.

Def. 1: $|K|$ sei ein Polyeder. Eine endl. Folge $\alpha := (P_0, \dots, P_r)$ von Ecken aus K heißt *Kantenzug* zwischen P_0 und P_r, wenn je zwei benachbarte Ecken der Folge ein Simplex aus K bestimmen. α heißt *geschl. Kantenzug* mit P_0 als Anfangs- und Endpunkt, wenn $P_0 = P_r$ ist (Abb. A_1).

Bem.: Die Ecken eines Kantenzuges müssen nicht unbedingt verschieden sein. Die Folge $\alpha_0 = (P_0)$ ist der sog. *konstante Kantenzug*, der dem konstanten Weg entspricht.

Homotopie von Kantenzügen, Kantenzuggruppe

Für die Konstruktion der Homotopiegruppe $\Pi(|K|, P_0)$ ist die Homotopie geschl. Wege grundlegend. Entsprechend def. man für geschl. Kantenzüge:

Def. 2: Zwei geschlossene Kantenzüge heißen *kombinatorisch-homotop*, wenn der eine in den anderen durch eine endl. Anzahl folgender Operationen übergeht (in beiden Richtungen ausführbar):

(1) $(\dots, P, P, \dots) \leftrightarrow (\dots, P, \dots)$,

(2) $(\dots, P, Q, R, \dots) \leftrightarrow (\dots, P, R, \dots)$, wenn P, Q und R ein Simplex aufspannen (Abb. A_2).

Es liegt eine Äquivalenzrel. auf der Menge aller geschl. Kantenzüge mit P_0 als Anfangs- und Endpunkt vor. Die zugehörige Quotientenmenge wird mit $\Pi(K, P_0)$ bezeichnet. Auf $\Pi(K, P_0)$ def. man eine innere Verkn. durch $[\![\alpha]\!] \cdot [\![\hat{\alpha}]\!] := [\![\alpha\hat{\alpha}]\!]$, wobei $\alpha\hat{\alpha}$ durch Anhängen von $\hat{\alpha}$ an α entsteht.

$(\Pi(K, P_0); \cdot)$ ist eine Gruppe, die sog. *Kantenzuggruppe* von K bez. P_0, in der $[\![\alpha_0]\!] = [\![(P_0)]\!]$ neutrales El. ist und $[\![\alpha]\!]^{-1} := [\![\alpha^{-1}]\!]$ invers zu $[\![\alpha]\!]$ ist $(\alpha^{-1} := (P_0, P_r, \dots, P_1, P_0))$. *Beispiele*: Abb. B.

Mit Hilfe der simplizialen Approximationen (S. 243) beweist man nun den grundlegenden

Satz 1: *Die Homotopiegruppe $\Pi(|K|, P_0)$ eines Polyeders $|K|$ ist isomorph zur Kantenzuggruppe $\Pi(K, P_0)$.*

Bei wegzusammenh. Polyedern sind die Kantenzuggruppen bez. verschied. Punkte isomorph, da die Homotopiegruppen isomorph sind. Man kann also von *der* Kantenzuggruppe $\Pi(K)$ sprechen, die isomorph zur Fundamentalgruppe $\Pi(|K|)$ ist.

Bem.: Beim Beweis von Satz 1 ergibt sich, daß die Kantenzuggruppe nur von dem 2-dim. Skelett K^2 (S. 243) abhängt, d.h. von den 0-, 1- und 2-dim. Simplexen. Es genügt also, $\Pi(K^2, P_0)$ zu berechnen.

Eine weitere Vereinfachung der Berechnung ermöglicht die Einführung freier Gruppen.

Endlich-erzeugte freie Gruppe

$a_1, \dots, a_n$, $\bar{a}_1, \dots, \bar{a}_n$ seien *Zeichen* $(n \in \mathbb{N}\setminus\{0\})$. Jede Reihenfolge ω von endlich vielen dieser Zeichen (Wiederholung möglich) heißt *Wort*, z. B. $\omega_1 = a_1 a_2 \bar{a}_1 a_3 \bar{a}_1 \bar{a}_5$. Wird kein Zeichen aufgeführt, so spricht man vom leeren Wort ω_0. Hängt man $\hat{\omega}$ an ω an, so heißt $\omega\hat{\omega}$ Produkt.

Zwei Wörter heißen *äquivalent*, wenn das eine Wort durch Streichen oder Einfügen von $a_i\bar{a}_i$ oder $\bar{a}_i a_i$ in das andere Wort übergeht. Z. B. sind $a_5 a_1 \bar{a}_2 a_2 \bar{a}_1$ und a_5 äquivalent. Durch diese Äquivalenz entstehen Klassen $[\![\omega]\!]$ äquivalenter Wörter. Auf der Quotientenmenge F_n def. man eine innere Verkn. durch $[\![\omega]\!] \cdot [\![\hat{\omega}]\!] := [\![\omega\hat{\omega}]\!]$. $(F_n; \cdot)$ ist eine Gruppe mit $[\![\omega_0]\!]$ als neutr. El. und $[\![\omega]\!]^{-1} := [\![\omega^{-1}]\!]$ als inversem El. zu $[\![\omega]\!]$, wobei ω^{-1} sich aus ω ergibt, wenn man die Reihenfolge umkehrt und a_i durch $\bar{a}_i$ bzw. $\bar{a}_i$ durch a_i ersetzt. Es ist also z.B. $a_i^{-1} = \bar{a}_i$, so daß man i.a. a_i^{-1} für $\bar{a}_i$ schreibt.

Def. man $a_i^2 := a_i a_i$, $a_i^3 := a_i a_i a_i$, $a_i^{-2} := a_i^{-1} a_i^{-1}$ usw., so erhält man Rechenregeln für Klassen, die an die Potenzgesetze erinnern, z. B. $[\![a_1^3]\!] \cdot [\![a_1^{-1}]\!] = [\![a_1^2]\!]$.

Die Teilmenge $E_n = \{[\![a_1]\!], \dots, [\![a_n]\!]\}$ ist ein Erzeugendensystem im Sinne von Def. 9, S. 77. Man sagt: $(F_n; \cdot)$ ist die von E_n *endl.-erzeugte freie Gruppe*.

Beispiel: Die von $[\![a]\!]$ erzeugte freie Gruppe $F_1 = \{[\![\omega_0]\!], [\![a]\!], [\![a^2]\!], \dots, [\![a^{-1}]\!], [\![a^{-2}]\!], \dots\}$ ist isomorph zu $\mathbb{Z}$.

Berechnung der Fundamentalgruppe mit Hilfe einer endlich-erzeugten freien Gruppe

a) Ist das Polyeder ein **zusammenhängender Graph** (S. 253), so läßt sich ein Gerüst (S. 253) angeben. Die dabei nicht erfaßten Kanten werden gerichtet: von den beiden Ecken P_r und P_s einer Kante wird diejenige als Anfangspunkt ausgezeichnet, die den kleineren Index besitzt. Für $r < s$ ordnet man der Kante das Zeichen k_{rs} zu, für $s < r$ das Zeichen k_{sr}. Ist n_k die Anzahl der Kanten und n_e die Anzahl der Ecken im Graphen, so ergeben sich genau $n_k + 1 - n_e$ Zeichen. Es folgt

Satz 2: *Die Kantenzuggruppe (Fundamentalgruppe) eines zusammenhängenden Graphen ist isomorph zu einer freien Gruppe F_n, die von $n = n_k + 1 - n_e$ El. $[\![k_{rs}]\!]$ erzeugt wird.*

b) Bei **beliebigen wegzusammenhängenden Polyedern** kann man sich aufgrund der Bem. zu Satz 1 auf den Teilkomplex K^2 beschränken. Man betrachtet zunächst den Graphen $|K^1|$ (1-dim. Skelett) und bestimmt mit Hilfe eines Gerüstes in $|K^1|$ die freie Gruppe F_n gemäß Satz 2. Die Existenz 2-dim. Simplexe bewirkt nun eine Identifizierung von El. aus F_n, wie in Abb. C dargestellt. Der sich daraus ergebende Quotientenraum ist isomorph zur Fundamentalgruppe von $|K|$.

Satz 3: *Die Kantenzuggruppe (Fundamentalgruppe) eines wegzusammenhängenden Polyeders ist zu einer Quotientengruppe einer freien Gruppe isomorph. Beispiel:* Abb. D_1, D_2

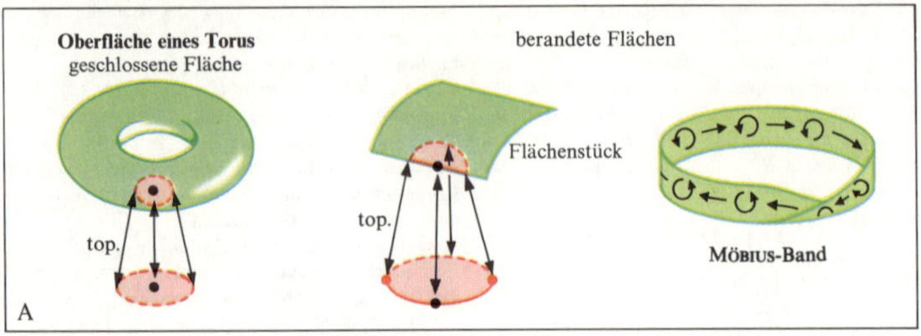

Geschlossene und berandete Flächen

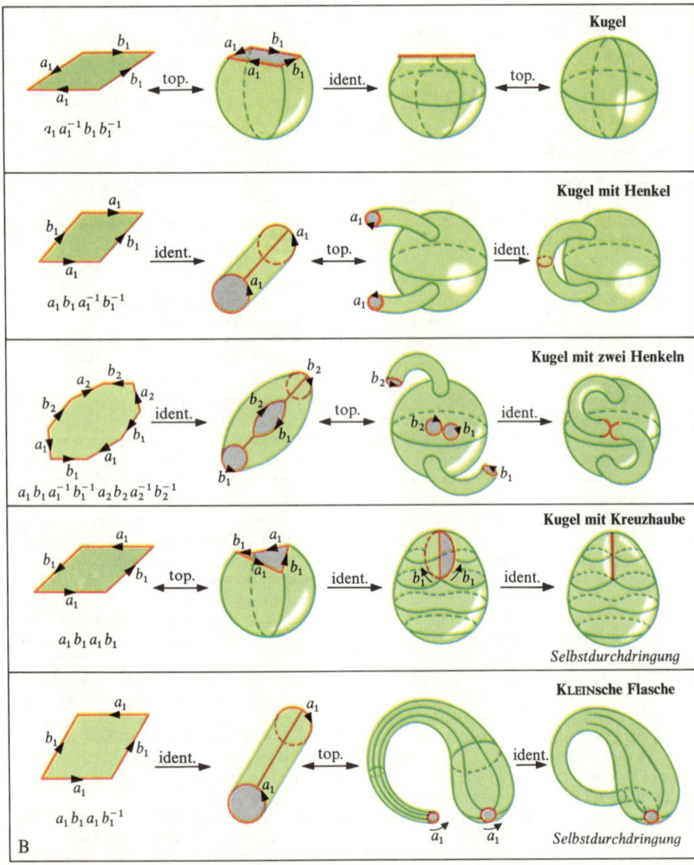

Zur Klassifikation geschlossener Flächen

Geschlossene und berandete Flächen

Unter Flächen stellt man sich spez. 2-dimensionale Punktmengen des $\mathbb{R}^3$ vor. Würde man jedoch – analog zum allg. Kurvenbegriff (S. 235) – jedes 2-dimensionale Kontinuum des $\mathbb{R}^3$, d. h. jede 2-dim., zusammenhängende, kompakte Punktmenge des $\mathbb{R}^3$ als Fläche bezeichnen, so wäre auch jede abgeschlossene Kreisscheibe mit angesetztem Kreisbogen (S. 232, Abb. E, Mitte) eine Fläche. Ein derartiger Flächenbegriff ist zu weit gefaßt. Offensichtlich muß man bei einer Fläche auch in der »Nähe« jedes Punktes die Zweidimensionalität garantieren, d. h. spez. Forderungen an die Umgebungen der Punkte stellen.

Bei der Def. legt man einen beliebigen top. Raum $(M; \mathfrak{M})$ zugrunde.

Def.: Eine zusammenhängende, kompakte Teilmenge von M heißt *geschlossene Fläche*, wenn jeder Punkt eine Umgebung besitzt, die zu einer offenen Kreisscheibe (also zum $\mathbb{R}^2$) homöomorph ist. Sie heißt *berandete* Fläche, wenn es neben Punkten, die eine zur offenen Kreisscheibe homöomorphe Umgebung besitzen, sog. *Berandungspunkte* gibt. Dabei heißt ein Punkt Berandungspunkt, wenn er eine Umgebung besitzt, die sich topologisch auf den Vereinigungsraum aus einer offenen Kreisscheibe und einem Bogen ihres Randes abbilden läßt, so daß der Punkt in das Innere des Bogens abgebildet wird (Abb. A).

Bem.: Die geschl. Flächen sind spez. *2-dimensionale Mannigfaltigkeiten* (s. Bd. II).

Aus der Def. der berandeten Fläche ergibt sich, daß die Berandung aus paarweise disjunkten JORDAN-Kurven (S. 235) besteht. Eine geschlossene (berandete) Fläche ist wegzusammenhängend, da sie zusammenhängend ist und jeder Punkt eine wegzusammenhängende Umgebung besitzt (Lokalwegzusammenhang, S. 223). Man kann also die Fundamentalgruppe bilden. Diese Aufgabe wird dadurch vereinfacht, daß jede geschl. (berandete) Fläche triangulierbar ist, d. h. einem Polyeder $|K|$ homöomorph ist, wobei die Triangulation K aus höchstens 2-dim. Simplexen besteht. Dabei gehört im Falle geschl. Flächen jede Kante zu genau zwei 2-dim. Simplexen, was die Bezeichnung »geschlossen« erklärt.

Klassifizierung geschlossener Flächen

Die Klassifizierung geschl. Flächen, d. h. die Kennzeichnung der Klassen homöomorpher geschl. Flächen durch Repräsentanten, ist vollständig gelöst.

Man zeigt zunächst, daß jede geschl. Fläche einem top. Raum homöomorph ist, der aus einem $2n$-seitigen ($n \geqq 2$) Polygon im $\mathbb{R}^2$ durch paarweises Identifizieren der Polygonkanten hervorgeht (*Beispiele*: Abb. B). Dabei werden je zwei Kanten, die zu identifizieren sind, mit demselben Buchstaben versehen. Da man zwei Kanten auf zweierlei Weise identifizieren kann, orientiert man zusätzlich die Kanten durch Pfeile und vereinbart, die Identifizierung unter Berücksichtigung der Orientierung vorzunehmen (Abb. B).

Durchläuft man nun den Rand des Polygons und notiert der Reihe nach alle Kanten, wobei x^{-1} geschrieben wird, wenn x entgegengesetzt zum Umlaufsinn orientiert ist, so erhält man Folgen der Form $a \ldots b^{-1} \ldots c \ldots a \ldots c^{-1} \ldots b^{-1}$ o. ä.

Man zeigt, daß die geschl. Flächen durch die folgenden Grundformen vollständig klassifiziert werden:

(1) $a_1 a_1^{-1} b_1 b_1^{-1}$ (*Kugeloberfläche*)

(2) $a_1 b_1 a_1^{-1} b_1^{-1} \ldots a_g b_g a_g^{-1} b_g^{-1}$ $(g \in \mathbb{N} \setminus \{0\})$
(*Oberfläche einer Kugel mit g Henkeln*)

(3) $a_1 b_1 a_1 b_1 \ldots a_k b_k a_k b_k$ $(k \in \mathbb{N} \setminus \{0\})$
(*Oberfläche einer Kugel mit k Kreuzhauben*)

Die Fundamentalgruppen der zu den Grundformen gehörigen geschl. Flächen sind paarweise nicht isomorph, so daß nach Satz 1, S. 237, die Flächen paarweise nicht homöomorph sind.

Bem.: Statt der Oberfläche einer Kugel mit einem Henkel (g Henkeln) kann man auch die dazu homöorphe Oberfläche eines Torus (eines Torus mit g Durchbohrungen) wählen. g heißt *Geschlecht* der Fläche.

Eine Kugel mit Kreuzhaube entsteht, indem man in eine Kugeloberfläche ein kreisförmiges Loch schneidet und die Öffnung mit einem MÖBIUS-Band (Abb. A) verschließt, wobei man den Kreisrand und den Rand des MÖBIUS-Bandes identifiziert.

Die Oberfläche der Kugel mit zwei Kreuzhauben ist zur KLEIN*schen Flasche* (Abb. B) homöomorph. Alle geschl. Flächen vom Typ (3) sind erst im $\mathbb{R}^4$ realisierbar, im $\mathbb{R}^3$ nur mit Selbstdurchdringung darstellbar.

Orientierbarkeit

Man nennt eine Fläche *nichtorientierbar*, wenn es eine JORDAN-Kurve auf der Fläche gibt, längs der man das top. Bild eines orientierten Kreises so verschieben kann, daß es mit umgekehrter Orientierung an seinen Ausgangspunkt zurückkehrt. Gibt es keine derartige JORDAN-Kurve, so heißt die Fläche *orientierbar*. Die Orientierbarkeit ist eine top. Invariante.

Die orientierbaren geschl. Flächen werden durch die Oberflächen der Kugeln mit g Henkeln $(g \in \mathbb{N})$ repräsentiert, die nichtorientierbaren durch die Oberflächen der Kugeln mit k Kreuzhauben $(k \in \mathbb{N} \setminus \{0\})$.

Zu den wichtigsten nichtorientierbaren berandeten Flächen zählt das MÖBIUS-Band. Eine Fläche ist nämlich genau dann nichtorientierbar, wenn sie einen zum MÖBIUS-Band homöomorphen Unterraum enthält.

Zusammenhangszahl

Eine wichtige andere top. Invariante von Flächen ist die Zusammenhangszahl z. Darunter versteht man bei einer geschl. Fläche die maximale Anzahl von JORDAN-Kurven, die man auf der Fläche angeben kann (sie dürfen sich schneiden), ohne diese in zwei disjunkte Teile zu zerlegen. Für die orientierbaren geschl. Flächen gilt $z = 2g$, für die nichtorientierbaren $z = k$.

Morphismenkomposition

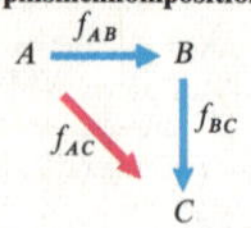

Für beliebige Objekte A, B, C gilt:

Zu jedem Morphismus f_{AB} zwischen A und B und jedem Morphismus f_{BC} zwischen B und C gibt es genau einen Morphismus f_{AC} zwischen A und C: $f_{AC} = f_{BC} \circ f_{AB}$.

Assoziativität der Morphismenkomposition

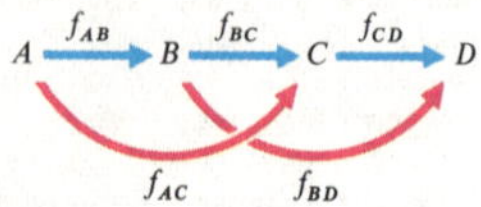

Für je drei Morphismen und beliebige Objekte A, B, C, D gilt:

$$f_{CD} \circ (f_{BC} \circ f_{AB}) = (f_{CD} \circ f_{BC}) \circ f_{AB}.$$

Neutrale Elemente der Morphismenkomposition

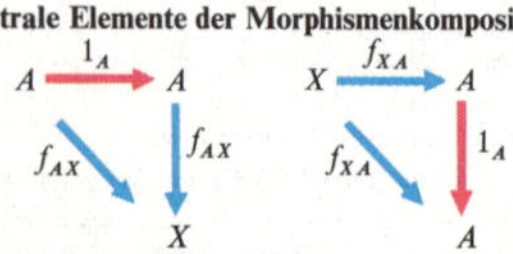

Zu jedem Objekt A gibt es einen Morphismus 1_A zwischen A und A, so daß für alle Objekte X gilt:

$$f_{AX} \circ 1_A = f_{AX} \quad \text{und} \quad 1_A \circ f_{XA} = f_{XA}.$$

A

Eigenschaften einer Kategorie

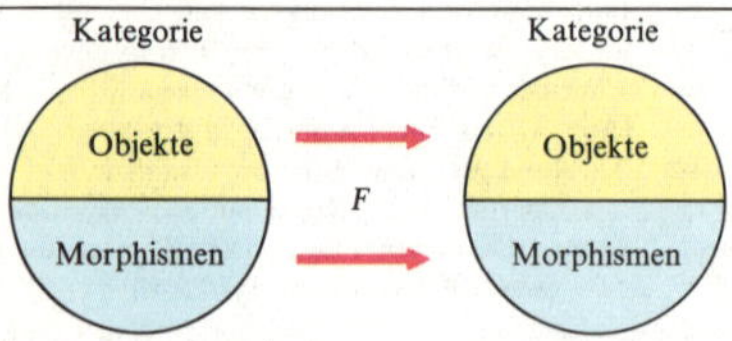

Jedem Objekt A der ersten Kategorie wird genau ein Objekt $F(A)$ der zweiten Kategorie zugeordnet. Jedem Morphismus f der ersten Kategorie wird genau ein Morphismus $F(f)$ zugeordnet.

Verträglichkeit des Funktors F mit der Morphismenkomposition

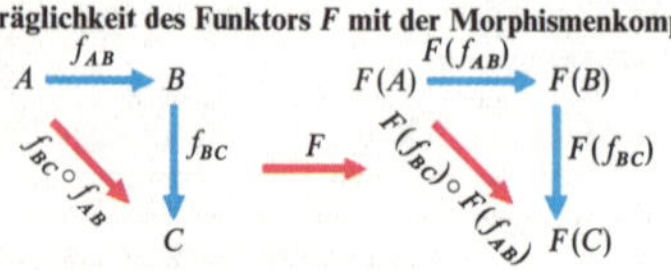

Jedes kommutative Diagramm geht in ein kommutatives Diagramm über, wobei gilt:

$$F(f_{BC} \circ f_{AB}) = F(f_{BC}) \circ F(f_{AB}).$$

B Für alle Objekte A gilt: $F(1_A) = 1_{F(A)}$.

Eigenschaften eines Funktors

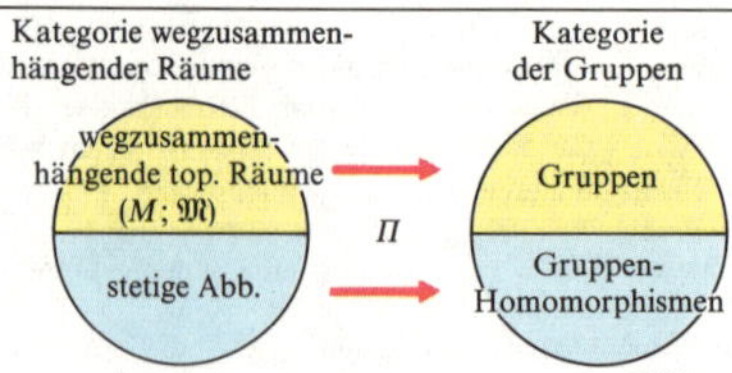

$\Pi(M)$ Fundamentalgruppe von M

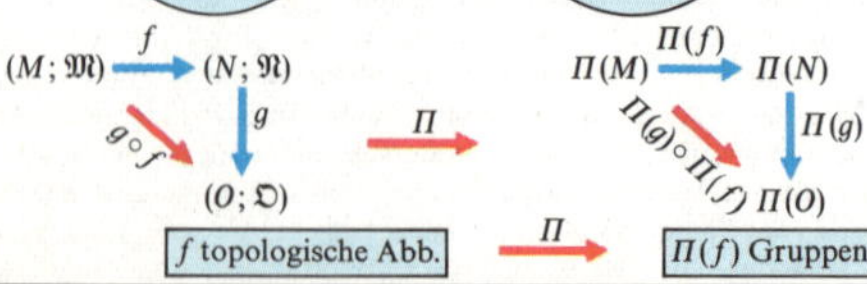

$$\Pi(g \circ f) = \Pi(g) \circ \Pi(f)$$

C

Funktor Π der algebraischen Topologie

Funktorielle Methode

Der Untersuchung top. Räume mit algebr. Hilfsmitteln liegt die funktorielle Methode zugrunde, die heute auch in anderen Bereichen der Mathematik (z. B. Algebra) Anwendung findet. Man betrachtet Kategorien und zwischen ihnen Funktoren.

Eine **Kategorie** besteht

(1) aus Objekten $A, B, C, \ldots$ und

(2) aus Mengen von Morphismen (S. 37) zwischen je zwei Objekten mit den Eigenschaften gemäß Abb. A.

Sind die Objekte gleichartig strukturiert, (z. B. top. Räume, Gruppen oder geordnete Mengen), so wählt man als Morphismen i. a. die strukturverträglichen Abb. (stetige Abb., Gruppen-Homomorphismen oder isotone Abb.); die Morphismenkomposition ist diejenige für Abbildungen.

Auf diese Weise erhält man die Kategorie der top. Räume, die Kategorie der Gruppen, die Kategorie der geordneten Mengen.

Häufig betrachtet man auch Unterkategorien, z. B. die Kategorie wegzusammenhängender top. Räume oder die Kategorie komm. Gruppen.

Um Kategorien in Beziehung zu setzen, werden **Funktoren** eingeführt. Ein Funktor ordnet jedem Objekt einer ersten Kategorie genau ein Objekt einer zweiten, jedem Morphismus der ersten genau einen der zweiten zu, wobei die in Abb. B aufgeführten Eigenschaften erfüllt sein müssen.

Aus diesen Eigenschaften folgt z. B., daß bei jedem Funktor von der Kategorie der top. Räume (oder einer Unterkategorie) in die Kategorie der Gruppen eine topologische Abbildung in einen Gruppen-Isomorphismus übergeht, d. h. zu homöomorphen top. Räumen gehören isomorphe Gruppen. Ein Funktor der algebr. Topologie ordnet also den top. Räumen als top. Invarianten Gruppen zu.

Funktoren in der algebraischen Topologie

Zwischen der Unterkategorie wegzusammenhängender top. Räume und der Kategorie der Gruppen ist ein Funktor Π (Abb. C) dadurch def., daß jedem wegzusammenhängenden top. Raum M seine *Fundamentalgruppe* $\Pi(M)$ zugeordnet wird (S. 237).

Durch Π kann man zwar z. B. die Klassifikation geschl. Flächen im $\mathbb{R}^3$ erreichen (S. 247), aber bereits zur Klassifikation der Sphären $\mathbb{S}^n$ (S. 239) werden weitere top. Invarianten benötigt. Diese werden durch die Funktoren Π_n, die jedem wegzusammenhängenden top. Raum M die *n-dim. Homotopiegruppen* $\Pi_n(M)$ zuordnen (S. 239), erzeugt.

Die Berechnung dieser Gruppen ist jedoch i. a. sehr schwierig (vgl. $\Pi_n(\mathbb{S}^m)$, S. 239). Weitreichende Ergebnisse erzielt man mit den *Homologiefunktoren* H_n (s. u.), die jedem top. Raum M die *n-dim. Homologiegruppen* $H_n(M)$ zuordnen. Diese Funktoren haben sich als wichtigstes Hilfsmittel in der algebr. Topologie erwiesen. Entwickelt hat sich die Theorie der Homologiefunktoren (Homologietheorie) aus der Theorie der Polyeder. Man spricht dort von der simplizialen Homologietheorie.

Simpliziale Homologietheorie

In dieser auf Polyeder beschränkten Theorie (Poincaré) ordnet man einem r-dim. Simplizialkomplex K für jedes $n \leqq r$ eine Gruppe $H_n(K)$ zu, die aus den n-dim. Simplexen von K konstruiert wird. Man nennt sie *n-dim.* Betti-*Gruppe.* Sie ist das direkte Produkt einer Anzahl p_n (*n-dim.* Betti-*Zahl*) von unendlichen zyklischen Gruppen und einer Anzahl s von endl. zyklischen Gruppen, deren Ordnungen (*Torsionszahlen*) gewisse Teilbarkeitseigenschaften erfüllen.

Man zeigt, daß zwei Simplizialkomplexe, die zu demselben oder zu homöomorphen Polyedern gehören, isomorphe n-dim. Betti-Gruppen besitzen, so daß man von *den* Betti-Gruppen eines Polyeders sprechen kann. Sie sind also ebenso wie die Betti-Zahlen und die Torsionszahlen top. Invarianten von Polyedern. Ihre Berechnung ist mühevoll.

Singuläre Homologietheorie

In dieser Theorie (Lefschetz, Eilenberg) bildet man zu einem beliebigen top. Raum M spez. Mengen von Abbildungen in diesen Raum ähnlich wie in der Homotopietheorie. Anstelle des n-dim. Einheitswürfels wählt man jedoch das von den Punkten E_i mit $\vec{e}_i = (e_0, \ldots, e_n)$ ($e_i = 1$, $e_j = 0$ für $i \neq j$) im $\mathbb{R}^n$ aufgespannte Simplex, auch n-dim. Standardsimplex Λ_n genannt. Für jedes $n \in \mathbb{N}$ konstruiert man aus der Menge der Abb. von Λ_n in M eine abelsche Gruppe $F(\Lambda_n)$. Diese Gruppen werden durch sog. *Randhomomorphismen* verkettet, so daß – in der Sprache der homologischen Algebra – ein *Kettenkomplex* entsteht. So wird jedem top. Raum ein Kettenkomplex zugeordnet, diesem werden dann unter Ausnutzung der Methoden der homologischen Algebra die sog. *n-dim. singulären Homologiegruppen* $H_n(M)$ zugeordnet, die als Quotientengruppen spez. Untergruppen von $F(\Lambda_n)$ def. werden.

Die sing. Homologiegruppen sind top. Invarianten eines beliebigen top. Raumes. Sie ermöglichen die Lösung einer Reihe gewichtiger Probleme der Top.

Einige Ergebnisse der Homologietheorie

Die Eigenschaft eines top. Raumes M, wegzusammenhängend zu sein, ist äquivalent zu $H_0(M) \cong \mathbb{Z}$. Für beliebige top. Räume spiegelt die 0-dim. Homologiegruppe die Wegzusammenhangsverhältnisse wider (Anzahl der Wegkomponenten). Hinsichtlich der Sphären erhält man $H_m(\mathbb{S}^n) \cong 0$ für $m \neq 0$ und $m \neq n$ und $H_m(\mathbb{S}^n) \cong \mathbb{Z}$ für $m = 0$ oder $m = n$, woraus sich nochmals ergibt, daß die Sphären paarweise nichthomöomorph sind. Dagegen kann man aus $H_m(\mathbb{R}^n) \cong 0$ für $m \geqq 1$ und $H_0(\mathbb{R}^n) \cong \mathbb{Z}$ nicht folgern, daß $\mathbb{R}^n$ und $\mathbb{R}^m$ genau dann homöomorph sind, wenn $n = m$ ist. Hierzu wird die Theorie der sing. relativen Homologiegruppen verwendet (Einbeziehung von Unterräumen).

Auch die Aussage des sog. Brouwerschen Fixpunktsatzes, daß jede stetige Abb. der n-dim. Vollkugel des $\mathbb{R}^n$ (abgeschl. Kreisscheibe im $\mathbb{R}^2$) in sich mindestens einen Fixpunkt besitzt, läßt sich mit den Mitteln der Homologietheorie beweisen.

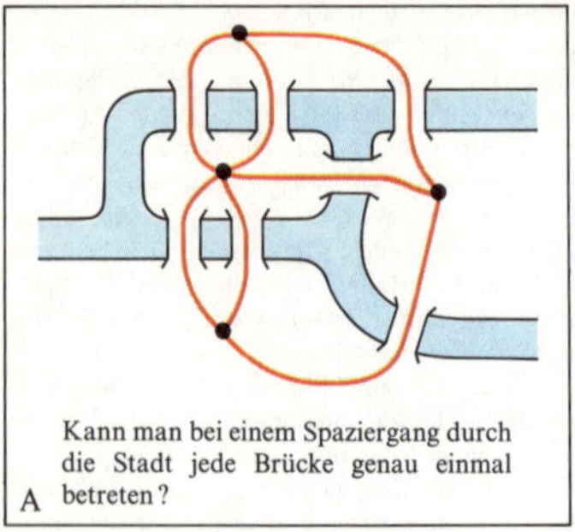

Königsberger Brückenproblem

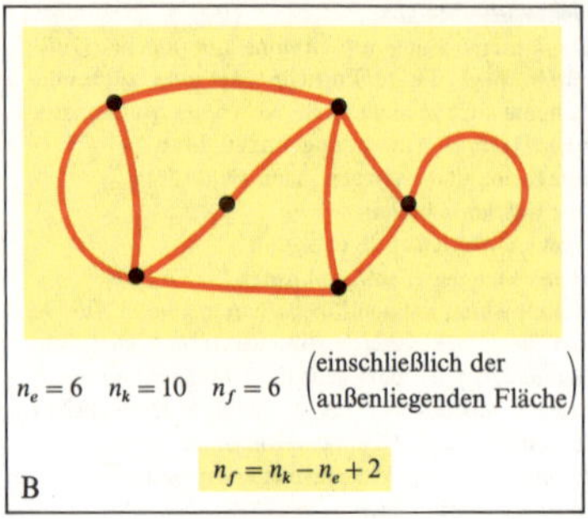

EULERsche Polyederformel

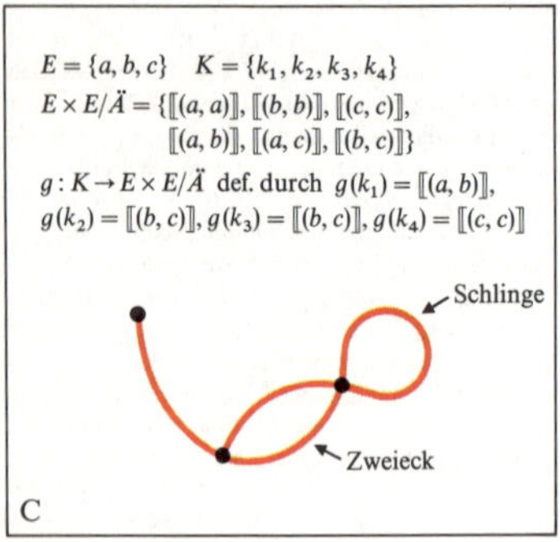

Darstellung eines Graphen

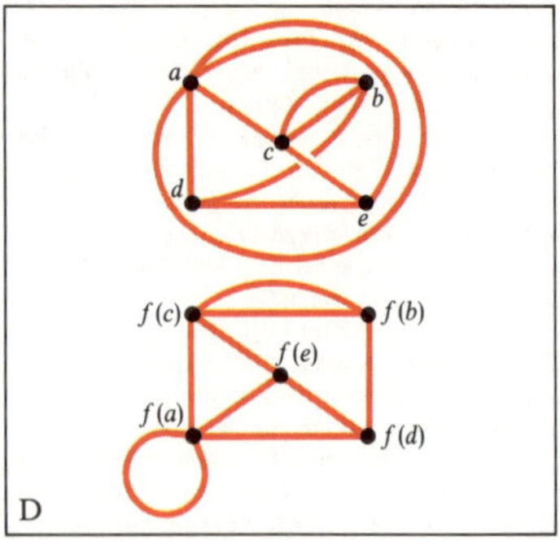

Isomorphe Graphen

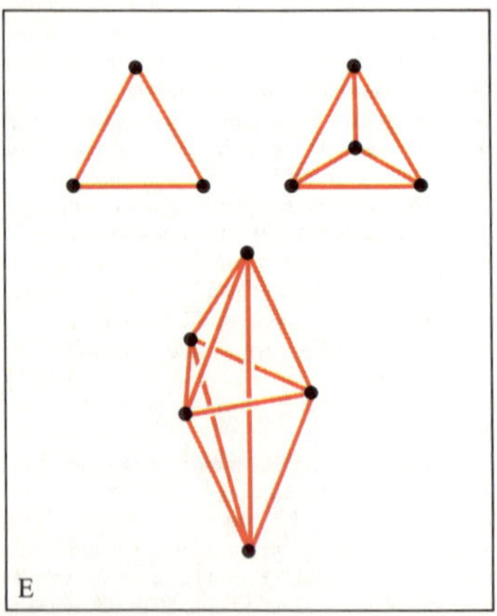

Vollständige Graphen

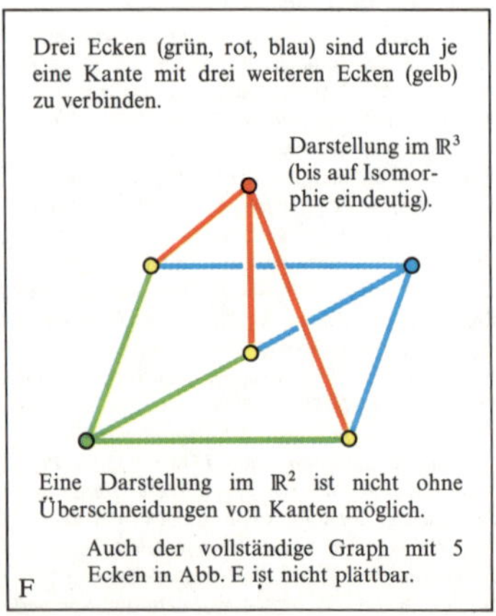

Nichtplättbarer Graph

Die Wurzel der Graphentheorie liegt in der Untersuchung top. Probleme, die sich durch eine Anzahl von Punkten (Ecken) und Verbindungen (Kanten) zwischen ihnen beschreiben lassen. Ein bekanntes Beispiel ist das sog. *Königsberger Brückenproblem* (Abb. A). Es läßt sich mathematisieren, indem man vier Punkte in der Ebene vorgibt, von denen gewisse Paare durch Kurvenbögen (u.U. mehrfach) verbunden sind, die sich nicht schneiden (Abb. A). Man nennt das entstandene Gebilde »Graph«.

Der in Abb. B dargestellte »Graph« führt auf ein anderes Problem. Durch die Anzahl n_e der Ecken und die Anzahl n_k der Kurvenbögen ist die Anzahl n_f der Flächenstücke, in die die Ebene zerlegt wird, bereits eindeutig bestimmt. Es gilt die sog. *EULERsche Polyederformel* $n_k - n_e = n_f - 2$.

Alle Polyeder, deren Triangulationen aus 0- und 1-dim. Simplexen bestehen (S. 241), sind als »Graphen« anzusehen, ebenso ihre top. Bilder.

Heute hat sich die Graphentheorie verselbständigt. Ihre Anwendungsbereiche reichen weit über die reine Mathematik hinaus (z.B. theor. Physik, Technik, Netzwerktheorie u.a.).

Definition des Graphen

Die »Graphen« der Abb. A und B sind Beispiele für »top. Graphen«, d.h. sie werden als Teilmengen eines top. Raumes, hier des $(\mathbb{R}^2; \mathfrak{R}^2)$, aufgefaßt. Die Graphentheorie verwendet heute eine Definition des Graphen, bei der man darauf verzichtet, einen top. Raum zugrunde zu legen. Man beschränkt sich darauf, zwei disjunkte Mengen E und K anzugeben, die *Ecken-* und die *Kantenmenge*, und die Inzidenzbeziehungen von Ecken und Kanten durch eine *Abbildung* zu beschreiben. Die Inzidenzbeziehungen lassen sich durch geordnete Paare, genauer durch Klassen geordneter Paare, angeben. Inzidieren z.B. die Ecken x und y mit der Kante k, so kann man dies dadurch beschreiben, daß man der Kante k das Eckenpaar (x, y) oder (y, x) zuordnet. Da jedoch keine der Ecken gegenüber der anderen ausgezeichnet werden soll, sind (x, y) und (y, x) zu identifizieren (Äquivalenzrelation $\ddot{A}$). Ist nun $E \times E$ die Menge aller zugeordneter Eckenpaare, so sei $E \times E/\ddot{A}$ die Menge der Klassen identifizierter Paare. $E \times E/\ddot{A}$ besteht also aus Klassen der Form $[\![(x, x)]\!] = \{(x, x)\}$ oder $[\![(x, y)]\!] = \{(x, y), (y, x)\}$, falls $x \neq y$ ist. Die Inzidenzbeziehungen lassen sich daher durch eine Abb. von K in $E \times E/\ddot{A}$ beschreiben.

Def.: E und K seien disjunkte Mengen, $g: K \to E \times E/\ddot{A}$ sei eine Abbildung. Dann heißt das Tripel $G := (E, K, g)$ *Graph* mit der *Eckenmenge* E und der *Kantenmenge* K. Ist $k \in K$ und $g(k) = [\![(x, y)]\!]$, so sagt man: x und y sind durch k verbunden. Im Falle $x = y$ nennt man die Kante *Schlinge*. Ist $g(k_1) = g(k_2)$ mit $k_1, k_2 \in K$ und $k_1 \neq k_2$, so spricht man von einem *Zweieck*.

Darstellung eines Graphen, topologischer Graph

Die Darstellung eines Graphen geschieht, wenn dies möglich ist, im $(\mathbb{R}^3, \mathfrak{R}^3)$ durch Punkte und Kurvenbögen bzw. JORDAN-Kurven (im Falle von Schlingen), die sich außerhalb der Punkte nicht schneiden. Abb. C enthält ein Beispiel.

Aber auch andere top. Räume werden zur Darstellung verwendet, z.B. die Kugeloberfläche, der Torus oder andere geschlossene Flächen. Sind die Ecken eines Graphen Punkte eines top. Raumes und die Kanten Kurvenbögen oder JORDAN-Kurven, die höchstens Ecken gemeinsam haben, so spricht man von einem *topologischen Graphen*.

Isomorphie von Graphen

Die Graphen der Abb. D scheinen auf den ersten Blick sehr unterschiedlich. Dennoch sind sie im Sinne der Graphentheorie strukturgleich. Man kann nämlich eine bijektive Abb. der Eckenmenge angeben, die die Inzidenzbeziehungen respektiert. Man spricht von *isomorphen Graphen*.

Das top. Bild eines top. Graphen führt stets zu einem isomorphen Graphen.

Spezielle Typen von Graphen

a) Endliche Graphen: Ein Graph mit endl. Eckenmenge heißt *endlich*. Ein endl. Graph kann eine unendl. Kantenmenge besitzen, allerdings ist dann die Anzahl der Schlingen oder Zweiecke nicht endl.

b) Unendliche Graphen: Ein Graph mit unendl. Eckenmenge heißt *unendlich*. Ein unendl. Graph kann eine endl. oder unendl. Kantenmenge besitzen.

c) Graphen ohne Schlingen und ohne Zweiecke erfüllen die Bedingung, daß jede Kante zwei verschiedene Ecken verbindet und je zwei Ecken durch höchstens eine Kante verbunden sind. Sind je zwei Ecken durch genau eine Kante verbunden, so heißt der Graph *vollständig* (Abb. E).

d) Plättbare (ebene) Graphen: Ein in der Ebene $(\mathbb{R}^2; \mathfrak{R}^2)$ darstellbarer Graph heißt *plättbar* oder *eben*. Bereits sehr einfach strukturierte Graphen sind nicht plättbar, d.h. eine Darstellung in der Ebene führt zu Überschneidungen von Kanten (Abb. F).

e) Gerichtete Graphen: Zeichnet man für jede Kante eine der Ecken als Anfangspunkt aus, so erhält man einen *gerichteten Graphen*. In der Darstellung eines gerichteten Graphen erteilt man jeder Kante durch einen Pfeil einen bestimmten »Durchlaufsinn«.

Grad einer Ecke (Eckengrad)

Ist x eine Ecke eines Graphen, so ist der *Grad von* x (grad$x$) die Kardinalzahl der Menge aller Kanten, die mit x inzidieren (Schlingen werden i.a. doppelt gezählt).

In endl., schlingen- und zweiecklosen Graphen gibt grad$x$ auch die Anzahl der Ecken an, die durch Kanten mit x verbunden sind. In derartigen Graphen ist die Kantenzahl $n_k = \frac{1}{2} \sum_{x \in E} \operatorname{grad} x$.

In einem vollständigen, endl. Graphen mit n_e Ecken ist $\operatorname{grad} x = n_e - 1$ für alle Ecken. Die Anzahl der Kanten ist daher $n_k = \frac{1}{2} n_e(n_e - 1)$. Graphen, in denen jede Ecke vom gleichen Grad ist, heißen *regulär*. Zu ihnen gehören z.B. die vollst. Graphen und die Graphen, die die Oberfläche der regulären Polyeder def. (S. 170, Abb. D). In endl., schlingen- und zweiecklosen, regulären Graphen gilt: $n_k = \frac{1}{2} n_e \cdot \operatorname{grad} x$.

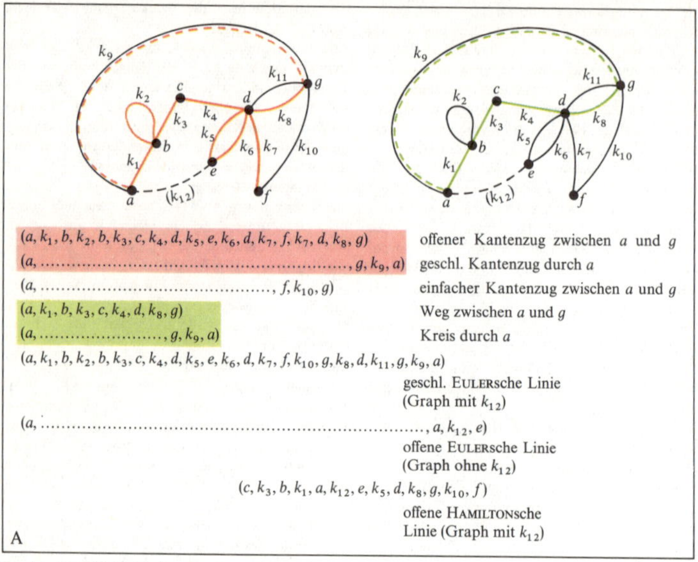

Kantenzüge, Wege, Kreise

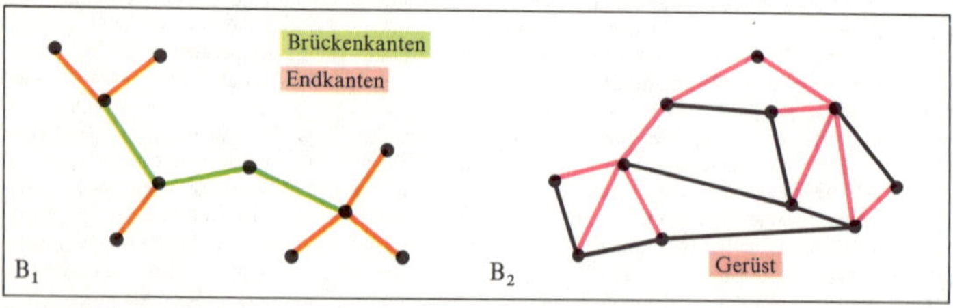

Baum und Gerüst

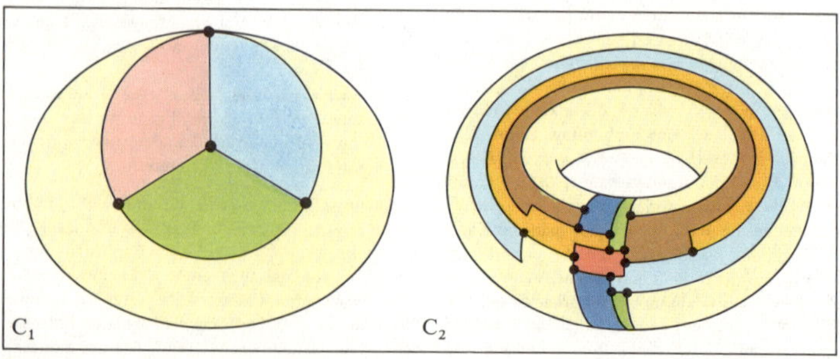

Färbungen

Kantenzüge, Wege, Kreise

Unter einem *Kantenzug* mit dem *Anfangspunkt* x_1 und dem *Endpunkt* x_n (auch: Kantenzug zwischen x_1 und x_n genannt) versteht man eine endliche Folge von Ecken x_ν und Kanten k_ν der Form $(x_1, k_1, x_2, k_2, \ldots, x_{n-1}, k_{n-1}, x_n)$, bei der k_ν mit x_ν und $x_{\nu+1}$ $(\nu \in \{1, \ldots, n-1\})$ inzidiert (Abb. A). Ecken und Kanten dürfen sich wiederholen. Ist $x_1 = x_n$, so spricht man von einem *geschlossenen Kantenzug* durch x_1 (Abb. A), andernfalls von einem *offenen Kantenzug*. Tritt keine Kante doppelt auf, so nennt man den Kantenzug *einfach* (Abb. A). Die Zahl n heißt *Länge* des Kantenzuges. Sind die Ecken eines Kantenzuges paarweise verschieden, so spricht man von einem *Weg* zwischen x_1 und x_n (Abb. A).

Jeder Weg ist ein offener, einfacher Kantenzug. Jeder offene Kantenzug zwischen x_1 und x_n läßt sich zu einem Weg zwischen x_1 und x_n »verkürzen«. Ein geschlossener Kantenzug durch x_1 heißt *Kreis* durch x_1, wenn $x_1, \ldots, x_{n-1}$ paarweise verschieden sind (Abb. A). Jeder geschl. Kantenzug läßt sich zu einem Kreis »verkürzen«.

Ein Kantenzug, in dem jede Kante des Graphen genau einmal auftritt, wird EULER*sche Linie* genannt (Abb. A). Im Königsberger Brückenproblem (S. 250, Abb. A) ist eine derartige Linie gesucht (s. u.).

Enthält ein Kreis bzw. ein Weg alle Ecken des Graphen, so spricht man von einer geschlossenen bzw. offenen HAMILTON*schen Linie* (Abb. A).

Zusammenhängende Graphen

Ein Graph heißt *zusammenhängend*, wenn zwischen je zwei Ecken ein Kantenzug existiert. Für top. Graphen ist dieser graphentheoretische Zusammenhang mit dem Wegzusammenhang identisch.

Jeder nichtzusammenhängende Graph läßt sich in maximal zusammenhängende Komponenten zerlegen. Für einen endl., schlingen- und zweiecklosen Graphen mit genau z Komponenten gilt: $n_k \leqq \frac{1}{2}(n_e - z)(n_e - z + 1)$. Ein endl., schlingen- und zweieckloser Graph mit mehr als $\frac{1}{2}(n_e - 2)(n_e - 1)$ Kanten ist daher zusammenhängend.

EULERsche Linien sind nur in zusammenhängenden Graphen möglich. Es gilt: *In einem endlichen Graphen existiert genau dann eine geschlossene (offene)* EULER*sche Linie, wenn der Graph zusammenhängend ist und jeder Eckengrad gerade ist (genau zwei Eckengrade ungerade sind)*. Das Königsberger Brückenproblem ist also unlösbar. Vergleichbare Kriterien für HAMILTONsche Linien sind bisher nur für spez. Graphen bekannt.

Bem.: Ein endlicher Graph, in dem jeder Eckengrad gerade ist, heißt auch EULER*scher Graph*.

Bäume

Zur Untersuchung von Graphen zieht man häufig die besonders einfach strukturierten sog. *Bäume* heran. Dabei handelt es sich um zusammenhängende Graphen, die keinen Kreis enthalten (Abb. B). Ein Baum läßt sich durch zwei Kanteneigenschaften kennzeichnen: Ein Graph ist genau dann ein Baum, wenn er zusammenhängend ist und jede Kante entweder eine Endkante oder eine Brückenkante ist. Dabei heißt eine Kante *Endkante*, wenn der Eckengrad einer ihrer Ecken 1 ist (Abb. B_1). Eine Kante, die nicht Endkante ist, wird als *Brückenkante* bezeichnet, wenn die zusammenhängende Komponente, in der sie liegt, durch Entfernen der Kante nichtzusammenhängend wird (Abb. B_1).

In jedem Baum mit n_e Ecken ist die Kantenzahl $n_k = n_e - 1$.

Ist ein zusammenhängender Graph selbst kein Baum, so läßt sich durch Entfernen geeigneter Kanten ein Baum mit derselben Eckenmenge, ein sog. *Gerüst*, angeben (Abb. B_2). I.a. sind mehrere Gerüste konstruierbar, die nicht notwendig isomorph sind, jedoch dieselbe Kantenzahl besitzen.

Vierfarbenproblem

Beim Druck politischer Landkarten gibt man aneinandergrenzenden Ländern i.a. eine unterschiedliche Farbe. Daß dabei Landkarten denkbar sind, bei denen man nicht mit drei Farben auskommt, zeigt das Beispiel der Abb. C_1. Der sog. *Vierfarbensatz* besagt nun, daß jede noch so komplizierte Landkarte aus zusammenhängenden Ländern mit vier Farben so färbbar ist, daß benachbarte Länder verschiedene Farben erhalten. Unter einer *Landkarte* versteht man dabei das auf der Kugeloberfläche (bzw. in der Ebene) durch einen endlichen Graphen mit endlicher Kantenmenge erzeugte Gebilde aus Ecken, Kanten und Flächenstücken. Jedes zusammenhängende Flächenstück einschließlich der berandenden Kanten wird als *Land* bezeichnet. Zwei Länder heißen *benachbart*, wenn sie eine Kante gemeinsam haben.

Der Beweis des Vierfarbensatzes wurde unter Computereinsatz geführt. Einfacher ist der Beweis, daß man jede Landkarte mit fünf Farben färben kann (*Fünffarbensatz*).

Bem.: Man kann das Färbungsproblem auf andere geschl. Flächen übertragen. Auf dem Torus gibt es Landkarten, die sieben Farben erfordern (Abb. C_2). Man kann leicht beweisen, daß höchstens sieben Farben stets ausreichen.

Plättbare Graphen

Die Kanten eines endl., plättbaren, schlingen- und zweiecklosen Graphen lassen sich durch geeignete Wahl der Ecken als Strecken in der Ebene darstellen. Einen derartigen »*Streckengraphen*« kann man durch Einfügen von Kanten in einen Graphen verwandeln, der aus lauter Dreiecken zusammengesetzt ist. Für diesen Graphen bestätigt man leicht die EULER*sche Polyederformel* $n_e + n_f = n_k + 2$. Ist nun der vorgegebene Streckengraph zusammenhängend, so gilt die Formel ebenfalls, denn entfernt man wieder die eingesetzten Kanten, so verringern sich n_f und n_k um dieselbe Zahl. Ist der Streckengraph nichtzusammenhängend, etwa aus z Komponenten bestehend, so erhält man durch Abzählen $n_e + n_f + z - 1 = n_k + 2z$, d.h. $n_e + n_f = n_k + z + 1$. Eine endliche Anzahl von Schlingen oder Zweiecken verändert die Formel nicht.

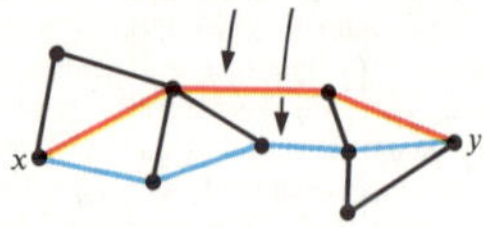

Zweifachzusammenhängender Graph: je zwei Ecken sind durch mindestens zwei kreuzungsfreie Wege verbunden.

A_1

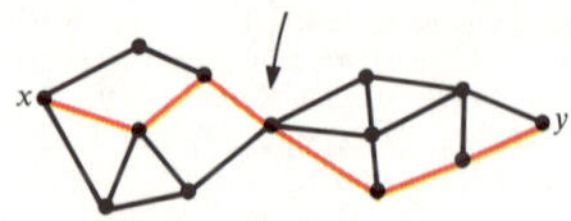

Einfachzusammenhängender, aber nicht zweifachzusammenhängender Graph: es gibt zwei Ecken x und y, die nicht durch zwei kreuzungsfreie Wege verbunden sind.

A_2

Einfach- und zweifachzusammenhängende Graphen

vollst. Graph mit $n+1$ Ecken (die nicht benötigten Kanten fehlen)

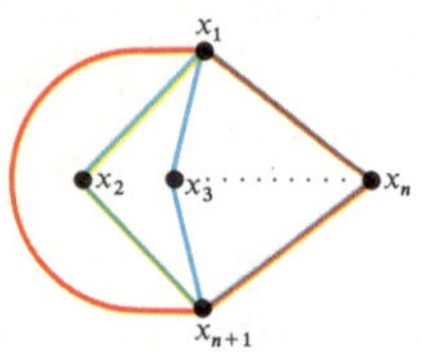

B_1 n kreuzungsfreie Wege

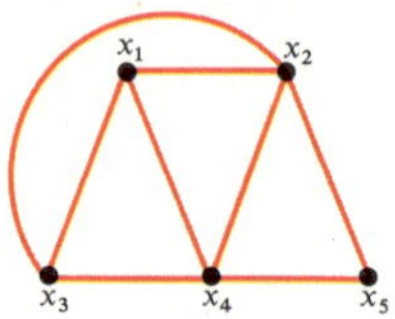

$w(x_1, x_2) = 3$
$w(x_1, x_3) = 3$
$w(x_1, x_4) = 3$
$w(x_1, x_5) = 2$
$w(x_2, x_3) = 3$
$w(x_2, x_4) = 4$
$w(x_2, x_5) = 2$
$w(x_3, x_4) = 3$
$w(x_3, x_5) = 2$
$w(x_4, x_5) = 2$

B_2 Zusammenhangszahl 2

n-fachzusammenhängender Graph, Zusammenhangszahl

$$n_e = (l-1)\,t + r \quad (1 \leqq r \leqq l-1) \qquad n_k = \frac{l-2}{2(l-1)}(n_e^2 - r^2) + \binom{r}{2}$$

$$E = \bigcup_{i=1}^{l-1} E_i, \quad E_i \cap E_k = \emptyset \ (i \neq k)$$

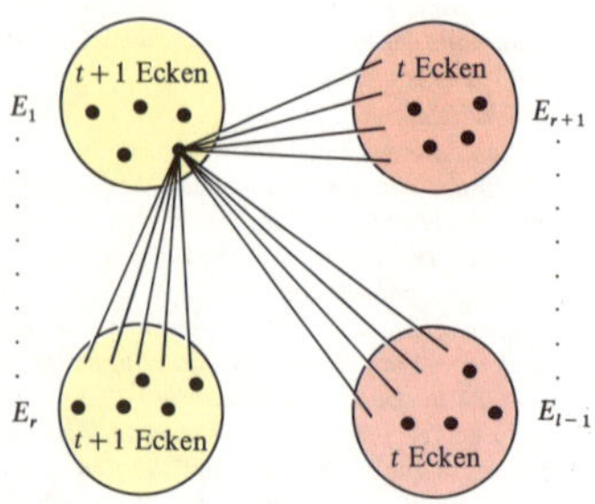

Jede Ecke aus einem E_i $(i \in \{1, \ldots, l-1\})$ ist mit allen Ecken jedes E_k $(i \neq k)$ verbunden. Die Ecken von E_i sind nicht verbunden.

C

TURANscher Graph

Ersetzt man in einem Graphen eine Kante durch einen Weg endlicher Länge (Einfügen von Ecken), so spricht man von einer Unterteilung der Kante.

Beispiel:

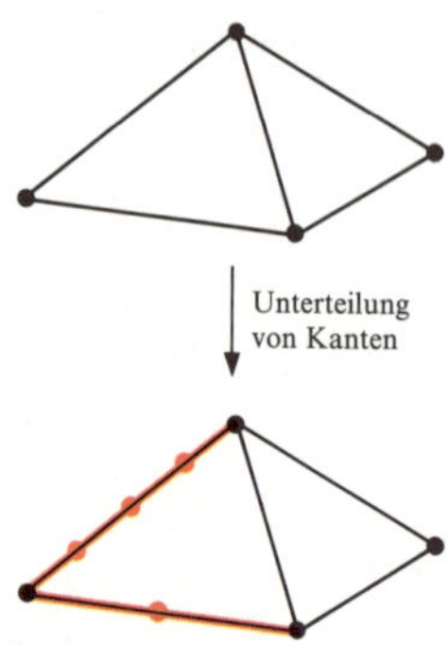

D

Unterteilung von Kanten

Im folgenden werden nur endliche, schlingen- und zweiecklose Graphen betrachtet.

n-fachzusammenhängende Graphen, Zusammenhangszahl

Bei vielen Problemen entfernt man aus zusammenhängenden Graphen Ecken und die mit ihnen inzidierenden Kanten. Dabei stellt sich u. U. die Frage, ob der Restgraph noch zusammenhängend ist. Entfernt man z. B. genau eine beliebige Ecke, so ist der Restgraph sicherlich zusammenhängend, wenn je zwei Ecken x und y des vorgegebenen Graphen durch *mindestens zwei* Wege verbunden sind, die außer x und y keine Ecken gemeinsam haben (sog. *kreuzungsfreie Wege* zwischen x und y). Einen Graphen mit dieser Eigenschaft nennt man *zweifachzusammenhängend*. *Beispiel*: Abb. A_1

Zusammenhängende Graphen bezeichnet man auch als *einfachzusammenhängend*, da für sie nur die Existenz *mindestens eines* Weges zwischen je zwei Ecken gefordert wird. Ein zweifachzusammenhängender Graph ist auch einfachzusammenhängend, aber i. a. nicht umgekehrt (Abb. A_2). Einem einfachzusammenhängenden, nicht zweifachzusammenhängenden Graphen ordnet man die sog. *Zusammenhangszahl* 1 zu; ist er nicht vollständig, so enthält er eine sog. *Trennecke* (Abb. A_2), deren Entfernen den Restgraphen nichtzusammenhängend macht.

Bem.: In zweifachzusammenhängenden Graphen liegen je zwei Ecken (je zwei Kanten) in einem Kreis (Abb. A_1).

Man verallgemeinert: Ein Graph heißt *n-fachzusammenhängend* ($n \in \mathbb{N}\setminus\{0\}$), wenn je zwei Ecken durch mind. n kreuzungsfreie Wege verbunden sind. Ein n-fachzusammenhängender Graph muß mindestens $n+1$ Ecken enthalten; jede Ecke hat einen Eckengrad $\geqq n$. Z. B. ist der vollständige Graph mit $n+1$ Ecken n-fachzusammenhängend (Abb. B_1), aber er ist nicht $(n+1)$-fachzusammenhängend.

Entfernt man aus einem n-fachzusammenhängenden Graphen höchstens $n-1$ Ecken, so ist der Restgraph zusammenhängend; genauer: entfernt man r Ecken $(r<n)$, so ist der Restgraph $(n-r)$-fachzusammenhängend.

Einem n-fachzusammenhängenden, nicht $(n+1)$-fachzusammenhängenden Graphen ordnet man die *Zusammenhangszahl* n zu. In einem Graphen der Zusammenhangszahl n gibt es also zu je zwei Ecken mindestens n kreuzungsfreie Wege und mindestens zwei Ecken, die durch *genau* n kreuzungsfreie Wege verbunden sind.

Ermittelt man die Anzahl $w(x, y)$ kreuzungsfreier Wege zwischen je zwei Ecken x und y, so ist die kleinste dieser Zahlen die Zusammenhangszahl des Graphen (Abb. B_2). Dabei kann man sich in nicht vollständigen Graphen auf Ecken beschränken, die nicht durch eine Kante verbunden sind (Abb. B_2). Es gilt nämlich: Ist $w(x, y) \geqq n$ für alle nicht durch eine Kante verbundenen Ecken x und y eines nicht vollst. Graphen, so auch für alle durch eine Kante verbundenen Ecken.

Trennzahl, MENGERscher Satz

Betrachtet man in einem nicht vollst. Graphen je zwei nicht verbundene Ecken x und y, so kann man jedem Paar (x, y) eine Zahl $t(x, y)$ zuordnen, die angibt, wieviel von x und y verschiedene Ecken entfernt werden müssen, um jeden Weg zwischen x und y zu unterbrechen. Eine Eckenmenge, die dies bewirkt, nennt man *trennende Eckenmenge*.

Bem.: Ein vollst. Graph besitzt keine trennende Eckenmenge.

Die kleinste der Zahlen $t(x, y)$ eines Graphen heißt *Trennzahl* des Graphen. Sie gibt an, wieviel Ecken mindestens entfernt werden müssen, damit der Restgraph nichtzusammenhängend ist.

Es ist der Inhalt des **MENGERschen Satzes,** daß $t(x, y) = w(x, y)$ für je zwei nicht verbundene Ecken eines Graphen gilt.

Bem.: Dieser Satz gilt übrigens auch für unendliche Graphen mit Schlingen oder Zweiecken, wenn man ergänzt, daß $t(x, y)$ genau dann nicht endlich ist, wenn $w(x, y)$ nicht endlich ist.

Aus dem MENGERschen Satz folgt, daß für nicht vollst. Graphen Trennzahl und Zusammenhangszahl gleich sind. In einem nicht vollst. Graphen der Zusammenhangszahl n kann man also eine trennende Eckenmenge von genau n Ecken finden.

Bem.: Der MENGERsche Satz läßt sich auf gerichtete Graphen übertragen. Er ist die Grundlage für die Behandlung sog. *Transportprobleme*.

Satz von TURAN

Eine Reihe von Problemen ist folgender Natur: Vorgegeben ist eine Eckenzahl n_e und eine Eigenschaft E. Dann wird die Kantenzahl n_k gesucht, so daß jeder Graph mit n_e Ecken und n_k Kanten die Eigenschaft E besitzt, aber ein Graph mit n_e Ecken und $n_k - 1$ Kanten existiert, der E nicht besitzt. Mit anderen Worten: es wird ein bez. E minimales n_k gesucht. Ein Beispiel dafür ist der **Satz von TURAN.** E ist hier die Eigenschaft, daß ein Graph mit n_e Ecken einen vollst. Graphen mit l Ecken $(3 \leqq l \leqq n_e)$ umfaßt. Für die minimale Kantenzahl ergibt sich:

$$n_k = \frac{l-2}{2(l-1)}(n_e^2 - r^2) + \binom{r}{2} + 1\,,$$

wobei r durch $r \equiv n_e \bmod (l-1)$ mit $1 \leqq r \leqq l-1$ def. ist. Bis auf Isomorphie gibt es genau einen Graphen (*TURANscher Graph*, Abb. C), der mit n_e Ecken und $n_k - 1$ Kanten die Eigenschaft E nicht besitzt.

Satz von KURATOWSKI

Zu den wichtigsten nichtplättbaren Graphen gehören der Graph der Abb. F, S. 250, und der vollst. Graph mit fünf Ecken. Ein Graph, der einen dieser Graphen umfaßt, ist nicht plättbar.

Umgekehrt umfaßt ein nichtplättbarer Graph entweder mindestens einen der beiden Graphen oder aber Graphen, die durch *Unterteilung von Kanten* (Abb. D) aus diesen hervorgehen. Es gilt der

Satz von KURATOWSKI: Ein endlicher Graph ist genau dann plättbar, wenn er keinen der oben angegebenen, ggf. unterteilten Graphen umfaßt.

Literaturverzeichnis

Allgemeines

[1] Behnke, H., u.a.: Grundzüge der Mathematik. Band I bis V, Vandenhoeck & Ruprecht, Göttingen ³1966/²1966/²1968/1966/1968.

[2] Behnke, H., R. Remmert, H. G. Steiner, H. Tietz: Das Fischer Lexikon, Mathematik. Band 1 und 2, Fischer, Frankfurt 1964/1966.

[3] Meschkowski, H., D. Laugwitz: Meyers Handbuch über die Mathematik. Bibliographisches Institut, Mannheim 1967.

[4] Gellert, W., H. Küstner, M. Hellwich, H. Kästner: Kleine Enzyklopädie Mathematik. Pfalz, Basel 1965.

[5] Wolff, G.: Handbuch der Schulmathematik, Bd. 1 bis 7. Schroedel, Hannover ²1966/1967.

Mathematische Logik

[1] Bd. I, [2] Bd. 1, [3], [5] Bd. 7 und

[6] Scholz, H., G. Hasenjaeger: Grundzüge der mathematischen Logik. Springer, Berlin-Göttingen-Heidelberg 1961.

[7] Hermes, H.: Einführung in die mathematische Logik. Teubner, Stuttgart ²1969.

[8] Brettschneider-Clasen, I.: Das Antinomienproblem. In: Der Mathematikunterricht, Jg. 13, Heft 5. Klett, Stuttgart 1967.

Mengenlehre

[2] Bd. 1, [3] und

[9] Kamke, E.: Mengenlehre. de Gruyter, Berlin ⁶1969.

[10] Hermes, H.: Einführung in die Verbandstheorie. Springer, Berlin-Göttingen-Heidelberg 1955.

[11] Gericke, H.: Theorie der Verbände I. Bibliographisches Institut, Mannheim 1963.

Relationen und Strukturen

[1] Bd. I, [2] Bd. 1, [5] Bd. 7, [10], [11] und

[12] Grotemeyer, K. P.: Der strukturelle Aufbau der Mathematik. II. Math. Institut der Freien Universität Berlin, 1963.

[13] Meschkowski, H.: Einführung in die moderne Mathematik. Bibliographisches Institut, Mannheim 1964.

[14] Laugwitz, D., H. Vollrath: Schulmathematik vom höheren Standpunkt 1. Bibliographisches Institut, Mannheim 1969.

Aufbau des Zahlensystems

[2] Bd. 1, [3], [5] Bd. 7 und

[15] Oberschelp, A.: Aufbau des Zahlensystems. Vandenhoeck & Ruprecht, Göttingen 1968.

[16] Gottschling, E., u.a.: Problem und Struktur. II. Math. Institut der Freien Universität Berlin, 1968.

Algebra

[1] Bd. I, [2] Bd. 1 und

[16a] Kochendörffer, R.: Lehrbuch der Gruppentheorie..., Akademische Verlagsges., Leipzig 1966.

[17] Waerden, B. L. van der: Algebra, erster und zweiter Teil. Springer, Berlin-Heidelberg-New York ⁷1966, ⁵1967.

[18] Reiffen, H.-J., G. Scheja, U. Vetter: Algebra. Bibliographisches Institut, Mannheim 1969.

[19] Lang, S.: Algebra. Addison-Wesley, Reading (USA) 1969.

[20] Kochendörffer, R.: Einführung in die Algebra. Deutscher Verlag der Wissenschaften, Berlin 1955.

[21] Sawyer, W. W.: Abstrakte Algebra. Bibliographisches Institut, Mannheim 1970.

[22] Patterson, E. M., D. E. Rutherford: Einf. in die abstrakte Algebra. Bibl. Institut, Mannheim 1966.

[23] Grotemeyer, K. P.: Lineare Algebra. Bibliographisches Institut, Mannheim 1970.

[24] Lingenberg, R.: Lineare Algebra. Bibliographisches Institut, Mannheim 1969.

[25] Holmann, H.: Lineare und multilineare Algebra 1. Bibliographisches Institut, Mannheim 1970.

[26] Artin, E.: Galoissche Theorie. Verlag Deutsch, Zürich-Frankfurt 1959.

Zahlentheorie

[1] Bd. 1, [2] und

[27] Hasse, H.: Zahlentheorie. Akademie-Verlag, Berlin ³1969.

[28] Schmidt, F. K.: Algebraische Zahlentheorie. Vorlesungsausarbeitung, Münster 1950.

[29] Schwarz, W.: Einführung in Methoden und Ergebnisse der Primzahltheorie. Bibliographisches Institut, Mannheim 1969.

[30] Scholz, A.: Einführung in die Zahlentheorie. de Gruyter, Berlin 1945.

Geometrie

[1] Bd. 2, [5] Bd. 3, 4 u. 5 und
[31] Bachmann, F.: Aufbau der Geometrie aus dem Spiegelungsbegriff. Springer, Berlin-Göttingen-Heidelberg 1959.
[32] Hilbert, D.: Grundlagen der Geometrie. Teubner, Stuttgart ⁸1956.
[33] Meschkowski, H.: Grundlagen der euklidischen Geometrie. Bibliographisches Institut, Mannheim 1966.
[34] Meschkowski, H.: Nichteuklidische Geometrie. Vieweg, Braunschweig 1961.
[35] Lenz, H.: Nichteuklidische Geometrie. Bibliographisches Institut, Mannheim 1967.
[36] Jehle, F., H. Möller, H. Zeitler: Analytische Geometrie der Abbildungen. Bayerischer Schulbuchverlag, München 1968.
[37] Denk, F.: Elementare Fragen des Trigonometrieunterrichts. In: Der Mathematikunterricht, Jg. 14, Heft 1. Klett, Stuttgart 1968.

Analytische Geometrie

[1] Bd. II und
[38] Grotemeyer, K. P.: Analytische Geometrie. de Gruyter, Berlin ⁴1969.
[39] Köhler, J., R. Höwelmann, H. Krämer: Analytische Geometrie und Abbildungsgeometrie in vektorieller Darstellung. Salle, Frankfurt-Hamburg ³1971.
[40] Sperner, E.: Einführung in die analytische Geometrie und Algebra, Band 1 und 2. Vandenhoeck & Ruprecht, Göttingen ⁷1969, ⁵1963.
[41] Bol, G.: Elemente der analytischen Geometrie, Band 1 und 2. Vandenhoeck & Ruprecht, Göttingen 1948, 1949.
[42] Keller, O. H.: Analyt. Geometrie und lineare Algebra. Deutscher Verlag der Wiss., Berlin 1957.

Topologie

[1] Bd. II, [2] Bd. 1, [3] und
[43] Schubert, H.: Topologie. Teubner, Stuttgart ²1969.
[44] Grotemeyer, K. P.: Topologie. Bibliographisches Institut, Mannheim 1969.
[45] Franz, W.: Topologie 1. de Gruyter, Berlin ²1965.
[46] Hocking, J., G. S. Young: Topology. Addison-Wesley, Reading (USA) 1961.
[47] Mendelson, B.: Introduction to Topology. Allyn & Bacon, Boston ²1968.
[48] Alexandroff, P., H. Hopf: Topologie 1. Springer, Berlin 1935.
[49] Blackett, D. W.: Elementary Topology. Academic Press, London-New York 1967.
[50] Singer, I. M., I. A. Tharpe: Lecture Notes on Elementary Topology and Geometry. Glenview (USA) 1967.
[51] Greever, J.: Theory and Examples of Point-set Topology. Brooks/Cole Publ. Comp., Belmont 1967.
[52] Arnold, B.: Elementare Topologie. Vandenhoeck & Ruprecht, Göttingen 1964.
[53] Lietzmann, W.: Anschauliche Topologie. Oldenbourg, München 1955.
[54] Menger, K.: Kurventheorie. Teubner, Leipzig 1932.
[55] Alexandroff, P.: Einführung in die Mengenlehre und die Theorie der reellen Funktionen. Deutscher Verlag der Wissenschaften, Berlin 1956.
[56] Parchomenko, A. S.: Was ist eine Kurve. Deutscher Verlag der Wissenschaften, Berlin 1957.

Algebraische Topologie

[1] Bd. II, [43] und
[57] Franz, W.: Topologie 2. de Gruyter, Berlin 1965.
[58] Maunder, C. R. F.: Algebraic Topology. van Nostrand Reinhold Comp., London u.a. 1970.
[59] Wallace, A. A.: Algebraic Topology. Pergamon Press, Oxford u.a. ⁴1967.
[60] Aleksandrov, P.: Combinatorial Topology. Graylock Press, Baltimore ²1965.
[61] Pontrajagin, L. S.: Grundzüge der kombinator. Topologie. Deutscher Verlag der Wiss., Berlin 1956.
[62] Fréchet, M., Ky Fan: Initiation to Combinatorial Topology. Prindle, Weber & Schmidt, Boston u.a. 1967.
[63] Hu, S. T.: Homotopy Theory. Academic Press, New York-London 1959.
[64] Seifert, H., W. Threlfall: Lehrbuch der Topologie. Leipzig 1934.
[65] Hilbert, D., S. Cohn-Vossen: Anschauliche Geometrie. Springer, Berlin 1932.
[66] Ringel, G.: Färbungsprobleme auf Flächen und Graphen. Deutscher Verlag der Wissenschaften, Berlin 1959.

Graphentheorie

[66] und
[67] Wagner, K.: Graphentheorie. Bibliographisches Institut, Mannheim 1970.
[68] Ore, O.: Theorie of Graphs. American Mathematical Society, Providence 1962.
[69] Berge, C.: The Theorie of Graphs and its Applications. Methuen & Co., London 1962.

Register

dtv-Atlas
zur
Astronomie
Tafeln und Texte
Mit Sternatlas

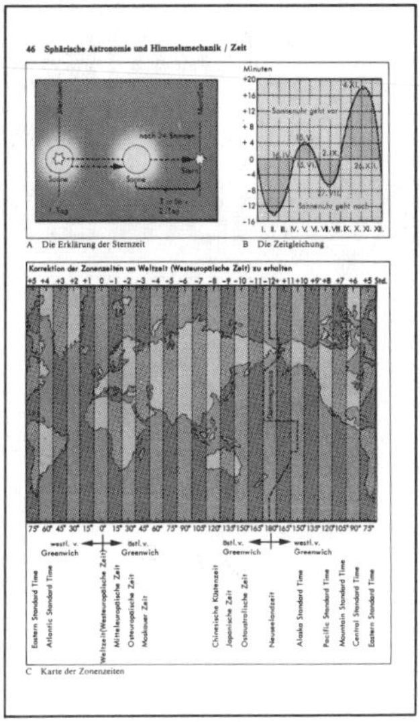

46 Sphärische Astronomie und Himmelsmechanik / Zeit
A Die Erklärung der Sternzeit
B Die Zeitgleichung
C Karte der Zonenzeiten

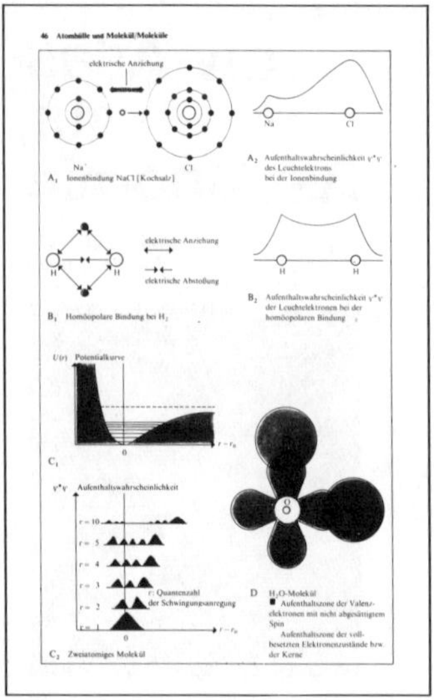

dtv-Atlas zur Atomphysik
von Bernhard Bröcker
Tafeln und Texte
Originalausgabe

dtv

Aus dem Inhalt:
Entdeckungen. Quantentheorie. Atomhülle und Molekül. Meßmethoden. Kernphysik. Kernmodelle. Elementarteilchen. Wechselwirkung. Detektoren. Quellen. Reaktoren. Atombomben. Strahlenschutz. Nuklidkarte. Kerntabelle. Konstanten.

dtv 3009

Musik zum Anschauen

dtv-Atlas zur Musik
von Ulrich Michels
Tafeln und Texte
2 Bände
Originalausgabe

Band 1:
Systematischer Teil
Historischer Teil: Von den Anfängen bis zur Renaissance
Mit 120 Farbtafeln

Band 2:
Historischer Teil: Vom Barock bis zur Gegenwart
Mit 130 Farbtafeln

dtv/Bärenreiter 3022/3023

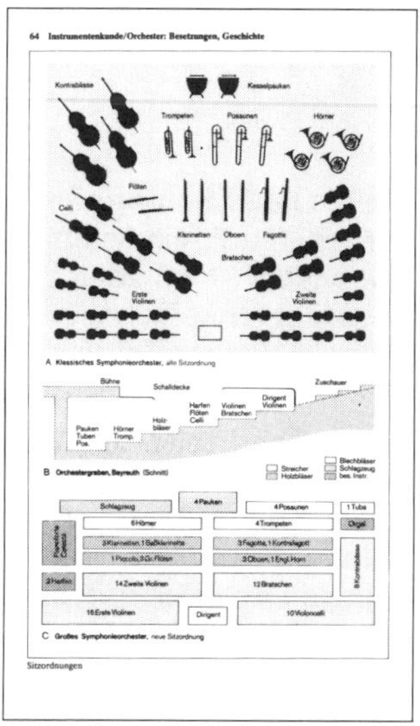